"十二五"普通高等教育本科国家级规划教材

大学物理 上册

第 3 版

许瑞珍　贾谊明　叶晴莹　编著

机械工业出版社

本套教材是福建师范大学教材建设基金资助项目，分上、下两册，本书是上册。

本书是在深入调研和分析理工科各专业的大学物理教材和教改情况、培养模式、现代教学需求的基础上，融入作者长期从事大学物理教学的经验和体会编著而成的。本书充分考虑到学生理解和掌握物理基本概念和定律的实际需要和目前普通高校每年扩大招生的实际情况，尽量采用较基础的数学语言与基础理论来分析、推导物理原理、定理和引入物理定律，注重加强基本现象、概念、原理的阐述，讲述深入浅出；为了体现和增强经典物理学中的现代观点和气息，书中适度介绍了近代物理学的成就和新技术。为达到立德树人目的，本书在阐述基础物理内容的同时，渗透了以物理知识为原理的大量应用。精选的例题既注意避免应用到较繁、较深的数学理论，又能较好地配合理解核心内容。本书内容包括质点运动学、质点动力学、刚体力学、真空中的静电场、静电场中的导体与电介质、恒定电流、稳恒磁场、磁场中的磁介质、电磁感应等。每章设有思考题和习题、阅读材料以及相关著名物理学家简介。

本书是普通高校理工科各专业的大学物理教材，也可作为文科和高等职业学校相关专业学生的教材或中学物理老师的教学参考书。

图书在版编目（CIP）数据

大学物理. 上册/许瑞珍，贾谊明，叶晴莹编著. —3 版. —北京：机械工业出版社，2023.11（2025.1 重印）

“十二五”普通高等教育本科国家级规划教材

ISBN 978-7-111-73506-9

Ⅰ.①大… Ⅱ.①许… ②贾… ③叶… Ⅲ.①物理学-高等学校-教材 Ⅳ.①O4

中国国家版本馆 CIP 数据核字（2023）第 127857 号

机械工业出版社（北京市百万庄大街 22 号 邮政编码 100037）
策划编辑：张金奎　　　责任编辑：张金奎　汤　嘉
责任校对：张亚楠　张　征　　　责任印制：任维东
天津嘉恒印务有限公司印刷
2025 年 1 月第 3 版第 2 次印刷
184mm×260mm · 20.25 印张 · 499 千字
标准书号：ISBN 978-7-111-73506-9
定价：59.80 元

电话服务
客服电话：010-88361066
010-88379833
010-68326294

网络服务
机　工　官　网：www.cmpbook.com
机　工　官　博：weibo.com/cmp1952
金　书　网：www.golden-book.com
机工教育服务网：www.cmpedu.com

前　言

本书根据教育部的《高等学校课程思政建设指导纲要》及高等学校物理基础课程教学指导分委员会制定的《理工科类大学物理课程教学基本要求》编写。

教育是国之大计、党之大计。党的二十大报告指出："教育、科技、人才是全面建设社会主义现代化国家的基础性、战略性支撑。"立德树人是教育的根本任务，是高校的立身之本。落实立德树人根本任务，必须将价值塑造、知识传授和能力培养三者融为一体、不可割裂。在这套教材第3版的编写过程中，我们努力将显性教育和隐性教育相统一，形成协同效应，构建全员全程全方位育人大格局。

为达到立德树人的目的，本书在阐述基础物理内容的同时，渗透了以物理知识为原理的大量应用，如我国传统技术的发展、现代高新技术的应用以及国家的最新科技进展等，以落实能力与素质培养的要求。书中突出强调了"物理模型"的地位和作用，并相应安排了较多的相关插图，还在每章后面提供了适量的、与教材内容相关的阅读材料和相应著名物理学家的简介，以利于学生掌握科学方法，培养他们的创新精神，提高其综合素质和思维能力。

书中带"*"号的内容可根据各专业的实际课时酌情安排选用。

本书由福建师范大学许瑞珍、贾谊明、叶晴莹编著。具体编写分工：第1~3章由贾谊明、叶晴莹编著；第4~9章由许瑞珍、叶晴莹编著。全书由许瑞珍统稿。

本书由吕团孙教授主审。同时，福建师范大学物理与光电信息科技学院吕团孙、黄志高、李述华等多位教授，李山东、林秀敏等多位博士和老师们通过会议的形式对本书进行了讨论审阅，其间提出了许多宝贵的意见和建议，特在此表示衷心的感谢。

本书的编写得到了中国地质大学陈刚教授的大力支持和热心指导，也在此表示由衷的谢意。

本次修订还得到了陈志高、陈翔、陈志华、黄志平、李晓静、林秀、王素云、杨榕灿、张瑞丹等老师的大力支持，在此一并表示衷心的感谢。

由于编者水平有限，书中的缺点和不妥之处在所难免，衷心希望使用本书的教师、同学多提宝贵意见和建议。

编　者

目　录

绪　论

我们的自然界是由物质组成的，而物质最基本、最普遍的运动形式有机械运动、热运动、电磁运动、原子和原子核内部的运动等。物理学是探讨物质的基本结构及其最基本、最普遍的运动形式，以及物质之间的相互作用和相互转化的基本规律的学科。

物理学作为一门严谨的、定量的自然科学的带头学科，它的基本理论渗透到自然科学的各个领域，广泛应用于工程技术各个部门。人们通过长期的实践已深刻地体会到：物理学是一切自然科学和边缘科学的基础，是科学技术发展的先导，是现代工程技术发展的最重要的源泉，而且对人类未来发展仍将起着决定性的作用。如果将知识比喻为一棵大树，那么物理学是大树主干和根基，如图 0-1 所示。物理学实质上是人类文化体系中重要而基础的部分。物理教育直接关系到科学素质教育的质量、潜力和成败，它在素质教育中具有不可替代的地位和作用。

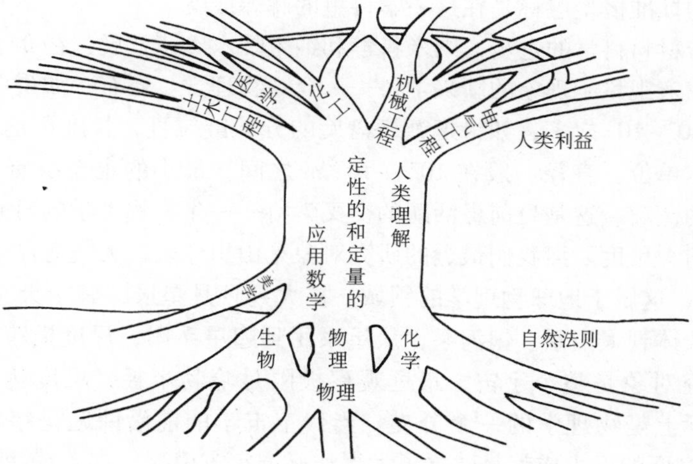

图 0-1　知识之树

物理学的研究对象十分广泛，时间尺度为 10^{-25} s（Z^0 超子的寿命）~ 10^{18} s〔150 亿年（宇宙年龄）〕，相差 10^{43} 倍；空间尺度为 10^{-20} m（夸克）~ 10^{26} m〔约 150 亿光年（宇宙）〕，相差 10^{46} 倍；速率范围为 0（静止）~ 3×10^8 m/s（光速）。

对于不同时空尺度和速度范围的对象要采用不同的物理学研究方法。宏观物体低速运动规律是由人类经验得出的经典物理；微、介观粒子的行为要用量子物理解释，粒子高速运动需要相对论物理。图 0-2 是以时空尺度和速度范围为标尺采用不同物理学研究方法的示意图。本书内容除了最后的两章外基本都属于经典物理学的范畴。

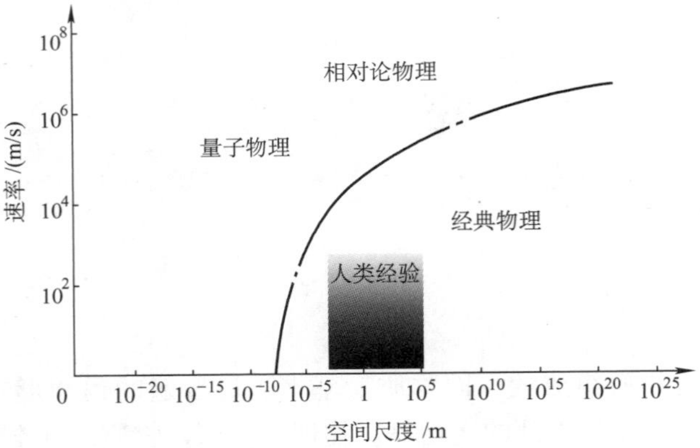

图 0-2 不同时空尺度和速度范围对应的物理学研究方法

人类是认识自然界的主体。人最初以自身的尺度规定了长度的基本单位——米（meter），研究对象为与米相当的宏观物体。经典物理学的研究是从这个层次上开始的，即所谓宏观物理学。20 世纪初物理学家开始深入到物质的分子、原子层次（$10^{-9}\sim10^{-10}$ m），这一层次的物质运动服从的规律与宏观物体有着本质上的区别。物理学家把分子、原子，以及后来发现的更深层次的物质客体（各种粒子，如原子核、质子、中子、电子、中微子、夸克）称为微观粒子。研究对象的尺度在 10^{-15} m 以下的是物理学的前沿学科。20 世纪 60 年代以来逐步形成的粒子物理的标准模型堪称是在这一学科里的辉煌成就。

近年来，随着材料科学的进步，纳米科学和纳米技术飞速发展，在介于宏观和微观的尺度之间诞生了研究宏观量子现象的新兴学科——介观物理学。还有，如蛋白质、DNA，其中包含的原子数达 $10^4\sim10^5$ 之多，如果把缠绕盘旋的分子链拉直，长度可达 10^{-4} m 的数量级。细胞是生命的基本单位，直径一般在 $10^{-6}\sim10^{-5}$ m 之间，最小的也至少有 10^{-7} m 的数量级，属于介观物理学的范畴，这是目前最活跃的交叉学科——生物物理学的研究领域。

再把目光转向大尺度。离我们最近的研究对象是山川地表、大气海洋，尺度的数量级在 $10^3\sim10^7$ m 范围内，这属于地球物理学的领域。扩大到日月星辰，属于天文学和天体物理学的范围，从个别天体到太阳系、银河系，从星系团到超星系团，尺度横跨了十几个数量级。物理学最大的研究对象是整个宇宙，最远观察极限是哈勃半径，尺度达 $10^{26}\sim10^{27}$ m 的数量级。宇宙学实际上是物理学的一个分支。当代宇宙学的前沿课题是宇宙的起源和演化，20 世纪后半叶这方面的巨大成就是建立了大爆炸标准宇宙模型。这一模型宣称，宇宙是在一百多亿年前的一次大爆炸中诞生的，起初物质的密度和温度都极高，那时既没有原子和分子，更谈不上恒星与星系，有的只是极高温的热辐射和其中隐现的高能粒子。于是，早期的宇宙成了粒子物理学研究的对象。粒子物理学的主要实验手段是加速器，但加速器能量的提高受到财力、物力和社会等因素的限制。粒子物理学家也希望从宇宙早期演化的观测中获得一些信息和证据来检验极高能量下的粒子理论。这样，物理学中研究最大对象和最小对象的两个分支——宇宙学和粒子物理学，竟奇妙地衔接在一起，结为密不可分的姊妹学科，犹如一条怪蟒咬住自己的尾巴，如图 0-3 所示。

物理学还有与哲学的关系最为密切的特点，它与哲学是同生共长的“连理树”。一方

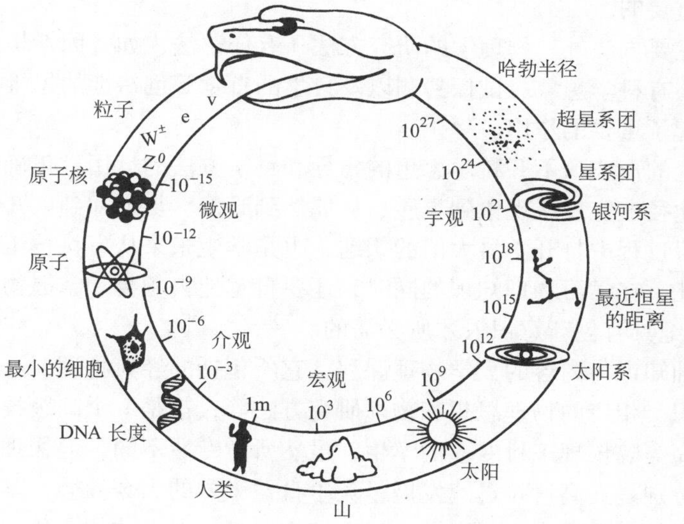

图 0-3 物理学大蟒蛇

面，物理学是哲学的重要基础之一，随着物理学的发展，哲学经历了朴素唯物主义、机械唯物主义和辩证唯物主义。可以预料，由于在相对论、量子力学的基础上，在宏观和微观领域，以及大统一理论研究上的不断发展，物理学必将大大地推动哲学向前发展。因此，学习和研究物理学有助于形成正确的世界观和方法论；另一方面，物理学又总是受哲学思想的支配和指导。也正是因为如此，历代物理学家在他们的科学实践中都十分重视哲学的研究和探讨。著名物理学家爱因斯坦、玻尔等生前都十分重视对哲学的探索，并发表了大量的哲学论文。

通过物理教学培养学生科学的世界观和方法论是物理学本身的特点，这就要求教师要自觉地把世界观和方法论的培养融汇到教学中去。物理课程涉及的方法论主要包括以下三个方面的内容：

1. 逻辑方法

逻辑方法是物理学研究的重要方法。它是通过对经验材料进行逻辑加工来认识事物的本质和规律的方法，是自然科学长期发展过程中形成的较严密的逻辑推理。在物理学中，运用逻辑方法进行思维的主要方式有分析和综合、归纳和演绎、证明和反证。

2. 与物理学基本原理相联系的基本方法

通过物理学的学习，可以掌握来源于物理概念和原理的基本方法。例如，来源于能量守恒定律的能量守恒方法，正因为确信在任何物理过程中能量守恒定律都应当成立，从而指导人们对物理问题进行正确的分析，乃至可预言一种新的能量形式，历史上中微子的发现就是基于此法。还有，如在力学中有来源于牛顿定律的隔离体受力分析法，在分子运动论中有来源于统计平均原理的统计平均方法，在电磁学中有来源于高斯定理和环路定理的对称分析法，等等。

3. 科学发现中创造性的理性思维方法

在实际的科学发现中，并不存在严格的逻辑通道，科学创造常常是由于科学家们独特的创造性思维的结果。在学习物理知识的过程中，注意学习、领会科学家在科学探索中创立的研究方法是十分重要的。

除上述几种主要方法外，物理学的研究方法还有佯谬法，如爱因斯坦的通光悖论、伽利略的落体佯谬；还有科学想象、试探猜测以及科学的直觉等创造性的思维方法，它们在物理原理的建立中都起了重要的作用。

一个科学理论的形成离不开科学思想的指导和科学方法的运用。正确的科学思维和科学方法是人在认识途径上实现从现象到本质、从偶然到必然、从未知到已知的过程。科学方法不仅是学生在学习过程中打开学科大门的钥匙，也是学生未来从事科技工作时进行科技创新的锐利武器。因此，在学习物理知识的同时，还要自觉地去领会和掌握物理学的方法论，这是培养面向21世纪具有创新意识人才所必需的。

以物理学基础知识为内容的大学物理课程，它所包括的经典物理、近代物理及其在科学技术上应用的知识、相应的物理思想和物理研究方法等，都是一个高级技术人员所必须掌握的。所以，作为高等院校理工科专业的学生，虽然所学专业不同，但物理学始终是一门重要的必修基础课，特别是在高科技迅速发展、竞争日益激烈的当今社会，学好大学物理课程尤显重要，它所体现的科学思维方式以及认识论和方法论，对人才的文化修炼、素质和能力的培养已经构成举足轻重的作用。

大学物理学是在中学物理的基础上开设的一门大学基础课程，怎样才能学好大学物理学呢？问题的答案可能会因人而异，但作为共同点，应该注意以下两个方面：

1. 要明确学习大学物理学的目的

著名理论物理学家、诺贝尔奖获得者理查德费曼说："科学是一种方法，它教导人们一些事物是怎样被了解的，什么事情是已知的，现在了解到什么程度（因为没有事情是绝对已知的）；如何对待疑问和不确定性，证据服从什么法则，如何去思考事物、作出判断，如何区别真伪和表面现象。"

这就是说，学习物理学的目的不能仅仅满足于掌握一些知识、定律和公式，更不要把自己的注意力只集中在解题上，而应在学习过程中努力使自己逐渐对物理学的内容和方法、物理语言、概念和物理图像及其历史、现状和前沿等方面，从整体上有全面的了解。正是这些要素，对于开阔思路、激发探索和创新精神、增强适应能力、提高人才科学素质、科学思维和科学研究能力发挥重要作用。大量事实表明，一个优秀的工程技术人员必定具有坚实的物理基础。

2. 要根据物理学的特点进行学习

任何一门学科都有其自身的特点，而了解一门学科的特点，正是理解和掌握这门学科的关键。物理学的主要特点如下：

1）它是观察、实验和科学思维相结合的产物。观察和实验是了解物理现象、测量有关数据和获得感性知识的源泉，是形成、发展和检验物理理论的实践基础。但是，要使感性知识上升到物理理论，还要经过科学思维这一认识过程，这种认识过程通常是经过分析、综合、抽象、概括等思维活动，并通过建立概念、作出判断和推理来完成的。例如，物理模型的建立、物理概念的形成、物理规律的发现等，都是观察、实验同科学思维相结合的结果。

2）它的内容主要是由物理概念和物理规律构成的，而其核心是物理概念。物理概念不仅定性而且定量地反映了客观事物、现象的物理本质属性。在自然界中，只有具有物理属性的事物和现象才能成为物理学研究的对象。也只有把事物的物理属性从该事物的其他属性

（如生物属性）中区分出来，并用定义的方式来表明它，才能形成物理概念。物理概念是组成物理内容的基本单元，而构成物理内容的另一重要部分是物理规律。物理学中的公式、定理、定律和原理等，统称为物理规律。物理规律是指物理现象之间的客观内在联系，它表示物理概念之间实际存在着的关系。在任何一个物理规律中，总是包含有若干个有联系的物理概念，所以，不建立清晰的物理概念，显然就谈不上对物理规律的掌握。此外，物理规律的建立都是有条件的，而且常常不显含在规律的表述之中。因此，学习物理规律一定要注意它的适用条件和适用范围。

3）它是一门定量的科学，它与数学有着密切的联系。数学是表达物理概念、物理规律最简洁、最准确的“语言”，只有把物理规律用数学形式表达出来，才能使物理规律更准确地反映客观实际。特别是在科学发展突飞猛进的今天，没有数学方法作为工具，物理学将寸步难行。在学习大学物理学时，所需的数学知识除了初等数学以外，主要是矢量代数和微积分等高等数学知识。在研究和解决物理问题时，经常需要大量运用高等数学知识进行定量计算，因此，一定要注意熟练掌握这些数学工具。

4）它所研究的对象，几乎都是利用科学抽象和概括的方法建立起来的理想模型。理想模型包括理想化客体和理想化过程。例如，本课程将要遇到的质点、刚体、理想气体、点电荷、点光源、均匀电场、谐振子、黑体等都是理想客体。又如，匀速直线运动、简谐振动、简谐波、理想气体的各等值过程、卡诺循环等都是理想化过程。可见，物理学中的规律，都是一定的理想化客体在一定的理想化过程中所遵循的规律，它能更本质地反映同一类理想化客体的共同规律。运用理想模型研究物理问题是一种重要的科学研究方法，这种方法也广泛适用于其他自然科学和工程技术的研究中。

5）它是辩证唯物主义的重要基础，它以高度辩证的、统一的宇宙观来认识物质世界，探求各种自然现象的内在联系。物理学的内容充满着活的辩证法。前面已经指出，通过物理课程的学习，有助于培养科学的世界观，这既是物理学科自身的特点，又是物理课程教学所具有的一种优势。此外，由于物理学研究多种物质运动形态和多种相互作用，因此，它还具有许多有特色的科学观点和研究方法，例如能量的、粒子的、场的、对称与守恒的观点和分析、综合、演绎、归纳、叠加、类比、联想、试探，以及抽象的、统计的、定性与半定量的方法，等等。在学习本课程的过程中，要注意领会和掌握物理学的特点和方法，这不仅有利于逐步学会抓住物理本质，而且有助于培养提出问题、分析问题与解决问题的能力。

总之，物理学的这些特点反映了研究和处理物理问题的一些基本观点、基本思路和基本方法，如能很好地根据这些特点进行学习，就能较准确地建立概念、理解规律，获得大学物理课程所要求的分析和解决一些实际问题的能力，提高学习效率。与此同时，在学习中还需要不断摸索和改进学习方法，要合理地安排时间、记笔记、做小结、学会阅读参考书及文献资料等，努力使自己的学习方法科学化。

第 1 章　质点运动学

机械运动是物质的各种运动形式中最简单、最基本的一种运动，是物体之间或物体各部分之间相对位置的变化，包括移动、转动、流动、变形、振动、波动、扩散等。

本章描述质点机械运动的规律，即研究质点的位置随时间变化的规律——运动学。

1.1　质点运动的描述

质点运动的描述

1.1.1　参考系、质点、时间和时刻

1. 参考系

自然界中所有的物体都在不停地运动，绝对静止的物体是不存在的，这就是运动的绝对性。但是，对于运动的描述却是相对的。为了描述物体的运动，必须选择另一物体作为参考标准，这个被选作参考的物体叫作**参考系**。

在运动学中参考系可任意选取。同一个物体的运动在不同的参考系中观察是不同的。例如，在匀速前进的火车车厢中的自由落体，相对于车厢是竖直下落的直线运动，相对于地面却是平抛运动。物体的运动形式随参考系的不同而不同，这叫作**运动的相对性**。

2. 质点

任何物体都有一定的大小和形状。一般来说，物体在运动时，内部各点的运动情况是各不相同的。因此，要精确描述物体的运动并不是一件简单的事，为使问题简化，可以采取理想化模型的方法：当物体的大小和形状对所讨论的问题来说影响不大时，就可忽略物体的大小和形状，把物体当成只有质量的一个点，称为**质点**。物理学中的理想化模型还有许多，如理想气体、刚体、点电荷等，它们都是抓住最主要的因素而忽略了一些次要因素，这些模型后面会陆续学习。

一个物体是否可以抽象为质点，应根据问题的性质而定。例如，研究地球绕太阳的公转时，由于地球的直径比地球到太阳的距离要小得多，因而可以忽略地球的大小和形状，把地球当成一个质点；而在研究物体的转动时，如果把物体看成一个质点，就没有意义了。再比如，物体在空间中下落时，受重力和空气阻力作用，而空气阻力与物体的大小、形状有关，若不计空气阻力，物体仅受重力作用就可以将物体当成质点。

3. 时间和时刻

任何物体的运动都是在时间和空间中进行的，运动不能脱离空间也不能脱离时间。在物理学中把一个与过程对应的时间间隔称为**时间**，而某一瞬时称为**时刻**。

1.1.2 坐标系、位置矢量、运动方程、位移

1. 坐标系与位置矢量

为了定量描述质点的位置及其运动，必须在参考系中建立一个坐标系，通常采用直角坐标系（见图 1-1）。在笛卡儿坐标系（也称直角坐标系）中，一个质点 P 的位置可以由原点 O 指向点 P 的矢量 $\boldsymbol{r}$ 来表示，即

$$\boldsymbol{r}=\overrightarrow{OP}$$

矢量 $\boldsymbol{r}$ 叫作位置矢量，简称位矢。点 P 的三个坐标 x、y、z 也就是位矢 $\boldsymbol{r}$ 沿坐标轴的三个分量。位矢 $\boldsymbol{r}$ 和它的三个分量的关系为

$$\boldsymbol{r}=x\boldsymbol{i}+y\boldsymbol{j}+z\boldsymbol{k} \tag{1-1}$$

r 的大小为

$$r=|\boldsymbol{r}|=\sqrt{x^2+y^2+z^2} \tag{1-2}$$

位矢 $\boldsymbol{r}$ 的方向余弦为

$$\cos\alpha=\frac{x}{r},\ \cos\beta=\frac{y}{r},\ \cos\gamma=\frac{z}{r} \tag{1-3}$$

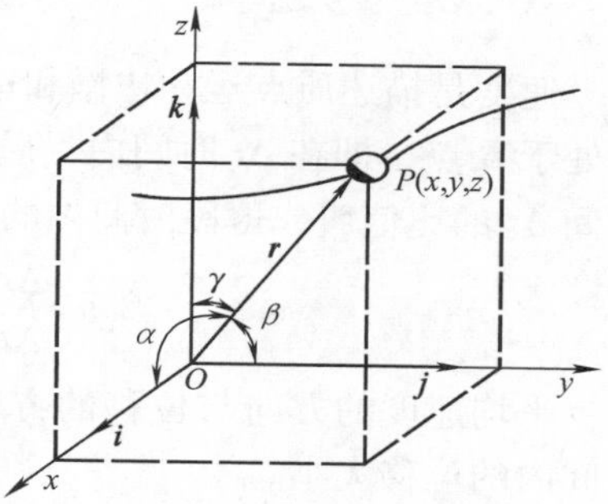

图 1-1　位置矢量

式（1-1）中，$\boldsymbol{i}$、$\boldsymbol{j}$、$\boldsymbol{k}$ 分别表示在笛卡儿坐标系中三个坐标轴上的单位矢量。常用的坐标系除了笛卡儿坐标系外还有平面极坐标系、球坐标系、柱坐标系、自然坐标系等。

2. 运动方程和轨道方程

质点运动时，其位置矢量是时间 t 的函数，称为**运动方程**，可写为

$$\boldsymbol{r}=\boldsymbol{r}(t) \tag{1-4}$$

在直角坐标系中，运动方程可表示为

$$\begin{cases}x=x(t)\\ y=y(t)\\ z=z(t)\end{cases} \tag{1-5}$$

知道了运动方程，质点的整个运动情况就很清楚了。所以运动学的一个主要任务就是找出物体运动所遵循的运动方程。

质点在空间所经历的路径称为轨道，也称轨迹。质点的运动轨道为直线时，称为直线运动；其运动轨道为曲线时，称为曲线运动。由式（1-5）消去时间 t 后，可得出运动的轨道方程。

3. 位移与路程

设曲线 AB 是质点运动轨道上的一部分（见图 1-2），经过一段时间 Δt，质点由 A 点运动到 B 点。A、B 两点的位矢分别用 $\boldsymbol{r}_1$ 和 $\boldsymbol{r}_2$ 表示，质点的位置变化可用从 A 到 B 的有向线段 $\Delta\boldsymbol{r}$ 表示，$\Delta\boldsymbol{r}$ 称为质点的位移，即

$$\Delta\boldsymbol{r}=\boldsymbol{r}_2-\boldsymbol{r}_1 \tag{1-6a}$$

在直角坐标系中，位移 $\Delta\boldsymbol{r}$ 可以具体表示为

$$\Delta\boldsymbol{r}=(x_2-x_1)\boldsymbol{i}+(y_2-y_1)\boldsymbol{j}+(z_2-z_1)\boldsymbol{k}=\Delta x\boldsymbol{i}+\Delta y\boldsymbol{j}+\Delta z\boldsymbol{k} \tag{1-6b}$$

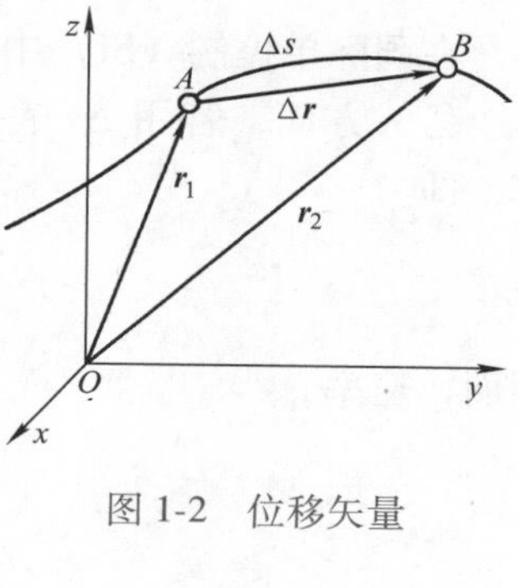

图 1-2　位移矢量

位移的大小为

$$|\Delta \boldsymbol{r}|=\sqrt{(\Delta x)^2+(\Delta y)^2+(\Delta z)^2} \tag{1-7}$$

路程是质点在 Δt 时间内走过的轨道的几何长度 Δs。必须注意：位移是矢量，而路程是标量。就大小来说二者通常也不相同，路程是走过的轨道的长度，而位移的大小是两点间的直线距离。一般情况下，$|\Delta \boldsymbol{r}| \neq \Delta s$，仅当 $\Delta t \to 0$ 时，才有 $|\mathrm{d}\boldsymbol{r}|=\mathrm{d}s$。

1.1.3 速度与速率

速度是描述质点运动快慢和运动方向的物理量。设质点在 t 时刻处于 A 点，在 $t+\Delta t$ 时刻处于 B 点，即在 Δt 时间内，质点的位移是 $\Delta \boldsymbol{r}$（见图 1-3），定义：质点的位移 $\Delta \boldsymbol{r}$ 与所用时间 Δt 的比值叫作这段时间内的平均速度。即

$$\bar{\boldsymbol{v}}=\frac{\Delta \boldsymbol{r}}{\Delta t} \tag{1-8}$$

平均速度的方向与位移的方向相同，其大小等于在单位时间内的位移大小。

平均速度只能描述一段时间内位移的平均变化情况。为了精确地表示质点在某一时刻的运动情况，必须用瞬时速度——质点在某一时刻或某一位置的瞬时速度，等于平均速度在 Δt 趋于零时的极限，即

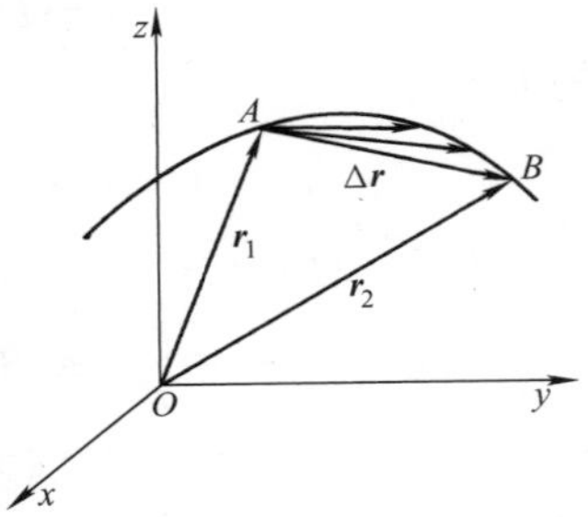

图 1-3 质点的速度

$$\boldsymbol{v}=\lim_{\Delta t\to 0}\frac{\Delta \boldsymbol{r}}{\Delta t}=\frac{\mathrm{d}\boldsymbol{r}}{\mathrm{d}t} \tag{1-9}$$

所以速度为位置矢量对时间的一阶导数。速度的方向就是 Δt 趋于零时 $\Delta \boldsymbol{r}$ 的方向，也就是质点运动轨道在 A 点的切线方向，并指向质点运动的方向。速度的大小叫速率，用 v 表示，即

$$v=|\boldsymbol{v}|=\lim_{\Delta t\to 0}\left|\frac{\Delta \boldsymbol{r}}{\Delta t}\right|=\left|\frac{\mathrm{d}\boldsymbol{r}}{\mathrm{d}t}\right| \tag{1-10}$$

若采用直角坐标系，质点的速度可表示为

$$\boldsymbol{v}=v_x\boldsymbol{i}+v_y\boldsymbol{j}+v_z\boldsymbol{k}=\frac{\mathrm{d}x}{\mathrm{d}t}\boldsymbol{i}+\frac{\mathrm{d}y}{\mathrm{d}t}\boldsymbol{j}+\frac{\mathrm{d}z}{\mathrm{d}t}\boldsymbol{k} \tag{1-11}$$

上式中，$v_x=\frac{\mathrm{d}x}{\mathrm{d}t}$、$v_y=\frac{\mathrm{d}y}{\mathrm{d}t}$、$v_z=\frac{\mathrm{d}z}{\mathrm{d}t}$分别表示速度 $\boldsymbol{v}$ 在 x、y、z 三个轴上的分量。速度的大小为

$$v=|\boldsymbol{v}|=\sqrt{v_x^2+v_y^2+v_z^2} \tag{1-12}$$

在国际单位制（SI）中，速度的单位是米/秒（m/s）。

另一方面，若用 Δs 表示 Δt 时间内质点的运动路程，则 Δs 与 Δt 的比值叫作平均速率，即

$$\bar{v}=\frac{\Delta s}{\Delta t}$$

因而，速率

$$v=\lim_{\Delta t\to 0}\frac{\Delta s}{\Delta t}=\frac{\mathrm{d}s}{\mathrm{d}t} \tag{1-13}$$

1.1.4 加速度

速度是矢量，因此，不论是其大小还是方向发生变化，都会产生加速度。设质点在 t 时刻位于 A 点，速度为 $\boldsymbol{v}_A$，在 $t+\Delta t$ 时刻位于 B 点，速度为 $\boldsymbol{v}_B$，若用 $\Delta\boldsymbol{v}$ 表示其在时间 Δt 内速度的增量，如图 1-4 所示，则有

$$\Delta\boldsymbol{v}=\boldsymbol{v}_B-\boldsymbol{v}_A \tag{1-14}$$

定义 $\Delta\boldsymbol{v}$ 与 Δt 的比值为这段时间内质点的平均加速度，即

$$\bar{\boldsymbol{a}}=\frac{\Delta\boldsymbol{v}}{\Delta t}=\frac{\boldsymbol{v}_B-\boldsymbol{v}_A}{\Delta t} \tag{1-15}$$

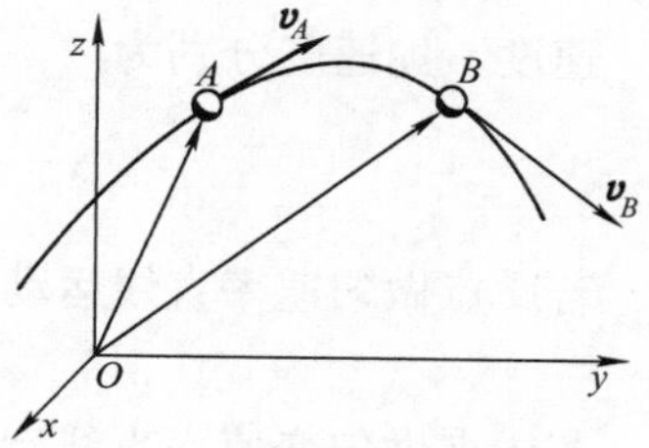

图 1-4 速度的变化

当 Δt 趋于零时，平均加速度的极限，即速度对时间的变化率叫作质点在时刻 t 的瞬时加速度，简称加速度，表示为

$$\boldsymbol{a}=\lim_{\Delta t\to 0}\frac{\Delta\boldsymbol{v}}{\Delta t}=\frac{\mathrm{d}\boldsymbol{v}}{\mathrm{d}t}=\frac{\mathrm{d}^2\boldsymbol{r}}{\mathrm{d}t^2} \tag{1-16}$$

即加速度为速度对时间的一阶导数或位矢对时间的二阶导数。加速度的方向就是 Δt 趋于零时，平均加速度或速度增量 $\Delta\boldsymbol{v}$ 的极限方向，因而加速度的方向与同一时刻速度的方向一般不一致，它总是指向曲线凹的一边。若用 θ 表示 $\boldsymbol{v}$ 与 $\boldsymbol{a}$ 之间的夹角，当 $\theta<90°$时，质点是做加速运动；当 $\theta>90°$时，质点是做减速运动；当 $\theta=90°$时，质点是做匀速率运动。

在直角坐标系中，可将加速度分解为

$$\boldsymbol{a}=a_x\boldsymbol{i}+a_y\boldsymbol{j}+a_z\boldsymbol{k}=\frac{\mathrm{d}v_x}{\mathrm{d}t}\boldsymbol{i}+\frac{\mathrm{d}v_y}{\mathrm{d}t}\boldsymbol{j}+\frac{\mathrm{d}v_z}{\mathrm{d}t}\boldsymbol{k} \tag{1-17}$$

其大小为

$$a=\sqrt{a_x^2+a_y^2+a_z^2} \tag{1-18}$$

【例 1-1】 一质点的运动方程为 $x=4t^2$，$y=2t+3$，其中 x 和 y 的单位是 m，t 的单位是 s。试求：（1）运动轨迹；（2）第 1 秒内的位移；（3）$t=0$s 和 $t=1$s 两个时刻质点的速度和加速度。

【解】（1）由运动方程 $x=4t^2$，$y=2t+3$，消去参数 t 得

$$x=(y-3)^2$$

此为抛物线方程，即质点的运动轨迹为抛物线。

（2）先将运动方程写成矢量形式

$$\boldsymbol{r}=x\boldsymbol{i}+y\boldsymbol{j}=4t^2\boldsymbol{i}+(2t+3)\boldsymbol{j}$$

当 $t=0$s 时，$\boldsymbol{r}_0=3\boldsymbol{j}$m，$t=1$s 时，$\boldsymbol{r}_1=(4\boldsymbol{i}+5\boldsymbol{j})$m，所以第 1 秒内的位移为

$$\Delta\boldsymbol{r}=\boldsymbol{r}_1-\boldsymbol{r}_0=(4\boldsymbol{i}+5\boldsymbol{j}-3\boldsymbol{j})\text{m}=(4\boldsymbol{i}+2\boldsymbol{j})\text{m}$$

（3）由速度及加速度的定义得

$$\boldsymbol{v}=\frac{\mathrm{d}\boldsymbol{r}}{\mathrm{d}t}=\frac{\mathrm{d}x}{\mathrm{d}t}\boldsymbol{i}+\frac{\mathrm{d}y}{\mathrm{d}t}\boldsymbol{j}=(8t\boldsymbol{i}+2\boldsymbol{j})\text{m/s},\qquad \boldsymbol{a}=\frac{\mathrm{d}\boldsymbol{v}}{\mathrm{d}t}=8\boldsymbol{i}\text{m/s}^2$$

当 $t=0$s 时，$\boldsymbol{v}_0=2\boldsymbol{j}$m/s，$t=1$s 时，$\boldsymbol{v}_1=(8\boldsymbol{i}+2\boldsymbol{j})$m/s。

1.2 直线运动

在直线运动中，位移、速度、加速度各矢量都在同一条直线上，都可以用标量表示，而

用正、负号表示它们的方向。正号表示沿坐标轴正向，负号表示沿坐标轴反向。

如图1-5所示，设质点的直线运动是沿 x 轴进行的，坐标轴原点为 O。显然质点的坐标 x 是随时刻 t 而改变的，x 为正值时表示质点的位置在原点的右边；x 为负值时表示质点在原点的左边。此时，质点的运动方程、位移、速度、加速度分别为

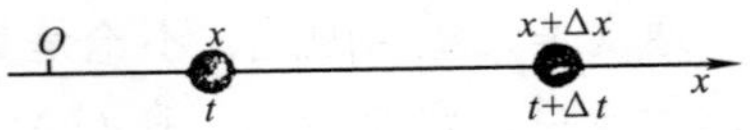

图1-5 直线运动

$$x=x(t),\ \Delta x=x_B-x_A,\ v=\frac{dx}{dt},\ a=\frac{dv}{dt}=\frac{d^2x}{dt^2} \tag{1-19}$$

若质点做匀速率直线运动，其运动方程为

$$x=x_0+vt \tag{1-20}$$

若质点做匀变速率直线运动（a=常量），不难得出

$$v=v_0+at$$

$$x=x_0+v_0t+\frac{1}{2}at^2 \tag{1-21}$$

$$v^2-v_0^2=2a\ (x-x_0)$$

质点做直线运动的问题主要有两类情况：一类是已知运动方程求质点的速度和加速度。解此类问题应对已知的运动方程求导，即可求出速度和加速度。

【例1-2】 小球 A 从 h 高度开始自由下落的同时，另一小球 B 在其下方的地面上以初速 v_0 竖直上抛，两小球在空中相碰，求它们相碰时的高度。

【解】 以 B 的起抛点为原点，竖直向上为正方向，可依题意写出两小球的运动方程为

$$y_A=h-\frac{1}{2}gt^2$$

$$y_B=v_0t-\frac{1}{2}gt^2$$

相碰时 $y_A=y_B$，由此得 $t=\frac{h}{v_0}$，将其代入上面任意两个公式中，即可得出相碰时的高度

$$y=h\left(1-\frac{gh}{2v_0^2}\right)$$

注意：当且仅当 $v_0^2\geqslant\frac{1}{2}gh$ 时，两小球才可能在空中相碰。

【例1-3】 如图1-6所示，一人在高为 h 的岸上以恒定的速率 v_0 收绳拉小船靠岸，求小船运动至离岸 x 时的速度与加速度。

【解】 取 x 轴水平向左为正，原点在岸边，设 t 时刻绳长为 $L=L(t)$，则小船的位置

$$x(t)=\sqrt{L^2-h^2}\quad 或\quad x^2=L^2-h^2$$

对 t 求导得

$$2x\frac{dx}{dt}=2L\frac{dL}{dt}$$

上式中，$\frac{dL}{dt}=-v_0$，为人收绳的速率。

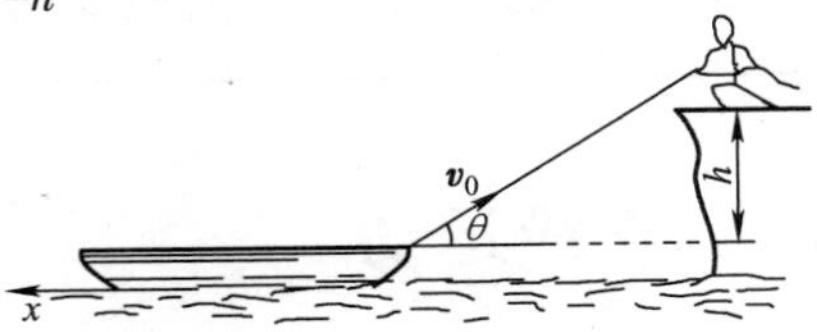

图1-6 例1-3图

因而速度
$$v=\frac{dx}{dt}=-\frac{L}{x}v_0=-\frac{v_0}{\cos\theta}$$

加速度
$$a=\frac{dv}{dt}=-\frac{\frac{dL}{dt}x-L\frac{dx}{dt}}{x^2}v_0=-\frac{h^2}{x^3}v_0^2$$

负号表示小船速度和加速度的方向与 x 轴方向相反。

质点做直线运动的另一类问题是已知速度或加速度及初始条件（初速度和初位置），求质点的运动方程。此时要用积分或解微分方程的方法。

【例 1-4】 已知沿 x 轴运动的质点的加速度 $a=(6-24t)$(SI)，而 $t=0$ 时，$x_0=0$，$v_0=3\text{m/s}$。求质点的运动方程。

【解】 根据加速度的定义有 $dv=adt$。两边求定积分
$$\int_{v_0}^{v}dv=\int_0^t(6-24t)dt$$
得
$$v=3+6t-12t^2(\text{SI})$$
再根据速度的定义有 $dx=vdt$。两边求定积分
$$\int_{x_0}^{x}dx=\int_0^t vdt=\int_0^t(3+6t-12t^2)dt$$
得质点的运动方程为
$$x=3t+3t^2-4t^3(\text{SI})$$

【例 1-5】 质点做匀变速直线运动：a=常量，当 $t=t_0$ 时，$v=v_0$，$x=x_0$，求质点的运动方程。

【解】 由 $dv=adt$，两边同时积分
$$\int_{v_0}^{v}dv=\int_{t_0}^{t}adt$$
得
$$v-v_0=a(t-t_0) \tag{1}$$
又由 $dx=vdt$，两边同时积分
$$\int_{x_0}^{x}dx=\int_{t_0}^{t}[v_0+a(t-t_0)]dt$$
得
$$x-x_0=v_0(t-t_0)+\frac{1}{2}a(t-t_0)^2 \tag{2}$$
再从位移公式和速度公式中消去时间变量 t，可得
$$v^2-v_0^2=2a(x-x_0) \tag{3}$$
本例中的式（1）、式（2）、式（3）正是匀变速直线运动的三个基本公式，现在我们用积分的方法得出。

思考：能否由式（2）的结果，即运动方程，通过求导得出速度 v 和加速度 a 呢？

【例 1-6】 设某质点沿 x 轴运动，在 $t=0$ 时的速度为 v_0，其加速度与速度的大小成正比而方向相反，比例系数为一常数 k（$k>0$），试求速度随时间变化的关系式。

【解】 由题意及加速度的定义式可知

$$a=-kv=\frac{dv}{dt}$$

得出微分方程

$$\frac{dv}{v}=-kdt$$

两边同时积分得

$$\int_{v_0}^{v}\frac{dv}{v}=\int_0^t -kdt$$

$$\ln\frac{v}{v_0}=-kt$$

$$v=v_0e^{-kt}$$

可以看出，速度的大小随时间的增大而按指数规律减小。

思考：若 $a=-kv^2$，则质点的速度随时间变化的关系式又会怎样？

1.3 曲线运动

曲线运动

曲线运动比直线运动更普遍、更复杂。较简单的曲线运动是轨迹在一个平面内的平面曲线运动，如抛体运动、圆周运动和椭圆运动等。

1.3.1 运动的分解

如图 1-7 所示，A、B 为在同一高度的两个小球。在同一时刻，使 A 球自由落体，B 球沿水平方向射出，虽然两球的轨道不同，但是两球总是在同一时刻落地。这一实验事实说明，在同一时间内，A、B 两球在竖直方向的位移是相同的，B 球的运动可分解为竖直和水平两个方向上的独立运动，即在水平方向做匀速直线运动，在竖直方向做自由落体运动。

根据大量实验事实得到如下结论：一个实际发生的运动可以分解成几个各自独立进行的分运动。这个结论称为运动的分解。运动的分解是研究曲线运动的一种重要方法。空间上的曲线运动可以分解为三个相互正交的直线运动；平面曲线运动可分解为相互垂直方向上的两个直线运动。

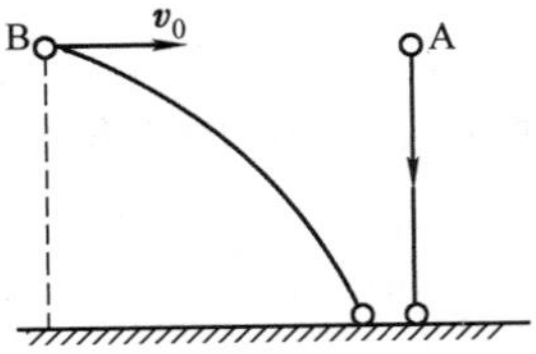

图 1-7 运动的分解

1.3.2 抛射体运动

将一物体斜向上以初速度 $\boldsymbol{v}_0$ 抛出（见图 1-8），抛出点为坐标原点，水平向右为 x 轴正方向，竖直向上为 y 轴正方向。按照正交分解法，质点在水平方向以初速度 $v_0\cos\theta$ 做匀速直线运动；在竖直方向以初速度 $v_0\sin\theta$ 做竖直上抛运动。有

$$v_x=v_0\cos\theta,\ v_y=v_0\sin\theta-gt \tag{1-22}$$

$$x=(v_0\cos\theta)t,\ y=(v_0\sin\theta)t-\frac{1}{2}gt^2 \tag{1-23}$$

从式（1-23）中消去时间 t，得出抛射体轨道方程为

$$y = x\tan\theta - \frac{g}{2v_0^2\cos^2\theta}x^2 \tag{1-24}$$

关于斜抛运动的讨论：

1）水平射程 d：落地时 $y=0$，由轨迹方程可得

$$d = \frac{2v_0^2}{g}\sin\theta\cos\theta = \frac{v_0^2}{g}\sin 2\theta$$

在给定初速度的情况下，水平射程与抛射角有关，当 $\theta=\pi/4$ 时，抛射体的射程最大，其值为

$$d_m = \frac{v_0^2}{g}$$

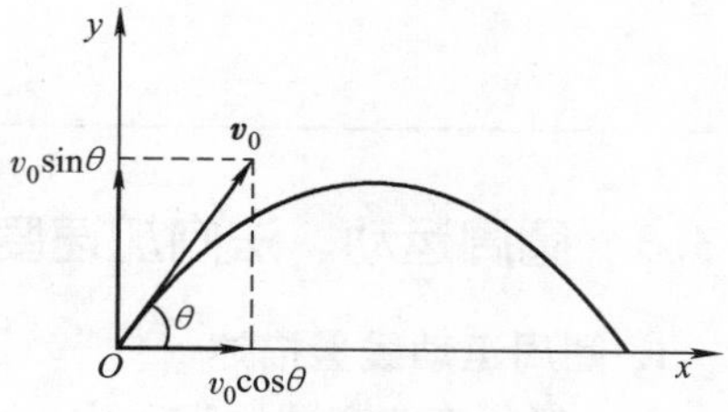

图 1-8　斜抛运动

2）上升时间 $t_{升}$：在最高点 $v_y=0$，求出

$$t_{升} = \frac{v_0\sin\theta}{g}$$

3）抛射体所能到达的最高高度（射高）

$$y_m = \frac{v_0^2\sin^2\theta}{2g}$$

4）抛射体运动的另一种分解法：

若没有重力，抛射体将沿初始方向直线前进。重力的作用是在此基础上叠加一个自由下落运动项$\left(-\frac{1}{2}gt^2\right)$。这可用猎人与猴子的古老演示来说明。猎人直接瞄准攀在一根树枝上的猴子（见图 1-9）。这里猎人犯了个错误，他没考虑到子弹将沿抛物线前进。当猴子看到枪直接瞄准它时，也犯了错误，一见火光立即放手离开树枝。因为子弹和猴子在竖直方向由重力加速度引起的向下位移同样都是 $gt^2/2$，两个错误抵消了。只要枪到猴子的水平距离不太远，以及子弹的初速不太小，猴子在落地之前难逃被子弹打中的悲惨命运。

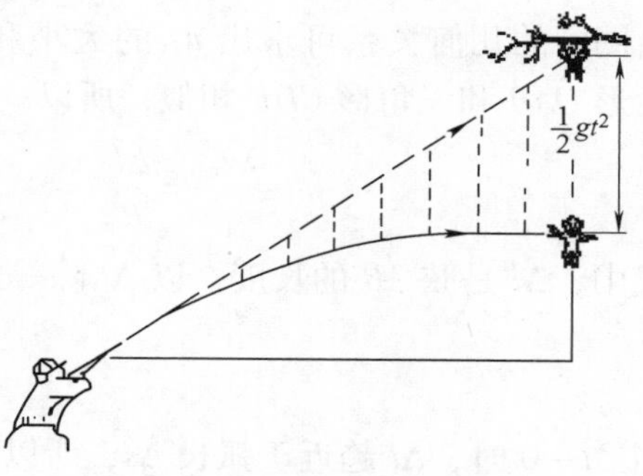

图 1-9　猎人与猴

【例 1-7】　将一小球从坐标原点处以恒定的初速率 v_0 抛出，当倾角 θ 为多大时，可使小球在 $x=\frac{2v_0^2}{3g}$处的 y 坐标（高度）最大？此最大高度 y_m 是多少？

【解】　将 $x=\frac{2v_0^2}{3g}$代入抛射体轨道方程，有

$$y = \frac{2v_0^2}{3g}\tan\theta - \frac{g}{2v_0^2\cos^2\theta}\cdot\frac{4v_0^4}{9g^2} = \frac{2v_0^2}{3g}\tan\theta - \frac{2v_0^2}{9g}(1+\tan^2\theta)$$

令

$$\frac{dy}{d\tan\theta} = \frac{2v_0^2}{3g}\left(1-\frac{2}{3}\tan\theta\right) = 0$$

得出当 $\tan\theta=\frac{3}{2}$时，小球在到达水平距离 $x=\frac{2v_0^2}{3g}$处时的高度最大，并可求出其值为

$$y_m=\frac{5v_0^2}{18g}$$

1.3.3 圆周运动、法向加速度和切向加速度

1. 圆周运动线量描述

在一般的变速率圆周运动中，可将加速度矢量沿轨道切线方向和法线方向（指向圆心）分解，这种方法称为自然坐标法。设质点在以圆心为 O，半径为 R 的圆周上运动（见图 1-10a）。在时间 Δt 内，质点由 A 点到 B 点，在 A、B 两点的速度分别为 $\boldsymbol{v}_A$、$\boldsymbol{v}_B$，其速度的增量为 $\Delta\boldsymbol{v}=\boldsymbol{v}_B-\boldsymbol{v}_A$（见图 1-10b）。从 D 作 DF，使 $CF=CD$，并令$\overrightarrow{DF}=\Delta\boldsymbol{v}_n$，$\overrightarrow{FE}=\Delta\boldsymbol{v}_t$，则

$$\Delta\boldsymbol{v}=\Delta\boldsymbol{v}_n+\Delta\boldsymbol{v}_t$$

其中，$\Delta\boldsymbol{v}_n$ 由速度方向变化引起；$\Delta\boldsymbol{v}_t$ 由速度大小变化引起。根据加速度的定义得

$$\boldsymbol{a}=\lim_{\Delta t\to 0}\frac{\Delta\boldsymbol{v}}{\Delta t}=\lim_{\Delta t\to 0}\frac{\Delta\boldsymbol{v}_n}{\Delta t}+\lim_{\Delta t\to 0}\frac{\Delta\boldsymbol{v}_t}{\Delta t}$$

令

$$\boldsymbol{a}_n=\lim_{\Delta t\to 0}\frac{\Delta\boldsymbol{v}_n}{\Delta t},\quad \boldsymbol{a}_t=\lim_{\Delta t\to 0}\frac{\Delta\boldsymbol{v}_t}{\Delta t}$$

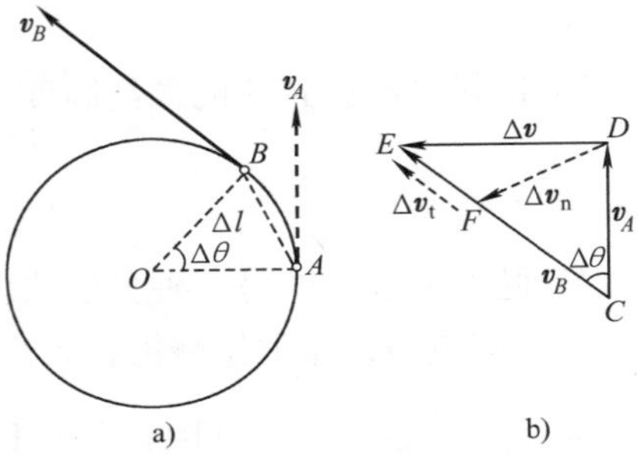

图 1-10 变速圆周运动

由图中的几何关系可求出 $\boldsymbol{a}_n$ 的大小和方向。因为三角形 OAB 和三角形 CDF 相似，所以

$$\frac{|\Delta\boldsymbol{v}_n|}{v_A}=\frac{\Delta l}{R}$$

式中，Δl 是弦 AB 的长度。以 Δt 除等式两边得

$$\frac{|\Delta\boldsymbol{v}_n|}{\Delta t}=\frac{v_A}{R}\frac{\Delta l}{\Delta t}$$

当 $\Delta t\to 0$ 时，Δl 趋近于弧长 Δs，所以 $\boldsymbol{a}_n$ 的大小为

$$a_n=\lim_{\Delta t\to 0}\frac{|\Delta\boldsymbol{v}_n|}{\Delta t}=\frac{v_A}{R}\lim_{\Delta t\to 0}\frac{\Delta l}{\Delta t}=\frac{v_A}{R}\lim_{\Delta t\to 0}\frac{\Delta s}{\Delta t}=\frac{v_A^2}{R} \tag{1-25}$$

$\boldsymbol{a}_n$ 的方向就是 $\Delta\boldsymbol{v}_n$ 的极限方向。由图 1-10 可知，当 $\Delta t\to 0$ 时，$\Delta\theta\to 0$，$\Delta\boldsymbol{v}_n$ 的极限方向垂直于 $\boldsymbol{v}_A$ 并指向圆心。因此，加速度分量 $\boldsymbol{a}_n$ 称为向心加速度，也叫法向加速度，由速度方向变化引起。

而 $\boldsymbol{a}_t$ 所表示的加速度分量叫切向加速度，其大小为

$$a_t=\lim_{\Delta t\to 0}\frac{|\Delta\boldsymbol{v}_t|}{\Delta t}=\lim_{\Delta t\to 0}\frac{\Delta v}{\Delta t}=\frac{dv}{dt} \tag{1-26}$$

$\boldsymbol{a}_t$ 的方向为 A 点的切线方向，反映速度大小变化的快慢程度。

质点的总加速度为

$$\boldsymbol{a}=\boldsymbol{a}_n+\boldsymbol{a}_t$$

其大小为

$$a=\sqrt{a_n^2+a_t^2} \tag{1-27}$$

$\boldsymbol{a}$ 与切线夹角为

$$\theta=\arctan\frac{a_n}{a_t} \tag{1-28}$$

当质点做匀速率圆周运动时，由于速度仅有方向的变化，而大小不变，所以任何时刻的切向加速度

$$a_t=0，\text{此时 } a=a_n=\frac{v^2}{R}$$

【例 1-8】 质点圆周运动的半径为 R，其加速度与速度之间的夹角 θ 恒定，初速为 v_0，求质点的速率 $v(t)$。

【解】 由题知

$$\tan\theta=\frac{a_n}{a_t}=\frac{\frac{v^2}{R}}{\frac{dv}{dt}}$$

改写成

$$\frac{dv}{v^2}=\frac{dt}{R\tan\theta}$$

两边同时积分

$$\int_{v_0}^{v}\frac{dv}{v^2}=\frac{1}{R\tan\theta}\int_0^t dt$$

得

$$v=\frac{v_0R\tan\theta}{R\tan\theta-v_0t}$$

---

2. 圆周运动的角量描述

由于质点在圆周上运动，质点在 t 时刻的位置可用角位置 θ 表示，如图 1-11 所示，质点在 Δt 时间内的位移可用角位移 $\Delta\theta$ 表示，并定义平均角速度为

$$\overline{\omega}=\frac{\Delta\theta}{\Delta t}$$

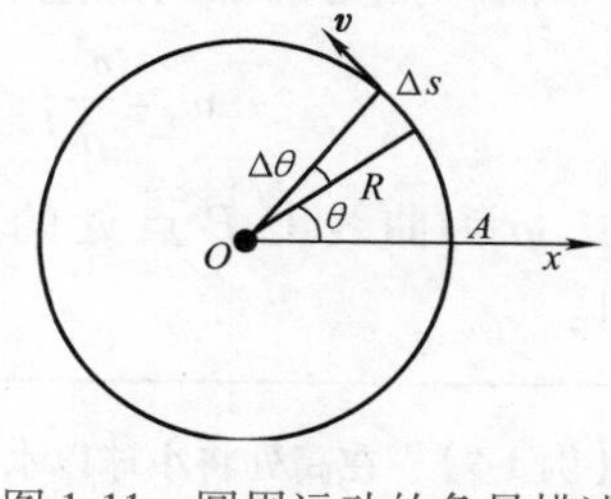

图 1-11　圆周运动的角量描述

质点的（瞬时）角速度为

$$\omega=\lim_{\Delta t\to 0}\frac{\Delta\theta}{\Delta t}=\frac{d\theta}{dt} \tag{1-29}$$

质点做变速率圆周运动时，角速度 ω 将随时间变化，定义平均角加速度为

$$\overline{\beta}=\frac{\Delta\omega}{\Delta t}$$

（瞬时）角加速度为

$$\beta=\lim_{\Delta t\to 0}\frac{\Delta\omega}{\Delta t}=\frac{d\omega}{dt} \tag{1-30}$$

角量与线量的关系：

弧长

$$\Delta s = R\Delta\theta$$

线速度

$$v = \lim_{\Delta t\to 0}\frac{\Delta s}{\Delta t} = \lim_{\Delta t\to 0} R\,\frac{\Delta\theta}{\Delta t} = R\omega \tag{1-31}$$

法向加速度

$$a_n = \frac{v^2}{R} = R\omega^2 \tag{1-32}$$

切向加速度

$$a_t = \frac{dv}{dt} = R\,\frac{d\omega}{dt} = R\beta \tag{1-33}$$

思考：若给出匀变速圆周运动的角加速度 β = 常量，当 $t=t_0$ 时，$\omega=\omega_0$，$\theta=\theta_0$，你能否按例 1-5 的思路得出角量描述的运动方程，即 $\omega=\omega(t)$，$\theta=\theta(t)$ 呢？把结果与例 1-5 比较一下，形式类似吗？

1.3.4 一般曲线运动

对一般的曲线运动问题可以采用自然坐标系。如图 1-12 所示，在曲线上选一点 O' 为原点，用质点 P 到原点的弧长 s 表示质点的位置，因而质点运动学方程为

$$s = s(t) \tag{1-34}$$

而质点的速度方向一定沿轨道切线，大小为

$$v = \frac{ds}{dt} \tag{1-35}$$

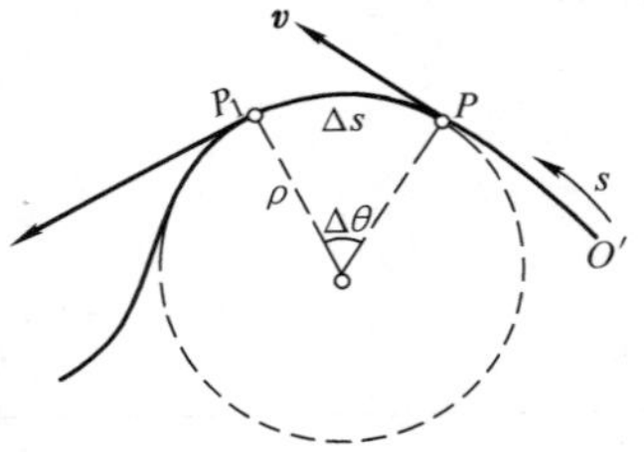

图 1-12 一般曲线运动

为得到质点运动的加速度，可引入曲率圆，质点在曲线上 P 点附近的运动可等效为在 P 点处的曲率圆上做圆周运动，因而 P 点处的法向加速度和切向加速度分别可为

$$a_n = \frac{v^2}{\rho},\quad a_t = \frac{dv}{dt} = \frac{d^2 s}{dt^2} \tag{1-36}$$

其中，ρ 为曲线上 P 点处的曲率半径，并非常数，即曲线上各不同点处 ρ 的大小各不相同。

【例 1-9】 在高处将小球以水平初速度 v_0 抛出，求小球在任一时刻 t 的速率、切向加速度和法向加速度的大小。

【解】 t 时刻的质点速率为

$$v = \sqrt{v_x^2 + v_y^2} = \sqrt{v_0^2 + (gt)^2}$$

切向加速度的大小为

$$a_t = \frac{dv}{dt} = \frac{g^2 t}{\sqrt{v_0^2 + (gt)^2}}$$

而质点在任意时刻加速度的大小 $a=g$，所以法向加速度的大小

$$a_n = \sqrt{a^2 - a_t^2} = \sqrt{g^2 - a_t^2} = \frac{v_0 g}{\sqrt{v_0^2 + (gt)^2}}$$

1.4 相对运动

以上讨论了运动的相对性，即同一个物体的运动在不同的参考系中来看是不同的，而有时又需要从不同的参考系来考察同一个物体的运动。下面讨论相对于两个不同的惯性参考系，同一个物体（质点）的位置、位移、速度、加速度等有何关系。只要知道物体相对某一个参考系的运动情况，就可由这些关系式推出物体相对于另一个参考系的运动情况。

相对运动

通常把固定在地面上的参考系称为固定参考系或绝对参考系（静系），如图 1-13 所示，以 $O\text{-}xyz$ 或 S 表示固定参考系；而把相对于地面运动的参考系称为运动参考系（动系），以 $O'\text{-}x'y'z'$ 或 S′表示。把质量为 m 的小车相对于固定参考系的运动称为绝对运动；而把小车相对于运动参考系的运动称为相对运动；把运动参考系相对固定参考系的运动称为牵连运动，图 1-13 中设牵连速度为 $\boldsymbol{u}$。本节仅讨论 S′系相对于 S 系作以速度 $\boldsymbol{u}$ 沿 x 轴方向做匀速直线运动的情况。

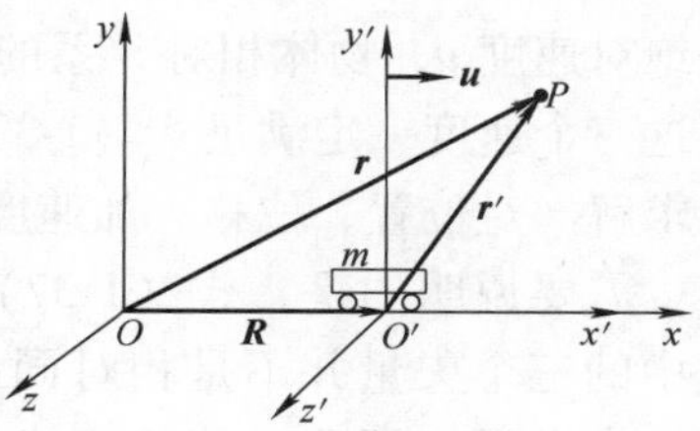

图 1-13 相对运动

1.4.1 位置关系

设 t 时刻质点在 S 系中对应的位置矢量为 $\boldsymbol{r}$，相对 S′系，对应的位置矢量为 $\boldsymbol{r}'$，若 $\boldsymbol{R}$ 是 S′系的原点对 S 系原点的矢径，可得

$$\boldsymbol{r}=\boldsymbol{r}'+\boldsymbol{R} \tag{1-37}$$

1.4.2 位移关系

设质点在 Δt 时间内相对于 S 系的位移矢量为 $\Delta\boldsymbol{r}$、相对 S′系的位移矢量为 $\Delta\boldsymbol{r}'$，而在 Δt 时间内 S′相对于 S 系的位移为 $\Delta\boldsymbol{R}$，$\Delta\boldsymbol{R}$ 也称牵连位移。由图 1-13 有

$$\Delta\boldsymbol{r}=\Delta\boldsymbol{r}'+\Delta\boldsymbol{R} \tag{1-38}$$

1.4.3 速度关系

将式（1-38）两边同时除以 Δt，令 $\Delta t\to 0$，或者将式（1-37）两边同时对时间 t 求导，得

$$\frac{\mathrm{d}\boldsymbol{r}}{\mathrm{d}t}=\frac{\mathrm{d}\boldsymbol{r}'}{\mathrm{d}t}+\frac{\mathrm{d}\boldsymbol{R}}{\mathrm{d}t}$$

即

$$\boldsymbol{v}=\boldsymbol{v}'+\boldsymbol{u} \tag{1-39}$$

式中，$\boldsymbol{v}$ 是质点在 S 系中的速度，称为绝对速度；$\boldsymbol{v}'$是质点在 S′系中的速度，称为相对速度；$\boldsymbol{u}$ 是 S′系相对于 S 系的速度，称为牵连速度。上式表明，绝对速度等于相对速度与牵连速度的矢量和。

1.4.4 加速度关系

同理将式（1-39）两边再同时对 t 求导，并用 $\boldsymbol{a}$ 表示绝对加速度，用 $\boldsymbol{a}'$ 表示相对加速度，用 $\boldsymbol{a}_0$ 表示牵连加速度，则

$$\boldsymbol{a}=\boldsymbol{a}'+\boldsymbol{a}_0 \tag{1-40a}$$

若 S′系相对于 S 系做匀速直线运动，即 $\boldsymbol{u}=$ 常数，$\boldsymbol{a}_0=0$，则质点相对于两参考系的加速度相等，亦即

$$\boldsymbol{a}=\boldsymbol{a}' \tag{1-40b}$$

在解相对运动的问题时，一般先选定 S 系、S′系及观察的物体，物体相对 S 系的速度就是绝对速度 $\boldsymbol{v}$，物体相对 S′系的速度为相对速度 $\boldsymbol{v}'$，S′系相对 S 系的运动速度为牵连速度 $\boldsymbol{u}$。而这三个速度一定满足式（1-39），构成一个速度三角形，画出此速度三角形，再从几何关系求解。对位置、位移、加速度求解也是一样。

需要说明的是，式（1-37）~式（1-40）虽然形式上像矢量叠加，但仔细研究可发现，式中的三个矢量并不是相对同一参考系的。而矢量叠加必须是等式中所有的矢量都相对同一参考系。因此，使这些式子成立的条件是式中的各个矢量的测量与参考系无关，或者说是其中的长度和时间的测量与参考系无关。这是伽利略（Galieo Galiei）基于经典力学时空观下提出的，并且是在 $u \ll c$（光速）的情况下。我们把基于经典力学时空观的式（1-37）、式（1-38）、式（1-39）、式（1-40a）称为**伽利略位置、位移、速度、加速度变换式**。本书在经典力学内容中涉及的都是宏观低速的情况，故无须特别说明，伽利略变换式都成立。

【例 1-10】 一骑车人在以 18km/h 的速率自东向西行进时，看见雨点竖直下落。当他的速率增至 36km/h 时，看见雨点与前进的方向成 120°角下落。求雨点相对地面的速度。

【解】 选取地面为 S 系，骑车人为 S′系，雨点为研究的物体，则

$$v=v_{\text{雨对地}},\quad v'=v_{\text{雨对人}},\quad u=v_{\text{人对地}}$$

依题意有

$$\boldsymbol{v}=\boldsymbol{v}_1'+\boldsymbol{u}_1=\boldsymbol{v}_2'+\boldsymbol{u}_2$$

从图 1-14 中的几何关系可求出

$$v=u_2=v_2'=36\text{km/h},\quad \theta=30°$$

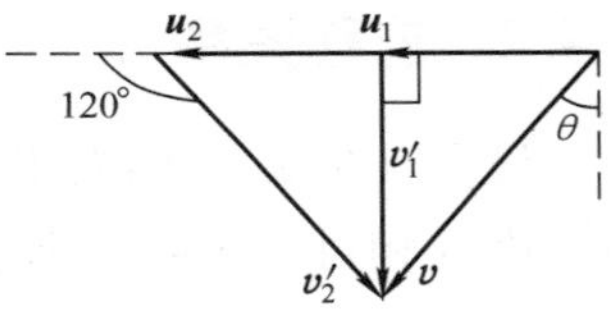

图 1-14 例 1-10 图

【例 1-11】 一辆汽车在雨中沿直线行驶，其速率为 v_1，下落雨滴相对地面的速率为 v_2，方向偏向车前进的方向与竖直线的夹角为 θ。若车厢中的货物比车厢长出 l，车顶棚到货物的高度为 h，问车速 v_1 为多大时，货物才不会被雨水淋湿？

【解】 这也是一个相对运动的问题。可视雨点为研究对象，地面为静参考系 S，汽车为运动参考系 S′。如图 1-15a 所示，要使货物不被淋湿，在车上观察雨点下落的方向（即雨点相对于汽车的运动速度的方向）应满足 $\alpha \geqslant \arctan\dfrac{l}{h}$。如图 1-15b 所示，再由相对速度的矢量关系 $\boldsymbol{v}_2'=\boldsymbol{v}_2-\boldsymbol{v}_1$，即可求出所需车速 v_1。

由 $\boldsymbol{v}_2'=\boldsymbol{v}_2-\boldsymbol{v}_1$，有

$$\alpha=\arctan\frac{v_1-v_2\sin\theta}{v_2\cos\theta}$$

而要使 $\alpha \geqslant \arctan \frac{l}{h}$，则

$$\frac{v_1 - v_2 \sin\theta}{v_2 \cos\theta} \geqslant \frac{l}{h}$$

整理得

$$v_1 \geqslant v_2\left(\frac{l\cos\theta}{h} + \sin\theta\right)$$

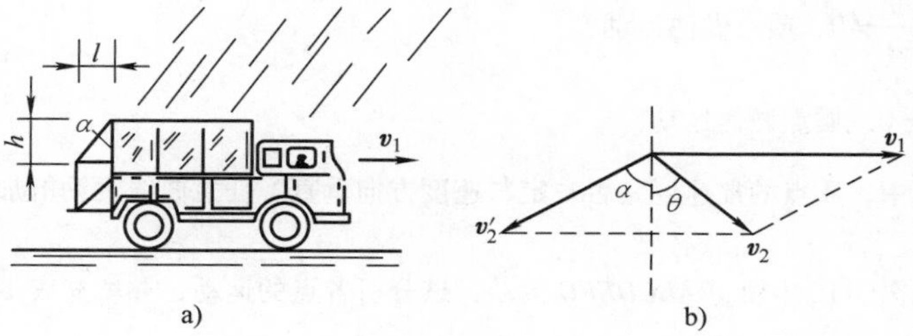

图 1-15　例 1-11 图

思考题

1-1　回答下列问题：

（1）一物体具有加速度而速度为零，是否可能？

（2）一物体具有恒定的速率但仍有变化的速度，是否可能？

（3）一物体具有恒定的速度但仍有变化的速率，是否可能？

（4）一物体具有沿 x 轴正方向的加速度而有沿 x 轴负方向的速度，是否可能？

（5）一物体的加速度大小恒定而其速度的方向改变，是否可能？

1-2　回答下列问题：

（1）位移和路程有何区别？在什么情况下二者的数值相等？在什么情况下不等？

（2）平均速度和平均速率有何区别？在什么情况下二者的数值相等？

（3）瞬时速度和平均速度有何关系？瞬时速率和平均速率又有何关系？

1-3　回答下列问题：

（1）有人说“运动物体的加速度越大，物体的速度也越大”，对否？

（2）有人说“物体在直线上向前运动时，如果物体向前的加速度减小了，那么物体前进的速度也就减小”，对否？

（3）有人说“物体的加速度值很大，而物体速度的值可以不变”，对否？

1-4　设质点的运动方程为 $x=x(t)$，$y=y(t)$，在求质点的速度大小和加速度大小时，有人先求出 $r=\sqrt{x^2+y^2}$，然后根据 $v=\frac{\mathrm{d}r}{\mathrm{d}t}$，$a=\frac{\mathrm{d}^2 r}{\mathrm{d}t^2}$，求得结果；又有人先求出速度与加速度的分量，再合成求出结果，即

$$v=\sqrt{\left(\frac{\mathrm{d}x}{\mathrm{d}t}\right)^2+\left(\frac{\mathrm{d}y}{\mathrm{d}t}\right)^2}，a=\sqrt{\left(\frac{\mathrm{d}^2x}{\mathrm{d}t^2}\right)^2+\left(\frac{\mathrm{d}^2y}{\mathrm{d}t^2}\right)^2}$$

你认为哪一种正确？

1-5　试回答下列问题：

（1）匀加速运动是否一定是直线运动？为什么？

（2）在圆周运动中，加速度的方向是否一定指向圆心？为什么？

1-6 对物体的曲线运动有下面两种说法，判断正确与否：

（1）物体做曲线运动时，必有加速度，且加速度的法向分量一定不为零。

（2）物体做曲线运动时，速度方向一定在轨道切线方向，法向分速度恒为零，因此其法向加速度也一定为零。

1-7 一个做平面运动的质点，其运动方程为 $\boldsymbol{r}=\boldsymbol{r}(t)$，$\boldsymbol{v}=\boldsymbol{v}(t)$。

若（1）$\dfrac{\mathrm{d}r}{\mathrm{d}t}=0$，$\dfrac{\mathrm{d}\boldsymbol{r}}{\mathrm{d}t}\neq0$，质点做何运动？

（2）$\dfrac{\mathrm{d}v}{\mathrm{d}t}=0$，$\dfrac{\mathrm{d}\boldsymbol{v}}{\mathrm{d}t}\neq0$，质点做何运动？

1-8 在圆周运动中，质点的加速度是否一定与速度方向垂直？任意曲线运动的加速度是否一定不与速度方向垂直？

1-9 一质点沿如图1-16中轨道 *ABCDEFG* 运动，试分析各点的运动，并填充表1-1。

表 1-1

各点情况	*A*	*B*	*C*	*D*	*E*	*F*	*G*
运动是否可能							
速率将增大还是减小							
速度方向是否变化							

1-10 在以恒定速度运动的火车上竖直向上抛出一石子，此石子能否落回此人的手中？如果石子抛出后火车突然加速前进，结果又怎样？

1-11 装有竖直风窗玻璃的汽车，在大雨中以速率 v 前进，雨滴则以速率 v' 竖直下降，如图1-17所示，问雨滴将以什么角度打击风窗玻璃？

1-12 一斜抛物体的水平初速度是 v_0，它的轨迹最高点处的曲率半径是多少？

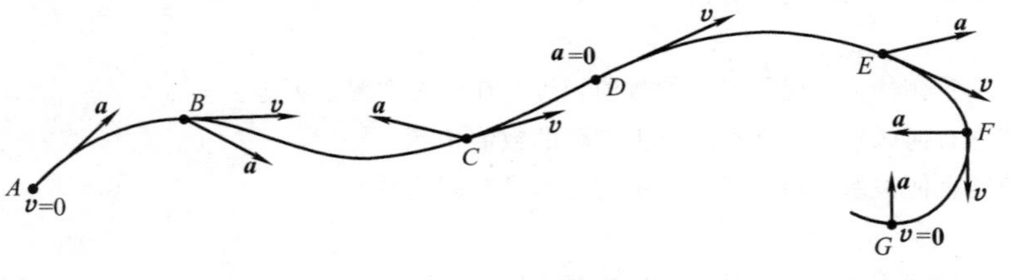

图1-16 思考题1-9图

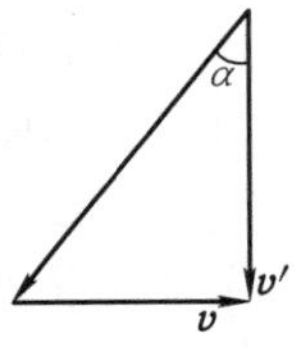

图1-17 思考题1-11图

习 题

1-1 已知质点的运动方程为：$x=-10t+30t^2$，$y=15t-20t^2$。式中，x、y 的单位为m；t 的单位为s。试求：（1）初速度的大小和方向；（2）加速度的大小和方向。

1-2 一石子从空中由静止下落，由于空气阻力，石子并非做自由落体运动。现测得其加速度 $a=A-Bv$，式中，A、B 为正恒量，求石子下落的速度和运动方程。

1-3 一个正在沿直线行驶的汽船，关闭发动机后，由于阻力得到一个与速度反向、大小与船速平方成正比的加速度，即 $a=-kv^2$（k 为常数）。在关闭发动机后，试证：

（1）船在 t 时刻的速度大小为 $v=\dfrac{v_0}{kv_0t+1}$；

（2）在时间 t 内，船行驶的距离为 $x=\dfrac{1}{k}\ln(kv_0t+1)$；

（3）船在行驶距离 x 时的速率为 $v=v_0e^{-kx}$。

1-4　如图 1-18 所示，一行人身高为 h，若此人以匀速 $\boldsymbol{v}_0$ 通过滑轮用绳拉一小车行走，而小车放在距地面高为 H 的光滑平台上，求小车移动的速度和加速度。

1-5　质点沿 x 轴运动，其加速度和位置的关系为 $a=2+6x^2$，a 的单位为 m/s^2，x 的单位为 m。质点在 $x=0$ 处，速度为 10m/s，试求质点在任何坐标处的速度值。

1-6　如图 1-19 所示，一弹性球由静止开始自由下落高度 h 后落在一倾角 $\theta=30°$ 的斜面上，与斜面发生完全弹性碰撞后做抛射体运动，问它第二次碰到斜面的位置距原来的下落点多远。

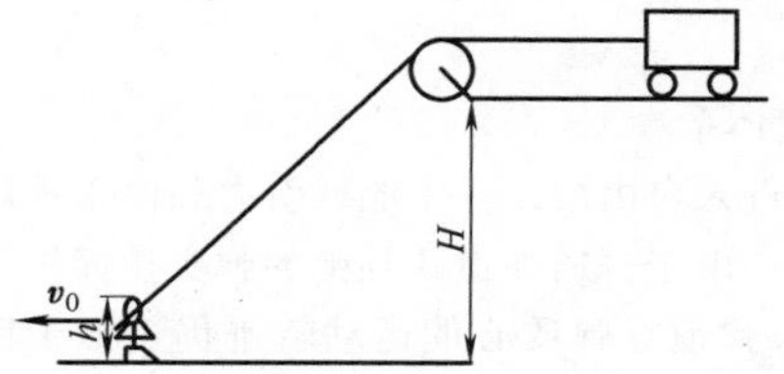

图 1-18　习题 1-4 图

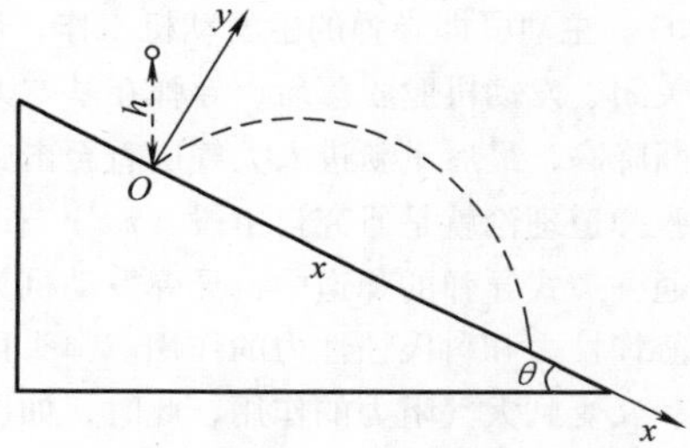

图 1-19　习题 1-6 图

1-7　一人扔石头的最大出手速率为 $v=25m/s$，他能击中一个与他的手水平距离为 $L=50m$、高 $h=13m$ 的目标吗？在此距离上他能击中的最大高度是多少？

1-8　一质点沿半径为 R 的圆周按规律 $s=v_0t-\dfrac{1}{2}bt^2$ 运动，v_0 和 b 都是常量。（1）求 t 时刻质点的总加速度；（2）t 为何值时总加速度在数值上等于 b？（3）当加速度达到 b 时，质点已沿圆周运行了多少圈？

1-9　已知质点的运动方程为 $x=R\cos\omega t$，$y=R\sin\omega t$，$z=\dfrac{h}{2\pi}\omega t$，式中，$R$、$h$、$\omega$ 为正的常量。求：（1）质点运动的轨道方程；（2）质点的速度大小；（3）质点的加速度大小。

1-10　飞机以 100m/s 的速度沿水平直线飞行，在离地面高为 100m 时，驾驶员要把物品投到前方某一地面目标处。问：（1）此时目标在飞机下方前多远？（2）投放物品时，驾驶员看目标的视线和水平线成何角度？（3）物品投出 2s 后，它的法向加速度和切向加速度各为多少？

1-11　一无风的下雨天，一列火车以 $v_1=20m/s$ 的速度匀速前进，在车内的旅客看见玻璃窗外的雨滴和垂线成 75°角下降，求雨滴下落的速度 v_2（设下降的雨滴做匀速运动）。

1-12　升降机以加速度 $a_0=1.22m/s^2$ 上升，当上升速度为 2.44m/s 时，有一螺母自升降机的天花板上脱落，天花板与升降机的底面相距 2.74m，试求：（1）螺母从天花板落到底面所需时间；（2）螺母相对于升降机外固定柱子的下降距离。

1-13　飞机 A 相对地面以 $v_A=1\,000km/h$ 的速率向南飞行，另一飞机 B 相对地面以 $v_B=800km/h$ 的速率向东偏南 30°方向飞行。求飞机 A 相对飞机 B 的速度。

1-14　一人能在静水中以 1.10m/s 的速度划船前进，今欲横渡一宽为 1 000m、水流速度为 0.55m/s 的大河。（1）若他要从出发点横渡该河而到达正对岸的一点，那么应如何确定划行方向？到达正对岸需多少时间？（2）如果希望用最短的时间过河，应如何确定划行方向？船到达对岸的位置在什么地方？

1-15　设有一架飞机从 A 处向东飞到 B 处，然后又向西飞回到 A 处，飞机相对空气的速率为 v'，而空气相对地面的速率为 u，A，B 间的距离为 l。

（1）假定空气是静止的（即 $u=0$），求飞机来回飞行的时间；

（2）假定空气的速度向东，求飞机来回飞行的时间；

（3）假定空气的速度向北，求飞机来回飞行的时间。

阅读材料

一、钱学森弹道

中国指挥与控制学会

弹道式导弹在飞行过程中，它的弹道可分为3个阶段：主动段（OK）、自由段（KE）和再入段（EC）（见图1-20）。主动段即导弹的主发动机工作，导弹摆脱地球引力上升、离开大气层的阶段。自由段即导弹主发动机关闭、发动机舱脱落后，导弹在基本无空气阻力的太空中运动的阶段。再入段是导弹在地球引力作用下不断降高，最后重新进入大气层直至击中目标的阶段。

钱学森弹道理论就是研究自由段（KE）末段的一套理论体系。

在普通弹道式导弹的弹道中，导弹发动机关闭后，弹头进入自由段，只受地球引力和由于地球自转而产生的离心惯性力和科氏惯性力的作用。弹头再入大气层后，由于普通弹道式导弹的弹头正面投影为中心对称形状，又受到大气阻力的作用，此时，如图1-20所示，弹道导弹质心的运动轨迹仍近似于标准抛物线，只是在大气阻力作用下，再入段的运动轨迹变得更陡峭。

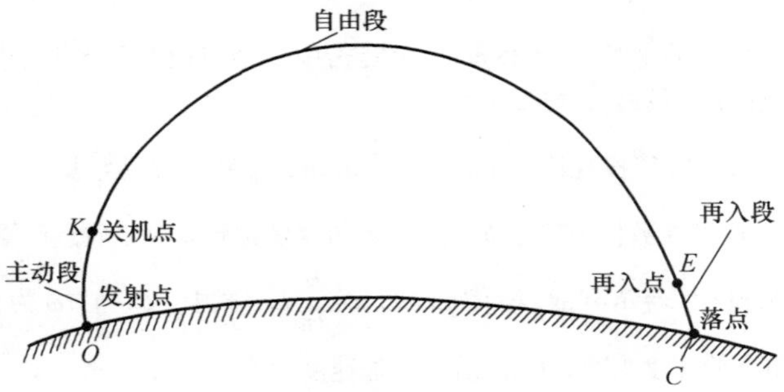

图1-20 普通弹道式导弹的弹道

传统弹道的缺点主要有：

（1）射程短，或者说没有充分利用导弹能量来增加射程；

（2）导弹再入大气层后，随着不断接近地面，飞行速度不断增大，在进入大气层最稠密的区域时速度达到最高，热峰流值和压力值相当大，对导弹的隔热性能、外壳散热系统提出了很高的要求。

为了解决这两个问题，钱学森于20世纪40年代末开始构思新的弹道概念，在20世纪50年代，与两名同事共同提出了“钱学森弹道”。

钱学森弹道的基本原理是，让弹头在“临近空间”（距地面20~100km的高度上）进行增程滑翔，然后再进入稠密大气。这需要重新设计弹头的外形，使其具有升力体滑翔的能力，并在再入大气层时对弹头的迎角进行控制。在100km的高度上，大气层依然非常稀薄，即便弹头设计成升力体外形，其在稀薄大气中产生的升力也不足以抵消弹头的重力，因此弹头的飞行路径依然是降高度状态，但因滑翔效应，其飞行的距离会更长。随着弹头在大气中继续飞行，高度不断降低、大气密度逐渐增加，但同时弹头的速度也逐渐降低，在进入稠密大气时，它的飞行速度会明显低于传统弹道导弹的弹头。

由于在再入段充分利用了空气动力学和滑翔效应，因此“钱学森弹道”又被称为“助推滑翔弹道”。在《苏联军事百科词典》中也对钱学森弹道进行了定义：它是由弹道式弹道和在稠密大气层内依靠空气动力面升力的滑翔段相结合而成的，以便增大射程。具有滑翔弹道的导弹通常具有不大的空气动力面和自主式或复合式控制系统。

在“钱学森弹道”的基础上，德国人桑格提出了另一种滑翔式弹道，称为“桑格弹道”（见图 1-21）。“桑格弹道”与“钱学森弹道”的区别在于，它通过改变弹头进入“临近空间”的姿态、速度和时机，或采用更优化结构的升力体弹头外形，大大提高弹头的升阻比，从而实现“跳跃式弹道”，这个过程可以理解为“用石头打水漂”。

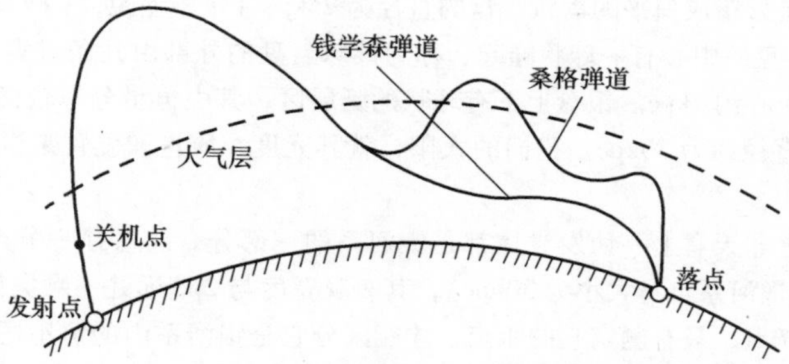

图 1-21 “钱学森弹道”“桑格弹道”的弹头质心运动轨迹

“桑格弹道”与“钱学森弹道”都属于简单的非线性力学控制研究，均未考虑气动热影响和大气变化的影响。从弹道上来看，“钱学森弹道”更为简洁，但“钱学森弹道”的计算量较之“桑格弹道”更为复杂，主要是因为“钱学森弹道”研究的重点是高层稀薄大气的流体力学问题，再用弹道理论对这些问题进行解算，过程十分复杂。而“桑格弹道”过程仅发生在大气低层，此时研究的重点是助推力，因为在大气低层的环境下，只要提供一个足够的力，就能形成下一个“跳跃弹道”。

二、茫茫宇宙

（一）宇宙及其组成和结构

所谓宇宙，是指物质世界总体，而人类目前所观测到的最大空间范围是哈勃半径，约为 150 亿光年。通常把目前能观测到的宇宙空间及其中的各类天体称为可测宇宙。宇宙中的天体绚丽多彩，表现出了极高的层次性。

1. 行星

我们居住的地球是太阳系中的一颗大行星。太阳系一共有八颗大行星：水星、金星、地球、火星、木星、土星、天王星、海王星。除了八大行星以外，还有 60 多颗卫星、3 000 多颗小行星、难以计数的彗星和流星体等。它们都是离我们地球较近的，是我们了解得较多的天体。

2. 恒星和星云

晴夜，我们用肉眼可以看到许多闪闪发光的星星，它们绝大多数是恒星。恒星就是像太阳一样本身能发光发热的星球。我们银河系内就有 1 000 多亿颗恒星。恒星常常爱好“群居”，有许多是“成双成对”地紧密靠在一起，按照一定的规律互相绕转着，这称为双星。还有一些是 3 颗、4 颗或更多颗恒星聚在一起的，称为聚星。如果是十颗以上，甚至是成千上万颗星聚在一起，这就是星团。银河系里已发现 1 000 多个这样的星团。

在恒星世界中还有一些亮度会发生变化的星——变星。它们有的变化很有规律，有的没有什么规律。现在已发现了 2 万多颗变星。有时候天空中会突然出现一颗很亮的星，在两三天内会突然变亮几万倍甚至几百万倍，我们称之为新星。还有一种亮度增加得更厉害的恒星，会突然变亮几千万倍甚至几亿倍，这就是超新星。

除了恒星之外，还有一种云雾似的天体，称为星云。星云由极其稀薄的气体和尘埃组成，形状很不规则，如有名的猎户座星云。

在没有恒星又没有星云的广阔的星际空间里，还有些什么呢？是绝对的真空吗？当然不是。那里充满着非常稀薄的星际气体、星际尘埃、宇宙射线和极其微弱的星际磁场。随着科学技术的发展，人们必定可以发现越来越多的新天体。

3. 银河系及河外星系

随着测距能力的逐步提高，人们逐渐在越来越大的尺度上对宇宙的结构建立了立体的观念。这里第一个重要的发展，是认识了银河系。银河系是一个庞大的恒星集团，约包括 10^{11} 颗恒星。这种恒星集团叫星系。银河系中大部分恒星分布成扁平的盘状。盘的直径为 25kpc（千秒差距，1 秒差距 = 3.26 光年 = 3.09 亿亿米），厚度约为 2kpc。盘的中心有一球状隆起，称为核球。盘的外部由几条旋臂构成。太阳位于其中一条旋臂上，距离银河系中心约 7kpc。银盘上下有球状的延展区，其中恒星分布较稀疏，称为银晕。晕的总质量约占整体的 10%，直径约为 30kpc。我们的太阳，就其光度、质量和位置来讲，都只是银河系中一个极普通的成员。

此外更重要的是，并非天穹上一切发光体都是银河系的一部分。设想有一个类似银河系的恒星集团，处于 500kpc 的距离上（银河系自身大小为 30kpc），其表观亮度与 2pc 远处一颗类似太阳的恒星是一样的。因此，对天穹上的某个光点，只有测定它的距离，才能区分它是银河系内的恒星还是银河系外的另一个星系。实际上，天穹上的大多数光点是银河系的恒星，但也有大量的发光体是与银河系类似的巨大恒星集团，历史上曾被误认为是星云，我们称它们为河外星系，现在已知道存在 1 000 亿个以上的星系，著名的仙女星系、大小麦哲伦星云就是肉眼可见的河外星系。星系的普遍存在表明它代表宇宙结构中的一个层次，从宇宙演化的角度看，它是比恒星更基本的层次。

20 世纪 60 年代以来，天文学家还找到一种在银河系以外像恒星一样表现为一个光点的天体，但在分光观测中，它们的谱线具有很大的红移，又不像恒星，实际上它的光度和质量又和星系一样，我们叫它类星体。现在已发现了数千个这种天体。

4. 星系团

当我们把观测的尺度再放大，宇宙就可被看成是由大量星系构成的“介质”，而恒星只是星系内部细致结构的表现。这样，为了了解宇宙结构，需关心星系在空间的分布规律。

星系的空间分布不是无规则的，它也有成团现象。上千个以上的星系构成的大集团叫星系团。大约只有 10%的星系属于这种大星系团，大部分星系只结成十几、几十或上百个成员的小团。可以肯定的是，星系团代表了宇宙结构中比星系更大的一个新层次。这层次的尺度大小为百万秒差距，平均质量是星系平均质量的 100 倍。

5. 大尺度结构

今天，人们把 10Mpc 以上的结构称为宇宙的大尺度结构（目前观测到的宇宙的大小是 10^4Mpc）。至今，大尺度上的观测事实远不是十分明确的。有趣的是，有迹象表明，星系在大尺度上的分布呈泡沫状，即有许多看不到星系的“空洞”区，而星系聚集在空洞的壁上，呈纤维状或片状结构。这一层次的结构叫超星系团。它的典型尺度为几十兆秒差距。

从演化理论来考虑，尺度大到一定程度应不再有结构存在。这是否符合事实以及这尺度有多大，都是十分重要并需要由大尺度观测来回答的问题。现今对宇宙在 50Mpc 以上是否还有显著的结构现象存在，正是人们热烈争论中的焦点。

总之，若把星系看成宇宙物质的基本单元，那么星系的分布状况就是宇宙结构的表现。现在看来，直至 50Mpc 的尺度为止，星系的分布呈现有层次的结构。这就是我们对宇宙面貌的基本认识。

（二）宇宙的运动描述

美国天文学家斯利费在 1912 年发现，星系光谱呈现红向位移现象，简称红移。如果将谱线的位移视为发射谱线的天体与观测者之间相对运动所产生的多普勒效应，这将意味着它们远离我们而去。到 1926 年，斯利费已积累了 46 个星系的红移资料，其中红移量小的相当于每秒几百千米的远离速度，大的达每秒几千千米。

1929 年，美国天文学家哈勃根据当时发现的为数不多的正常星系，提出了星系视向退行速度 v 同距离 r 大致呈线性关系的经验规律，证实了关于宇宙膨胀的预言。总结出谱线红移的规律是：河外星系红移量与星系离我们的距离成正比，比例系数 H 叫作哈勃常数，即视向退行速度与距离成正比，换句话说，星系与我们的距离越远，它的退行速度越大。这一关系称为“哈勃定律”，如图 1-22 所示。

$$v = Hr$$

测定 H 是观测宇宙学最重要的课题之一。

人们认为，哈勃定律对于为数众多的正常星系是成立的，并且还经常把它外推至较大红移量的天体，以标定距离。不过，哈勃定律对于红移量较大的特殊星系，特别是类星体，它并没有得到公认，一个重要原因是对于这些星体或天体系统，演化效应的影响越来越突出。如何考虑演化效应至今仍是一个难题。

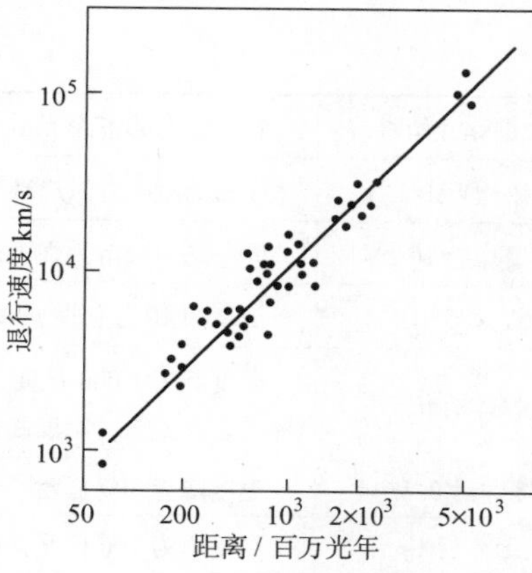

图 1-22　哈勃定律的现代图解

（三）大爆炸宇宙学说

在众多的宇宙模型中，目前影响较大的是伽莫夫于 1948 年创建的热大爆炸宇宙学说。这项研究是核物理与天体物理的结合。

宇宙膨胀的概念很自然地会导致宇宙早期存在高密度、高温度状态的推测。伽莫夫曾提出，宇宙早期物质的密度和温度可能高到足以进行快速热核反应的地步，并且存在着以辐射为主的时期。这种认为宇宙源于一个原始火球的爆炸，并经历了从热到冷、从密到稀、从“辐射”（指无静止质量的粒子，如光子）为主过渡到“实物”（指有静止质量的粒子，如质子、中子）为主的演化史的模型，就称为大爆炸宇宙模型。这个模型是相对论宇宙学的标准模型。他推算出作为大爆炸遗留物的宇宙中应有相当于 10K 的背景辐射。但他的论据中包含了相当的任意假定，10K 误差太大。20 世纪 60 年代中期，迪克和皮伯斯指出应只有几 K。

20 世纪 60 年代初，美国科学家彭齐亚斯和 R. W. 威尔逊为了改进卫星通信，建立了高灵敏度的接收天线系统。该系统由射电望远镜、大喇叭口天线和辐射计制成。他们还采用了当时噪声最低的红宝石行波微波激射器，并利用液氦制冷的波导管作为参考噪声源，因为它能产生功率确定的噪声以作为噪声的基准，使噪声的功率可以用等效的温度表示。由于当时手头正好有一台 7.35cm 的红宝石行波微波激射器，他们就先在 7cm 波段上开始了天线的测试工作。1964 年，他们用它测量银晕气体射电强度时，发现总有消除不掉的背景噪声，天线的等效温度约为 (6.7 ± 0.3)K，天线自身的温度为 (3.2 ± 0.7)K，其中大气贡献为 (2.3 ± 0.3)K，天线自身欧姆损耗和背瓣响应的贡献约为 1K，扣除这些因素，最后得出结论：天线存在有多余噪声，它的等效温度约为 (3.5 ± 1)K。1965 年他们又将其修正为 (3.0 ± 1.0)K，并将这一发现公布，为此获得了 1978 年的诺贝尔物理学奖。

从 0.054cm 直到数十厘米波段的微波背景辐射测量表明，微波背景辐射是温度近于 2.7K 的黑体辐射，习惯称为 3K 背景辐射。黑体谱现象表明，微波背景辐射是极大时空范围内的事件。因为只有通过辐射与物质之间的相互作用才能形成黑体谱。由于现今宇宙空间的物质密度极低，辐射与物质的相互作用极小，所以，我们今天观测到的黑体谱必定起源于很久以前。目前的看法认为，背景辐射起源于热宇宙的早期。这是对大爆炸宇宙学的强有力支持。

根据大爆炸模型进行核合成计算，也能较好地说明宇宙中的氦和氘的丰度（同位素在自然界中的丰度指的是该同位素在这种元素的所有天然同位素中所占的比例。丰度的大小一般以百分数表示。人造同位素的丰度为零）。近年来，粒子物理的电弱统一理论、量子色动力学和大统一理论提出后不久，就陆续和大爆炸理论结合起来，对于宇宙中质子数同光子数之比、重轻子（见轻子）的质量、中微子种类的限制等作出了不少有意义的解释和预言。总之，大爆炸模型确实能够系统地预言并说明宇宙作为一个演化着的整体的许多重要的特征。所以，大爆炸模型被公认为最有生命力、最令人满意的描述今日所观测到宇宙图像的理论。

从1948年伽莫夫建立热大爆炸的观念以来，经过几十年的努力，宇宙学家们为我们勾画出这样一部宇宙历史，见表1-2。

表 1-2

大爆炸开始时	150亿~200亿年前，极小体积，极高密度，极高温度
大爆炸后10^{-43}s	宇宙的量子背景出现
大爆炸后10^{-35}s	同一场力分解为强力、电弱力和引力
大爆炸后10^{-5}s	温度为10万亿度，质子和中子形成
大爆炸后0.01s	温度降为1 000亿度，光子、电子、中微子为主，质子、中子仅占10亿分之一，热平衡态，体系急剧膨胀，温度和密度不断下降
大爆炸后0.1s后	温度降为300亿度，中子、质子比从1.0下降到0.61
大爆炸后1s后	温度降为100亿度，中微子向外逃逸，正负电子湮没反应出现，核力尚不足束缚中子和质子
大爆炸后13.8s后	温度降为30亿度，氘、氦类稳定原子核（化学元素）形成
大爆炸后35min后	温度降为3亿度，核过程停止，尚不能形成中性原子
大爆炸后30万年后	温度降为3 000度，化学结合作用使中性原子形成，宇宙主要成分为气态物质，并逐步在自引力作用下凝聚成密度较高的气体云块，直至恒星和恒星系统

大爆炸模型能统一说明以下几个观测事实：

1）大爆炸理论主张所有恒星都是在温度下降后产生的，因而任何天体的年龄都应比自温度下降至今天这一段时间短，即应小于200亿年。各种天体年龄的测量证明了这一点。

2）观测到河外天体有系统性的谱线红移，而且红移与距离大体成正比。如果用多普勒效应来解释，那么红移就是宇宙膨胀的反映。

3）在各种不同天体上，氦丰度相当大，而且大都是30%。用恒星核反应机制不足以说明为什么有如此多的氦。而根据大爆炸理论，早期温度很高，产生氦的效率也很高，则可以说明这一事实。

4）根据宇宙膨胀速度以及氦丰度等，可以具体计算宇宙每一历史时期的温度。大爆炸理论的创始人之一伽莫夫曾预言，今天的宇宙已经很冷，只有热力学温度的几度。1965年，果然在微波波段上探测到具有热辐射谱的微波背景辐射，温度大约为3K。这一结果无论在定性上或者定量上都与大爆炸理论的预言相符。

但是，热大爆炸宇宙学也有些根本性问题没解决。如大爆炸前的宇宙是什么样？大爆炸是怎么引起的？星系的起源和为何各向同性分布？宇宙膨胀的未来结局是什么？还有失踪质量问题，正、反物质不对称的起源，磁单极子数量问题，“奇点”问题，等等。

（四）宇宙的结局

大爆炸理论认为宇宙的结局不外乎有以下几种：

1. 开放的宇宙

如果宇宙物质密度小于某一临界密度（根据现有的对膨胀速率的观测，临界密度约为5×10^{-30}g/cm^3），宇宙的结构是马鞍形的，宇宙内部的引力无法抵消宇宙膨胀的速度而使宇宙一直膨胀下去。这一情形下，我们称宇宙的膨胀是开放的。最终，随着恒星不断从气体中诞生，气体越来越少，直至无法再形成新的恒星。

10^{14}年后，恒星全部失去光辉，宇宙变暗，星系核处黑洞不断变大。

10^{17}~10^{18}年后，只剩下黑洞和一些零星分布的死亡了的恒星。恒星中质子开始变得不稳定。

10^{24}年后，质子开始衰变成光子和各种轻子。

10^{32}年后，衰变过程结束，宇宙中只剩下光子、轻子和大黑洞。

10^{100}年后，黑洞完全蒸发，可称为世界末日。

2. 封闭的宇宙

如果宇宙物质密度大于临界密度，宇宙的结构是球形的，巨大的引力会使得膨胀最终停止并接下来收缩，在这一情形下称宇宙的膨胀是封闭的。膨胀停止的早晚取决于宇宙物质密度的大小。假设物质密度是临界密度的 2 倍，该膨胀过程经过约 500 亿年后停止，宇宙半径比现在大一倍。

一旦让引力占上风，宇宙就开始收缩，收缩过程几乎正好是膨胀过程的反演，1 000 亿年后重新回复到大爆炸发生时的极高密度和极高温度状态。且收缩过程越来越快，最后称为“大暴缩”。

3. 平坦的宇宙

如果宇宙物质密度等于临界密度，则称宇宙是平坦的，宇宙也将像现在这样一直膨胀下去。

一些观测事实表明，我们的宇宙结构是平坦的。这一结论是参加“银河系外毫米波辐射和地球物理气球观测项目”的多国科学家得出的。为了研究宇宙背景辐射的详细情况，科学家于 1998 年底将射电天文望远镜放置在氦气球上升到距地面约 40km 的高空，在那里对特定宇宙区域进行了 11 天的观测，获得了迄今关于宇宙早期辐射最翔实的数据。经过研究科学家发现，在大尺度上，宇宙最初发出的光线并没有发生弯曲现象，也就是说当初的两束平行光线一直保持平行状态，这说明宇宙结构是平坦的，也就是说宇宙总质量恰好等于临界质量，宇宙将像现在这样一直膨胀下去。

物理学家简介

伽　利　略

伽利略（Galieo Galilei，1564—1642）　伟大的意大利物理学家和天文学家，他开创了以实验事实为基础并具有严密逻辑体系和数学表述形式的近代科学。他为推翻以亚里士多德为代表的经验哲学对科学的禁锢，改变与加深人类对物质运动和宇宙的科学认识而奋斗了一生，因此被誉为“近代科学之父”。

伽利略

伽利略 1564 年 2 月 15 日生于比萨一个乐师和数学家家庭，从小爱好机械、数学、音乐和诗画，喜欢做水磨、风车、船舶模型。17 岁时虽遵父命入比萨大学学医，但却不顾教授们的反对，独自钻研图书馆中的古籍和进行实验。

伽利略对周围世界的多种多样运动特别感兴趣，但他发现“运动的问题这么古老，有意义的研究竟如此可怜。”他的学生维维安尼在《伽利略传》中记叙了 1583 年 19 岁的伽利略在比萨大教堂的情景：

“以特有的好奇心和敏锐性，注视悬挂在教堂最顶端的大吊灯的运动——它的摆动时间在沿大弧、中弧和小弧摆动时是否相同，当大吊灯有规律地摆动时，他利用自己脉搏的跳动和自己擅长并熟练运用的音乐节拍测算，并清楚地得出结论：时间完全一样。他对此仍不满足，回家以后用两根同样长的线绳各系上一个铅球作自由摆动，他把两个摆拉到偏离竖直线不同的角度，例如 30° 和 10°，然后同时放手。在同伴的协助下，他看到无论沿长弧和短弧摆动，两个摆在同一时间间隔内的摆动次数准确相等。他又另外做了两个相似的摆，只是摆长不同。他发现，短摆摆动 300 次时，长摆摆动 40 次（均在大角度情况下），在其他摆动角度（如小角度）下它们各自的摆动次数在同一时间间隔内与大角度时完全相同，并且多次重复仍然如此，他由此得出结论：无论对于重物体的快速摆动还是轻物体的慢速摆动，空气的阻力几乎不起作用，摆长一定的单摆，周期是相同的，与摆幅大小无关。他还看到，摆球的绝对重量或相对密度的大小都不会引起周期的明显改变，若专门挑选最轻的材料做摆球，则它会因空气阻力太大而很快静止下来。”

伽利略对偶然机遇下的发现不但做了多次实测，还考虑到振幅、周期、绳长、阻力、重量、材料等因素，利用绳长的调节和标度做成了第一件实用仪器——脉搏计。

1585年，伽利略因家贫退学，回到佛罗伦萨，担任了家庭教师并努力自学。他从学习阿基米德的《论浮体》及杠杆定律和称金冠的故事中得到启示。自己用简单的演示证明了一定质量的物体受到的浮力与物体的形状无关，只与其密度有关。他将纯金、银的重量与体积列表后刻在秤上，用待测合金制品去称量时就能快速读出金银的成色。这种“浮力天平”用于金银交易十分方便。1586年他写了第一篇论文《小天平》记述这一小制作。1589年他又结合数学计算和实验写了关于几种固体重心计算法的论文。这些成就使他于1589年被聘为比萨大学教授。1592年起他移居到威尼斯，任帕多瓦大学教授，开始了他一生的黄金时代。

在帕多瓦大学，他为了帮助医生测定病人的体温做成了第一个温度计，这是一种开放式的液体温度计，利用带色的水或酒精作为测温物质，这实际上是温度计与气压计的雏形，利用气体的热胀冷缩性质通过含液玻璃管把温度作为一种客观物理量来测量。

伽利略认为：“神奇的艺术蕴藏在琐细和幼稚的事物中，致力于伟大的发明要从最微贱的小事开始。”“我深深懂得，只要一次实验的确证，就足以推翻所有可能的理由。”伽利略不愧是实验科学的奠基人。

伽利略认真读过亚里士多德的《物理学》等著作，认为其中许多是错误的。他反对屈从于亚里士多德的权威，嘲笑那些“坚持亚里士多德的一词一句”的书呆子。他认为那些只会背诵别人词句的人不能叫哲学家，而只能叫“记忆学家”或“背诵博士”。他认为：“世界乃是一本打开的活书。”“真正的哲学是写在那本经常在我们眼前打开着的最伟大的书里，这本书是用各种几何图形和数学文字写成的。”

他从小好问，好与师友争辩。他主张“不要靠老师的威望而是靠争辩”来满足自己理智的要求。他反对一些不合理的传统。例如，他在比萨大学任教时就坚决反对教授必须穿长袍的旧规，并在学生中传播反对穿长袍的讽刺诗。他深信哥白尼学说的正确，他一针见血地笑那些认为天体不变的人，“那些大捧特捧不灭不变等等的人，只是由于他们渴望永远活下去和害怕死亡。”

伽利略依靠工匠们的实践经验与数学理论的结合和他自己敏锐的观察和大量的实验成果，通过雄辩和事实，粉碎了教会支持的亚里士多德和托勒密思想体系两千多年来对科学的禁锢，在运动理论方面奠定了科学力学的基石（如速度、加速度的引入，相对性原理、惯性定律、落体定律、摆的等时性、运动叠加原理等），而且闯出了一条实验、逻辑思维与数学理论相结合的新路。

伽利略在帕多瓦自己的家中开办了一个仪器作坊，成批生产多种科学仪器与工具，并利用它们亲自进行实验。1609年7月，他听说荷兰有人发明了供人玩赏的望远镜后，8月，就根据传闻及折射现象，找到铅管和平凸及平凹透镜，制成第一台3倍望远镜，20天后改进为9倍，并在威尼斯的圣马克广场最高塔楼顶层展出数日，轰动一时。11月，他又制成20倍望远镜并用来观察天象，看到“月明如镜”的月球上竟是凸凹不平，山峦迭起。他还系统地观察木星的四颗卫星。1610年他将望远镜放大倍数提高到33，同年3月发表《星空信使》一书，总结了他的观察成果并用来有力地驳斥地心说。伽利略发明望远镜虽属偶然，但他不断改进设计，成批制造，逐步提高放大倍数，这不是一般学者、工匠或教师所能及的。

伽利略通过望远镜观测到太阳黑子的周期性变化与金星的盈亏变化，看到银河系中有无数恒星，有力地宣传了日心说。

1615年伽利略受到敌对势力的控告，他虽几经努力，力图挽回局面，但1616年教皇还是下了禁令，禁止他以口头或文字的形式传授或宣传日心说。以后伽利略表面上在禁令下生活，实际上写出了《关于托勒密和哥白尼两大世界体系的对话》一书来为哥白尼辩护。该书于1632年出版，当年秋伽利略就遭到严刑下的审讯。1633年6月22日伽利略被迫在悔过书上签字，随后被终身软禁。在软禁期间他又写了《关于两门新科学的对话与数学证明对话集》一书，该书于1638年在荷兰莱顿出版。

伽利略1642年1月8日病逝，终年78岁。科学的蓬勃发展早已证实了伽利略的伟大和教会的谬误，1979年梵蒂冈教皇保罗二世宣布对这一历史判决平反，只是平反来得太迟了。

第2章 质点动力学

上一章讨论了如何描述质点的运动，但没有涉及质点运动状态变化的原因。本章将讨论质点间相互作用引起运动状态变化的规律，这部分内容称为质点动力学。

2.1 动量与牛顿运动定律

动量与牛顿运动定律

2.1.1 牛顿（Isaac Newton）第一定律、惯性系

牛顿第一定律告诉我们：“任何物体都要保持其静止或匀速直线运动状态，直到其他物体的作用迫使它改变这种状态为止”。牛顿第一定律首先表明，物体都有保持运动状态不变的特性，这种特性称为物体的惯性，所以，牛顿第一定律又称为惯性定律。物体的质量越大其惯性越大，质量越小其惯性也越小，因而质量是物体惯性大小的量度。

牛顿第一定律还表明，要使物体的运动状态发生变化，一定要有其他物体对它产生作用，这种作用称为力。力是使物体运动状态发生变化即产生加速度的原因，但不是维持速度的原因。

牛顿第一定律还定义了一种特殊的参考系——惯性系。只有在惯性系中观察，一个不受外力作用的物体才会保持静止或匀速直线运动状态不变。惯性定律不成立的参考系称为非惯性系。

要决定一个参考系是不是惯性系，只能根据观察和实验。太阳参考系是以太阳中心为原点，以指向任一恒星的直线为坐标轴的参考系。通过观察和实验证实，牛顿第一定律在此参考系中成立。因此，太阳参考系是一个惯性系。目前最好的惯性系是以选定的 1 535 颗恒星平均静止位形作为基准的参考系——FK_4 系。

惯性系有无数多个，若某一参考系是惯性系，则相对此惯性系静止或做匀速直线运动的任何物体也都是惯性参考系，而相对惯性参考系做变速运动的物体则为非惯性系。

当人们研究地面附近物体的运动时，常把地球选为参考系。由于地球绕太阳公转和自转，所以这个参考系不是严格的惯性系，但地球公转和自转的向心加速度都很小，与重力加速度 $\boldsymbol{g}$ 相比可忽略不计，所以地球参考系可以近似地作为惯性参考系。

2.1.2 动量、牛顿第二定律

1. 动量

质量为 m 的物体，以速度 $\boldsymbol{v}$ 运动时，定义其动量矢量为

$$\boldsymbol{p}=m\boldsymbol{v} \tag{2-1}$$

动量 $\boldsymbol{p}$ 的方向与物体速度 $\boldsymbol{v}$ 的方向相同。

2. 牛顿第二定律

当物体受到外力作用时，物体的动量将发生变化，物体所受合外力 $\boldsymbol{F}$ 等于物体的动量随时间的变化率

$$\boldsymbol{F}=\frac{\mathrm{d}\boldsymbol{p}}{\mathrm{d}t}=\frac{\mathrm{d}(m\boldsymbol{v})}{\mathrm{d}t} \tag{2-2}$$

在经典物理学中，物体的质量 m 通常不变，因而可将牛顿第二定律写成如下常用的形式：

$$\boldsymbol{F}=m\frac{\mathrm{d}\boldsymbol{v}}{\mathrm{d}t}=m\boldsymbol{a} \tag{2-3}$$

牛顿第二定律是质点动力学的基本方程。关于牛顿第二定律，应当明确以下几点：

1）牛顿第二定律是在实验的基础上利用数学知识总结出来的客观规律，它和牛顿第一定律一样只适用于惯性参考系。

2）牛顿第二定律给出了力与物体运动状态变化之间的瞬时关系，即 $\boldsymbol{F}$ 与 $\boldsymbol{a}$ 同时产生，同时变化，同时消失。

3）牛顿第二定律概括了力的独立性原理或力的叠加原理，即几个力同时作用在一个物体上所产生的加速度等于每个力单独作用时所产生的加速度的矢量和。

4）由于力和加速度都是矢量，所以牛顿第二定律的表示式是矢量式。在解题时常常用其分量式，如在平面直角坐标系 x、y 轴上的分量式为

$$F_x=ma_x=m\frac{\mathrm{d}v_x}{\mathrm{d}t}=m\frac{\mathrm{d}^2x}{\mathrm{d}t^2},\quad F_y=ma_y=m\frac{\mathrm{d}v_y}{\mathrm{d}t}=m\frac{\mathrm{d}^2y}{\mathrm{d}t^2}$$

式中，F_x、F_y 分别表示物体所受外力在 x 轴、y 轴上的分量；a_x、a_y 分别表示物体加速度在 x 轴、y 轴上的分量。在处理曲线运动问题时，还常用到式（2-3）沿切线方向和法线方向上的分量式，即

$$F_\mathrm{t}=ma_\mathrm{t}=m\frac{\mathrm{d}v}{\mathrm{d}t},\qquad F_\mathrm{n}=ma_\mathrm{n}=m\frac{v^2}{\rho}$$

式中，F_t、F_n 分别表示物体所受合外力在切线方向和法向方向上的分量；a_t、a_n 分别表示切向加速度和法向加速度。

2.1.3　牛顿第三定律

力是物体之间的相互作用，两个物体之间的作用力 $\boldsymbol{F}$ 和反作用力 $\boldsymbol{F}'$ 沿同一直线，大小相等，方向相反，分别作用在两个物体上，即

$$\boldsymbol{F}=-\boldsymbol{F}' \tag{2-4}$$

牛顿第三定律主要表明以下几点：

1）物体间的作用力具有相互作用的本质，即力总是成对出现，作用力和反作用力同时存在，同时消失，在同一条直线上，大小相等而方向相反。

2）作用力和反作用力分别作用在相互作用的两个不同物体上，各产生其效果，不能相互抵消。

3）作用力和反作用力是同一性质的力。例如，作用力是摩擦力，反作用力也一定是摩

擦力，绝不可能是其他性质的力。

4）牛顿第三定律谈的是相互作用力，并没有涉及运动的描述；因此，它对任何参考系都成立。

注意：

1）在牛顿运动的三个定律中，第二定律是核心，是质点动力学的基本方程。通常处理动力学问题时，要把这三个定律结合起来考虑。

2）牛顿三定律只适用于宏观、低速领域，当物体的运动速度接近光速或研究微观粒子的运动时，需要分别应用相对论力学和量子力学规律。

2.1.4 几种常见的力

1. 万有引力和重力

宇宙中任何两个物体之间都存在着相互吸引的力，称为**万有引力**。实验证明：在两个相距为 r，质量分别为 m_1、m_2 的质点之间的万有引力与两个质点质量的乘积成正比，与它们之间距离的平方成反比，其方向沿着两质点的连线。即

$$F=G\frac{m_1 m_2}{r^2} \tag{2-5}$$

式中，G 为万有引力恒量，G 的数值与式中的力、质量及距离的单位有关。根据实验测定，$G=6.67\times10^{-11}\ \mathrm{N\cdot m^2/kg^2}$。

重力来源于地球和物体之间的万有引力。按万有引力定律，质量为 m 的物体在距离地球中心的距离为 R 时的重力为

$$P=G\frac{m_{地球}m}{R^2} \tag{2-6}$$

方向竖直向下。若令式（2-6）中的 $G\frac{m_{地球}}{R^2}=g$，则有

$$P=mg \tag{2-7}$$

把万有引力恒量 G、地球质量 $m_{地球}=5.975\times10^{24}\ \mathrm{kg}$ 及地球半径 $R=6.371\times10^{6}\mathrm{m}$ 代入上式，可以算出物体在重力作用下的重力加速度 $g=G\frac{m_{地球}}{R^2}\approx9.82\mathrm{m/s^2}$。事实上，由于地球并不是一个质量均匀分布的球体，还由于地球的自转，使得地球表面不同地方的重力加速度 g 的值略有差异。在一般问题中，这种差异常可忽略不计。

实际中重力加速度可利用重力仪测量。2020 年 5 月 27 日，珠峰高程测量登山队 8 名攻顶队员登顶珠穆朗玛峰，使用 GNSS 接收机通过北斗卫星进行高精度定位测量，并采用重力仪进行了重力测量。测量所用高精度测量仪器均由我国自主研发，这也是人类首次在珠峰峰顶开展重力测量。

重力仪主要应用于油气田与煤田等能源的勘查、金属与非金属矿产资源的勘查、地质灾害观测以及地球重力场的测量、固体潮观测、地壳形变观测、地震预报观测等领域。我国是世界少数几个能够生产重力仪的国家之一。

2. 弹性力

两个物体相互接触，彼此发生形变的同时，所引起的一种想要让物体恢复原状的力称为

弹性力。例如，弹簧的弹性力、物体的压力、绳子的张力等，都是弹性力。如图 2-1 所示，一弹性体（如弹簧）在形变不超过一定限度时，其弹性力遵从胡克定律，即

$$F=-kx \tag{2-8}$$

式中，k 称为弹性物体的劲度系数；x 为偏离平衡位置的位移；负号表示力与位移的方向相反。可见，弹性力的特征是：**弹性力的大小与位移的大小成正比，方向指向平衡位置**。故弹性力又称为弹性恢复力。

3. 摩擦力

摩擦力分为静摩擦力和滑动摩擦力。设有两个物体 A 和 B 相互接触，如图 2-2 所示。我们推 A 时如果用的力 $\boldsymbol{F}$ 较小就推不动。A 不动的事实表明，B 对 A 的摩擦力和外力 $\boldsymbol{F}$ 大小相等，方向相反，这种摩擦力是在 A 和 B 相对静止但却具有相对运动趋势的情况下发生的，称为静摩擦力。当外力逐渐增大时，静摩擦力也增大。但当外力达到某一数值时，A 开始移动。可见静摩擦力增到一定数值后就不能再增大了，这一数值叫作最大静摩擦力。

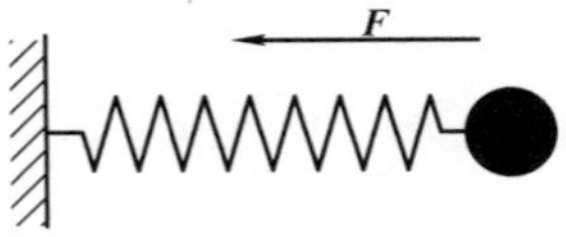

图 2-1　弹性力

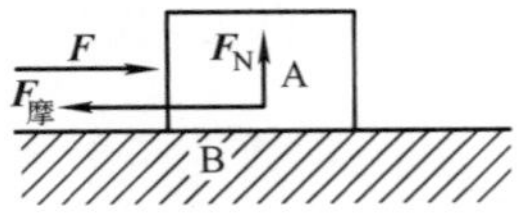

图 2-2　摩擦力

实验证明：最大静摩擦力 F_{max} 与物体接触面上的正压力的大小 F_N 成正比，即

$$F_{max}=\mu_0 F_N \tag{2-9}$$

式中，μ_0 称为静摩擦因数。必须注意，静摩擦力的大小由外力的大小决定，可随外力的增大取 0 到 F_{max} 之间的各个数值。

两物体间相互接触，并有相对滑动时，在两物体接触处出现的摩擦力称为滑动摩擦力。滑动摩擦力的方向总是与物体相对运动的方向相反。

实验表明，作用在物体上的滑动摩擦力的大小也与物体受到的正压力的大小成正比，即

$$F_{滑}=\mu F_N \tag{2-10}$$

式中，μ 称为动摩擦因数，它比静摩擦因数稍小一点，在通常计算中，可以近似认为 $\mu_0=\mu$ 而不加区别。对于不同材料和不同接触表面，μ_0 和 μ 各不相同，它们都可以由实验测定。

2.1.5　牛顿运动定律的应用

应用牛顿运动定律解题的步骤如下：

1）分析各物体相对某一惯性系运动的加速度，并建立坐标系。

2）分析各物体的受力状况，选择隔离体，画受力图。

3）列方程组求解，必要时进行讨论。

【例 2-1】　如图 2-3a 所示，质量 $m_1=1\text{kg}$ 的板放在地上，与地面间摩擦因数 $\mu_1=0.5$，板上有一质量 $m_2=2\text{kg}$ 的物体，它与板间的摩擦因数 $\mu_2=0.25$。现用 $F=19.6\text{N}$ 的力水平拉动木板，问板和物体的加速度各是多少？

【解】 本题似乎很简单，设 m_1 和 m_2 的加速度大小分别为 a_1 和 a_2，受力分析如图 2-3b、c 所示，对两物体列出牛顿第二定律方程组

$$F-F_{f1}-F_{f2}=m_1a_1$$
$$F_{N1}-F_{N2}-m_1g=0$$
$$F_{f2}=m_2a_2$$
$$F_{N2}-m_2g=0$$

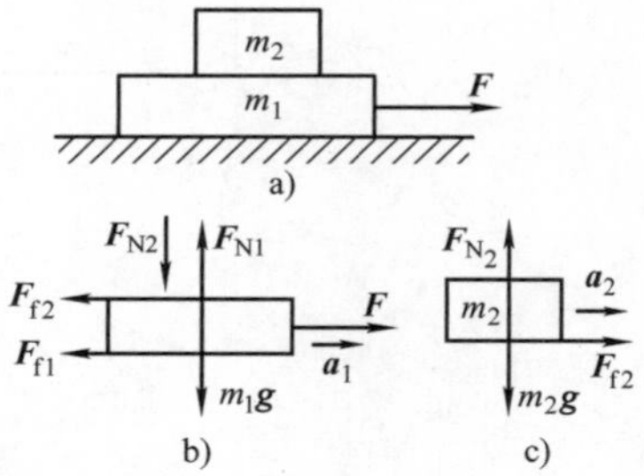

图 2-3 例 2-1 图

代入式 $F_{f1}=\mu_1F_{N1}$，$F_{f2}=\mu_2F_{N2}$ 得

$$a_1=\frac{F-[\mu_2m_2+\mu_1(m_1+m_2)]g}{m_1}=0$$
$$a_2=\mu_2g=2.45\text{m/s}^2$$

这显然是错误的！原因在于误认为 m_1 与 m_2 之间有相对运动，而实际上此时二者相对静止，式 $f_2=\mu_2N_2$ 是错误的。去除此式并让 $a_1=a_2$ 可求出

$$a_1=\frac{F}{m_1+m_2}-\mu_1g=1.63\text{m/s}^2$$
$$F_{f2}=m_2a_2=3.26\text{N}<\mu_2F_{N2}=4.9\text{N}$$

【例 2-2】 如图 2-4a 所示，质量为 m_1 的斜面放在水平面上，斜面上另一质量为 m_2 的滑块沿斜面滑下，若所有的表面都是光滑的，求二者的加速度和相互作用力。

【解】 选地面为惯性参考系，对二者受力分析和运动分析如图 2-4b、c 所示，注意 m_2 在沿斜面加速下滑的同时，又跟斜面一起向左加速运动，因而它相对地面的加速度为 $\boldsymbol{a}_2$。建立坐标系 x 轴水平向左，y 轴竖直向上。列出运动方程如下：

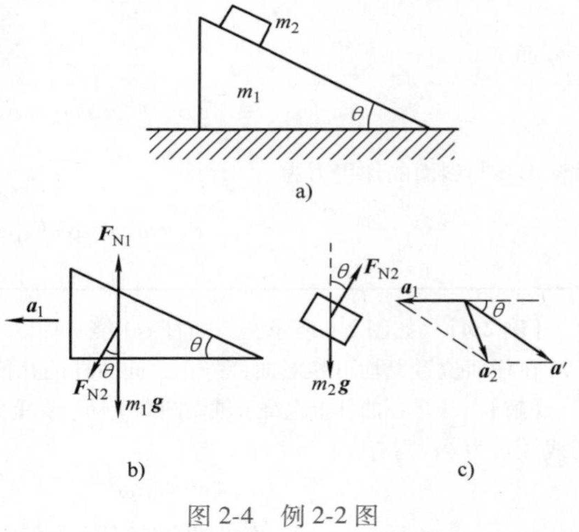

图 2-4 例 2-2 图

$$F_{N2}\sin\theta=m_1a_1$$
$$F_{N1}-F_{N2}\cos\theta-m_1g=0$$
$$-F_{N2}\sin\theta=m_2\ (a_1-a'\cos\theta)$$
$$F_{N2}\cos\theta-m_2g=-m_2a'\sin\theta$$

求出

$$a_1=\frac{m_2g\sin\theta\cos\theta}{m_1+m_2\sin^2\theta},\ a'=\frac{(m_1+m_2)\ g\sin\theta}{m_1+m_2\sin^2\theta}$$
$$F_{N1}=\frac{(m_1+m_2)\ m_1g}{m_1+m_2\sin^2\theta},\ F_{N2}=\frac{m_1m_2g\cos\theta}{m_1+m_2\sin^2\theta}$$

【例 2-3】 如图 2-5 所示，质量为 m'的楔形物体放在倾角为 α 的固定光滑斜面上，楔形物体的上表面水平，其上放一质量为 m 的质点，m 与 m'间无摩擦。求：(1) 当 m 在 m'上运动时，m 相对于斜面的加速度的大小；(2) 楔形物体与斜面间的作用力。

【解】 (1) 关键要搞清 m、m'与斜面间的运动：m'沿斜面下滑，设 m'与斜面间的相互作用力为 $\boldsymbol{F}_N$，其加速度为 $\boldsymbol{a}$；m 在水平方向不受力，水平方向无加速度，故 m 对斜面的加速度只有竖直分量，大小等于 m'对斜面的加速度的竖直分量，以 F_{N1}表示 m 与 m'间的相互作用力大小，可列出方程组如下：

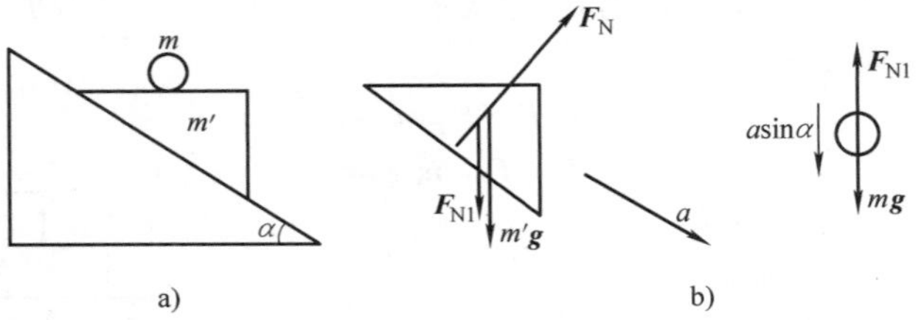

图 2-5 例 2-3 图

a）示意图 b）受力图

$$\begin{cases}F_N-m'g\cos\alpha-F_{N1}\cos\alpha=0\\ m'g\sin\alpha+F_{N1}\sin\alpha=m'a\\ mg-F_{N1}=ma\sin\alpha\end{cases}$$

解得

$$a=\frac{(m'+m)\sin\alpha}{m'+m\sin^2\alpha}g$$

m 相对斜面的加速度为

$$a_1=a\sin\alpha=\frac{(m'+m)\sin^2\alpha}{m'+m\sin^2\alpha}g$$

（2）而

$$F_{N1}=mg-ma\sin\alpha=\frac{m'm\cos^2\alpha}{m'+m\sin^2\alpha}g$$

故楔形体与斜面的作用力为

$$F_N=m'g\cos\alpha+F_{N1}\cos\alpha=\frac{m'(m'+m)\cos\alpha}{m'+m\sin^2\alpha}g$$

【例 2-4】 如图 2-6 所示，一曲杆 OA 绕 y 轴以匀角速度 ω 转动，曲杆上套着一质量为 m 的小环，若要小环在任何位置上均可相对曲杆静止，问曲杆的几何形状怎样？

【解】 小环在曲杆上也绕 y 轴做圆周运动，受重力 $\boldsymbol{mg}$ 和支持力 $\boldsymbol{F}_N$ 作用，设小环所在位置坐标为（x，y），切线倾角为 θ，则有

$$F_N\sin\theta=mx\omega^2$$
$$F_N\cos\theta-mg=0$$

相除得

$$\tan\theta=\frac{\omega^2}{g}x=\frac{dy}{dx}$$

或

$$dy=\frac{\omega^2}{g}xdx$$

积分得

$$y=\frac{\omega^2}{2g}x^2$$

说明曲杆的形状为一抛物线。

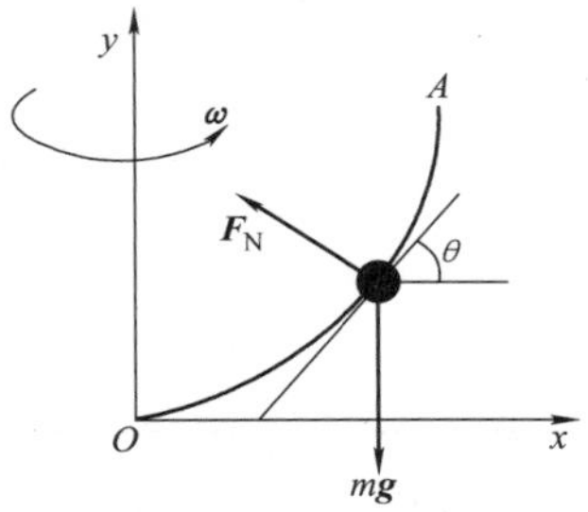

图 2-6 例 2-4 图

【例 2-5】 设质量为 m 的子弹射出枪口后做水平直线飞行，受到空气阻力 $F=-kv^2$，若子弹出枪口时速率为 v_0，求：（1）子弹此后的速率；（2）当 $v=0.5v_0$ 时，它飞行的距离。

【解】（1）子弹在飞行过程中，水平方向上仅受空气阻力，因而运动微分方程为

$$-kv^2=m\frac{\mathrm{d}v}{\mathrm{d}t}\quad 或 \quad \frac{\mathrm{d}v}{v^2}=-\frac{k}{m}\mathrm{d}t$$

分离变量积分为

$$\int_{v_0}^{v}\frac{\mathrm{d}v}{v^2}=-\frac{k}{m}\int_0^t\mathrm{d}t$$

得出子弹此后速率为

$$v=\frac{mv_0}{m+kv_0t}$$

（2）先将运动方程改写成

$$-kv^2=mv\frac{\mathrm{d}v}{\mathrm{d}x}\quad 或 \quad \frac{\mathrm{d}v}{v}=-\frac{k}{m}\mathrm{d}x$$

分离变量积分为

$$\int_{v_0}^{\frac{v_0}{2}}\frac{\mathrm{d}v}{v}=-\frac{k}{m}\int_0^x\mathrm{d}x$$

得

$$x=\frac{m}{k}\ln2$$

思考：若本题中 $F=-kv$ 或是 $F=-kt^2$，又该如何求解呢？

【例 2-6】 质量为 m 的物体，从高空由静止开始下落，设它受到的空气阻力 $F=-kv$，k 为常数，求物体下落的速度和路程随时间的变化关系。

【解】 设物体由原点开始下落到 y 处时的速率为 v，受重力和阻力作用，其运动微分方程为

$$mg-kv=m\frac{\mathrm{d}v}{\mathrm{d}t}$$

分离变量并做定积分，有

$$\int_0^v\frac{\mathrm{d}v}{v-v_\mathrm{T}}=-\frac{k}{m}\int_0^t\mathrm{d}t$$

其中，$v_\mathrm{T}=\frac{mg}{k}$为下落的收尾速率。求出

$$v=v_\mathrm{T}(1-\mathrm{e}^{-\frac{k}{m}t})$$

再次积分得

$$y=\int_0^t v_\mathrm{T}(1-\mathrm{e}^{-\frac{k}{m}t})\mathrm{d}t=v_\mathrm{T}t+\frac{m}{k}v_\mathrm{T}(\mathrm{e}^{-\frac{k}{m}t}-1)$$

2.2 单位制和量纲

2.2.1 单位制

物理量都是有单位的。历史上使用过的单位制有很多种，现在都采用国际单位制（代

号为 SI)。在国际单位制中，取长度、质量和时间作为力学的基本量，它们的单位为基本单位，并规定长度的单位为“米”(m)，质量的单位为“千克”(kg)，时间的单位为“秒”(s)。其他力学量都为导出量，它们的单位都可以结合相应的物理规律从基本单位导出，称为导出单位。

例如，速度的单位为“米/秒”(m/s)，加速度的单位为“米/秒²”(m/s^2)。这是在规定了长度和时间的基本单位之后，按照关系式 $\boldsymbol{v}=\frac{d\boldsymbol{r}}{dt}$ 和 $\boldsymbol{a}=\frac{d\boldsymbol{v}}{dt}$ 导出的。又如，力的单位是根据式 $F=ma$ 导出的，即质量为 1kg 的物体，在外力 F 的作用下，得到的加速度 a 为 $1m/s^2$，那么，这个力的大小为 1 牛顿，用 N 表示，即

$$1N=1kg\times1m/s^2=1kg\cdot m/s^2$$

2.2.2 量纲

在物理学中，导出量与基本量之间的关系可以用量纲来表示，如果用 L、M 和 T 分别表示长度、质量和时间这三个基本量，则其他力学导出量 Q 可按下列形式表示为

$$\dim Q = L^p M^q T^s \tag{2-11}$$

称为量纲。例如，速度的量纲为

$$\dim v = \frac{\dim r}{\dim t} = LT^{-1}$$

加速度的量纲为

$$\dim a=\frac{\dim v}{\dim t}=\frac{LT^{-1}}{T}=LT^{-2}$$

力的量纲为

$$\dim F=\dim m\dim a=MLT^{-2}$$

量纲概念的引入，不仅为物理量的换算带来了方便，而且可以利用量纲来验证等式的正确性：只有量纲相同的物理量才能相加减或用等号相连接。例如，在匀变速直线运动中有

$$v_t=v_0+at$$

上式两边的量纲都是 LT^{-1}。因此，由量纲的检验可知上式是正确的。通过量纲分析，常常可以得到一些有用的结论，即有时可以不必知道定律与物理机制的细节，仅从量纲分析就可以得到一些有用的信息，由此做出一些定性的判断。

*2.3 力学相对性原理和非惯性系

2.3.1 伽利略相对性原理

力学描述的是物体运动的规律，需要选择适当的参考系。实验表明，在有些参考系中，牛顿运动定律是适用的，而在另一些参考系中，牛顿运动定律并不适用。凡是适用牛顿运动定律的参考系叫作惯性系，而不适用牛顿运动定律的参考系则叫作非惯性系。一个参考系是不是惯性系，只能根据实验观测来加以判断。设想在某个惯性系内，有一个物体受合外力等于零，那么它相对于这个惯性系是静止的。现在，另有一个参考系，它相对于前一个惯性系

做匀速直线运动，则在后一个参考系内的观察者看来，该物体所受合外力仍等于零，只不过是相对于自己在做匀速直线运动。这两种说法虽然不同，但都和牛顿运动定律相符合。因此，相对于惯性系做匀速直线运动的参考系也是一个惯性系。于是，可以说如果惯性系存在，一切相对于惯性系做匀速直线运动的参考系也都是惯性系，那么惯性系就有无数个。在这些惯性系内，所有力学现象都符合牛顿运动定律。

早在 1632 年，伽利略曾在封闭的船舱里仔细地观察了力学现象，发现在船舱内总觉察不到物体的运动规律和地面上有任何不同。他说："在这里（只要船的运动是等速的），你在一切现象中观察不出丝毫的改变，你也不能够根据任何现象来判断船究竟是在运动还是停止。当你在地板上跳跃的时候，你所通过的距离和你在一条静止的船上跳跃时所通过的距离完全相同，也就是说，你向船尾跳时并不比你向船头跳时（由于船的运动）跳得更远些，虽然当你跳在空中时，在你下面的地板是在向着和你跳跃相反的方向奔驰着。"当你抛一件东西给你的朋友时，如果你的朋友在船头而你在船尾时，你所费的力并不比你们俩站在相反的位置时所费的力更大。从挂在船的天花板下装着水的杯子里滴下的水滴，将竖直地落在地板上，没有任何一滴水偏向船尾方面滴落，虽然当水滴在空中时，船在向前走（见伽利略《关于托勒密和哥白尼两大世界体系的对话》）。这里，伽利略所描述的种种现象正是指明了一切彼此做匀速直线运动的惯性系，对于描述机械运动的力学规律来说是完全等价的，并不存在任何一个比其他惯性系更为优越的惯性系。与之相应，在一个惯性系的内部所做的任何力学实验都不能够确定这个惯性系本身是静止还是在做匀速直线运动。在所有惯性系中力学规律完全相同，这称为力学相对性原理或伽利略相对性原理。

在前面相对运动的讨论中，已经给出了位移、速度、加速度的伽利略变换式，证明了质点的加速度对于做相对匀速运动的不同惯性系 S 与 S′来说是个绝对量。设质点在 S 系中的加速度是 $\boldsymbol{a}$，在 S′系中的加速度是 $\boldsymbol{a}'$，那么

$$\boldsymbol{a}=\boldsymbol{a}'$$

在经典力学中，物体的质量 m 又被认为是不变的，因此，牛顿运动定律在这两个惯性系中的形式也就相同。若用 $\boldsymbol{F}$ 与 $\boldsymbol{F}'$分别表示质点在 S 与 S′系中所受的力，实验证明，在牛顿定律成立的领域内，力与参考系也是无关的，即 $\boldsymbol{F}=\boldsymbol{F}'$，因 $m\boldsymbol{a}=m\boldsymbol{a}'$，即

$$\boldsymbol{F}=m\boldsymbol{a},\ \boldsymbol{F}'=m\boldsymbol{a}'$$

上式可视为伽利略相对性原理的数学形式。这就是说，伽利略相对性原理的另一叙述是：牛顿第二定律的方程相对于伽利略坐标变换来说是不变的。

2.3.2 经典力学的时空观

伽利略相对性原理是和经典力学时空观交织在一起的。伽利略坐标变换的核心思想是经典力学中的绝对时空观。经典力学认为，物体的运动虽在时间和空间中进行，但是时间和空间的性质与物质的运动彼此没有任何联系。牛顿说："绝对的、真正的和数学的时间自己流逝着，并由于它的本性而均匀地、与任一外界对象无关地流逝着。""绝对空间，就其本性而言，与外界任何事物无关，而永远是相同的和不动的。"（见牛顿《自然哲学的数学原理》）

所谓"绝对的空间"可理解为：空间中两点的间距 $|\Delta\boldsymbol{r}|=\sqrt{(\Delta x)^2+(\Delta y)^2+(\Delta z)^2}$ 在任何参考系中看来都是不变的。而"绝对的时间"则可理解为：做一件事所花的时间 Δt 在任何参考系中看来也都是不变的。

牛顿这种“绝对时间”和“绝对空间”的观点是把在低速范围内总结出来的结论绝对化的结果。在人们的日常生活中，大量接触到的是低速运动的物体，因此会不自觉地接受这种观点。后来当人们接触到高速运动的物体时，发现伽利略变换不再适用，经典力学的时空观也应修正为爱因斯坦的“四维时空”观。

2.3.3 非惯性系、惯性力

相对于惯性系做变速运动的参考系都是非惯性系，此时牛顿运动定律都不适用。例如，相对地面变速运动的火车以及旋转的圆盘等都是非惯性系。而人们又往往不得不与非惯性系打交道，为了方便求解非惯性系中的力学问题，要引入一个叫作惯性力的虚拟力。

1. 加速直线运动非惯性系中的惯性力

在火车内的光滑水平桌面上放一质量为 m 的小球，如图 2-7 所示。当火车以加速度 $\boldsymbol{a}$ 沿 x 轴正向运动时，若以车厢为参考系，则小球以加速度 $-\boldsymbol{a}$ 沿 x 轴负向运动。因而车厢内的观察者认为牛顿运动定律不成立（小球所受合力为零而有加速度）。但若设想有一个虚拟的惯性力作用在小球上，并认为这个惯性力为

$$\boldsymbol{F}_{\mathrm{i}}=-m\boldsymbol{a} \tag{2-12}$$

这样对加速直线运动的火车这个非惯性系也可应用牛顿第二定律了。

由此可以认为：在以 $\boldsymbol{a}$ 做加速直线运动的非惯性系中，有一个大小等于 ma，方向与 $\boldsymbol{a}$ 相反的惯性力作用在物体上。更一般地，当物体相对此非惯性系有加速度 $\boldsymbol{a}'$时，牛顿第二定律的表达式为

$$\boldsymbol{F}+\boldsymbol{F}_{\mathrm{i}}=m\boldsymbol{a}' \tag{2-13}$$

式中，$\boldsymbol{F}_{\mathrm{i}}=-m\boldsymbol{a}$ 为惯性力，$\boldsymbol{a}$ 是非惯性系相对惯性系的加速度；$\boldsymbol{F}$ 是物体所受到的除惯性力以外的合外力。

2. 匀速转动非惯性系、惯性离心力

在水平放置的光滑转台上放一质量为 m 的小球，小球与轴线之间以一长为 R 的弹簧相连（见图 2-8）。当以地面为参考系（惯性系）时，小球和转台一起以角速度 ω 做匀速转动，这是由于小球在水平方向上受到的弹簧的拉力为向心力，其向心加速度为 $a_{\mathrm{n}}=R\omega^2$。然而，当以转台为参考系（非惯性系）时，小球所受合力不为零（受到弹簧的拉力），但小球相对转台是静止不动的，因而牛顿定律不成立。但可认为小球在非惯性系里除了受弹簧的拉力作用外，还受到一个方向背离圆心的虚拟的惯性力 $F_{\mathrm{i}}=m\dfrac{v^2}{R}=mR\omega^2$，这个惯性力正好与小球所受的拉力相平衡。这个惯性力又叫作惯性离心力

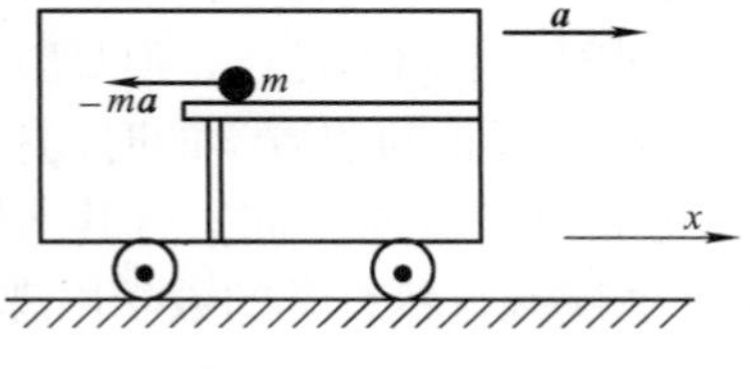

图 2-7 加速车厢内的惯性力

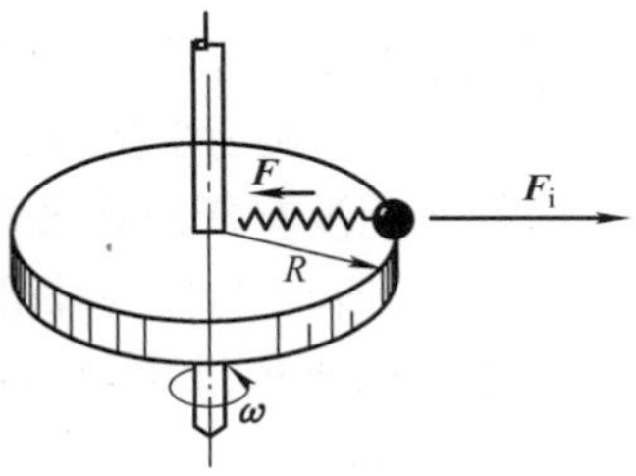

图 2-8 惯性离心力

惯性力虽然是一种虚拟的力，它没有施力者，但只要是处在非惯性系中就会感受到它的存在。如当汽车紧急刹车时，汽车内的人会向前倾；当汽车转弯时，人又会向外倒。

【例 2-7】 如图 2-9a 所示，一只小猴站在沿倾角为 θ 的斜面无摩擦下滑的小车上，以速率 v_0 垂直于斜面上抛一红球，经 t_0 后又以 v_0 上抛另一绿球，问此二球何时相遇。

【解】 小车以加速度 $g\sin\theta$ 沿斜面下滑，因此小车为非惯性系，被抛出的小球受到重力和沿斜面向上的惯性力作用，二者的合力大小为 $mg\cos\theta$，方向垂直斜面向下，如图 2-9b 所示。因而两小球相对小车的运动为垂直于斜面的上抛运动。取 y 轴垂直斜面向上，并以抛出红球时为计时起点，可写出运动学方程为

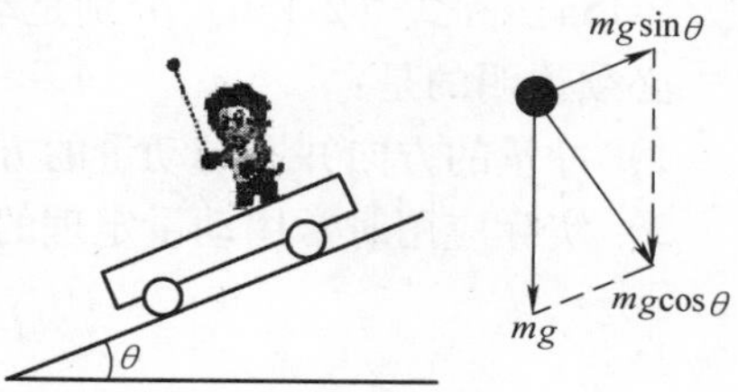

a)　b)

图 2-9　例 2-7 图

a）示意图　b）受力图

$$y_1 = v_0 t - \frac{1}{2} g\cos\theta \cdot t^2$$

$$y_2 = v_0(t-t_0) - \frac{1}{2} g\cos\theta \cdot (t-t_0)^2$$

相遇时 $y_1 = y_2$，得出相遇时间为

$$t_1 = \left(\frac{1}{2} + \frac{v_0}{g t_0 \cos\theta}\right) t_0$$

本题若取地面为惯性系来求解，因两小球相对地面的运动是不同的斜抛运动，会变得较复杂，不好分析和求解。

2.4　动量定理　动量守恒定律

动量定理和动量守恒定律

2.4.1　质点的动量定理

牛顿运动定律讨论了质点运动状态的变化与它所受合外力之间的瞬时关系。对于一些力学问题除分析力的瞬时效应外，还必须研究力的累积效应，也就是要研究运动的过程。而过程必在一定的空间和时间内进行，因而力的累积效应分为力的空间累积和时间累积两类效应。

1. 力的冲量

我们首先讨论力对时间的累积效应。将作用在物体上的外力与力作用的时间的乘积叫作力对物体的冲量，用 $\boldsymbol{I}$ 表示。例如，物体受恒力 $\boldsymbol{F}$ 作用 Δt 时间产生的冲量为

$$\boldsymbol{I} = \boldsymbol{F}\Delta t$$

在变力作用情况下，冲量为

$$\boldsymbol{I} = \int_{t_0}^{t} \boldsymbol{F} \mathrm{d}t \tag{2-14}$$

冲量是矢量，表征力持续作用一段时间的累积效应，单位为 N · s，与动量的单位相同。

2. 质点的动量定理

将牛顿第二定律 $\boldsymbol{F} = \dfrac{\mathrm{d}(m\boldsymbol{v})}{\mathrm{d}t} = \dfrac{\mathrm{d}\boldsymbol{p}}{\mathrm{d}t}$ 改写成

$$\boldsymbol{F}\mathrm{d}t=\mathrm{d}\boldsymbol{p} \tag{2-15a}$$

积分得

$$\int_{t_0}^{t}\boldsymbol{F}\mathrm{d}t=\boldsymbol{p}-\boldsymbol{p}_0=m\boldsymbol{v}-m\boldsymbol{v}_0 \tag{2-15b}$$

式（2-15）说明，质点所受合外力的冲量等于其动量的增量，此称为质点的动量定理。式（2-15a）和式（2-15b）分别是动量定理的微分形式和积分形式。

必须说明的是：

1）冲量的方向并不与动量的方向相同，而是与动量增量的方向相同。

2）实际应用时常用动量定理的分量式

$$I_x=\int_{t_0}^{t}F_x\mathrm{d}t=mv_x-mv_{0x}$$

$$I_y=\int_{t_0}^{t}F_y\mathrm{d}t=mv_y-mv_{0y}$$

$$I_z=\int_{t_0}^{t}F_z\mathrm{d}t=mv_z-mv_{0z}$$

3）动量定理说明，质点动量的改变是由外力和外力作用时间两个因素，即冲量决定的。

4）动量定理也只在惯性系中才成立，因而解题时所选的参考系应是惯性系。

动量定理常用于碰撞、打击等问题的研究。在碰撞等过程中，由于作用的时间 Δt 极短，冲力的大小变化很大且很难测量，如图2-10所示；但是，只要测出碰撞前后的动量和碰撞所持续的时间，则可得到平均冲力为

$$\overline{\boldsymbol{F}}=\frac{1}{\Delta t}\int_{t_0}^{t}\boldsymbol{F}\mathrm{d}t=\frac{1}{\Delta t}(\boldsymbol{p}-\boldsymbol{p}_0) \tag{2-16}$$

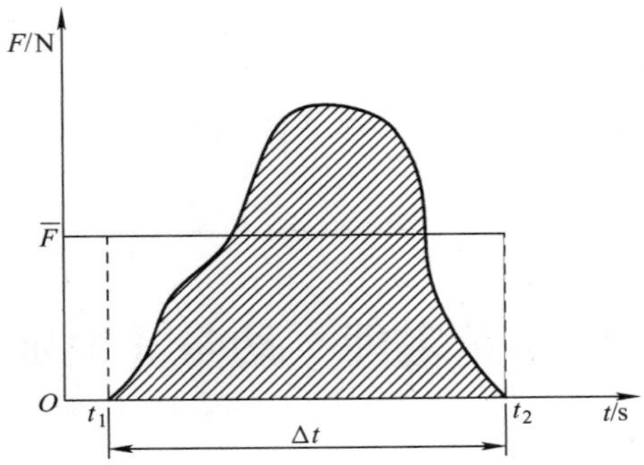

图2-10 冲力随时间变化规律

【例2-8】 如图2-11所示，一个质量 $m=0.14\text{kg}$ 的垒球沿水平方向以 $v_1=50\text{m/s}$ 的速率投来，经棒打击后，沿仰角 $\theta=45°$ 的方向飞出，速率变为 $v_2=80\text{m/s}$。求棒对球的冲量大小与方向。如果球与棒接触的时间为 $\Delta t=0.02\text{s}$，求棒对球的平均冲力的大小，它是垒球本身重量的几倍？

【解】 如图2-11所示，设垒球飞来方向为 x 轴方向，棒对球的冲量的大小为

$$I=m\sqrt{v_1^2+v_2^2+2v_1v_2\cos\theta}$$
$$=0.14\times\sqrt{50^2+80^2+2\times50\times80\times\cos45°}\ \text{N}\cdot\text{s}=16.9\text{N}\cdot\text{s}$$

设 $\boldsymbol{I}$ 与 x 轴夹角为 α，由图可得出

$$\alpha=180°-\arctan\frac{mv_2\sin\theta}{mv_1+mv_2\cos\theta}$$
$$=180°-\arctan\frac{80\times\sin45°}{50+80\times\cos45°}=152°2'$$

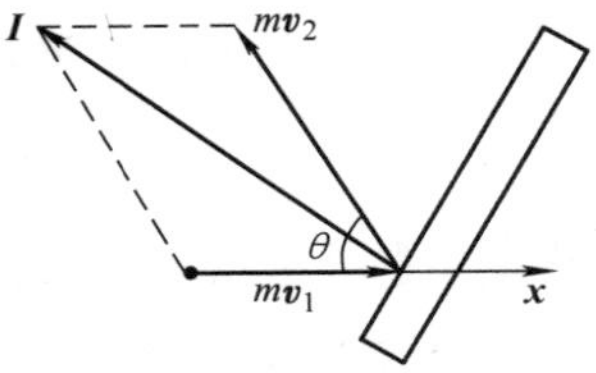

图2-11 例2-8图

棒对球的平均冲力大小为

$$\overline{F}=\frac{I}{\Delta t}=\frac{16.9}{0.02}\text{N}=845\text{N}$$

此力与垒球本身重量之比为

$$\frac{\overline{F}}{mg}=\frac{845}{0.14\times9.8}\approx616$$

2.4.2　质点系的动量定理

当研究对象由两个或更多的质点组成时，就称为质点系。作用在质点系上的力分为外力和内力，外力是质点系以外的其他物体对质点系中每个质点施加的作用力，而内力则是质点系内部各质点之间的相互作用力。两个质点间的内力是一对作用力与反作用力，因而质点系所有内力的总和一定为零。

1. 两个质点的情况

设系统内有两个质点 1 和 2，质量分别为 m_1 和 m_2，作用在两个质点上的外力分别为 $\boldsymbol{F}_1$ 和 $\boldsymbol{F}_2$，而两质点之间的相互作用力为 $\boldsymbol{F}_{12}$ 和 $\boldsymbol{F}_{21}$（见图 2-12），根据动量定理，在 $\Delta t=t_2-t_1$ 时间内，两质点的动量的增量分别为

$$\int_{t_1}^{t_2}(\boldsymbol{F}_1+\boldsymbol{F}_{12})\mathrm{d}t=m_1\boldsymbol{v}_1-m_1\boldsymbol{v}_{10}$$

$$\int_{t_1}^{t_2}(\boldsymbol{F}_2+\boldsymbol{F}_{21})\mathrm{d}t=m_2\boldsymbol{v}_2-m_2\boldsymbol{v}_{20}$$

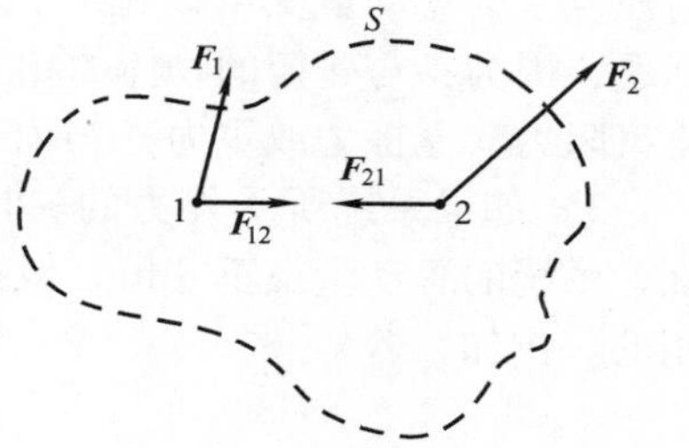

图 2-12　两个质点的系统的外力与内力

把上面两式相加，得

$$\int_{t_1}^{t_2}(\boldsymbol{F}_1+\boldsymbol{F}_2+\boldsymbol{F}_{12}+\boldsymbol{F}_{21})\mathrm{d}t=(m_1\boldsymbol{v}_1+m_2\boldsymbol{v}_2)-(m_1\boldsymbol{v}_{10}+m_2\boldsymbol{v}_{20}) \tag{2-17a}$$

考虑牛顿第三定律 $\boldsymbol{F}_{12}=-\boldsymbol{F}_{21}$，得

$$\int_{t_1}^{t_2}(\boldsymbol{F}_1+\boldsymbol{F}_2)\mathrm{d}t=(m_1\boldsymbol{v}_1+m_2\boldsymbol{v}_2)-(m_1\boldsymbol{v}_{10}+m_2\boldsymbol{v}_{20}) \tag{2-17b}$$

即作用在由两质点组成的系统上的合外力的冲量等于系统内两质点动量之和的增量。

2. 有 n 个质点的情况

当系统中有多个质点时，式（2-17a）可推广成

$$\int_{t_1}^{t_2}\left(\sum_{i=1}^{n}\boldsymbol{F}_{i外}+\sum_{i=1}^{n}\boldsymbol{F}_{i内}\right)\mathrm{d}t=\sum_{i=1}^{n}m_i\boldsymbol{v}_i-\sum_{i=1}^{n}m_i\boldsymbol{v}_{i0} \tag{2-18a}$$

考虑到内力总是成对出现的，且大小相等，方向相反，故其矢量和必为零，即 $\sum\limits_{i=1}^{n}\boldsymbol{F}_{i内}=0$ 因而有

$$\boldsymbol{I}=\int_{t_1}^{t_2}\sum_{i=1}^{n}\boldsymbol{F}_{i外}\mathrm{d}t=\sum_{i=1}^{n}m_i\boldsymbol{v}_i-\sum_{i=1}^{n}m_i\boldsymbol{v}_{i0} \tag{2-18b}$$

即作用在系统上的外力之和的冲量等于系统动量的增量，这就是质点系的动量定理。说明只有外力才对系统的动量变化有贡献，而系统的内力只会改变系统内各质点的动量，而不能改变整个系统的动量。

2.4.3　系统动量守恒定律

由系统动量定理知，当系统所受外力之和为零，即 $\sum\limits_{i=1}^{n}\boldsymbol{F}_{i外}=0$ 时，系统动量的增量为零，这时系统的总动量保持不变，即

$$p = \sum_{i=1} m_i v_i = \text{恒矢量} \tag{2-19}$$

当系统所受外力的矢量和为零时，系统的总动量保持不变，这就是动量守恒定律。

应指出，动量守恒定律虽然是从表述宏观物体运动规律的牛顿定律导出的，但近代科学实验和理论分析都表明，动量守恒定律对宏观、微观、低速、高速运动的物体都适用，是自然界中最普遍、最基本的守恒定律之一。

应用动量守恒定律时应注意：

1）在动量守恒定律中，系统的总动量不变，是指系统内各物体动量的矢量和不变，而不是指其中某一个物体的动量不变。

2）系统动量守恒的条件是外力的矢量和为零。但在外力比内力小得多的情况下，外力对质点系的总动量变化影响甚小，这时可以认为近似满足守恒条件。如碰撞、打击、爆炸等问题，因为参与碰撞的物体的相互作用时间很短，相互作用内力很大，而一般的外力（如空气阻力、摩擦力或重力）与内力比较可忽略不计，所以可认为物体系统的总动量守恒。

3）如果系统所受外力的矢量和并不为零，但合外力在某个坐标轴上的分量为零，那么，系统的总动量虽不守恒，但在该坐标轴的分动量则是守恒的。这对处理某些问题是很有用的。例如，若

$$\sum F_{外x} = 0$$

则

$$p_x = \sum m_i v_{ix} = \text{恒量} \tag{2-20}$$

4）动量守恒定律是物理学最普遍、最基本的定律之一，但由于是用牛顿运动定律导出的，所以它也只适用于惯性系。

【例 2-9】 如图 2-13 所示，水平光滑铁轨上有一车，长度为 l，质量为 m_2，车的一端有一人，质量为 m_1，人和车原来都静止不动。当人从车的一端走到另一端时，人、车各移动了多少距离？

【解】 以人、车为系统，在水平方向上不受外力作用，动量守恒。建立如图 2-13 所示的坐标系，有

$$m_1 v_1 - m_2 v_2 = 0 \quad 或 \quad v_2 = \frac{m_1 v_1}{m_2}$$

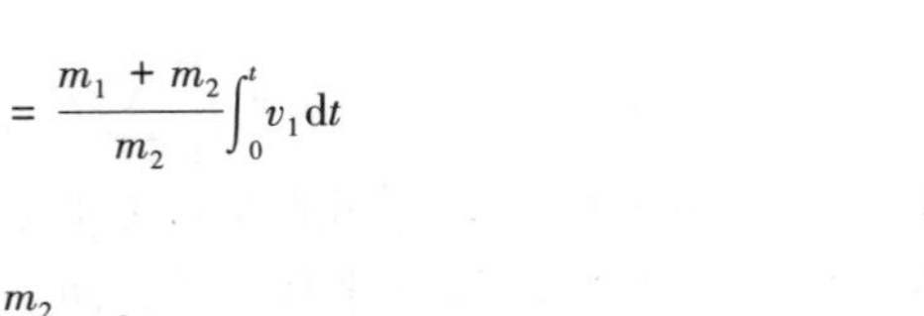

图 2-13 例 2-9 图

人相对于车的速度

$$u = v_1 + v_2 = \frac{(m_1 + m_2) v_1}{m_2}$$

设人在时间 t 内从车的一端走到另一端，则有

$$l = \int_0^t u \mathrm{d}t = \int_0^t \frac{m_1 + m_2}{m_2} v_1 \mathrm{d}t = \frac{m_1 + m_2}{m_2} \int_0^t v_1 \mathrm{d}t$$

在这段时间内人相对于地面的位移为

$$x_1 = \int_0^t v_1 \mathrm{d}t = \frac{m_2}{m_1 + m_2} l$$

小车相对于地面的位移为

$$x_2 = -l + x_1 = -\frac{m_1}{m_1 + m_2} l$$

负号表示人向前走，车向后退。

【例 2-10】 如图 2-14 所示，一辆停在光滑的直轨道上质量为 m_1 的平板车上站着三个人，当他们从车上沿相同方向跳下后，车获得了一定的速度。设三个人的质量均为 m_2，跳下车时相对于车的水平分速度均为 u。试比较三人同时跳下和三人依次跳下两种情况下，车所获得的速度的大小。

【解】 可以认为人和车构成的系统在水平方向上不受任何外力，因而系统在水平方向上动量守恒。

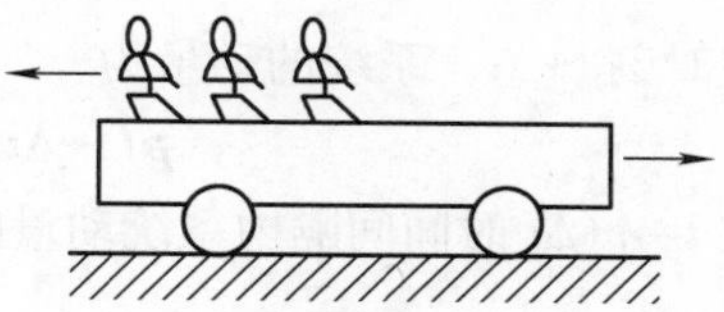

图 2-14 例 2-10 图

当三人同时跳下车时，设车后退的速率为 v_1，注意：当人以相对速率 u 跳离车的瞬间，车已经在向后退了，因而人相对地面的速率为 $u-v_1$，列出动量守恒式：

$$3m_2(u-v_1)-m_1v_1=0$$

求得

$$v_1=\frac{3m_2u}{m_1+3m_2}$$

对三人依次跳下的情况，第一人跳下时，以 v_{21} 表示车的速率，则动量守恒给出：

$$m_2(u-v_{21})-(m_1+2m_2)v_{21}=0$$

第二人跳下时，以 v_{22} 表示车的速率，动量守恒给出：

$$m_2(u-v_{22})-(m_1+m_2)v_{22}=-(m_1+2m_2)v_{21}$$

第三人跳下时，以 v_{23} 表示车的最后速率，动量守恒给出：

$$m_2(u-v_{23})-m_1v_{23}=-(m_1+m_2)v_{22}$$

由以上三式可求出：

$$v_{21}=\frac{m_2u}{m_1+3m_2},v_{22}=v_{21}+\frac{m_2u}{m_1+2m_2},$$

$$v_{23}=v_{22}+\frac{m_2u}{m_1+m_2}=m_2u\left(\frac{1}{m_1+3m_2}+\frac{1}{m_1+2m_2}+\frac{1}{m_1+m_2}\right)$$

比较 v_1 和 v_{23}，可知 $v_1<v_{23}$，即三人依次跳下时，车所获得的速度更大。

* 2.5 变质量物体的运动

在经典力学中，要求物体的质量是不变的。但有时也会见到一个物体的质量在运动过程中不断变化的情形，如滚雪球、火箭飞行等。本节以火箭的飞行为例，简单介绍在经典力学中如何处理这种变质量物体的问题。

2.5.1 变质量物体的运动微分方程

在火箭飞行过程中，虽然火箭的质量不断变化，但在一段时间内，火箭和它喷出的气体这一系统的质量是不变的。因而可将动量定理应用于这一系统。

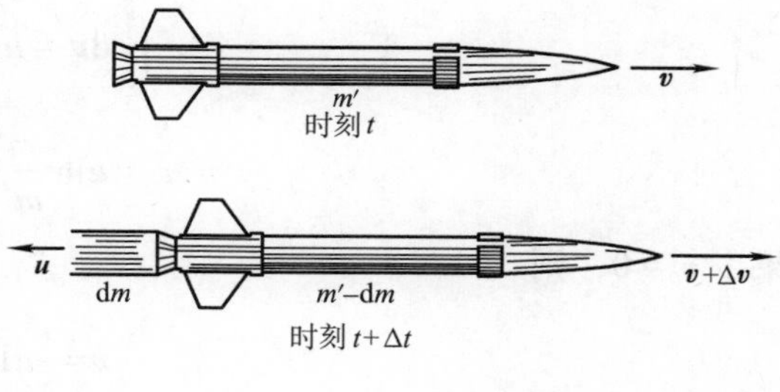

图 2-15 火箭的飞行

如图 2-15 所示，设在 t 时刻，火箭的质量为 m'，它相对于某一惯性系（如地球）的速度为 $\boldsymbol{v}$，在 Δt 时间内，有质量为

Δm 的燃料变为气体，并以速度 $\boldsymbol{u}$ 相对火箭喷射出去。在时刻 $t+\Delta t$，火箭的速度为 $\boldsymbol{v}+\Delta\boldsymbol{v}$，而燃烧的气体粒子相对选定的惯性系的速度则为 $\boldsymbol{v}+\Delta\boldsymbol{v}+\boldsymbol{u}$。按上述分析，在时刻 t，系统的动量为

$$\boldsymbol{p}(t)=m'\boldsymbol{v}$$

在时刻 $t+\Delta t$，系统的动量为

$$\boldsymbol{p}(t+\Delta t)=(m'-\Delta m)(\boldsymbol{v}+\Delta\boldsymbol{v})+\Delta m(\boldsymbol{v}+\Delta\boldsymbol{v}+\boldsymbol{u})$$

在 $t\to t+\Delta t$ 时间间隔内系统动量的增量为

$$\Delta\boldsymbol{p}=\boldsymbol{p}(t+\Delta t)-\boldsymbol{p}(t)$$

即

$$\Delta\boldsymbol{p}=m'\Delta\boldsymbol{v}+\boldsymbol{u}\Delta m$$

由上式可得动量随时间的变化率为

$$\frac{\mathrm{d}\boldsymbol{p}}{\mathrm{d}t}=m'\frac{\mathrm{d}\boldsymbol{v}}{\mathrm{d}t}+\boldsymbol{u}\frac{\mathrm{d}m}{\mathrm{d}t}$$

上式中，$\mathrm{d}m/\mathrm{d}t$ 是气体质量随时间的变化率，而气体是由火箭中喷射出来的，故有

$$\frac{\mathrm{d}m}{\mathrm{d}t}=-\frac{\mathrm{d}m'}{\mathrm{d}t}$$

由动量定理我们又知道，作用于系统的合外力应等于系统的动量随时间的变化率。因此，若以 $\boldsymbol{F}$ 表示作用于系统的合外力，则有

$$\boldsymbol{F}=\frac{\mathrm{d}\boldsymbol{p}}{\mathrm{d}t}=m'\frac{\mathrm{d}\boldsymbol{v}}{\mathrm{d}t}-\boldsymbol{u}\frac{\mathrm{d}m'}{\mathrm{d}t} \tag{2-21}$$

上式就是变质量物体的动力学微分方程，也称为密舍尔斯基方程，它是解决所有变质量运动物体的基本方程。

2.5.2 火箭运动的速度公式

对于在远离地球大气层之外的星际空间（即所谓自由空间）中飞行的火箭，可以认为系统不受外力作用，即 $\boldsymbol{F}=0$，于是火箭方程为

$$m'\frac{\mathrm{d}\boldsymbol{v}}{\mathrm{d}t}=\boldsymbol{u}\frac{\mathrm{d}m'}{\mathrm{d}t}\quad 或\quad \mathrm{d}\boldsymbol{v}=\boldsymbol{u}\frac{\mathrm{d}m'}{m'}$$

一般认为气体的排出速度 $\boldsymbol{u}$ 为一常量。若在 $t=0$ 时，火箭的质量为 m'_0，速度为 $\boldsymbol{v}_0$；在 t 时刻，火箭的质量为 m'，速度为 $\boldsymbol{v}$，那么对上式积分，得

$$\int_{v_0}^{v}\mathrm{d}\boldsymbol{v}=\boldsymbol{u}\int_{m'_0}^{m'}\frac{\mathrm{d}m'}{m'}$$

$$\boldsymbol{v}-\boldsymbol{v}_0=\boldsymbol{u}\ln\frac{m'}{m'_0}=-\boldsymbol{u}\ln\frac{m'_0}{m'}$$

如果令 $v_0=0$，则

$$\boldsymbol{v}=-\boldsymbol{u}\ln\frac{m'_0}{m'}$$

式中，m'_0/m'叫作质量比。由上式可以看出，质量比越大，火箭获得的速度越大。

2.5.3　多级火箭

由以上分析可知，要提高火箭的速度就要尽量加大气体排出速率 u 和提高质量比 m_0'/m'，但提高 m_0'/m' 的值在技术上是有很多困难的。所以，在设计火箭时，为了获得很大的速度，一般采用多级火箭。在火箭飞行过程中，第一级火箭先点火，当第一级火箭的燃料用完后，使其自行脱落，这时第二级火箭开始工作，以此类推。这样，可以使火箭获得很大的飞行速度，如图 2-16 所示。设各级的质量比为 N_i，则

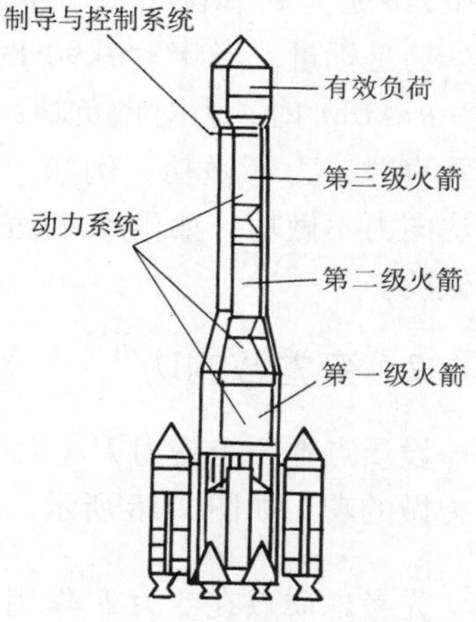

图 2-16　多级火箭

$$v_1-v_0=u_1\ln N_1$$
$$v_2-v_1=u_2\ln N_2$$
$$v_n-v_{n-1}=u_n\ln N_n$$

因而

$$v_n=u_1\ln N_1+u_2\ln N_2+\cdots+u_n\ln N_n$$

当 $u_1=u_2=u_3=\cdots=u_n$时，有

$$v_n=u(\ln N_1+\ln N_2+\cdots+\ln N_n)=u\ln(N_1N_2\cdots N_n)$$

例如，当 $u=2\ 000\text{m/s}$，$N=5$，三级火箭，速度就可达 $v=10\ 100\text{m/s}$，但级数越多，技术越复杂。一般采用三级火箭。美国发射的“阿波罗”登月飞船的“土星五号”火箭为三级火箭，第一级：$u_1=2.9\text{km/s}$，$N_1=16$；第二级：$u_2=4\text{km/s}$，$N_2=14$；第三级：$u_3=4\text{km/s}$，$N_3=12$；火箭起飞质量为 $2.8\times10^6\text{kg}$，高度为 85m，起飞推力为 $3.4\times10^7\text{N}$。我国的长城三号火箭为三级火箭，火箭起飞质量为 $2.02\times10^5\text{kg}$，高度为 43.35m，起飞推力为 $2.74\times10^7\text{N}$，从 1986 年起开始为国际提供航天发射服务。

火箭是中国古代的伟大发明，在冷兵器为主的古代战争中作为武器可有效地杀伤敌人。同时，中国是最早进行火箭载人飞行试验的国家。明朝的万户曾在座椅上安装 47 枚火箭进行升空的试验，成为载人飞行实验的世界第一人。如今，月球上的一座环形火山被命名为“万户山”，就是为了纪念这位伟大的先驱。

建设发展载人航天工程，是建设创新型国家和科技强国的重要内容，也是实现中国梦、航天梦的具体实践。我们国家的航天事业在披荆斩棘中前进，取得了日新月异的发展。各种关键核心技术的不断突破，使我们的导弹、卫星、载人航天、空间站、空间探测等设想成为现实。

2.6　功　动能定理

上两节讨论了力的时间累积效应，下面继续研究持续作用的力对空间的累积效应。

功　动能定理

2.6.1　恒力做的功

恒力对物体做的功定义为力在物体位移方向上的分量与力作用点（力所作用的质点）

的位移大小的乘积。如图2-17所示，物体在恒力 $\boldsymbol{F}$ 作用下，沿直线由 A 点运动到 B 点，发生位移 $\Delta\boldsymbol{r}$，则力 $\boldsymbol{F}$ 所做的功为

$$A=\boldsymbol{F}\cdot\Delta\boldsymbol{r}=F|\Delta\boldsymbol{r}|\cdot\cos\theta \tag{2-22}$$

式中，θ 是力 $\boldsymbol{F}$ 和位移 $\Delta\boldsymbol{r}$ 之间的夹角。

功是标量，当 $0°\leqslant\theta<90°$ 时，力对物体做正功；当 $90°<\theta\leqslant180°$ 时，力对做负功；当 $\theta=90°$ 时，即力与位移垂直时，力不做功，例如，做曲线运动的物体所受的法向力不做功，如沿水平面运动的物体所受的重力不做功。

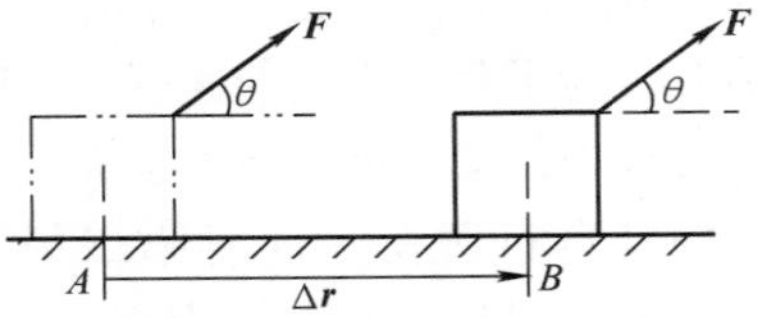

图2-17 恒力做的功

2.6.2 变力做的功

设质点在一个变力 $\boldsymbol{F}$（大小和方向均可变化）作用下，从 A 点沿曲线运动到 B 点，求变力做的功，如图2-18所示。

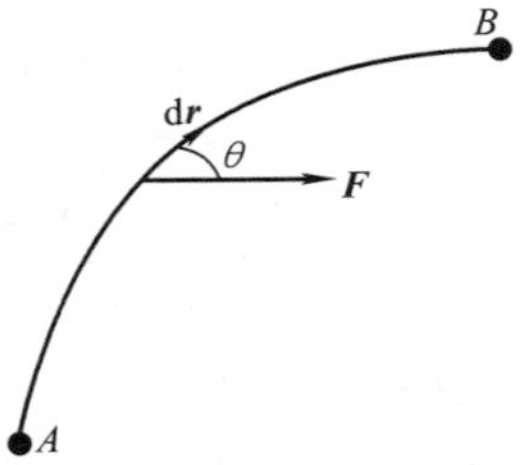

图2-18 变力做的功

先考虑质点在变力 $\boldsymbol{F}$ 作用下发生微小的位移 $\mathrm{d}\boldsymbol{r}$，$\boldsymbol{F}$ 与 $\mathrm{d}\boldsymbol{r}$ 间的夹角为 θ。在此微小位移中力的大小和方向可近似看成不变，力 $\boldsymbol{F}$ 对质点所做的元功为

$$\mathrm{d}A=\boldsymbol{F}\cdot\mathrm{d}\boldsymbol{r}=F|\mathrm{d}\boldsymbol{r}|\cos\theta$$

从 A 到 B 的整个过程可看成是由无数多个微小的位移过程组合而成的，每个微小过程变力做的功都可由上式给出，而整个过程变力对质点所做的总功就等于各微小过程做功的总和，即

$$A=\int_A^B\boldsymbol{F}\cdot\mathrm{d}\boldsymbol{r} \tag{2-23a}$$

可见，功等于力沿轨道的累积，即线积分。在直角坐标系 $O\text{-}xyz$ 中，上式可写为

$$\begin{aligned}A&=\int_A^B\boldsymbol{F}\cdot\mathrm{d}\boldsymbol{r}=\int_A^B(F_x\boldsymbol{i}+F_y\boldsymbol{j}+F_z\boldsymbol{k})\cdot(\mathrm{d}x\boldsymbol{i}+\mathrm{d}y\boldsymbol{j}+\mathrm{d}z\boldsymbol{k})\\&=\int_A^B(F_x\mathrm{d}x+F_y\mathrm{d}y+F_z\mathrm{d}z)\end{aligned} \tag{2-23b}$$

式（2-23）中的 $\boldsymbol{F}$ 也可以是几个力的合力。显然，合力的功等于各分力的功的代数和。

【例2-11】 力 $\boldsymbol{F}=(-3+2xy)\boldsymbol{i}+(9x+y^2)\boldsymbol{j}$ 作用在一可视为质点的物体上，物体的运动路径如图2-19所示。求质点分别沿 OP、OAP、OBP 路径力 $\boldsymbol{F}$ 对物体所做的功。

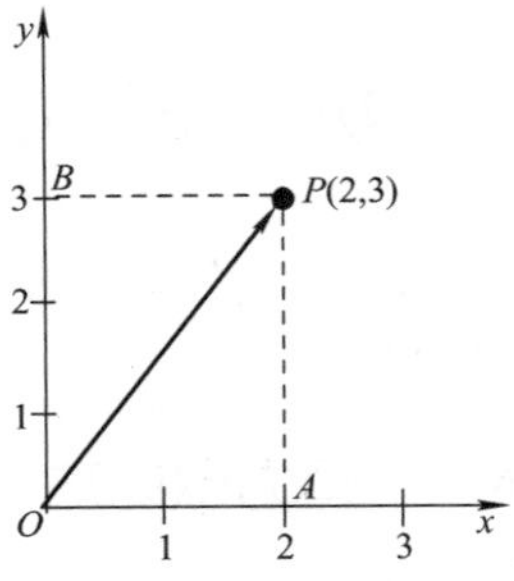

图2-19 例2-11图

【解】 设物体位移为 $\mathrm{d}\boldsymbol{r}$，物体做二维运动，故

$$\mathrm{d}\boldsymbol{r}=\mathrm{d}x\boldsymbol{i}+\mathrm{d}y\boldsymbol{j}$$

$$\begin{aligned}\mathrm{d}A&=\boldsymbol{F}\cdot\mathrm{d}\boldsymbol{r}=F_x\mathrm{d}x+F_y\mathrm{d}y\\&=(-3+2xy)\mathrm{d}x+(9x+y^2)\mathrm{d}y\end{aligned}$$

（1）由图2-19可得出 OP 的直线方程为

$$y=\frac{3}{2}x,\ x=\frac{2}{3}y$$

$$A_{OP} = \int_0^2(-3+3x^2)\mathrm{d}x + \int_0^3(6y+y^2)\mathrm{d}y = 38\mathrm{J}$$

（2）$A_{OAP}=A_{OA}+A_{AP}=\int_0^2 -3\mathrm{d}x + \int_0^3(18+y^2)\mathrm{d}y = 57\mathrm{J}$

（3）$A_{OBP}=A_{OB}+A_{BP}=\int_0^3 y^2\mathrm{d}y + \int_0^2(-3+6x)\mathrm{d}x = 15\mathrm{J}$

由以上计算结果可知，本题中的力 $\boldsymbol{F}$ 做功与路径有关，沿不同的路径达到同一点，力 $\boldsymbol{F}$ 所做功的值不同。

2.6.3　功率

力对物体做功的快慢用单位时间内所做的功表示，称为功率。某时刻的瞬时功率为

$$P=\frac{\mathrm{d}A}{\mathrm{d}t}=\boldsymbol{F}\cdot\frac{\mathrm{d}\boldsymbol{r}}{\mathrm{d}t}=\boldsymbol{F}\cdot\boldsymbol{v} \tag{2-24}$$

即瞬时功率等于力与物体的瞬时速度的标积。例如，汽车发动机的功率一定，上坡时需要较大的牵引力，所以汽车要减速行驶。在国际单位制中，功的单位是焦耳（J）；功率的单位是瓦特（W）。

2.6.4　几种常见的力所做的功

1. 万有引力做的功

在一静止质点 m' 的引力场中，质点 m 从 A 点（$\boldsymbol{r}_1$）沿任一曲线运动到 B 点（$\boldsymbol{r}_2$）。质点 m 在某一位置 $\boldsymbol{r}$ 附近的无限小位移可分解为沿 $\boldsymbol{r}$ 方向的分位移 $\mathrm{d}r$ 和垂直于 $\boldsymbol{r}$ 方向的另一分位移，引力 $\boldsymbol{F}$ 只在沿 $\boldsymbol{r}$ 方向的分位移上做功（见图 2-20）。故万有引力所做的功为

$$A=\int_A^B\boldsymbol{F}\cdot\mathrm{d}\boldsymbol{r}=\int_{r_1}^{r_2}\left(-G\frac{m'm}{r^2}\right)\mathrm{d}r=-Gm'm\left(\frac{1}{r_1}-\frac{1}{r_2}\right) \tag{2-25}$$

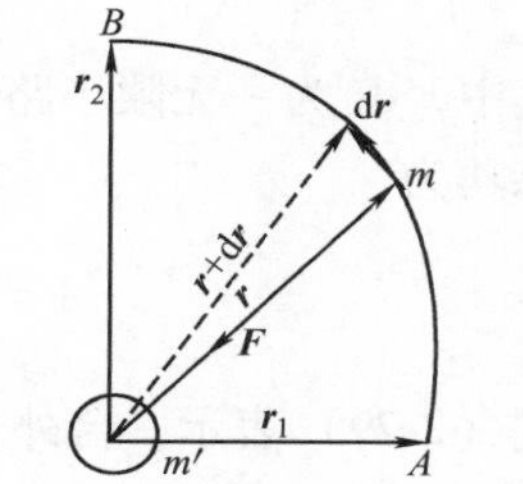

图 2-20　万有引力做的功

2. 重力做的功

当质点 m 在重力场中自 A 点经一曲线 ACB 运动至 B 点时（见图 2-21），重力所做的功为

$$A=\int_A^B\boldsymbol{F}\cdot\mathrm{d}\boldsymbol{r}=\int_A^B(F_x\mathrm{d}x+F_y\mathrm{d}y)$$

又因 $F_x=0$，$F_y=-mg$，代入上式得

$$A=\int_A^B F_y\mathrm{d}y=\int_{h_1}^{h_2}(-mg)\mathrm{d}y=mgh_1-mgh_2 \tag{2-26}$$

3. 弹性力做的功

如图 2-22 所示，取弹簧原长处为坐标原点 O，当质点 m 从 x_1 运动到 x_2 时，弹性力所做的功为

$$A=\int\boldsymbol{F}\cdot\mathrm{d}\boldsymbol{r}=\int_{x_1}^{x_2}-kx\mathrm{d}x=\frac{1}{2}kx_1^2-\frac{1}{2}kx_2^2 \tag{2-27}$$

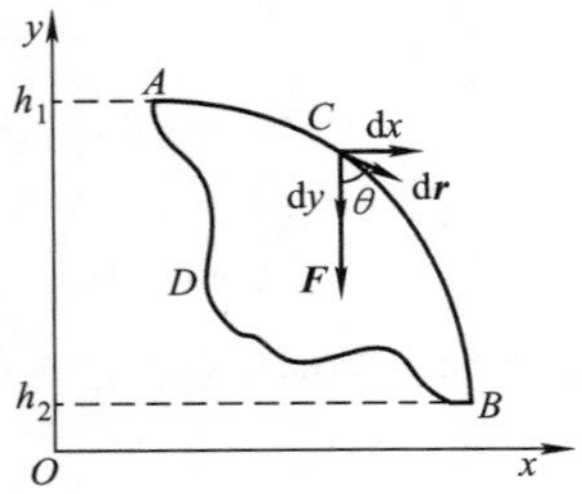

图 2-21　重力做的功

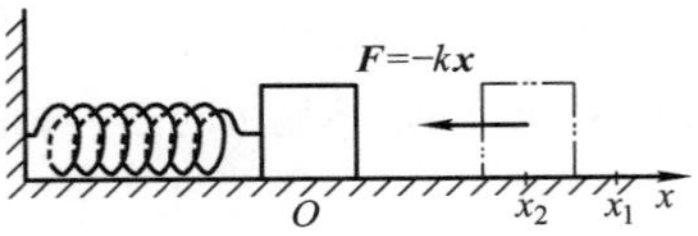

图 2-22　弹性力做的功

2.6.5　动能、动能定理

1. 动能

物体之所以有做功的本领，是由于物体具有能量。动能是物体由于运动而具有的能量。质量为 m 的质点，运动速率为 v 时，定义其动能为

$$E_k = \frac{1}{2}mv^2 \tag{2-28}$$

2. 质点的动能定理

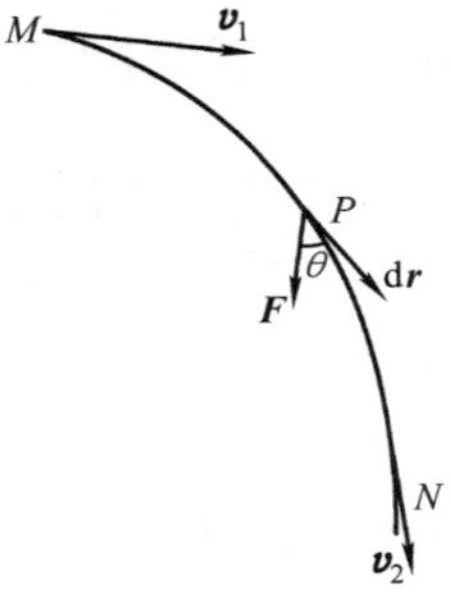

图 2-23　动能定理

一质量为 m 的质点在变力 $\boldsymbol{F}$ 的作用下，自 M 点沿曲线运动到 N 点（见图 2-23），它在 M、N 两点的速率分别为 v_1 和 v_2。在曲线上的任意点 P 处，力 $\boldsymbol{F}$ 与 $\mathrm{d}\boldsymbol{r}$ 之间的夹角为 θ。当质点移动位移 $\mathrm{d}\boldsymbol{r}$ 时，力 $\boldsymbol{F}$ 对质点所做的元功为

$$\mathrm{d}A = \boldsymbol{F}\cdot\mathrm{d}\boldsymbol{r} = F\cos\theta\,|\mathrm{d}\boldsymbol{r}| = ma_t\mathrm{d}s = m\frac{\mathrm{d}v}{\mathrm{d}t}\mathrm{d}s = m\mathrm{d}v\frac{\mathrm{d}s}{\mathrm{d}t} = mv\mathrm{d}v$$

其中，$\mathrm{d}s$ 为一无限小路程。质点自 M 点运动到 N 点时，力 $\boldsymbol{F}$ 所做的总功为

$$A = \int_{v_1}^{v_2} mv\mathrm{d}v = \frac{1}{2}mv_2^2 - \frac{1}{2}mv_1^2 \tag{2-29}$$

式（2-29）表示，合外力对质点所做的功等于该质点动能的增量，这个结论称为动能定理。

3. 质点系动能定理

我们现在把质点动能定理推广到质点系的情况。设质点系由 n 个质点组成，其中第 i（$i=1, 2, \cdots, n$）个质点的质量为 m_i，在某一过程的初状态速率为 v_{i1}，末状态速率为 v_{i2}，用 A_i 表示作用于该质点的所有力在该过程中做功的总和，把质点动能定理应用于该质点，有

$$A_i = \frac{1}{2}m_iv_{i2}^2 - \frac{1}{2}m_iv_{i1}^2$$

把质点动能定理应用于质点系内所有质点并把所得方程相加，有

$$A = \sum A_i = \sum\frac{1}{2}m_iv_{i2}^2 - \sum\frac{1}{2}m_iv_{i1}^2 = E_{k2} - E_{k1} \tag{2-30}$$

上式表明，质点系从一个状态运动到另一个状态时系统动能的增量，等于作用于质点系内各

质点上的所有的力在这一过程中做功的总和。这就是质点系动能定理。

在应用质点系动能定理分析力学问题时，常把作用于质点系各质点的力分为内力和外力，则上式可改写成

$$A_{外}+A_{内}=E_{k2}-E_{k1} \tag{2-31}$$

即质点系从一个状态运动到另一个状态时动能的增量，等于作用于质点系各质点的所有外力与所有内力在这一过程中做功的总和。由于内力总是成对出现的，且每一对内力都满足牛顿第三定律，故作用在质点系内所有质点上的一切内力的矢量和恒等于零。但在一般情况下，所有内力做功的总和并不为零。可以证明，当两个相互作用的物体间有相对位移时，一对相互作用内力做功的总和等于内力与相对位移的标量积（点乘）。

我们看到：质点系中的内力不会影响质点系的总动量，但会影响质点系的动能，即内力不改变系统的动量，但会改变系统的动能。

功与动能都是标量，它们的单位和量纲也相同，但动能 E_k 是状态量，它仅是速率 v 的单值函数，而功是过程量，一般情况下力做功与过程有关，功是能量变化的量度。

动能定理由牛顿第二定律导出，因而也只适用于惯性参考系。功 A 和动能 E_k 都与参考系的选择有关，但动能定理在任何惯性参考系中都成立。

利用动能定理解题的方便之处在于不必注意质点在运动过程中任一时刻状态变化的细节。在确定了研究对象之后，只要分析受力情况及其在过程始末状态的动能变化，就可以列出方程，这使力学问题的求解大大简化。动能定理还提供了计算功的一种方法。

【例 2-12】　如图 2-24 所示，光滑的水平面上放置一半径为 R 的固定圆环，一质量为 m 的物体紧贴圆环的内侧做圆周运动，它与圆环的滑动摩擦因数为 μ。物体的初速率为 v_0，求：（1）物体正好转动一周后的速率 v；（2）在转动一周的过程中摩擦力所做的功。

【解】（1）物体做圆周运动时在水平面上受到圆环对它的支持力 $\boldsymbol{F}_N$（$\boldsymbol{F}_N$ 就是物体做圆周运动的向心力）和切线方向上的滑动摩擦力 $\boldsymbol{F}_f$，因而

$$F_f=-\mu F_N=-\mu m\frac{v^2}{R}$$

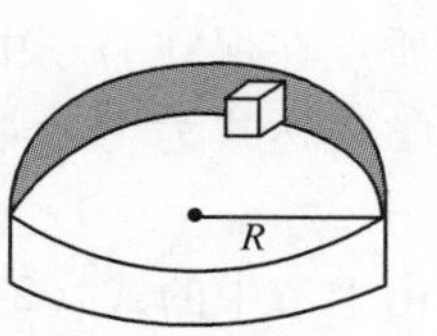

图 2-24　例 2-12 图

另一方面

$$F_f=m\frac{dv}{dt}=mv\frac{dv}{ds}$$

由上两式得

$$\frac{dv}{v}=-\frac{\mu}{R}ds \quad 或 \quad \int_{v_0}^{v}\frac{dv}{v}=-\frac{\mu}{R}\int_0^{2\pi R}ds$$

得出物体转动一周后的速率

$$v=v_0e^{-2\pi\mu}$$

（2）再由动能定理得出物体转动一周过程中，摩擦力做的功为

$$A=\frac{1}{2}m(v^2-v_0^2)=\frac{1}{2}mv_0^2(e^{-4\pi\mu}-1)$$

2.7 功能原理 机械能守恒定律

2.7.1 保守力做的功

功能原理和机械能守恒定律

1. 保守力

由例2-11可知，功是过程量。从式（2-25）~式（2-27）的讨论中又看出，万有引力、重力、弹性力所做的功最终都仅与物体始末位置有关，而与路径无关。若物体沿任一闭合路径绕行一周，这些力所做的功均为零，即

$$\oint \boldsymbol{F} \cdot \mathrm{d}\boldsymbol{r} = 0 \tag{2-32}$$

物理上把做功与路径无关，或者说将物体沿任一闭合路径绕行一周所做的功均为零的这种性质的力，称为保守力。万有引力、重力、弹性力、分子间相互作用的分子力、静电力等都属于保守力。另一类做功与物体所走过的路径有关（如例2-11中的力$\boldsymbol{F}$）称为非保守力，常见的摩擦力及物体间相互作用的拉力、推力、正压力、支持力等都属于非保守力。

2. 保守力场

如果质点在某个空间内任何位置都受到一个大小和方向完全确定的保守力的作用，则称这部分空间中存在着保守力场。如在地球表面附近空间中存在着的重力场就是保守力场。类似地，还可以定义万有引力场和弹性力场，它们也都是保守力场。

2.7.2 势能

当质点在保守力场中运动时，如果只有保守力，那么它所做的功只与质点的始、末位置有关。另外，根据动能定理，这个力做的功会改变质点的动能。由此可知，在保守力场中如果只有保守力做功，那么质点动能的大小与质点位置有关。这一现象表明：**在保守力场中存在着一种与质点位置有关的能量，称之为势能，用E_p表示。**定义了势能后，质点在保守力场中由点1运动到点2过程中，保守力所做的功等于相应势能的减少，其数学表达式为

$$A_{保} = E_{p1} - E_{p2} \tag{2-33}$$

由上节中的式（2-25）~式（2-27）可知，物体的引力势能、重力势能、弹性势能分别为

$$E_{p引} = -\frac{Gm'm}{r}, \quad E_{p重} = mgh, \quad E_{p弹} = \frac{1}{2}kx^2 \tag{2-34}$$

这三种势能的势能曲线如图2-25所示。

为了加深对势能的理解，需要说明以下几点：

1）势能的值是相对的。零势能点的选取可视方便而定。如式（2-34）的零势能点可分别取在无限远处、地面和弹簧原长处。

2）保守力的作用是相互的，势能属于相互作用的物体所组成的系统。如重力势能是属于物体和地球组成的系统。

3）做功与路径无关的力是保守力，可引入势能，而非保守力所做的功与路径有关，不能引入势能概念。

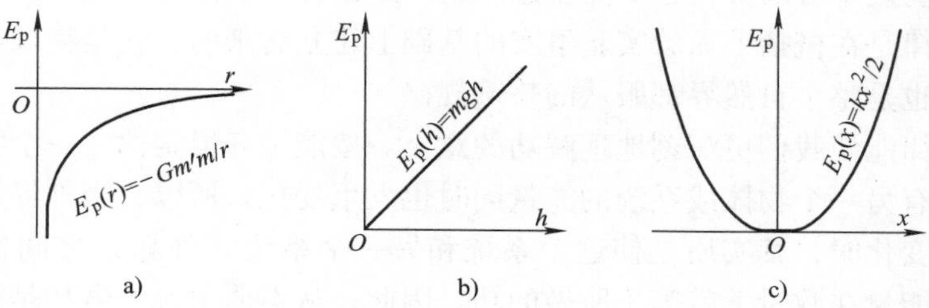

图 2-25 势能曲线图

a）引力势能曲线 b）重力势能曲线 c）弹簧的弹性势能曲线

2.7.3 系统的功能原理

设 E_{k1} 和 E_{k2} 分别表示物体系统初、终态的总动能，而总功 A 包括一切外力和一切内力做的功，内力做的功又可分为保守内力做的功和非保守内力做的功，则系统的动能定理为

$$A_{外力}+A_{保守内力}+A_{非保守内力}=E_{k2}-E_{k1}$$

令 E_{p1} 和 E_{p2} 分别为初、终态系统的总势能，则 $A_{保守内力}=E_{p1}-E_{p2}$，代入上式可得

$$A_{外力}+A_{非保守内力}=(E_{k2}+E_{p2})-(E_{k1}+E_{p1})=E_2-E_1 \tag{2-35}$$

因动能和势能的总和称为机械能，故上式表明：**外力和非保守内力所做的功等于系统机械能的增量，这称为系统的功能原理。**注意利用功能原理和动能定理求解力学问题时的区别：动能定理要求计算所有外力和内力所做的功，功能原理则不必计算保守内力做的功，因为它们已用相应的势能的减少来表示了。

2.7.4 机械能守恒定律

显然，在一个力学过程中，若外力和非保守内力都不做功，根据式（2-35）有

$$E_1=E_2=\text{恒量} \tag{2-36a}$$

或

$$E_{k2}-E_{k1}=E_{p1}-E_{p2} \tag{2-36b}$$

上式说明：**只有保守内力做功的系统，动能和势能可以互相转换，但系统的机械能保持不变，这称为机械能守恒定律。**

2.7.5 能量守恒定律

对于一个系统，如果存在着非保守内力，并且这种非保守内力（例如摩擦力）做负功，则系统的机械能将减少。但是大量事实证明，在机械能减少的同时，必然有其他形式的能量增加。例如，因克服摩擦力做功而机械能减少时，必然有热量产生，“热量”也是一种能量，即所谓“热能”。因而非保守内力所做的功就是系统机械能与其他形式的能量转换的量度。

大量实验事实证明，在外力不做功的条件下，系统的机械能和其他形式的能量总和仍是一恒量。**这就是说，在自然界中，任何系统都具有能量，能量有各种不同的形式，可以从一种形式转换为另一种形式，从一个物体（或系统）传递给另一个物体（或系统），在转换和**

传递的过程中，能量不会消失，也不能创造。这一结论称为能量守恒定律。

能量守恒定律是在概括了无数实验事实的基础上建立起来的，它是物理学中最具有普遍性的定律之一，也是整个自然界都服从的普遍规律。

能量守恒定律能使我们更深刻地理解功的意义。按能量守恒定律，一个物体或系统的能量变化时，必然有另一个物体或系统的能量同时也发生变化。所以，当外界用做功的方式使一个系统的能量变化时，其实质是使这个系统和另一个系统（外界）之间发生了能量的交换，而所交换的能量在数量上就等于所做的功。因此，从本质上说，做功是能量交换或转化的一种形式；从数量上说，功是能量交换或转化的一种量度。还可以说，功率是单位时间内能量转换的量度。

还应该指出，我们不能把功和能看作是等同的。我们说过，功是一个过程量，它总是和能量变化或交换的过程相联系的；而能量只取决于系统的状态，系统在一定状态时，就具有一定的能量，能量是一种状态量。所以我们说，能量是系统状态的单值函数。

【例 2-13】 在半径为 R 的光滑半球圆塔的顶点 A 上有一质量为 m 的石块（见图 2-26），今使石块获得水平初速度 $\boldsymbol{v}_0$，问：(1) 石块在何处脱离圆塔？(2) $\boldsymbol{v}_0$ 的值多大方能使石块从一开始便脱离圆塔？

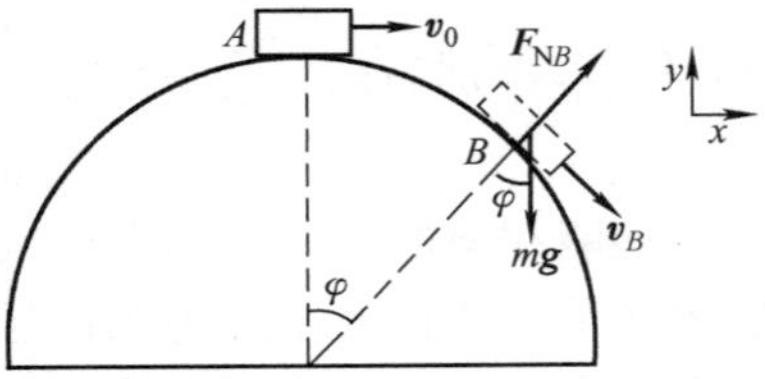

图 2-26 例 2-13 图

【解】 (1) 石块开始以 $\boldsymbol{v}_0$ 做圆周运动，受重力 $m\boldsymbol{g}$、支持力 $\boldsymbol{F}_N$ 作用。设石块在 B 处开始脱离圆塔，此时应有 $\boldsymbol{F}_{NB}=0$；又因石块由 A 到 B，$\boldsymbol{F}_N$ 与位移垂直，不做功，故满足机械能守恒条件。取石块、圆塔、地球为研究系统，并选 B 点为重力势能零点，则

$$\frac{1}{2}mv_0^2+mg(R-R\cos\varphi)=\frac{1}{2}mv_B^2$$

又因 $mg\cos\varphi=m\dfrac{v_B^2}{R}$，代入上式整理得

$$3Rg\cos\varphi=v_0^2+2Rg$$

即

$$\cos\varphi=\frac{v_0^2+2Rg}{3Rg}$$

(2) 欲使石块在一开始便脱离圆塔，此时圆塔对石块的支持力应为零。石块只受重力 mg 作用，它在 A 点起着向心力的作用，即

$$mg=m\frac{v_0^2}{R}$$

所以 $v_0=\sqrt{Rg}$。

【例 2-14】 如图 2-27 所示，一质量为 m' 的平顶小车在水平面上以速率 v_0 运动，现将另一质量为 m 的物体竖直地放落在车顶前端，物体与车顶间的摩擦因数为 μ，车与地面间的摩擦不计，为使物体不会从车后滑落，车顶长 L 应为多少？

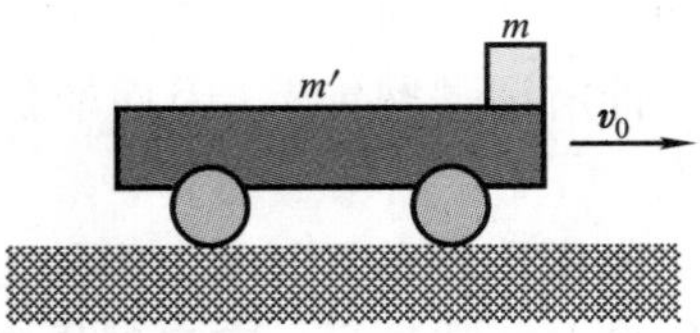

图 2-27 例 2-14 图

【解】 选小车和物体为系统，刚开始时物体相对车向后滑，最后二者将有共同的速率 v。系统在水平方向上不受外力，动量守恒，

所以有

$$m'v_0=(m'+m)v$$

在运动过程中，物与小车间有相对位移 L，一对摩擦内力做功之和为

$$A_{内}=-\mu mgL$$

由系统的功能原理有

$$A_{内}=-\mu mgL=\frac{1}{2}(m+m')v^2-\frac{1}{2}m'v_0^2$$

可求出车长

$$L\geqslant\frac{m'v_0^2}{2\mu g(m'+m)}$$

【例 2-15】 质量为 m' 的斜面放在光滑水平面上，斜面倾角为 θ，另一质量为 m 的物体从光滑斜面上高 h 处由静止开始下滑，求它滑到斜面底部时它们相对地面的速度和二者间的相对速度（见图 2-28）。

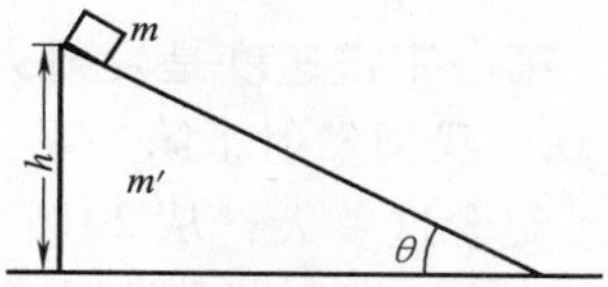

图 2-28 例 2-15 图

【解】 设物体滑到斜面底部时斜面向左的速率为 v_1，物体沿斜面向下的相对速率为 v_2'。物体与斜面这一系统在水平方向上不受外力，因而系统在水平方向上的动量守恒，即

$$m'v_1+m(v_1-v_2'\cos\theta)=0$$

又因为在物体下滑的过程中仅有重力做功，所以系统的机械能守恒，即

$$mgh=\frac{1}{2}m'v_1^2+\frac{1}{2}mv_2^2$$

其中，v_2 是物体相对地面的速度，它应满足

$$v_2^2=(v_1-v_2'\cos\theta)^2+(v_2'\sin\theta)^2$$

由以上三式可求出

$$v_1=m\cos\theta\sqrt{\frac{2gh}{(m+m')(m'+m\sin^2\theta)}}$$

$$v_2'=\sqrt{\frac{2gh(m+m')}{m'+m\sin^2\theta}}$$

$$v_2=\sqrt{\frac{2gh(m^2\sin^2\theta+2mm'\sin^2\theta+m'^2)}{(m+m')(m'+m\sin^2\theta)}}$$

2.7.6 三种宇宙速度

由地面处发射使物体绕地球运动（人造地球卫星）所需的最小速度，称为第一宇宙速度；使物体脱离地球的引力范围所需的最小速度，称为第二宇宙速度；使物体脱离太阳系所需的最小速度，称为第三宇宙速度。下面分别计算这三种宇宙速度（见图 2-29）。

三种宇宙速度

1. 第一宇宙速度

地球对卫星的引力为

$$F=G_0\frac{mm_E}{r^2}$$

若不计空气阻力，引力即为卫星做圆周运动的向心力，为

$$G_0\frac{mm_E}{r^2}=m\frac{v^2}{r}$$

化简得

$$v=\sqrt{\frac{G_0m_E}{r}}$$

这就是卫星在半径为 r 的圆轨道上运转所需的速度，称为环绕速度。卫星在地面上时，$G_0\frac{mm_E}{R_E^2}=mg$，代入上式得出第一宇宙速度为

$$v_1=\sqrt{gR_E}=\sqrt{9.81\times6.37\times10^6}\ \mathrm{m/s}=7.91\times10^3\ \mathrm{m/s}$$

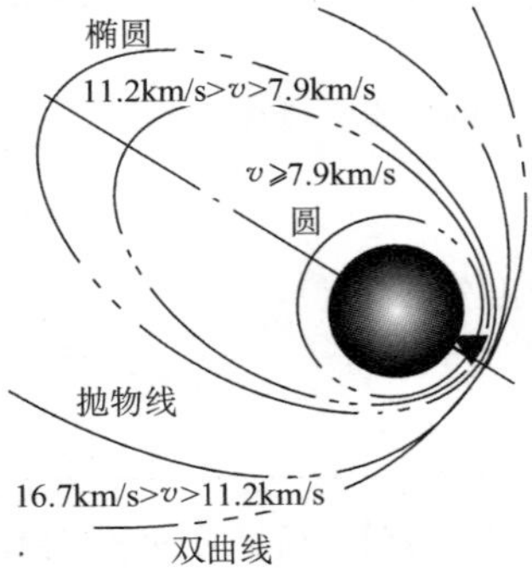

图 2-29 三种宇宙速度

第一宇宙速度是发射人造卫星的速度。1970 年 4 月 24 日，我国发射了第一颗人造地球卫星“东方红一号”。为了纪念这一天，从 2016 年起，每年的 4 月 24 日定为“中国航天日”。

迄今，我们国家发展了五大谱系的卫星：通信卫星、导航卫星、遥感卫星、新技术试验卫星和空间探测卫星。由通信卫星、导航卫星、遥感卫星三大系统构成的国家民用空间基础设施，支撑了我国现代化建设、国家安全和民生改善的发展要求。探索浩瀚宇宙，发展航天事业，建设航天强国，是我们不懈追求的航天梦。中国独立自主地进行航天活动，以较少的投入，在较短的时间内，走出了一条适合本国国情和有自身特色的发展道路，取得了举世瞩目的成就。

2. 第二宇宙速度

以物体和地球为研究系统。忽略空气阻力，只有保守力做功，所以系统的机械能守恒。设 v_2 为物体离开地面时的速度，物体离开地球无穷远时的速度为零，并选取无穷远处为万有引力势能的零点。由机械能守恒定律有

$$\frac{1}{2}mv_2^2-G_0\frac{m_Em}{R_E}=0$$

求得第二宇宙速度为

$$v_2=\sqrt{\frac{2G_0m_E}{R_E}}=\sqrt{2gR_E}=\sqrt{2\times9.81\times6.37\times10^6}\ \mathrm{m/s}=11.2\times10^3\ \mathrm{m/s}$$

第二宇宙速度也称为脱离地球的逃逸速度。若一个星球的质量 m 和半径 R 满足

$$\sqrt{\frac{2G_0m}{R}}>c$$

式中，c 为光速，则表示在此星球表面上连光都无法逃逸出去，该星球就是一个“黑洞”。

3. 第三宇宙速度

从地球上发射的物体要飞出太阳系去，既要脱离太阳的引力作用，又要脱离地球的引力作用。要脱离太阳的引力，其发射速度必须满足

$$\frac{1}{2}mv_3'^2-G_0\frac{m_sm}{r'}=0$$

式中，$m_s=1.99\times10^{30}\ \mathrm{kg}$，$r'=1.496\times10^{11}\ \mathrm{m}$，分别为太阳的质量和太阳到地球的距离。求出

$$v_3' = \sqrt{\frac{2G_0 m_s}{r'}} = 42.2\times10^3 \mathrm{m/s}$$

由于地球绕太阳公转的平均速度为 $29.8\times10^3\mathrm{m/s}$，借助地球的公转，物体被发射时相对地球的速度只需要

$$v_3'' = (42.2-29.8)\times10^3\mathrm{m/s} = 12.4\times10^3\mathrm{m/s}$$

再考虑要脱离地球的引力作用，发射时的能量必须满足

$$\frac{1}{2}mv_3^2 = \frac{1}{2}mv_2^2 + \frac{1}{2}mv_3''^2$$

式中，v_2 正是第二宇宙速度，所以得出第三宇宙速度

$$v_3 = \sqrt{v_2^2 + v_3''^2} = \sqrt{(11.2)^2 + (12.4)^2}\ \mathrm{m/s} = 16.7\times10^3\mathrm{m/s}$$

2.8　碰撞

两个或几个有相对速度的物体相遇时，在很短时间内它们的运动状态发生了显著变化，这种物体间相互作用的过程，叫作碰撞。碰撞过程一般都非常复杂，现讨论两个球的碰撞过程：开始碰撞时，两球相互挤压，发生形变，到两球的速度变得相等时形变最大，这是碰撞的第一阶段，称为压缩阶段，在此阶段有一部分动能转变成形变的势能。此后，由于形变产生的弹性恢复力作用，使两球要恢复原状，压缩逐渐减小，直到两球分开时为止，这是碰撞的第二阶段，称为恢复阶段，在此阶段形变的势能又转变成动能。整个碰撞过程到此结束。

在此，我们仅讨论较为简单的正碰情形：两小球在相碰前和相碰后的速度都在同一条直线（两小球相碰时，两球心的连线）上。

设质量分别为 m_1、m_2 的两个小球在空间相遇，碰前的速度分别为 v_{10} 和 v_{20}，碰后的速度分别为 v_1 和 v_2。则碰前的相对速度为 $v_{10}-v_{20}$，碰后的相对速度为 v_2-v_1；而碰后与碰前相对速度的比值为

$$e = \frac{v_2 - v_1}{v_{10} - v_{20}} \tag{2-37}$$

式中，e 叫作恢复系数，其取值在 0~1 之间，由相碰物体的材料性质决定。

把相碰的物体视为系统，由于碰撞时间极短，而碰撞前后运动状态的改变却非常显著，所以，其他作用力与内部相互作用的冲力相比微不足道，可认为系统动量守恒，即

$$m_1 v_{10} + m_2 v_{20} = m_1 v_1 + m_2 v_2 \tag{2-38}$$

由式（2-37）、式（2-38）解得

$$v_1 = v_{10} - \frac{(1+e)m_2(v_{10}-v_{20})}{m_1+m_2} \tag{2-39a}$$

$$v_2 = v_{20} + \frac{(1+e)m_1(v_{10}-v_{20})}{m_1+m_2} \tag{2-39b}$$

以上假定碰撞前后各速度都沿同一方向，若计算结果为负值，表示其实际方向与假定相反。这时，碰撞前后系统机械能的损失为

$$\Delta E=\left(\frac{1}{2}m_1v_{10}{}^2+\frac{1}{2}m_2v_{20}{}^2\right)-\left(\frac{1}{2}m_1v_1{}^2+\frac{1}{2}m_2v_2{}^2\right)$$

$$=\frac{1}{2}(1-e^2)\frac{m_1m_2}{m_1+m_2}(v_{10}-v_{20})^2 \tag{2-40}$$

现将所得结果分以下三种情况讨论。

1）若 $e=1$，由式（2-40）知，$\Delta E=0$，即碰撞过程中没有机械能的损失，这称为完全弹性碰撞。它有如下几个特例：

① 当 $m_1=m_2$ 时，由式（2-39）知

$$v_1=v_{20},\ v_2=v_{10}$$

即碰撞后两球交换速度。如玻璃球A与静止的同质量的玻璃球B正碰后，A球静止，B球接过A球的速度前进。

② 当 $m_1\ll m_2$ 且 $v_{20}=0$ 时，由式（2-39）知

$$v_1=-v_{10},\ v_2=0$$

即碰撞后几乎是轻球原速率弹回而重球仍然不动。如乒乓球碰撞静止的铅球，气体分子碰器壁等，就属于这种情形。

③ 当 $m_1\gg m_2$ 且 $v_{20}=0$ 时，由式（2-39）知

$$v_1\approx v_{10},\ v_2\approx 2v_{10}$$

即碰撞后几乎是重球继续按原来的方向前进，像没有遇到任何障碍一样；而轻球则以2倍于重球的速度很快地跑开。

2）若 $e=0$，由式（2-39）知

$$v_1=v_2$$

即碰后一起同速运动，此时机械能损失最多，称为完全非弹性碰撞。

3）若 $0<e<1$，这是实际碰撞的一般情形，称为非弹性碰撞。此时也有机械能损失。

【例2-16】 如图2-30所示，一质量为 $m_{块}$ 的木块，系在一弹簧的末端，静止在光滑的平面上，弹簧的劲度系数为 k。另一质量为 m 的子弹射入木块后，木块把弹簧压缩了 x_0，求子弹的初速度。

【解】 子弹与木块的碰撞属于完全非弹性碰撞，由动量守恒定律得

$$mv=(m_{块}+m)v'$$

有

$$v'=\frac{mv}{m_{块}+m}$$

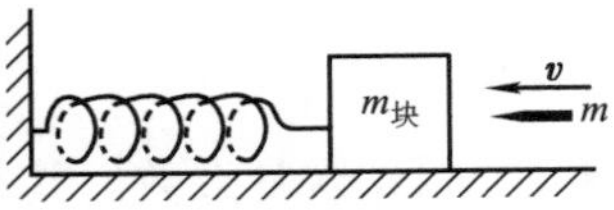

图2-30 例2-16图

碰撞后系统的动能为

$$E_k=\frac{1}{2}(m_{块}+m)v'^2=\frac{1}{2}(m_{块}+m)\left(\frac{mv}{m_{块}+m}\right)^2=\frac{1}{2}\frac{m^2}{m_{块}+m}v^2$$

因平面是光滑的，则动能将全部转变成弹簧的弹性势能，即

$$\frac{1}{2}mv^2\frac{m}{m+m_{块}}=\frac{1}{2}kx_0{}^2$$

故子弹的初速度为

$$v=\frac{x_0}{m}\sqrt{k(m_{块}+m)}$$

【例2-17】 一皮球从距地面 h 的高度处自由下落，与地面相撞，恢复系数为 e。皮球经多次反弹后停下，求皮球所经过的总路程。

【解】 皮球第一次碰地后的反弹速率和反弹高度各为

$$v_1=ev_0,\ h_1=\frac{v_1^2}{2g}=e^2\ \frac{v_0^2}{2g}=e^2h$$

第二次碰后则为

$$v_2=ev_1=e^2v_0,\ h_2=\frac{v_2^2}{2g}=e^4h$$

第 i 次碰后则为

$$v_i=e^iv_0,\ h_i=\frac{v_i^2}{2g}=e^{2i}h$$

因而皮球在停下前走过的总路程为

$$\begin{aligned}s&=h+2h_1+2h_2+\cdots+2h_i+\cdots=h+2e^2h+2e^4h+2e^6h+\cdots\\&=h+2e^2h(1+e^2+e^4+e^6+\cdots)\end{aligned}$$

因为 $0<e<1$，所以 $1+e^2+e^4+e^6+\cdots=\dfrac{1}{1-e^2}$，求得

$$s=\frac{1+e^2}{1-e^2}h$$

思考：怎样求本题中小球运动的总时间?

2.9 质心　质心运动定理

2.9.1 质心

质点系的质心代表质点系质量分布的平均位置。设质点系中各质点的质量用 m_i 表示，空间坐标用（x_i，y_i，z_i）表示，则在直角坐标系中，质心位置坐标的表达式为

$$x_C=\frac{\sum m_ix_i}{\sum m_i},\qquad y_C=\frac{\sum m_iy_i}{\sum m_i},\qquad z_C=\frac{\sum m_iz_i}{\sum m_i} \tag{2-41}$$

质心位矢表示为

$$\boldsymbol{r}_C=\frac{\sum m_i\boldsymbol{r}_i}{\sum m_i}=\frac{\sum m_i\boldsymbol{r}_i}{m} \tag{2-42}$$

对于连续分布的物体，质心的计算公式为

$$\boldsymbol{r}_C=\frac{1}{m}\int\boldsymbol{r}\mathrm{d}m \tag{2-43}$$

分量形式为

$$x_C=\frac{1}{m}\int x\mathrm{d}m,\qquad y_C=\frac{1}{m}\int y\mathrm{d}m,\qquad z_C=\frac{1}{m}\int z\mathrm{d}m \tag{2-44}$$

几点说明：

1）坐标系的选择不同，系统质心的坐标也不同，但质心的位置与坐标系的选择无关。

2）对于密度均匀、形状对称的物体，其质心在物体的几何中心处。对于由多部分构成的固体，可先求出每一部分的质心，再将各部分的质量分别集中于其质心，得一质点组；然

后利用质心公式求出整体的质心。

3）质心和重心是两个不同的概念。质心是由质量分布决定的特殊的点；重心是地球对物体各部分引力的合力的作用点。当物体远离地球时，重力不存在，重心的概念失去意义，但是质心还是存在的。一般来说，地面上不是非常大的物体其质心与重心相重合。

【例 2-18】 有一块匀质的薄圆板，半径为 R，在这个板上挖一个半径为 r 的圆孔，使圆板与圆孔的中心相距为 d（见图 2-31），求挖余部分的质心位置。

【解】 因为质量分布在一个面上，以薄圆板的中心为坐标原点 O，建立 xOy 坐标系，过圆板与圆孔的中心直线为 x 轴。整个圆板可看成由两部分组成，即小圆板和挖余部分。

若设质量面密度为 σ，则小圆板的质量和挖余部分的质量分别为 $m_1=\sigma\pi r^2$，$m_2=\sigma\pi(R^2-r^2)$。由图 2-31 知小圆板的质心 C_1 的坐标为

$$x_1=d,\quad y_1=0$$

大圆板的质心 C 的坐标为

$$x_C=0,\quad y_C=0$$

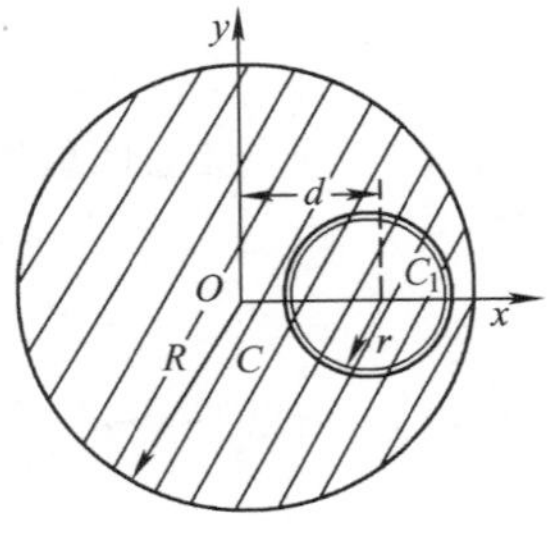

图 2-31 例 2-18 图

设挖余部分质心 C_2 的坐标为（x_2，y_2），根据质心的计算公式可得

$$x_C=\frac{m_1d+m_2x_2}{m_1+m_2}=0,\quad y_C=\frac{m_1 0+m_2y_2}{m_1+m_2}=0$$

$$x_2=-\frac{m_1}{m_2}d=-\frac{\sigma\pi r^2}{\sigma\pi(R^2-r^2)}d=-\frac{r^2d}{R^2-r^2},\quad y_2=0$$

2.9.2 质心运动定理

1. 系统动量与质心速度

把质心公式（2-42）对时间求导，有

$$m\frac{\mathrm{d}\boldsymbol{r}_C}{\mathrm{d}t}=\sum m_i\frac{\mathrm{d}\boldsymbol{r}_i}{\mathrm{d}t}$$

其中，$\frac{\mathrm{d}\boldsymbol{r}_C}{\mathrm{d}t}$为质心的速度 $\boldsymbol{v}_C$；$\frac{\mathrm{d}\boldsymbol{r}_i}{\mathrm{d}t}$为第 i 个质点的速度 $\boldsymbol{v}_i$。因而上式为

$$m\boldsymbol{v}_C=\sum m_i\boldsymbol{v}_i=\sum\boldsymbol{p}_i=\boldsymbol{p} \tag{2-45}$$

即系统内各质点的动量的矢量和等于系统质心的速度与系统总质量的乘积。

2. 质心运动定理的概念

引入系统动量以后，系统所受的合外力可以写成

$$\boldsymbol{F}=\sum\boldsymbol{F}_i=\frac{\mathrm{d}\boldsymbol{p}}{\mathrm{d}t}=m\frac{\mathrm{d}\boldsymbol{v}_C}{\mathrm{d}t}=m\boldsymbol{a}_C \tag{2-46}$$

即作用在系统上的合外力等于系统的总质量与系统质心加速度的乘积。这就是**质心运动定理**。

这与牛顿第二定律的形式完全相同，相当于将系统的质量全部集中于质心，在合外力的作用下，质心以加速度 $\boldsymbol{a}_C$ 运动。因此，无论系统内各质点的运动如何复杂，系统质心的运动却相当简单，只由作用在系统上的外力决定，内力不会改变质心的运动状态。若系统所受合外力为零，则动量守恒，系统的质心将保持静止或做匀速直线运动。

图 2-32 为抛三角板和跳水运动的示例，注意在运动过程中质心的运动轨迹就是一抛物线，而其他质点的运动则较复杂。

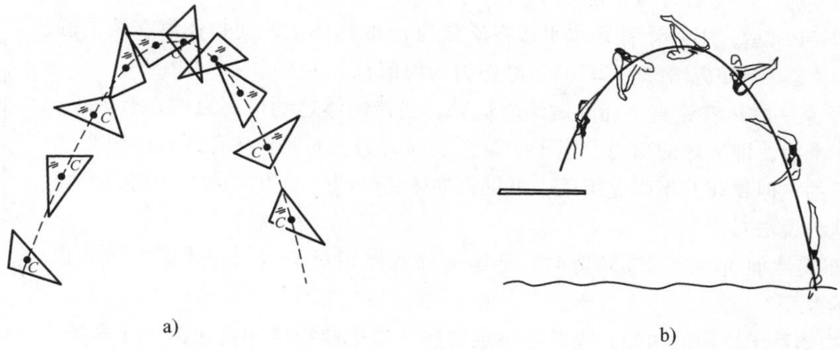

图 2-32 质心的运动

3. 克尼希定理

可以证明：质点系的总动能 E_k 等于质点系整体平动的动能（即质心运动的动能）加上各质点相对于质心的动能 E_k'，这称为克尼希定理，即

$$E_k=\frac{1}{2}mv_C^2+E_k' \tag{2-47}$$

【例 2-19】 如图 2-33 所示，设有一个质量为 $2m$ 的弹丸从地面斜抛出去，它飞行到最高点处爆炸成质量相等的两个碎片。其中，一个碎片竖直自由下落，另一个碎片水平抛出，它们同时落地。试问第二个碎片的落地点在何处？

【解】 考虑弹丸为一系统，空气阻力略去不计。爆炸前后弹丸的质心的运动轨迹都在同一抛物线上。如取第一个碎片的落地点为坐标原点，水平向右为坐标轴的正方向，设 m_1 和 m_2 为两个碎片的质量，且$m_1=m_2=m$，x_1和 x_2 为两个碎片落地点距原点的距离，x_C 为弹丸质心距坐标原点的距离。由假设可知 $x_1=0$，于是

$$x_C=\frac{m_1x_1+m_2x_2}{m_1+m_2}$$

由于 $x_1=0$，$m_1=m_2=m$，由上式可得

$$x_2=2x_C$$

即第二个碎片落地点的水平距离为碎片质心与第一个碎片水平距离的两倍。

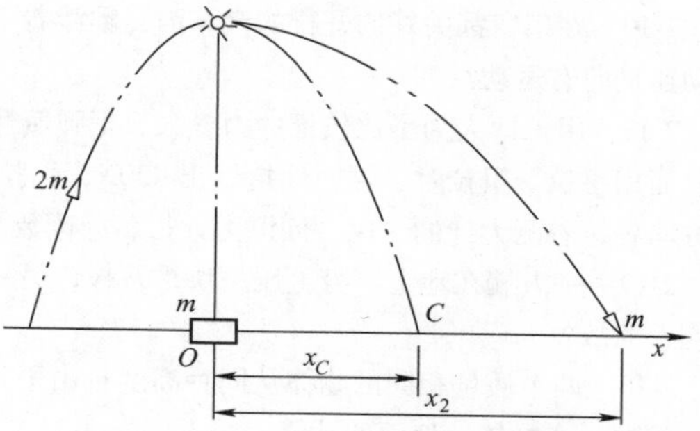

图 2-33 例 2-19 图

思考题

2-1 判断下列表述的正误：

物体受到几个力的作用时，一定产生加速度。

物体受到的合力越大，速度越大，反之亦然。

物体运动方向一定和合外力方向相同。

物体运动速率保持不变时，所受合外力一定为零。

物体速度为零时，所受合外力一定为零。

2-2　如图 2-34 所示，用一外力 $\boldsymbol{F}$ 水平压在质量为 m 的物体上，使物体靠在墙上静止，其摩擦力为 $\boldsymbol{F}_{摩}$。当外力增加为 $2\boldsymbol{F}$ 时，摩擦力为何值？

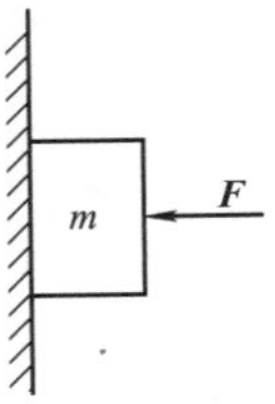

图 2-34　思考题 2-2 图

2-3　用绳子系一物体在铅直平面内做圆周运动，当该物体达到最高点时，有人说，此时物体受到三个力，即地球的引力、绳子的拉力及向心力。对吗？又有人说，因为这三个力都是向下的，但物体并不因此下落，可见，物体还受到一个方向向上的离心力和这些力平衡。这种说法对吗？

2-4　当汽车突然加速、减速或转弯时，乘客上部身体相对于汽车和路面的运动状态各发生怎样的改变？

2-5　两个物体系于轻绳的两端，绳跨过一定滑轮，如把两物体和绳视为一个系统，那么哪些力是内力？哪些力是外力？

2-6　如果一单摆的悬挂点以等加速度 a（$a<g$）铅直地运动时，单摆振动的周期在下列情况下将如何变化？（1）当悬点向上运动时；（2）当悬点向下运动时。

2-7　绳的一端系着一个金属小球，以手握其另一端使其做圆周运动。当每秒的转数相同时，长的绳子容易断还是短的绳子容易断？为什么？当小球运动的线速度相同时，长的绳子容易断还是短的绳子容易断？为什么？

2-8　给你一个弹簧，其一端连有一小铁球，你能否做一个在汽车内测量汽车加速度的“加速度计”？根据什么原理？

2-9　设想在高处用绳子吊一块重木块，板面沿竖直方向，板中央有颗钉子，钉子上悬挂一单摆，今使单摆摆动起来。如果当摆球摆到最低点时，砍断吊木板的绳子，那么在木板下落过程中，摆球相对于木板的运动形式如何？如果当摆球到达极端位置时砍断绳子，摆球相对于木板的运动形式又将如何（忽略空气阻力）？

2-10　在门窗都关好的开行的汽车内，漂浮着一个氢气球，当汽车向左转弯时，氢气球在车内将向左运动还是向右运动？

2-11　甲乙两人为了比较谁的力气大，把弹簧测力计的一端系在墙壁的钉子上，另一端的钩子以绳子系着而用手拉。甲拉时，测力计指示出 420N，乙拉时指示出 350N。如果他们保持原来的拉力不变，沿相反方向各拉着测力计的一端，问测力计指示的读数是多少？他们将如何运动？

2-12　一人躺在地上，身上压一块重石板，另一人用重锤猛击石板，但见石板碎裂，而下面的人毫无损伤，何故？

2-13　两个质量相同的物体从同一高度自由下落，与水平地面相碰，一个反弹回去，另一个却贴在地上，问哪一个物体给地面的冲量大？

2-14　汽车发动机内气体对活塞的推力以及各种传动部件之间的作用力能使汽车前进吗？使汽车前进的力是什么力？

2-15　在地面的上空停着一气球，气球下面吊着软梯并站着一个人。当这个人沿着软梯往上爬时，气球是否运动？对于人和气球所组成的系统，在铅直方向上的动量是否守恒？

2-16　力对物体不做功，物体一定沿直线运动吗？

2-17　有两个相同的物体处于同一位置，其中一个水平抛出，另一个沿斜面无摩擦地自由滑下，问：哪一个物体先到达地面？落地时两者速率是否相等？两者动能的增加是否相等？

2-18　人通过挂在高处的定滑轮，用绳子分别把物体拉高 h，一次是匀加速拉，另一次是非匀加速拉，但两次中物体的初速率和末速率都是相同的，问人对物体所做的功是否相同？

2-19　两个质量不等的物体具有相等的动能，问哪一个物体的动量较大？两个质量不等的物体具有相等的动量，问哪一个物体的动能较大？

2-20　从高空掉下来的陨石，碰到山岗而静止，同时发出巨大的声响，这时陨石的动量变为零。有人说："陨石的动量转变成了能量（例如势能、声能等）。"这种说法对吗？

2-21　判断下述说法的正误，并说明理由：

（1）不受外力作用的系统，它的动量和机械能必然同时都守恒；

（2）内力都是保守力的系统，当它所受的合外力为零时，它的机械能必然守恒。

2-22　在匀速水平开行的车厢内悬吊一个单摆，相对于车厢参考系，摆球的机械能是否保持不变？相对于地面参考系，摆球的机械能是否也保持不变？

习　题

2-1　如图 2-35 所示，A、B 两物体质量均为 m，用质量不计的滑轮和细绳连接，并不计摩擦，问 A 和 B 加速度的大小各为多少？

2-2　如图 2-36 所示，已知两物体 A、B 的质量均为 $m=3.0\text{kg}$，物体 A 以加速度 $a=1.0\text{m/s}^2$ 运动，求物体 B 与桌面间的摩擦力（滑轮与连接绳的质量不计）。

2-3　如图 2-37 所示，细线不可伸长，细线、定滑轮、动滑轮的质量均不计，已知 $m_1=4m_3$，$m_2=2m_3$。求各物体运动的加速度及各段细线中的张力。

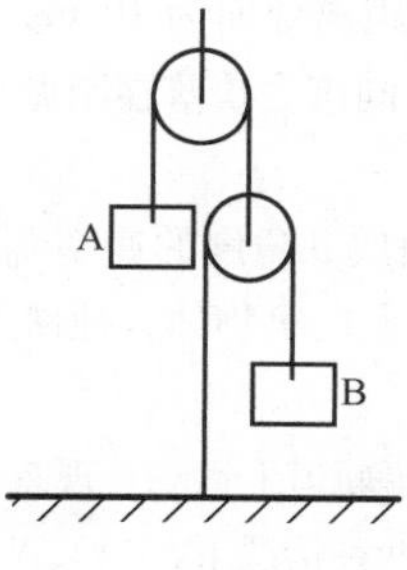

图 2-35　习题 2-1 图

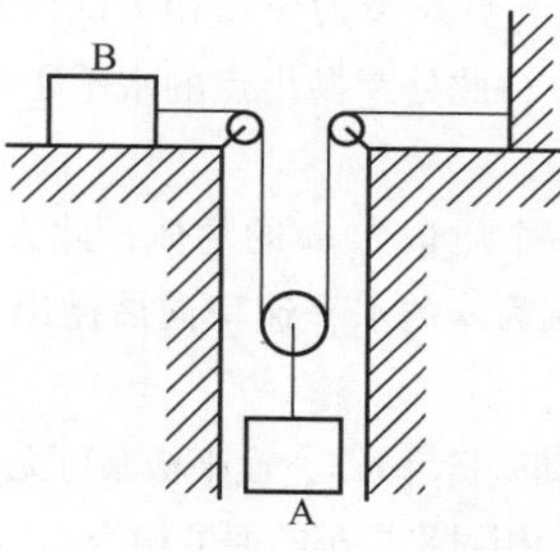

图 2-36　习题 2-2 图

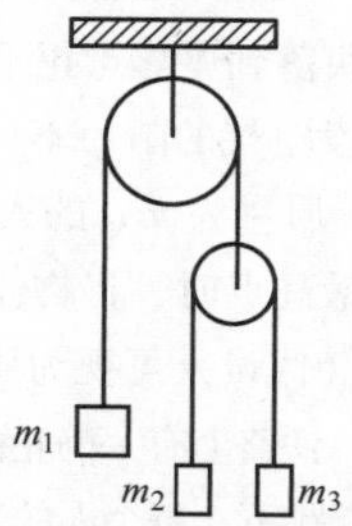

图 2-37　习题 2-3 图

2-4　在例题 2-12 中，求：（1）t 时刻物体的速率；（2）当物体速率从 v_0 减小到 $v_0/2$ 时，物体所经历的时间及经过的路程。

2-5　从实验知道，当物体速度不太大时，可以认为空气的阻力正比于物体的瞬时速度，设其比例常数为 k。将质量为 m 的物体以竖直向上的初速度 v_0 抛出。

（1）试证明物体的速度为

$$v=\frac{mg}{k}\left(e^{-\frac{k}{m}t}-1\right)+v_0e^{-\frac{k}{m}t}$$

（2）证明物体将达到的最大高度为

$$H=\frac{mv_0}{k}-\frac{m^2g}{k^2}\ln\left(1+\frac{kv_0}{mg}\right)$$

（3）证明到达最大高度的时间为

$$t_H=\frac{m}{k}\ln\left(1+\frac{kv_0}{mg}\right)$$

2-6　质量为 m 的跳水运动员从距水面距离为 h 的高台上由静止跳下落入水中。把跳水运动员视为质点，并略去空气阻力。运动员入水后垂直下沉，水对其阻力为 $-bv^2$，其中 b 为一常量。若以水面上一点为

坐标原点 O，竖直向下为 Oy 轴，求：(1) 运动员在水中的速率 v 与 y 的函数关系；(2) 跳水运动员在水中下沉多少距离才能使其速率 v 减小到落水速率 v_0 的 1/10？（假定跳水运动员在水中的浮力与所受的重力大小恰好相等）

2-7　一物体自地球表面以速率 v_0 竖直上抛。假定空气对物体阻力的值为 $F=-kmv^2$，其中 k 为常量，m 为物体质量。试求：(1) 该物体能上升的高度；(2) 物体返回地面时速度的值。

2-8　质量为 m 的子弹以速度 v_0 水平射入沙土中，设子弹所受阻力 $F=-kv$，k 为常数，忽略子弹重力，求：(1) 子弹射入沙土后，速度随时间变化的函数式；(2) 子弹进入沙土的最大深度。

2-9　已知一质量为 m 的质点在 x 轴上运动，质点只受到指向原点的力 $F=-k/x^2$，k 是比例常数。设质点在 $x=A$ 时的速度为零，求质点在 $x=A/4$ 处的速度的大小。

2-10　一颗子弹在枪筒里前进时所受的合力大小为 $F=400-4\times10^5t/3$（其中 t 为时间，单位 s。方程为数值方程），子弹从枪口射出时的速率为 300m/s。设子弹离开枪口处合力刚好为零。求：(1) 子弹走完枪筒全长所用的时间 t；(2) 子弹在枪筒中所受力的冲量 I；(3) 子弹的质量。

2-11　高空作业时系安全带是非常必要的。假如一质量为 51.0kg 的人在操作时不慎从高空竖直跌落下来，由于安全带的保护，最终使他被悬挂起来。已知此时人离原处的距离为 2.0m，安全带弹性缓冲作用时间为 0.50s。求安全带对人的平均冲力。

2-12　长为 60cm 的绳子悬挂在天花板上，下方系一质量为 1kg 的小球，已知绳子能承受的最大张力为 20N。问要多大的水平冲量作用在原来静止的小球上才能将绳子打断？

2-13　一做斜抛运动的物体，在最高点炸裂为质量相等的两块，最高点距离地面为 19.6m。爆炸 1.0s 后，第一块落到爆炸点正下方的地面上，此处距抛出点的水平距离为 100m。问第二块落在距抛出点多远的地面上（设空气的阻力不计）？

2-14　质量为 $m_{人}$ 的人手里拿着一个质量为 m 的物体，此人用与水平面成 θ 角度的速率 v_0 向前跳去。当他达到最高点时，将物体以相对于人为 u 的水平速率向后抛出。问：由于人抛出物体，他跳跃的距离增加了多少（假设人可视为质点）？

2-15　铁路上有一静止的平板车，其质量为 $m_{车}$，设平板车可无摩擦地在水平轨道上运动。现有 N 个人从平板车的后端跳下，每个人的质量均为 m，相对平板车的速度均为 u。问：在下列两种情况下，(1) N 个人同时跳离；(2) 一个人一个人地跳离，平板车的末速各是多少？所得的结果为何不同？其物理原因是什么？

2-16　一物体在介质中按规律 $x=ct^3$ 做直线运动，c 为一常量。设介质对物体的阻力正比于速度的平方：$f=-kv^2$，试求物体由 $x_0=0$ 运动到 $x=l$ 时，阻力所做的功。

2-17　一人从 10m 深的井中提水，起始桶中装有 10kg 的水，由于水桶漏水，每升高 1m 要漏去 0.2kg 的水，忽略桶的质量。求水桶被匀速地从井中提到井口，人所做的功。

2-18　如图 2-38 所示，A 和 B 两块板用一轻弹簧连接起来，它们的质量分别为 m_1 和 m_2。问在 A 板上需加多大的压力，方可在力停止作用后，恰能使在跳起来时 B 稍被提起（设弹簧的劲度系数为 k）。

2-19　如图 2-39 所示，质量为 m、速度为 $\boldsymbol{v}$ 的钢球，射向质量为 $m_{靶}$ 的靶，靶中心有一小孔，内有劲度系数为 k 的弹簧，此靶最初处于静止状态，但可在水平面上做无摩擦滑动，求钢球射入靶内弹簧后，弹簧的最大压缩距离。

2-20　一质量为 m 的弹丸，穿过如图 2-40 所示的摆锤后，速率由 v 减小到 $v/2$。已知摆锤的质量为 $m_{锤}$，摆线长度为 l，如果摆锤能在垂直平面内完成一个完全的圆周运动，问弹丸速度的最小值应为多少？

2-21　如图 2-41 所示，一质量为 $m_{物}$ 的物块放置在斜面的最底端 A 处，斜面的倾角为 α，高度为 h，物块与斜面的动摩擦因数为 μ，今有一质量为 m 的子弹以速度 $\boldsymbol{v}_0$ 沿水平方向射入物块并留在其中，且使物块沿斜面向上滑动，求物块滑出顶端时的速度大小。

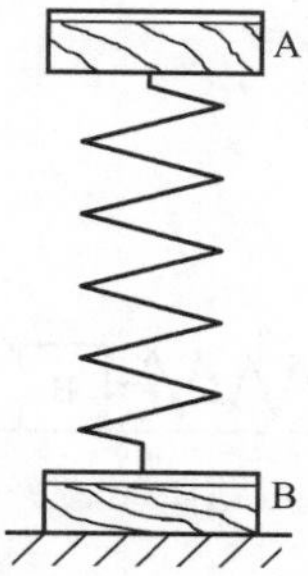

图 2-38　习题 2-18 图

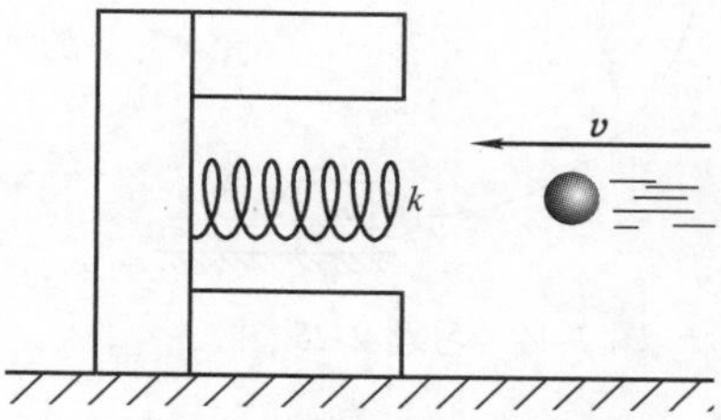

图 2-39　习题 2-19 图

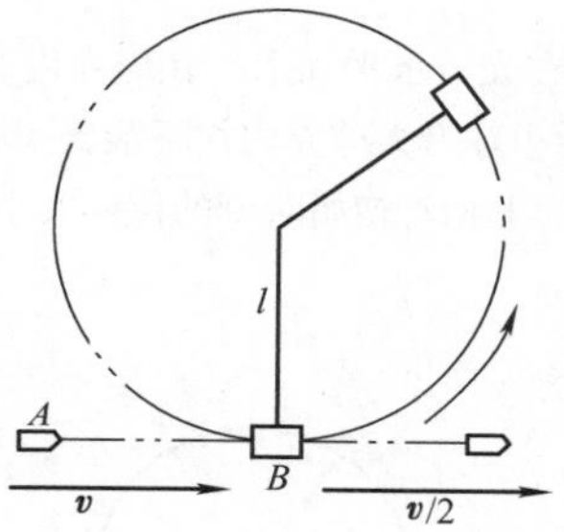

图 2-40　习题 2-20 图

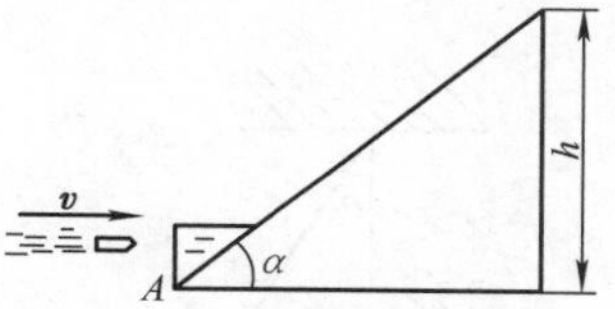

图 2-41　习题 2-21 图

2-22　如图 2-42 所示，在光滑水平面上平放一轻弹簧，弹簧一端固定，另一端连着物体 A、B，它们质量分别为 m_A 和 m_B，弹簧劲度系数为 k，原长为 l。用力推 B，使弹簧压缩 x_0，然后释放。求：(1) 当 A 与 B 开始分离时，它们的位置和速度；(2) 分离之后，A 还能往前移动多远？

2-23　如图 2-43 所示，光滑斜面与水平面的夹角为 $\alpha=30°$，轻质弹簧上端固定。今在弹簧的另一端轻轻地挂上质量为 $m'=1.0\text{kg}$ 的木块，木块沿斜面从静止开始向下滑动。当木块向下滑 $x=30\text{cm}$ 时，恰好有一质量 $m=0.01\text{kg}$ 的子弹，沿水平方向以速度 $v=200\text{m/s}$ 射中木块并陷在其中。设弹簧的劲度系数为 $k=25\text{N/m}$，求子弹打入木块后它们的共同速度。

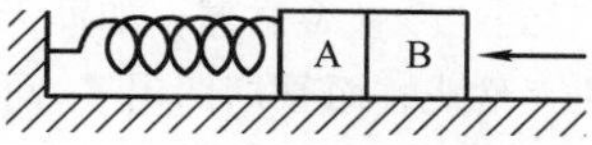

图 2-42　习题 2-22 图

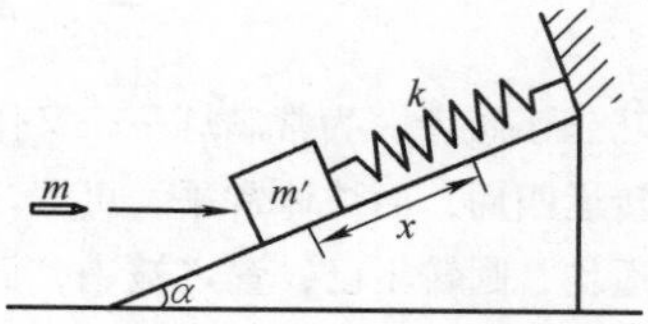

图 2-43　习题 2-23 图

2-24　两质量相同的小球，一个静止，另一个以速度 v_0 与静止的小球做对心碰撞，求碰撞后两球的速度。(1) 假设碰撞是完全非弹性的；(2) 假设碰撞是完全弹性的；(3) 假设碰撞的恢复系数 $e=0.5$。

2-25　如图 2-44 所示，一质量为 m 的钢球系在一长为 l 的绳的一端，绳另一端固定，现将球由水平位置静止下摆，当球到达最低点时与质量为 $m_{块}$、静止于水平面上的钢块发生弹性碰撞，求碰撞后钢球和钢块的速率。

2-26　如图 2-45 所示，两个质量分别为 m_1 和 m_2 的木块 A、B，用一劲度系数为 k 的轻弹簧连接，放在光滑的水平面上。A 紧靠墙。今用力推 B 块，使弹簧压缩 x_0 然后释放。已知 $m_2=3m_1$，求：(1) 释放后 A、B 两滑块速度相等时的速度大小；(2) 弹簧的最大伸长量。

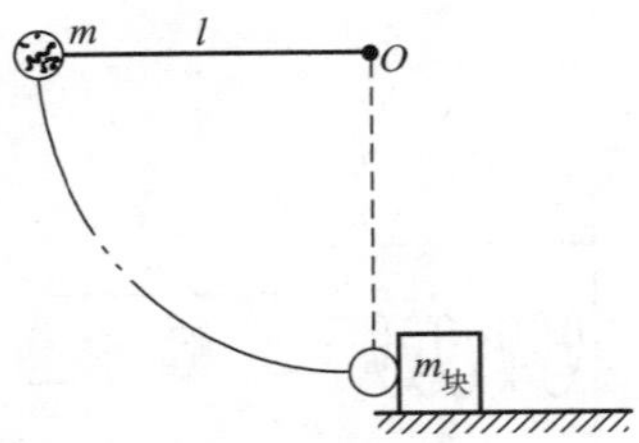

图 2-44 习题 2-25 图

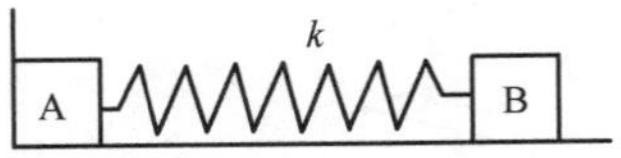

图 2-45 习题 2-26 图

2-27 如图 2-46 所示，绳上挂有质量相等的两个小球，两球碰撞时的恢复系数 $e=0.5$。球 A 由静止状态释放，到竖直位置时撞击球 B，刚好使球 B 摆动到绳成水平的位置。求证：球 A 释放前的张角 θ 应满足 $\cos\theta = 1/9$。

2-28 如图 2-47 所示，一质量为 m，半径为 R 的球壳，静止在光滑水平面上，在球壳内有另一质量也为 m，半径为 r 的小球，初始时小球静止在图示水平位置上。放手后小球沿大球壳内往下滚，同时大球壳也会在水平面上运动。当它们再次静止在水平面上时，问大球壳在水平面上相对初始时刻的位移大小是多少？

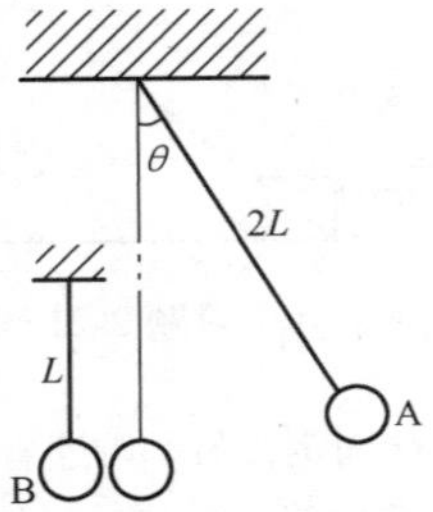

图 2-46 习题 2-27 图

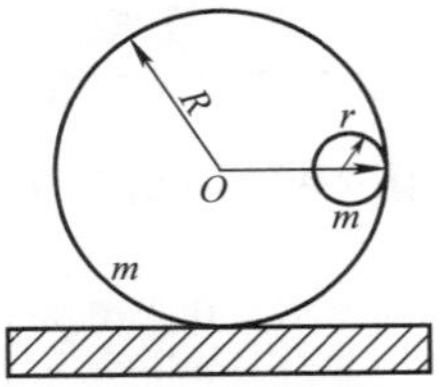

图 2-47 习题 2-28 图

阅读材料

一、陀螺仪的前世今生

从“长安巧工丁缓者，为常满灯……又作卧褥香炉，一名被中香炉。本出房风，共法后绝，至缓始复为之。为机环转运四周，而炉体常平，可置之被褥，故以为名。”到“今镀金香球，如浑天仪然，其中三层关棙，轻重适均，圆转不已，置之被中，而火不复无，其外花卉玲珑，而篆烟四出”。可见，在中国古代，有一种很神奇的器具，叫被中香炉，它的外形是一个鎏金镂空的球状铜制容器，在里面放入火炭，置于被中，就成了中国古代用于冬天取暖、熏香的被中香炉，又称为香薰球、卧褥香炉、熏球等。这种器物的设计巧夺天工，其艺术性与实用性并存，令人赞叹不已。

从图 2-48 中分析可知，由于中心炉体、内环、外环与外壳内壁的支承轴线依次互相垂直，被中香炉可简化看成由一个半球与两个分别具有竖直轴和水平轴的圆环组成，半球套在内环上，其轴与内环的轴互相垂直，不管整个球体如何翻转，半球不会受到任何力矩的作用。当整个球体在转动起来时，其力矩 $\boldsymbol{M}$ 的大小和轴的方向将保持不变，对三个方向的力矩进行受力分析，根据 $\boldsymbol{M}=\boldsymbol{r}\times\boldsymbol{F}$，发现三个方向所受到的力矩均为零。当刚体所受合外力矩为零时，角动量守恒。因此，被中香炉的整体结构系统角动量守恒。

天问一号火星探测器进入舱的制导、导航与控制（简称 GNC）分系统中较为核心的一个部位就是由陀

被中香炉实物

被中香炉内部构造

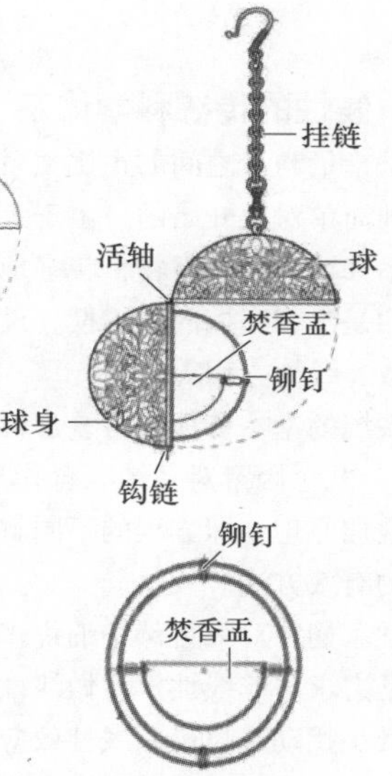

被中香炉剖面图

图 2-48　被中香炉

螺仪和加速度计所组成的，依据陀螺仪感知到的速度、角度等条件，探测器的计算机大脑会按照预定的流程发出一条条指令，来指挥探测器按照预定的计划一步步执行动作，直至探测器降落，而陀螺仪运用的正是角动量守恒的原理。现代陀螺仪常用来精确确定运动物体的方位，这种特性被广泛应用于航天航空之中：当飞行器需要转弯时，就需要陀螺仪根据角速度计算出旋转角度；在改变航向时，飞行员就需要通过陀螺地平仪来改变飞机的飞行姿态，陀螺转弯仪根据转变的方向和速度通过陀螺半罗盘改变航向。

由于陀螺仪具有许多特性，比如极强的稳定性、进动性和定轴性，在火箭、飞船与一些探测器等惯性导航系统中，最核心的一个关键电子技术就是陀螺仪系统。像 2021 年发射的神舟十三号，就是利用陀螺仪的特性通过实时情况，快速而精准地计算飞行方向，及时纠正轨道，让火箭船能够按照预定的轨道实现零偏差飞行，从而精确地将飞船传送到预定的轨道内，将飞船与目标飞行器进行完美对接。图 2-49 为神舟飞船中的陀螺仪结构示意图。

我们的智能手机中也置有陀螺仪，这是一种微机电陀螺仪。手机陀螺仪的本质是一种传感器，如图 2-50 所示，在手机中是一块小小的芯片，主要功能是检测手机姿态。如手机拍照的防抖功能、体感游戏和部分手机导航都用到手机陀螺仪。

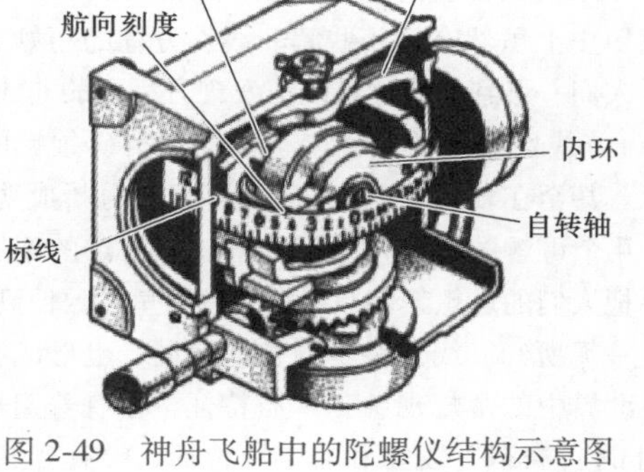

图 2-49　神舟飞船中的陀螺仪结构示意图

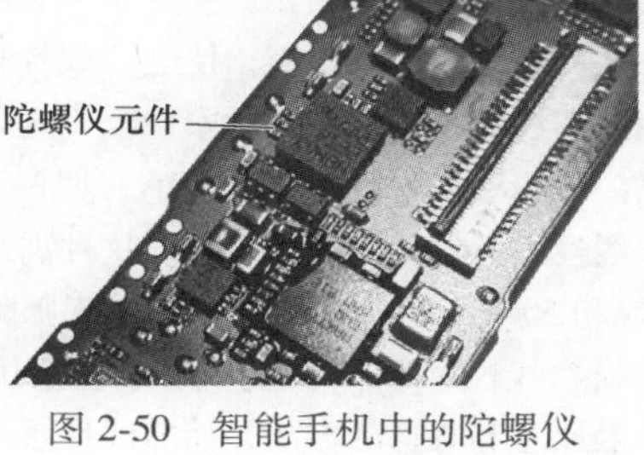

图 2-50　智能手机中的陀螺仪

二、线性与非线性系统

（一）线性的传统科学体系

线性是指量与量之间的正比关系（$y=kx$），在直角坐标系里表征为一条直线。自然科学正是从研究线性系统这种简单对象开始的。由于人的认识的发展总是从简单事物开始的，所以在科学发展的早期，首先从线性关系来认识自然事物，较多地研究了事物间的线性相互作用，这是很自然的。因而在经典物理学中，首先考察的是没有摩擦的理想摆，没有黏滞性的理想流体、温度梯度很小的热流等；数学家们首先研究的是线性函数、线性方程等。

线性系统的基本特征是可叠加性或可还原性，部分之和等于整体：设 $y_1=kx_1$，$y_2=kx_2$，则 $y_3=k(x_1+x_2)=y_1+y_2$。几个因素对系统联合作用的总效应，等于各个因素单独作用效应之和，因而描述线性系统的方程遵从叠加原理，即方程的不同解加起来仍然是方程的解，分割、求和、取极限等数学操作，都是处理线性问题的有效方法。

物理学家们在对大自然中的许多现象进行探索时，总是力求在忽略非线性因素的前提下建立起线性模型，至少是力求对非线性模型做线性化处理，用线性模型近似或局部地代替非线性原型，或者借助于对线性过程的微小扰动来讨论非线性效应。物理学家们建立起来的传统科学体系都是线性可叠加的：牛顿运动定律、热力学定律、麦克斯韦的电磁场方程组是线性的，爱因斯坦的相对论力学方程和描述微观粒子运动状态的波函数也都是线性可叠加的。

传统科学的研究方法是解析、分析、分解、简化、线性化，即将自然界中广泛存在的复杂现象经简单化（理想化）处理后，来发现和揭示其内在规律性（线性的）。他们研究自然实际是“从复杂到简单”的。传统科学认为：“简单系统的行为必定简单”，且它们的行为是稳定的和可预言的；而“复杂行为意味着有复杂的原因”，一些不稳定、不可预言或是失控的复杂系统，必定是由许多独立的因素统治着的，或者是受到外界随机影响的。经过长期的发展，在传统科学中还铸造出一套处理线性问题的行之有效的方法，例如傅里叶变换、拉普拉斯变换、传递函数、回归技术等；就是设计物理实验，也主要是做那些可以做线性分析的实验。从这个特点看来，传统的科学体系实质上是线性科学体系。线性科学在理论研究和实际应用上都有十分光辉的进展，在自然科学和工程技术领域，对线性系统的研究都取得了很大的成绩。经典物理学的这些光辉成就导致确定论的观点长期以来统治着宏观世界，到 18 世纪，法国数学家拉普拉斯把决定论思想发展到了顶峰，他有这样一段名言：“设想有位智者在每一瞬间得知激励大自然的所有的力，以及组成它的所有物体的相互位置，如果这位智者如此博大精深，他能对这样众多的数据进行分析，把宇宙间最庞大物体和最轻微原子的运动包容于一个公式之中，那么对他来说没有什么事情是不确定的，将来就像过去一样展现在他的眼前。”

在科学还处在主要以简单现象为研究对象的阶段，线性方法曾经是十分有效的。线性关系容易思考，容易解决，可以把它一块块地分割开进行考察，然后再一块块地拼合起来。所以线性关系让人喜爱。而非线性问题、非线性方程往往是桀骜不驯、个性很强的，很难找到普遍的解决方法，只能对具体问题做具体分析，针对个别问题的特点采取特殊的处理方法。所以历史上虽然有过一些解非线性方程的巧妙方法，但与大量存在的非线性问题相比，只算是凤毛麟角，甚至人们一遇到非线性系统或发现方程中的非线性项时，就想尽办法回避，或加以舍弃，使之“线性化”。所以，非线性系统长期以来被冷落在科研领域的视野以外。当遇到非线性系统时，科学家们就代之以线性近似。甚至在教科书中，也充满了线性分析成功的内容，“非线性”一词大都只在书末一带而过地提一下。除了几个可解的非线性范例之外，那里讲的不过是如何把一些非线性方程约化成线性方程。这种训练的结果，把人们的思想禁锢在线性的陷阱里，致使到了 20 世纪 40 年代和 50 年代，许多科学家和工程师除此之外竟一无所知。线性科学的长期发展，也形成了一种扭曲的认识或“线性思维”，认为只有线性系统才是客观世界中的常规现象和本质特征，才有普遍规律，才能建立一般原理和普适的方法，而非线性系统只是例外的“病态”现象和非本质特征，没有普遍的规律，只能作为对线性系统的扰动或采取特殊的方法做个别处理。由此得出结论说，线性系统才是科学探索的基本对象，线性问题才存在理论体系。

（二）事物复杂性的根源——非线性

非线性是指量与量之间的关系不成正比，如 $y=kx^2$，这时整体不再是简单地等于部分之和：设 $y_1=kx_1^2$，$y_2=kx_2^2$，则 $y_3=k(x_1+x_2)^2\neq y_1+y_2$，而可能出现不同于“线性叠加”的增益或亏损。

从运动形式上看，线性现象一般表现为时空中的平滑运动，可以用性能良好的函数表示，是连续的，可微的。而非线性现象则表现为从规则运动向不规则运动的转化和跃变，带有明显的间断性、突变性。

从系统对扰动和参量变化的响应来看，线性系统的响应是平缓光滑的，成比例变化的；而非线性系统在一些关节点上，参量的微小变化往往导致运动形式质的变化，出现与外界激励有本质区别的行为，发生空间规整性有序结构的形成和维持。

20 世纪 60 年代以后，由于电子计算机的广泛应用和由此发展起来的“计算物理”方法的利用，人们从浅水波方程中发现了“孤子”；从一些看起来并不复杂的不可积系统的研究中，发现了确定性动力系统中存在着对初值极为敏感的“混沌”运动，在简单系统中产生出复杂行为；从远离平衡态的开放系统中看到了一种从无序态变为有序态的“自组织”现象……人们越来越明白地认识到，“大自然无情地表明它是非线性的。”在现实世界中，能解的、有序的线性系统才是少见的例外，非线性才是大自然的普遍特性；线性系统其实只是对少数简单非线性系统的一种理论近似，非线性才是世界的魂魄。正是非线性才造成了现实世界的无限多样性、曲折性、突变性和演化性。这样，就逐渐形成了贯穿物理学、数学、天文学、生物学、生命科学、空间科学、气象科学、环境科学等广泛领域，揭示非线性系统的共性，探讨复杂现象的新的科学领域“非线性科学”。

复杂系统是非线性地耦合在一起的大量单元或子系统的集合。例如生物体（人体及其大脑）、地球环境乃至社会和经济系统。对复杂系统的研究，也即探索复杂性，是当代科学研究最活跃的领域。复杂系统往往呈现出丰富多彩的性质，像非平衡性、随机性、突变性、不可逆性、不稳定性、无序性、长程相关性、自组织性、自相似性及普适性等。在这类系统中，随机性与确定性共存，多样性与普适性共存。如果说，为数众多的子系统从量的方面给出了复杂性，非线性性质则从质的方面引入复杂性。正因为如此，复杂事物一经分解定会变得简单这样一种传统的科学信念受到了极大的冲击。随着耗散结构理论、突变论、协同学、混沌理论、符号动力学及分形几何学等非线性理论的建立和发展，人类已经有能力定量地描述复杂系统的特征。

三、混沌简介

（一）混沌现象

一直以来，人们都认为牛顿力学对运动的描述是确定性的，只要给定了初始条件，系统未来的运动状态也就完全确定了；若初始条件有一较小的变化，也不会对系统的运动状态有什么大的影响。换句话说，用牛顿定律描述的运动都是规则的，系统的行为都是可以预知的。然而实际情形并非如此，近几十年来对混沌现象的研究表明：确定性系统的运动方程若是非线性的，则该系统就具有一种“内在的随机性”，在适当的条件下就会表现出来，使系统的运动类似于随机运动；在非线性动力学系统中，出现这种貌似随机运动的概率要比出现确定性运动的概率大得多。所谓“混沌现象”就是在确定论系统中所表现出的内在随机行为的总称，其根源在于系统内部的非线性交叉耦合作用。

最早开始研究混沌现象的是法国的数学家庞加莱，在 100 多年前，他在研究一种简化了的三体运动（两个大质量行星与一小质量卫星的运动）时，发现小卫星的运动轨道有可能是缠来绕去、错综复杂的，如图 2-51 所示。当年还没有计算机，庞加莱以他丰富的想象力发明了如相图、奇异点、分叉、同宿轨道、异宿轨道、庞加莱截面等一套独特的研究方法，推断出小卫星的长期运动是无法确定的，初始条件的微小差别，经过一段时间后，会使卫星的运动状况有很大的不同。现在人们通过计算机已完全证实了庞加莱的推论。

混沌现象是一种普遍存在的复杂的运动形式，但产生混沌现象的系统却可能很简单，例如同时受到驱动力和阻力作用的大角度单摆和倒摆、在做简谐振动平板上弹性跳动的小球、非线性振荡电路、湍流、天空中变幻莫测的风云、不断向外喷气而又四处乱窜的气球、种群的繁衍等。甚至在政治、经济、战争、教育等社会科学的各个领域也都发现了混沌现象的实例。可以说混沌现象无时不有，无处不在。

如图 2-52 所示，在受迫振动振子的平衡位置处放一质量较大的砧块，使振子撞击它以后以同样速率反跳，这时振子所受的撞击力不再与位移成正比，因而系统成为非线性的。对于这样一个非线性系统，虽然其运动还是由外力决定的，即受牛顿定律决定论的支配，但现在的数学无法给出其解析解并用严格的数学式表示其运动状态。可以用实验描绘其振动曲线。虽然在框架振动频率为某些值时，振子的振动最后也能达到周期和振幅都一定的稳定状态（见图 2-53），但在框架振动频率为另一些值时，振子的振动曲线如图 2-53 所示，振动变得完全杂乱而无法预测了，这时振子的运动就进入了混沌状态。

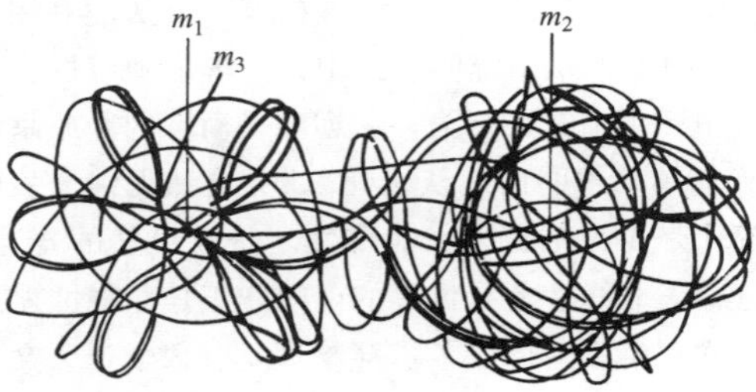

图 2-51 小天体的混沌运动

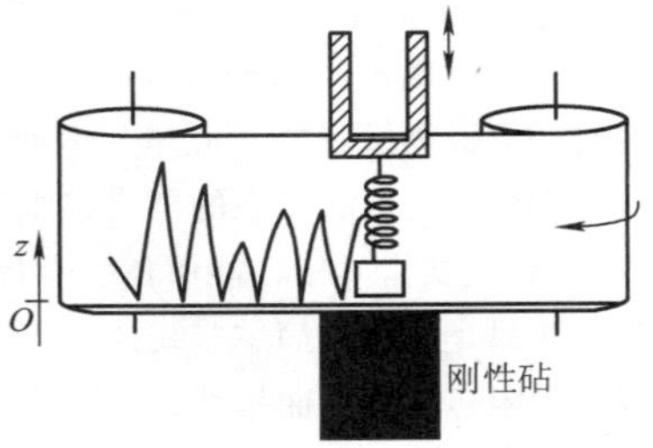

图 2-52 反跳振子装置

图 2-54 画出了 5 次振子初位置略有不同（其差别已在实验误差范围之内）的混沌振动曲线。最初几次反跳，它们基本上是一样的。但是，随着时间的推移，它们的差别越来越大，这显示了反跳振子的混沌运动对初值的极端敏感性——最初的微小差别会随时间逐渐放大而导致明显的巨大差别。这样，本来任何一次混沌运动，由于其混乱复杂，就很难预测，再加上这种对初值的极端敏感性，而初值在任何一次实验中又不可能完全精确地给定，因而，对任何一次混沌运动，其进程就更加不能预测了。

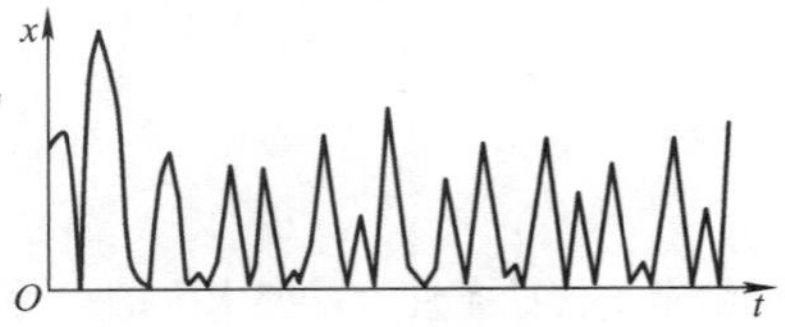

图 2-53 反跳振子的混沌运动

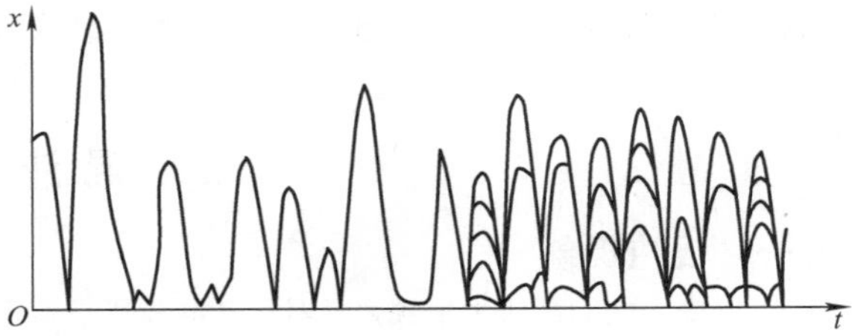

图 2-54 反跳振子的混沌运动对初值的敏感性

人们常把“蝴蝶效应”作为混沌现象的代名词。1961 年美国气象学家洛伦兹推导出了一个描述气象变化的非线性方程，并用他的一台计算机进行长期气象预报的模拟计算。他算了两次，两次的结果却大相径庭，比如说第一次预报几个月后的某一天是晴空万里，而第二次却说这一天是电闪雷鸣。洛伦兹仔细检查了计算，发现就是有一个数据第一次输入时为 0.506 127，第二次输成了 0.506 而造成的。洛伦兹认识到根源是方程的非线性，因为非线性方程对初值变化非常敏感，初始条件的微小变化，就会造成后来结果的巨大误差。洛伦兹对此作了一个形象的比喻：“一只蝴蝶在巴西煽动一下它的翅膀，就会在美国的得克萨斯州引发一场龙卷风。”这就是所谓的“蝴蝶效应”。

还有人对混沌现象会把微小的误差不断“繁殖”“生长”和“逐级放大”的特点做了生动的描述：“丢失一枚钉子，坏了一只蹄铁；坏了一只蹄铁，折了一匹战马；折了一匹战马，伤了一位骑士；伤了一位骑士，输了一场战斗；输了一场战斗，亡了一个帝国。”

（二）种群繁衍过程，从倍周期分岔到混沌

人类或是某一种类的昆虫、鱼、鸟、家畜及各种动物、植物的繁衍过程，会出现最有代表性的混沌现象。以人类繁衍为例，人类不断繁殖下一代，使人口增多，同时又由于战争、疾病、天灾人祸等因素使人口减少，经数学抽象、变换后得出人口方程（Logisitic 方程）为

$$x_{n+1}=\mu x_n(1-x_n) \tag{1}$$

式中各量的意义如下：设自然环境能支持的最大人口量为 N_0，第 n 代人口数为 N_n，则 $x_n=\dfrac{N_n}{N_0}$是第 n 代相对人口数，其值应在 0~1 之间；μ 是控制参量，其取值范围为 0~4，当 $\mu>4$ 时，式（1）会发散，使 $x_n>1$，变得无意义。对任意一个给定的 μ 值，x_1 任取 0~1 中的某个值，代入式（1），经 n 次迭代后就求出了相应的 x_n。图 2-55 给出了 $x_n(n=100\sim300)$ 随 μ 的变化曲线。可具体分析如下：当 μ 值在 0~1 内时，无论 x_1 取何值，x_n 都趋向 0，这种情况下，人类（或某个种群）将趋向灭亡。

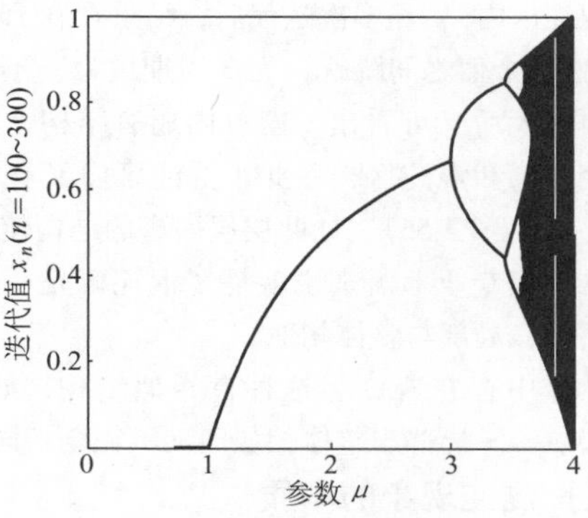

图 2-55 种群繁衍过程中的混沌现象

当 μ 取 1~3 时，经多次迭代后，$x_n\to1-\dfrac{1}{\mu}$，对应于一个稳定态。当 μ 取 3~3.449 时，x_n 最终将在两个值上来回跳动，发生了 2 周期分岔。日常生活中，各种果树、水果等的产量有大小年之分，也正与此相应。当 μ 值取 3.449~3.544 时，则出现了 4 周期分岔，随 μ 值的不断增大，分岔数也成倍地增长，8 周期、16 周期、32 周期……当 $\mu>3.569$ 后，分岔数→∞，进入混沌状态，x_n 的可能取值有无限多个，随着迭代次数 n 的增加，x_n 的取值在一个连续区间内来回跳跃着，表现出极大的随机性。

（三）混沌现象的特点

混沌现象的一个显著特点是，系统对初值十分敏感。这在前面所述的三体运动问题及“蝴蝶效应”中都已讲过，表 2-1 中的两组迭代数据可更清楚地说明这一点。两组数据的初值仅相差 10^{-12}，经多次迭代后，差别就非常大了。

表 2-1 迭代方程 $x_{n+1}=3.96x_n(1-x_n)$ 的两组迭代数据

迭代次数 n	第 1 组（$x_1=0.15$）	第 2 组（$x_1=0.15+10^{-12}$）
101	0.638 7	0.237 1
102	0.923 1	0.723 6
103	0.284 0	0.800 0
104	0.813 4	0.640 1
105	0.607 1	0.921 5
106	0.954 1	0.289 2
107	0.175 1	0.822 3
108	0.577 8	0.584 6
109	0.975 8	0.971 4
110	0.094 6	0.111 2

各种混沌现象均表明：初值的微小差异，一定会引起以后的巨大误差，真所谓“差之毫厘，失之千里”。一方面，通常初始条件的微小差别人们可能完全无法区别出来，而由此造成的结果却大相径庭，因

而混沌现象的长期行为具有极大的随机性。换言之，“同样的原因可能产生完全不同的结果”。而另一方面，在未进入分岔区时，不论 x_1 取何值，迭代的结果都相同，因而又可以认为是“不同的原因，可以有同样的结果”。通常所说的“条条道路通罗马”“殊途同归”都是这种情况。

混沌现象的又一显著特点是，具有无限嵌套的自相似结构。在混沌区内并非一片混乱，而是存在着层层嵌套的周期性窗口。以式（1）所表示的种群繁衍过程为例，当 $\mu=3.8285$ 时（在混沌区内），经多次迭代后，结果在 0.1591、0.5123、0.9565 这三个值之间跳跃，为 3 周期窗口。不仅如此，将周期性窗口放大后又可看出，窗口内还有结构，即窗口内又存在倍周期分岔和混沌区，而此小混沌区内又有更小的周期性窗口……（见图 2-56）。如此层层嵌套的结构使混沌区混乱得耐人寻味，用专业术语来说就是“混沌区是一个无限嵌套的自相似结构，局部与整体相似。”

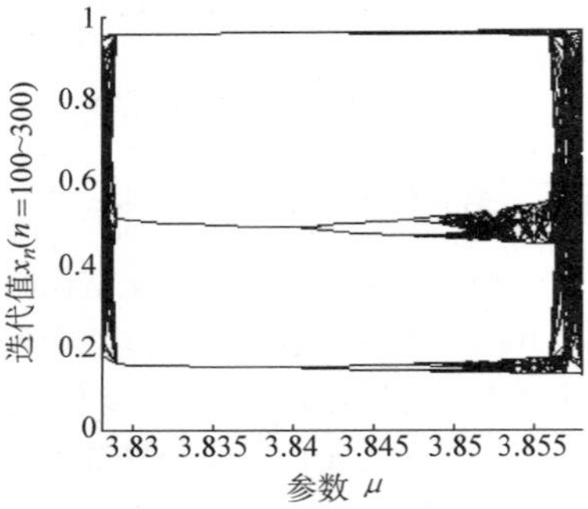

图 2-56 混沌区内的周期性窗口

自然界中存在着许多这种自相似结构，如雪花、花菜、树叶、指纹等，局部与整体相似而又不完全相同。

（四）混沌现象的本质

1. 非线性是产生混沌现象的内在根源

在各种混沌现象中涉及的都是非线性方程，这些非线性方程中并没有外加的随机变量，即不存在产生随机性的外部原因，因而混沌现象的随机性是内在的。非线性方程与线性方程不同，线性方程满足叠加原理，整体=各部分之和；而非线性方程不满足叠加原理，整体≠各部分之和。事实上，非线性系统内存在着感应、诱导、协同、整合、吸引、排斥、干涉、放大等非线性交叉耦合作用，正是这些作用使非线性系统出现了复杂的混沌现象。

2. 不断变化是混沌现象的本性

随着时间的推移，系统的状态总是在不断变化着，当系统处于混沌区中时更是如此。以图 2-55 所示的过程为例，当控制参量 μ 由小到大变化时，系统状态由稳定、有序而开始倍周期分岔，失去了稳定性，进入混沌区后，系统的状态已完全无序。但正如前所述，混沌区内又存在着层层嵌套的周期性窗口，因而系统的状态总是从有序到无序循环地变化，虽循环不已，却又永不重复，就如同天气总是在“好”与“坏”之间反复，但又没有哪两天会完全相同一样。

3. 混沌现象是一种貌似随机的有序运动

混沌现象中的随机性与概率论中的真正的随机性不同，它是一种在确定系统中出现的貌似不规则的有序运动。如前所述，混沌区内并非一片混乱，而是乱的有规律，是一种有确定性的混乱，形式上的混乱。无限嵌套的自相似结构更加说明了混沌现象是乱中有序，是复杂的有序。还可以用一个普适常数——费根鲍姆常数来进一步说明这一点。

用 μ_m 表示出现第 m 次分岔时的 μ 值，则相邻分岔间距之比在 $m\to\infty$ 时的极限为常数（费根鲍姆常数）

$$\delta=\lim_{m\to\infty}\frac{\mu_m-\mu_{m-1}}{\mu_{m+1}-\mu_m}=4.6692 \tag{2}$$

这个常数对所有的非线性迭代方程都是一样的，这说明混沌现象的演化有着普遍的发展规律。

（五）混沌现象给人们的启示

几十年来对混沌现象的研究已取得了许多成果，混沌理论已被广泛应用于物理学、天文学、化学、生物学、医学、气象学等自然科学学科中，在政治、经济、军事、教育等社会科学的各个领域也都受到人们的关注。

混沌现象的发现，一方面预示着人们对事物发展演变的预测能力将受到根本性的限制，另一方面又给人们提供了研究问题的新方法、新思路。过去人们常把实验中接收到的许多复杂的随机信息认为是“噪声”而弃之不顾，或总是设法要排除这些“噪声”的干扰。而现在，人们意识到这些随机信息内可能有相当部分应归入混沌现象，用混沌的方法去研究它们，可能会得到令人意想不到的结果。

混沌现象让人们更加注重非线性思维方式的培养和运用。传统的线性思维习惯于从对称性角度去分析问题，讲求平衡、稳定、全面，有很强的逻辑性，但较封闭、孤立，不大考虑事物间的关联，在因果关系方面认同“种瓜得瓜，种豆得豆”的线性因果关系。而非线性思维却对对称性的破缺感兴趣，追求打破平衡，甚至远离平衡，关注事物的整体性、相干性、协同性，认为整体可以大于部分之和，常常会有一些出人意料的创意，因而创新性强，但也容易失稳而导致失败。通常所说的灵感、直觉、随机应变、突发奇想等都是非线性思维的智慧闪光。在因果关系方面则认同“多因一果”和“一因多果”的复杂的非线性因果关系，而这些都与混沌的行为非常相似。

物理学家简介

牛　顿

牛顿（I. Newton，1643—1727），伟大的物理学家、天文学家和数学家，经典力学体系的奠基人。

牛顿 1643 年 1 月 4 日诞生于英格兰东部小镇乌尔斯索普一个自耕农家庭。出生前八九个月父亲死于肺炎。他自小瘦弱，孤僻而倔强。3 岁时母亲改嫁，由外祖母抚养。11 岁时继父去世，母亲又带 3 个弟妹回家务农。在不幸的家庭生活中，牛顿小学时成绩较差，“除设计机械外没显出才华”。

牛顿

牛顿自小热爱自然，喜欢动脑动手。8 岁时积攒零钱买了锤、锯来做手工，他特别喜欢刻制日晷，利用圆盘上小棍的投影显示时刻。传说他家里墙角、窗台上到处都有他刻划的日晷，他还做了一个日晷放在村中央，被人称为“牛顿钟”，一直用到牛顿死后好几年。他还做过带踏板的自行车，用小木桶做过滴漏水钟，放过自做的带小灯笼的风筝（人们以为是彗星出现），用小老鼠当动力做了一架磨坊的模型，等等。他观察自然最生动的例子是 15 岁时做的第一次实验：为了计算风力和风速，他选择狂风时做顺风跳跃和逆风跳跃，再量出两次跳跃的距离差。牛顿在格兰瑟姆中学读书时，曾寄住在格兰瑟姆镇克拉克药店，这里更培养了他的科学实验习惯，因为当时的药店就是一所化学实验室。牛顿在自己的笔记中将自然现象分类整理，包括颜色调配、时钟、天文、几何问题等。这些灵活的学习方法，都为他后来的创造打下了良好的基础。

牛顿曾因家贫停学务农，在这段时间里，他利用一切时间自学。放羊、购物、农闲时，他都手不释卷，甚至羊吃了别人庄稼，他也不知道。他舅父是一个神父，有一次发现牛顿看的是数学，便支持他继续上学。1661 年 6 月牛顿考入剑桥大学三一学院。作为领取补助金的“减费生”，他必须担负侍候某些富家子弟的任务。三一学院的巴罗（I. Barrow，1630—1677）教授是当时改革教育方式、主持自然科学新讲座（卢卡斯讲座）的第一任教授，被称为“欧洲最优秀的学者”，他对牛顿特别垂青，引导他读了许多前人的优秀著作。1664 年牛顿经考试被选为巴罗的助手，1665 年大学毕业。

在 1665~1666 年伦敦流行鼠疫的两年间，牛顿回到家乡。这两年牛顿才华横溢，做出了多项发明。他 1667 年重返剑桥大学，1668 年 7 月获硕士学位。1669 年，巴罗推荐 26 岁的牛顿继任卢卡斯讲座教授，1672 年牛顿成为皇家学会会员，1703 年成为皇家学会终身会长。1699 年就任造币局局长，1701 年他辞去剑桥大学工作，因改革币制有功，1705 年被封为爵士。1727 年牛顿逝世于肯辛顿，遗体葬于威斯敏斯特教堂。

牛顿的伟大成就与他的刻苦和勤奋是分不开的。他的助手 H. 牛顿说过，“他很少在两三点前睡觉，有时一直工作到五六点。春天和秋天经常五六个星期住在实验室，直到完成实验。”他有一种长期坚持不懈集中精力透彻解决某一问题的习惯。他在回答人们关于他洞察事物有何诀窍时说："不断地沉思"。这正是他的主要特点。对此有许多故事流传：他年幼时，曾一面牵牛上山，一面看书，到家后才发觉手里只有一根绳；看书时定时煮鸡蛋结果将表和鸡蛋一齐煮在锅里；有一次，他请朋友到家中吃饭，自己却在实验室废寝忘食地工作，再三催促仍不出来，当朋友把一只鸡吃完，留下一堆骨头在盘中走了以后，牛顿才想起这事，可他看到盘中的骨头后又恍然大悟地说："我还以为没有吃饭，原来我早已吃过了。"

牛顿的成就，恩格斯在《英国状况 18 世纪》中概括得最为完整："牛顿由于发现了万有引力定律而创立了科学的天文学；由于进行了光的分解而创立了科学的光学；由于创立了二项式定理和无限理论而创立了科学的数学；由于认识了力的本性而创立了科学的力学。"牛顿在建立万有引力定律及经典力学方面的成就可详见该书相关条目，这里着重从数学、光学、哲学（方法论）等方面的成就做一些介绍。

1. 牛顿的数学成就

17 世纪以来，原有的几何和代数已难以解决当时生产和自然科学所提出的许多新问题，例如，如何求出物体的瞬时速度与加速度？如何求曲线的切线及曲线长度（行星路程）、矢径扫过的面积、极大极小值（如近日点、远日点、最大射程等）、体积、重心、引力等？尽管牛顿以前已有对数、解析几何、无穷级数等成就，但还不能圆满或普遍地解决这些问题。当时笛卡儿的《几何学》和瓦里斯的《无穷算术》对牛顿的影响最大。牛顿将古希腊以来求解无穷小问题的种种特殊方法统一为两类算法：正流数术（微分）和反流数术（积分），反映在 1669 年的《运用无限多项方程》、1671 年的《流数术与无穷级数》、1676 年的《曲线求积术》三篇论文和《原理》一书中，以及被保存下来的 1666 年 10 月他写的在朋友们中间传阅的一篇手稿《论流数》中。所谓"流量"就是随时间而变化的自变量，如 x、y、s、u 等，"流数"就是流量的改变速度即变化率，他说的"差率""变率"就是微分。与此同时，他还在 1676 年首次公布了他发明的二项式展开定理。牛顿利用它还发现了其他无穷级数，并用来计算面积、积分、解方程等。1684 年，莱布尼兹从对曲线的切线研究中引入了 dy/dx 和拉长的 S 作为积分符号，从此牛顿创立的微积分学在欧洲大陆各国迅速推广。

微积分成了数学发展中除几何与代数以外的另一重要分支——数学分析（牛顿称之为"借助于无限多项方程的分析"），并进一步发展为微分几何、微分方程、变分法等，这些又反过来促进了理论物理学的发展。例如，瑞士的 J. 伯努利曾征求最速降落曲线的解答，这是变分法的最初始问题，半年内全欧数学家无人能解答。1697 年的一天，牛顿偶然听说此事，当天晚上一举解出，并匿名刊登在《哲学学报》上。伯努利惊异地说："从这锋利的爪中我认出了雄狮"。

2. 牛顿在光学上的成就

牛顿的《光学》是他的另一本科学经典著作（1704 年）。该书用的副标题是"关于光的反射、折射、拐折和颜色的论文"，集中反映了他的光学成就。

第一篇是几何光学和颜色理论（棱镜光谱实验）。从 1663 年起，他开始磨制透镜和自制望远镜。在他送交皇家学会的信中说："我在 1666 年初做了一个三角形的玻璃棱镜，以便试验那著名的颜色现象。为此，我弄暗我的房间……"接着详细叙述了他开小孔、引阳光进行的棱镜色散实验。关于光的颜色理论从亚里士多德到笛卡儿都认为白光纯洁均匀，乃是光的本色。"色光乃是白光的变种。牛顿细致地注意到，阳光不是像过去人们所说的五色，而是在红、黄、绿、蓝、紫色之间还有橙、靛青等中间色共七色。奇怪的是，棱镜分光后形成的不是圆形而是长条椭圆形，接着他又试验"玻璃的不同厚度部分""不同大小的窗孔""将棱镜放在外边"再通过孔、"玻璃的不平或偶然不规则"等的影响，用两个棱镜正倒放置以"消除第一棱镜的效应"，取"来自太阳的光线，看其不同的入射方向会产生什么样的影响"，并"计算各色光线的折射率""观察光线经棱镜后会不会沿曲线运动"，最后才做了"判决性试验"：在棱镜所形成的彩色带中通过屏幕上的小孔取出单色光，再投射到第二棱镜后，得到合成光的折射率（当时叫"折射程度"），这样就得出"白光本身是由折射程度不同的各种彩色光所组成的非均匀的混合体"的惊人结论。这个结论推翻了前人的学说，是牛顿细致观察和多项反复实验与思考的结果。

在研究这个问题的过程中，牛顿还肯定：不管是伽利略望远镜（凹、凸）还是开普勒望远镜（两个凸透镜)，其结构本身都无法避免物镜色散引起的色差。他发现，经过仔细研磨后的金属反射镜面作为物镜可将物体的成像放大30~40倍。1671年他将此镜送皇家学会保存，至今的巨型天文望远镜仍用牛顿式的基本结构。牛顿磨制及抛光精密光学镜面的方法，至今仍是不少工厂光学加工的主要手段。

《光学》的第二篇描述了光照射到叠放的凸透镜和平面玻璃上的“牛顿环”现象的各种实验。除产生环的原因他没有涉及外，他做了现代实验所能想到的一切实验，并做了精确测量。他把干涉现象解释为光行进中的“突发”或“切合”，即周期性的时而突然“易于反射”，时而“易于透射”，他甚至测出这种等间隔的大小，如黄橙色之间有一种色光的突发间隔为1/89 000in（即现今$2\ 854\times10^{-10}$m)，正好与现代波长值$5\ 710\times10^{-10}$m相差一半！

《光学》的第三篇是“拐折”（他认为光线被吸收），即衍射、双折射实验和他的31个疑问。这些衍射实验包括头发丝、刀片、尖劈形单缝形成的单色窄光束“光带”（今称衍射图样）等10多个实验。牛顿已经走到了重大发现的大门口却失之交臂。他的31个疑问极具启发性，说明牛顿在实验事实和物理思想成熟前并不先做绝对的肯定。牛顿在《光学》第一、二篇中视光为物质流，即由光源发出的速度、大小不同的一群粒子，在双折射中他假设这些光粒子有方向性且各向异性。由于当时波动说还解释不了光的直进，他是倾向于粒子说的，但他认为粒子与波都是假定。他甚至认为以太的存在也是没有根据的。

在流体力学方面，牛顿指出流体黏性阻力与剪切率成正比，这种阻力与液体各部分之间的分离速度成正比，符合这种规律的（如空气与水）称为牛顿流体。

在热学方面，牛顿的冷却定律为：当物体表面与周围形成温差时，单位时间单位面积上散失的热量与这一温差成正比。

在声学方面，他指出声速与大气压强平方根成正比，与密度平方根成反比。他原来把声传播作为等温过程对待，后来P. S. 拉普拉斯纠正为绝热过程。

3. 牛顿的哲学思想和科学方法

牛顿在科学上的巨大成就连同他的朴素唯物主义哲学观点和一套初具规模的物理学方法论体系，给物理学及整个自然科学的发展，给18世纪的工业革命、社会经济变革及机械唯物论思潮的发展以巨大影响。这里只简略勾画一些轮廓。

牛顿的哲学观点与他在力学上的奠基性成就是分不开的。一切自然现象他都力图用力学观点加以解释，这就形成了牛顿哲学上的自发的唯物主义，同时也导致了机械论的盛行。事实上，牛顿把一切化学、热、电等现象都看作“与吸引或排斥力有关的事物”。例如，他最早阐述了化学亲和力，把化学置换反应描述为两种吸引作用的相互竞争；认为“通过运动或发酵而发热”；火药爆炸也是硫黄、炭等粒子相互猛烈撞击、分解、放热、膨胀的过程，等等。

这种机械观，是把一切的物质运动形式都归为机械运动的观点，它把解释机械运动问题所必需的绝对时空观、原子论、由初始条件可以决定以后任何时刻运动状态的机械决定论、事物发展的因果律等，作为整个物理学的通用思考模式。可以认为，牛顿是开始比较完整地建立物理因果关系体系的第一人，而因果关系正是经典物理学的基石。

牛顿在科学方法论上的贡献正如他在物理学特别是力学中的贡献一样，不只是创立了某一种或两种新方法，而是形成了一套研究事物的方法论体系，提出了几条方法论原理。在牛顿的《原理》一书中集中体现了以下几种科学方法：

（1）实验—理论—应用的方法。牛顿在《自然哲学的数学原理》（以下简称《原理》）序言中说：“哲学的全部任务看来就在于从各种运动现象来研究各种自然之力，而后用这些方法论证其他的现象。”科学史家I. B. Cohen正确地指出，牛顿“主要是将实际世界与其简化数学表示反复加以比较”。牛顿是从事实验和归纳实际材料的巨匠，也是将其理论应用于天体、流体、引力等实际问题的能手。

（2）分析—综合方法。分析是从整体到部分（如微分、原子观点），综合是从部分到整体（如积分，也包括天与地的综合、三条运动定律的建立等）。牛顿在《原理》中说过：“在自然科学里，应该像在数学里一样，在研究困难的事物时，总是应当先用分析的方法，然后才用综合的方法……一般地说，从结果到原因，从特殊原因到普遍原因，一直论证到最普遍的原因为止，这就是分析的方法；而综合的方法则假定原因已找到，并且已经把它们定为原理，再用这些原理去解释由它们发生的现象，并证明这些解释的正确性。”

（3）归纳—演绎方法。上述“分析—综合法”与“归纳—演绎法”是相互结合的。牛顿从观察和实验出发，“用归纳法从中做出普遍的结论”，即得到概念和规律，然后用演绎法推演出种种结论，再通过实验加以检验、解释和预测，这些预言的大部分都在后来得到证实。当时牛顿表述的定律他称为公理，即表明由归纳法既可得出普遍的结论，又可用演绎法去推演出其他结论。

（4）物理—数学方法。牛顿将物理学范围中的概念和定律都“尽量用数学演绎出”。爱因斯坦说，“牛顿第一个成功地找到了一个用公式清楚表述的基础，从这个基础出发他用数学的思维，逻辑地、定量地演绎出范围很广的现象并且同经验相符合”，“只有微分定律的形式才能完全满足近代物理学家对因果性的要求，微分定律的明晰概念是牛顿最伟大的理智成就之一”。牛顿把他的书称为《自然哲学的数学原理》正好说明这一点。

牛顿的方法论原理集中表述在《原理》第三篇“哲学中的推理法则”中的四条法则中，此处不再转引。概括起来，可以称之为简单性原理（法则1）、因果性原理（法则2）、普遍性原理（法则3）、否证法原理（法则4，无反例证明者即成立）。有人还主张把牛顿在下面一段话中的思想称之为结构性原理：“自然哲学的目的在于发现自然界的结构的作用，并且尽可能把它们归结为一些普遍的法规和一般的定律——用观察和实验来建立这些法则，从而导出事物的原因和结果。”

牛顿的哲学思想和方法论体系被爱因斯坦誉为“理论物理学领域中每一工作者的纲领”。这是一个指引着一代又一代科学工作者前进的开放的纲领。但牛顿的哲学思想和方法论不可避免地有着明显的时代局限性和不彻底性，这是科学处于幼年时代的最高成就。牛顿当时只对物质最简单的机械运动做了初步系统的研究，并且把时空、物质绝对化，企图把粒子说外推到一切领域（如连他自己也不能解释他所发现的“牛顿环”），这些都是他的致命伤。牛顿在看到事物的“第一原因”“不一定是机械的”时，提出了“这些事情都是这样井井有条……是否好像有一位……无所不在的上帝”的问题（《光学》，疑问29），并长期转到神学的“科学”研究中，浪费了大量精力。但是，牛顿的历史局限性和他的历史成就一样，都是启迪后人不断前进的教材。

第3章　刚体力学

前面都将所研究的物体看成是没有大小和形状，仅具有一定质量的质点。然而在许多实际问题中，物体的大小和形状是不能忽略的。例如，研究轮盘的转动、星球的自转等，此时物体的大小和形状在运动中起着重要作用。再者，任何物体受外力作用时都会发生一定程度的形变，但当物体的形变与我们要研究的问题关系不大时，可将其忽略不计，从而引出一个新的理想化模型：在任何情况下，大小和形状都不发生变化的物体称为刚体。

刚体可以看成是由很多质点组成的质点系。即可把刚体分成由很多微小的部分组成，每个微小的部分相当于一个质点。当刚体受到外力时，其上各部分相对位置保持不变。即刚体中任意两个质点间的距离保持恒定。

3.1　刚体的运动

刚体的运动有多种形式，但最基本、最简单的运动是平动和定轴转动，它们是研究刚体其他复杂运动的基础。

刚体的运动

3.1.1　刚体的平动

在刚体运动过程中，如果在刚体上任意画出的一条直线始终保持平行，则这种运动称为平动。

图 3-1 中的 AB 为刚体上的任意一条直线。设刚体在 Δt 时间里从位置Ⅰ运动到位置Ⅱ，A、B 两点分别到达 A'、B'点，AB 与 $A'B'$相互平行。

刚体平动时，其上任意两点的位移、速度、加速度均相同。由此可见，刚体做平动时，其上各点的运动状态完全相同，其上任何一点的运动可代表整个刚体的平动，所以平动时的刚体可作为质点来处理。

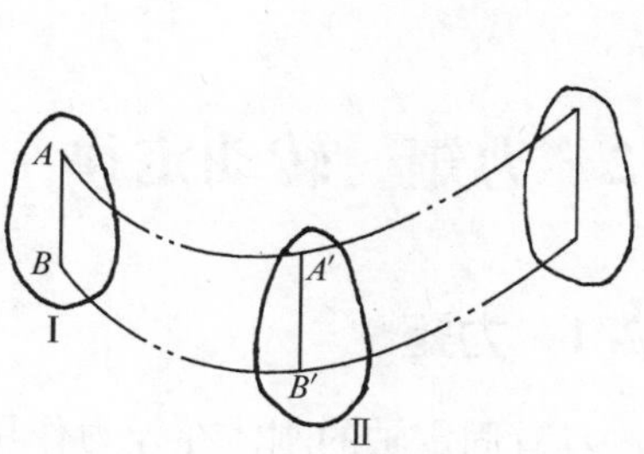

图 3-1　刚体的平动

3.1.2　刚体的定轴转动

刚体运动时，如果刚体上的各个质点都绕同一条固定不动的直线做圆周运动，这种运动称为定轴转动，这一直线称为转轴，垂直于转轴的平面称为转动平面。此时，刚体上的各点都在某一个转动平面上绕转轴做圆周运动，刚体上不同半径的点的速度和加速度都是不同的，用线量描述不大方便。但由于刚体上各个质点之间的相对位置不变，因而刚体上所有质点在同一时间内都具有相同的角位移，在同一时刻也都具有相同的角速度和角加速度，故采用角量描述比较方便。

此时，刚体的位置可由刚体中任一质点 P 的矢径 $\boldsymbol{r}$ 与参考方向间的夹角 θ 给定（见图 3-2），θ 称为角坐标。刚体的角坐标是关于时间的函数，即 $\theta=\theta(t)$。

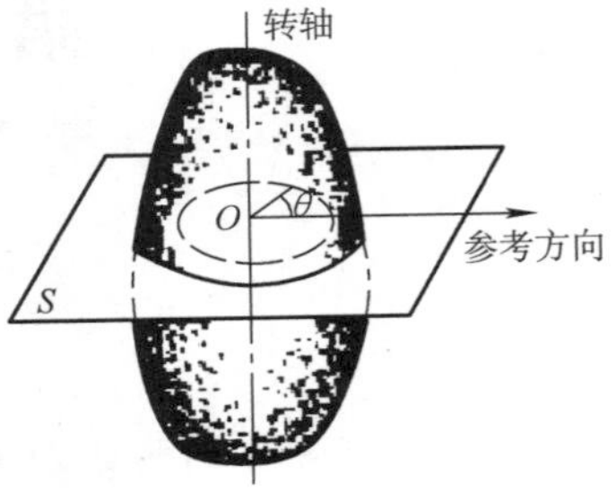

图 3-2 刚体的定轴转动

刚体转动的快慢由刚体的角速度 ω 来表示。设在 Δt 时间内，刚体转过 $\Delta\theta$ 角，则有

$$\omega=\lim_{\Delta t\to 0}\frac{\Delta\theta}{\Delta t}=\frac{\mathrm{d}\theta}{\mathrm{d}t} \tag{3-1}$$

若 ω 为恒量，则刚体做匀速转动；若 ω 随时间 t 变化，则刚体做变速转动，此时刚体具有角加速度。设在 Δt 时间内，角速度由 ω 变为 $\omega+\Delta\omega$，则角加速度可定义为

$$\beta=\lim_{\Delta t\to 0}\frac{\Delta\omega}{\Delta t}=\frac{\mathrm{d}\omega}{\mathrm{d}t}=\frac{\mathrm{d}^2\theta}{\mathrm{d}t^2} \tag{3-2a}$$

当刚体做加速转动时，β 与 ω 同号，若 ω 为正，则 β 也为正；当刚体做减速转动时，β 与 ω 反号，若 ω 为正，则 β 为负。

在研究刚体的定轴转动时，刚体的角速度 ω、角加速度 β 只要用标量表示就可以了，因为转轴是固定的，它们的方向只有沿转轴向上或向下两种情况。但在研究刚体的定点转动和一般运动时，常常会用矢量来表示刚体的角速度和角加速度。刚体的角速度矢量 $\boldsymbol{\omega}$ 的方向沿刚体的瞬时转轴，并可由右手螺旋法则确定：伸开右手，让拇指和其余四指垂直，沿转动方向弯曲四指，这时拇指所指的方向即为角速度矢量 $\boldsymbol{\omega}$ 的正方向（见图 3-3）。刚体的角加速度矢量 $\boldsymbol{\beta}$ 则定义为

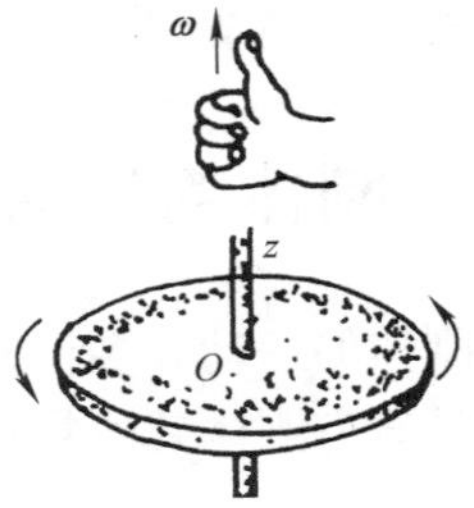

图 3-3 角速度 $\boldsymbol{\omega}$ 的方向

$$\boldsymbol{\beta}=\frac{\mathrm{d}\boldsymbol{\omega}}{\mathrm{d}t} \tag{3-2b}$$

3.2 力矩 转动定律 转动惯量

力矩 转动定律 转动惯量

3.2.1 力矩

具有固定轴的刚体在外力作用下可能发生转动，也可能不转动。例如开、关门窗时，若作用力与转轴相平行或通过转轴，那么无论用多大的力也不能把门窗打开。所以，改变物体的转动状态不仅与力的大小有关，而且与力的作用点以及作用力的方向有关。

在图 3-4 中，一力 $\boldsymbol{F}$ 作用于刚体上的 P 点，可将力 $\boldsymbol{F}$ 正交分解为平行于转轴 Oz 的分力 $\boldsymbol{F}_1$ 和在转动平面上的分力 $\boldsymbol{F}_2$。其中，$\boldsymbol{F}_1$ 与转轴平行，对刚体不产生转动效应，只有 $\boldsymbol{F}_2$ 对刚体产生转动效应。将 $\boldsymbol{F}_2$ 的大小乘以力的作用线到转轴的垂直距离 d（称为力臂），即得到力 $\boldsymbol{F}$ 对转轴的力矩的大小，即

$$M=F_2d=F_2r\sin\varphi=F\cos\theta\cdot r\sin\varphi$$

式中，r 是在转动平面内自转轴引向 P 点的半径；θ 是 $\boldsymbol{F}$ 与 $\boldsymbol{F}_2$ 之间的夹角；φ 是 $\boldsymbol{F}_2$ 与位矢 $\boldsymbol{r}$ 的夹角；$d=r\sin\varphi$ 为力臂。若 $\boldsymbol{F}$ 位于转动平面内，则上式简化为

$$M=Fd=Fr\sin\varphi$$

力矩是矢量，在定轴转动中，力矩的方向沿着转轴，其指向可按右手螺旋法则确定：右手四指由矢径 $\boldsymbol{r}$ 的方向经小于 π 的角度转向力 $\boldsymbol{F}$ 方向时，大拇指的指向就是力矩 $\boldsymbol{M}$ 的方向（见图 3-5）。根据矢量的矢积定义，力矩 $\boldsymbol{M}$ 可表示为

$$\boldsymbol{M}=\boldsymbol{r}\times\boldsymbol{F} \tag{3-3}$$

在国际单位制（SI）中，力矩的单位为 N · m。

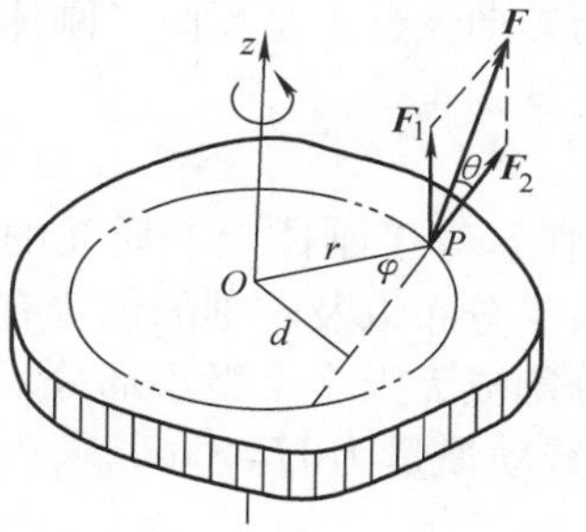

图 3-4 力矩（外力不在转动平面内）

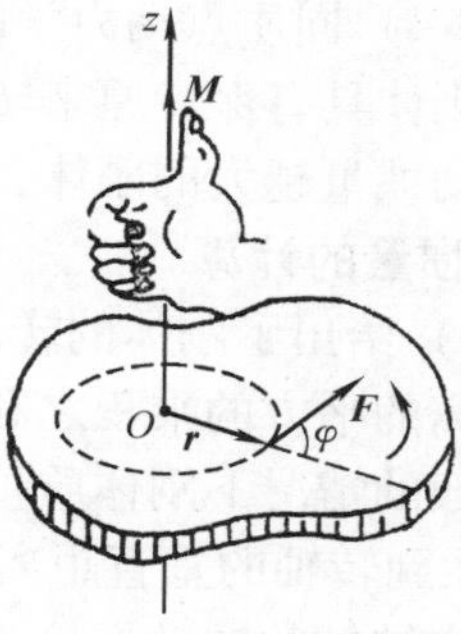

图 3-5 力矩的方向

3.2.2 转动定律

在质点运动中，力是引起质点运动状态变化的原因，力的作用使质点获得加速度。在刚体的转动中，力矩是刚体转动状态变化的原因，它的作用是使刚体获得角加速度。在图 3-6 中，刚体绕固定轴转动，各个质点都绕转轴做圆周运动，角加速度均为 β。任取刚体中一质量为 Δm_i 的质元，它到转轴的垂直距离为 r_i，以 $\boldsymbol{a}_i$ 表示此质元的加速度，此质元所受合外力为 $\boldsymbol{F}_i$，刚体中所有其他各质点对它的合内力为 $\boldsymbol{F}'_i$。根据牛顿第二定律得

$$\boldsymbol{F}_i+\boldsymbol{F}'_i=\Delta m_i\boldsymbol{a}_i$$

上式切向的分量式为

$$F_i\sin\varphi_i+F'_i\sin\theta_i=\Delta m_ir_i\beta$$

将上式两边同乘 r_i，得

$$F_ir_i\sin\varphi_i+F'_ir_i\sin\theta_i=\Delta m_ir_i^2\beta$$

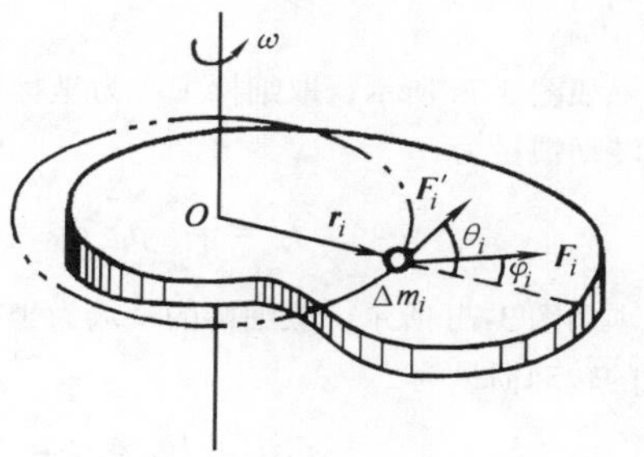

图 3-6 转动定律

上式左边第一项为外力 $\boldsymbol{F}_i$ 对转轴的力矩，而第二项是内力 $\boldsymbol{F}'_i$ 对转轴的力矩。

对刚体的所有质点都可写出类似上式的方程，求和得

$$\sum F_ir_i\sin\varphi_i+\sum F'_ir_i\sin\theta_i=(\sum\Delta m_ir_i^2)\beta$$

由于内力总是成对出现的，内力矩总和为零，故有 $\sum F'_ir_i\sin\theta_i=0$。刚体的合外力矩用 M 表示，则上式化为

$$M=(\sum\Delta m_i r_i^2)\beta=J\beta \tag{3-4}$$

其中

$$J=\sum\Delta m_i r_i^2 \tag{3-5}$$

称为刚体对转轴的转动惯量。

式（3-4）表明，刚体在合外力矩的作用下所获得的角加速度 β 与力矩 $\boldsymbol{M}$ 的大小成正比，与刚体的转动惯量成反比。这一结论称为**刚体的转动定律**，它是刚体定轴转动的基本定律。就像牛顿运动定律是质点动力学基本定律一样，刚体定轴转动的其他规律都可以由这条定律导出。

3.2.3 转动惯量

将式（3-4）同质点动力学的牛顿第二定律相比较可以看出，转动惯量相当于质点的质量。转动的刚体具有保持原来转动状态不变的性质，而转动惯量正是反映了刚体的转动惯性的大小。转动惯量越大的刚体，要改变它的转动状态就越困难。

1. 转动惯量的计算

式（3-5）给出了刚体的转动惯量，即刚体的转动惯量等于刚体上各质元的质量与各质元到转轴距离的平方的乘积之和。它与刚体的形状、质量分布以及转轴的位置有关。

在更一般的情况下刚体质量是连续分布的，把它分割成无限多个微小部分，其中，质量为 $\mathrm{d}m$ 的质元到转轴的垂直距离为 r，则它对该转轴的转动惯量为 $\mathrm{d}J=r^2\mathrm{d}m$。求积分就得到整个刚体对相应转轴的转动惯量为

$$J=\int r^2\mathrm{d}m \tag{3-6}$$

【例 3-1】 有一个质量为 m、长为 l 的均匀细棒，求通过棒中心和端点并与棒垂直的轴的转动惯量。

【解】 设细棒的线密度为 ρ_l，由于细棒为均匀的，则 $\rho_l=\dfrac{\mathrm{d}m}{\mathrm{d}l}=\dfrac{m}{l}$，取距离转轴为 r 处、长度为 $\mathrm{d}r$ 的一小段为质量元：$\mathrm{d}m=\rho_l\mathrm{d}r$，则此质元对转轴的转动惯量为

$$\mathrm{d}J=r^2\mathrm{d}m=\rho_l r^2\mathrm{d}r$$

如图 3-7a 所示，取细棒中心为坐标原点，积分得通过棒中心与棒垂直的轴转动惯量为

$$J_1=\int_{-l/2}^{l/2}\rho_l r^2\mathrm{d}r=\frac{1}{12}\rho_l l^3=\frac{1}{12}ml^2$$

如图 3-7b 所示，取细棒的一端为坐标原点，积分得通过棒端点与棒轴垂直的转动惯量为

$$J_2=\int_0^l\rho_l r^2\mathrm{d}r=\frac{1}{3}\rho_l l^3=\frac{1}{3}ml^2$$

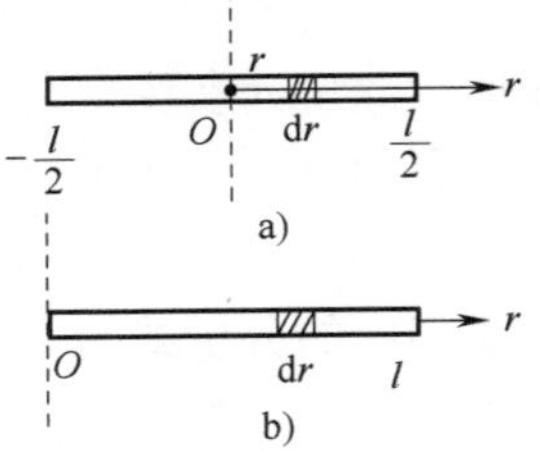

图 3-7 例 3-1 图

两者之差为

$$\frac{1}{3}ml^2-\frac{1}{12}ml^2=\frac{1}{4}ml^2$$

由此看出，对同一个刚体，转轴在不同位置时，转动惯量不相同。

【例 3-2】 求质量为 m、半径为 R 的细圆环和薄圆盘绕通过中心并与圆面垂直的转轴的转动惯量。

【解】 （1）细圆环：它的质量分布是线分布，在均匀分布条件下，线密度 $\rho_l=\dfrac{m}{2\pi R}$。在圆环上任取一

线元 dl，对应质量 $dm=\rho_l dl$，dm 到中心的距离为 R（见图 3-8a），dm 对转轴 O 的转动惯量为 $dJ=R^2 dm=\rho_l R^2 dl$，则整个细圆环对转轴 O 的转动惯量为

$$J=\oint \rho_l R^2 dl=\rho_l R^2 \oint dl=mR^2$$

（2）薄圆盘：它的质量分布为面分布，在均匀分布时，面密度 $\rho_S=\dfrac{m}{\pi R^2}$。将薄圆盘分成一系列的同心细圆环（见图 3-8b），在离转轴为 r 处取一宽为 dr 的细圆环，其面积为 $dS=2\pi r dr$，质量为 $dm=\rho_S dS=2\pi\rho_S r dr$。此细圆环的转动惯量为 $dJ=(dm)r^2=2\pi\rho_S r^3 dr$，整个圆盘的转动惯量为

$$J=\int dJ=\int_0^R 2\pi\rho_S r^3 dr=\frac{1}{2}\pi\rho_S R^4=\frac{1}{2}mR^2$$

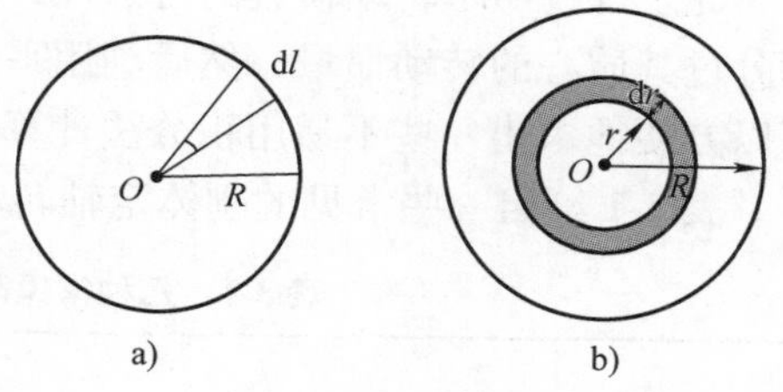

图 3-8 例 3-2 图

由此看出，刚体的质量相同，对同一个转轴，若质量分布不同，转动惯量也不相同。

思考：如何求一个实心球体对任一直径轴的转动惯量？

2. 计算转动惯量的定理

（1）平行轴定理 如图 3-9 所示，设通过刚体质心的轴线为 O_2，刚体相对于这个轴线的转动惯量为 J_C；如果有另一轴线 O_1 与通过质心的轴线 O_2 相平行，则刚体对通过 O_1 轴的转动惯量为

$$J=J_C+md^2 \tag{3-7}$$

式中，m 为刚体的质量；d 为两平行轴之间的距离。上式称为**平行轴定理**。

（2）垂直轴定理 如图 3-10 所示，一薄板状刚体，设板面在 xy 平面内。刚体上质点 m_i 距转轴 z 的垂直距离为 r_i，且 $r_i^2=x_i^2+y_i^2$。刚体对 z 轴的转动惯量为

$$J_z=\sum m_i r_i^2=\sum m_i(x_i^2+y_i^2)=\sum m_i x_i^2+\sum m_i y_i^2$$

因为 $\sum m_i x_i^2$ 为刚体绕 y 轴的转动惯量 J_y，$\sum m_i y_i^2$ 为刚体绕 x 轴的转动惯量 J_x，所以

$$J_z=J_x+J_y \tag{3-8}$$

即过薄板状刚体上任意一点且垂直于板面的轴的转动惯量，等于过板面上同一点的两条正交轴的转动惯量之和，这称为**垂直轴定理**。此定理只适用于面、薄板等物体，并限于板面内的两轴相互垂直，z 轴与板面正交的情况。

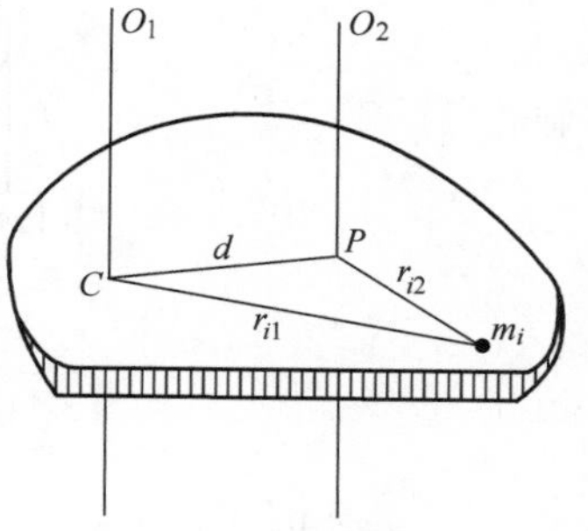

图 3-9 平行轴定理

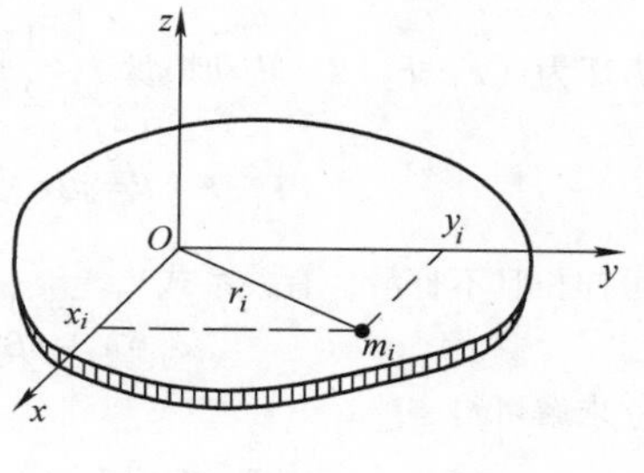

图 3-10 薄板状刚体的垂直轴定理

（3）组合定理 若某刚体由 n 个部分组成，各部分对同一轴的转动惯量分别为 J_1，J_2，…，

J_n，则整个刚体对该轴的转动惯量为

$$J = J_1 + J_2 + \cdots + J_n = \sum_{i=1}^{n} J_i \tag{3-9}$$

此定理说明了转动惯量的可加性，可由转动惯量的定义证明。具体应用时，可先求出各部分过其质心的转动惯量，然后利用平行轴定理求出指定轴的转动惯量。应用以上几个定理可以方便地求出一些不易用积分法计算出的刚体的转动惯量。

表 3-1 给出一些常见的刚体定轴转动的转动惯量。

表 3-1 几种常见刚体（均质）定轴转动的转动惯量

 转轴 圆环 转轴通过中心与环面垂直 $J=mr^2$	 转轴 圆环 转轴沿直径 $J=\frac{mr^2}{2}$	 转轴 细棒 转轴通过中心与棒垂直 $J=\frac{ml^2}{12}$	 转轴 细棒 转轴通过端点与棒垂直 $J=\frac{ml^2}{3}$
 转轴 薄圆盘 转轴通过中心与盘面垂直 $J=\frac{mr^2}{2}$	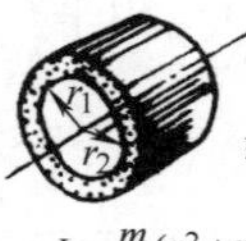 转轴 圆筒 转轴沿几何轴 $J=\frac{m}{2}(r_1^2+r_2^2)$	 转轴 球体 转轴沿直径 $J=\frac{2mr^2}{5}$	 转轴 球壳 转轴沿直径 $J=\frac{2mr^2}{3}$

下面讨论转动定律式（3-4）的应用。应该注意，它是力矩的瞬时作用规律，式中的 M、J、β 是对同一转轴而言的。

【例 3-3】 如图 3-11 所示的装置叫作阿特伍德机，用一细绳跨过定滑轮，而在绳的两端各悬质量为 m_1 和 m_2 的物体，其中 $m_1>m_2$，求它们的加速度及绳中的张力 F_1 和 F_2。设绳不可伸长，质量可忽略，它与滑轮之间无相对滑动；滑轮的半径为 R，质量为 m，且分布均匀。

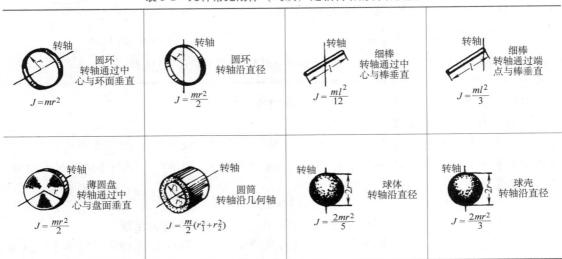

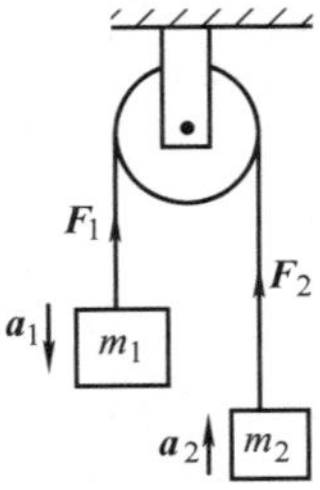

图 3-11 例 3-3 图

【解】 分别隔离 m_1、m_2 和滑轮，对 m_1 和 m_2 有

$$m_1g-F_1=m_1a_1,\quad F_2-m_2g=m_2a_2$$

对滑轮，外力矩为 $(F_1-F_2)R$，转动惯量 $J=\frac{1}{2}mR^2$，由转动定律有

$$(F_1-F_2)R=J\beta=\frac{1}{2}mR^2\beta$$

由于绳子不可伸长且不打滑，有关系式

$$a_1=a_2=R\beta$$

上述方程联立求解可得

$$a_1=a_2=\frac{2(m_1-m_2)g}{m+2(m_1+m_2)},\quad F_1=\frac{(m+4m_2)m_1g}{m+2(m_1+m_2)},\quad F_2=\frac{(m+4m_1)m_2g}{m+2(m_1+m_2)}$$

注意：考虑了绳子与滑轮之间存在摩擦后，F_1 与 F_2 不同。

【例 3-4】 如图 3-12 所示，一质量为 m、半径为 R 的均质圆盘放置在粗糙的水平桌面上，绕通过盘心且垂直于盘面的中心轴转动，初始时转动的角速度为 ω_0。已知圆盘与桌面间的摩擦系数为 μ，求（1）作用于圆盘的摩擦力矩；（2）经过多长时间圆盘才会停止转动。

【解】（1）圆盘转动时，摩擦力矩是分布在整个盘面上的，并与摩擦力的作用点到转轴的半径 r 有关。在圆盘上取一半径为 r、宽为 $\mathrm{d}r$ 的小圆环，其质量为

$$\mathrm{d}m=\frac{m}{\pi R^2}\cdot 2\pi r\cdot \mathrm{d}r$$

圆盘转动时，小圆环受到的摩擦力矩大小为

$$\mathrm{d}M=-\mu \mathrm{d}m\cdot g\cdot r=-\frac{2\mu mg}{R^2}r^2\mathrm{d}r$$

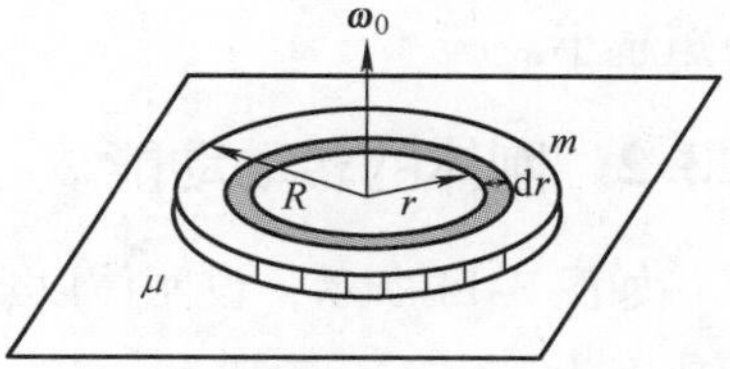

图 3-12　例 3-4 图

因而整个圆盘的摩擦力矩大小为

$$M=\int \mathrm{d}M=-\frac{2\mu mg}{R^2}\int_0^R r^2\mathrm{d}r=-\frac{2}{3}\mu mgR$$

（2）已知圆盘绕中心轴的转动惯量 $J=\frac{1}{2}mR^2$，由转动定律可得出圆盘转动的角加速度

$$\beta=\frac{M}{J}=-\frac{4\mu g}{3R}$$

是一常量，再由圆周运动的基本公式 $\omega=\omega_0+\beta t$，可得出到圆盘停止转动的时间为

$$t=\frac{-\omega_0}{\beta}=\frac{3\omega_0 R}{4\mu g}$$

3.3　刚体定轴转动的动能定理

刚体定轴转动的动能定理

3.3.1　力矩做的功

如图 3-13 所示，刚体在外力 $\boldsymbol{F}$ 的作用下绕转轴转过的角位移为 $\mathrm{d}\theta$，力 $\boldsymbol{F}$ 作用点位移的大小为 $\mathrm{d}s=r\mathrm{d}\theta$。根据功的定义式可知，力 $\boldsymbol{F}$ 在这段位移内所做的功为

$$\mathrm{d}A=Fr\mathrm{d}\theta\cos\left(\frac{\pi}{2}-\alpha\right)=Fr\mathrm{d}\theta\sin\alpha$$

由于力 $\boldsymbol{F}$ 对转轴力矩的大小为 $M=Fr\sin\alpha$，所以

$$\mathrm{d}A=M\mathrm{d}\theta \tag{3-10}$$

即力矩所做的功等于力矩与角位移的乘积。

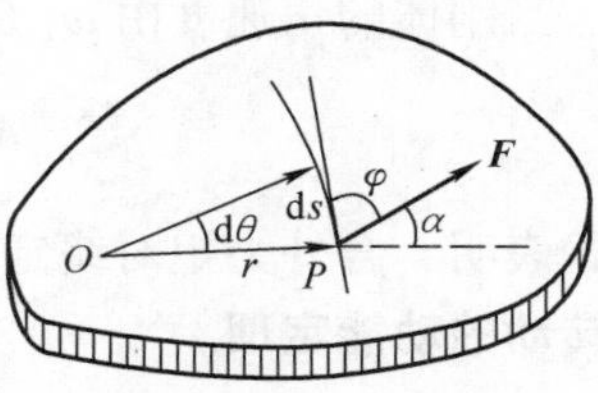

图 3-13　力矩做的功

当刚体在力矩 $\boldsymbol{M}$ 的作用下角坐标由 θ_1 变到 θ_2 时，力矩所做的总功就是对元功的积分，即

$$A=\int_{\theta_1}^{\theta_2}M\mathrm{d}\theta \tag{3-11}$$

如果力矩大小 M 为常数，则

$$A=\int_{\theta_1}^{\theta_2}M\mathrm{d}\theta=M\int_{\theta_1}^{\theta_2}\mathrm{d}\theta=M\Delta\theta \tag{3-12}$$

即恒力矩对绕定轴转动的刚体所做的功，等于力矩的大小与转过的角度 $\Delta\theta$ 的乘积。如果有

若干个力作用在刚体上，则总功应等于合力矩做的功。

刚体在恒力矩作用下绕定轴转动时，力矩的瞬时功率（简称功率）为

$$P=\frac{\mathrm{d}A}{\mathrm{d}t}=M\frac{\mathrm{d}\theta}{\mathrm{d}t}=M\omega \tag{3-13}$$

即力矩的功率等于 M 与 ω 的乘积。当功率一定时，转速越低，力矩越大；反之转速越高，力矩越小。

3.3.2 刚体的转动动能

如图 3-14 所示，设刚体以角速度 ω 做定轴转动，取一质元 Δm_i，距转轴 r_i，则此质元的速度为 $v_i=r_i\omega$，动能为

$$E_{\mathrm{k}i}=\frac{1}{2}\Delta m_i v_i^2=\frac{1}{2}\Delta m_i r_i^2\omega^2$$

整个刚体的动能就是各个质元的动能之和，即

$$E_{\mathrm{k}}=\sum E_{\mathrm{k}i}=\sum\frac{1}{2}\Delta m_i r_i^2\omega^2=\frac{1}{2}\left(\sum\Delta m_i r_i^2\right)\omega^2$$

用转动惯量表示，则有

$$E_{\mathrm{k}}=\frac{1}{2}J\omega^2 \tag{3-14}$$

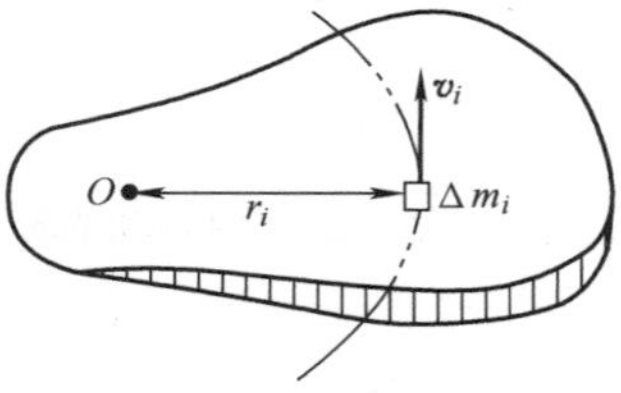

图 3-14 刚体的转动动能

即刚体绕定轴转动的转动动能等于刚体的转动惯量与角速度的平方的乘积的一半。

3.3.3 刚体定轴转动的动能定理推导

先将刚体的角加速度改写成

$$\beta=\frac{\mathrm{d}\omega}{\mathrm{d}t}=\frac{\mathrm{d}\omega}{\mathrm{d}\theta}\frac{\mathrm{d}\theta}{\mathrm{d}t}=\omega\frac{\mathrm{d}\omega}{\mathrm{d}\theta}$$

当外力矩对刚体做功时，刚体的动能就要发生变化，由转动定律 $M=J\beta$，有

$$M=J\omega\frac{\mathrm{d}\omega}{\mathrm{d}\theta}\quad 或\quad M\mathrm{d}\theta=J\omega\mathrm{d}\omega$$

当刚体的角速度由 ω_1 变到 ω_2 时，合力矩 M 对刚体所做的功等于上式的积分，即

$$A=\int_{\theta_1}^{\theta_2}M\mathrm{d}\theta=\int_{\omega_1}^{\omega_2}J\omega\mathrm{d}\omega=\frac{1}{2}J\omega_2^2-\frac{1}{2}J\omega_1^2 \tag{3-15}$$

此式表明，合外力矩对绕定轴转动的刚体所做的功等于它的转动动能的增量，这称为刚体定轴转动的动能定理。

3.3.4 刚体的重力势能

如果一个刚体受到保守力的作用，也可以引入势能的概念。例如，在重力场中的刚体就具有一定的重力势能，即它的各质点的重力势能的总和。对于一个不太大、质量为 m 的刚体（见图 3-15），它的重力势能为

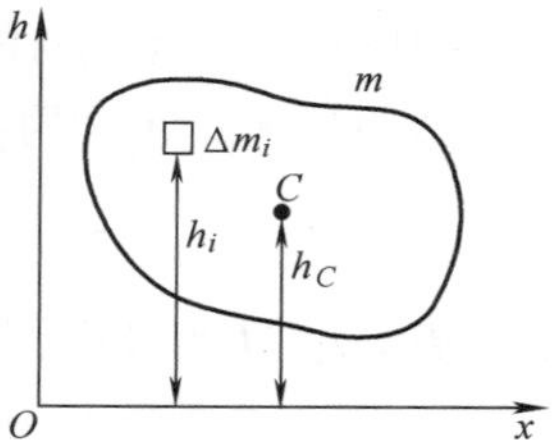

图 3-15 刚体的重力势能

$$E_{\mathrm{p}}=\sum\Delta m_i g h_i=g\sum\Delta m_i h_i$$

根据质心的定义，此刚体的质心的高度为

$$h_C=\sum \Delta m_i h_i / \sum \Delta m_i$$

所以上式也可以写成

$$E_p=mgh_C \tag{3-16}$$

此结果说明，**刚体的重力势能和它的全部质量集中在质心时所具有的势能一样。**

对于包括像刚体这样的系统，如果在运动过程中只有保守内力做功，则此系统的机械能守恒。

【例 3-5】 如图 3-16 所示，均质圆柱体质量为 m'，半径为 R，绕在圆柱体上的不可伸长的轻绳一端系一质量为 m 的重物。假设重物从静止下落并带动圆柱体转动，不计阻力，试求重物下落 h 高度时的速度和加速度。

【解】 重物做平动，视为质点，它受重力和拉力，且重力做正功 mgh，绳的拉力做负功（$-F_2h$），质点的动能由 0 增至$\frac{1}{2}mv^2$。由质点动能定理有

$$mgh-F_2h=\frac{1}{2}mv^2-0 \tag{1}$$

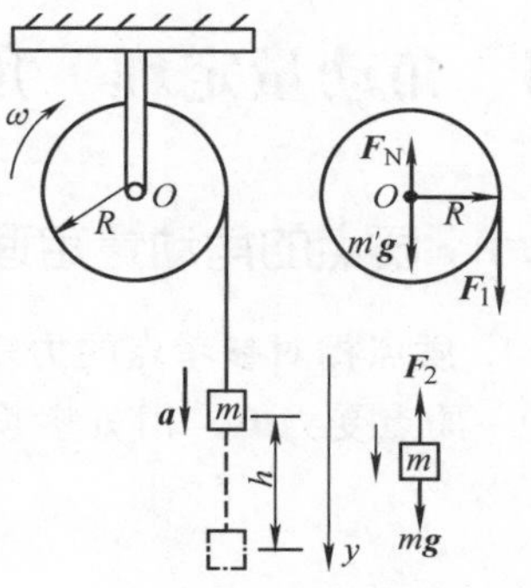

图 3-16　例 3-5 图

圆柱体做定轴转动，视为刚体。若不计阻力，它仅受力矩 F_1R 作用，力矩做正功为 $F_1R\Delta\theta$；$\Delta\theta$ 为 m 下落 h 时，与之对应的圆柱体的角位移。此时圆柱体的转动动能由 0 增至$\frac{1}{2}J\omega^2$。根据刚体转动的动能定理有

$$F_1R\Delta\theta=\frac{1}{2}J\omega^2-0=\frac{1}{4}m'R^2\omega^2$$

因为绳不可伸长，故有 $R\Delta\theta=h$，且有 $v=R\omega$。代入上式得

$$F_1h=\frac{1}{4}m'R^2\omega^2=\frac{1}{4}m'v^2 \tag{2}$$

由式（2）解出 F_1，并因 $F_1=F_2$，代入式（1）得

$$v=2\sqrt{\frac{mgh}{2m+m'}}$$

把 v 和 h 均看作变量。将上式两边对时间求导，并由$\frac{\mathrm{d}v}{\mathrm{d}t}=a$，$\frac{\mathrm{d}h}{\mathrm{d}t}=v$，可将上式改写为

$$mgv=\frac{1}{2}va(2m+m')$$

得

$$a=\frac{2mg}{2m+m'}$$

思考：能否用机械能守恒定律求解物体的速度？

【例 3-6】 如图 3-17 所示，一根长为 l、质量为 m 的均匀细棒，其一端有一固定的光滑水平轴，因而可以在竖直平面内转动。最初棒静止在水平位置。求它下摆 θ 角时的角速度和角加速度。

【解】 棒下摆过程中重力矩做的功可用其重力势能的减少来表示，即

$$A=\frac{1}{2}mgl\sin\theta$$

由转动动能定理有

$$\frac{1}{2}mgl\sin\theta=\frac{1}{2}J\omega^2$$

由此可求得角速度

$$\omega=\sqrt{(mgl\sin\theta)/J}=\sqrt{(3g\sin\theta)/l}$$

而角加速度为

$$\beta=\frac{\mathrm{d}\omega}{\mathrm{d}t}=\omega\frac{\mathrm{d}\omega}{\mathrm{d}\theta}=\frac{3g}{2l}\cos\theta$$

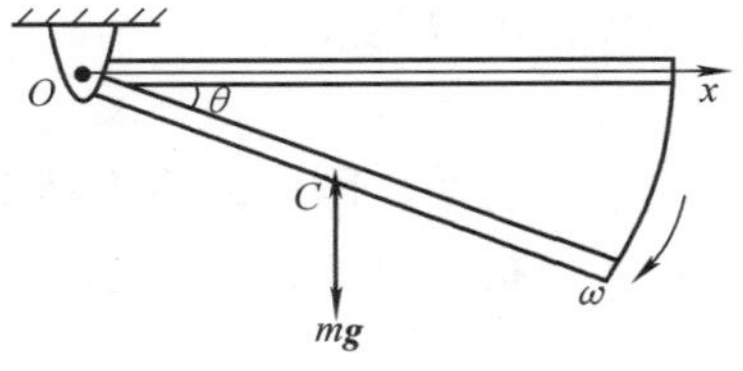

图 3-17 例 3-6 图

思考：能否先用转动定律 $M=J\beta$ 求出角加速度，再用积分求角速度？

3.4 角动量定理 角动量守恒定律

角动量定理 角动量守恒定律

3.4.1 质点的角动量定理和角动量守恒定律

1. 质点相对参考点的力矩和角动量

一质点受力 $\boldsymbol{F}$，相对参考点 O 的力矩为 $\boldsymbol{M}=\boldsymbol{r}\times\boldsymbol{F}$（见图 3-18a）。

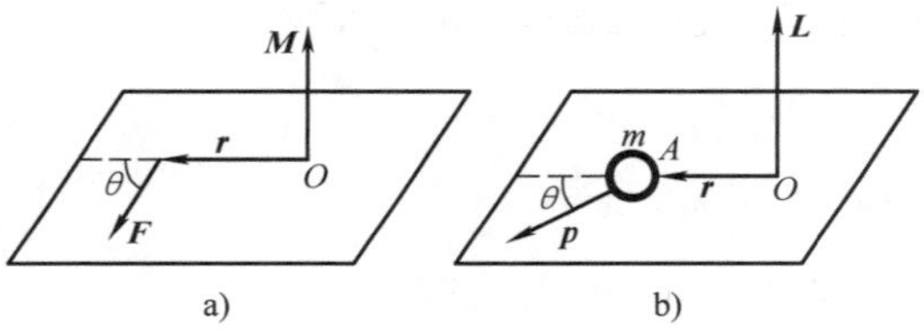

图 3-18 质点相对参考点的力矩和角动量

设质量为 m 的质点，以速度 $\boldsymbol{v}$ 运动，相对于参考点 O 的位置矢量为 $\boldsymbol{r}$（见图 3-18b），定义质点对坐标原点 O 的角动量为该质点的位置矢量与动量的矢量积，即

$$\boldsymbol{L}=\boldsymbol{r}\times\boldsymbol{p}=\boldsymbol{r}\times m\boldsymbol{v} \tag{3-17}$$

其大小为

$$L=rmv\sin\theta \tag{3-18}$$

式中，θ 为质点动量与质点位置矢量的夹角。角动量的方向可以用右手螺旋法则来确定。

角动量不仅与质点的运动有关，还与参考点有关。对于不同的参考点，同一质点有不同的位置矢量，因而角动量也不相同。因此，在说明一个质点的角动量时，必须指明是相对于哪一个参考点而言的。

角动量的定义式 $\boldsymbol{L}=\boldsymbol{r}\times\boldsymbol{p}$ 与力矩的定义式 $\boldsymbol{M}=\boldsymbol{r}\times\boldsymbol{F}$ 形式相同，故角动量有时也称为动量矩。

角动量是自然界最基本、最重要的概念之一，它不仅在经典力学中很重要，而且在近代物理中的运用更为广泛。例如，电子绕核运动具有轨道角动量，电子本身还有自旋运动具有自旋角动量，等等。原子、分子和原子核系统的基本性质之一，是它们的角动量仅具有一定的不连续的量值，这叫作角动量的量子化。因此，在这种系统性质的描述中，角动量起着重要的作用。

2. 质点的角动量定理

设质点的质量为 m，在合外力 $\boldsymbol{F}$ 的作用下，有

$$\boldsymbol{F}=\frac{\mathrm{d}\boldsymbol{p}}{\mathrm{d}t}=\frac{\mathrm{d}(m\boldsymbol{v})}{\mathrm{d}t}$$

用位置矢量 $\boldsymbol{r}$ 叉乘上式，得

$$\boldsymbol{r}\times\boldsymbol{F}=\boldsymbol{r}\times\frac{\mathrm{d}(m\boldsymbol{v})}{\mathrm{d}t}$$

考虑到 $\frac{\mathrm{d}}{\mathrm{d}t}(\boldsymbol{r}\times m\boldsymbol{v})=\boldsymbol{r}\times\frac{\mathrm{d}}{\mathrm{d}t}(m\boldsymbol{v})+\frac{\mathrm{d}\boldsymbol{r}}{\mathrm{d}t}\times m\boldsymbol{v}$ 和 $\frac{\mathrm{d}\boldsymbol{r}}{\mathrm{d}t}\times\boldsymbol{v}=\boldsymbol{v}\times\boldsymbol{v}=0$，得

$$\boldsymbol{r}\times\boldsymbol{F}=\frac{\mathrm{d}}{\mathrm{d}t}(\boldsymbol{r}\times m\boldsymbol{v})$$

即

$$\boldsymbol{M}=\frac{\mathrm{d}\boldsymbol{L}}{\mathrm{d}t} \tag{3-19}$$

作用于质点的合力对参考点 O 的力矩，等于质点对该点的角动量随时间的变化率，这称为质点的角动量定理（微分形式）。

把式（3-19）改写为 $\boldsymbol{M}\mathrm{d}t=\mathrm{d}\boldsymbol{L}$，并积分得出角动量定理的积分形式

$$\int_{t_1}^{t_2}\boldsymbol{M}\mathrm{d}t=\boldsymbol{L}_2-\boldsymbol{L}_1 \tag{3-20}$$

式中，$\boldsymbol{L}_1$ 和 $\boldsymbol{L}_2$ 分别为质点在时刻 t_1 和 t_2 的角动量；$\int_{t_1}^{t_2}\boldsymbol{M}\mathrm{d}t$ 为质点在时间 $t_1\sim t_2$ 内受的冲量矩。

式（3-20）表明：对同一参考点，质点在一段时间内所受的冲量矩等于质点在此过程中的角动量的增量，这称为质点的角动量定理（积分形式）。

3. 质点的角动量守恒定律

若质点所受的合外力矩为零，即 $\boldsymbol{M}=0$，则

$$\boldsymbol{L}=\boldsymbol{r}\times m\boldsymbol{v}=\text{恒矢量} \tag{3-21}$$

这就是角动量守恒定律：**当质点所受的对参考点的合外力矩为零时，质点对该参考点的角动量为一恒矢量。**

例如，质点做匀速圆周运动时，作用于质点的合力是指向圆心的所谓向心力，其力矩为零，所以质点做匀速圆周运动时，它对圆心的角动量是守恒的。不仅如此，只要作用于质点的力是有心力，有心力对力心的力矩总是零，所以，在有心力作用下质点对力心的角动量都是守恒的。因而行星、卫星运动时对力心的角动量守恒。

角动量守恒定律也是物理学的基本守恒定律之一。在研究天体运动和微观粒子运动时，角动量守恒定律都起着重要作用。

【例 3-7】 如图 3-19 所示，行星运动的开普勒第二定律告诉人们：从太阳到行星的位矢 $\boldsymbol{r}$ 在相等的时间内扫过相等的面积。试证明此定律。

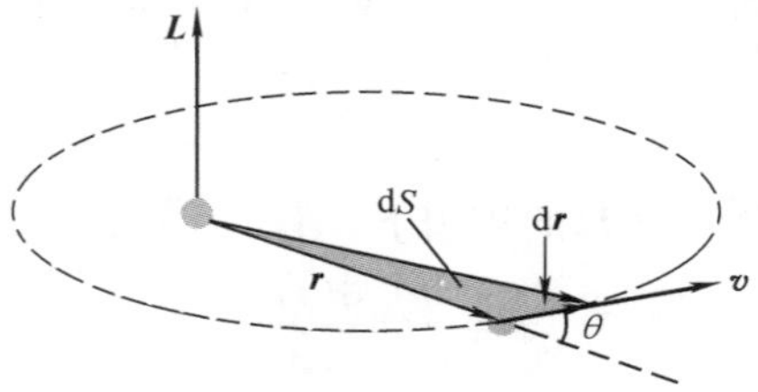

图 3-19　例 3-7 图

【解】 行星在太阳引力作用下沿椭圆轨道运动，因而行星在运行过程中，它对太阳中心的角动量守恒，即

$$L=rmv\sin\theta=\text{常量}$$

因而位矢 $\boldsymbol{r}$ 在单位时间内扫过的面积

$$\frac{\mathrm{d}S}{\mathrm{d}t}=\frac{r\,|\,\mathrm{d}\boldsymbol{r}\,|\sin\theta}{2\mathrm{d}t}=\frac{1}{2}rv\sin\theta=\text{常量}$$

【例 3-8】 如图 3-20 所示，宇宙飞船去考察一质量为 m_1、半径为 R 的行星。飞船停在距行星中心为 $r=4R$ 的空间中，并以初速 $\boldsymbol{v}_0$ 发射一质量为 m_2（m_2 远小于飞船质量）的无动力小探测器，要使探测器正好能与行星表面相切着陆，求：(1) 发射角 θ；(2) 探测器在行星表面着陆时的速率 v。

【解】 设发射时行星与探测器的距离为 r，探测器飞行过程中只受到行星的引力，因而对行星中心 O 点的角动量守恒，即

$$m_2v_0r\sin\theta=m_2vR$$

又由机械能守恒得

$$\frac{1}{2}m_2v_0^2-G\frac{m_1m_2}{r}=\frac{1}{2}m_2v^2-G\frac{m_1m_2}{R}$$

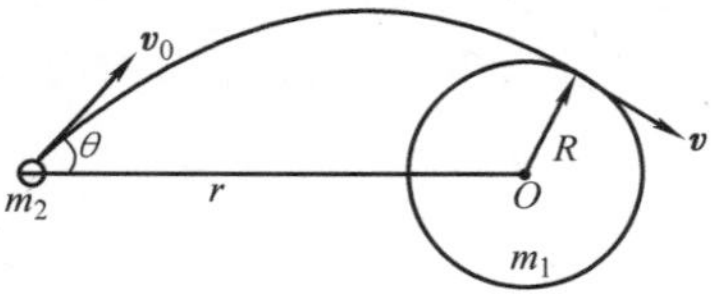

图 3-20　例 3-8 图

联立上面两式可求出

$$\sin\theta=\frac{1}{4}\sqrt{1+\frac{3Gm_1}{2Rv_0^2}},\quad v=\sqrt{v_0^2+\frac{3Gm_1}{2R}}$$

3.4.2　刚体定轴转动的角动量定理和角动量守恒定律

1. 刚体定轴转动的角动量

当刚体以角速度 ω 绕定轴转动时，刚体上每个质点都以相同的角速度绕转轴转动，质量为 m_i 的质点对转轴的角动量为 $L_i=m_ir_i^2\omega$，于是，刚体上所有质点对转轴的角动量，即刚体的角动量为

$$L=\sum m_ir_i^2\omega=(\sum m_ir_i^2)\omega=J\omega \tag{3-22}$$

写成矢量形式

$$\boldsymbol{L}=J\boldsymbol{\omega} \tag{3-23}$$

角动量矢量的方向与角速度矢量的方向一致，与转轴平行，并与刚体转动方向成右手螺旋关系。

刚体定轴转动的角动量定理

2. 刚体定轴转动的角动量定理

刚体绕定轴转动的转动定律 $M=J\beta$ 表示了合外力矩对刚体作用的

效应。在一般情况下，由于作用在刚体上的合外力矩 M 随时间变化，所以力矩对刚体持续作用的效果应当用积分来表示。在一段极短的时间 $\mathrm{d}t$ 内，转动定律可改写为

$$\boldsymbol{M}\mathrm{d}t = J\mathrm{d}\boldsymbol{\omega} = \mathrm{d}(J\boldsymbol{\omega}) = \mathrm{d}\boldsymbol{L} \tag{3-24}$$

式中，$\boldsymbol{M}\mathrm{d}t$ 是力矩 $\boldsymbol{M}$ 在 $\mathrm{d}t$ 时间内的冲量矩，它等于刚体在此 $\mathrm{d}t$ 时间内的角动量的增量。如果合外力矩对定轴转动刚体的作用时间为 t_1 到 t_2，刚体的角动量从 $\boldsymbol{L}_1$ 到 $\boldsymbol{L}_2$，则将上式积分，得

$$\int_{t_1}^{t_2} \boldsymbol{M}\mathrm{d}t = \int_{L_1}^{L_2} \mathrm{d}\boldsymbol{L} = \boldsymbol{L}_2 - \boldsymbol{L}_1 \tag{3-25}$$

式中，$\boldsymbol{L}_1$ 和 $\boldsymbol{L}_2$ 分别为刚体在时刻 t_1 和 t_2 的角动量；$\int_{t_1}^{t_2} \boldsymbol{M}\mathrm{d}t$ 为刚体在时间间隔 $t_1 \sim t_2$ 内所受的冲量矩。式（3-25）表明：**作用在刚体上的冲量矩等于刚体角动量的增量，这称为刚体的角动量定理。**

3. 质点系定轴转动的角动量守恒定律

若质点系所受的合外力矩为零，即 $\boldsymbol{M}=0$，则 $\boldsymbol{L}=$恒矢量，或

$$J_1\boldsymbol{\omega}_1 = J_2\boldsymbol{\omega}_2 \tag{3-26}$$

当质点系所受的合外力矩为零时，质点系的角动量保持不变，这称为角动量守恒定律。

在如图 3-21 所示的演示实验里，演示者坐在一个可绕垂直轴无摩擦转动的凳子上。演示者先伸开手握哑铃的双臂，并令人和凳一起以某一角速度旋转。然后，当演示者把双臂收回时，转速可增大；当双臂重新伸开时，转动又减缓下来。花样滑冰运动员或芭蕾舞演员快速旋转时，总是先将手脚伸开，以一定角速度转动，然后迅速收回手脚，转速就显然增加了。又如跳水运动员在空中翻筋斗时，运动员将两臂伸直，并以某一角速度离开跳板，跳在空中时，人尽量抱团，以减小他对横贯腰部的转轴的转动惯量，因而角速度增大，在空中迅速翻转，当快接近水面时，再伸直手臂和腿以增大转动惯量，减小角速度，以便竖直地进入水中。这些都是角动量守恒的表现。

图 3-21　角动量守恒实验

角动量守恒定律在现代科学技术中有着重要应用。绕对称轴高速旋转的刚体称为回转仪，陀螺就是一种回转仪。如将这种装置安放在舰船、飞机或导弹上，与自控设备结合在一起，可随时矫正运行的方向，起到导航的作用。

下面把质点的运动和刚体的定轴转动相应的物理量和规律列入表 3-2，以便对比，从而帮助读者从整体上系统地理解力学规律。

表 3-2　质点的运动和刚体的定轴转动相应物理量和规律列表

质点的运动		刚体的定轴转动	
速度	$\boldsymbol{v}=\dfrac{\mathrm{d}\boldsymbol{r}}{\mathrm{d}t}$	角速度	$\omega=\dfrac{\mathrm{d}\theta}{\mathrm{d}t}$
加速度	$\boldsymbol{a}=\dfrac{\mathrm{d}\boldsymbol{v}}{\mathrm{d}t}=\dfrac{\mathrm{d}^2\boldsymbol{r}}{\mathrm{d}t^2}$	角加速度	$\beta=\dfrac{\mathrm{d}\omega}{\mathrm{d}t}=\dfrac{\mathrm{d}^2\theta}{\mathrm{d}t^2}$

（续）

	质点的运动		刚体的定轴转动
质量	m	转动惯量	$J=\int r^2\mathrm{d}m$
力	$\boldsymbol{F}$	力矩	$\boldsymbol{M}=\boldsymbol{r}\times\boldsymbol{F}$
运动定律	$\boldsymbol{F}=m\boldsymbol{a}$	转动定律	$\boldsymbol{M}=J\boldsymbol{\beta}$
动量	$\boldsymbol{p}=m\boldsymbol{v}$	角动量	$\boldsymbol{L}=J\boldsymbol{\omega}$
力的冲量	$\int\boldsymbol{F}\mathrm{d}t$	力矩的冲量	$\int\boldsymbol{M}\mathrm{d}t$
动量定理	$\boldsymbol{F}=\dfrac{\mathrm{d}(m\boldsymbol{v})}{\mathrm{d}t}$	角动量定理	$\boldsymbol{M}=\dfrac{\mathrm{d}(J\boldsymbol{\omega})}{\mathrm{d}t}$
动量守恒	$mv=$恒量	角动量守恒	$J\omega=$恒量
力做的功	$A_{AB}=\int_A^B\boldsymbol{F}\cdot\mathrm{d}\boldsymbol{r}$	力矩的功	$A_{AB}=\int_A^B M\mathrm{d}\theta$
动能	$E_\mathrm{k}=\dfrac{1}{2}mv^2$	转动动能	$E_\mathrm{k}=\dfrac{1}{2}J\omega^2$
动能定理	$A=\dfrac{1}{2}mv_B^2-\dfrac{1}{2}mv_A^2$	转动动能定理	$A=\dfrac{1}{2}J\omega_B^2-\dfrac{1}{2}J\omega_A^2$
重力势能	$E_\mathrm{p}=mgh$	刚体重力势能	$E_\mathrm{p}=mgh_C$
机械能守恒	$E_\mathrm{k}+E_\mathrm{p}=$恒量	机械能守恒	$E_\mathrm{k}+E_\mathrm{p}=$恒量

【例 3-9】 如图 3-22 所示，一长为 l、质量为 m'的杆可绕支点 O 自由转动。另一质量为 m、速度为 $\boldsymbol{v}$ 的子弹垂直射向杆上距支点 O 为 a 的地方，并停留在杆中。若杆的最大偏转角为 30°，问子弹的初速为多少？

【解】 把子弹和杆看作一个系统。系统所受的力有重力和轴对杆的约束力。在子弹射入杆的极短时间内，重力和约束力均通过轴，因而它们对轴的力矩均为零，系统对转轴的角动量守恒，于是有

$$mva=J\omega=\left(\frac{1}{3}m'l^2+ma^2\right)\omega$$

在杆上摆过程中只有重力矩做功，故以子弹、杆和地球为系统，系统的机械能守恒，有

$$\frac{1}{2}\left(\frac{1}{3}m'l^2+ma^2\right)\omega^2=mga(1-\cos30°)+m'g\frac{1}{2}l(1-\cos30°)$$

联立上两式得

$$v=\frac{1}{ma}\sqrt{\frac{g}{6}(2-\sqrt{3})(m'l+2ma)(m'l^2+3ma^2)}$$

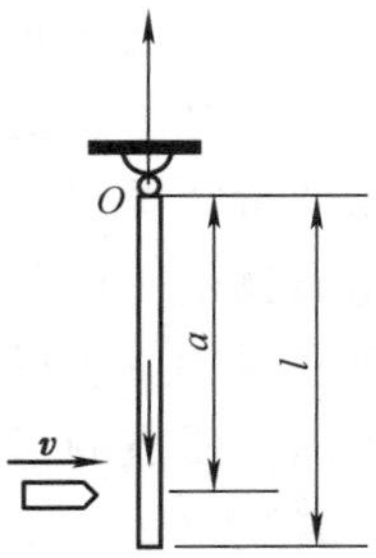

图 3-22 例 3-9 图

思考：若将子弹换成一小球，以初速度 $\boldsymbol{v}$ 与杆发生完全弹性碰撞，此时求杆上摆的最大角度 θ，该如何完成？

【例 3-10】 半径为 R、质量为 m_1 的均质圆盘可绕 z 轴转动。盘面上的径向光滑槽内有质量为 m_2 的质点，如图 3-23a 所示。开始时盘以角速度 ω_0 绕 z 轴转动，而质点在距盘中心$\dfrac{R}{2}$处相对于盘静止，求质点沿光滑槽到达圆盘边缘时盘的角速度 ω。又假定 $m_1=m_2$，求质点到盘边缘时相对于盘的速度值 v_r。

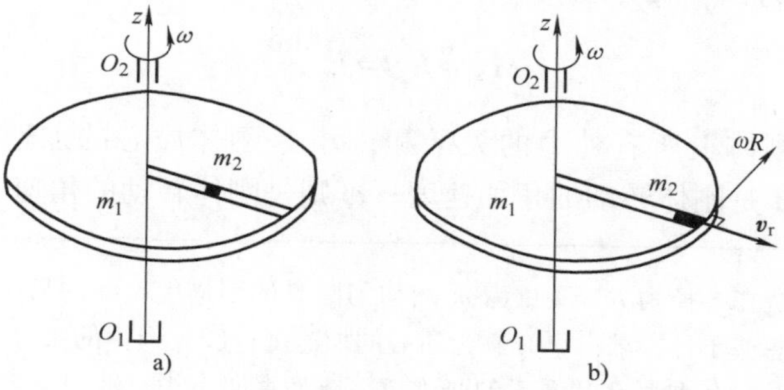

图 3-23　例 3-10 图

【解】 将圆盘与质点作为一个系统，系统的外力为盘和质点的重力以及轴承 O_1O_2 对盘轴的作用力。重力沿 z 轴负向，对 z 轴的力矩为零，故系统对 z 轴的角动量守恒。当质点到达盘缘时，质点的速度为盘的牵连速度（大小为 ωR，方向与盘缘相切）与质点的相对速度（即质点相对于盘的速度，大小为 v_r，方向沿槽向外）之和，如图 3-23b 所示。因槽沿盘的径向，v_r的延长线通过 z 轴，故速度分量 v_r 对 z 轴的角动量没有贡献。因此，系统对 z 轴的角动量守恒式可写为

$$\frac{1}{2}m_1R^2\omega+m_2R^2\omega=\frac{1}{2}m_1R^2\omega_0+m_2\left(\frac{R}{2}\right)^2\omega_0$$

解得

$$\omega=\frac{2m_1+m_2}{2(m_1+2m_2)}\omega_0 \tag{1}$$

其次，因为轴承作用力不做功，盘和质点的重心高度不变，重力不做功，槽是光滑的，其相互作用力做功之和为零，所以，系统运动时诸力做功之和为零，故此系统的动能守恒。有

$$\frac{1}{2}\left(\frac{1}{2}m_1R^2\right)\omega^2+\frac{1}{2}m_2\ (R^2\omega^2+v_r^2)\ =\frac{1}{2}\left(\frac{1}{2}m_1R^2\right)\omega_0^2+\frac{1}{2}m_2\left(\frac{R}{2}\omega_0\right)^2 \tag{2}$$

当 $m_1=m_2$ 时，由式（1）得

$$\omega=\frac{1}{2}\omega_0$$

将此结果代入式（2），得

$$v_r=\frac{\sqrt{6}}{4}R\omega_0$$

* 3.5　刚体的平面平行运动

若刚体内所有点的运动都平行于某一平面，则这种运动叫作刚体的平面平行运动。为研究这种运动，只需取平行于该平面的任一剖面加以研究就够了。对于平面平行运动，刚体的角速度矢量 $\boldsymbol{\omega}$（或者说转轴）只能垂直于运动平面，与定轴转动的区别仅在于转轴本身是可以横向移动的。所以，刚体平面平行运动可分解为质心的运动和绕质心轴的转动，二者的

动力学方程如下：

对于质心运动，有

$$\boldsymbol{F}_{外}=m\boldsymbol{a}_C=m\frac{\mathrm{d}\boldsymbol{v}_C}{\mathrm{d}t} \tag{3-27}$$

对于绕质心轴的转动，有

$$\boldsymbol{M}_{外}=J_C\boldsymbol{\beta}=J_C\frac{\mathrm{d}\boldsymbol{\omega}}{\mathrm{d}t} \tag{3-28}$$

式中，$\boldsymbol{F}_{外}$ 是作用在刚体上所有外力的矢量和；$\boldsymbol{a}_C$ 是刚体质心的加速度；$\boldsymbol{v}_C$ 是质心速度；$\boldsymbol{M}_{外}$ 是外力矩总和；$\boldsymbol{\beta}$ 是刚体转动的角加速度；$\boldsymbol{\omega}$ 则是刚体转动的角速度。

【例3-11】 一绳索绕在半径为 R、质量为 m 的均匀圆盘的圆周上，绳的另一端悬挂在天花板上，如图3-24所示。绳的质量忽略不计，求：(1) 圆盘质心的加速度；(2) 绳中的张力。

【解】 作用在圆盘上力有重力 $\boldsymbol{P}$ 和绳索的张力 $\boldsymbol{F}$。选竖直向下为 y 轴的正方向。对于质心的平动，由质心的运动方程得

$$P-F=ma_C$$

以通过垂直圆盘质心的轴为转轴，由转动定律得

$$M_C=J_C\beta$$

式中，$M_C=FR$；$J_C=\frac{1}{2}mR^2$。

当圆盘转动时，有关系式

$$a_C=R\beta$$

求解上述方程，可得

$$a_C=\frac{2}{3}g,\ F=\frac{1}{3}mg$$

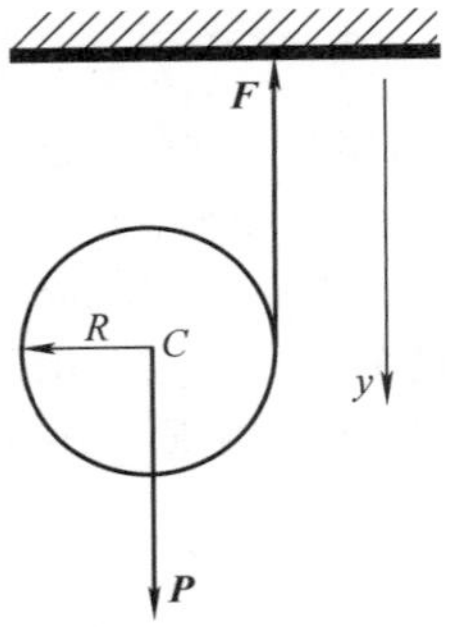

图3-24 例3-11图

【例3-12】 一质量为 m、半径为 R 的均匀圆柱体，沿倾角为 θ 的粗糙斜面自静止无滑动下滚（见图3-25），求静摩擦力、质心加速度，以及保证圆柱体作无滑滚动所需最小摩擦因数。

【解】 用 $F_{静}$ 代表静摩擦力，根据质心运动定理，有

$$mg\sin\theta-F_{静}=ma_C$$

对于质心重力的力矩等于0，只有摩擦力矩 $RF_{静}$，从而

$$RF_{静}=J_C\beta=\frac{1}{2}mR^2\beta$$

并有关系式

$$a_C=R\beta$$

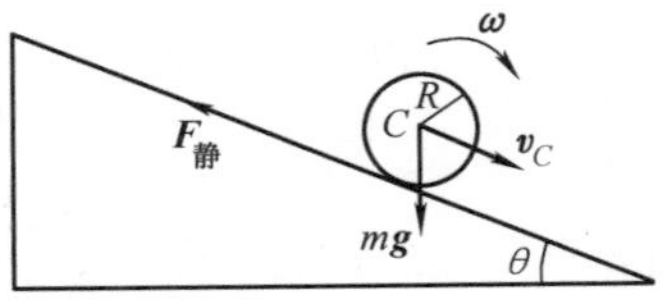

图3-25 例3-12图

由以上各式解得

$$F_{静}=\frac{1}{3}mg\sin\theta,\quad a_C=\frac{2}{3}g\sin\theta$$

要保证无滑滚动，所需静摩擦力 $F_{静}$ 不能大于最大静摩擦力 $\mu F_N=\mu mg\cos\theta$，即

$$\frac{1}{3}mg\sin\theta\leqslant\mu mg\cos\theta \quad 或 \quad \mu\geqslant\frac{1}{3}\tan\theta$$

摩擦因数小于此值就要出现滑动。

刚体做平面平行运动的动能也同样可分解为质心平动动能和刚体绕质心轴转动的动能，即

$$E_k=\frac{1}{2}mv_C^2+\frac{1}{2}J_C\omega^2 \tag{3-29}$$

【例3-13】 如图3-26所示，计算从同一高度 h 自静止状态沿斜面无滑动滚下时，匀质（a）圆柱、（b）薄球壳、（c）球体的质心获得的速度。设三者的总质量和半径相同。

【解】 刚体无滑动滚动时，静摩擦力和支持力均不做功，只有重力做功，机械能守恒，故有

$$mgh=\frac{1}{2}mv_C^2+\frac{1}{2}J_C\omega^2 \tag{1}$$

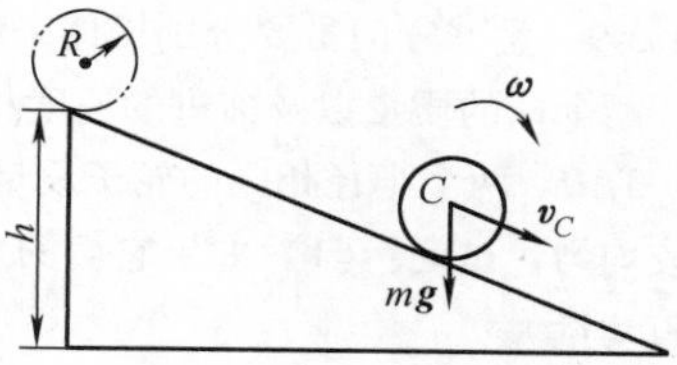

图3-26 例3-13图

对（a）、（b）、（c）三种情况，转动惯量 J_C 分别为$\frac{1}{2}mR^2$、$\frac{2}{3}mR^2$和$\frac{2}{5}mR^2$。

无滑动滚动的条件是

$$v_C=R\omega \tag{2}$$

由此可求出

（a）圆柱 $v_C=\sqrt{\frac{4}{3}gh}$，（b）薄球壳 $v_C=\sqrt{\frac{6}{5}gh}$，（c）球体 $v_C=\sqrt{\frac{10}{7}gh}$

思考：如何求滚到斜面底部时的质心加速度及摩擦力和支持力？

思考题

3-1 一个球和一个圆柱体在同一斜面上从同一高度由静止开始沿斜面向下滚动，下面的结论哪一个正确？

（1）同时到达底部，且与两物体的质量、半径无关；

（2）圆柱体先到达底部，且与两物体的质量、半径无关；

（3）圆球先到达底部，且与两物体的质量、半径无关；

（4）哪一个先到达底部，取决于两物体的质量 m 及 m'；

（5）哪一个先到达底部，取决于两物体的半径 R 和 R'。

3-2 有人说："不管轴怎样选择，刚体对通过质心的轴的转动惯量最小。"这种说法对吗？

3-3 一个有固定轴的刚体，受到两个力的作用。当这两个力的合力为零时，它们对轴的合力矩也一定是零吗？当这两个力对轴的合力矩为零时，它们的合力也一定是零吗？

3-4 一均质圆盘水平放置，其转动轴垂直于圆盘并通过圆心，转轴与盘间无摩擦。设圆盘带着其边缘的小爬虫做匀速转动，当小爬虫向盘的中心爬动时，在爬行的过程中，整个系统的动能、动量、角动量、机械能守恒吗？

3-5 两极冰山的融化是地球自转速度变化的原因之一，为什么？

3-6 如图3-27所示，转台上的人伸出去的两手中各握一重物，然后使他转动。当他向着胸部收回双手及重物时，下列各结论中哪些正确？

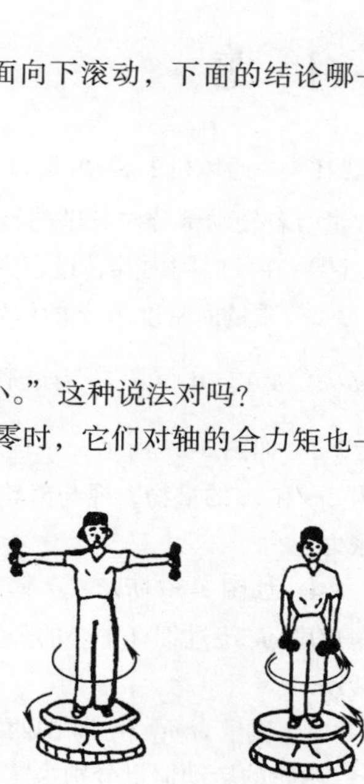
图3-27 思考题3-6图

(1) 系统的转动惯量减小；

(2) 系统转动的角速度增加；

(3) 系统的角动量不变；

(4) 系统的转动动能保持不变。

3-7 一个绕定轴自由转动的刚体，受热膨胀后，其角速度有无变化？

3-8 一个水平圆盘，以一定的角速度沿铅直轴转动，在其上放置另一个原来不动的圆盘（两盘完全一样），使两盘同轴。上盘的底面有钉，钉嵌入下盘里，使两盘合在一起，以相同的角速度转动。问放置前后两盘的总动能是否相等？总角动量是否相同？

3-9 足球守门员要分别接住来势不同的两个球：第一个球在空中飞来（无转动）；第二个球在地面滚来。两个球的质量以及前进的速度相同，问他要接住这两个球，所要做的功是否相同？

3-10 两个半径相同的轮子质量也相同。但一个轮子的质量聚集在边缘附近，另一个轮子的质量分布比较均匀，试问：(1) 如果它们的角动量相同，哪个轮子转得快？(2) 如果它们的角速度相同，哪个轮子的角动量大？

3-11 我国的一个传统杂技节目是“狮子滚绣球”，扮演狮子的演员站在大圆球上，并使球滚动。问他们怎样做才能使大球静止不动？怎样才能前进？

3-12 如图3-28所示，在光滑水平面上立一圆柱，在其上缠绕一根细线，线的另一头系一个质点。起初将一段线拉直，横向给质点一个冲击力，使它开始绕柱旋转。在此后的时间里线越绕越短，问质点的角速度怎样变化？其角动量守恒吗？动能守恒吗？

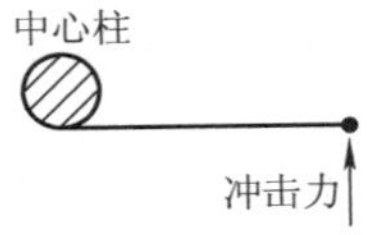

图3-28 思考题3-12图

3-13 为什么汽车起动时车头会稍往上抬，制动时车头稍往下沉？

3-14 汽车发动机的内力矩是不能改变汽车轮的总角动量的。那么，在起动和制动时，汽车轮的角动量为什么能改变？

3-15 若滚动摩擦可以忽略，试分析自行车在加速、减速、匀速行进时，前后轮所受地面摩擦力的方向。此时摩擦力做功吗？

习 题

3-1 一通风机的转动部分以初角速度 ω_0 绕其轴转动，空气的阻力矩与角速度成正比，比例系数 C 为一常量。若转动部分对其轴的转动惯量为 J，问：(1) 经过多少时间后其转动角速度减小为初角速度的一半？(2) 在此时间内共转过多少转？

3-2 质量面密度为 σ 的均匀矩形板，试证其对与板面垂直的、通过几何中心的轴线的转动惯量为 $J=\frac{\sigma}{12}ab(a^2+b^2)$，其中 a、b 为矩形板的长和宽。

3-3 如图3-29所示，一轻绳跨过两个质量为 m、半径为 r 的均匀圆盘状定滑轮，绳的两端分别挂着质量为 $2m$ 和 m 的重物，绳与滑轮间无相对滑动，滑轮轴光滑，绳子不可伸长，求重物的加速度和各段绳中的张力。

3-4 如图3-30所示，一均匀细杆长为 L，质量为 m，平放在摩擦系数为 μ 的水平桌面上，设开始时杆以角速度 ω_0 绕过细杆中心的竖直轴转动，试求：(1) 作用于杆的摩擦力矩；(2) 经过多长时间杆才会停止转动。

3-5 质量为 m_1 和 m_2 的两物体A、B分别悬挂在如图3-31所示的组合轮两端。设两轮的半径分别为 R 和 r，两轮的转动惯量分别为 J_1 和 J_2，轮与轴承间的摩擦力略去不计，绳的质量略去不计，绳子不可伸长。试求两物体的加速度和绳中的张力。

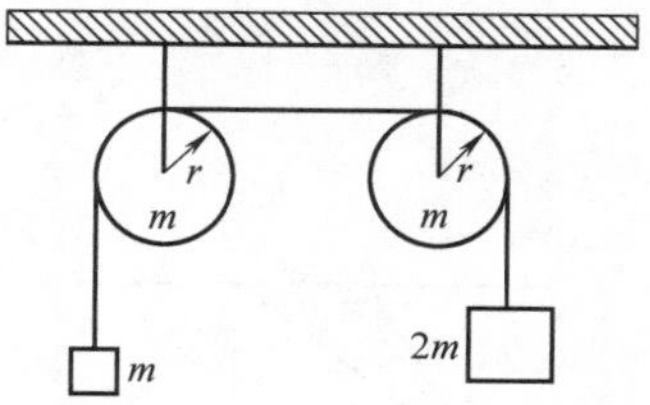

图 3-29 习题 3-3 图

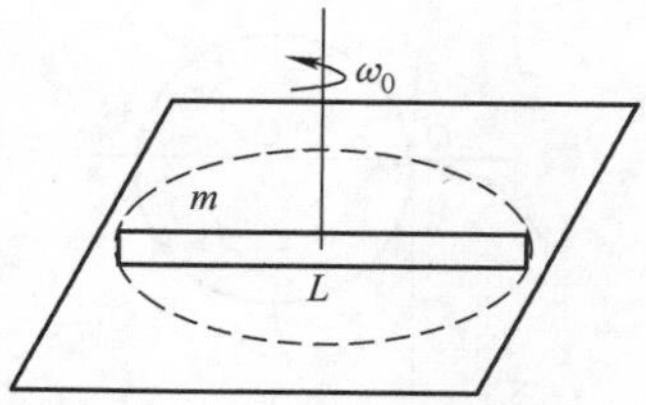

图 3-30 习题 3-4 图

3-6 如图 3-32 所示装置，定滑轮的半径为 r，绕转轴的转动惯量为 J，滑轮两边分别悬挂质量为 m_1 和 m_2 的物体 A、B。A 置于倾角为 θ 的斜面上，它和斜面间的摩擦因数为 μ。当 B 向下做加速运动时，求：（1）其下落加速度的大小；（2）滑轮两边绳子的张力。（设绳的质量及伸长均不计，绳与滑轮间无滑动，滑轮轴光滑）

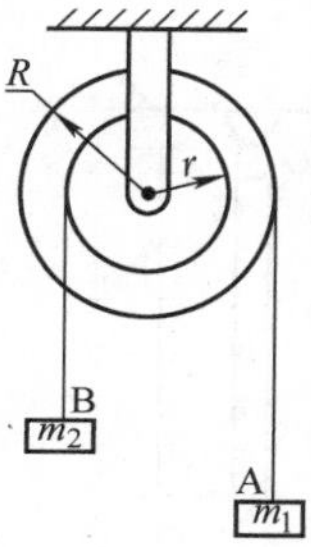

图 3-31 习题 3-5 图

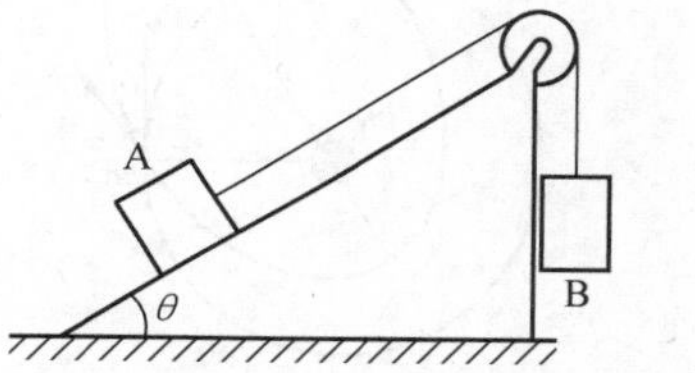

图 3-32 习题 3-6 图

3-7 如图 3-33 所示，定滑轮转动惯量为 J，半径为 r，物体的质量为 m，用一细绳与劲度系数为 k 的弹簧相连，若绳与滑轮间无相对滑动，滑轮轴上的摩擦忽略不计，绳子不可伸长。当绳拉直、弹簧无伸长时使物体由静止开始下落。求：（1）物体下落的最大距离；（2）物体的速度达最大值时的位置。

3-8 如图 3-34 所示，一轻弹簧与一均匀细棒连接，已知弹簧的劲度系数 $k=40\text{N/m}$，当 $\theta=0°$时弹簧无形变，细棒的质量 $m=5.0\text{kg}$，求在 $\theta=0°$的位置上细棒至少应具有多大的角速度 ω，才能转动到水平位置？

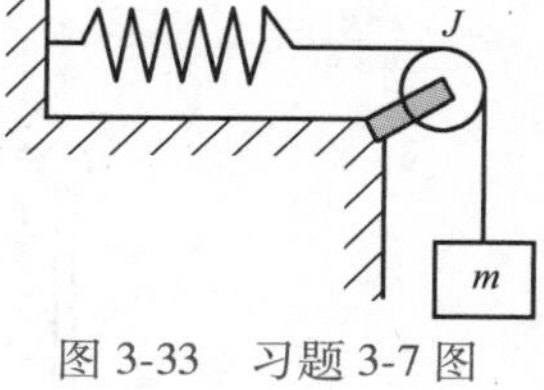

图 3-33 习题 3-7 图

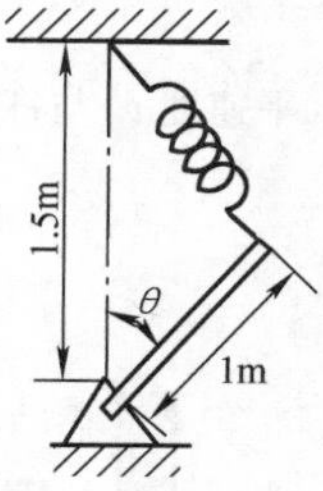

图 3-34 习题 3-8 图

3-9 如图 3-35 所示，一质量为 m、半径为 R 的圆盘，可绕过 O 点的水平轴在竖直面内转动。若盘从图中实线位置开始由静止下落，略去轴承的摩擦，求：（1）盘转到图中虚线所示的铅直位置时，质心 C 和盘缘 A 点的速率；（2）在虚线位置轴对圆盘的作用力。

3-10 如图 3-36 所示，一质量为 m 的质点以速度 $\boldsymbol{v}$ 做匀速直线运动。试证明：从直线外任意一点 O 到质点的矢量 $\boldsymbol{r}$ 在相同的时间内扫过的面积相同。

3-11 如图 3-37 所示，质量 m 的卫星开始时绕地球做半径为 r 的圆周运动，地球的质量为 m_E。由于某种原因卫星的运动方向突然改变了 $\theta=30°$角，而速率不变，此后卫星绕地球做椭圆运动。求：（1）卫星绕地球做圆周运动时的速率 v；（2）卫星在绕地球做椭圆运动时，距地心的最远和最近距离 r_1 和 r_2。

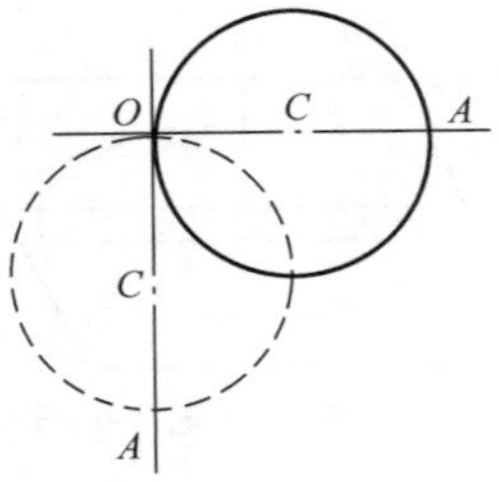

图 3-35 习题 3-9 图

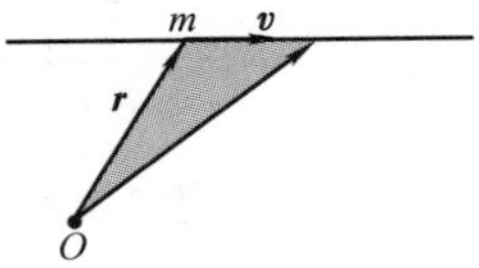

图 3-36 习题 3-10 图

3-12 如图 3-38 所示，质量为 m'、长为 L 的均匀直杆可绕过端点 O 的水平轴转动，一质量为 m 的质点以水平速度 $\boldsymbol{v}$ 与静止杆的下端发生碰撞，如图所示，若 $m'=6m$，求质点与杆分别做完全弹性碰撞和完全非弹性碰撞后杆的角速度大小。

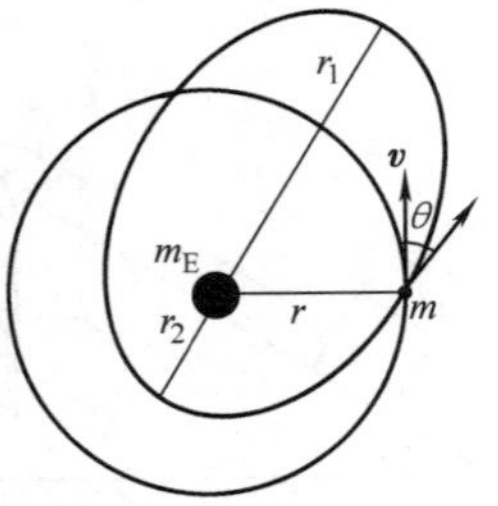

图 3-37 习题 3-11 图

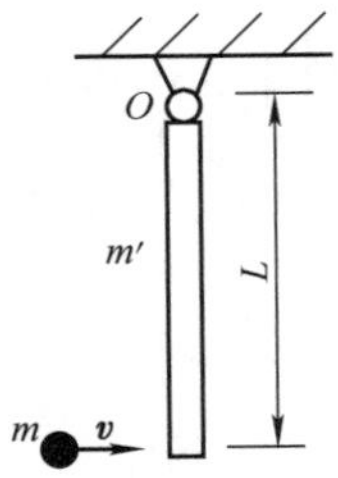

图 3-38 习题 3-12 图

3-13 如图 3-39 所示，A 与 B 两飞轮的轴杆由摩擦啮合器连接，A 轮的转动惯量 $J_1=10.0\text{kg}\cdot\text{m}^2$，开始时 B 轮静止，A 轮以 $n_1=600\text{r/min}$ 的转速转动，然后使 A 与 B 连接，因而 B 轮得到加速而 A 轮减速，直到两轮的转速都为 $n=200\text{r/min}$ 时止。求：（1）B 轮的转动惯量；（2）在啮合过程中损失的机械能。

3-14 如图 3-40 所示，长为 l 的轻杆（质量不计），两端各固定质量分别为 m 和 $2m$ 的小球，杆可绕水平光滑固定轴 O 在竖直面内转动，转轴 O 距两端分别为 $\frac{1}{3}l$ 和 $\frac{2}{3}l$。轻杆原来静止在竖直位置。今有一质量为 m 的小球，以水平速度 v_0 与杆下端小球 m 做对心碰撞，碰后以 $\frac{1}{2}v_0$ 的速度返回，试求碰撞后轻杆所获得的角速度。

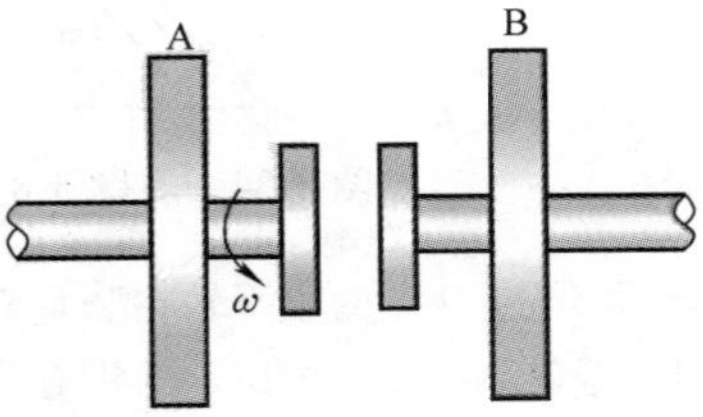

图 3-39 习题 3-13 图

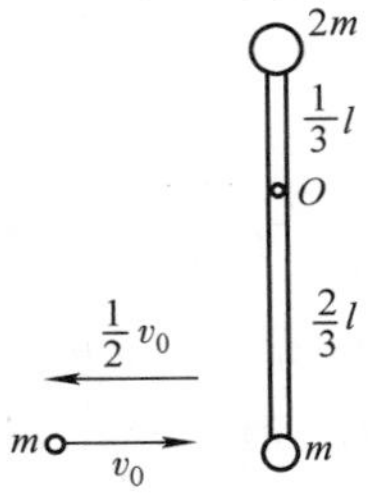

图 3-40 习题 3-14 图

3-15 如图 3-41 所示，有一空心圆环可绕竖直轴 OO' 自由转动，转动惯量为 J_0，环的半径为 R，初始的角速度为 ω_0，今有一质量为 m 的小球静止在环内 A 点，由于微小扰动使小球向下滑动。问小球到达 B、C 点时，环的角速度与小球相对于环的速度各为多少？（假设环内壁光滑）

*3-16 一长为 $2l$ 的均匀细杆，一端靠墙，另一端放在水平地板上，如图 3-42 所示，所有的摩擦均可略

去不计，开始时细杆静止并与地板成 θ_0 角，当松开细杆后，细杆开始滑下。问细杆脱离墙壁时，细杆与地面的夹角 θ 为多大？

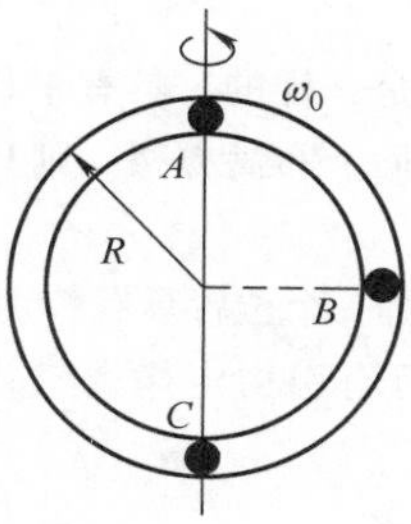

图 3-41　习题 3-15 图

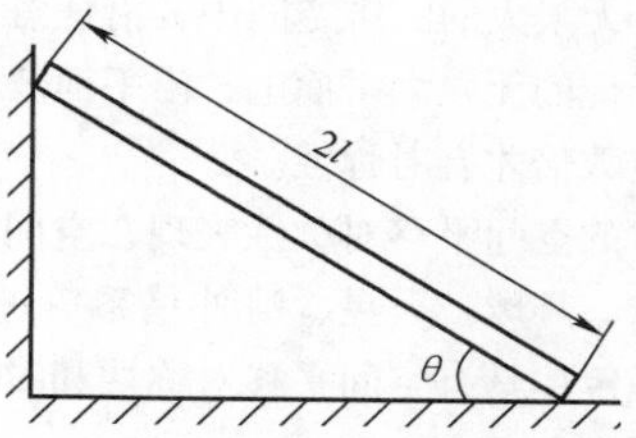

图 3-42　习题 3-16 图

*3-17　如图 3-43 所示，A、B 两个轮子的质量分别为 m_1 和 m_2，半径分别为 r_1 和 r_2。另有一细绳绕在两轮上，并按图所示连接。其中 A 轮绕固定轴 O 转动。试求：（1）当 B 轮下落时，其轮心的加速度；（2）细绳的拉力。

*3-18　如图 3-44 所示，一长为 l 的均质杆自水平放置的初始位置平动自由下落，落下 h 距离时与一竖直固定板的顶部发生完全弹性碰撞，杆上碰撞点在距质心 C 为 1/4 处，求碰撞后瞬间的质心速率和杆的角速度。

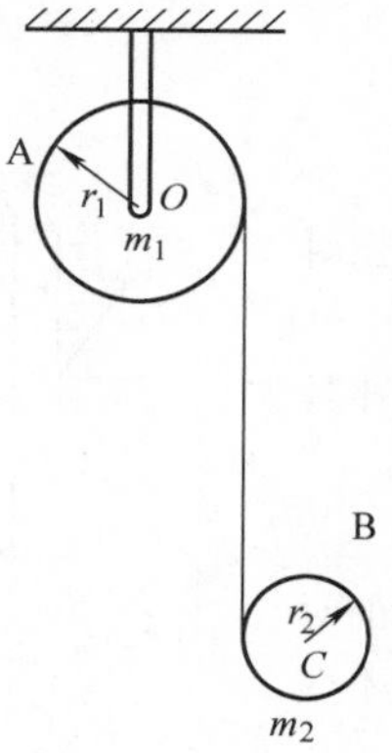

图 3-43　习题 3-17 图

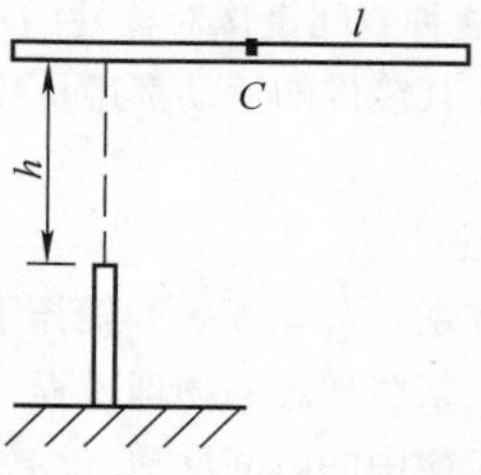

图 3-44　习题 3-18 图

阅读材料

对称性与物理学

（一）物理学中的对称性

物理学中的许多问题的求解会由于对称性而大大简化，例如，刚体的质心位置常常可以根据刚体的对称性来确定；电磁学中的高斯定理就是根据带电体及电场的对称性来求出电场强度的；一个每条棱边都由一个电阻 R 构成的立方体，要求其对角线上的等效电阻，可以设有电流 I 流入此立方体，而根据对称性很容易确定出流经各电阻的电流，再利用安培定律就可求出等效电阻。

在物理学中，除了这些简单、直观的对称性应用外，对称性的概念还具有更深刻的意义。人们把系统（研究对象）从一种状态变化到另一种状态称为一种变换（操作）。若一个系统经过某种变换，其前、后两状态相同（等价），则称该系统对此变换（操作）具有对称性。这里，系统（研究对象）可以是某一具体的物体、物理量，也可以是某一物理定律，因而对称性就是某一物体、物理量或物理定律在某种变换下的不变性。物理学中最基本的对称性如下。

1. 空间平移对称性

在均匀、无限大的三维空间中，沿任意方向移动任意距离，这空间也是一样的，具有平移对称性；在一个无任何标记的无限大平面上，沿平面任意平移也具有对称性，若此平面上布满方格，则只有沿方格边移动边长的整数倍才有对称性。

物理定律的空间平移对称性表现在空间各位置对物理定律等价，没有哪一个位置具有特别优越的地位。例如，在地球、月球、火星、河外星系等进行实验，得出的引力定律（万有引力定律、广义相对论）相同，因而物理定律具有空间平移对称性和时间平移对称性。

2. 空间旋转对称性

一个球体，在空间无论怎样转动，看上去都一样，表明它具有球对称性；一朵有 5 个花瓣的花，绕中心轴转过 $2\pi/5$ 角度，看上去也毫无变化，因而它具有 $2\pi/5$ 角度的旋转对称性；各种雪花，每旋转 $60°$ 重合一次，所以有旋转对称性。在各向同性（空间各方位都无不同）的空间中，若绕任意轴或任意点旋转任意角度，空间也是等价的，则具有旋转对称性。

物理定律的旋转对称性表现为空间各方向对物理定律等价，没有哪一个方向具有特别优越的地位。例如，分别在南、北半球进行单摆实验，实验仪器取向不同，得出的单摆周期公式 $T = 2\pi\sqrt{\frac{l}{g}}$ 仍然相同。因而物理定律具有空间旋转对称性。

3. 镜像反射（反演）对称性

人及物体的左右对称，就是以中轴面为镜面的镜像对称；一个正三角形以中垂线为对称也是镜像对称；球体相对任一过球心的平面也是镜像对称的。图 3-45 是这种空间镜像对称性的示意图。

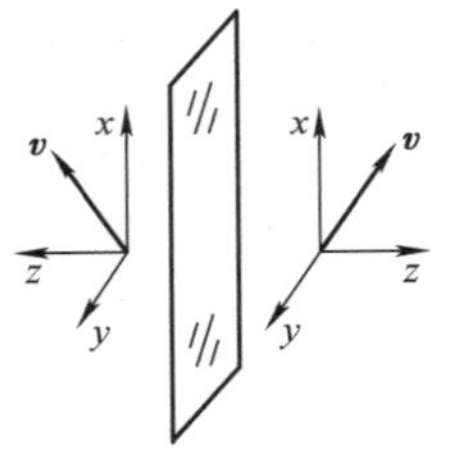

图 3-45　空间镜像对称性

真实的物体与其镜像的运动都遵从相同的运动定律，说明物理定律具有镜像对称性。

4. 时间对称性

周期性变化体系（如单摆、弹簧振子等）只对周期 T 及其整数倍的时间平移变换对称。某些理想的物理过程，如自由落体，具有时间反演不变性。将牛顿第二定律中的时间反演（t 换成 $-t$），得

$$\boldsymbol{F}=m\frac{\mathrm{d}^2\boldsymbol{r}}{\mathrm{d}(-t)^2}=m\frac{\mathrm{d}^2\boldsymbol{r}}{\mathrm{d}t^2}$$

与原式相同。所以，牛顿定律具有时间反演对称性。通常，保守系统时间反演不变，耗散系统非时间反演不变，非保守系统中的宏观过程不具有时间反演对称性。

5. 置换对称性

随着量子理论的建立，不可分辨的全同性获得了非凡的意义。哲学家莱布尼兹给“全同性”的定义是：如果无法确认两个物体之间的差别，那么它们就是全同的。这个定义意味着，在许多东西中若交换两个全同物体的位置，其物理状态是保持不变的。

这种全同性预言了交换子的存在。如果没有这种交换子存在，就不会有我们所了解的化学，分子和原子都不能存在，从而我们自己也就不存在了。

经典力学在伽利略变换下形式不变，因而经典力学有伽利略变换对称性。同样，电磁场麦克斯韦方程组则具有洛伦兹变换的对称性。

6. 标度不变性

标度不变的典型特征是分形体在标度变换下整体与部分的自相似性，人们已把它运用到了许多实际问题上。

这些对称性都可以用一种否定的形式来表述：人们无法通过物理实验来确定空间和时间的绝对位置，无法确定空间的绝对方向，也不能确定绝对的左和右；在参考系内做物理实验也无法确定参考系在空间中的绝对速度。因而，若存在某种对称性，也就必定存在某个不可观测的量。物理定律的对称性归根到底反映了人们所处时空的特性。

（二）对称性与守恒定律

1918 年，德国女数学家诺特尔指出，作用量的每一种连续对称性都有一个守恒量与之对应。人们把这种对称与守恒的联系称为诺特尔定理。按照诺特尔定理可以得出如下结论：从自然界的每一种对称性都可以得到一个守恒定律，反之，每一个守恒定律也都揭示了蕴含其中的一种对称性。

事实上，物理定律具有某种对称性，就以相应的方式限制了物理定律，继而使遵循物理定律的物质体系的运动受到某种制约。这种制约就是物质体系在运动中保持某个物理量为恒量，于是物理定律的一种对称性就导致一种守恒定律。

物理学中存在着许多守恒定律：能量守恒、动量守恒、角动量守恒、电荷守恒、奇异数守恒、重子数守恒、同位旋守恒，等等。这些守恒定律的存在并不是偶然的，它们是自然规律具有各种对称性的结果。表 3-3 列出了目前物理学中已证明了的对称性与守恒定律的对应关系。

表 3-3　对称性与守恒定律的对应关系

不可测量性	对称性（变换不变性）	守恒定律	备注
空间绝对位置	空间平移	动量	
时间绝对位置	时间平移	能量	
空间绝对方向	空间旋转	角动量	
空间左和右	空间反演	宇称	在弱相互作用中破缺
惯性系等价	洛伦兹变换	四维时空间隔四维动量	
粒子与反粒子	电荷共轭	电荷宇称	在弱相互作用中破缺
带电粒子与中性粒子的相对位相	电荷规范变换	电荷	
重子与其他粒子的相对位相	重子规范变换	重子数	
轻子与其他粒子的相对位相	轻子规范变换	轻子数	

下面通过几个简单的例子说明空间平移对称性、时间平移对称性和空间旋转对称性分别导致系统动量守恒、能量守恒及角动量守恒。

1. 空间平移对称性与动量守恒定律

设由两个质点 m_1、m_2 组成的封闭系统，二者间只存在保守内力（如引力）的相互作用，如图 3-46 所示。将两个质点沿同一方向平移 d$\boldsymbol{r}$，二者的相互作用势能改变为

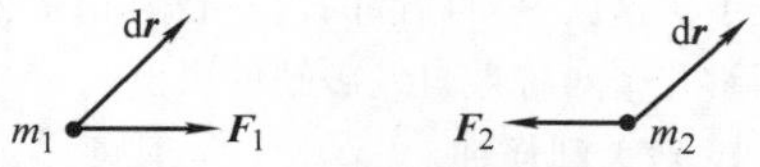

图 3-46　从空间平移对称性证动量守恒

$$\mathrm{d}E_{\mathrm{p}}=(-\boldsymbol{F}_1+\boldsymbol{F}_2)\cdot\mathrm{d}\boldsymbol{r}$$

但因空间具有平移对称性，平移后两质点的相对位置不变，因而势能不变，即 $\mathrm{d}E_{\mathrm{p}}=0$。因此有

$$\boldsymbol{F}_1+\boldsymbol{F}_2=\frac{\mathrm{d}\boldsymbol{p}_1}{\mathrm{d}t}+\frac{\mathrm{d}\boldsymbol{p}_2}{\mathrm{d}t}=\frac{\mathrm{d}}{\mathrm{d}t}(\boldsymbol{p}_1+\boldsymbol{p}_2)=0$$

即

$$\boldsymbol{p}_1+\boldsymbol{p}_2=\text{恒矢量}$$

系统动量守恒。

2. 时间平移对称性与能量守恒定律

在惯性系中，绝对时间是不可观测的，即时间的流逝是均匀的，不同时刻在物理上是等价的，时间具有平移对称性。设一封闭系统在 t 时刻的能量为 $E(t)$，对时间进行微小的平移变换 $t'=t+\mathrm{d}t$，则 t' 时刻系统的能量 $E(t')=E(t+\mathrm{d}t)$。将其展开成泰勒级数为

$$E(t+\mathrm{d}t)=E(t)+\frac{\partial E}{\partial t}\mathrm{d}t+\frac{1}{2}\frac{\partial^2 E}{\partial t^2}\mathrm{d}t^2+\cdots$$

因时间平移的对称性，能量 E 不显含时间 t，因而 $\frac{\partial E}{\partial t}$ 及上式中的各高阶导数项均应为0，于是有

$$E(t+\mathrm{d}t)=E(t)$$

系统能量守恒。

3. 空间旋转对称性与角动量守恒定律

仍以两个质点组成的封闭系统为例，设两质点位于以 O 点为圆心、R 为半径的圆周上，二者对圆心 O 的连线之间的夹角为 θ，让两质点在此圆周轨道上沿同一方向转过 $\mathrm{d}\theta$ 的角度，如图3-47所示。在此过程中系统势能改变量为

$$\mathrm{d}E_{\mathrm{p}}=-\mathrm{d}A=-(M_1+M_2)\mathrm{d}\theta$$

式中，M_1、M_2 分别是力 $\boldsymbol{F}_1$、$\boldsymbol{F}_2$ 对 O 点的力矩大小。由于空间具有旋转对称性，旋转后两质点的相对位置不变，因而势能应不变。于是有

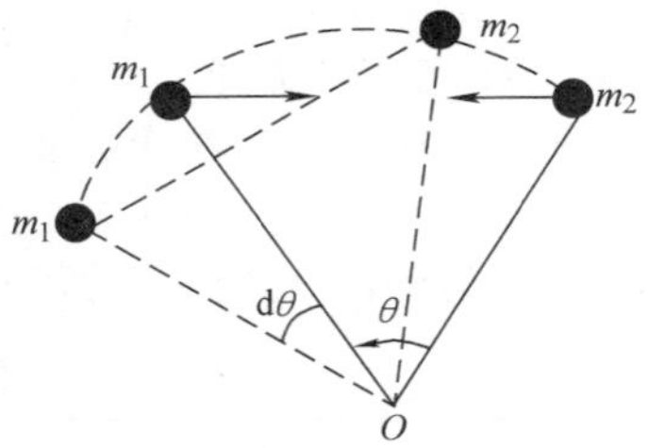

图3-47 从空间旋转对称性证角动量守恒

$$\boldsymbol{M}_1+\boldsymbol{M}_2=\frac{\mathrm{d}\boldsymbol{L}_1}{\mathrm{d}t}+\frac{\mathrm{d}\boldsymbol{L}_2}{\mathrm{d}t}=\frac{\mathrm{d}}{\mathrm{d}t}(\boldsymbol{L}_1+\boldsymbol{L}_2)=0$$

即

$$\boldsymbol{L}_1+\boldsymbol{L}_2=\text{恒矢量}$$

系统角动量守恒。

目前，人们应用对称性原理有三个逻辑步骤：(1) 假设某个绝对量不可观测；(2) 导出时空的某种对称性，即物理定律在某种变换下的不变性；(3) 推出某条守恒定律。

(三) 对称性的自发破缺

一个原先具有较高对称性的体系，在没有受到任何不对称因素影响的情况下，突然间对称性明显下降的现象称为对称性的自发破缺。当系统中存在或受到破坏对称性的微扰时，若这种微扰会被不断地放大，最终就会出现明显的不对称，对称性的自发破缺就是这样产生的。设想将一支削得十分均匀的铅笔笔尖朝下竖立在桌面上，假想其轴线没有任何偏斜，放手后会怎样呢？只要有十分微小的一点点扰动，笔就会倒下，但倒向哪一边，就难以事先预知了。笔未倒之前对竖直轴线具有轴对称性，倒下后，这种对称性就被打破了，这就是对称性的自发破缺。显然，这种对称性的自发破缺何时发生、在何处发生都是偶然的。下面列举几个对称性自发破缺的事例。

1. 意大利怪钟

1443年，文艺复兴时期的伟大画家乌切洛 (P. Uccello) 绘制了24小时逆时针方向运行的“怪钟”，如图3-48所示。经济学家布莱恩 (A. Brian) 以此钟为例，论述经济领域中的正反馈现象。他说，1443年钟的设计尚未定型。一种表盘的设计用得越多，就有更多人习惯于读它，以后它就被采用得越多，最后形成现在的惯例。这就是从正反馈到失稳，再从失稳到对称性破缺的过程。

图3-48 意大利怪钟

2. 重子——反重子的不对称

1933年，狄拉克为使微观粒子波动方程具有洛伦兹变换的不变性，修正

了薛定谔方程，得出狄拉克方程，并根据方程解的对称性预言了反电子（正电子）的存在，从而使人们开始对反粒子、反物质的探索，这也是对称性分析取得的成果。但在狄拉克方程中，正、反粒子的地位是完全对称的，因而人们曾经认为：虽然在地球、太阳系周围的世界里，“正物质”占主导，但在浩瀚宇宙中某个遥远的地方，应存在“反物质”世界。但后来的各种天文观测都对这一假说不利，如宇宙射线中质子与反质子数量之比相差一万倍；在太阳系、银河系及更大范围内，都未观测到正、反粒子对“湮灭”时发出的强大的 γ 射线等。如果认为重子数守恒是一条在任何情况下都颠扑不破的定理，那就只好认为，宇宙从它诞生时刻起就存在现今那样多的不为零的重子数了，即重子与反重子一开始就不对称。

目前，对正、反重子不对称比较可能的解释是，早期极高温的宇宙中存在着违反重子数守恒的过程。宇宙早期处于极高温度和密度的混沌状态，那时所有粒子和它们的反粒子的数量都比现在大十亿倍以上，并处于热平衡状态而相互转变，正、反粒子在数量上的差别或不对称性是十分微小的。随着宇宙的膨胀和冷却，它们中绝大部分都相互“湮灭”了，而现今的物质世界就是由剩余的一点点“残渣”构成的。就这样，从最初正、反粒子的微不足道的不对称，发展到现在一个完全不对称的世界。若当初是反粒子的数量稍多一点点，则现在就会是个反粒子世界。

3. 生物界的左右不对称

大多数动物在外观上都具有左右对称性，但体内的器官就不那么对称了。如果深入到分子层次，就会发现一种普遍存在于生物界的更深刻的左右不对称性。1844 年德国化学家米切利希（E. E. Mitscherlich）发现，酒石酸钠铵和葡萄酸钠铵的结晶具有相同的晶形，一样的化学性质，但溶液的旋光性不同。前者使偏振面右旋，后者无旋光性。1847 年法国巴斯德（L. Pasteur）发现了葡萄酸钠铵中有互为镜像对称的两种旋光异构物。

对此现象的解释是：光活性有与生命过程相联系的起源。生物体内化合物的这种左右不对称性正是生命力的体现。维持这种左右不平衡状态的是生物体内的酶，生物一旦死亡，酶便失去活力，造成左右不平衡的生物化学反应也就停止了。由此可见，生命与分子的不对称性息息相关。

总之，时空、不同种类的粒子、不同种类的相互作用、整个复杂纷纭的自然界，包括人类自身，都是对称性自发破缺的产物。对称性破缺的机制是什么？实在现象中的对称性破缺与基本物理规律的对称性是否相容？不同层次的非对称性间如何关联？这些都是现代物理尚未解决的重要课题。

对称是美丽的，但若完全对称又会显得单调、平淡而缺乏生机，真正的美正是对称与不对称的完美结合，那蜿蜒曲折、此起彼伏而又错落有致的层层山峦不正是大自然创造出的美景吗？对称性导致守恒而对称性的自发破缺则产生变化，二者的有机结合才有了大自然的变化莫测和多姿多彩。可以肯定，对称性及对称性的自发破缺必将为人们揭示出更深层次的奥秘，展现出更加奇妙的世界。

第4章 真空中的静电场

静电场就是相对于观察者静止的电荷所产生的电场。本章讨论的是真空中的静电场，主要对描述静电场的两个重要的物理量——**电场强度与电势**，以及反映静电场性质的两个基本定理——**高斯定理和静电场环流定理**进行较详细的、“浅入深出”的分析。由于静止电荷是通过它的场对其他电荷产生作用的，所以静电场的概念及其规律具有基础性的意义。本章中除了介绍应用叠加法计算电场强度外，特别分析了高斯定理求静电场的方法，其中多次说明了对称分析法——物理学的一种基本分析方法。本章所涉及的内容和讨论问题、分析问题的方法，主要是概念的引入、对定律的表述，或应用定律解决问题的方法介绍，对整个电磁学的学习都具有典型的指导意义，希望读者能用心领会。

4.1 电荷

真空中的
静电场

4.1.1 电荷的概念

在很早的时候，古希腊的哲学家就发现摩擦过的琥珀会吸引草屑（电子一词就是由表示琥珀的希腊词语派生而来的）。后来人们发现琥珀、硬橡胶棒、玻璃棒、火漆棒、硫黄块、水晶等用毛皮或丝绸摩擦过后能够吸引羽毛、头发等轻小的物体。物体的这种吸引轻小物体的性质，就称为带电。带电的物体叫带电体。物体所带的电荷数量的多少叫电荷量或电量。电荷量的国际单位为库仑，符号为C。

使物体带电叫起电。起电的方法一般有三种：摩擦起电、感应起电和接触起电。

4.1.2 电荷的基本性质

干燥天气时，你手接触金属物时经常会“放电”，这是电荷贮藏在我们的身体里和周围的物体里的缘故。

可以说物体能产生电磁现象都归因于物体带上了电荷以及这些电荷的运动。通过对电荷（包括静止电荷和运动电荷）的各种相互作用和效应的研究，人们认识到电荷的基本性质有以下几个方面。

1. 电荷的种类

实验指出，两根用毛皮摩擦过的硬橡胶棒互相排斥，两根用丝绸摩擦过的玻璃棒也互相排斥，但是用毛皮摩擦过的硬橡胶棒和用丝绸摩擦过的玻璃棒相互吸引，表明硬橡胶棒所带的电荷与玻璃棒上的是不同的。为了区别，早先的科学家就把用丝绸摩擦过的玻璃棒所带的电荷称为正电荷，用毛皮摩擦过的硬橡胶棒所带的电荷称为负电荷（其实，对电荷的“正”和“负”的名称及符号是由富兰克林（B. Franklin）任意选定的）。实验证明自然界只存在正、负两种电荷，同种电荷相互排斥，异种电荷相互吸引。两种电荷的存在反映了电世界的一种基本对称性。若把所有电荷的电性做一变换，正电变为负电，负电变为正电，观测到的电力将是不变的。一个由带正电原子核与带负电的电子组成的电世界所发生的现象，与一个带负电的原子核和带正电的电子所组成的电世界所发生的现象，在实验上不存在任何可观测的差异，所以说对电荷电性的变换是一种对称变换。

2. 电荷的量子性

实验证明，在自然界中，电荷总是以一个基本单元的整数倍出现的。电荷的这个特性叫作电荷的量子性。电荷的基本单元就是一个电子所带电荷量的绝对值，用 e 表示，称为元电荷。经测定，元电荷的值为

$$e = 1.602\times10^{-19}\text{C}$$

它是一个普适常数。

近代物理从理论上预言有电荷量为 $\pm e/3$ 或 $\pm 2e/3$ 的粒子（夸克）存在，并认为很多基本粒子是由若干种夸克或反夸克组成的。1990 年诺贝尔物理奖就授予了几位美国物理学家，以表彰他们对夸克理论的杰出贡献，使得电荷的最小值又有了新的结论。但是至今未能在实验中发现单独存在的夸克。所以现在电荷量子化规律并没有改变，即电荷只能取分立的、不连续的数值。本书在对问题的讨论中经常要用到点电荷这一概念，就是说当一个带电体本身的线度比问题所涉及的距离小很多，该带电体的形状与电荷在其上的分布状况的关系可忽略时，该带电体可作为一个带电的几何点，就称为点电荷。由此可见，点电荷是个相对的概念。例如，在宏观意义上谈论电子、质子等带电粒子时，就可以把它们视为点电荷；在微观意义上分析电子、质子等带电粒子时，能否将它们视为点电荷，就需依研究具体问题的情况而定了。另外，因为电荷的基本单元 e 的数值非常小，以致电荷的量子性在研究宏观现象的绝大多数实验中未能表现，故可引入电荷密度的概念，宏观上认为带电体所带的电荷量是连续分布的。例如，在普通的 100W 灯泡中，每秒约有 10^{19} 个元电荷进入并且刚好同样多的元电荷离开。所以在宏观电现象中，电的颗粒性不显露，就像你不能用手触摸到水分子一样。

3. 电荷守恒

实验指出，在孤立系统中，不管系统中电荷如何迁移，系统中电荷的代数和总保持不变，电荷守恒定律适用于一切宏观和微观过程。这是物理学中的一条普遍的基本定律。该定律是 1747 年由富兰克林提出的，至今，无论在宏观，还是在原子、原子核和基本粒子范围内，都未发现违背电荷守恒定律的现象。

4. 电荷的相对不变性

带电体所带电荷量与它的运动状态无关，这可通过实验证明。也就是说在不同的参考系内观察，同一带电体的电荷量不变，电荷的这一特性称为电荷的相对不变性。例如，在一般情况下，不同种类分子中电子的运动状态是不同的，通过化学反应可以改变分子中电子的运动状态。若电荷与其运动速率有关（即使是微小的），由于物体中包含有大量分子，通过化学反应也会产生十分可观的电荷量来，可是这种效应是从来没有被观测到的。

4.2 库仑定律

4.2.1 库仑定律的内容

1785 年，法国科学家库仑（C. A. Coulomb）通过实验总结出一条规律——库仑定律，以此定律为基础的理论体系，即研究静止电荷之间相互作用的理论叫作静电学。库仑定律的表述如下：**真空中两个静止的点电荷之间的作用力（称为库仑力或静电力）与这两个电荷所带电荷量的乘积成正比，与它们之间距离的平方成反比，作用力的方向沿着这两个点电荷的连线。**同种电荷相互排斥，异种电荷相互吸引。这一规律用矢量公式表示为

$$\boldsymbol{F}_{12}=k\frac{q_1q_2}{r_{12}^2}\boldsymbol{e}_{12},\quad \boldsymbol{F}_{21}=k\frac{q_1q_2}{r_{21}^2}\boldsymbol{e}_{21} \tag{4-1}$$

式中，q_1、q_2 分别表示两个点电荷的电荷量（可带有正负号）；r_{12}、r_{21}表示两个点电荷的距离；$\boldsymbol{e}_{12}$是从 q_2 指向 q_1 的单位矢量；$\boldsymbol{e}_{21}$是从 q_1 指向 q_2 的单位矢量，如图 4-1 所示；k 为比例系数。在国际单位制中，距离 r 用 m 作单位；力 F 用 N 作单位；实验测定比例常数 k 的数值和单位为

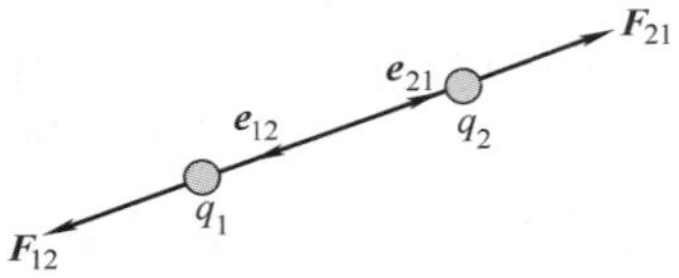

图 4-1 库仑定律

$$k=8.9880\times10^9\mathrm{N\cdot m^2/C^2}\approx9\times10^9\mathrm{N\cdot m^2/C^2}$$

通常还引入另一个常量 ε_0 来代替 k，使

$$k=\frac{1}{4\pi\varepsilon_0}$$

ε_0 叫**真空介电常量**（或真空电容率），在国际单位制中，它的数值和单位是

$$\varepsilon_0=\frac{1}{4\pi k}=8.85\times10^{-12}\mathrm{C^2/(N\cdot m^2)}$$

于是，库仑力的形式为

$$\boldsymbol{F}_{12}=\frac{q_1q_2}{4\pi\varepsilon_0r_{12}^2}\boldsymbol{e}_{12},\quad \boldsymbol{F}_{21}=\frac{q_1q_2}{4\pi\varepsilon_0r_{21}^2}\boldsymbol{e}_{21}$$

库仑力满足牛顿第三定律，即

$$\boldsymbol{F}_{12}=-\boldsymbol{F}_{21}$$

实验证实，点电荷置放在空气中时，其相互作用力与其在真空中情形相差甚微，故库仑定律对空气中的点电荷也成立。

库仑定律是一条实验规律，定律中关于静电相互作用的平方反比关系是根据实验提出的理论假设，当然其正确性永远要经受实验的检验。现代高能电子散射实验证实：小到 10^{-12}m 的范围，库仑定律仍然精确地成立。通过人造地球卫星研究地球磁场时也证明了库仑定律精确地适用于大到 10^7m 的范围，人们有理由相信在更大的范围内库仑定律仍然有效。然而，在高能电子与质子碰撞实验中，在短于 10^{-16}m 距离内发现：电力的测量结果比按库仑定律预期的计算结果要弱 10 倍。对此现象的解释有两种：一是认为库仑定律所显示的平方反比

关系在这一尺度内失效；另一种是认为此时质子已不能看成点电荷。当前，多数科学家比较倾向于后者。现代量子电动力学理论指出，库仑定律中分母 r 的指数与光子的静止质量有关，如果光子静止质量严格为零，则该指数严格地为 2；如果 r 的指数为 $2+\alpha$（α 为误差系数），则光子的静止质量将可能不严格为零，目前的实验给出光子的静止质量的上限为 10^{-48}kg，这差不多相当于 $|\alpha|\leqslant 10^{-16}$。

【例 4-1】 铁原子中原子核的半径为 4.0×10^{-15}m，并含有 26 个质子。求：

（1）相隔 4.0×10^{-15}m 的两个质子间的排斥静电力有多大？

（2）上述两个相同质子之间引力有多大（质子的质量 $m_p=1.67\times10^{-27}$kg）？

【解】

（1）质子所带电荷量为 e，相隔 4.0×10^{-15}m 的两质子间的静电斥力为

$$F=\frac{1}{4\pi\varepsilon_0}\frac{e^2}{r^2}$$
$$=\frac{8.99\times10^9\times(1.6\times10^{-19})^2}{(4.0\times10^{-15})^2}\text{N}=14\text{N}$$

（2）两质子间的万有引力为

$$F=G\frac{m_p^2}{r^2}=\frac{6.67\times10^{-11}\times(1.67\times10^{-27})^2}{(4.0\times10^{-15})^2}\text{N}$$
$$=1.2\times10^{-35}\text{N}$$

4.2.2 电力的叠加原理

库仑定律只讨论两个静止点电荷间的作用力，当考虑两个以上的静止点电荷之间的作用时，实验事实是：两个点电荷之间的作用力不因第三个点电荷的存在而改变。因此，**两个以上的点电荷对一个点电荷的作用力等于各个点电荷单独存在时对该点电荷作用力的矢量和**，如图 4-2 所示，这个结论叫作**电力的叠加原理**。应用库仑定律与叠加原理，从原则上讲，可以解决静电学中所有电力的计算问题。

1. 对分立的电荷系

由几个静止的点电荷 q_1，q_2，…，q_n 组成的电荷系，若以 $\boldsymbol{F}_1$，$\boldsymbol{F}_2$，…，$\boldsymbol{F}_n$分别表示它们单独存在时施于另一静止的点电荷 q_0 上的电力，由电力的叠加原理，q_0 受到的总电力 $\boldsymbol{F}$ 为

$$\boldsymbol{F}=\sum_{i=1}^{n}\boldsymbol{F}_i=\frac{q_0}{4\pi\varepsilon_0}\sum_{i=1}^{n}\frac{q_i}{r_i^2}\boldsymbol{e}_{i0} \qquad (4\text{-}2)$$

式（4-2）是叠加原理的数学表达式。式中，r_i为第 i 个点电荷 q_i 到 q_0 的间距；$\boldsymbol{e}_{i0}$是点电荷 q_i 到 q_0 的单位矢量。图 4-2 表示两个点电荷 q_1、q_2 对 q_0 的作用力的叠加情况。

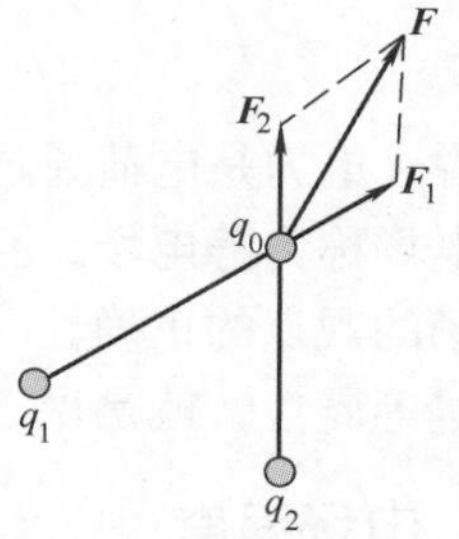

图 4-2 电力叠加

2. 对连续带电体

对于连续带电体，通常是在带电体上任取一个 dq，将 dq 作为点电荷来考虑其相互作用。

【例 4-2】 有一带电荷量为q的点电荷与一长为l、线电荷密度为λ的均匀带电绝缘细棒沿同一直线放置，棒近端与点电荷相距为l（见图 4-3），求棒与点电荷间静电相互作用力的大小。

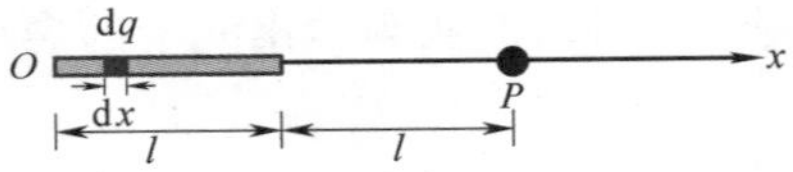

图 4-3 例 4-2 图

【解】 在细棒上任取电荷元$\mathrm{d}q$，建立如图 4-3 所示的坐标，$\mathrm{d}q=\lambda\mathrm{d}x$，$\mathrm{d}q$电荷元与点电荷$q$间的相互作用力的大小为

$$\mathrm{d}F=\frac{q\mathrm{d}q}{4\pi\varepsilon_0(2l-x)^2}=\frac{q\lambda\mathrm{d}x}{4\pi\varepsilon_0(2l-x)^2}$$

则细棒与点电荷间的相互作用力的大小为

$$F=\frac{q\lambda}{4\pi\varepsilon_0}\int_0^l\frac{\mathrm{d}x}{(2l-x)^2}=\frac{q\lambda}{8\pi\varepsilon_0 l}$$

4.3 电场强度

电场的概念及历史探索过程

4.3.1 电场

温度在室内每一点都有一个确定的值，你可以通过温度计测量任一点的温度，得到温度的分布，称为温度场。同理，我们可以描绘电场，电场是矢量场。

任何带电体都可能在自己周围的空间激发电场。可以说，电荷之间的相互作用是通过电场发生的，即

也就是说，电力是电荷通过电场发生相互作用的，故称为**电场力**。与观察者相对静止的电荷产生的电场称为**静电场**。静电场对电荷的作用力也叫**静电力**。近代物理学的理论和实验完全证实了场的观点的正确性。电场与客体实物（即由原子、分子等组成的物质）一样具有能量、动量等属性，就是说，电场具有物质性，是一种具有特殊性质的物质。

4.3.2 电场强度

研究电场的性质可用检验电荷在电场中任一点所受的电场力来实现。作为检验电荷，应该满足下面的要求：①它的线度足够小，可以看作点电荷，能够检验电场中任一确定点的性质；②检验电荷的电荷量q_0要足够小，以保证将它引入电场后，不致影响原来产生电场的带电体的电荷分布。实验表明，在电场中任一给定点处，检验电荷q_0所受的电场力与其电荷量的比值$\boldsymbol{F}/q_0$是一个大小和方向都与q_0无关的矢量，而这比值却可以反映电场本身的性质，因此将它定义为**电场强度**，用$\boldsymbol{E}$表示：

$$\boldsymbol{E} = \frac{\boldsymbol{F}}{q_0} \tag{4-3}$$

式（4-3）表明：电场中任意点的电场强度等于静止于该点的单位正电荷所受的电场力。通常将激发电场的电荷称为场源电荷，电场中任意点称为场点，用 P 表示。

在国际单位制中，电场强度的单位是牛顿每库仑（N/C），以后将证明这个单位与伏特每米（V/m）是等价的，即

$$\frac{\mathrm{N}}{\mathrm{C}} = \frac{\mathrm{V}}{\mathrm{m}}$$

4.3.3 点电荷的电场强度

根据电场强度定义和库仑定律，容易得出在点电荷 q 产生的电场中，距 q 为 r 的场点 P 处的电场强度为

$$\boldsymbol{E} = \frac{q}{4\pi\varepsilon_0 r^2}\boldsymbol{e}_r \tag{4-4}$$

式中，$\boldsymbol{e}_r$ 为从场源 q 指向场点 P 的单位矢量。若 q 为正，电场强度 $\boldsymbol{E}$ 与 $\boldsymbol{e}_r$ 同向；若 q 为负，电场强度 $\boldsymbol{E}$ 与 $\boldsymbol{e}_r$ 反向。式（4-4）也称为点电荷的电场分布式，由此式可以看出，静止点电荷的电场具有球对称性。

4.3.4 电场强度叠加原理

如果空间有 n 个点电荷，我们可将它们组合成电荷系，若以 $\boldsymbol{F}_i$ 表示任一场源电荷 q_i 单独存在时所产生的电场强度 $\boldsymbol{E}_i$ 作用在空间某处的检验电荷 q_0 上的电场力，由电力的叠加原理，检验电荷所受的总电场力为

$$\boldsymbol{F} = \sum_i^n \boldsymbol{F}_i \tag{4-5}$$

将上式除以 q_0，得到 q_0 所在处的电场强度为

$$\boldsymbol{E} = \frac{\boldsymbol{F}}{q_0} = \sum_i^n \boldsymbol{E}_i \tag{4-6}$$

式（4-6）表明，电荷系在空间某场点 P 产生的电场强度等于各个电荷单独存在时在 P 点产生电场强度的矢量和，这就是电场强度的叠加原理。

电场强度的叠加原理可以说明，用电场强度描写的场物质具有与波动类似的性质。两个场物质在某处相遇时，像波动一样只是相互叠加或互相穿越而过，并不像实物粒子那样发生碰撞或散射等相互作用。

电场有最重要的两方面表现：一是对电荷有力的作用；二是若在电场中移动电荷，电场力对电荷要做功。

4.3.5 有关电场强度的计算

可以说，若给出电荷系统的电荷分布状况，根据点电荷电场强度公式与叠加原理，

原则上应能计算出该系统的静电场的空间分布。我们按电荷分布状况分以下两种情况讨论。

1. 分立电荷系的电场强度

【例 4-3】 求电偶极子延长线上和中垂线上任意点的电场强度（相隔一定距离的等量异号一对点电荷系，当点电荷$+q$和$-q$的距离 l 比从它们到所讨论的场点 P 的距离小得多时，此电荷系称为电偶极子。用 $\boldsymbol{l}$ 表示从负电荷到正电荷的矢量线段）。

【解】（1）如图 4-4 所示，在电偶极子延长线上建立 Ox 坐标，坐标原点为电偶极子的中点，则 x 轴上任意点 P 的电场强度的大小为

图 4-4　例 4-3 图（1）

$$E=E_+-E_-=\frac{q}{4\pi\varepsilon_0}\left[\frac{1}{\left(x-\frac{l}{2}\right)^2}-\frac{1}{\left(x+\frac{l}{2}\right)^2}\right]=\frac{ql}{2\pi\varepsilon_0x^3\left(1-\frac{l}{2x}\right)^2\left(1+\frac{l}{2x}\right)^2}$$

对电偶极子，ql 反映电偶极子本身的特征，叫作电偶极子的电偶极矩（或电矩），以 $\boldsymbol{p}$ 表示电矩，则 $\boldsymbol{p}=q\boldsymbol{l}$，又因 $x\gg l$，所以上式结果又可写成

$$E=\frac{p}{2\pi\varepsilon_0x^3}$$

用矢量表示为

$$\boldsymbol{E}=\frac{\boldsymbol{p}}{2\pi\varepsilon_0x^3}\tag{4-7}$$

此结果表明，电偶极子延长线上距离电偶极子中心较远处各点的电场强度与电偶极子的电矩成正比，与该点到电偶极子中心的距离的三次方成反比，方向与电矩 $\boldsymbol{p}$ 的方向相同。

（2）如图 4-5 所示，在中垂线上建立 Oy 坐标，坐标原点为电偶极子的中点，则 Oy 上任意点 P 的电场强度为

$$\boldsymbol{E}=\boldsymbol{E}_++\boldsymbol{E}_-=\frac{q}{4\pi\varepsilon_0}\left(\frac{\boldsymbol{r}_+}{r_+^3}-\frac{\boldsymbol{r}_-}{r_-^3}\right)$$

因 $y\gg l$，故 $r_+\approx r_-\approx y$，如图 4-6 所示，有

$$\boldsymbol{r}_+-\boldsymbol{r}_-=-\boldsymbol{l}$$

故电偶极子中垂线上任意点的电场强度为

$$\boldsymbol{E}=\frac{-\boldsymbol{p}}{4\pi\varepsilon_0y^3}\tag{4-8}$$

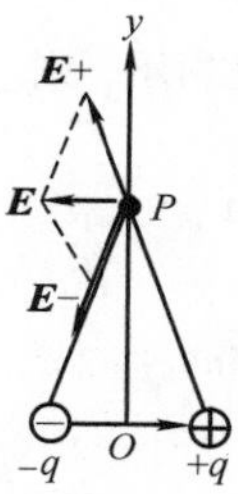

图 4-5　例 4-3 图（2）

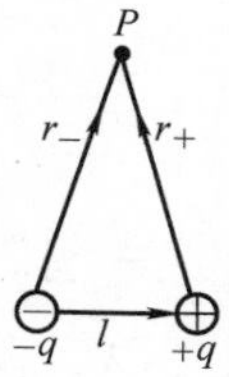

图 4-6　例 4-3 图（3）

此结果表明，电偶极子中垂线上距离电偶极子中心较远处各点的电场强度与电偶极子的电矩成正比，与该点到电偶极子中心的距离的三次方成反比，方向与电矩 $\boldsymbol{p}$ 的方向相反。

2. 电荷连续分布的带电体的电场强度

连续带电体所带的电荷的分布常有三种情况，即线电荷、面电荷、体电荷分布。可将连续带电体看成由许多电荷元 $\mathrm{d}q$ 的集合，将电荷元 $\mathrm{d}q$ 视为点电荷。对线电荷、面电荷、体电荷分布的带电体 $\mathrm{d}q$ 可表达为

$\mathrm{d}q=\lambda\mathrm{d}l$（$\lambda$ 表示带电体单位长度的电荷量）

$\mathrm{d}q=\sigma\mathrm{d}S$（$\sigma$ 表示带电体单位面积的电荷量）

$\mathrm{d}q=\rho\mathrm{d}V$（$\rho$ 表示带电体单位体积的电荷量）

先写出电荷元 $\mathrm{d}q$ 产生的电场强度 $\mathrm{d}\boldsymbol{E}$。这样，由 $\mathrm{d}q$ 产生的场强 $\mathrm{d}\boldsymbol{E}$ 的表达式为

$$\mathrm{d}\boldsymbol{E}=\frac{\mathrm{d}q}{4\pi\varepsilon_0 r^2}\boldsymbol{e}_r \tag{4-9}$$

式中，$\boldsymbol{e}_r$ 为电荷元 $\mathrm{d}q$ 到场点 P 的单位矢量。这里，我们再一次指出，从微观尺度看，物质中电荷分布是不连续的，但是在宏观尺度上，我们观测物质的电荷分布时，可以按连续分布处理。

这里需要强调的是：$\mathrm{d}\boldsymbol{E}$ 是矢量，为了简化其积分计算，计算时最好先建立坐标，示出 $\mathrm{d}\boldsymbol{E}$（注意方向），然后将 $\mathrm{d}\boldsymbol{E}$ 投影成坐标分量，进行对称分析，再对各个分量进行积分，最后进行矢量合成，计算出整个带电体周围空间中任一场点 P 的电场强度。

【例 4-4】　求长为 L、线电荷密度为 λ 的均匀带电绝缘细棒在中垂线上产生的电场强度的分布。

【解】　建立如图 4-7 所示的 xOy 坐标，Ox 轴即棒的中垂线。在棒上任取 $\mathrm{d}q$ 电荷元，此电荷元在 P 点产生的电场强度的大小为

$$\mathrm{d}E=\frac{\lambda\mathrm{d}y}{4\pi\varepsilon_0 r^2}$$

对称分析可得 $E_y=0$，合场强沿 x 轴正向，即有

$$E=E_x=\int\frac{\lambda\mathrm{d}y}{4\pi\varepsilon_0 r^2}\cos\theta$$

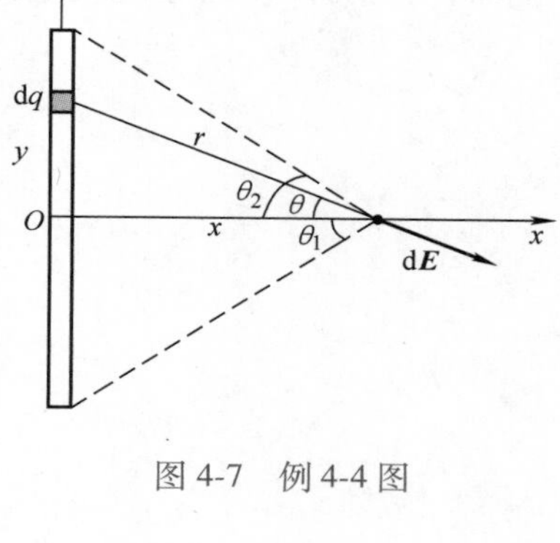

图 4-7　例 4-4 图

因 $y=x\tan\theta$，$dy=x\dfrac{d\theta}{\cos^2\theta}$，$r=\dfrac{x}{\cos\theta}$，代入上式，设 θ_1、θ_2 如图 4-7 所示，则

$$\begin{aligned}E &= \frac{\lambda}{4\pi\varepsilon_0 x}\int_{-\theta_1}^{\theta_2}\cos\theta d\theta \\ &= \frac{\lambda}{4\pi\varepsilon_0 x}(\sin\theta_2 + \sin\theta_1)\end{aligned}$$

中垂线有 $\theta_1=\theta_2=\theta$，故上式为 $E=\dfrac{\lambda}{2\pi\varepsilon_0 x}\sin\theta$，因 $\sin\theta=\dfrac{L/2}{\sqrt{x^2+(L/2)^2}}$，所以

$$E=\frac{\lambda L}{4\pi\varepsilon_0 x^2\left(1+\dfrac{L^2}{4x^2}\right)^{1/2}}\text{（方向沿 } x \text{ 轴正向）}$$

思考：若棒为无限长，与棒垂直距离为 x 的任一点 P 的电场强度 $\boldsymbol{E}$ 为多少？

【例 4-5】 计算带电荷量为q的均匀细圆环（半径为 R）的轴线上与环心相距 x 的 P 点处的电场强度。

【解】 如图 4-8 所示，在细棒上任取一 dq 的电荷元，此电荷元在 P 点产生的电场强度的大小为

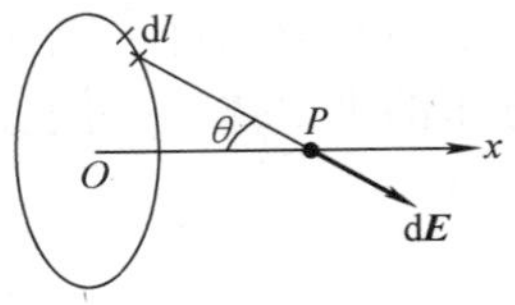

图 4-8 例 4-5 图

$$dE = \frac{\lambda dl}{4\pi\varepsilon_0(R^2 + x^2)}$$

根据对称性分析，$E_y=0$，$E_z=0$，合电场强度大小为

$$\begin{aligned}E = \int dE_x = \int dE\cos\theta &= \frac{\lambda\cos\theta}{4\pi\varepsilon_0(R^2 + x^2)}\int_0^{2\pi R}dl \\ &= \frac{qx}{4\pi\varepsilon_0(R^2 + x^2)^{3/2}}\end{aligned} \tag{4-10}$$

方向沿 x 轴正方向。

【例 4-6】 求均匀带电荷量为 q、半径为 R 的圆盘轴线上任一点 P 的电场强度。

【解】 如图 4-9 所示，将圆盘细割成无数个宽度为 dr 的圆环带，每环带所带的电荷量为电荷元 dq，任取一环带，半径为 r，其上所带的电荷元 dq 在 P 点产生的电场强度据式（4-10）大小为

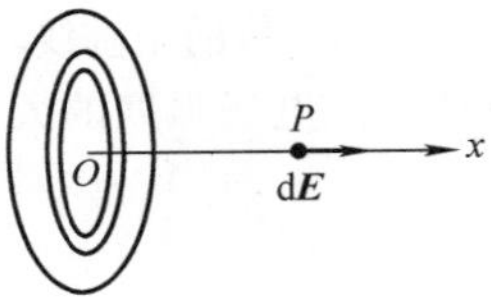

图 4-9 例 4-6 图

$$dE = \frac{x dq}{4\pi\varepsilon_0(r^2 + x^2)^{3/2}}$$

而 $dq=\sigma(2\pi r dr)$，则整个圆盘在 P 点产生的电场强度的大小为

$$E=\int dE=\int_0^R \frac{\sigma(2\pi r dr)x}{4\pi\varepsilon_0(r^2+x^2)^{3/2}}$$

$$=\frac{\sigma x}{2\varepsilon_0}\int_0^R \frac{r dr}{(r^2+x^2)^{3/2}}$$

$$=\frac{\sigma}{2\varepsilon_0}\left[1-\frac{x}{(R^2+x^2)^{1/2}}\right]=\frac{q}{2\pi\varepsilon_0 R^2}\left[1-\frac{x}{(R^2+x^2)^{1/2}}\right]$$

方向沿 x 轴正向。

思考：若不用式(4-10)的结果，在盘上任取一电荷元 dq，直接从点电荷产生的电场强度公式进行积分，你能得出与上式一样的结果吗？

4.4　电通量　高斯定理

电通量　高斯定理
静电场的环路定理

上节我们讨论了描述电场性质的一个重要物理量——电场强度，并由叠加原理讨论了点电荷系和连续带电体的电场强度分布。为了更形象地描述电场，这节我们将引入电场线的概念，在电场线的基础上，给出电通量的概念，并导出静电场的一个重要定理——高斯定理。

4.4.1　电场线

法拉第（M. Faraday）在 19 世纪引入了电场的概念，并且认为带电体周围空间充满力线。尽管现在我们已认为电场线不是真实的，但它们仍然提供一种能形象地描述电场的好方法。

电场线是电场中的一组假想曲线，假想所遵循的原则是：**曲线上每一点的切线方向都和该点的电场强度方向一致**。这样，电场线的取向可以反映电场强度方向的分布情况。因为单根电场线不能提供电场强度大小的信息，所以还必须用电场线的疏密程度来表示电场强度的大小。由电场线的概念，容易从图中得知电场线密处电场强度大，电场线疏处电场强度小。图 4-10 是几种典型电场的电场线分布图形。

4.4.2　电通量

为了描述电场线疏密情况与电场强度大小的定量关系，我们在这里引入电通量（“通量”一词意指“流过”，来自拉丁语）的概念。电通量即通过某一曲面的电场线数目，用符号 Ψ 表示。规定：某点电场强度的大小与通过该点垂直于电场线的单位面积上的电通量相等。这样，对于垂直于电场方向的面积元 $dS_{\perp}$，如果对应位置的电场强度设为 $\boldsymbol{E}$，通过此面元的电通量为 $d\Psi$，则

$$d\Psi=E dS_{\perp}$$

如图 4-11a 所示，电场是均匀的，通过 S 面的电通量为 ES。

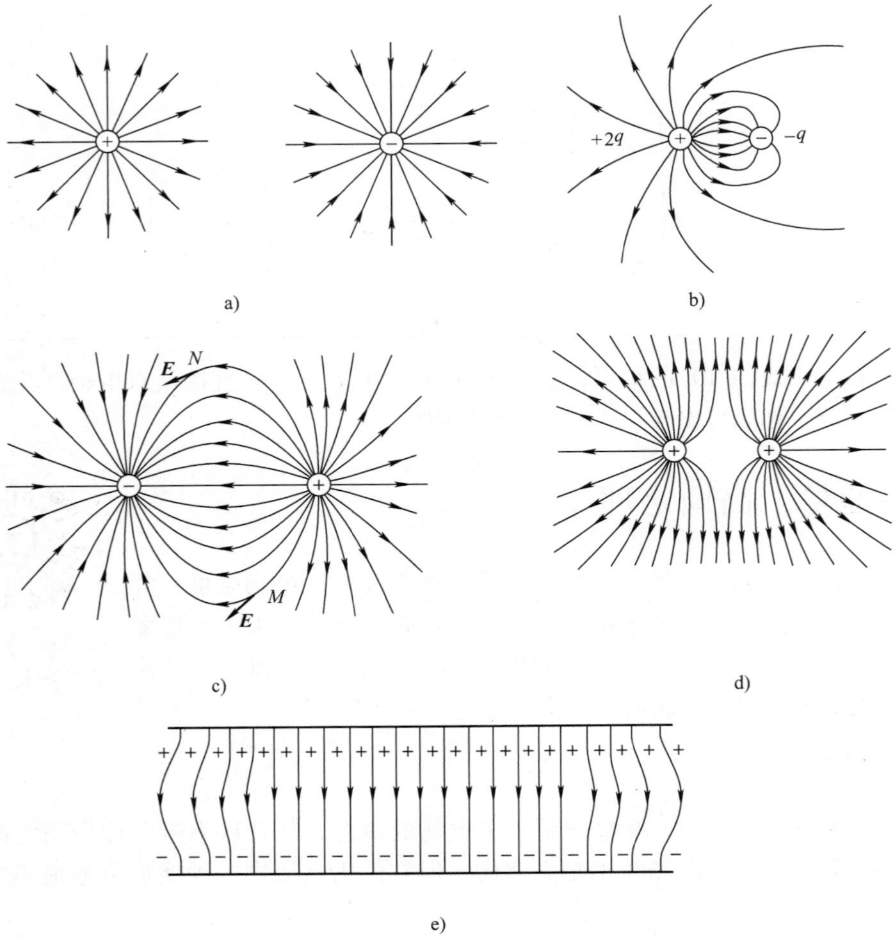

图 4-10 几种典型电场的电场线

a）正、负点电荷电场线 b）+2q、−q 点电荷相互作用电场线 c）异号点电荷相互作用电场线 d）同号点电荷相互作用电场线 e）带等量异号平行板电场线

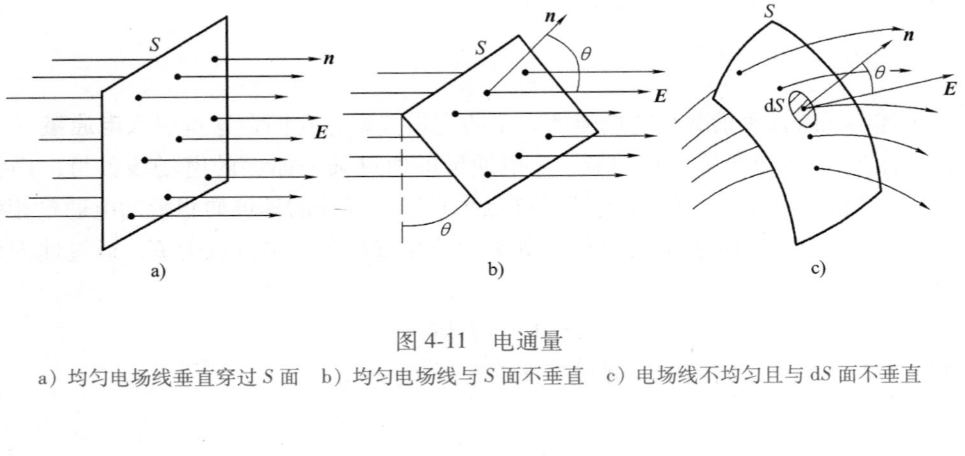

图 4-11 电通量

a）均匀电场线垂直穿过 S 面 b）均匀电场线与 S 面不垂直 c）电场线不均匀且与 dS 面不垂直

若面积元 d$\boldsymbol{S}$ 不垂直于所在处的电场强度，即电场线不垂直穿过 d$\boldsymbol{S}$ 面，则通过该面积元的电通量为

$$\mathrm{d}\Psi = \boldsymbol{E} \cdot \mathrm{d}\boldsymbol{S}$$

式中，d$\boldsymbol{S}$ 称为面积元矢量，其大小为面积元面积的大小，方向为其法线方向。如图 4-11b 所示，电场是均匀的，通过 S 面的电通量为 $ES\cos\theta$。

一般情况下，通过任一有限曲面 $\boldsymbol{S}$ 的电场线不均匀，且面 $\boldsymbol{S}$ 不垂直于所在处的电场强度，通过曲面 $\boldsymbol{S}$ 的电通量应等于通过曲面上各面元 d$\boldsymbol{S}$ 的电通量之和，即

$$\Psi = \int \boldsymbol{E} \cdot \mathrm{d}\boldsymbol{S} = \int E\mathrm{d}S\cos\theta \tag{4-11a}$$

对闭合曲面，电通量为

$$\Psi = \oint_S \boldsymbol{E} \cdot \mathrm{d}\boldsymbol{S} = \oint_S E\mathrm{d}S\cos\theta \tag{4-11b}$$

应注意的是，若 S 是平面，则 S 法向 $\boldsymbol{n}$ 的正向可以是 S 的法线上两个完全相反的方向，至于取哪一方向为正方向，只要计算前确定了就可以。对于闭合曲面，一般规定为自内向外的方向为各处面元的正法向。因此，由式（4-11b）可得出，电场线从内部穿出曲面时，$\theta<\pi/2$，电通量为正；电场线由外穿入曲面时，$\theta>\pi/2$，电通量为负。

4.4.3　高斯定理

高斯（C. F. Gauss）定理是关于任意闭合曲面电通量的定理。下面我们利用电通量的概念并根据库仑定理和叠加原理分几种情况，由确定状态推导至任意状态，用较通俗的方法来导出这个定理，希望得出的结论读者要用心理解。

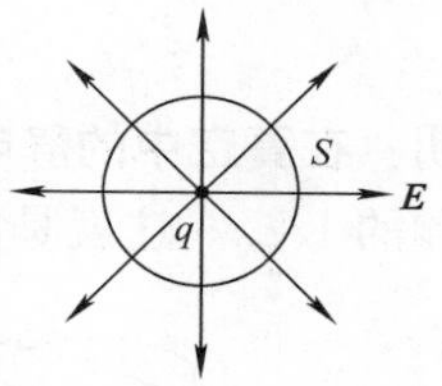

图 4-12　点电荷所在处为球心的任意球面的电通量

1. 计算以点电荷所在处为球心的任意球面的电通量

设点电荷的带电荷量为 q，闭合曲面（球面）的半径为 r，如图 4-12 所示，则通过闭合曲面的电通量为

$$\begin{aligned}\Psi &= \oint_S \boldsymbol{E} \cdot \mathrm{d}\boldsymbol{S} = \oint_S \frac{q}{4\pi\varepsilon_0 r^2}\mathrm{d}S \\ &= \frac{q}{4\pi\varepsilon_0 r^2}\oint_S \mathrm{d}S \\ &= \frac{q}{4\pi\varepsilon_0 r^2}4\pi r^2 = \frac{q}{\varepsilon_0}\end{aligned} \tag{4-12}$$

2. 计算包含 q 的任意封闭曲面的电通量（q 可不在曲面中心，曲面可任意形状）

如图 4-13 所示，其中各曲面的电通量都与图 4-12 相同（例如，均流出 8 条电场线），可得出通过任意闭合曲面的电通量均与式（4-12）同，为

$$\Psi = \frac{q}{\varepsilon_0}$$

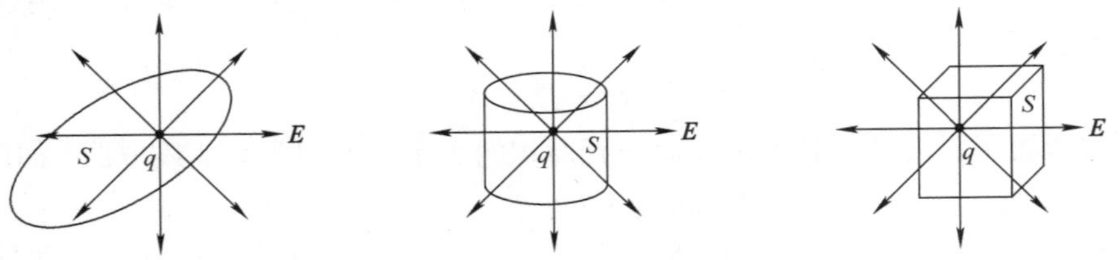

图 4-13 包含 q 的任意封闭曲面的电通量

3. 计算不包含 q 的任意封闭曲面的电通量

如图 4-14 所示，有

$$\Psi = 0$$

即穿入闭合曲面的电场线与穿出闭合曲面的电场线相同，电场线对闭合曲面的净通量为零。

4. 计算包含 n 个点电荷的任意封闭曲面的电通量

如图 4-15 所示，有

$$\Psi = \frac{1}{\varepsilon_0}\sum_{i=1}^{n} q_i \tag{4-13}$$

上式表明：**在真空中的静电场内，通过任意闭合曲面的电通量等于该闭合曲面所包围的电荷量代数和的 $1/\varepsilon_0$。**这就是静电场的高斯定理。对应的闭合曲面常称为高斯面。

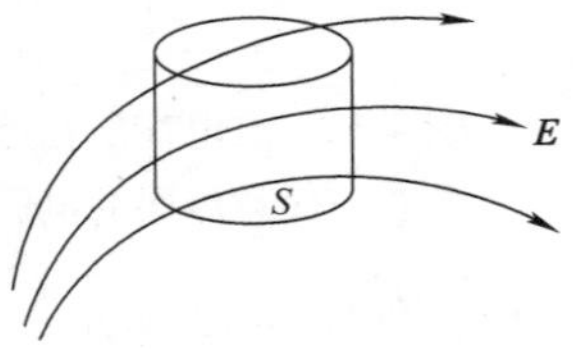

图 4-14 不包含 q 的任意封闭曲面的电通量

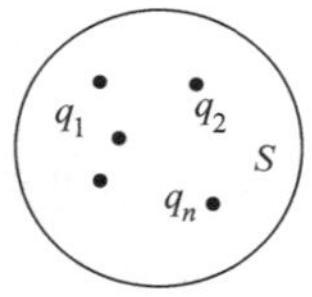

图 4-15 包含 n 个点电荷的任意封闭曲面的电通量

高斯定理的数学表达式为

$$\Psi = \oint_S \boldsymbol{E} \cdot \mathrm{d}\boldsymbol{S} = \frac{1}{\varepsilon_0}\sum_{内} q_i \tag{4-14}$$

对高斯定理的理解应注意以下几点：

1）高斯定理表达式左边的电场强度 $\boldsymbol{E}$ 是曲面上各点的电场强度，它是由全部电荷（既包括闭合曲面内又包括闭合曲面外的电荷）共同产生的合电场强度，并非只由闭合曲面内的电荷所产生。

2）通过闭合曲面的总电通量只决定于它所包围的电荷，即在闭合曲面内部的电荷才对这一总电通量有贡献，而与闭合曲面外的电荷无关。

高斯定理是电场力的平方反比规律和叠加原理的直接结果。在电场强度被定义之后，也可以把高斯定律作为基本定律从而导出库仑定律。前面我们已经说明，库仑定律叙述的是点电荷之间的相互作用，其中的相互作用最初被误解为“超距”作用力，后来才认识到这是电场的作用。而由上述推导可以知道，高斯定理是以场的观点为前提的，因而在反映静电场性质方面更为直接且明显。以后将会清楚，在建立普遍的电磁场理论时，高斯定理是一个非常重要的理论基础。

思考：请你试着将高斯定理作为基本定律来导出库仑定律，行吗？

4.4.4 高斯定理应用举例

当电荷分布具有某种对称性时，可以应用高斯定理求出电场强度的分布。这种方法一般包含两步：首先，根据电荷分布的对称性分析电场分布的对称性，其中也包括分析电场强度的方向；然后，应用高斯定理计算电场强度数值。这一方法的关键技巧是选取合适的闭合曲面（高斯面）以便使积分 $\oint_S \boldsymbol{E}\cdot\mathrm{d}\boldsymbol{S}$ 中的 $\boldsymbol{E}$ 能以标量的形式从积分号中提出来，从而予以求解。否则，高斯定理虽成立但是电场强度是不易计算出来的。下面是一些例题，请读者总结体会。

【例 4-7】 计算半径为R、电荷体密度为 ρ 的均匀带电球体的电场分布。

【解】 由于电荷分布具有球对称性，因而它所产生的电场分布也具有球对称性，与带电球体同心的球面上各点的电场强度 $\boldsymbol{E}$ 的大小相等，方向沿径向。如图 4-16 所示，在带电球内部与外部区域分别作与带电球体同心的高斯球面 S_1 与 S_2。对 S_1 与 S_2 应用高斯定理，即先计算电通量，然后得出电场强度的分布，分别为

$$\Psi = \oint_{S_1} \boldsymbol{E}\cdot\mathrm{d}\boldsymbol{S} = E4\pi r^2 = \frac{\rho\dfrac{4}{3}\pi r^3}{\varepsilon_0}$$

$$\boldsymbol{E} = \frac{\rho r}{3\varepsilon_0}\boldsymbol{e}_r \quad (r<R)$$

$$\Psi = \oint_{S_2} \boldsymbol{E}\cdot\mathrm{d}\boldsymbol{S} = E4\pi r^2 = \frac{\rho\dfrac{4}{3}\pi R^3}{\varepsilon_0}$$

$$\boldsymbol{E} = \frac{\rho R^3}{3\varepsilon_0 r^2}\boldsymbol{e}_r \quad (r>R)$$

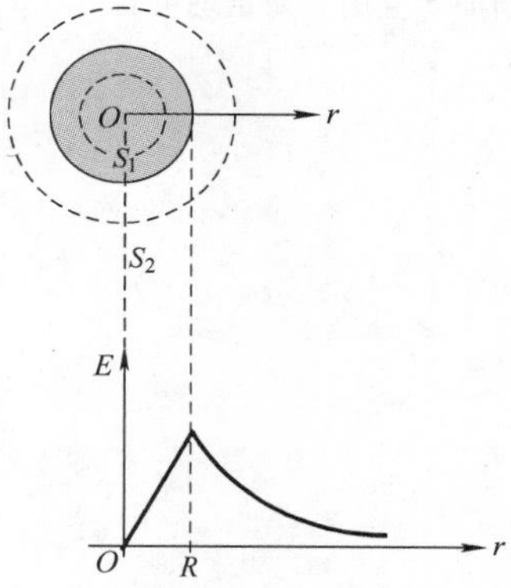

图 4-16　例 4-7 图

电场强度 $\boldsymbol{E}$ 的大小与距离 r 的关系曲线如图 4-16 所示。

思考：带电荷量为 q、半径为 R 的空心球面的电场如何分布？

【例 4-8】 求线电荷密度为 λ 的无限长直带电线的电场分布。

【解】 由于电荷分布具有柱对称性，电场分布也具有柱对称性，所以对如图 4-17 所示的长为 l 的圆柱形高斯面 S 应用高斯定理有

$$\Psi = \oint_S \boldsymbol{E}\cdot\mathrm{d}\boldsymbol{S} = E2\pi rl = \frac{\lambda l}{\varepsilon_0}$$

$$E = \frac{\lambda}{2\pi\varepsilon_0 r}e_n \tag{4-15}$$

无限长直带电线的电场分布如图 4-17 所示。

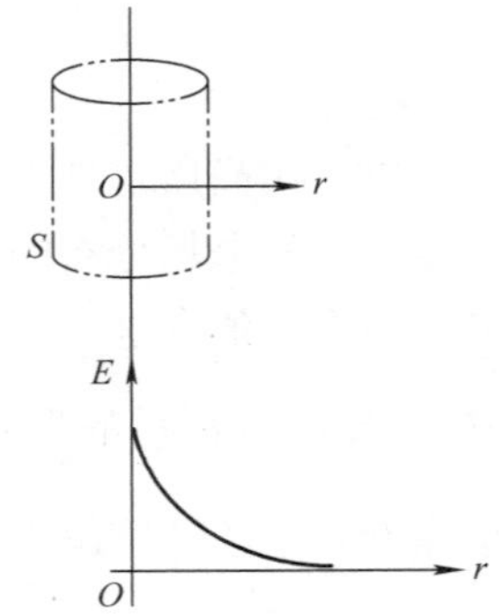

图 4-17 例 4-8 图

【例 4-9】 求面电荷密度为σ的无限大薄平板的电场分布。

【解】 由于板无限大，电场的分布具有面对称性，所以作高斯曲面 S，电场的方向如图 4-18 所示，对高斯面 S 应用高斯定理可有

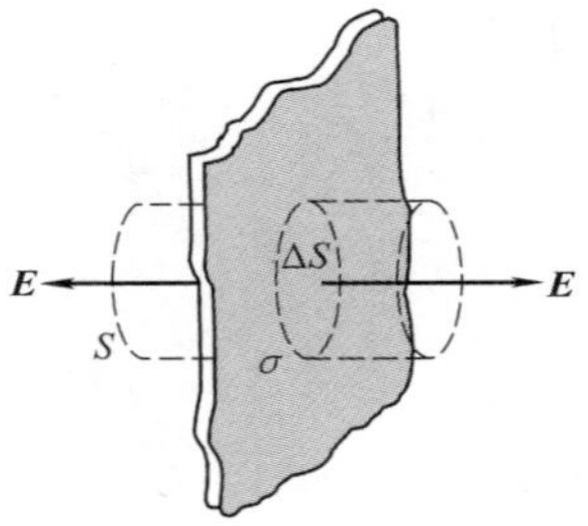

图 4-18 例 4-9 图

$$\Psi = \oint_S \boldsymbol{E} \cdot \mathrm{d}\boldsymbol{S} = E2\Delta S = \frac{\sigma\Delta S}{\varepsilon_0}$$

$$E = \frac{\sigma}{2\varepsilon_0} \tag{4-16}$$

上式表明：无限大带电薄平板两侧的电场都是匀强电场。

思考：两个面电荷密度等量异号的无限大带电平板平行放置，电场如何分布？

可以说，虽然能用高斯定理求解电场强度的例子并不多，而且除了球对称性外，还有近似的柱对称性（设为无限长），其他对称性在现实世界中也不存在，但高斯定理求解电场还是有着很重要的意义。上述各特例获得的结果也是很重要的，在后续课程中还会经常应用到，所以要求读者一定要记忆。在很多实际场合中，还可用这些结果做近似估算。例如，对有限大的带电平面或有限长的带电线，只要待求场点不太靠近端点或边缘处，如果场点比较靠近带电体表面，上述结果还是近似成立的。

4.5 静电场的环路定理

4.5.1 静电力是保守力

上述几节是根据电场对电荷的相互作用通过引入电场强度来描述静电场的，本节将从功能角度来研究静电场的性质。

图 4-19 可以用来证明静电力是保守力。

在点电荷 q 的电场中将检验电荷 q_0 沿任意路径 L 从 A 点移到 B 点，在位移元 $\mathrm{d}\boldsymbol{r}$ 的移动过程中，电场力 $\boldsymbol{F}=q_0\boldsymbol{E}$，所做的元功 $\mathrm{d}A$ 为

$$\mathrm{d}A = q_0\boldsymbol{E}\cdot\mathrm{d}\boldsymbol{r}$$

将 q_0 沿任意路径 L 从 A 点移到 B 点，电场力做功为

$$A=\int_L q_0\boldsymbol{E}\cdot\mathrm{d}\boldsymbol{r}=\frac{qq_0}{4\pi\varepsilon_0}\int_L\frac{\boldsymbol{e}_r\cdot\mathrm{d}\boldsymbol{r}}{r^2}=\frac{qq_0}{4\pi\varepsilon_0}\int_L\frac{|\mathrm{d}\boldsymbol{r}|\cos\theta}{r^2}$$

$$=\frac{qq_0}{4\pi\varepsilon_0}\int_{r_A}^{r_B}\frac{\mathrm{d}r}{r^2}=\frac{qq_0}{4\pi\varepsilon_0}\left(\frac{1}{r_A}-\frac{1}{r_B}\right)\tag{4-17}$$

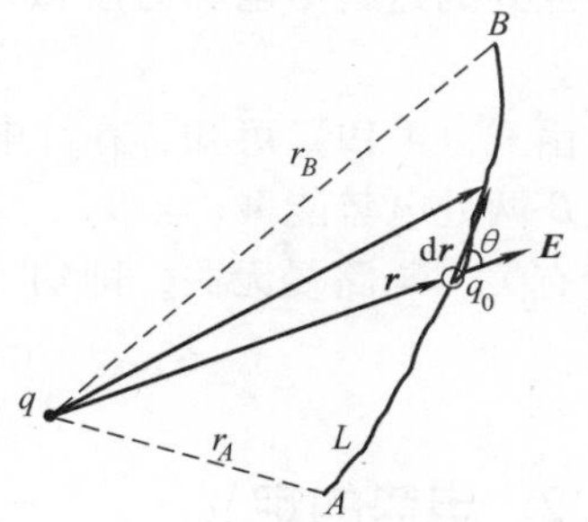

图 4-19　证明静电力是保守力

由上述可知，电荷 q_0 从 A 点移到 B 点的过程中，电场力做的功与 r_A、r_B 有关，而 r_A、r_B 分别表示点电荷 q_0 始点和终点到原点的距离，是始、末位置值。上式表明，在点电荷的电场中，电场力做功与路径无关，只与始末位置有关。因此，静电力是保守力。

4.5.2 静电场环路定理

若将 q_0 在静电场中移动一周，由式（4-17）容易得出静电力做功恒为零，即有

$$\oint_L\boldsymbol{E}\cdot\mathrm{d}\boldsymbol{l}=0\tag{4-18}$$

可见，在任何静电场中，电场强度沿任一闭合路径的积分恒为零。式（4-18）称为静电场的**环路定理**，它揭示了静电场的又一个普遍特性，即**静电场是保守场**。由环路定理可知，静电场的电场线不可能是闭合曲线。高斯定理与环路定理各自独立地反映了静电场的两个侧面，它们来源于不同的实验事实。两者合起来才能完整地反映静电场的特性，所以说它们是反映静电场性质的基本定理。两条定理虽说都是从库仑定律推出来的，但它们是以一种崭新的物质——场作为研究对象的，所以它们的内涵实际上比库仑定律更为深远而广泛。

4.6 电势能　电势

4.6.1 电势能的定义

电势能和电势
静电场中的
电偶极子

如上所述，静电场与引力场一样是保守力场，那么仿照引力场中的引力势能，也可以在静电场中引入电势能的概念。我们知道，重力场中

的重力势能值是相对位置的函数。与重力势能一样，电势能值也必须依赖于试验电荷在电场中的位置。因为位置是相对的，故必须选择一参考位置，取参考位置处电势能为零。这样，设检验电荷 q_0 在电场中某点 P，当 P 点离点电荷 q 的距离为 r 时，该系统具有的电势能定义为

$$W_P = q_0 \int_r^{r_0} \boldsymbol{E} \cdot \mathrm{d}\boldsymbol{r} = \frac{qq_0}{4\pi\varepsilon_0 r} - \frac{qq_0}{4\pi\varepsilon_0 r_0} \tag{4-19}$$

式中，r_0 为电势能零点的位置。式（4-19）表述为：**将点电荷 q_0 从该点（P 点）移至电势能零点处的过程中电场力所做的功就是 q_0 在该点（P 点）时 q、q_0 组成的系统具有的电势能。**

由式（4-19）可知，在静电场中把电荷 q_0 从 A 点移到 B 点时，电场力所做的功为 q_0 在 A 与 B 两处电势能 W_A 与 W_B 之差。由上式并根据静电场的保守性可知：功仅与 A、B 两点的位置有关，与路径无关，即功

$$A = q_0 \int_A^B \boldsymbol{E} \cdot \mathrm{d}\boldsymbol{r} = W_A - W_B \tag{4-20}$$

4.6.2 电势的定义

A/q_0 的比值与检验电荷 q_0 无关。为了描述静电场做功的性质，引入电势的概念，用符号 V 表示，由式（4-19）可得

$$V = \frac{A}{q_0} = \int_r^{r_0} \boldsymbol{E} \cdot \mathrm{d}\boldsymbol{r} = \frac{q}{4\pi\varepsilon_0 r} - \frac{q}{4\pi\varepsilon_0 r_0} \tag{4-21}$$

式（4-21）就是点电荷电场的电势分布式。电势的定义即式（4-21）表述为：**将单位正电荷由该点（与场源电荷距离为 r 的场点）移到电势零点处的过程中电场力所做的功；电势也可以简要地说是单位正电荷在该点时的电势能。**显然电势也是相对的，为了确定静电场中某点的电势，也必须选择零参考位置。与电场强度 $\boldsymbol{E}$ 一样，电势 V 也是表征静电场性质的一个重要物理量，它与检验电荷 q_0 无关，是由场源电荷 q 决定的。

对于电势能和电势零点的选择，一般而言，如果带电体系的电荷分布在有限空间内，常取无限远处为电势零点。实际工作中，常取大地为电势能或电势的零点。如果带电体系的电荷分布在无限空间中（如无限长带电线、无限大带电平面等），就不能取无限远处为电势能或电势的零点，否则将得到各点的电势能或电势都无穷大，无物理意义。在这种情况下零点的选择通常视问题的方便而定（具体参见下述例题）。改变参考点，各点电势数值随之改变，但两点间的电势差仍保持不变。在国际单位制中，电势的单位为焦/库（J/C），也叫伏特（V），1V=1J/C。已知电势分布时，利用电势差的定义，可求得电场力所做的功。

由式（4-21）可看出，在正电荷的电场中，各点电势均为正值，离点电荷越远，电势越低；在负电荷的电场中，各点电势均为负值，离点电荷越远，电势越高。沿着电场线方向，电势降落。

4.6.3 电势的计算

1. 应用电势叠加原理计算

电势同样满足叠加原理。电势是标量，满足标量叠加。若场源电荷是分立分布，则静电

场中任意场点的电势为各个场源电荷单独存在时在该点产生电势的代数和。如果各场源电荷可看成是点电荷，选无穷远处为电势零点，由式（4-21）可得静电场中任意场点的电势为

$$V = \sum_i \frac{q_i}{4\pi\varepsilon_0 r_i} \tag{4-22a}$$

式（4-22a）中，r_i 表示 q_i 到场点的距离。

若场源电荷是连续的带电体，可在带电体上任取一个 dq 为点电荷，则式（4-22a）可写成

$$\mathrm{d}V = \frac{\mathrm{d}q}{4\pi\varepsilon_0 r}$$

整个连续带电体在场点所产生的电势为

$$V = \int_{V'} \frac{\mathrm{d}q}{4\pi\varepsilon_0 r} \tag{4-22b}$$

式中，r 表示 dq 到场点的距离；V' 是带电体的体积（与计算电场强度一样，带电体也可能是线分布或面分布或体分布）。

2. 利用电势的定义式直接计算

直接利用式（4-21）计算，就是将单位正电荷由场点移到电势零点的过程中静电力所做的功即为场点的电势值。

下面举几个应用上述两种方法计算电势的例子，供大家分析比较。

【例 4-10】 计算均匀带有电荷量为 q、半径为 R 的圆环轴线上任意点的电势。

【解】 如图 4-20a 所示，在圆环上任取一个 dl，dl 到场点的距离为 r，则

$$\mathrm{d}V = \frac{\lambda \mathrm{d}l}{4\pi\varepsilon_0 r}$$

$$V = \oint_l \frac{\lambda \mathrm{d}l}{4\pi\varepsilon_0 r} = \frac{\lambda}{4\pi\varepsilon_0 r} 2\pi R = \frac{q}{4\pi\varepsilon_0 \sqrt{x^2 + R^2}}$$

电势分布如图 4-20b 所示。

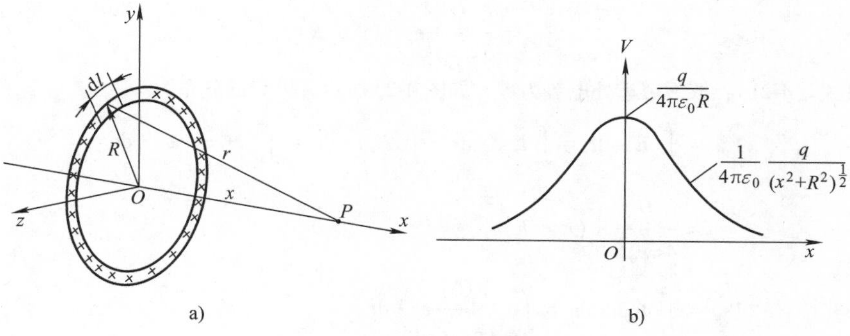

图 4-20　例 4-10 图

【例 4-11】 计算面电荷密度为 σ、半径为 R 的薄圆盘轴线上任意点的电势。

【解】 将圆盘细割为无数个圆环（见图 4-21），每个环所带的电荷为 dq，半径为 r，宽度为 dr，根据上题的结果，dq 在 P 点产生的电势 dV 为

$$\mathrm{d}V=\frac{\mathrm{d}q}{4\pi\varepsilon_0\sqrt{x^2+r^2}}=\frac{\sigma 2\pi r\mathrm{d}r}{4\pi\varepsilon_0\sqrt{x^2+r^2}}$$

$$=\frac{\sigma r\mathrm{d}r}{2\varepsilon_0\sqrt{x^2+r^2}}$$

$$V=\frac{\sigma}{2\varepsilon_0}\int_0^R\frac{r\mathrm{d}r}{\sqrt{x^2+r^2}}=\frac{\sigma}{2\varepsilon_0}(\sqrt{x^2+R^2}-x)$$

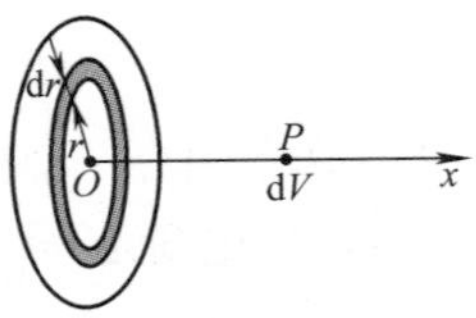

图 4-21　例 4-11 图

思考：若不用例 4-10 的结果，在盘上任取一电荷元 dq，直接从点电荷产生的电势公式进行积分，你能得出与例 4-11 一样的结果吗？

【例 4-12】 求线电荷密度为 λ 的无限长均匀带电直线两侧与直线垂直距离为 r 的 P 点的电势。

【解】 由式（4-15）可知长带电直线产生的电场强度为

$$\boldsymbol{E}=\frac{\lambda}{2\pi\varepsilon_0 r}\boldsymbol{e}_{\mathrm{n}}$$

根据式（4-21）电势的定义，取 $r=1\mathrm{m}$ 处电势为零，如图 4-22 所示，P 点的电势为

$$V=\int_r^1\frac{\lambda\boldsymbol{e}_{\mathrm{n}}\cdot\mathrm{d}\boldsymbol{r}}{2\pi\varepsilon_0 r}$$

$$=-\frac{\lambda}{2\pi\varepsilon_0}\ln r$$

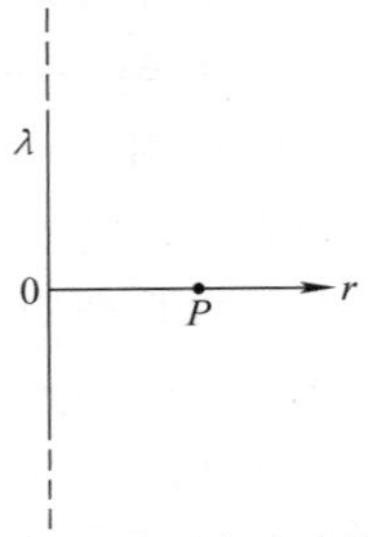

图 4-22　例 4-12 图

由上式可知，当 $r<1$ 时，$V>0$；当 $r>1$ 时，$V<0$。

思考：若在例 4-12 计算中取无穷远为电势零点，得出的结果将如何？

【例 4-13】 求带电荷量为 Q、半径为 R 的均匀带电球面的电势分布。

【解】 设场点到球心的距离为 r，由高斯定理可得均匀带电球面产生的电场分布为

$$\boldsymbol{E}_{内}=0\quad(r<R)$$

$$\boldsymbol{E}_{外}=\frac{Q}{4\pi\varepsilon_0 r^2}\boldsymbol{e}_r\quad(r>R)$$

根据电势定义式（4-21），取无穷远处电势为零，如图 4-23 所示，电势的分布为

$$V_{内}=\int_r^{\infty}\boldsymbol{E}\cdot\mathrm{d}\boldsymbol{r}=\int_r^R\boldsymbol{E}_{内}\cdot\mathrm{d}\boldsymbol{r}+\int_R^{\infty}\boldsymbol{E}_{外}\cdot\mathrm{d}\boldsymbol{r}=\int_R^{\infty}\frac{Q}{4\pi\varepsilon_0 r^2}\boldsymbol{e}_r\cdot\mathrm{d}\boldsymbol{r}$$

$$=\frac{Q}{4\pi\varepsilon_0 R}\quad(r<R)\tag{4-23a}$$

$$V_{外}=\int_r^{\infty}\boldsymbol{E}_{外}\cdot\mathrm{d}\boldsymbol{r}=\int_r^{\infty}\frac{Q}{4\pi\varepsilon_0 r^2}\boldsymbol{e}_r\cdot\mathrm{d}\boldsymbol{r}$$

$$=\frac{Q}{4\pi\varepsilon_0 r}\quad(r>R)\tag{4-23b}$$

式（4-23）表示带电荷量为 Q、半径为 R 的均匀空心带电球面的电势分布，其电势分布曲线如图 4-23 所示。

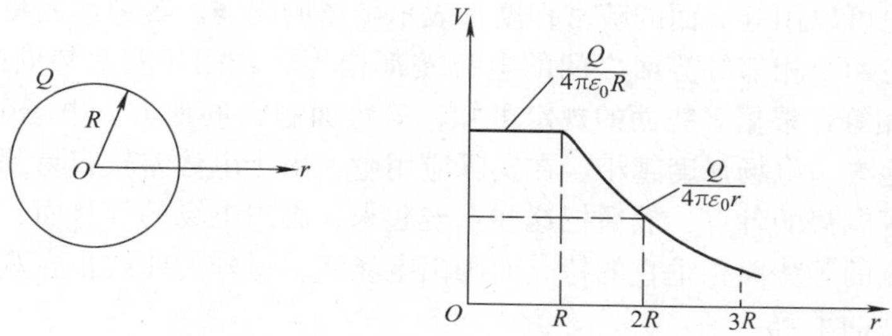

图 4-23　例 4-13 图

上述结果表明，球面内各点的电势为一常数，球面外电势相当于所有的电荷集中在球心的点电荷所产生的电势分布。

* 4.7　电场强度与电势梯度

4.7.1　等势面

前面，我们利用电场线形象地描绘了电场中电场强度的分布，在此我们引用等势面来形象地描绘电场中电势的分布。电场中电势相等的点所构成的面叫作等势面。如图 4-24 所示为一些典型电场的等势面和电场线的图形，图中带箭头的线代表电场线，不带箭头的线代表等势面。从图中可以清楚地看出，电场线与等势线呈相互垂直的关系，且等势面越密的地方，电场强度越大，相反，等势面越稀疏的地方，电场强度越小。其理由说明如下。

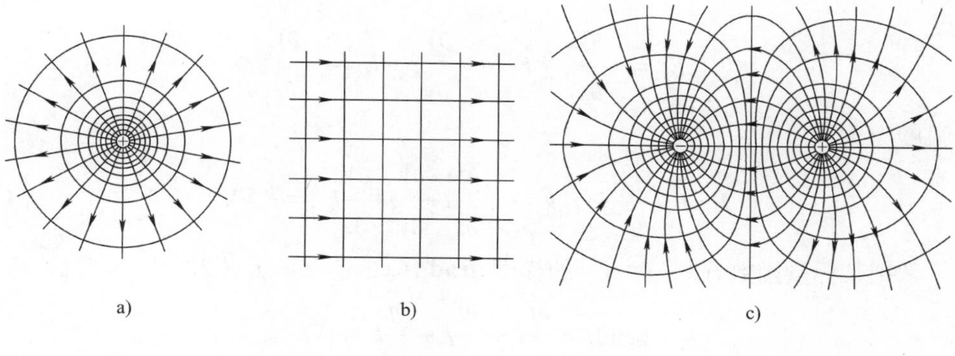

a)　　b)　　c)

图 4-24　等势面和电场线

在电场中，电荷 q 沿等势面运动时，电场力对电荷不做功。设电荷 q 沿等势面位移 $\mathrm{d}\boldsymbol{l}$，则 $\mathrm{d}A=q\boldsymbol{E}\cdot\mathrm{d}\boldsymbol{l}=qE\mathrm{d}l\cos\theta=0$，由于 q 和 $\mathrm{d}\boldsymbol{l}$ 均不为零，故 $\mathrm{d}A=0$ 的条件是：电场强度 $\boldsymbol{E}$ 必须与 $\mathrm{d}\boldsymbol{l}$ 垂直，即某点的 $\boldsymbol{E}$ 与通过该点的等势面垂直。前面曾用电场线的疏密程度来表示电场的强弱，这里我们也可以用等势面的疏密程度来表示电场的强弱。等势面的概念涵盖着这样的意义：电场中任意两个相邻等势面之间的电势差都相等。若相邻两等势面的电势差为 $\mathrm{d}V=\boldsymbol{E}\cdot\mathrm{d}\boldsymbol{l}$，因为 $\mathrm{d}V$ 相等，根据等势面的规定可知，等势面越密的地方，电场强度越大；相反，等势面越稀疏的地方，电场强度越小。在实际应用中，由于电势差较容易测量，因此，通常是先测出电场中等电势的各点，然后把这些点连起来，画出电场的等势面，再根据某点的电场强度与通过该点的等势面相垂直的特点而画出电场线，这样的曲线很直观，从中可以对电场有较全面和定性的了解。

4.7.2 电场强度与电势梯度的关系

如图 4-25 所示，设想在静电场中有两个靠得很近的等势面 1 和 2，它们的电势分别为 V 和 $V+\mathrm{d}V$，位移为 $\mathrm{d}\boldsymbol{l}$，因此，它们之间的电场强度 $\boldsymbol{E}$ 可以认为是不变的。设 $\boldsymbol{E}$ 与 $\mathrm{d}\boldsymbol{l}$ 之间的夹角为 θ，则将单位正电荷由点 A 移到点 B，电场力所做的功由式（4-21）可得

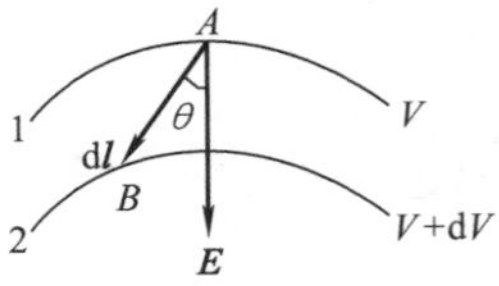

图 4-25 两相互靠近的等势面

$$V_A - V_B = -\mathrm{d}V = \boldsymbol{E}\cdot\mathrm{d}\boldsymbol{l} = E\mathrm{d}l\cos\theta = E_l\mathrm{d}l$$

即

$$E_l = -\frac{\mathrm{d}V}{\mathrm{d}l} \tag{4-24}$$

从式（4-24）可以看出，**电场强度沿某方向的分量等于电势沿该方向上变化率的负值**。对直角坐标而言，电场强度沿 x 方向的分量为电势对 x 导数的负值，对 y、z 方向也同样。即

$$E_x = -\frac{\partial V}{\partial x},\quad E_y = -\frac{\partial V}{\partial y},\quad E_z = -\frac{\partial V}{\partial z}$$

总电场强度为

$$\boldsymbol{E}=E_x\boldsymbol{i}+E_y\boldsymbol{j}+E_z\boldsymbol{k}=-\left(\frac{\partial V}{\partial x}\boldsymbol{i}+\frac{\partial V}{\partial y}\boldsymbol{j}+\frac{\partial V}{\partial z}\boldsymbol{k}\right)=-\nabla V \tag{4-25a}$$

数学上，常把某标量函数 $f(x, y, z)$ 的梯度 **grad** $f(x, y, z)$ 定义为

$$\mathbf{grad}f = \frac{\partial f}{\partial x}\boldsymbol{i} + \frac{\partial f}{\partial y}\boldsymbol{j} + \frac{\partial f}{\partial z}\boldsymbol{k} = \nabla f$$

grad $f(x, y, z)$ 是坐标 (x, y, z) 的矢量函数，记成 ∇f。式（4-25a）就是电场强度与电势梯度的关系，即**电场强度等于电势梯度的负值**。用极坐标表示为

$$E = -\left(\frac{\partial V}{\partial r}e_r + \frac{1}{r}\frac{\partial V}{\partial \theta}e_\theta\right) \tag{4-25b}$$

由式（4-25）也可看出，等势面密集处的电场强度大，等势面稀疏处的电场强度小。电势沿法线方向的变化率比任何方向都大，是电势空间变化率的最大值的方向。因为等势面上任一点电场强度的切向分量为零，所以，电场中任意点 $\boldsymbol{E}$ 的大小就是该点 $\boldsymbol{E}$ 的法向分量 E_n。因此，**电场中任一点的电场强度 E，等于该点电势沿等势面法线方向的变化率的负值。**应当指出，电势 V 是标量，与矢量 $\boldsymbol{E}$ 相比，V 比较容易计算，所以在实际计算时，常是先计算电势 V，然后由式（4-25）来求出电场强度 $\boldsymbol{E}$。

【例 4-14】 用电场强度与电势的关系，求均匀带电细圆环轴线上一点的电场强度。

【解】 在例 4-10 中，我们已求得在圆环轴线上任一点的电势为

$$V = \frac{q}{4\pi\varepsilon_0\sqrt{x^2+R^2}}$$

则由式（4-25）可得

$$\boldsymbol{E} = E_x\boldsymbol{i} = -\frac{\mathrm{d}V}{\mathrm{d}x}\boldsymbol{i} = \frac{qx}{4\pi\varepsilon_0(R^2+x^2)^{3/2}}\boldsymbol{i}$$

与式（4-10）相同。

【例 4-15】 求电偶极子电场中任意一点 P 的电势和电场强度。

【解】 如图 4-26 中的电偶极子电场中任意一点 P 的电势为

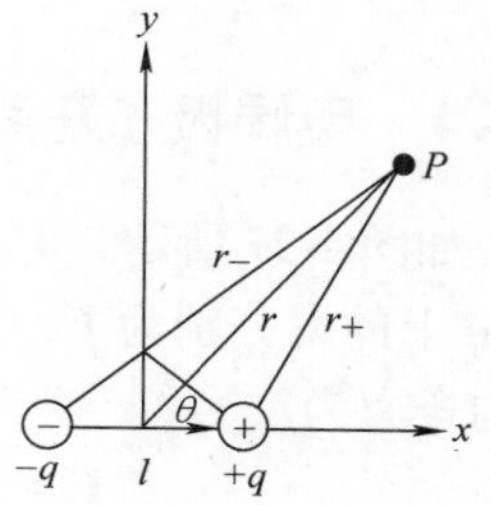

图 4-26　例 4-15 图

$$V = \frac{q}{4\pi\varepsilon_0}\left(\frac{1}{r_+} - \frac{1}{r_-}\right) = \frac{q}{4\pi\varepsilon_0}\left(\frac{r_- - r_+}{r_+ r_-}\right)$$

对电偶极子而言，$l \ll r$，所以 $r_- - r_+ \approx l\cos\theta$，及 $r_- r_+ \approx r$，于是有

$$V = \frac{ql\cos\theta}{4\pi\varepsilon_0 r^2} = \frac{p\cos\theta}{4\pi\varepsilon_0 r^2}\ （极坐标）$$

$$= \frac{px}{4\pi\varepsilon_0(x^2+y^2)^{3/2}}\ （直角坐标） \tag{4-26}$$

在直角坐标轴中，考虑到电偶极子和点 P 均在 xOy 平面内，将式（4-26）直角坐标表示式分别对 x、y 求导后取负值，可得点 P 的电场强度 $\boldsymbol{E}$ 在 x、y 轴的分量分别为

$$E_x = -\frac{\partial V}{\partial x} = -\frac{p}{4\pi\varepsilon_0}\frac{y^2-2x^2}{(x^2+y^2)^{5/2}}$$

$$E_y = -\frac{\partial V}{\partial y} = \frac{p}{4\pi\varepsilon_0}\frac{3xy}{(x^2+y^2)^{5/2}}$$

于是，P 点的电场强度 $\boldsymbol{E}$ 的值为

$$E = \sqrt{E_x^2+E_y^2} = \frac{p}{4\pi\varepsilon_0}\frac{(y^2+4x^2)^{1/2}}{(x^2+y^2)^2}$$

当 $y=0$ 时，即 P 点在电偶极子的延长线上，有

$$E = \frac{p}{2\pi\varepsilon_0 x^3}$$

当 $x=0$ 时，即 P 点在电偶极子的中垂线上，有

$$E = \frac{p}{4\pi\varepsilon_0 y^3}$$

上述两式与例 4-3 所得结果是相同的。

思考：将式(4-26)极坐标表示式应用式(4-25b)能否得到同样的结果？

在此我们顺便从式（4-26）的极坐标电势表示式中讨论电偶极子的电场中一些特殊点的电势。在电偶极子的电场中，远离电偶极子的场点的电势与电偶极矩 $\boldsymbol{p}$ 的大小成正比，与 $\boldsymbol{p}$ 和 $\boldsymbol{r}$ 之间夹角的余弦成正比，而与 r 的二次方成反比。当 $\theta=0°$时，

$$V \approx \frac{p}{4\pi\varepsilon_0 r^2}$$

电势最高；当 $\theta=180°$时，

$$V \approx -\frac{p}{4\pi\varepsilon_0 r^2}$$

电势最低；当 $\theta=90°$时，电势为零。

4.8 静电场中的电偶极子

4.8.1 电偶极子在静电场中所受的力矩

如图 4-27 所示，电矩为 $\boldsymbol{p}=q\boldsymbol{l}$ 的电偶极子在电场强度为 $\boldsymbol{E}$ 的匀强电场中。电场作用在$+q$和$-q$ 上的力分别为 $\boldsymbol{F}_+=q\boldsymbol{E}$ 与 $\boldsymbol{F}_-=-q\boldsymbol{E}$，于是，作用在电偶极子上的合力为

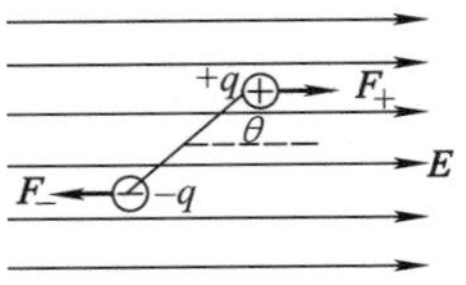

图 4-27

$$\boldsymbol{F} = \boldsymbol{F}_+ + \boldsymbol{F}_- = q\boldsymbol{E} - q\boldsymbol{E} = 0$$

这表明，在均匀电场中，电偶极子不受电场力的作用。但是，由于力 $\boldsymbol{F}_+$与 $\boldsymbol{F}_-$的作用线不在同一直线上，故它们构成力偶。根据力矩的定义，电偶极子所受的力矩的大小为

$$M = qlE\sin\theta = pE\sin\theta$$

上式的矢量形式为

$$\boldsymbol{M} = \boldsymbol{p} \times \boldsymbol{E}$$

在力矩 $\boldsymbol{M}$ 的作用下，电偶极子将在图示情况下做顺时针转动。当 $\theta=0$，即电偶极子的电矩 $\boldsymbol{p}$ 的方向与电场强度 $\boldsymbol{E}$ 的方向相同时，电偶极子所受力矩为零，这一位置是电偶极子的稳定平衡位置。应当指出，当 $\theta=\pi$，即 $\boldsymbol{p}$ 的方向与 $\boldsymbol{E}$ 的方向相反时，电偶极子所受的力矩虽也为零，但这时电偶极子处于非稳定平衡，稍微偏离这个位置，电偶极子将在力矩作用下，使 $\boldsymbol{p}$ 的方向转至与 $\boldsymbol{E}$ 的方向一致。关于这一点，下面我们还将从电势能的角度做些讨论。

如果电偶极子放在不均匀电场中，这时电场作用在$+q$ 和$-q$ 上的合力不为零，所以在非均匀电场中，电偶极子不仅要转动，还会在电场力的作用下发生移动。

喷墨打印

如图 4-28 所示，墨滴从发生器 G 射出，在充电装置 C 中接受电荷。从计算机传来的输入信号用于控制给予每个墨滴的电荷量。带不同电荷量的墨滴经过控制电场 $\boldsymbol{E}$，在其作用下将发生不同的偏转，然后墨滴落在纸张的不同位置上。形成一个字母需要约 100 个微小的墨滴。

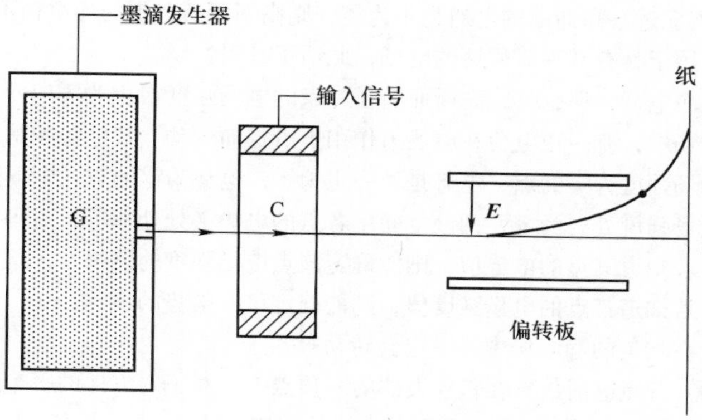

图 4-28　喷墨打印原理图

4.8.2　电偶极子在电场中的电势能和平衡位置

仍如图 4-27 所示，电矩为 $\boldsymbol{p}=q\boldsymbol{l}$ 的电偶极子在电场强度为 $\boldsymbol{E}$ 的匀强电场中。设 $+q$ 和 $-q$ 所在处的电势分别为 V_+ 和 V_-，此电偶极子的电势能为

$$W_p = qV_+ - qV_- = -qlE\cos\theta$$

有

$$W_p = -\boldsymbol{p}\cdot\boldsymbol{E}$$

上式表明，在均匀电场中电偶极子的电势能与电偶极矩在电场中的方位有关。当电偶极子的电偶极矩 $\boldsymbol{p}$ 的方向与 $\boldsymbol{E}$ 一致时（$\theta=0$），其电势能最低；当 $\boldsymbol{p}$ 与 $\boldsymbol{E}$ 垂直时（$\theta=\pi/2$），其电势能为零；当 $\boldsymbol{p}$ 的方向与 $\boldsymbol{E}$ 方向相反时（$\theta=\pi$），其电势能 $W_p=pE$，此时，电势能最大。从能量的观点来看，能量越低，系统的状态越稳定。由此可见，电偶极子电势能最低的位置，即为稳定平衡位置。这就是说，在电场中的电偶极子，一般情况下总具有使自己转向 $\theta=0$ 的趋势。电偶极子的这个特性对理解电介质的极化现象和极化机理有重要的指导意义，这将在后续的有介质的静电场内容中讨论。

思考题

4-1　什么是电荷的量子化？为什么宏观带电体不考虑量子化？

4-2　点电荷间的库仑定律遵守牛顿第三定律吗？

4-3　设电荷均匀分布在一空心均匀带电的球面上，若把另一点电荷放在球心上，这电荷能处于平衡状态吗？如果把它放在偏离球心的位置上，又将如何呢？

4-4　在电场中某一点的电场强度定义为 $\boldsymbol{E}=\boldsymbol{F}/q_0$，若该点没有试验电荷，那么该点的电场强度又如何？为什么？

4-5　静电场库仑力的叠加原理和电场强度的叠加原理，它们是彼此独立没有联系的吗？

4-6　在点电荷的电场中里，如 $r\to 0$，则电场强度 $\boldsymbol{E}$ 将趋于无限大，对此，你如何理解？

4-7　任意两条电场线能相交吗？为什么？

4-8　在静电场中，对于某封闭曲面，若曲面上每点的电场强度 $E=0$，那么穿过此曲面的电通量也为零吗？

4-9　在静电场中，若穿过某高斯面的电通量不为零，则高斯面所包围的净电荷不为零。对吗？

4-10　高斯定理仅适用于具有某种对称性的电场，此话正确吗？

4-11　若高斯面内没净电荷，那么，此高斯面上任一点的电场强度 E 都为零吗？

4-12　在点电荷的电场中，有一正电荷在电场力作用下沿径向运动，其电势能是如何变化的？

4-13　静电场中，电场强度为零的点，电势是否一定为零？电势为零的点，电场强度是否一定为零？

4-14　若某空间内电场强度处处为零，则该空间中各点的电势必处处相等，对吗？

4-15　在静电场中，若知道某点的电势值，则能确定该点电场强度的值吗？

4-16　在静电场中，若知道某点的电场强度值，则能确定该点电势的值吗？

4-17　电偶极子放置在均匀的静电场中，一定会转动吗？

4-18　一带电荷量为 q 的点电荷放置在正立方体的一顶点上，对正立方体的每个面积的电通量为多少？

4-19　一带电荷量为 q 的点电荷放置在正立方体的几何中心上，对正立方体的每个面积的电通量为多少？

习　题

4-1　在边长为 a 的正方形的四角，依次放置点电荷 q、$2q$、$-4q$ 和 $2q$，它的几何中心放置一个单位正电荷，求这个电荷受力的大小和方向。

4-2　如图 4-29 所示，均匀带电细棒长为 L，电荷线密度为 λ。(1) 求棒的延长线上任一点 P 的电场强度；(2) 求通过棒的端点与棒垂直的线上任一点 Q 的电场强度。

4-3　一细棒弯成半径为 R 的半圆形，均匀分布有电荷 q，求半圆圆心 O 处的电场强度。

4-4　如图 4-30 所示，线电荷密度为 λ_1 的无限长均匀带电直线与另一长度为 l、线电荷密度为 λ_2 的均匀带电直线在同一平面内，二者互相垂直，求它们间的相互作用力。

4-5　两个点电荷所带电荷之和为 Q，问它们各带电荷多少时，相互作用力最大？

4-6　一半径为 R 的半球壳，均匀带有电荷，电荷面密度为 σ，求球心处电场强度的大小。

4-7　设匀强电场的电场强度 $\boldsymbol{E}$ 与半径为 R 的半球面的对称轴平行，计算通过此半球面的电通量。

4-8　求半径为 R、带电荷量为 q 的空心球面的电场强度分布。

4-9　如图 4-31 所示，厚度为 d 的"无限大"均匀带电平板，体电荷密度为 ρ，求板内外的电场分布。

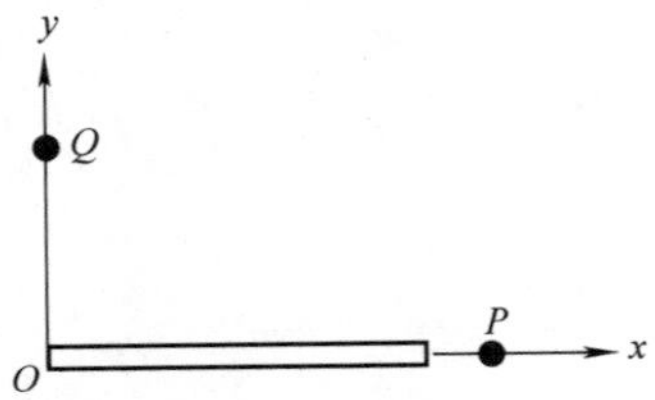

图 4-29　习题 4-2 图

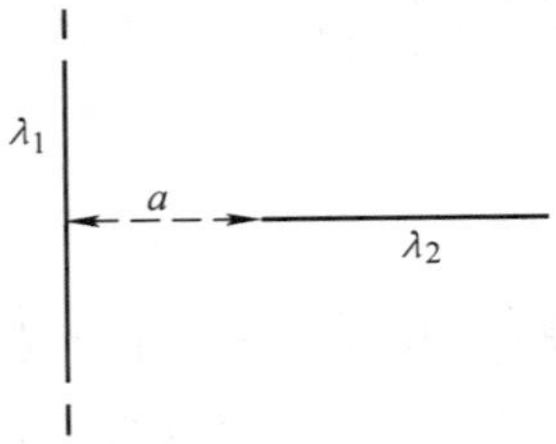

图 4-30　习题 4-4 图

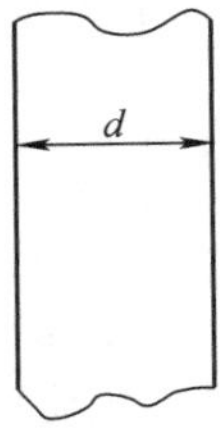

图 4-31　习题 4-9 图

4-10　一半径为 R 的无限长带电圆柱，其体电荷密度为 $\rho=\rho_0 r$（$r\leqslant R$），ρ_0 为常数。求电场强度分布。

4-11　一真空二极管，其主要构件是一个半径 $R_1=5\times10^{-4}$m 的圆柱形阴极 A 和一个套在阴极外的半径 $R_2=4.5\times10^{-3}$m 的同轴圆筒形阳极 B，如图 4-32 所示，阳极电势比阴极电势高 300V，忽略边缘效应，求电子刚从阴极射出时所受的电场力（电子电荷量绝对值 $e=1.6\times10^{-19}$C）。

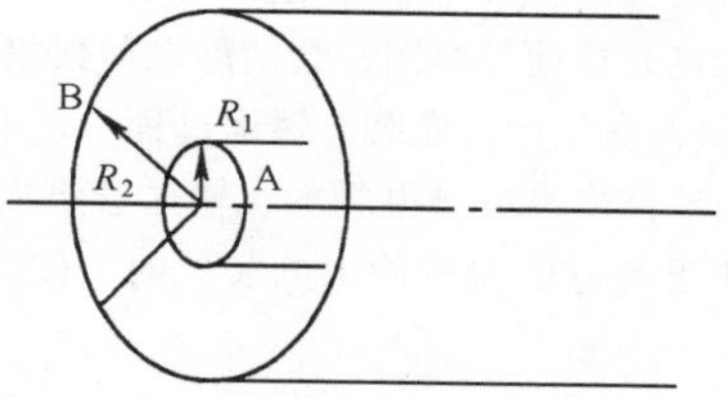

图 4-32　习题 4-11 图

4-12　一均匀的、半径为 R 的带电球体中存在一个球形空腔，空腔的半径为 r（$2r<R$），试证明球形空腔中任意点的电场强度为匀强电场，其方向沿带电球体球心 O 指向球形空腔球心 O'。

4-13　一均匀带电的平面圆环，内、外半径分别为 R_1、R_2，且电荷面密度为 σ。一质子被加速器加速后，自圆环轴线上的 P 点沿轴线射向圆心 O。若质子到达 O 点时的速度恰好为零，试求质子位于 P 点时的动能 E_k（已知质子的带电荷量为 e，忽略重力的影响，$OP=L$）。

4-14　有一半径为 R 的带电球面，带电荷量为 Q，在球面外沿直径方向上放置一均匀带电细线，线电荷密度为 λ，长度为 L（$L>R$），细线近端离球心的距离也为 L。设球和细线上的电荷分布固定，试求细线在电场中的电势能。

*4-15　半径为 R 的均匀带电圆盘，带电荷量为 Q。过盘心垂直于盘面的轴线上一点 P 到盘心的距离为 L。试求 P 点的电势，并利用电场强度与电势梯度的关系求电场强度。

4-16　两个同心球面的半径分别为 R_1 和 R_2（$R_1<R_2$），各自带有电荷 Q_1 和 Q_2。(1) 求各区域的电势分布，并画出分布曲线；(2) 两球面间的电势差为多少？

4-17　一半径为 R 的无限长带电圆柱，其内部的电荷均匀分布，电荷体密度为 ρ，若取棒表面为零电势，求空间电势分布，并画出电势分布曲线。

4-18　两根很长的同轴圆柱面半径分别为 R_1、R_2（$R_1<R_2$），带有等量异号的电荷，两者的电势差为 U，求：(1) 圆柱面单位长度带有的电荷；(2) 两圆柱面之间的电场强度。

4-19　在一次典型的闪电中，两个放电点间的电势差约为 10^9V，被迁移的电荷约为 30C，如果释放出来的能量都用来使 0℃的冰融化成 0℃的水，则可融化多少冰（冰的熔解热为 3.34×10^5J/kg）？

4-20　在玻尔的氢原子模型中，电子在半径为 a 的玻尔轨道上绕原子核做圆周运动。(1) 若把电子从原子中拉出来需要克服电场力做功多少？(2) 电子在玻尔轨道上运动的总能量为多少？

阅读材料

一、静电放电　静电防护　静电的应用

（一）静电放电

我们知道，两种物体互相摩擦后会产生静电，有较高介电常数的物体带正电荷，较低者带负电荷。两种物质紧密接触后再分离，或物体受压或受热，或物质电解，或物体受其他带电体感应等均可产生静电。在工农业生产中，很多情况下都产生静电。

1）当物体产生的静电荷越积越多，形成很高的电位，与其他不带电的物体接触时，就会形成很高的电

位差，并发生放电现象。当电压达到300V以上，所产生的静电火花即可引燃周围的可燃气体、粉尘。此外，静电对工业生产也有一定危害，还会对人体造成伤害。

2）固体物质在搬运或生产工序中会受到大面积摩擦和挤压，如传动装置中带与带轮之间的摩擦；固定物质在压力下接触聚合或分离；固体物质在挤出、过滤时与管道过滤器发生摩擦；固体物质在粉碎、研磨和搅拌过程及其他类似工艺过程中，均可产生静电。而且由于转速的加快、所受压力的增大、摩擦、挤压时接触面的过大、空气干燥且设备无良好接地等原因，会使静电荷聚集放电，有出现火灾的危险性。

3）一般可燃液体都有较大的电阻，在生产、灌装、输运过程中，由于相互碰撞、喷溅、与管壁摩擦或受到冲击，都能产生静电。特别是当液体内没有导电颗粒、输送管道内表面粗糙、液体流速过快时，都会产生很强摩擦，所产生的静电荷在缺乏良好的泄放静电的装置时，便会积聚使电压升高而发生放电现象，并极易引发火灾。

4）粉尘在研磨、搅拌、筛分等工序中高速运动，使粉尘与粉尘之间，粉尘与管道壁、容器壁或其他器具和物体之间产生碰撞和摩擦而产生大量的静电，轻则妨碍生产，重则引起爆炸。

5）压缩气体和液化气体，因其中含有液体或固体杂质，从管道口或破损处高速喷出时，都会在强烈摩擦下产生大量的静电，导致燃烧或爆炸事故。

总之，如果带静电荷的物体与周围绝缘，当静电荷逐渐积蓄，或带电体电容量减少时，都可形成高电位。生产中静电电位可高达数千伏，人穿橡胶底鞋走路可产生1000V的静电，步行时间长时甚至可达5000~10000V的静电。

在高电位情况下，静电放电可以引起火花，长度可达20~30cm，人在熄灯后脱衣服时常常可以见到静电放电的火花。周围若有爆炸性混合物，静电放电火花可以引起爆炸及火灾。例如，500V静电产生的火花可使苯蒸气着火。在电力上，静电灾害主要表现在积蓄的静电荷对照明线路造成损害，或产生火花引起爆炸等。

（二）静电防护

从上述静电放电的条件可知，要防止静电引起爆炸及火灾，主要是必须尽量减少或抑制静电荷的产生和积蓄，措施一般有下面几种：

1）为能产生静电的设备设置良好的接地装置，以保证所产生的静电能迅速导入地下。装设接地装置时应注意，接地装置与冒出液体蒸气的地点要保持一定距离，接地电阻不应大于10Ω，铺设在地下的部分不宜涂刷防腐油漆。土壤有强烈腐蚀性的地区，应采用铜或镀锌的接地体。

2）防止设备与设备之间、设备与管道之间、管道与容器之间产生电位差。在其连接处，特别是在静电放电可引起燃烧的部位，应用金属导体连接在一起，以消除电位差，达到安全的目的。对非导体管道，应在其连接处的内部或外部的表面缠绕金属导线，以消除部件之间的电位差。

3）在不导电或低导电性能的物质中，应掺入导电性能较好的填料和防静电剂，或在物质表层涂抹防静电剂等方法增加其导电性，降低其电阻，从而消除生产过程中产生静电引起火灾的危险性。

4）减少摩擦的部位和强度也是减少和抑制静电产生的有效方法。如在传动装置中，采用三角带或直接用轴传动，以减少或避免因平面带摩擦面积和强度过大产生过多静电。限制和降低易燃液体、可燃气体在管道中的流速，也可减少和预防静电的产生。

5）检查盛装高压水蒸气和可燃气体容器的密封性，以防其因喷射、漏泄引起爆炸；倾倒或灌注易燃液体时，应用导管沿容器壁伸至底部输出或注入，并需在布置一段时间后才可进行采样、测量、过滤、搅拌等处理。同时，要注意轻取轻放，不得使用未接地的金属器具操作。严禁用易燃液体作清洗剂。

6）在有易燃易爆危险品的生产场所，应严防设备、容器和管道漏油、漏气。采取勤打扫卫生清除粉尘，加强通风等措施，以降低可燃蒸气、气体、粉尘的浓度。不得携带易燃易爆危险品进入易产生静电的场所。

7）可采用旋转式风扇喷雾器向空气中喷射水雾等方法，增大空气相对湿度，增强空气导电性能，防止和减少静电的产生与积聚。在有易燃易爆蒸气存在的场所，喷射水雾应由房外向房内喷射。

8）在易燃易爆危险性较高的场所工作的人员，应先以触摸接地金属器件等方法泄放人体所带静电，方可进入，同时还要避免穿化纤衣物和导电性能低的胶底鞋，以预防人体产生的静电在易燃易爆场所引发火灾及当人体接近另一高压电体时造成电击伤害。

9）可在产生静电较多的场所安装放电针（静电荷消除器），使放电范围的空气游离，空气成为导体，中和静电荷而无法积聚。但在使用这种装置时应注意采取一定的安全措施，因它的电压较高，要防止伤人。

10）预防和消除静电危害还可采用金属屏蔽法（将带电体用间接的金属导体加以屏蔽可防止静电荷向人体放电，造成击伤）和惰性气体保护法（向输送或储存易燃易爆液体、气体及粉尘的管道、储罐中充入二氧化碳或氮气等惰性气体，以防止静电火花引起爆燃等）。

当然，静电除了有害的一面外，也有其很有用的一面。只要我们能够充分认识静电的本质，静电就一定能更多地为我所用，为民造福。

（三）静电的应用

农业应用　大量实验研究数据表明，静电场具有生物效应，能够引起生物遗传因子的明显变化，是培养新品种的有效手段。采用高压级电处理各种农作物种子，可以增强种子的生物活性，出苗可提早三天左右，苗壮色深，经几个不同地区上万亩大面积玉米的试种，平均增产5%以上。静电喷涂农药技术可以充分有效地施用农药，不但节省农药，还可以减少对环境的污染。

工业应用　目前静电已经有多种应用，如静电除尘、静电喷涂、静电植绒、静电复印等。静电应用于工业领域历史最为悠久的是静电收尘技术。现代静电收尘技术已经有了长足的进步，其主要特点是可以有效地抑制开放性尘源。静电分选技术在近10年来发展很快，迄今已有几十种静电分选设备问世，主要用于分选其他方法不易完成的、形态相似的、比重相近的固体颗粒混合物料。其特点是工艺简单，耗电量小，设备结构简单，易于操作和维护，设备本身具有收尘效能，无环境污染，有益于劳动环境保护。高压脉冲放电能在液体中产生巨大的冲击波，这项技术可应用于清理铸件砂芯，被称为电液清洗技术。电液清砂技术具有高效低耗，清洗质量高和卫生等优点。特别值得一提的是，正在研究开发中的静电触媒技术和强电磁场材料改性技术。科学家准备将静电作为催化剂，加快化学反应速度；利用强电磁场改变材料的性质，获得新材料。这些技术如能早日应用于工业，其经济价值难以估量。下面以静电除尘为例说明静电应用的原理。

如图4-33是一种除尘装置示意图。它主要是由一只金属圆筒B和一根悬挂在圆筒轴线上的多角形的细金属棒A所组成。圆筒B接地，金属细棒接高压负端（一般有几万伏），于是在圆筒B和金属棒A之间形成很强的径向对称电场，在细棒附近最强，它能使气体电离，产生自由电子和带正电的离子。正离子被吸引到带负电的细棒A上并被中和，而自由电子则被引向带正电的圆筒B，电子在向圆筒B运动的过程中与尘埃粒子相碰，使尘埃带负电。在电场力作用下，带负电的尘埃被吸引到圆筒上，并粘附在那里。定期清理圆筒可将尘埃聚集清理。在烟道中采用这种装置既能净化气流，减少灰尘对大气的污染，还可以从这些尘埃中回收许多重要的原料，如从发电厂的煤尘中可提取半导体材料锗以及橡胶工业所需要的炭黑等。

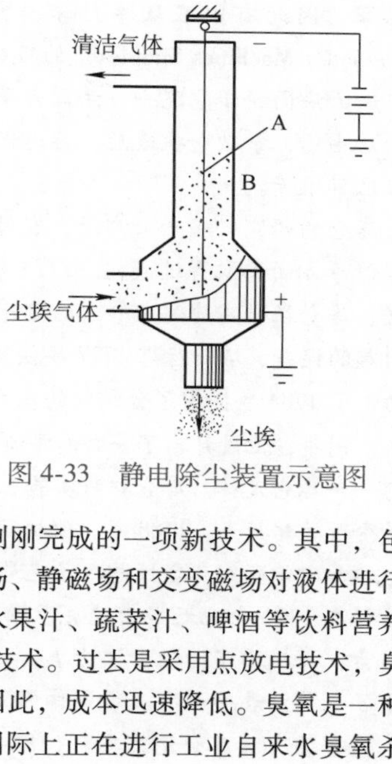

图4-33　静电除尘装置示意图

医疗卫生和食品加工应用　静电常温灭菌技术是我国科技工作者刚刚完成的一项新技术。其中，包括电磁杀菌和臭氧杀菌两项技术。电磁杀菌是采用高压静电场和交变电场、静磁场和交变磁场对液体进行静电常温杀菌的技术，它解决了传统灭菌方法难以克服的高温杀菌破坏水果汁、蔬菜汁、啤酒等饮料营养成分的难题，杀菌效率达到100%。静电臭氧杀菌主要是指静电臭氧发生技术。过去是采用点放电技术，臭氧发生量很少；现在采用的是面放电技术，臭氧的发生量增加几十倍，因此，成本迅速降低。臭氧是一种强氧化物，可用于消毒灭菌。臭氧气体有净化空气，消除臭味之功效。国际上正在进行工业自来水臭氧杀菌技术的研究试验，用以取代化学杀菌方法。

静电的应用领域随着理论研究的深入在不断拓展，已经广泛应用于基础理论研究、信息工程、空间技术、计算机工程、大规模集成电路生产、环境保护、生物技术、选矿和物质分离、医疗卫生消毒、食品保鲜、石油化工、纺织印染、农业生产等各个领域。从技术角度大体可将静电技术划分为净化技术、检测技术、生物技术、分离技术、触媒技术和其他延伸技术，并由此正在形成一个新兴的“静电”产业。

二、电火箭发动机

电火箭发动机是用电能加速工质（工作介质）形成高速射流而产生推力的火箭发动机。发动机中能源和工质分开，其中电能可由太阳能、核能或一些高效化学能转换获得。工质可以采用氢气、氩气、氮气等气体，也可采用金属蒸气。电火箭发动机的优点是比冲（单位推进剂产生的动量改变）高、设备使用年限长，但缺点是推力小。因此电火箭发动机常用于控制调整航天器的姿态及位置，或在星际航行中做飞行姿态调整。

电火箭发动机的早期设想是由美国科学家在20世纪初提出的，并在1916年开展了实验。但是当时的电火箭发动机产生的推力过小，研究发现这一设想无法实现火箭的发射，于是该设想就此被搁置。随着20世纪中期第一颗人造地球卫星上天，人们发现电火箭发动机可用于长寿命的卫星的姿态调整，于是这一研究被重新开启。现在，中国、俄罗斯和美国都已研制出自己的电火箭发动机，这一研究的发展可以在卫星和空间站上给人们带来更多的惊喜。

物理学家简介

一、库　　仑

库仑（C. A. Coulomb，1736—1806），法国物理学、军事工程师。1736年6月14日生于昂古莱姆。1761年毕业于军事工程学校，并作为军事工程师服役多年。后因健康问题，被迫回家，因此有闲暇从事科学研究。由于他写的一篇题为《简单机械论》(Theoriedes Machines Simples) 的报告而获得法国科学院的奖励，并由此于1781年当选为法国科学院院士。法国大革命时期，他辞去公职，在布卢瓦附近乡村过隐居生活，拿破仑执政后，他返回巴黎，继续进行研究工作。1806年8月23日在巴黎逝世。

库仑

库仑的研究兴趣十分广泛，在结构力学、梁的断裂、材料力学、扭力、摩擦理论等方面都取得过成就。1773年，法国科学院悬赏征求改进船用指南针的方案，库仑在研究静磁力中，把磁针的支托改为用头发丝或蚕丝悬挂，以消除摩擦引起的误差，从而获得1777年法国科学院的头等奖。他进而研究了金属丝的扭力，于1784年提出了金属丝的扭力定律。这一成果具有极为重要的意义，它给出了一种新的测量极小力的方法。同年，他设计出了一种新型测力仪器——扭秤。利用扭秤，他在1785年根据实验得出了电学中的基本定律——库仑定律。库仑扭秤实验在电学发展史上有重要的地位，它是人们对电现象的研究从定性阶段进入定量阶段的转折点。1788年，他把同样的结果推广到两个磁极之间的相互作用，这项成果意义重大，它标志着电学和磁学研究从定性进入了定量研究。

早在1781年他还提出过关于摩擦及滑动定律。他在多种实验基础上研究了许多实际静摩擦现象及其相关因素，并提出了滑动摩擦力 $F_{滑}=\mu F_N$ 的著名公式。他还提出了在磁化过程中分子被极化的假设，并且还提出了电荷沿表面分布及带电体因漏电而电荷量衰减的定律。

库仑著有《库仑论文集》(1884年)。为纪念他对物理学的重要贡献，电荷量单位便以库仑命名。

二、高　　斯

高斯（C. F. Gauss，1777—1855），德国数学家、天文学家、物理学家。1777 年 4 月 30 日生于布伦瑞克。童年时就聪颖非凡，10 岁时因发现等差数列公式而令教师惊叹。因家境贫寒，父亲以打短工为生，高斯靠一位贵族资助在 1795—1798 年入格丁根大学学习。一年级（19 岁）时就解决了几何难题：用直尺与圆规作正十七边形图。1799 年以论文《所有单变数的有理函数都可以解成一次或二次的因式这一定理的新证明》获得博士学位。1807 年起他任格丁根大学数学教授和天文台台长，一直到逝世。1838 年他因提出地球表面任一点磁势均可以表示为一个无穷级数，并进行了计算，从而获得英国皇家学会颁发的科普利奖章。1855 年 2 月 23 日在格丁根逝世。

高斯

高斯早年从事数学研究，取得众多成果。他的“数学，科学的皇后；算术，数学的皇后”，十分贴切地表达了他对数学在科学中起关键作用的观点。早在他的博士论文中就提出了代数学中的一个基本定理；1818 年提出存在着一种不同于欧氏几何的非欧几何的想法，生前虽未发表，但事实上他也是非欧几何创始人之一。另外，他对超几何级数、复变函数、概率统计、微分几何等方面也颇多建树，卓有贡献，被誉为“数学王子”。

对物理学的研究，他涉及诸多方面。1832 年他提出利用三个力学量：长度、质量、时间（长度用毫米，质量用毫克，时间用秒）来量度非力学量，建立了绝对单位制；最早在磁学领域提出了绝对测量原理；1833 年发明有线电报，与韦伯一起在格丁根大学架设电报线，用于物理实验室和天文台之间的联络；1835 年在《量纲原理》中给出磁场强度的量纲；1839 年在《距离平方反比的作用引力与斥力的一般理论》中阐述了势理论的原则，证明了一系列定理，如高斯定理等并研究了将其用于电磁现象的可能性；1840 年在《屈光研究》中，详尽讨论了近轴光线在复杂的光学系统中的成像，建立了高斯光学；1845 年提出电磁相互作用以有限速度传播的思想。

在地磁研究中，他与韦伯一起建立了地磁观测台，与洪堡（A. von Humboldt，1769—1859）一起组织德国磁学联合会。他的一系列研究工作向着精确研究地磁迈出了重要一步。

在天文学与大地测量学中，他依据自己的行星计算法及最小二乘法计算了皮阿齐（G. Piazzi，1746—1826）发现的谷神星轨道，进行了地球大小及形状的理论研究。

在多年的研究生涯中，他为自己规定了三条原则：“少些，但是要成熟”“不留下进一步要做的事情”“极度严格的要求”。尽管如此，他一生共发表著作 323 篇，提出科学创见 404 项，完成重大发明 4 项。丰硕的科研成果，植根于刻苦、顽强的精神。一次，他的妻子得了重病，这时他正在钻研一个问题。家里人告诉他夫人病得越来越重了。他听到后，仍在继续工作。不一会儿，又来人通知他：“夫人的病很重，请你立即回去”。他回答说：“我就去”，说罢，仍坐在那里继续工作。家里又再次来人：“夫人快要断气了！”他这才抬起头，但仍没离开他的座椅：“叫她等一下，我一定去。”

为纪念他在电磁学领域的卓越贡献，在电磁学的 CGS 单位制中，磁感应强度的单位命名为高斯。

第 5 章　静电场中的导体与电介质

上一章我们讨论的是真空中的静电场。而实际上，在静电场中总有导体或电介质（也叫绝缘体）存在，可以说在静电的实际应用中，不可避免地都要涉及导体和电介质对静电场的影响。本章主要内容有导体的静电平衡条件、静电场中导体的电学性质；电介质的极化现象、有电介质时的高斯定理；电容器及其联接、电场的能量等。本章所讨论的问题可以使我们对静电场的认识更加深入，在实际应用中也有更普遍、更广泛的意义。

5.1　静电场中的导体

5.1.1　静电感应、静电平衡条件

静电场中的导体

导体放到电场中要受到电场的影响，同时，它反过来也要影响电场。这一节我们将讨论这种相互作用的规律。作为基础知识，我们涉及的内容仅限于各向同性的均匀金属导体与电场的相互作用。

大家知道，金属导体是由大量带负电的自由电子和带正电的晶体点阵构成的，当导体不带电或者不受外电场影响时，自由电子虽然可以在金属导体内做无规则的热运动，但是无论对整个导体或对导体中某一小部分而言，自由电子的负电荷和晶体点阵的正电荷的总量是相等的，此时导体总呈现电中性。在这种情况下，金属导体中的自由电子仅做微观的无规则热运动，并没有宏观的定向运动。如果把金属导体放在外电场中，导体中的自由电子在做无规则热运动的同时，还将在电场力作用下做宏观定向运动，从而使导体中的电荷重新分布。这种在外电场作用下，导体中电荷重新分布而呈现出的带电现象，就叫作静电感应现象。如图 5-1 所示，在电场强度为 $\boldsymbol{E}_0$ 的匀强电场中放入一块金属板，则在电场力的作用下金属板内部的自由电子将逆着外电场的方向运动，如图 5-1a 所示，使得金属板的两侧面出现了等量异号的电荷，这种电荷称为感应电荷，如图 5-1b 所示。于是，感应电荷在金属板的内部也会建立起一个附加电场，其电场强度 $\boldsymbol{E}'$ 和外电场强度 $\boldsymbol{E}_0$ 的方向相反。这样，金属板内部的电场强度 $\boldsymbol{E}$ 就是 $\boldsymbol{E}_0$ 和 $\boldsymbol{E}'$ 的叠加。开始时 $E'<E_0$，金属板内部的电场强度不为零，自由电子会不断地向左移动，从而使 $\boldsymbol{E}'$ 增大，这个过程一直延续到金属板内部的电场强度等于零，即 $\boldsymbol{E}=\boldsymbol{0}$ 时为止，如图 5-1c 所示。这时，导体内没有电荷做定向运动，可以称导体处于静电平衡状态。其实这个过程是极其短暂的。

在静电平衡时，不仅导体内部没有电荷做定向运动，导体表面也没有电荷做定向运动，这就要求导体表面电场强度的方向应与表面垂直。若导体表面电场强度与表面不垂直，则电

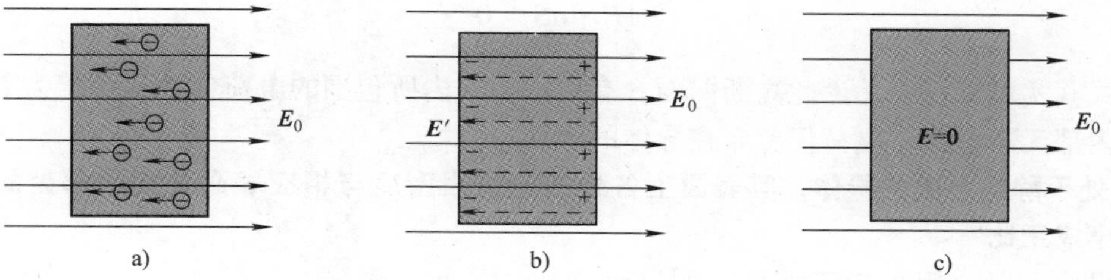

图 5-1　导体静电感应与静电平衡状态

场强度沿表面的切向分量将使自由电子沿表面做定向运动，导体没有达到静电平衡状态。静电平衡时自由电子所受的电场力等于零，电子不再做宏观的定向运动，导体上的电荷分布也不再发生变化，从而电场分布也不发生变化。在导体内部和表面都没有做宏观定向运动的电荷时，导体处于静电平衡状态。由上述讨论可知，**导体静电平衡的条件是：导体内部电场强度处处为零，并且导体外靠近导体表面电场强度处处与表面垂直。**

由于导体处于静电平衡时，其内部电场强度处处为零，而且表面紧邻处的电场强度都垂直于导体表面，所以导体的静电平衡条件也可以用电势来表述。静电平衡时导体内以及表面上任意两点 A、B 间的电势差必然为零，即

$$U = \int_{AB} \boldsymbol{E} \cdot \mathrm{d}\boldsymbol{l} = 0$$

这就是说，处于静电平衡的导体是等势体，其表面是等势面。这是导体静电平衡条件的另一种说法。

从能量的角度考察，导体的静电平衡状态应是能量的最低状态。这是由于导体在外电场中发生的静电感应过程只能在减少电势能的情况下进行。详细点说，因为在开始瞬间导体内存在电场，导体表面也存在电场的切向分量，导体内和表面的自由电子就要做定向运动形成电流，电荷移动，电场力对电荷要做正功，电势能降低。或者说，在静电感应过程中，导体中有电荷移动形成电流必定要产生热效应，这是消耗电势能转化来的。

5.1.2　静电平衡时导体上电荷的分布

1. 处于静电平衡的导体，其内部各处净电荷为零，净电荷只能分布在表面

应用高斯定理可以讨论静电平衡时带电导体的电荷分布。如图 5-2 所示，有一带电导体处于平衡状态。由于在静电平衡时，导体内的 $\boldsymbol{E}$ 为零，所以通过导体内任意高斯面 S 的电通量亦必为零，即

静电屏蔽

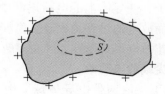

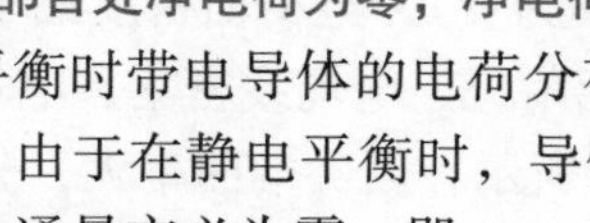

图 5-2　静电平衡时导体上电荷的分布

$$\oint_S \boldsymbol{E} \cdot \mathrm{d}\boldsymbol{S} = 0$$

上式其实可以说明无论此高斯曲面 S 有多小，其内所包围的电荷代数和必定为零，就是说导体内部无净电荷，电荷仅分布在导体的表面。

2. 处于静电平衡的导体，其表面上各处的电荷面密度与相应表面外侧紧邻处的电场强度的大小成正比

这里也可以应用高斯定理来证明这个规律。为此，我们在导体外紧靠表面处作一个扁圆柱形高斯面（见图5-3），其一个底面位于导体内部，一个底面位于导体外部，柱面轴线与导体表面垂直，当圆柱形面积元 ΔS 足够小时，ΔS 上的电荷分布可认为是均匀的，设其电荷面密度为 σ。这样 ΔS 上的电荷就为 $\Delta q = \sigma\Delta S$。因为下底面是处于导体内部的，导体内电场强度都为零，所以通过下底面的电通量为零；在侧面上，由于电场强度与侧面的法线垂直，这样通过侧面的电通量也只能为零；只有在上底面上，电场强度 $\boldsymbol{E}$ 与 ΔS 垂直，所以通过高斯面的电通量就是通过上底面的电通量，即

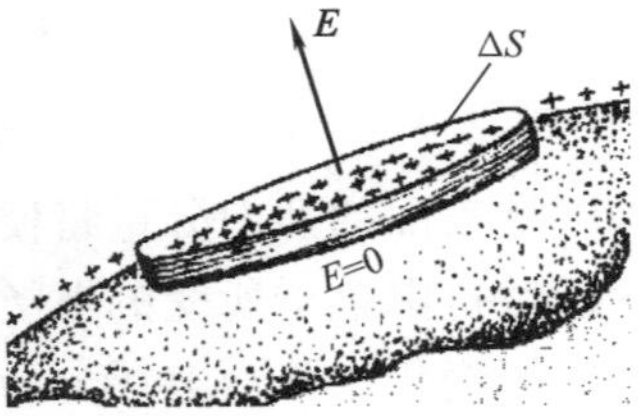

图5-3　带电导体表面电荷与电场

$$\oint_S \boldsymbol{E} \cdot \mathrm{d}\boldsymbol{S} = E\Delta S = \frac{\sigma\Delta S}{\varepsilon_0}$$

于是有

$$E = \frac{\sigma}{\varepsilon_0} \rightarrow \sigma = \varepsilon_0 E \tag{5-1}$$

式（5-1）表明，带电导体处于静电平衡时，导体表面的电荷面密度 σ 与导体之外非常邻近表面处电场强度的大小成正比，比例系数就是真空介电常量 ε_0。

3. 孤立导体表面电荷分布由导体形状决定

导体表面上的电荷分布不仅与导体的形状有关，而且与外界条件有关，只有孤立导体的表面电荷分布才由导体形状决定。所谓的孤立导体是指离其他带电物体足够远的导体，这样，由于远离，其他带电体对孤立导体的影响可忽略不计。实验表明，在孤立导体表面，曲率大的地方（如尖锐、细小的顶端，弯曲很厉害处），电荷面密度大；曲率小的地方，电荷面密度小；在凹进去的地方（曲率为负），电荷面密度最小。

带电导体曲率半径较小的表面附近，电场线密集，电场较强，尖端附近的电场最强。对于具有尖端的带电导体，如图5-4所示，因尖端曲率大，分布的面电荷密度也大，在尖端附近的电场特别强，当电场强度超过空气的击穿电场强度时，尖端附近的空气可能被电离成带电离子，尖端吸引与之异号的离子，使导体上的电荷逐渐中和。在电场不过分强的情况下，带电尖端电离化的空气离子中和而放电的过程是比较平稳、无声息地进行的。但在电场很强的情况下，放电就会以暴烈的火花放电形式出现，并在短暂的时间内释放出大量的能量。这两种形式的放电现象就是所谓的尖端放电现象。

上述现象的原理简单证明如下：取两带电导体球，用一很长的导线连接（相隔较远，电荷分布互不影响），静电平衡后，忽略导线上所带的电荷，设大球的半径为 R、带电荷量为 Q，小球的半径为 r、带电荷量为 q，如图5-5所示。由于两球相互接在一起，故它们是等

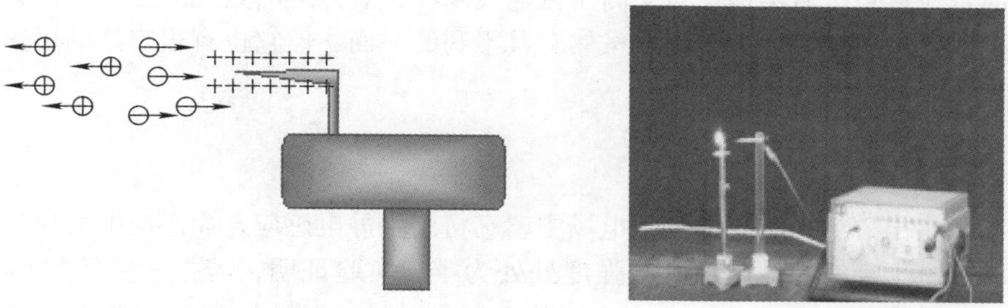

a)　　b)

图 5-4　尖端放电

a）孤立导体的电荷分布与尖端放电现象　b）尖端放电形成“电风”实验

电势的，设大球的电荷面密度为 σ_R、曲率为 ρ_R，小球的电荷面密度为 σ_r、曲率为 ρ_r。而曲率与曲率半径是倒数关系，即 $\rho_R=1/R$，$\rho_r=1/r$，取无穷远处为零电势点，有

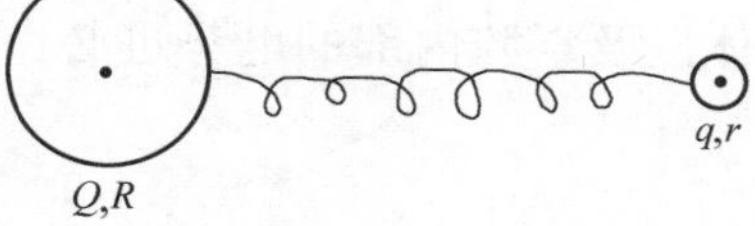

图 5-5　孤立导体的电荷分布与曲率半径的关系

$$\frac{Q}{4\pi\varepsilon_0 R}=\frac{q}{4\pi\varepsilon_0 r}$$

即

$$\frac{\sigma_R 4\pi R^2}{4\pi\varepsilon_0 R}=\frac{\sigma_r 4\pi r^2}{4\pi\varepsilon_0 r}$$

得

$$\sigma_R R=\sigma_r r\rightarrow\frac{\sigma_R}{\rho_R}=\frac{\sigma_r}{\rho_r}$$

即曲率大的地方，电荷面密度大；曲率小的地方，电荷面密度小。在图 5-4b 中，将静电高压电源输出端的一极接在针形导体上，开启高压电源，使针形导体带电。由于导体尖端处电荷密度最大，所以附近电场强度最强。在强电场的作用下，使尖端附近的空气中残存的离子发生加速运动，这些被加速的离子与空气分子相碰撞时，使空气分子电离，从而产生大量新的离子。与尖端上电荷异号的离子受到吸引而趋向尖端，最后与尖端上电荷中和。与尖端上电荷同号的离子受到排斥而飞向远方形成“电风”，把附近的蜡烛火焰吹向一边，甚至吹灭。

在强电场作用下，物体曲率大的附近，等电势线密，电场强度剧增，致使这里空气被电离而产生气体放电现象，称为电晕放电。尖端附近的离子与空气分子碰撞时，分子处于激发状态产生光辐射，在尖端附近出现绿色的电晕。例如，在阴雨潮湿天气时，常在高压输电线表面附近看到淡蓝色辉光的电晕，就是一种平稳的尖端放电现象。尖端放电不仅会损耗电能，还会干扰精密测量和通信。因此在许多高压电器设备中，为了避免浪费电能，设计所有金属元件时都应避免带有尖棱，对于高压输电线来说，表面应尽量光滑，高压设备中的电极也应尽量做成光滑的球面。尖端放电虽然有其不利的一面，但它也有很广泛的用途，这在本章阅读材料中会做一些介绍。

5.1.3 静电屏蔽

前面已经指出，如果将导体放到电场中，它将产生静电感应，而感应电荷仅分布在导体的表面上，静电平衡时导体内部电场强度处处为零。实验证明，若把一空腔导体（中空的导体）放置在静电场中，并不会改变上述静电平衡的结论。这一规律在技术上用于静电屏蔽，下面我们就几种情况来分析其中的原理。

1. 腔内无带电体

如图5-6所示，空腔导体在外电场中，电场线将终止于空腔导体的外表面而不能穿过导体的内表面进入内腔，因此，导体内和内腔的电场强度处处为零。这样，我们就可以利用空腔导体来屏蔽外电场，使空腔内的物体不受外电场的影响。这时，整个空腔导体以及空腔内部的电势也必定处处相等。

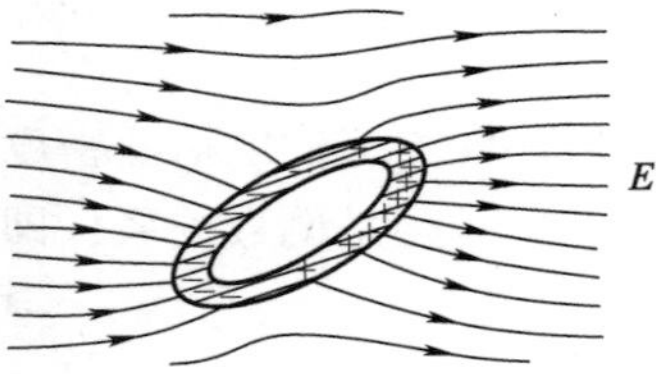

图5-6 腔内无带电体

2. 腔内有带电体

上面讲的是用空腔导体来屏蔽外电场，可以使空腔内的物体不受外电场产生的影响。但是，有时也需要防止放在导体内腔中的电荷对空腔导体外其他物体的影响。例如，一导体球壳的内腔中有一正电荷，则球壳的内表面上将感应出与正电荷等量的负电荷，外表面上将产生感应正电荷，如图5-7a所示，从而使球壳外面的物体受到影响。但是，如果将球壳接地，则外表面上正电荷将与从地上来的负电荷中和，球壳外面的电场就可以消失了，如图5-7b所示。这样一来，接地的空腔导体内腔中的电荷对导体外的电场就不会产生任何影响，这一效应就称为静电屏蔽。

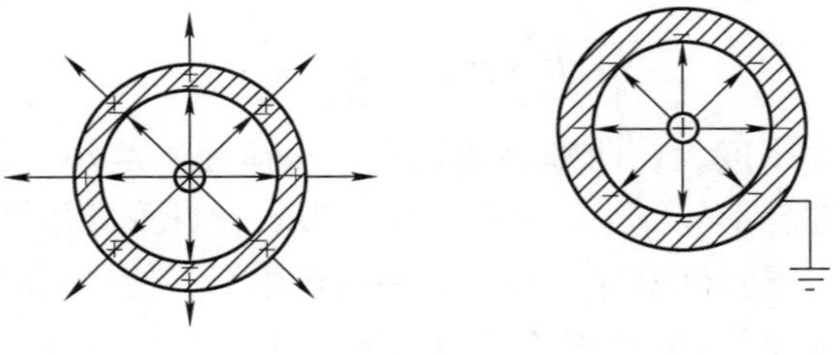
a) b)

图5-7 腔内有带电体

综上所述，空腔导体（无论接地与否）将使内腔中不受外电场的影响。而接地空腔导体将使外部空间不受内腔中电场的影响，这就是空腔导体的静电屏蔽作用。在实际工作中，常用编织得相当紧密的金属网来代替金属壳体。例如，为了避免外界电场对精密电子仪器的干扰，或者为了避免高压设备的电场对外界的影响，通常在这些仪器设备的外边用接地的金属壳或金属网作静电屏蔽。传输微弱信号的导线，为了避免外界的干扰，在导线外包裹一层用接地的金属丝编织的屏蔽线网。利用静电平衡条件下导体是等势体以及静电屏蔽的原理，人们可在高压输电线路上进行带电维修和检测等工作。当工作人员登上数十米高的铁塔，接近高压线时，由于人体通过铁塔与大地相连接，所以人体与高压线间的电势差非常大，因而它们之间存在很强的电场，可能使人体周围空气电离而放电，从而危及人身安全。这种情况下，通常利用空腔导体屏蔽的原理，用导电纤维（或细铜丝）编织成的导电性能良好的工作服（通常也叫屏蔽服、均压服），与用同样材料做成的手套、帽子、衣裤和袜子连成一体，构成一导体网壳，工作人员工作时穿上它，就相当于把人体置于空腔导体内部，使电场不能深入到人体，从而保护工作人员的人身安全。此外，由于输电线通过的是交流电，在输电线周围存在很强的交变电磁场，这个电磁场所产生的感应电流也只在屏蔽服上流过，从而也避免了感应电流对人体的危害。即使在工作人员接触电线的瞬间，放电也只在手套与电线之间发生，当手套与电线之间发生火花放电以后，人体与电线就等电势了，电工就可以在不停电的情况下，安全地、方便地在几十万伏高压输电线上工作。

【例 5-1】　A、B 为靠得很近的两块平行金属板，板的面积为 S，板间距为 d，使 A、B 板带电分别为 q_A 与 q_B，求各板两侧所带的电荷量及两板间的电压。

【解】　设各侧面所带的电荷量及面电荷密度如图 5-8 所示。因板相互靠得很近，可近似当无限大带电平面分析。在金属板内任取 M、N 两点，静电平衡时，金属板内的电场为 0，有

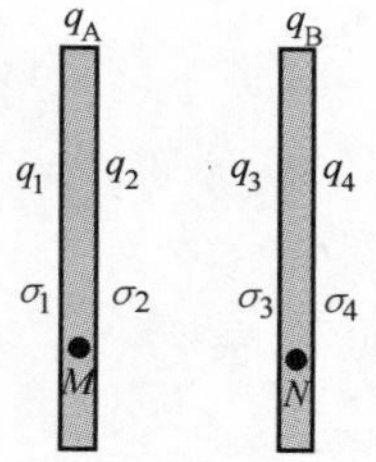

图 5-8　例 5-1 图

（1）

$$E_M = \frac{\sigma_1}{2\varepsilon_0} - \frac{\sigma_2}{2\varepsilon_0} - \frac{\sigma_3}{2\varepsilon_0} - \frac{\sigma_4}{2\varepsilon_0} = 0$$

即

$$q_1 - q_2 - q_3 - q_4 = 0 \tag{1}$$

$$E_N = \frac{\sigma_1}{2\varepsilon_0} + \frac{\sigma_2}{2\varepsilon_0} + \frac{\sigma_3}{2\varepsilon_0} - \frac{\sigma_4}{2\varepsilon_0} = 0$$

即

$$q_1 + q_2 + q_3 - q_4 = 0 \tag{2}$$

由电荷守恒有

$$q_1 + q_2 = q_A,\ q_3 + q_4 = q_B \tag{3}$$

联立以上三个式子得

$$q_1 = \frac{q_A + q_B}{2},\ q_2 = \frac{q_A - q_B}{2},\ q_3 = -q_2 = \frac{q_B - q_A}{2},\ q_4 = q_1 = \frac{q_A + q_B}{2}$$

（2）两板间的电场强度大小为

$$E = \frac{\sigma_2}{\varepsilon_0} = \frac{q_2}{\varepsilon_0 S} = \frac{q_A - q_B}{2\varepsilon_0 S}$$

所以两板间的电压为

$$U = Ed = \frac{q_2}{\varepsilon_0 S}d = \frac{q_A - q_B}{2\varepsilon_0 S}d$$

思考：上题中若其中有一板是接地的，各板两侧所带的电荷量又如何？

【例 5-2】 如图 5-9 所示，在一接地导体球附近放置一电荷量为 q 的点电荷。已知球的半径为 R，点电荷离球心的距离为 d。求导体球表面上的感应电荷。

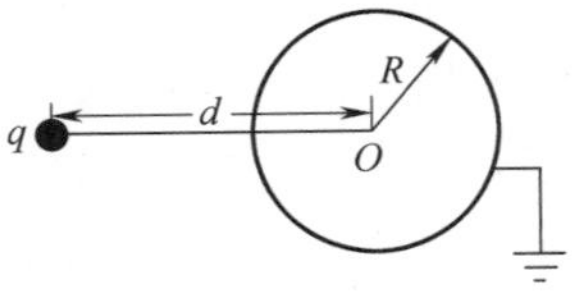

图 5-9 例 5-2 图

【解】 通常认为接地导体其电势为零。导体球是等势体，球心的电势也为零。据电势的叠加原理，球心的电势是由点电荷 q 及球面上的感应电荷 q' 共同产生的。有

$$V_0 = \frac{q}{4\pi\varepsilon_0 d} + \frac{q'}{4\pi\varepsilon_0 R} = 0$$

所以

$$q' = -\frac{R}{d}q$$

【例 5-3】 有一内外半径分别为 R_2、R_3 的金属球壳，在球壳中放一半径为 R_1 的同心金属球，如图 5-10 所示，若使球壳和球均带有 q 的正电荷，问两导体上的电荷如何分布？球心的电势为多少？两导体间电压为多少？

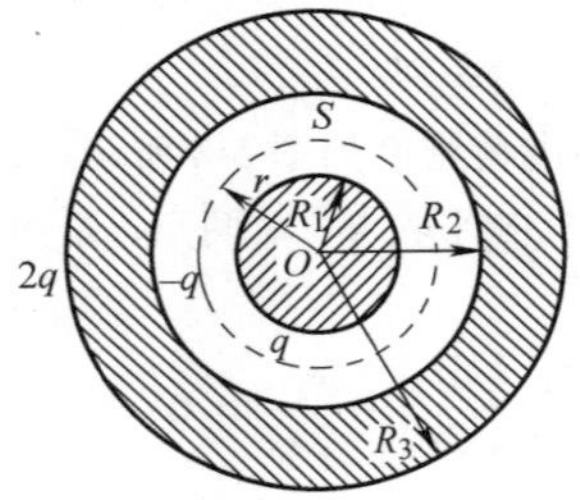

图 5-10 例 5-3 图

【解】 因静电平衡时金属球壳中的电场强度为零，故由高斯定理易得出金属球壳内表面所带的电荷量为 $-q$，由电荷守恒可知金属球壳外表面带电荷量为 $2q$，且内外表面电荷都是均匀分布的，如图 5-10 所示。

球心的电势由各球面上的电荷共同产生，由例 4-13 结论，有

$$V_0 = \frac{1}{4\pi\varepsilon_0}\left(\frac{q}{R_1} - \frac{q}{R_2} + \frac{2q}{R_3}\right)$$

在 $R_1<r<R_2$ 处作半径为 r 的高斯球面 S，如图 5-10 所示，由高斯定理 $\Psi = \oint_S \boldsymbol{E} \cdot \mathrm{d}\boldsymbol{S} = \frac{1}{\varepsilon_0}\sum_{内} q_i$ 得

$$E4\pi r^2 = \frac{q}{\varepsilon_0}$$

则场强的大小为

$$E = \frac{q}{4\pi\varepsilon_0 r^2}$$

方向沿半径指向球外。

两导体间的电压为

$$U = \int \boldsymbol{E} \cdot \mathrm{d}\boldsymbol{r} = \int_{R_1}^{R_2} \frac{q}{4\pi\varepsilon_0 r^2}\mathrm{d}r$$

$$= \frac{q}{4\pi\varepsilon_0}\left(\frac{1}{R_1} - \frac{1}{R_2}\right)$$

5.2 电容器 电容

电容器 电容（一）

你可以通过拉开弓弦或举起书本等动作以势能的形式存储能量。你也可以以电场中电势能的形式存储能量，电容器就是能实现这一目的的器件。

例如，在由便携式电池供电的照相闪光灯装置中就有电容器。电容器在电池作用下积累电荷建立电场，且保存着与电场相关的能量，直到这能量被迅速释放而触发发光。

电容是电学中一个重要的物理量，它反映了导体储存电荷量或电能的本领。电容器是现代电工技术和电子技术中的重要元件，其大小、形状不一，种类繁多，有大到比人还高的巨型电容器，也有小到肉眼无法看见的微型电容器。在超大规模集成电路中，1cm^2 中可以容纳数以万计的电容器。随着纳米（nm）材料的发展，更微小的电容器将会出现，电子技术正日益向微型化发展，同时，电容器的大型化也日趋成熟。利用高功率电容器可以获得高强度的激光束，这为实现人工控制热核聚变的良好前景提供了条件。这一节我们先讨论电容器及其电容，计算几种常见电容器电容。最后讨论电容器的连接。

5.2.1 电容器和电容的定义

两个中间用电介质隔开的导体就叫作电容器。电容器充电后带有等量异号电荷，通常将两导体间的电势差叫作电容器的电压。电容器升高单位电压所需的电荷量称为电容器的电容。故电容的定义式为

$$C=\frac{Q}{U} \tag{5-2}$$

式中，Q 是电容器的任一导体（叫电极或极板）上所带的电荷量的绝对值；U 为电容器的电压；C 为电容。在国际单位制中，电容的单位为 F（法拉），因为 F 很大，常用 μF（微法）、pF（皮法）等作为电容的单位，它们之间的关系为

$$1\text{F}=10^6\mu\text{F}=10^{12}\text{pF}$$

电容器电容的大小反映电容器储存电荷量的本领，与电容器所带的电荷量和电容器的电压无关，仅由器件本身的材料（主要为极板间的电介质）、结构、尺寸决定。

5.2.2 几种常见电容器的电容

下面我们先讨论几种常见的处于真空中的电容器的电容，至于电介质对电容的影响将在下一节再说明。

1. 平行板电容器的电容

如图 5-11 所示，两个靠得很近的导体板，忽略边缘效应（板间电场以无限大平面间的电场看待，其电场是匀强的），若极板面积为 S，板间的距离为 d，设两极板所带的电荷量分别为 $+Q$ 和 $-Q$，则板间的电场强度为

$$E=\frac{Q}{S\varepsilon_0}$$

板间的电压为

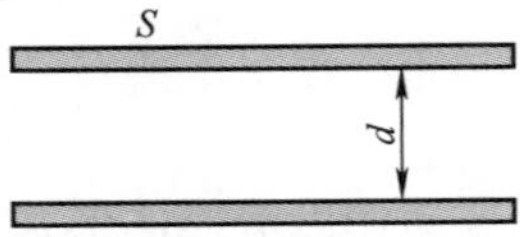

图 5-11 平行板电容器

$$U = Ed = \frac{Q}{S\varepsilon_0}d$$

于是，根据式（5-2），平行板电容器的电容为

$$C = \frac{Q}{U} = \frac{\varepsilon_0 S}{d} \tag{5-3}$$

从式（5-3）可知，平行板电容器的电容与极板面积成正比，与板间的距离成反比，它的大小与电容器是否带电无关。

2. 圆柱形电容器的电容

圆柱形电容器由半径分别为 R_A、R_B 的两同轴圆柱导体面（电极）A 和 B 构成，若圆柱体的长度 L 比圆柱导体面的半径大得多（可认为圆柱导体面无限长，两柱面间的电场可以看成是无限长柱面间的电场），如图 5-12 所示。

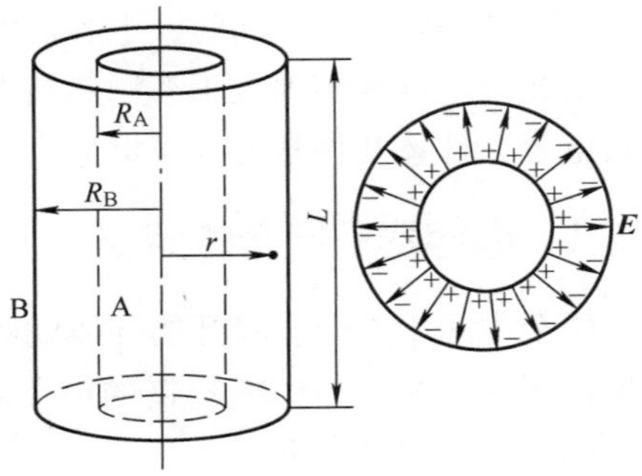

图 5-12 圆柱形电容器

设长为 L 的两圆柱导体面所带的电荷量分别为 $+Q$ 和 $-Q$，则圆柱导体面单位长度上的电荷 $\lambda = Q/L$，由高斯定理易得圆柱导体面间的电场强度为

$$E = \frac{\lambda}{2\pi\varepsilon_0 r} = \frac{Q}{2\pi\varepsilon_0 Lr} \quad (R_A < r < R_B)$$

电场的方向垂直于圆柱轴线，如图 5-12 所示。于是，两柱面间的电压为

$$U = \int_{R_A}^{R_B} \boldsymbol{E} \cdot \mathrm{d}\boldsymbol{r} = \int_{R_A}^{R_B} \frac{Q\mathrm{d}r}{2\pi\varepsilon_0 Lr} = \frac{Q}{2\pi\varepsilon_0 L}\ln\frac{R_B}{R_A}$$

根据式（5-2），圆柱形电容器的电容为

$$C = \frac{Q}{U} = \frac{2\pi\varepsilon_0 L}{\ln\dfrac{R_B}{R_A}}$$

单位长度圆柱面电容器的电容为

$$C_1 = \frac{C}{L} = \frac{2\pi\varepsilon_0}{\ln\dfrac{R_B}{R_A}} \tag{5-4}$$

从式（5-4）可知，圆柱形电容器的电容与电极长度和电极的半径有关，其大小与电容器是否带电无关。

3. 球形电容器的电容

球形电容器由半径分别为 R_A、R_B 的两同心金属球壳（电极）构成，如图 5-13 所示。设两球壳所带的电荷量分别为 $+Q$ 和 $-Q$，由高斯定理易得球壳导体面间的电场强度为

$$\boldsymbol{E}=\frac{Q}{4\pi\varepsilon_0 r^2}\boldsymbol{e}_r \quad (R_A<r<R_B)$$

于是，球壳间的电压为

$$U=\int_{R_A}^{R_B}\boldsymbol{E}\cdot \mathrm{d}\boldsymbol{r}=\int_{R_A}^{R_B}\frac{Q\mathrm{d}r}{4\pi\varepsilon_0 r^2}=\frac{Q}{4\pi\varepsilon_0}\left(\frac{1}{R_A}-\frac{1}{R_B}\right)$$

根据式（5-2），球形电容器的电容为

$$C=\frac{Q}{U}=\frac{4\pi\varepsilon_0 R_A R_B}{R_B-R_A} \tag{5-5}$$

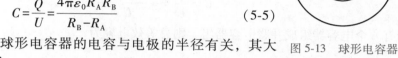

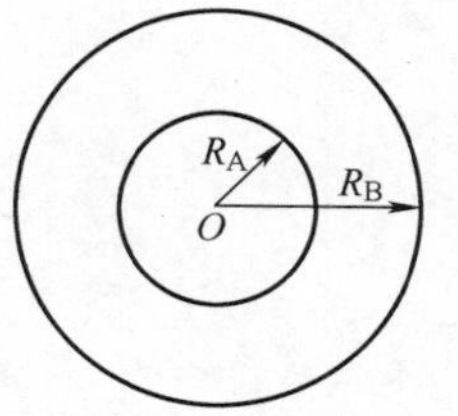

图 5-13 球形电容器

从式（5-5）可知，球形电容器的电容与电极的半径有关，其大小与电容器是否带电无关。

4. 孤立导体电容器的电容

真空中一带电荷量为 Q、半径为 R 的孤立导体球，它与无穷远（取无穷远为电势零点）处的电压为 U（可认为另一极板在无穷远），有

$$U=\frac{Q}{4\pi\varepsilon_0 R}$$

于是，根据式（5-2），孤立导体电容器的电容为

$$C=\frac{Q}{U}=4\pi\varepsilon_0 R$$

也可由式（5-5）认为其中的 $R_B\to\infty$，$R_A=R$，得到孤立导体电容器的电容为

$$C=4\pi\varepsilon_0 R \tag{5-6}$$

由式（5-6）可以看出，真空中球形孤立导体电容器的电容正比于球的半径。以上仅分析了球形孤立导体电容器的电容，对其他形状孤立导体电容器的讨论思路是一样的。应该说，在实际中是不存在孤立导体的，导体周围总会有别的导体。例如，电路板上各导体器件间也存在电容（称杂散电容）。

5.2.3 电容器的连接

在实际电路的设计和使用中，常需要把一些电容器组合起来以便于使用。电容器最基本的组合方式是并联和串联。在电路图中，电容器的符号为“ ⊣⊢ ”。

电容器 电容（二）

下面讨论电容器经并联或串联后其等效电容的计算。

1. 电容器的并联

如图 5-14a 所示，将两个电容器 C_1、C_2 的同极连接在一块，这种连接方法叫作并联。将它们接在电压为 U 的电路中，设 C_1、C_2 上的电荷分别为 Q_1、Q_2，于是，根据式（5-2），有

$$Q_1=C_1U,\ Q_2=C_2U$$

两电容器上的总电荷为 $Q=Q_1+Q_2=(C_1+C_2)U$，若用一个电容器来等效地代替这两个电容器，如图 5-14b 所示，则这个等效电容器的电容 C 为

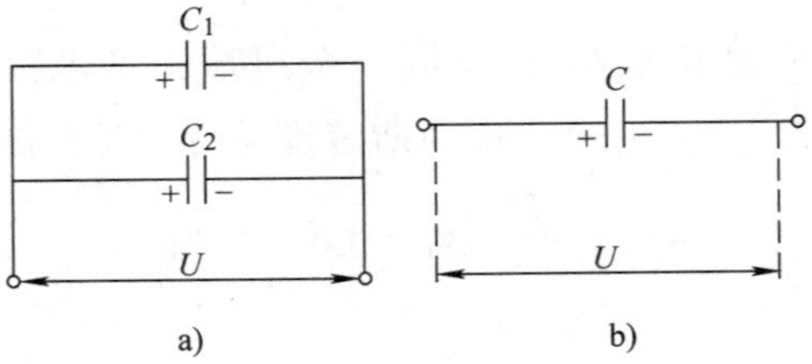

图 5-14 电容器的并联

$$C=\frac{Q}{U}=\frac{(C_1+C_2)U}{U}=C_1+C_2 \tag{5-7}$$

若有 n 个电容器组成并联电容器组，则总等效电容为

$$C=\sum_{i=1}^{n}C_i \tag{5-8}$$

式（5-8）说明，当几个电容器并联时，其等效电容等于电容器组中各个电容器电容之和。可见，并联电容器组的等效电容较电容器组中任何一个电容器的电容都要大，而各电容器上的电压是相等的。

2. 电容器的串联

如图 5-15a 所示，两个电容器的极板首尾相连接，这种连接方法叫作串联。加在串联电容器组上的电压为 U，则两端的极板分别带有 $+Q$ 和 $-Q$ 的电荷，由于静电感应，电容器组中各个电容器的正极都带有 $+Q$ 的电荷，负极都带 $-Q$ 的电荷，这就是说，串联电容器组中每个电容器极板上所带的电荷量的绝对值是相等的。于是，根据式（5-2），可得每个电容器的电压为

$$U_1=\frac{Q}{C_1},\qquad U_2=\frac{Q}{C_2}$$

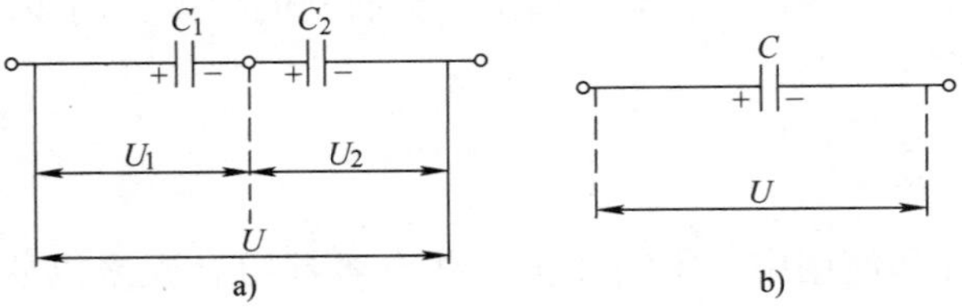

图 5-15 电容器的串联

即总电压为 U 的串联电容器组中各个电容器上的电压之和，即

$$U=U_1+U_2=\left(\frac{1}{C_1}+\frac{1}{C_2}\right)Q \tag{5-9}$$

如果用一个电容为 C 的电容器来等效地代替串联电容器组，如图 5-15b 所示，当它的两端电压为 U 时，它所带的电荷也为 Q，则有

$$C=\frac{Q}{U}$$

将式（5-9）代入上式可得

$$\frac{1}{C}=\frac{1}{C_1}+\frac{1}{C_2},\ C=\frac{C_1C_2}{C_1+C_2}$$

若有 n 个电容器组成串联电容器组，则总电容为

$$\frac{1}{C}=\sum_{i=1}^{n}\frac{1}{C_i} \tag{5-10}$$

式（5-10）说明，**串联电容器组等效电容的倒数等于电容器组中各电容器电容倒数之和**。

由上述讨论可看出，串联电容器组的等效电容比电容器组中任何一个电容器的电容都小，而每一电容器上的电压小于总电压。并联时，总电容增大了，但因每个电容器都直接连到电源上，所以电容器组的总耐压能力是由耐压能力最低的那个电容器所限制；串联时，总电容比每个电容器都减小了，但是，由于总电压分配到各个电容器上，所以电容器组的总耐压能力比每个电容器都提高了。可见，如果既要增大容量又要提高耐压，则可以采用串并联的连接方式。

5.3　静电场中的电介质

前一节我们主要讨论了静电场中导体与电场的相互作用规律。这一节将着重讨论电介质对静电场的影响，即静电场与电介质的相互作用。首先，我们从实验出发讨论电介质对电场、电容器电容的影响，然后，再讨论电介质的极化机理、电极化强度的概念以及极化电荷与自由电荷间的关系。

静电场中的电介质

5.3.1　电介质对电场、电容的影响　相对介电常数

不能导电的绝缘体（即理想电介质，内部没有可以自由移动的电荷，原子中电子和原子核的结合力很强，电子处于束缚状态，或者说它的电阻率很大）称为电介质。本书仅讨论各向同性的均匀电介质。

我们首先通过一个实验现象来观察电介质对电场的影响。如图 5-16 所示，对一面积为 S、相距为 d 的平行板电容器进行充电，极板所带的电荷量为 Q，维持极板上的电荷量 Q 不变，极板间为真空时实验测得其间的电压为 U_0。若在两极板间插入一厚度为 d 的均匀的各向同性电介质，实验再测得两极板间的电压为 U，U_0 与 U 的比值是一常数，为

$$\frac{U_0}{U}=\varepsilon_r \tag{5-11}$$

由此可知，插入电介质后极板间的电压为原来电压的 $1/\varepsilon_r$。由于板间的距离 d 不变，故插入电介质后两板间的电场强度 E 也为真空时电场强度的 $1/\varepsilon_r$，即

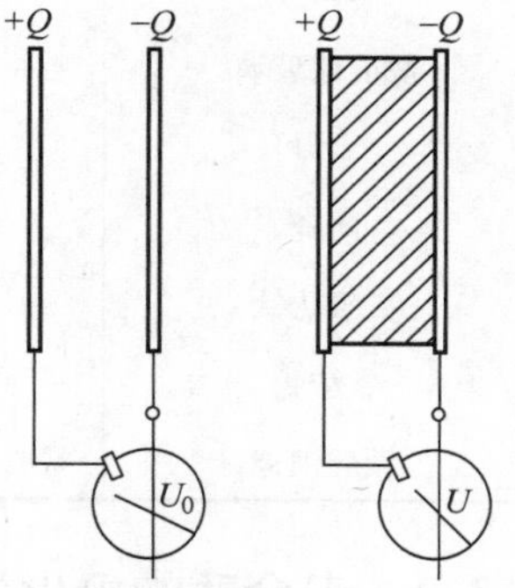

图 5-16　电介质对电场的影响

$$\frac{E}{E_0}=\frac{1}{\varepsilon_r} \tag{5-12}$$

因为维持电容器两极板的电荷量 Q 不变，故由式（5-11）可得充满电介质的电容器的电容 C 为真空电容 C_0 的 ε_r 倍，即

$$\frac{C}{C_0}=\varepsilon_r \rightarrow C=\varepsilon_r C_0 \tag{5-13}$$

上面三式中的 ε_r 叫作电介质的相对介电常量或称电介质的相对电容率。相对介电常量 ε_r 与真空介电常量 ε_0 的乘积 $\varepsilon=\varepsilon_r\varepsilon_0$ 叫作电介质的介电常量或电介质的电容率。

表5-1给出了一些常见电介质的相对介电常量。从表中可以看出，除空气的相对电容率约等于1外，其他电介质的相对电容率均大于1。电容器的电容不仅依赖于电容器的形状，还和极板间电介质的相对电容率有关。

当极板间的电压升高时，极板间的电场强度也增大，当极板间的电场强度增大到某一最大值时会出现电介质击穿现象。这是因为若外加电场很强，电介质分子中的正、负电荷有可能被拉开而变成可以自由移动的电荷。由于这种电荷的大量产生，电介质的绝缘性能就会遭到破坏而变成了导体。电介质的击穿电场强度（介电强度）定义为：**电介质所能承受的不被击穿的最大电场强度**。此时，极板间的电压为电介质的耐压（击穿电压）。表5-1同时给出了一些常见电介质的击穿电场值。

表5-1 几种常见电介质的相对介电常量和击穿电场值

电介质	相对介电常量 ε_r	击穿电场值/(10^3V/mm)（室温）
真空	1	
空气（0℃）	1.000 59	3
水（20℃）	80.2	
变压器油	2.2~2.5	12
纸	2.5	5~14
聚四氟乙烯	2.1	60
聚乙烯	2.26	50
硼硅酸玻璃	5~10	14
云母	5.4	160
陶瓷	6	4~25
二氧化钛	173	
钛酸锶	约250	8
钛酸钡锶	约 10^4	

5.3.2 电介质的极化机理

电介质为何能影响电场，以下将从电介质极化的微观机理来分析其原因。电介质在一般情况下可分为如下两类：

1. 极性电介质

正常情况下，分子中正、负电荷的中心不重合，有固有电偶极矩。如图 5-17、图 5-18 所示分别是氯化氢和水分子电偶极子。具有这种性质的材料还有有机玻璃、纤维素、聚氯乙烯等。

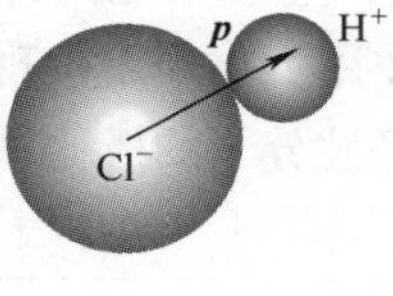

图 5-17　氯化氢分子电偶极子

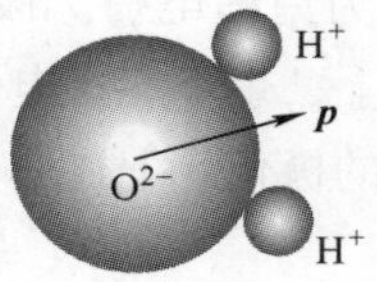

图 5-18　水分子电偶极子

2. 非极性电介质

在正常情况下，正、负电荷的中心重合，没有固有的电偶极矩，在外电场的作用下，中心分开，产生感应电偶极矩。如图 5-19、图 5-20 所示分别是氦原子和甲烷分子，还有石蜡、聚苯乙烯等都是非极性电介质。

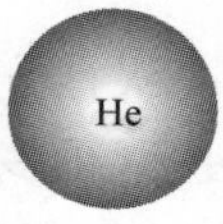

图 5-19　氦原子，其正、负电荷中心重合

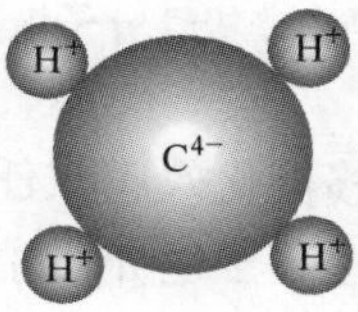

图 5-20　甲烷分子，其正、负电荷中心重合

对于极性电介质来说，产生极化的过程与非极性电介质的极化过程有所不同。虽然极性电介质中每个分子都可作为一个电偶极子，并有一定的固有电偶极矩，但在没有外电场的情况下，由于分子的热运动，极性电介质中各电偶极子的电偶极矩的排列是无序的，所以它对外与非极性电介质一样也不呈现电性。如图 5-21 和图 5-22 所示分别是自由状态下的非极性分子和极性分子电介质。

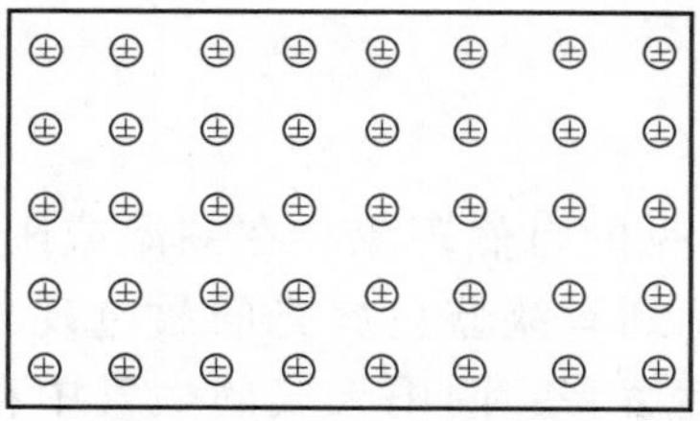

图 5-21　自由状态下的非极性分子电介质

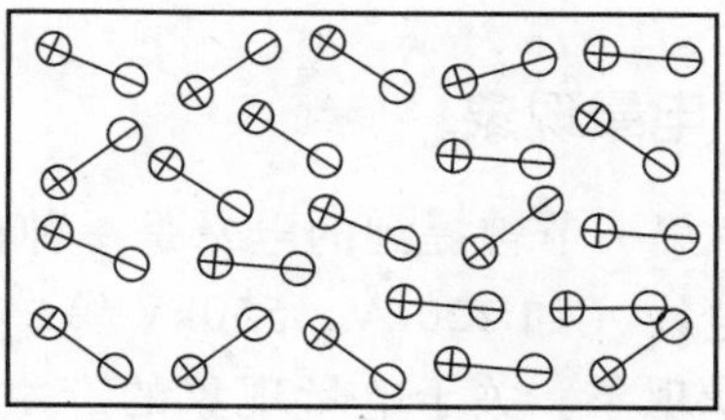

图 5-22　自由状态下极性分子电介质

电介质放置在外电场中时，在电场作用下，非极性分子的正、负中心要分开，而且电场越强，分得越开，即感应电偶极矩越大。极性分子中的电偶极子要受到力矩 $\boldsymbol{M}=\boldsymbol{p}\times\boldsymbol{E}$ 的作用，使电介质中各电偶极子的电偶极矩转向外电场的方向，但由于热运动的惯性，可能排列得不像非极性分子那么整齐。外电场越强，排列得越整齐。如图 5-23 和图 5-24 所示分别是在外电场中的非极性分子和极性分子电介质。若撤去外电场，由于分子热运动的缘故，这些

电偶极子其电偶极矩的排列将又恢复成无序状态。在外电场中，对于一块电介质整体而言，由于其中每一个分子形成一个电偶极子，各个电偶极子沿外电场方向排列成一条“链子”，链上相邻的电偶极子间正、负电荷互相靠近，因而对于均匀电介质来说，其内部各处仍是呈电中性的，但电介质的两端面就不然了，一端出现负电荷，一端出现正电荷，这电荷就是**极化电荷**，也称为**束缚电荷**。极化电荷与导体中的自由电荷不同，它们不能离开电介质而转移到其他带电体上，也不能在电介质内部自由移动。在外电场的作用下电介质出现极化电荷的现象就是电介质的极化。上述非极性分子的极化称为**位移极化**，极性分子的极化称为**取向极化**。

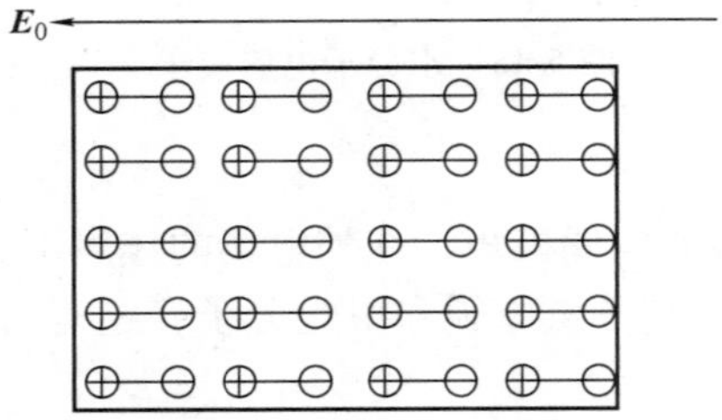

图 5-23　在外电场中非极性分子电介质

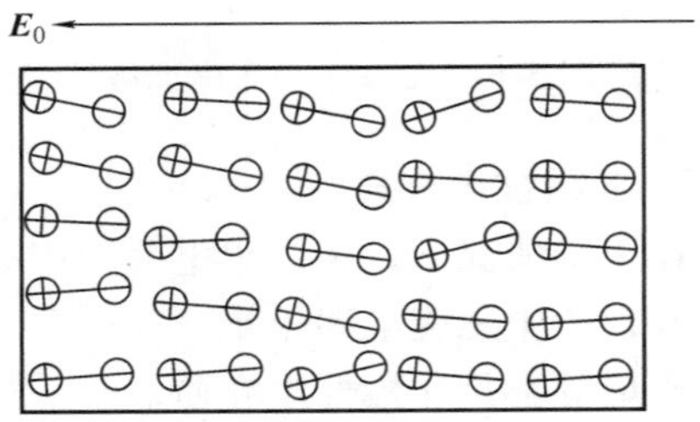

图 5-24　在外电场中极性分子电介质

应当指出，位移极化效应在任何电介质中都存在，而取向极化只是极性分子电介质所独有的。但是，在极性分子电介质中，取向极化的效应比位移极化的效应强得多，因而其中取向极化是主要的。在非极性分子电介质中，位移极化则是唯一的极化效应。这里需要说明的是，电介质如果受频率很高的电场作用，由于分子的惯性较大，取向极化跟不上外电场的变化，这时，无论哪种电介质只剩下唯一的位移极化机制起作用。所以，在高频电场下，电介质的相对介电常量 ε_r 与外电场的频率有关。

综上所述，在静电场中，虽然不同电介质极化的微观机理不尽相同，但是在宏观上的表现都相同，就是电介质的端面都出现极化电荷，即产生极化现象。所以，在静电范围内，不要求我们更深入地研究电介质的极化机理时，就不需要把这两类电介质分开讨论。

5.3.3 电晕现象

本章第一节曾提到的电晕是一种日常生活中常见的自然现象。在潮湿或阴雨天里，高压输电线（如 220kV、550kV 等）附近，常可见到有淡蓝色辉光的放电现象，这就称作电晕现象。关于电晕现象的产生可做如下定性解释：阴雨天气的大气中存在着较多的水分子，水分子是具有固有电偶极矩的极性分子。由于输电线附近存在着非均匀电场，水分子在此非均匀电场的作用下，一方面要使其固有电偶极矩转向外电场方向，另一方面因电场不均匀，电偶极子所受的电场合力不为零质心向输电线移动，从而使水分子凝聚在输电线的表面上形成细小的水滴。由于重力和电场力的共同作用，水滴的形状因而变长并出现尖端。在带电水滴尖端附近的电场强度特别大，从而使大气中的气体分子电离，以致形成放电现象。这就是在阴雨天常看到高压输电线附近有淡蓝色辉光，即电晕现象的原因。

5.3.4　电极化强度

1. 电极化强度的概念

在电介质中任取一宏观小体积 ΔV，在没有外电场时，电介质未被极化，此小体积中所有分子的电偶极矩 $\boldsymbol{p}$ 的矢量和为零，即 $\sum\boldsymbol{p}=0$。当外电场存在时，电介质被极化，此小体积中分子电偶极矩 $\boldsymbol{p}$ 的矢量和将不为零，即 $\sum\boldsymbol{p}\neq0$。外电场越强，分子电偶极矩的矢量和越大。因此，可以用单位体积中分子电偶极矩的矢量和来表示电介质的极化程度，即

$$\boldsymbol{P}=\frac{\sum\boldsymbol{p}}{\Delta V}$$

式中，$\boldsymbol{P}$ 称为**电极化强度**，单位为 $\mathrm{C/m^2}$。和导体与静电场相互作用一样，电介质的极化是电场和介质分子相互作用的过程。外电场引起电介质的极化，而电介质极化后出现的极化电荷也要激发电场并改变电场的分布，重新分布后的电场反过来再影响电介质的极化，直到静电平衡时，电介质便处于一定的极化状态。所以，电介质中任一点的电极化强度 $\boldsymbol{P}$ 与该点的合电场强度 $\boldsymbol{E}$ 有关。对不同的电介质，$\boldsymbol{P}$ 与 $\boldsymbol{E}$ 的关系不同。实验证明，对于各向同性的电介质，$\boldsymbol{P}$ 和电介质内该点处的合电场强度 $\boldsymbol{E}$ 成正比，在国际单位制中，这个关系可写为

$$P=\chi_e\varepsilon_0E \tag{5-14}$$

式中，比例系数 χ_e 和电介质的性质有关，叫作电介质的**电极化率**，它是量纲为一的量。对均匀电介质，介质中各点的 χ_e 是常数；对不均匀电介质，χ_e 是电介质各点位置的函数 $\chi_e(x,\ y,\ z)$，就是说电介质中不同的点的 χ_e 值不同。

电介质被极化后，由于分子电偶极子呈规则排列，会在局部区域出现未被抵消的极化电荷。对于均匀电介质，其极化电荷只集中在表面层里或在两种不同的界面层里，电介质极化后产生的一切宏观效应就是通过这些电荷来体现的。因此，电介质极化强度的强弱必定和极化电荷之间有着内在的联系。电介质极化时，极化程度越高（即 $\boldsymbol{P}$ 越大），电介质端面上的极化电荷面密度 σ' 也越大。下面我们就讨论极化强度 $\boldsymbol{P}$ 与极化电荷面密度 σ' 的关系。

2. 电极化强度 P 与 σ' 的关系

以非极性电介质为例，假定负电荷不动，正电荷沿电场的方向相对负电荷发生位移 l，在电介质中取一长为 l，底面积为 $\mathrm{d}S$ 的斜柱体，设电介质单位体积的分子数为 n，每个分子电偶极子的正电荷或负电荷的电荷绝对值为 q，则由于电极化越过 $\mathrm{d}S$ 面的总电荷量如图 5-25 所示，为

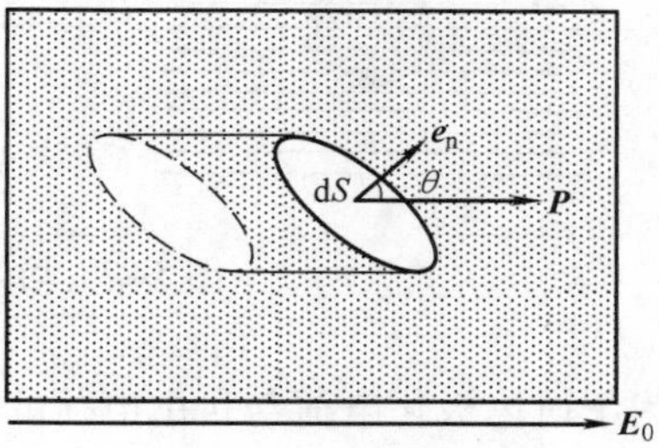

图 5-25　电极化强度 P 与 σ' 的关系

$$\mathrm{d}q'=qn\mathrm{d}V=qnl\mathrm{d}S\cos\theta$$

因为每个分子的电偶极矩 $\boldsymbol{p}=q\boldsymbol{l}$，对于非极性分子，电介质电极化强度的大小 $P=np$，所以上式为

$$\mathrm{d}q'=P\mathrm{d}S\cos\theta$$

$$\sigma'=\frac{\mathrm{d}q'}{\mathrm{d}S}=P\cos\theta$$

写成矢量形式有

$$\sigma' = \boldsymbol{P} \cdot \boldsymbol{e}_n \tag{5-15}$$

式中，$\boldsymbol{e}_n$ 为面积 d$\boldsymbol{S}$ 方向的单位矢量。若 dS 正好是界面，则式（5-15）就是 dS 上的极化电荷面密度。以上虽是由非极性电介质推出，但对极性电介质也适用。因此，式（5-15）就是电介质表面极化电荷面密度分布与电极化强度矢量间的关系式。

【例 5-4】 半径为 R 的介质球被均匀极化，电极化强度为 $\boldsymbol{P}$（方向见图 5-26）。试讨论电介质球表面的极化电荷分布。

【解】 如图 5-26 所示，在球面上任一点处的法向 $\boldsymbol{e}_n$ 与 $\boldsymbol{P}$ 的夹角为 θ，此处的极化电荷面密度为

$$\sigma' = P\cos\theta$$

右半球面上，$\sigma'>0$；左半球面上，$\sigma'<0$；$\theta=\pi/2$ 时，$\sigma'=0$。极化电荷分布示意如图 5-26 所示。

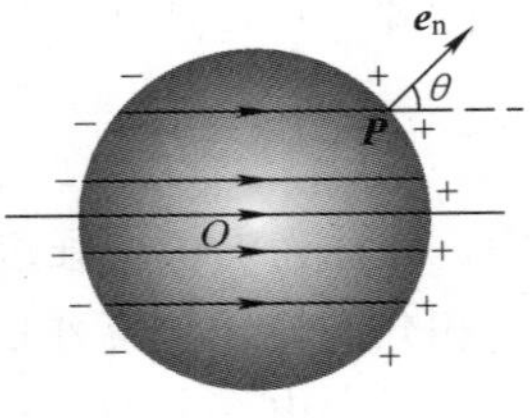

图 5-26 例 5-4 图

5.4 有电介质时的高斯定理

有电介质时的高斯定理

5.4.1 电介质中的电场强度 极化电荷与自由电荷的关系

电介质极化时出现极化电荷，这些极化电荷和自由电荷一样，在周围空间（无论介质内部或外部）会产生附加电场强度 $\boldsymbol{E}'$，根据电场强度叠加原理，在有电介质存在时，空间任意一点的电场强度 $\boldsymbol{E}$ 是外电场的电场强度 $\boldsymbol{E}_0$ 和极化电荷的电场强度 $\boldsymbol{E}'$的矢量和：$\boldsymbol{E}=\boldsymbol{E}_0+\boldsymbol{E}'$。图 5-27 所示的是一均匀电介质球在均匀外电场中被极化，极化电荷产生附加电场强度 $\boldsymbol{E}'$与外电场的电场强度 $\boldsymbol{E}_0$ 相互作用而平衡的情况。

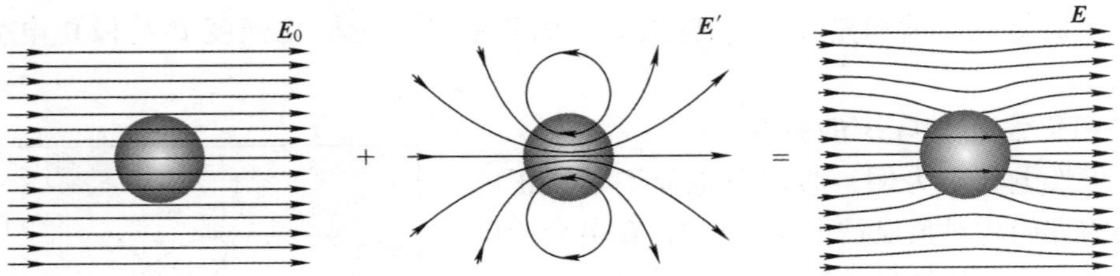

图 5-27 均匀电介质球在均匀外电场中的极化

为了讨论极化电荷与自由电荷的关系，下面我们以忽略边缘效应、充满了各向同性均匀电介质的平行板电容器为例来进行分析。

如图 5-28 所示，有一极板面积为 S、板间相距为 d 的平行板电容器，极板上自由电荷面密度为 σ_0，在放入电介质以前，极板间自由电荷产生的电场强度 $\boldsymbol{E}_0$ 的值 $E_0=\sigma_0/\varepsilon_0$。当两极板间充满均匀的各向同性电介质后，由于电介质的极化，在它的两个垂直于 $\boldsymbol{E}_0$（或者说面积的法向与 $\boldsymbol{E}_0$ 平行）的表面上分别出现正、负极化电荷，其电荷面密度为 σ'，极化电荷建立的电场强度 $\boldsymbol{E}'$的值 $E'=\sigma'/\varepsilon_0$，则电介质中的电场强度 $\boldsymbol{E}$ 为

$$\boldsymbol{E}=\boldsymbol{E}_0+\boldsymbol{E}'$$

$\boldsymbol{E}_0$ 与 $\boldsymbol{E}'$反向（见图 5-28），结合式（5-12），电介质中电场强度的值为

$$E=E_0-E'=\frac{E_0}{\varepsilon_r}$$

即

$$E=\frac{\sigma_0}{\varepsilon_0}-\frac{\sigma'}{\varepsilon_0}=\frac{\sigma_0}{\varepsilon_0\varepsilon_r}$$

从而可得

$$\sigma'=\frac{(\varepsilon_r-1)}{\varepsilon_r}\sigma_0 \tag{5-16a}$$

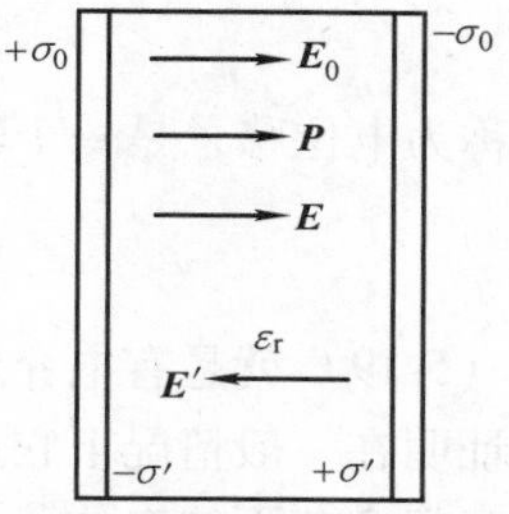

图 5-28　充满均匀电介质的平行板电容器

式（5-16a）给出了在均匀各向同性的电介质中，极化电荷面密度与自由电荷面密度之间的关系，因为 ε_r 总大于 1，所以 σ'总比 σ_0 小。又因 $q'=\sigma'S$，$q_0=\sigma_0 S$，故式（5-16a）也可写成

$$q'=\frac{(\varepsilon_r-1)}{\varepsilon_r}q_0 \tag{5-16b}$$

将 $\sigma_0=\varepsilon_0 E_0=\varepsilon_0\varepsilon_r E$ 和 $P=\sigma'$代入式（5-16）中，可得电介质中电极化强度 $\boldsymbol{P}$ 与电场强度 $\boldsymbol{E}$ 之间的大小关系为

$$P=(\varepsilon_r-1)\varepsilon_0 E$$

写成矢量有

$$\boldsymbol{P}=(\varepsilon_r-1)\varepsilon_0\boldsymbol{E} \tag{5-17}$$

将式（5-17）与式（5-14）比较可得电介质的电极化率为

$$\chi_e=\varepsilon_r-1$$

5.4.2　电位移　有电介质时的高斯定理

上一章我们已经讨论了真空中静电场的高斯定理。当静电场中有电介质时，在高斯面内不仅会有自由电荷，而且还会有极化电荷，这时高斯定理的形式是否会变化呢？

我们仍以忽略边缘效应的、充满各向同性均匀电介质的平行板电容器为例来进行分析。在如图 5-29 所示的情形中，取一闭合的圆柱面作为高斯面 S，高斯面 S 的两端面与极板平行，其中下端面在电介质内，上端面在导体板内，端面的面积为 ΔS，设极板上的自由电荷面密度为 σ_0，电介质表面上的极化电荷面密度为 σ'。对此高斯面来说，由高斯定理有

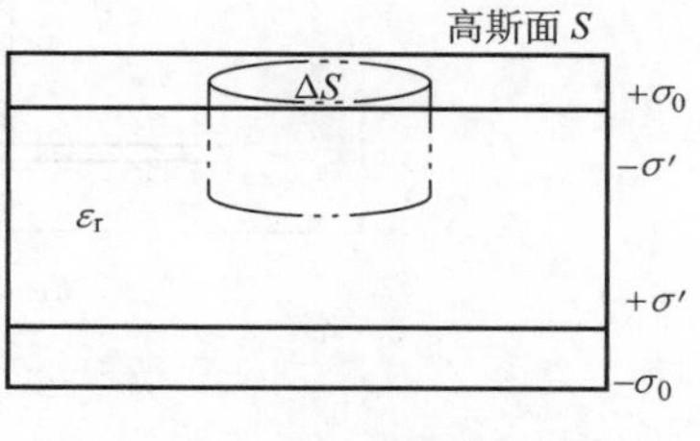

图 5-29　有电介质时的高斯定理

$$\oint_S \boldsymbol{E}\cdot \mathrm{d}\boldsymbol{S}=\frac{1}{\varepsilon_0}(q_0-q')$$

式中，$q'=\sigma'\Delta S$；$q_0=\sigma_0\Delta S$。由式（5-16b）可知，$q_0-q'=q_0/\varepsilon_r$，代入上式有

$$\oint_S \boldsymbol{E}\cdot \mathrm{d}\boldsymbol{S}=\frac{q_0}{\varepsilon_0\varepsilon_r}$$

或

$$\oint_S \varepsilon_0\varepsilon_r \boldsymbol{E}\cdot \mathrm{d}\boldsymbol{S} = q_0 \tag{5-18}$$

定义

$$\boldsymbol{D}=\varepsilon_0\varepsilon_r\boldsymbol{E}=\varepsilon\boldsymbol{E}$$

$\boldsymbol{D}$ 称为电位移，是一个辅助物理量，单位为 $\mathrm{C/m^2}$。这样，式（5-18）可写成

$$\oint_S \boldsymbol{D}\cdot \mathrm{d}S = q_0 \tag{5-19}$$

式（5-19）就是有电介质时的高斯定理，它虽是从平行板电容器得出的，但进一步的理论可以证明在一般情况下它也是成立的。故有电介质时的高斯定理可叙述为：**在静电场中，通过任意闭合曲面的电位移通量等于该闭合曲面内所包围的自由电荷的代数和。**其数学表达式为

$$\oint_S \boldsymbol{D}\cdot \mathrm{d}\boldsymbol{S} = \sum_{S内} q_0 \tag{5-20}$$

由上式可看出，电位移通量仅和自由电荷联系在一起。而电场强度通量是和所有的电荷（包括极化电荷）有关的。若用电场线和电位移线来形象地区别，可以说，在静电场中，**电场线起自一切正电荷，终止在一切负电荷上；电位移线是起自正自由电荷，终止在负自由电荷上。**

在电场中放入电介质以后，电介质中电场强度的分布既和自由电荷分布有关，又和极化电荷分布有关，而极化电荷分布常常是很复杂的。现在引入电位移这一物理量后，电介质高斯定理的数学表达式（5-20）中只有自由电荷一项，所以，用式（5-20）处理电介质中电场的问题就比较简单。但要注意，从表述有电介质时的电场规律来说，$\boldsymbol{D}$ 只是一个辅助矢量。在物理意义上，描写电场性质的物理量仍是电场强度 $\boldsymbol{E}$ 和电势 V。也就是说，如果把一试验电荷 q_0 放到电场中，决定它受力的是电场强度 $\boldsymbol{E}$ 而不是电位移 $\boldsymbol{D}$。

【例 5-5】 如图 5-30 所示，忽略边缘效应的平行板面积为 S，板间距离为 d，接在电压为 U 的电源上，介质的相对介电常量为 ε_r。求图中 a、b 两种接法中板间各处电场强度的大小、自由电荷与束缚电荷的面密度及相应接法的总电容。

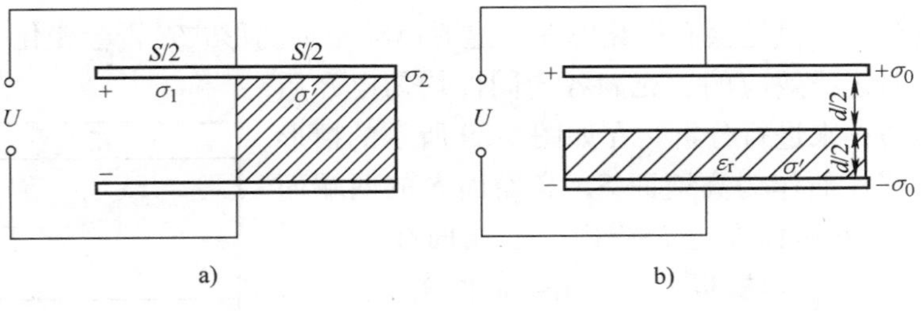

图 5-30 平行板电容器

a）两平行板并联 b）两平行板串联

【解】 （1）如图 5-30a 所示，设左边（无电介质区域）的电场强度为 $\boldsymbol{E}_1$，自由电荷面密度为 σ_1，右边（充满电介质区域）的电场强度为 $\boldsymbol{E}_2$，自由电荷面密度为 σ_2，束缚电荷面密度为 σ'，左右两部分并联，电压相同，有

$$E_1 d = E_2 d = U$$

所以

$$E_1 = E_2 = \frac{U}{d}$$

由
$$E_1=\frac{\sigma_1}{\varepsilon_0}=\frac{U}{d},\text{ 得 }\sigma_1=\frac{\varepsilon_0 U}{d}$$

由
$$E_2=\frac{\sigma_2}{\varepsilon_0\varepsilon_r}=\frac{U}{d},\text{ 得 }\sigma_2=\frac{\varepsilon_0\varepsilon_r U}{d}$$

由式（5-16a）可得

$$\sigma'=\frac{(\varepsilon_r-1)}{\varepsilon_r}\sigma_2=(\varepsilon_r-1)\frac{\varepsilon_0 U}{d}$$

并联总电容为

$$C=C_{左}+C_{右}=\frac{\varepsilon_0 S}{2d}+\frac{\varepsilon_0\varepsilon_r S}{2d}$$
$$=\frac{\varepsilon_0 S}{2d}(1+\varepsilon_r)$$

（2）如图 5-30b 所示，设上部分（无电介质区域）的电场强度为 $\boldsymbol{E}_1$，两金属板上的自由电荷面密度为 σ_0，下部分（充满电介质区域）的电场强度为 $\boldsymbol{E}_2$，束缚电荷面密度为 σ'，上下两部分串联，电压相加，有

$$E_1\frac{d}{2}+E_2\frac{d}{2}=U$$

$$E_1+E_2=\frac{2}{d}U$$

因为
$$E_1=\frac{\sigma_0}{\varepsilon_0},\quad E_2=\frac{\sigma_0}{\varepsilon_0\varepsilon_r}$$

$$\frac{\sigma_0}{\varepsilon_0}+\frac{\sigma_0}{\varepsilon_0\varepsilon_r}=\frac{2U}{d}\to\sigma_0=\frac{2\varepsilon_0\varepsilon_r U}{d\ (1+\varepsilon_r)}$$

$$E_1=\frac{\sigma_0}{\varepsilon_0}=\frac{2\varepsilon_r U}{d\ (1+\varepsilon_r)},\quad E_2=\frac{\sigma_0}{\varepsilon_0\varepsilon_r}=\frac{2U}{d\ (1+\varepsilon_r)}$$

$$\sigma'=\left(\frac{\varepsilon_r-1}{\varepsilon_r}\right)\sigma_0=(\varepsilon_r-1)\frac{2\varepsilon_0 U}{d\ (1+\varepsilon_r)}$$

串联总电容为

$$C=\frac{C_{上}C_{下}}{C_{上}+C_{下}}=\frac{2\varepsilon_0\varepsilon_r S}{d(1+\varepsilon_r)}$$

【例 5-6】　如图 5-31 所示，两共轴的长导体圆筒组成的电容器，其内外筒半径分别为 R_1、$R_2(R_1<R_2)$，其间充满均匀的、相对介电常数为 ε_r 的电介质，若电介质的击穿电场强度为 E_m。（1）当电压升高时，介质的哪处先击穿？（2）两筒间能加的最大电压为多少？

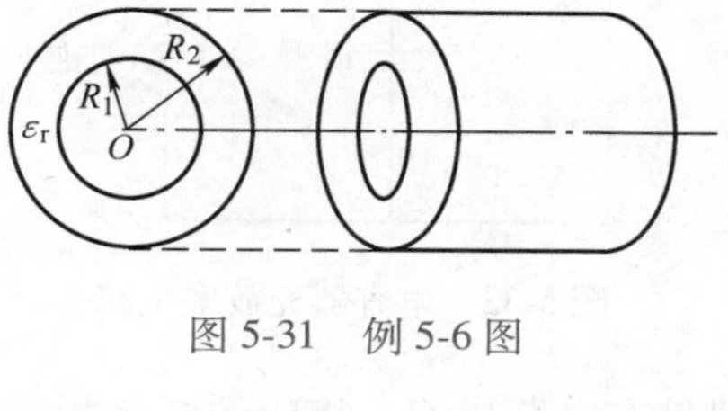

图 5-31　例 5-6 图

【解】（1）设导体中单位长度的电荷量为 λ，由有电介质时的高斯定理容易得到电介质中的电场强度的大小为

$$E=\frac{\lambda}{2\pi\varepsilon_0\varepsilon_r r}\quad (R_1<r<R_2)$$

从上式可知，半径 r 越小处 E 值越大，因为电介质内表面半径 R_1 为最小，所以介质中电场强度最大处应在内表面处，当电压升高时，E_{R_1} 最先到达击穿电场强度，故电介质的内表面处先击穿。

（2）两筒间的电压为

$$U=\int_{R_1}^{R_2}\boldsymbol{E}\cdot d\boldsymbol{r}=\int_{R_1}^{R_2}\frac{\lambda}{2\pi\varepsilon_0\varepsilon_r r}dr$$

$$=\frac{\lambda}{2\pi\varepsilon_0\varepsilon_r}\ln\frac{R_2}{R_1}$$

要计算能加的最大电压 U_m，设 $E_{R_1}=E_m$，则

$$E_{R_1}=\frac{\lambda}{2\pi\varepsilon_0\varepsilon_r R_1}=E_m\rightarrow\frac{\lambda}{2\pi\varepsilon_0\varepsilon_r}=R_1E_m$$

代入上式 U 值中，得

$$U_m=R_1E_m\ln\frac{R_2}{R_1}$$

5.5 静电场的能量　能量密度

静电场的能量
能量密度

5.5.1 电容器的能量

电容器带电时具有能量可以从下述的实验看出：将一个电容器、一个直流电源和一个灯泡连成如图 5-32 所示的电路，先将开关 S 倒向 a 边，再将开关倒向 b 边，此时，灯泡会发出一次强的闪光。这就是照相机的闪光灯闪光的原理。这个实验现象可做如下的解释：当开关倒向 a 边时，电容器两端和电源相连，使电容器两极板带上电荷，这个过程是对电容器的充电。当开关倒向 b 边时，电容器两极板上的正负电荷又会通过有灯泡的电路中和，这一过程是电容器的放电。灯泡发光表明有电流通过它，灯泡发光所消耗的能量是从哪里来的呢？就是从电容器释放出来的。这一现象说明带电电容器中储存有一定的能量，而电容器的能量就是它充电时由电源供给的。

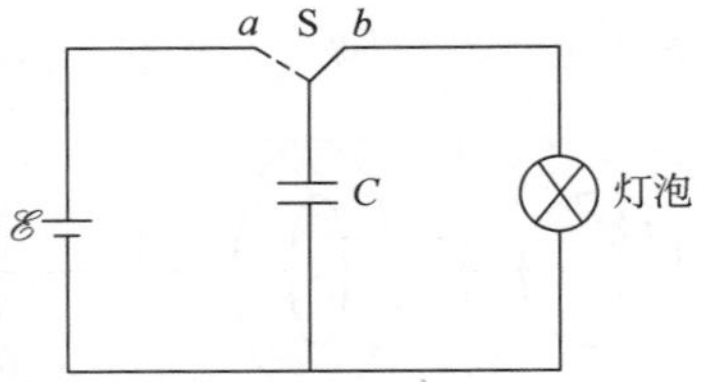

图 5-32　电容器充放电电路

现在我们来分析当电容器带有电荷量 Q，相应的两极板间的电压为 U 时所具有的能量。这个能量可以根据电容器在充电过程中电源克服电场力对电荷做的功来计算。设在充电过程中某时刻电容器两极板所带的电荷量为 q，电容器的电容为 C，这时两板间的电压为 u，$u=$

q/C。若在此电压 u 下，电源克服静电力再将 dq 的电荷从电容器的负极运送至电容器的正极，如图 5-33 所示，此过程电源克服静电力所做的功为 $dA=udq$，电容器充电完毕后，所带的电荷量为 Q，两极板间的电压为 U，这样，整个充电过程中，电源克服静电力所做的总功为

$$A=\int_0^Q u\mathrm{d}q=\int_0^Q \frac{q}{C}\mathrm{d}q=\frac{1}{2C}Q^2$$

$$=\frac{1}{2}QU=\frac{1}{2}CU^2 \tag{5-21}$$

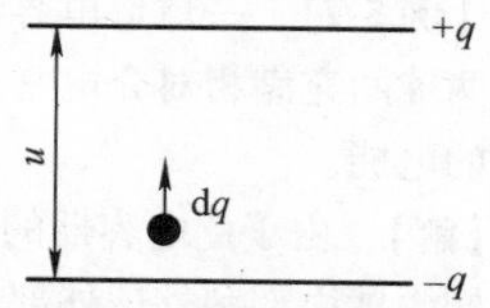

图 5-33　电容器充电时电源克服静电力做功

上式所示的功 A 转变为静电能 W 后就储存在电容器内的电场中，电容器放电时，这些静电能将释放出来，使灯泡发光。

5.5.2　静电场的能量

由上述分析可知，电容器充电后电容器的电场中具有静电能，那么，静电能一定和电场强度有联系，可以用下面的分析将静电能和电场强度 $\boldsymbol{E}$ 联系起来。

还是以忽略边缘效应的平行板电容器为例，设极板的面积为 S，板间距离为 d，板间充满相对介电常数为 ε_r 的电介质。此电容器的电容为

$$C=\frac{\varepsilon_0\varepsilon_r S}{d}$$

代入式（5-21），有

$$W=\frac{1}{2C}Q^2=\frac{1}{2}\frac{Q^2 d}{\varepsilon_0\varepsilon_r S}=\frac{\varepsilon_0\varepsilon_r}{2}\left(\frac{Q}{\varepsilon_0\varepsilon_r S}\right)^2 Sd$$

由于电容器两极板间的电场强度为

$$E=\frac{Q}{\varepsilon_0\varepsilon_r S}$$

所以可得

$$W=\frac{\varepsilon_0\varepsilon_r}{2}E^2 Sd$$

由于电场存在于两极板之间，所以在忽略边缘效应的情况下，Sd 也就是电容器中电场的体积，因而这种情况下的电场能量密度 w 可以表示为

$$w=\frac{W}{Sd}=\frac{1}{2}\varepsilon_0\varepsilon_r E^2=\frac{1}{2}DE \tag{5-22}$$

式（5-22）虽然是利用平行板电容器推导出来的，但是可以证明，它对于其他电容器也适用。在真空中，由于 $\varepsilon_r=1$，由式（5-22）可知，在电场强度相同的情况下，电介质中的电场能量密度与真空中相比将增大 ε_r 倍。这是因为在电介质中，不仅电场储存有能量，而且电介质的极化过程也吸收并储存了能量。

一般情况下，有电介质时的电场总能量 W 可以由式（5-22）的电场能量密度对电场体积积分求得，即

$$W=\int_V w\mathrm{d}V=\int_V \frac{1}{2}\varepsilon_0\varepsilon_r E^2\mathrm{d}V=\int_V \frac{1}{2}DE\mathrm{d}V \tag{5-23}$$

此积分应遍及电场分布的整个空间。

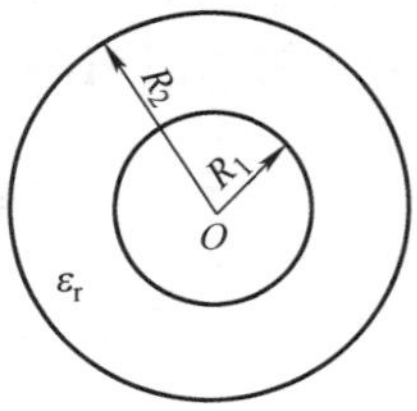

图 5-34 例 5-7 图

【例 5-7】 一球形电容器，内外球的半径分别为 R_1 和 R_2，如图 5-34 所示，两球间充满相对介电常量为 ε_r 的电介质，求此电容器带有电荷量 Q 时所储存的电能。

【解】 由于此电容器的内外球分别带有 $+Q$ 和 $-Q$ 的电荷量，根据高斯定律可知内球内部和外球外部的电场强度都是零。两球间的电场强度大小的分布为

$$E = \frac{Q}{4\pi\varepsilon_0\varepsilon_r r^2}$$

将此电场公式代入式（5-23）可得此球形电容器储存的电能为

$$W = \int w\mathrm{d}V = \int_{R_1}^{R_2} \frac{1}{2}\varepsilon_0\varepsilon_r\left(\frac{Q}{4\pi\varepsilon_0\varepsilon_r r^2}\right)^2 4\pi r^2\mathrm{d}r$$

$$= \frac{Q^2}{8\pi\varepsilon_0\varepsilon_r}\left(\frac{1}{R_1}-\frac{1}{R_2}\right)$$

若将上述结果和电容器的能量公式 $W=Q^2/(2C)$ 比较，可得球形电容器的电容为

$$C = \frac{Q^2}{2W} = \frac{4\pi\varepsilon_0\varepsilon_r R_1R_2}{R_2 - R_1}$$

与式（5-5）形式相同。这里利用了能量公式，而这又是计算电容器电容的另一种方法。如果 $R_2\to\infty$，则此带电体系为半径为 R_1、带电荷量为 Q 的孤立球形导体，由上述结果可知，它激发的电场中所贮存的能量为

$$W = \frac{Q^2}{8\pi\varepsilon R_1}$$

医用除颤器

电容器存储电势能的能力是除颤器设备的基础。在便携式除颤器中，电池在短于 1min 内使电容器充电到高电势差，存储大量的能量。导线头（点击板）放置在患者的胸膛上。当按下开关后，电容器发送部分能量通过患者从电极板到另一个电极板。例如，当除颤器中有一个 70μF 的电容器被充电到 5000V 时，电容器中存储的能量为

$$W=\frac{1}{2}CU^2=\frac{1}{2}\times70\times10^{-6}\times(5000)^2\mathrm{J}=875\mathrm{J}$$

这个能量中的约 200J 在约 2ms 的脉冲期间被发送通过患者，该脉冲的功率为

$$P=\frac{W}{t}=\frac{200\mathrm{J}}{2.0\times10^{-3}\mathrm{s}}=100\mathrm{kW}$$

它远大于电池本身的功率。这种因电池给电容器缓慢充电然后在高得多的功率下使它放电的技术通常被用于闪光照相术和频闪照相术中。

思考题

5-1 如图 5-35 所示，将原来不带电的导体 B 放在带电且为 Q（$Q>0$）的一导体球 A 附近，问：(1) A 球的电荷分布是否发生变化？为什么？(2) 试给出电力线草图。是否有电力线从导体 B 的正电荷出发而终止于导体 B

另一端的负电荷上？为什么？(3) A、B 两导体哪一个电势较高？如果 A 导体原来带负电荷又如何？

5-2　一个带电为 q 的点电荷位于一导体球壳中心，问：(1) 球壳内外表面电荷分布是否均匀？(2) 如果此点电荷偏离了球壳中心，如图 5-36 所示，球壳内外表面的电荷分布是否均匀？为什么？此时，球壳内外的电场是否发生变化？导体球壳的电势是否发生变化？试说明理由。

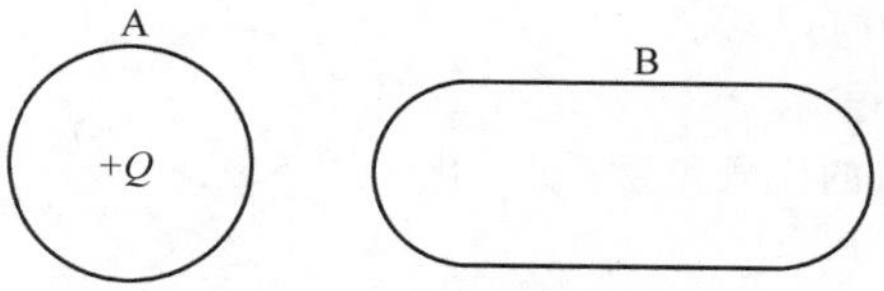

图 5-35　思考题 5-1 图

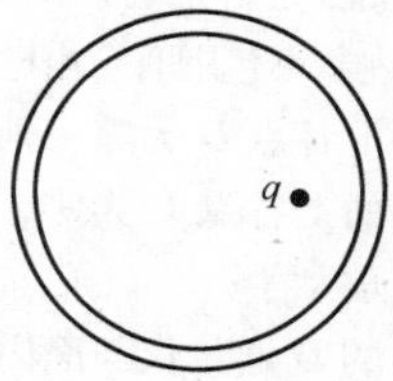

图 5-36　思考题 5-2 图

5-3　如图 5-37 所示，将一带正电的导体 A 移近一个接地的导体 B 时，导体 B 是否维持零电势？其上是否带电？带正电还是负电？导体 B 距离 A 较近的一端接地或距 A 较远的一端接地，对上面结果有没有影响？

5-4　如图 5-38 所示，带电导体球 A 在带电导体球壳 B 内，B 上有一小孔，穿过小孔的细线将导体 A 接地，问 A 是否还带电？为什么？

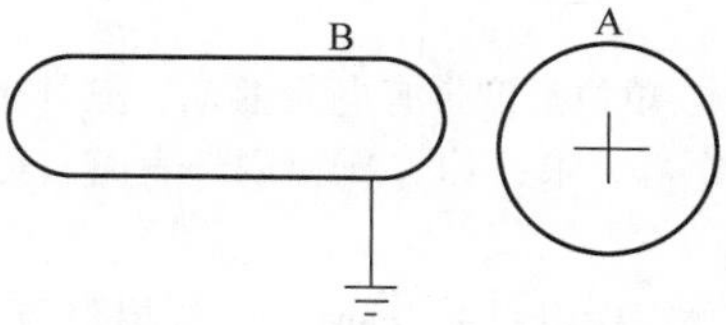

图 5-37　思考题 5-3 图

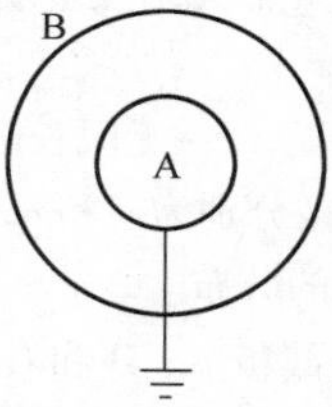

图 5-38　思考题 5-4 图

5-5　试举例说明如何能使一导体 (1) 净电荷为零而电势不为零；(2) 有过剩的正电荷或负电荷，而其电势为零；(3) 有过剩的负电荷而其电势为正；(4) 有过剩的正电荷而其电势为负。

5-6　说明在以下两种情况下，平行板电容器的电容、电荷量、两极板间的电场强度、电势差及电场能量将如何变化：(1) 充电后切断电源，增大两极板间的距离；(2) 充电后不切断电源，增大两极板间的距离。

5-7　在平行板电容器 1/2 的容积内充入相对介电常量为 ε_r 的某种电介质，如图 5-39 所示，试分析在有电介质和无电介质的两部分极板上自由电荷面密度是否相同？如不相同它们的比等于多少？

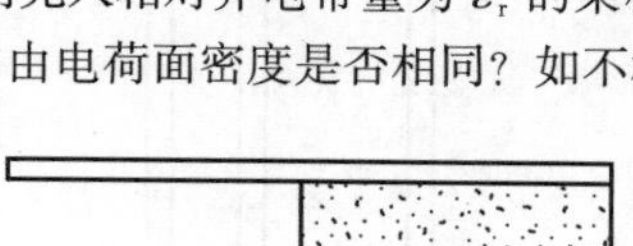

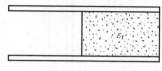

图 5-39　思考题 5-7

5-8　在电场中有一电介质极化后，把它分成两截，然后撤去电场，这两个半截的电介质块是否带净电荷？为什么？试与电场中的导体先分成两截再撤去电场时的情况进行对比。

5-9　在静电场中的电介质和导体表现出哪些不同的特征？电介质极化和导体的静电感应两者的微观过程有何不同？

5-10 极化电荷所产生的电场与相同分布的自由电荷在真空中产生的电场是否相同?

5-11 能否说说真空中的高斯定理与有电介质时的高斯定理的区别是什么?

5-12 位于球心的点电荷 $Q(Q>0)$ 被两同心球壳包围，外球壳为导体，内球壳为电介质，试给出电位移线和电力线的草图、D-r 分布曲线和 E-r 分布曲线草图。

5-13 下面说法是否正确，试说明理由。

(1) 高斯面内若不包围有自由电荷，则面上各点的 $\boldsymbol{D}$ 必为零。

(2) 高斯面上各点 $\boldsymbol{D}$ 为零，则面内必不存在自由电荷。

(3) 高斯曲面上各点 $\boldsymbol{E}$ 为零，则面内自由电荷量的代数和为零，极化电荷量的代数和亦为零。

(4) 高斯面的 $\boldsymbol{D}$ 通量仅与面内自由电荷的电荷量有关。

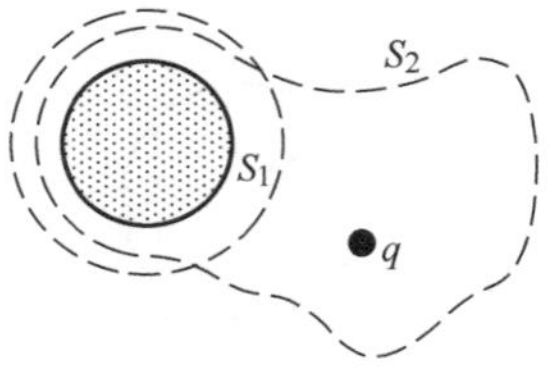

图 5-40 思考题 5-14 图

5-14 在一均匀介质球外放一点电荷 q（如图 5-40）。问该图中高斯曲面 S_1，S_2 上的电通量，$\boldsymbol{D}$ 通量各为多少?

习 题

5-1 设导体球壳原来不带电，点电荷$+q$ 处在导体球壳的中心，壳的内外半径分别为 R_1 和 R_2，试求：电场强度和电势的分布。

5-2 把一厚度为 d 的无限大金属板置于电场强度为 $\boldsymbol{E}_0$ 的匀强电场中，$\boldsymbol{E}_0$ 与板面垂直，试求金属板两表面的电荷面密度。

5-3 如图 5-41 所示，一无限长圆柱形导体，半径为 a，单位长度带有电荷量 λ_1，其外有一共轴的无限长导体圆筒，内外半径分别为 b 和 c，单位长度带有电荷量 λ_2，求：(1) 圆筒内外表面上每单位长度的电荷量；(2) 电场强度的分布。

5-4 三个平行金属板 A、B 和 C，面积都是 200cm^2，A、B 相距 4.0mm，A、C 相距 2.0mm，B、C 两板都接地，如图 5-42 所示。如果 A 板带正电 $3.0\times10^{-7}\text{C}$，略去边缘效应，那么 (1) 求 B 板和 C 板上的感应电荷各为多少? (2) 以地为电势零点，求 A 板的电势。

5-5 半径为 $R_1=1.0\text{cm}$ 的导体球带电荷量为 $q=1.0\times10^{-10}\text{C}$，球外有一个内外半径分别为 $R_2=3.0\text{cm}$ 和 $R_3=4.0\text{cm}$ 的同心导体球壳，球壳带有电荷量 $Q=11\times10^{-10}\text{C}$，如图 5-43 所示，求：(1) 两球的电势；(2) 用导线将两球连接起来时两球的电势；(3) 外球接地时，两球电势各为多少（以地为电势零点）?

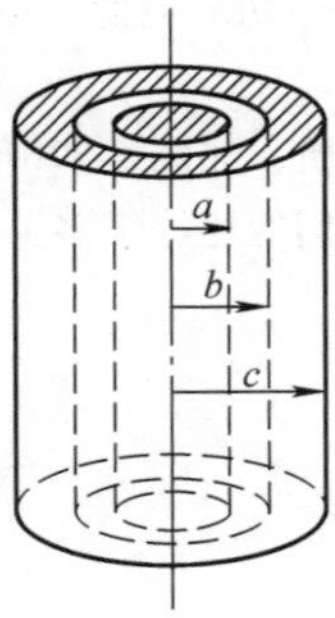

图 5-41 习题 5-3 图

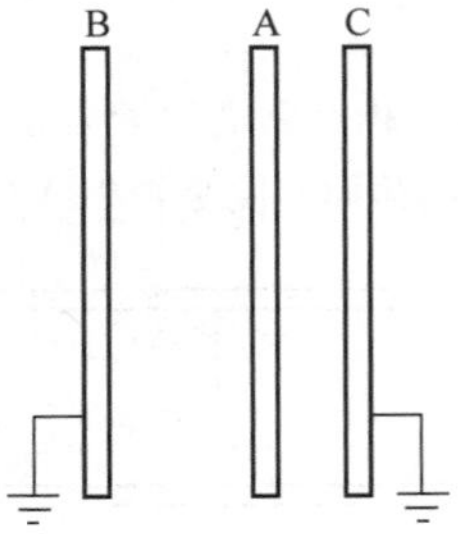

图 5-42 习题 5-4 图

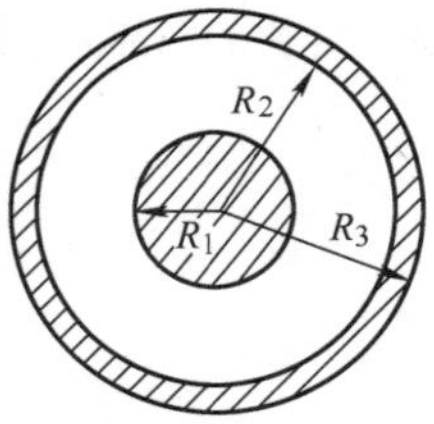

图 5-43 习题 5-5 图

5-6 证明：两平行放置的无限大带电平行平面金属板 A 和 B 相向的两面上电荷面密度大小相等，符号相反，相背的两面上电荷面密度大小相等，符号相同。如果两金属板的面积同为 100cm^2，带电荷量分别为 $Q_A=6\times10^{-8}\text{C}$ 和 $Q_B=4\times10^{-8}\text{C}$，略去边缘效应，求两个板的四个表面上的电荷面密度。

5-7　半径为 R 的金属球离地面很远，并用细导线与地相连，在与球心相距为 $D=3R$ 处有一点电荷 $+q$，试求金属球上的感应电荷。

5-8　如图 5-44 所示，一平行板电容器，两极板为相同的矩形，宽为 a，长为 b，间距为 d，今将一厚度为 t、宽度为 a 的金属板平行地向电容器内插入，略去边缘效应，求插入金属板后的电容与金属板插入深度 x 的关系。

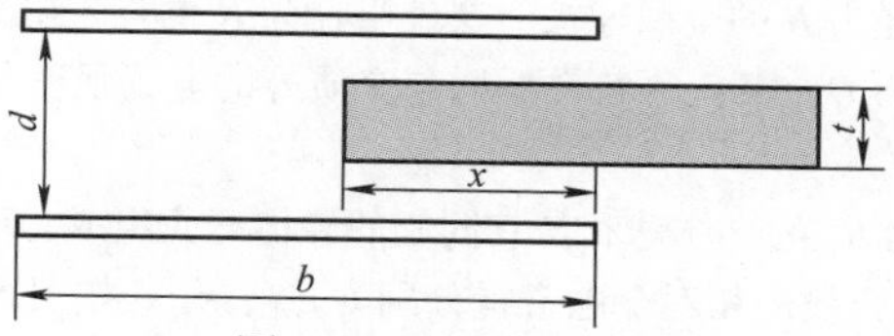

图 5-44　习题 5-8 图

5-9　收音机里的可变电容器如图 5-45a 所示，其中共有 n 块金属片，相邻两片的距离均为 d，奇数片连在一起固定不动（叫定片），偶数片连在一起可一同转动（叫动片），每片的形状如图 5-45b 所示。求当动片转到使两组片重叠部分的角度为 θ 时电容器的电容。

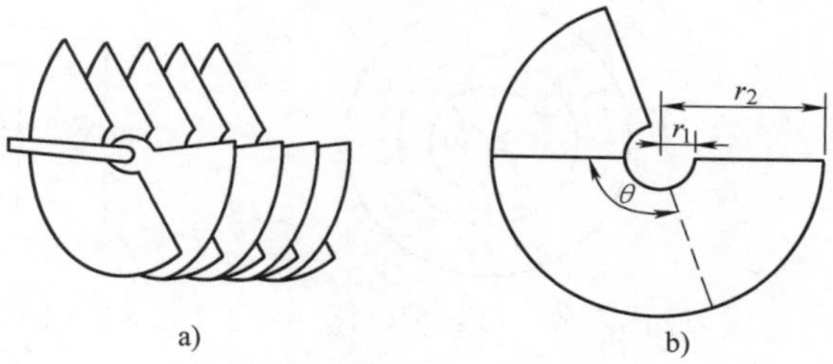

图 5-45　习题 5-9 图

5-10　半径都为 a 的两根平行长直导线相距为 d（$d \gg a$），（1）设两直导线单位长度上分别带电 $+\lambda$ 和 $-\lambda$，求两直导线的电势差；（2）求此导线组单位长度的电容。

5-11　如图 5-46 所示，$C_1=10\mu F$，$C_2=5\mu F$，$C_3=5\mu F$，求：（1）AB 间的电容；（2）在 AB 间加上 100V 电压时，每个电容器上的电荷量和电压；（3）如果 C_1 被击穿，问 C_3 上的电荷量和电压各是多少？

5-12　如图 5-47 所示，平行板电容器两极间的距离为 1.5cm，外加电压 39kV，若空气的击穿电场强度为 30kV/cm，问此时电容器是否会被击穿？现将一厚度为 0.3cm 的玻璃插入电容器中与两板平行，若玻璃的相对介电常量为 7，击穿电场强度为 100kV/cm，问此时电容器是否会被击穿？结果与玻璃片的位置有无关系？

5-13　一平行板电容器极板面积为 S，两极板间距离为 d，其间充以相对介电常数分别为 ε_{r1}、ε_{r2} 的两种均匀电介质，每种电介质各占一半体积，如图 5-48 所示。若忽略边缘效应，求此电容器的电容。

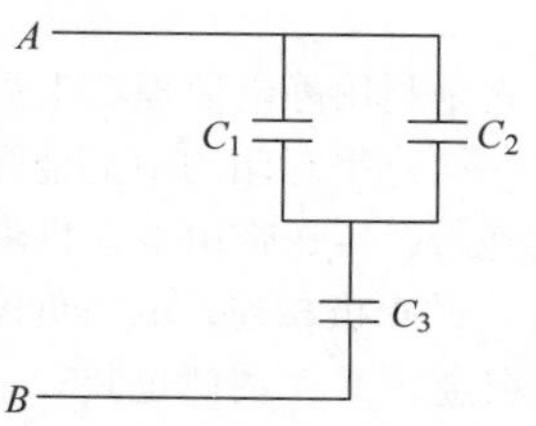

图 5-46　习题 5-11 图

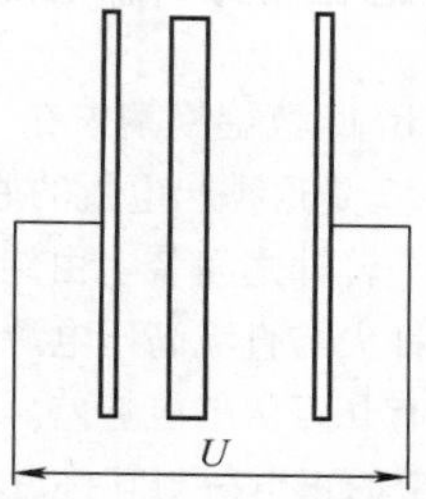

图 5-47　习题 5-12 图

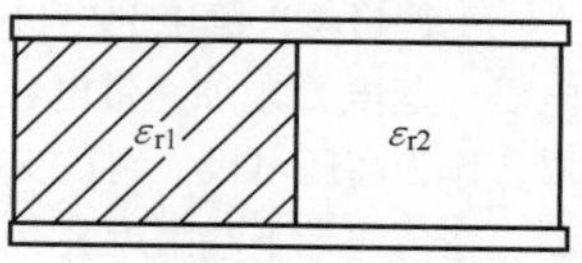

图 5-48　习题 5-13 图

5-14　平行板电容器两极板间充满某种电介质，极板间距 d 为 2mm，电压 600V，如果断开电源后抽出电介质，则电压升高到1800V。求：（1）电介质的相对介电常量；（2）电介质上的极化电荷面密度；（3）极化电荷产生的电场强度。

5-15 圆柱形电容器是由半径为 R_1 的导体圆柱和与它共轴的导体圆筒组成。圆筒的半径为 R_2，电容器的长度为 L，其间充满相对介电常量为 ε_r 的电介质，设沿轴线方向单位长度上圆柱的带电荷量为 $+\lambda$，圆筒单位长度带电荷量为 $-\lambda$，忽略边缘效应。求：(1) 电介质中的电位移和电场强度；(2) 电介质的极化电荷面密度。

5-16 如图5-49所示，半径为 R 的金属球被一层外半径为 R' 的均匀电介质包裹着，设电介质的相对介电常量为 ε_r，金属球带电荷量为 Q，求：(1) 介质内与介质外的电场强度分布；(2) 介质内与介质外的电势分布；(3) 金属球的电势。

5-17 球形电容器由半径为 R_1 的导体球和与它同心的导体球壳组成，球壳内半径为 R_2，其间有两层均匀电介质，分界面半径为 r，电介质的相对介电常量分别为 ε_{r1}、ε_{r2}，如图5-50所示。求：(1) 电容器的电容；(2) 当内球带电荷量为 $+Q$ 时各电介质表面上的束缚电荷面密度。

5-18 一平行板电容器有两层电介质（见图5-51），$\varepsilon_{r1}=4$，$\varepsilon_{r2}=2$，厚度为 $d_1=2.0\text{mm}$，$d_2=3.0\text{mm}$，极板面积 $S=40\text{cm}^2$，两极板间电压为200V。(1) 求每层电介质中的能量密度；(2) 计算电容器的总能量；(3) 计算电容器的总电容。

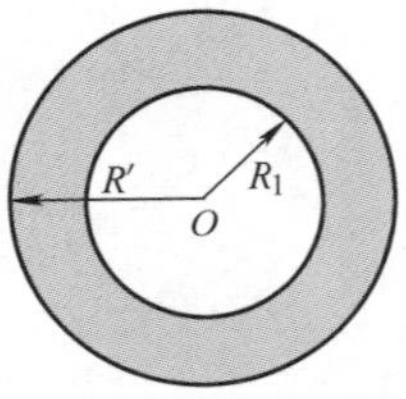

图5-49 习题5-16图

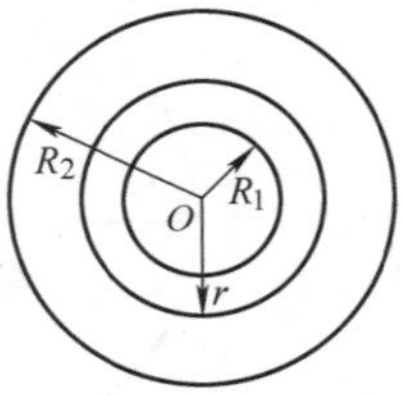

图5-50 习题5-17图

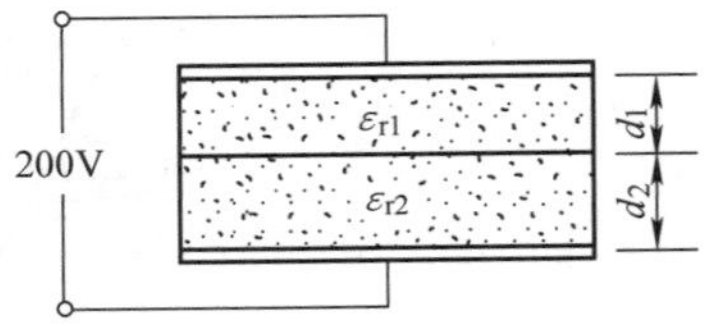

图5-51 习题5-18图

5-19 平板电容器的极板面积 $S=300\text{cm}^2$，两极板相距 $d_1=3\text{mm}$，在两极板间有一个与地绝缘的平行金属板，其面积与极板的相同，厚度 $d_2=1\text{mm}$。当电容器被充电到600V后，拆去电源，然后抽出金属板，问：(1) 电容器间电场强度是否变化？(2) 抽出此板需做多少功？

5-20 半径为 $R_1=2.0\text{cm}$ 的导体球，外套有一同心的导体球壳，球壳内外半径分别为 $R_2=4.0\text{cm}$、$R_3=5.0\text{cm}$，球与壳之间是空气，壳外也是空气。当内球带电荷为 $Q=3.0\times10^{-8}\text{C}$ 时，求：(1) 整个电场储存的能量；(2) 如果将导体球壳接地，计算储存的能量，并由此求其电容。

阅读材料

一、范德格喇夫静电起电机

范德格喇夫静电起电机是美国物理学家R. J. 范德格喇夫在1931年发明的。它是利用静电原理产生高电压（起电）来加速带电粒子的装置，图5-52是这种起电机的原理示意图。A是一个近乎封闭的中空金属罩，作为高压电极，它被支在绝缘柱上。两个转轴之间装上由绝缘材料制成的传送带，传送带由电动机带动。在传送带下端附近装有一排针尖，这些针尖与直流高压电源（电压约几万伏）的正极相连，电源负极和转轴都接地。这样，在针尖和转轴之间就有几万伏的电势差。由于尖端放电，在金属罩A内侧也装有一排与A相连的金属针尖（电刷），当传送带上的正电荷与其接近时，针尖上被感生出等量异号电荷。其中，负电荷也由于尖端放电与传送带上的正电荷中和使传送带失去电荷而针尖带上了正电荷。由于导体带电时电荷只能存在于外表面，所以针尖上的正电荷又会立即传到金属罩的外表面上。这样，由于传送带的运送，正电荷就不断从下面的直流电源传到金属罩的外表面上使之带电越来越多，从而能在金属罩和地之间产生高电压，即起电。

范德格喇夫起电机球形罩上的电荷能产生超过一千万伏的电压。在核物理实验中，如此高的电压可用来加速各种带电粒子，如质子、电子等。

此外，这种起电机也可用来演示很多有趣的静电现象，如使头发竖立起来，即当人站在绝缘的椅子上，用手摸着起电机的球形金属罩时，由于人的身体也可导电，所以当起电机激活时，电荷便传到我们的身体上，又因为头发上的电荷互相排斥，头发便竖立起来。又比如可以吸引发泡胶球（见图 5-53），即当发泡胶球移近起电机的球形罩时，发泡胶球中分子内的电荷分布将发生变化。在分子内，正负两极的电荷被轻微地分离，产生所谓极化现象，此时球形罩上的电荷与分子内相反的电荷产生微小的吸力，从而吸引整个发泡胶球。还比如产生电火花，即当把接地的金属小球移近起电机的球形罩时，强大的电场使电荷由球形罩跃向金属小球，在空气中产生大量离子和电子。因为离子的能态比不带电的空气分子的高，所以它们便自发地释放能量，产生火花，这就是在空气中的放电现象。闪电就是电荷从一片云跃向另一片云或地面的放电现象。透过上述这些放电现象，我们可以更好地了解静电的特质。

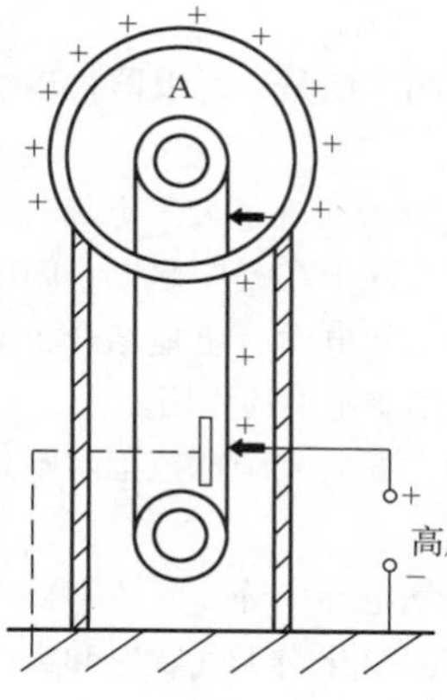

图 5-52　范德格喇夫静电起电机原理示意图

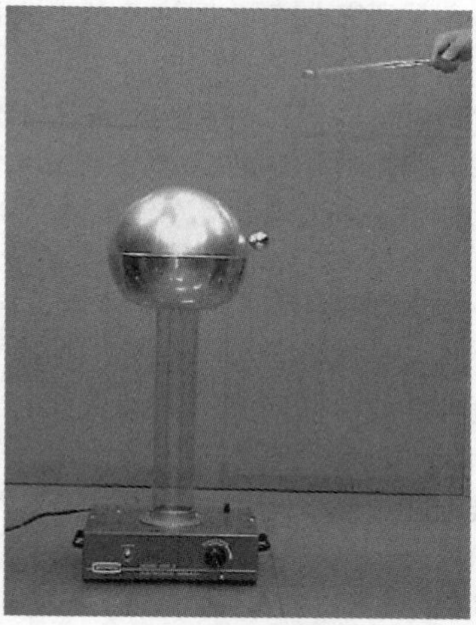

图 5-53　静电起电机吸引发泡胶球

电极 A 的电压也不能无限制地提高。因为当电压高到一定数值时，电极就会通过周围空气发生电晕放电（空气在电极周围的强电场中电离引起的一种缓慢放电现象）、局部尖端放电以及沿绝缘支架漏电等现象，使一部分电荷不断漏掉而不能进入地中。如果在相同时间内由于这些原因漏掉的电荷和传送带送上来的电荷相等，电极上的电荷就不能再增加，因而它的电压也就不能再升高了。

提高电极电压的一个方法是制造更大的球形电极。用直径 1m 的球形电极可以得到 6×10^5V 的高压，直径最大达到 2m 可得到 1.3×10^6V 的高压。再增大直径并不能有效地提高电压，例如，有人建造直径 10m 的电极，只得到 4×10^6V 的电压。所以，通过增大球形电极的直径来提高电压是很有限的。

后来人们发现，在高气压条件下，气体的击穿电场强度（即使气体变成良导电体的电压）要比正常气压下高得多。于是就试着把静电加速器放在高压气体中来解决电击穿问题。试验结果是成功的，原来在正常气压下只能得到 6×10^4V 的静电加速器，放到充有几个大气压的氮气钢筒中后，电压就可以提高到 4.5×10^6V，现在大部分运行的静电加速器都是这种高气压静电加速器。产生正极性电的范德格喇夫起电机可用作正离子的加速电源，产生负极性电的则可用于高穿透性的 X 射线发生器中。

静电加速器中带电粒子（如电子、质子、核、α 粒子或其他离子）的加速是在加速器中进行的。加速管安装在绝缘支柱里面，管内抽成高真空。管内上端是离子源，下端是靶子，管内沿轴线排列着一串用金属圆筒做成的加速电极。加速电极一个一个分别连到围在绝缘柱外用金属圆筒制成的一串均压环上，各均压环分别接到从高压电极到地之间的分压电阻的相应的节点上。这样，就可以使沿着加速器由上到下电势均匀降低，以免电压不均匀时发生局部电击穿而损坏加速器。

为了提高带电粒子在加速器中得到的能量，在不提高高压电极电压的条件下，使用了一种串列加速的方法。它主要是将加速管的长度加长，使高压电极位于其中部。在离子源一端产生的负离子受高压电极正电的吸引，在管内加速飞向高压电极，在通过高压电极时，打到碳膜上，被碳膜剥掉电子变成正离子。这些正离子又受到高压电极的正电的排斥而向靶端飞去，这样又得到了一次加速。于是，粒子获得的能量就等于一次加速时的两倍。这种二级串列静电加速器能够使粒子得到 30×10^6V 的能量，它是低能粒子物理实验中很理想的工具。目前静电加速器除了用于核物理研究外，在医学、化学、生物学和材料的辐射处理等方面都有广泛的应用。

二、大气电学简介 全球大气电平衡 雷雨过境尖端放电与避雷针

（一）大气电学简介

大气电学是研究电离层以下的大气中发生的各种电学现象及其生成和相互作用的物理过程的学科，它是大气物理学的一个分支。

18 世纪中叶，美国物理学家 B. 富兰克林第一次用风筝探明雷击的本质是电，俄国物理学家罗蒙诺索夫和里赫曼用自制的测雷器探测到雷暴过境所引起的电火花。

18 世纪末，人们发现大气具有微弱的导电性，通过观测研究，又逐渐发现了大气电场、大气离子和地球等维持有负电等一系列电学现象。自 20 世纪 20～30 年代起，人们又逐步在云中起电、闪电等方面进行了较系统的观测和研究。20 世纪 50 年代以后，大气电学的研究已和空间电学有机地结合了起来，并且探讨了大气电作为日地关系的中间环节，在整个地球大气演化和天气气候变化中的作用。

大气电学主要由晴天电学和扰动天气电学两部分构成。晴天电学主要研究全球范围晴空地区发生的电学现象及其活动过程。

晴天电学主要通过观测晴天大气电场、大气离子、地空电流、大气电导率等，弄清它们变化的规律和原因，研究全球大气电平衡。晴天电状态是大气正常的电状态，它们的变化与天气状况和人类活动的影响（如工业污染、核爆炸）有关，这种关系的探索和应用，是晴天电学的一个研究方向。

扰动天气电学主要研究云雨特别是伴随雷暴发生等扰动天气的电学现象及其活动过程。这些活动在大气电学中占有重要地位，它们是全球大气电平衡中的原动力，同云雾降水过程密切相关。

扰动天气电学的主要内容是云中起电，它研究云中电荷的生成、分离和形成一定分布的过程。通过大量观测，人们已对各种云系中的电结构有了一定了解，提出了一些起电理论，但都未臻完善。雷电物理学，研究自然闪电和雷的物理特性、形成机制和发展规律，这是大气电学中研究得最多且最集中的课题，其中对闪电产生的高温、高压、高亮度、高功率、强辐射等效应的研究，与气体放电物理、等离子体物理、高速摄影、光谱学、电磁波辐射和传播，激震波以及声波等方面的研究密切相关。

根据雷电的各种特征，尤其是电磁辐射特征，人们已经提出了许多各种雷电探测和定位的方法。自 20 世纪 60 年代以来，人工消除或诱发闪电的方法的研究已取得了一些成果。

大气电学对电力、通信、建筑、航空和宇航等领域有重要作用，这些领域的发展，也促进了大气电学的研究。随着人类活动领域的扩大，大气电学的研究已愈来愈与空间电学密切结合在一起。

（二）全球大气电平衡

就全球而论，晴天大气电流、降水电流、闪电电流和尖端放电电流的向上、向下电流达到动态平衡，称为全球大气电平衡，如图 5-54 所示。

据估算，全球晴天大气电流为 1800A，方向是向下的。到达地面的降水物（雨滴、冰雹、雪花等）有的带正电荷，有的带负电荷，但总体而言，降水是向地面输送正电荷，全球因降水而形成向下的电流是 600A。全球每秒钟约发生 100 多个闪电，其中 1/6～1/5 为云地闪电，以每次云地闪电使大气向地表输送

20C 负电荷来估算，全球因闪电造成的向上电流为 400A。人造尖端或自然尖端的放电电流，方向是向上的，电流总数值约 2000A。上述四项电流达到平衡，可稳定地维持全球地表有恒定且数量巨大的负电荷，进而维持全球有恒定的大气电场。

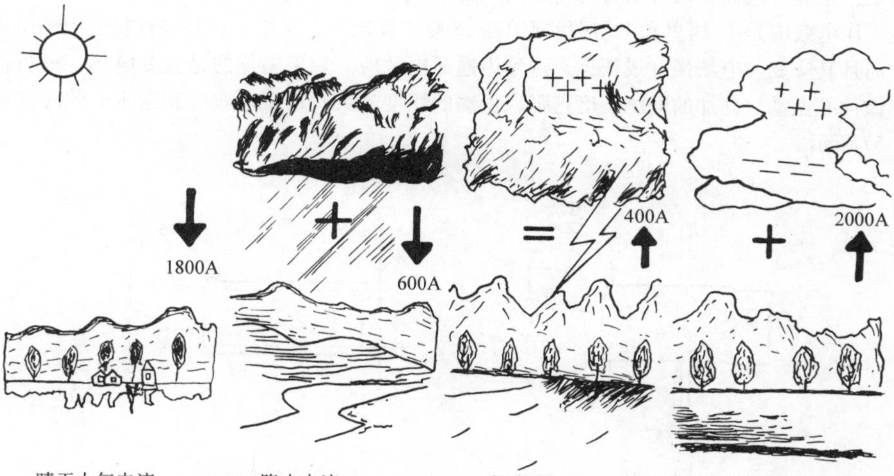

图 5-54　全球大气电平衡

（三）雷雨云过境尖端放电与避雷针

当雷雨云过境时，雷雨云的中下部是强大的负电荷中心，云与地面间形成强电场，如图 5-55 所示，取地面电势为 V_P，则依次各等势面记为 V_P-1，V_P-2，…。在地面凸出物如建筑物尖顶、树木、山顶草、林木、岩石等尖端附近，等电势面就会很密集，这里电场强度极大，空气发生电离，因而形成从地表向大气的尖端放电。

避雷针是一种由一根耸立在建筑物顶上的金属棒（接闪器）与金属引下线和金属接地体等三部分组成的防雷装置（图 5-56 所示就是一种避雷针）。它的作用是将可能会袭击建筑物的闪电吸引到它上面，再进入地里，借以保护建筑物。有人认为，避雷针的尖端放电中和了雷雨云中积累的电荷，起到了消除电的作用，但近年来通过尖端放电电荷量计算表明，它远不能中和所有电荷。关于避雷针能防雷的机制，尚待进一步研究。

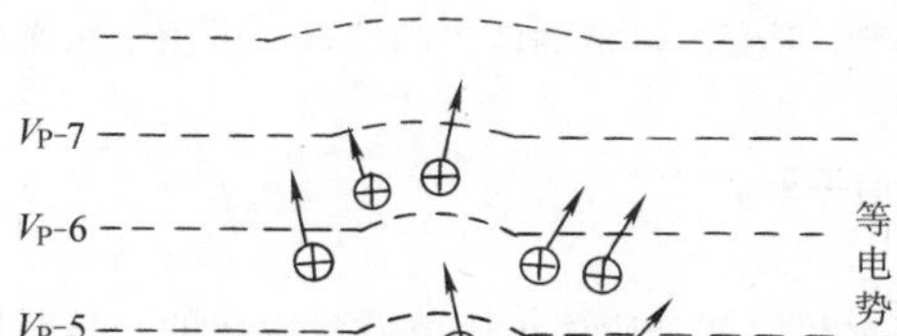

图 5-55　雷雨云过镜的尖端放电

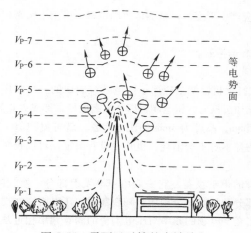

图 5-56　避雷针

三、压电效应

有些电介质晶体（如陶瓷）在外力作用下发生形变时，其电极化强度会发生改变，因而在它的某些相对应的表面上产生异号电荷。这种没有电场作用只是由于形变而使晶体的电极化状态发生改变的现象称为正压电效应。压电效应是J. 居里和P. 居里兄弟在1880年发现的。反之，在某些材料上施加电场，会产生机械变形，而且其应变与电场强度成正比，这称为逆压电效应。如果施加的是交变电场，材料将随着交变电场的频率做伸缩振动。施加的电场强度越强，振动的幅度越大。正压电效应和逆压电效应统称为压电效应，如图5-57所示。

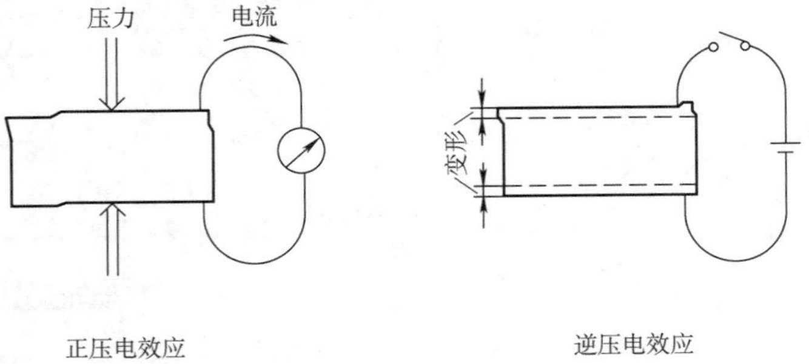

图5-57 压电效应

并非所有的陶瓷都具有压电效应。作为压电陶瓷的原材料，在晶体结构上一定是不具有对称中心的晶体，如氧化铅、氧化锆、氧化钛、碳酸钡、氧化铌、氧化镁、氧化锌等。将这些原材料在高温下致密烧结，制成陶瓷，并将制好的陶瓷在直流高压电场下进行极化处理，才能成为压电陶瓷。常用的压电陶瓷有钛酸钡、钛酸铅、锆钛酸铅以及三元系压电陶瓷等。

压电陶瓷的应用范围非常广泛，而且与人类的生活密切相关。其应用大致可归纳为以下四个方面：

1）能量转换：压电陶瓷可以将机械能转换为电能，故可用于制造压电打火机、压电点火机、移动X光机电源、炮弹引爆装置等。用压电陶瓷也可以把电能转换为超声振动，用于探寻水下鱼群，对金属进行无损探伤，以及超声清洗、超声医疗等。

2）传感：用压电陶瓷制成的传感器可用来检测微弱的机械振动，并将其转换为电信号，可应用于声呐系统、气象探测、遥感遥测、环境保护、家用电器等。

3）驱动：压电驱动器是利用压电陶瓷的逆压电效应产生形变，以精确地控制位移，可用于精密仪器与精密机械、微电子技术、光纤技术及生物工程等领域。

4）频率控制：压电陶瓷还可用来制造各种滤波器和谐振器。

下面举几例说明压电效应的应用。

1）压电打火机：近年来，市场上出现的一种新式打火机，就是应用了压电效应制成的。只要用大拇指压一下打火机上的按钮，使一根钢柱在压电陶瓷上施加机械力，压电陶瓷即产生高电压，形成火花放电，从而点燃可燃气体。在这种打火机中，采用直径为2.5mm，高度为4mm的压电陶瓷，就可得到10～20kV的高电压。当压电陶瓷把机械能转换成电能放电时，陶瓷本身不会消耗，也几乎没有磨损，可以长久使用下去，所以，压电打火机使用方便，安全可靠，寿命长。

2）压电探鱼仪：探鱼仪是一种用来探测水下鱼群的声呐设备。它一般由声波发射部分、接收部分、记录装置、显示装置等组成。压电探鱼仪的声波发射部分和接收部分用压电陶瓷制成。压电陶瓷在交变电场作用下，会产生伸缩振动，从而向水中发射声波。当交变电场的频率与压电陶瓷的固有频率相近从而产生共振时，它能发出很强的声波，传至上百千米外。声波在向前传播时遇到鱼群即被反射回来，压电陶瓷接收部分收到回波后，即将它变换成电信号，经过电路处理就会显示出鱼群的规模、种类、密集程度、方位和距离等，便于捕捞作业。

压电陶瓷的硬度很高，它振动起来可以产生很强的发射功率。压电探鱼仪的声波发射部分由于采用了压电陶瓷，其发射功率已达到兆瓦级。用压电陶瓷制成的接收部分有很高的灵敏度，根据回波的强弱可以判断是海底、礁石，还是鱼群，甚至可以判断鱼群的种类、大小和分布情况。

3）压电振荡器与压电滤波器：让我们首先认识一下目前收音机中根据电磁振荡原理制成的振荡器和滤波器。在超外差式收音机中，有一个双联可变电容器，其中大的电容器和天线磁棒线圈相连，小的电容器和一个电感线圈相连，分别组成两个振荡器。假如我们要收听 790kHz 的节目，把双联电容器调整到相应的适当位置，这时一个振荡器的振荡频率为 790kHz，另一个振荡器同时产生频率比 790kHz 高 465kHz 的高频信号，这两种信号在晶体管中混在一起，通过差频作用，产生出一个 465kHz 的中频信号，经过中频变压器（它事实上由电感、电容组成，只允许频率在 465kHz 附近的信号通过滤波器）放大，然后经检波，检出声频信号后再进行放大，最后通过扬声器放出，这样，我们就听到了 790kHz 电台的播音。

由此可知，在收音机的电子线路中，振荡器和滤波器是不可缺少的重要部件。那么，压电陶瓷是怎样来完成振荡、滤波功能的呢？

作用在压电陶瓷上的交变电压会使压电陶瓷产生一定频率的机械振动。在一般情况下，这种机械振动的振幅很小。但是当所加电压的频率与压电陶瓷的固有机械振动频率相同时，就会引起共振，使振幅大大增加。这时，外加电场通过逆压电效应使压电陶瓷产生应变，而应变又通过正压电效应产生电流，电能和机械能最大限度地互相转换，形成振荡，就像在电容和电感所组成的谐振回路中，电能和磁能相互转换形成振荡一样。这就是压电振荡器的基本工作原理。

在同样的电压作用下，只有在共振频率时通过压电陶瓷的电流最大。因此，对于有各种频率的电流来讲，只有频率在共振频率附近的电流可以通过，这就是压电滤波器的基本工作原理。用压电陶瓷制造的振荡器和滤波器，频率稳定性好，精度高，适用频率范围宽，而且体积小，不吸潮，寿命长，特别是在多路通信设备中能提高抗干扰性，所以目前已取代了相当大一部分电磁振荡器和电磁滤波器，而且这一趋势还在不断发展中。

4）压电地震仪：地震是常见的自然现象。全世界每年要发生几百万次地震，平均每分钟就有十几次。不过绝大多数地震比较微弱，人们感觉不到。强烈的大地震，一般每年不过三五次。然而，这种大地震一旦发生，对人类造成的灾难将是毁灭性的，因此，地震预报十分重要。测量地震的仪器灵敏度越高越精确，地震预报越早越准，就可把地震带来的损失减得越小。

现在让我们来看看，压电陶瓷是怎样在地震仪中起作用的。

地震发生的地方叫震源，震源一般在地壳内比较深的地方。从震源开始，振动不断向四面八方传播。振动是一种机械波，当地震仪中的压电陶瓷受到机械波的作用后，按照正压电效应，就会感应出一定强度的电信号，这些信号可以在屏幕上显示或是以其他形式表现出来。

由于压电陶瓷的压电效应非常灵敏，能精确测出几达因（dyn，$1\text{dyn}=10^{-5}\text{N}$）的力的变化，甚至可以检测到十多米外昆虫拍打翅膀引起的空气扰动，所以压电地震仪能精确地测出地震的强度。由于压电陶瓷能测定声波的传播方向，故压电地震仪还能指示出地震的方位和距离。可以毫不夸张地说，压电陶瓷在地震预报方面大显了身手。

5）压电超声医疗仪：生物医学工程是压电陶瓷应用的重要领域。用于生物医学材料的压电陶瓷称为压电生物陶瓷，如铌酸锂、锆钛酸铅和钛酸钡等。压电生物陶瓷主要用于制作探测人体信息的压电传感器（如用钛酸钡压电陶瓷制作的心内导管压电微压器和心尖搏动心音传感器，用复合压电材料制作的脉压传感器等）和压电超声医疗仪。

压电超声医疗仪中应用最广的是 B 型超声诊断仪。这种诊断仪中有用压电陶瓷制成的超声波发生探头，它发出的超声波在人体内传输，体内各种不同组织对超声波有不同的反射和透射作用。反射回来的超声波经压电陶瓷接收器转换成电信号，并显示在屏幕上，据此可看出各内脏的位置、大小及有无病变等。B型超声诊断仪通常用来检查内脏病变组织（如肿块等）。

压电陶瓷还可用于超声治疗。进入人体的超声波达到某一强度时，能使人体某一部分组织发热、轻微振动，起到按摩推拿作用，达到治疗的目的，如用于治疗关节、肌肉及其他软组织的创伤和劳损等。此外，还可用超声波粉碎体内结石，如胆结石、肾结石、尿路结石等。

第6章 恒定电流

前两章我们讨论了静电场的规律，由导体与静电场相互作用的规律可知，静电场与导体静电平衡时，导体内部的电场强度 $E=0$，在导体中没有电荷做定向的宏观运动。导体中如果有电荷做定向的宏观运动就形成电流，本章着重讨论恒定电流。要在导体中维持恒定电流，必须在导体中建立恒定电场，而恒定电场是由分布不随时间而变的电荷产生的，所以恒定电场也具有和静电场相同的性质。这样，静电场的高斯定理和环流定理对恒定电场也适用，从而也可以引入电势差和电势的概念，在讨论电源的电动势时也用到电场强度环流定律。本章主要是从场的观点来讨论导体中电流的形成，其中将简要介绍金属导电的经典电子论的基本概念，由金属导电的微观机理推导金属导电的宏观规律——欧姆定律。考虑到后续课程还要对电路理论做详细介绍，本章仅对一般的含源电路进行分析。为了配合普通物理实验，也将对温差电现象做讨论。

6.1 电流 电流密度

6.1.1 电流

电流的实例有很多，从构成雷击的巨大电流到调节肌肉活动的微小神经电流。家用电线、灯泡及电器设备中的电流更是我们所熟悉的。电流是电荷的规则运动形成的。例如，金属导体中的电流是自由电子的规则运动形成的；电解质溶液中的电流是正、负离子的规则运动形成的；带电体做机械运动也形成电流。通常，我们将导体中电子或正、负离子做有规则运动形成的电流称为**传导电流**。本章主要是讨论金属导体中的传导电流。

将一绝缘的金属导体放入外电场中，开始时金属中的自由电子在外电场作用下会逆着外电场方向做有规则的运动而形成电流，但当导体与电场静电平衡后导体内各点的电场强度为零时，电流就停止了，其实这一过程仅瞬间即逝。所以，在导体中维持电流的必要条件是：**导体内电场强度不为零，即导体两端必须有电势差。**

规定正电荷运动的方向为电流的方向，这个方向就是导体内电场的方向，也是从高电势指向低电势的方向。在金属导体中实际上移动的是带负电的自由电子，自由电子移动的方向是从低电势到高电势的，正好与规定的电流方向相反，所以也说电流的方向与负电荷运动的方向相反。

电流也是一个基本物理量，它表示单位时间通过导体任一截面的电荷量。设在 Δt 时间内通过导体某一截面的电荷量为 Δq，则通过该截面的电流为

$$I=\frac{\Delta q}{\Delta t} \tag{6-1}$$

在国际单位制中，电流的单位为安培，符号是 A，1A = 1C/s。

不随时间而变化的电流称为恒定电流，亦称为直流电。如果电流随时间而变化，我们就用 i 来表示瞬时电流的强弱，即

$$i=\lim_{\Delta t\to 0}\frac{\Delta q}{\Delta t}=\frac{\mathrm{d}q}{\mathrm{d}t} \tag{6-2}$$

要维持电流恒定，导体中必须要有恒定电场，即电场强度不随时间变化的电场。这种电场显然是由分布在导体中各处的电荷产生的，而且导体中各处电荷的分布情况必须是不随时间变化的，否则，不可能产生恒定电场。所以，在恒定电流情况下，虽然各电荷都在做定向运动，但要求在电路中任一点都不能有电荷继续堆积，就是说，如果考察导体中的某个体积，则该体积内电荷的总量是不随时间而变的。也可以说，在单位时间内通过导体每一截面的电荷量（即电流）相同，即对整个导体而言，电流是恒量。

恒定电场和由静止电荷产生的静电场一样，都是不随时间变化的，它应具有和静电场相同的性质，这样，静电场的高斯定理和环流定律对恒定电场都同样适用。

6.1.2　电流密度

恒定电流通过粗细均匀的导体时，电流在每一截面是相同的，但当电流通过粗细不均匀或大块导体时，电流在每一截面就不同了。图 6-1 表示粗细不均匀的导体中电流的分布情况。

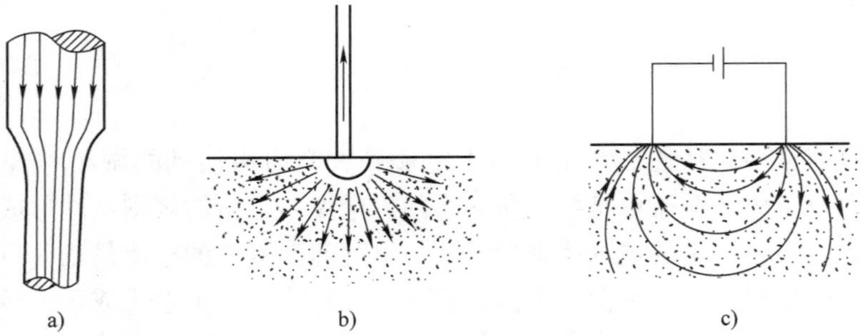

图 6-1　电流分布不均匀的情况

图 6-1a 表示粗细不均匀圆柱形导体中电流的分布情况；图 6-1b 表示一个半球形接地电极附近电流的分布情况；图 6-1c 表示电阻法勘探矿床时大地中电流的分布情况。从这些例子可以看出，电流通过粗细不均匀或大块的导体时，导体中电流的分布不均匀，在这种情况下只用电流标量的概念来描述导体中电流的分布情况显然是不够的，为了详细、准确地反映电流的分布情况，引入电流密度的概念。下面讨论电流密度的定义。设想在电流通过的导体某点取一面积元 $\mathrm{d}S$，$\mathrm{d}S$ 该点电场强度 $\boldsymbol{E}$ 垂直方向的分量为 $\mathrm{d}S_{\perp}$，如果通过 $\mathrm{d}S_{\perp}$ 的电流为 $\mathrm{d}I$，则

$$j=\frac{\mathrm{d}I}{\mathrm{d}S_{\perp}} \tag{6-3}$$

上式中，j 即被定义为 $dS_{\perp}$ 点处的电流密度的大小。电流密度是矢量，其方向为该点电场强度 $\boldsymbol{E}$ 的方向。在国际单位制中，电流密度的单位是安培每平方米（A/m^2），量纲是 IL^{-2}。所以，电流密度是通过与电流方向垂直的单位面积的电流。从式（6-3）可得通过面积元 $dS_{\perp}$ 的电流为

$$dI = j dS_{\perp}$$

图 6-2 所示的是一段不均匀的电流管，如果面积元 $d\boldsymbol{S}$ 与电流（或该点电场强度 $\boldsymbol{E}$）的方向不垂直，则通过面积元 $d\boldsymbol{S}$ 的电流为

$$dI = \boldsymbol{j} \cdot d\boldsymbol{S} \tag{6-4a}$$

对有限面积 S，电流为

$$I = \int_S \boldsymbol{j} \cdot d\boldsymbol{S} \tag{6-4b}$$

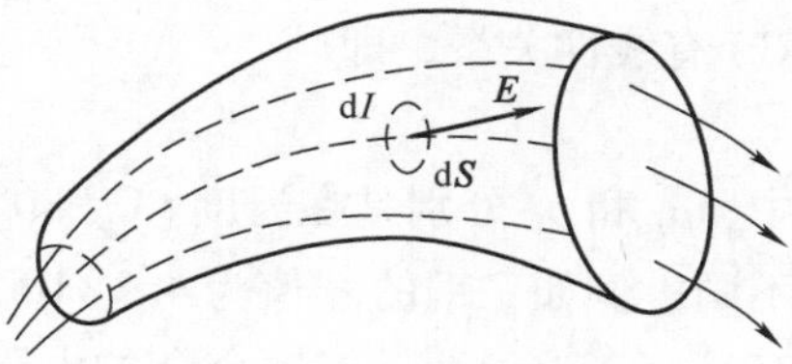

图 6-2　不均匀的电流管

同理，若曲面是闭合的，则通过闭合曲面 S 的电流为

$$I = \oint_S \boldsymbol{j} \cdot d\boldsymbol{S} \tag{6-5}$$

6.2　欧姆定律　电阻率　欧姆定律的微分形式

6.2.1　欧姆定律

上节讲过，导体中产生电流的条件是导体两端必须有电势差。欧姆（G. S. Ohm）从大量的实验中得出：一段均匀导体（即不含电源的一段导体，例如对一般的金属或电解液），在恒定电流的情况下，电路中的电流与导体两端的电势差 $V_a - V_b = U$ 成正比，如图 6-3 所示。有

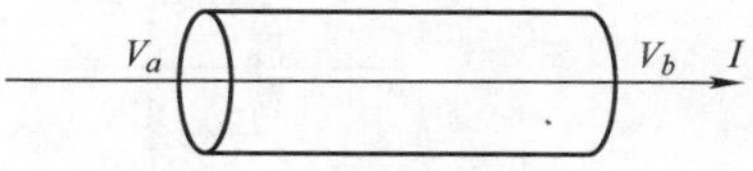

图 6-3　一段均匀导体

$$I = \frac{V_a - V_b}{R} = \frac{U}{R} \tag{6-6}$$

式中，$1/R$ 为比例系数，式（6-6）称为一段均匀电路的欧姆定律。R 是导体的电阻，其倒数 $G = 1/R$ 称为导体的电导，与导体的材料、几何形状和温度有关。在国际单位制中，电阻的单位为欧姆，符号为 Ω；电导的单位为西门子，符号为 S。

6.2.2　电阻率

实验证明，对于一定材料的、粗细均匀的柱形导体，它的电阻 R 与其长度 l 成正比，而与其截面积 S 成反比，即

$$R = \rho \frac{l}{S} \tag{6-7}$$

均匀导体的电阻与导体的长度（即平行电流方向的长度）l 成正比，与导体的横截面积（即垂直于电流方向的截面积）S 成反比，而且还和材料的性质有关。式（6-7）表示的它们之间的这种关系，叫作电阻定律，其中 ρ 是导体材料的电阻率。有时也用 ρ 的倒数 γ 来表示

上式，得

$$R=\frac{l}{\gamma S}$$

γ 叫作导体材料的电导率。在国际单位制中，电阻率的单位是欧姆米，符号是Ω·m；电导率的单位是西门子每米，符号为S/m。

电阻率（或电导率）与材料的种类、温度有关。一般金属在温度不太低时，ρ 与温度 t(℃)有线性关系，即

$$\rho_t=\rho_0(1+\alpha t)$$

式中，ρ_t 和 ρ_0 分别是在温度 t℃和0℃时的电阻率；α 叫作电阻温度系数，它随材料的不同而不同。例如，铜的 α 值为 4.3×10^{-3}/K，而锰铜合金（12%锰、84%铜、4%镍）的 α 值为 1×10^{-5}/K。这说明，锰铜合金的电阻率随温度的变化特别小，用它制作的电阻受温度的影响就很小，因此，常用这种材料作标准电阻。

对于截面积均匀的导体其电阻可以直接用式（6-7）进行计算。对于截面积不均匀的导体，其电阻需要根据实际情况进行积分运算。

【例6-1】 两个同轴金属圆筒长为 a，内外筒半径分别为 R_1 和 R_2，两筒间充满电阻率 ρ 的均匀材料。当内外两筒之间加上电压后，电流沿径向由内筒流向外筒（见图6-4）。试计算内外筒之间均匀材料的总电阻（这就是圆柱形电容器、同轴电缆的漏电阻）。

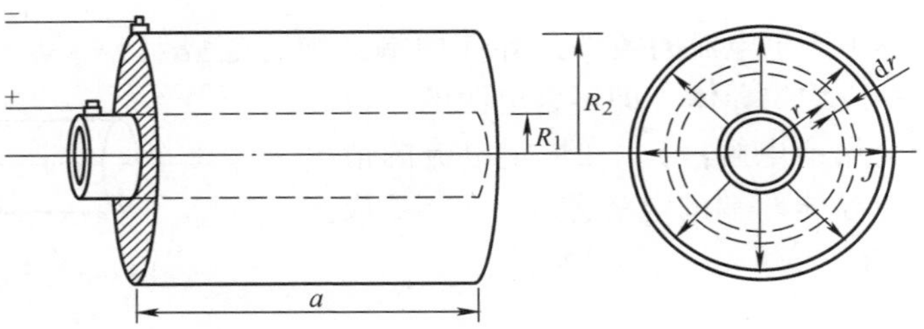

图6-4 例6-1图

【解】 由电流的方向可知，通过电流的“横截面”是与圆筒同轴的圆柱面，而“长度”是内外筒的间隔。由于截面积随长度而改变，所以不能直接应用式（6-7）。为了计算两筒间材料的总电阻，可以设想两筒间材料由许许多多薄圆柱层所组成，以 r 代表其中任一薄层的半径，其截面积就是 $2\pi ra$，以 $\mathrm{d}r$ 表示此薄层的厚度，则这一薄层的电阻是

$$\mathrm{d}R=\rho\frac{\mathrm{d}r}{2\pi ra}$$

由于各个薄层都是串联的，所以总电阻应是各薄层电阻之和，亦即上式的积分。由此得总漏电阻为

$$R=\int\mathrm{d}R=\int_{R_1}^{R_2}\rho\frac{\mathrm{d}r}{2\pi ra}=\frac{\rho}{2\pi a}\ln\frac{R_2}{R_1}$$

有些金属在某个温度之下，其电阻会突变为零，这种现象称为零电阻现象，常称为超导现象，这个温度称为超导的转变温度。在一定温度下能产生零电阻现象的物体称为超导体。超导体最早是由荷兰物理学家昂尼斯（H. K. Onnes，1853—1926）于1911年发现的，他也因此获得1913年的诺贝尔物理学奖。他利用自己获得的液态氦的低温条件，测定在低温下电阻随温度的变化关系，观察到汞在4.2K附近时，其电阻突然减少到零，汞变成了超导体，如图6-5所示。随后，科学家们还发现许多金属或合金都可具有超导电性，例如，1973年发现的Nb_3Ge其转变温度为23.2K；从1911年到1973年，虽然发现了一些超导体材料，而且在理论上也取得了很大进展，但是这些超导体的转变温度都比较低，而获得低温又是极其困难的，其代价都十分昂贵，这显然制约了超导体的推广应用。如能找到转变温度较高的超导体，特别是转变温度是常温的，就会给超导体的实用带来广阔的前景。1986年9~10月间，瑞士物理学家密勒和德国物理学家柏诺兹山研究镧钡铜氧化合物制成的陶瓷材料性能时，发现在30K时，该化合物具有超导性。这一发现具有重要意义，已把转变温度从23.2K提高到30K，为提高转变温度提供了新途径，他们两位也因此于1987年共获诺贝尔物理学奖。时隔不久，即1987年2月，由美国休斯敦大学的朱经武领导的小组和中国科学院赵忠贤领导的小组分别独立地发现了转变温度为98K的钇钡铜氧化合物制成的超导体。此后很多国家先后宣布发现了转变温度不断提高的超导材料。实验证明，超导体的超导电流一经建立就能维持很长的时间，而且超导体在超导状态时不仅电阻率为零，而且还具有完全抗磁性（$\mu_r=0$），即磁场完全被排出超导体的体积，就是说超导体只要处于超导状态，它内部的磁感应强度总是零。自超导现象被发现起，人们就预见到它的重大实用价值，如利用超导材料可以制造超导发电机，实施无损耗输电，制造悬浮列车等。目前最高温度超导体是含有铜氧化物的化合物，其转变温度约为138K。世界各国正在开展一场寻找高临界温度的超导材料及其实用性的竞赛，最高起始转变温度也一再被刷新。高温超导材料的发现是科学发展史上的重要发现，它将在21世纪引起一场重大的产业革命。

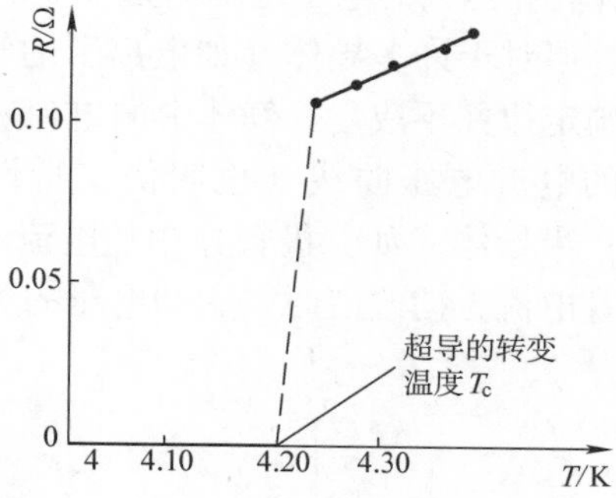

图6-5　汞在4.2K附近电阻突降为零

6.2.3　欧姆定律的微分形式

式（6-6）所示的欧姆定律给出了一段均匀导体中电压和电流的关系，这是电场在一段导体内引起总效应的表示式。由于电场强度和电压的关系紧密，所以电场和电流的关系也很密切，如图6-6所示。以Δl和ΔS分别表示一段导体的长度和截面积，它的电阻率为ρ，其中有电流I沿它的长度方向流动。由于导体两端电压$U=V_1-V_2=E\Delta l$，电流$I=j\Delta S$，而电阻$R=\rho\Delta l/\Delta S$，将这些物理量代入式（6-6）的欧姆定律就可以得到

$$j=E/\rho=\gamma E$$

实际上，在金属或电解液内，电流密度$\boldsymbol{j}$的方向与电场强度$\boldsymbol{E}$的方向相同。因此上式可写成矢量形式

$$\boldsymbol{j}=\gamma\boldsymbol{E} \tag{6-8}$$

式（6-8）和欧姆定律式（6-6）是等效关系。式（6-8）表示了导体中各处的电流密度与该处电场强度的关系，式（6-8）叫作**欧姆定律的微分形式**。

此处需要说明的是，对于一般的金属或电解液，欧姆定律在相当大的电压范围内是成立的，即电流和电压成正比。但对于许多导体（如电离了的气体或半导体）来说，欧姆定律并不成立。气体中的电流一般与电压不成正比，它的电流电压曲线（也叫伏安特性曲线）如图 6-7a 所示；半导体（如二极管）中的电流不但与电压不成正比，而且电流方向改变时，它和电压的关系也不同，它的伏安特性曲线如图 6-7b 所示。

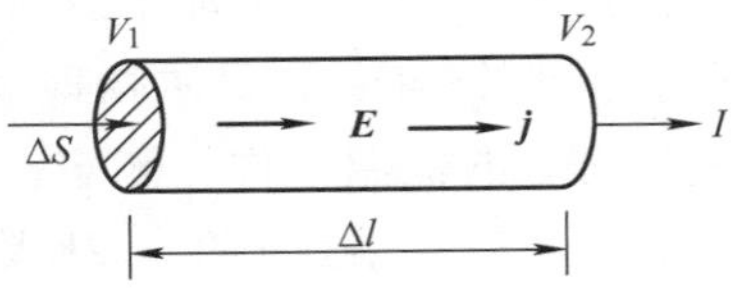

图 6-6　一段通电均匀导体

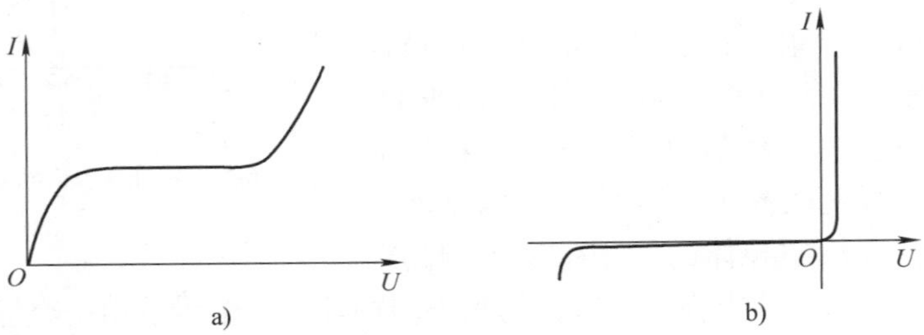

图 6-7　气体、二极管的伏安特性曲线

在很多情况下，材料的这种非欧姆导电特性具有很重要的实际意义。在电子和微电子时代，都不可或缺地应用了半导体材料的非欧姆特性。

*6.3　金属导电的经典电子论的基本概念

上节介绍的是金属导电的宏观规律——欧姆定律，本节从金属导电的微观机理来简要地解释这条定律。

金属中原子的外层电子（价电子）可以脱离原子的束缚而在整个金属中自由地运动，我们称这些电子为自由电子。金属原子失去电子后就成为正离子，这些正离子在金属内部以一定方式作有规则的排列形成晶体点阵，自由电子则在晶体点阵之间作不规则的热运动，并且不断与正离子碰撞。因为原子的有效半径为 10^{-10}m，电子的有效半径为 10^{-15}m，所以电子间的相互碰撞与电子和正离子的碰撞相比较可以忽略不计。按照经典理论，自由电子在金属内部的运动与同温度的气体分子在容器中的运动类似，因此，将金属中所有自由电子的整体称为“电子气”。根据气体分子运动论可算出在室温下自由电子的平均速率约为 10^5m/s 的数量级。当金属导体不受外电场作用时，金属中的自由电子仅做无规则的热运动，此时在某一时刻通过某一截面向一个方向运动的电子数与向相反方向运动的电子数相等，所以金属中没有电流。

当导体受到外电场作用时，电子在外电场作用下将沿电场的反方向做定向运动，这时，电子的运动是两种运动的叠加：一是无规则的热运动，二是有规则的定向运动。图 6-8 表示一个电子在外电场 $\boldsymbol{E}$ 作用下的运动情况。外电场 $\boldsymbol{E}$ 的方向自右向左，定向运动的方向自左向右。当外电场不存在时，电子在连续两次碰撞之间做直线运动，当有外电场存在时，金属中所有自由电子热运动的速度沿任一方向的分速度的平均值为零，但所有电子的平均定向运动的速度平均值 $u\neq 0$，而正是因为有这个平均定向运动的速度 $\boldsymbol{u}$，所以金属中有了电流。

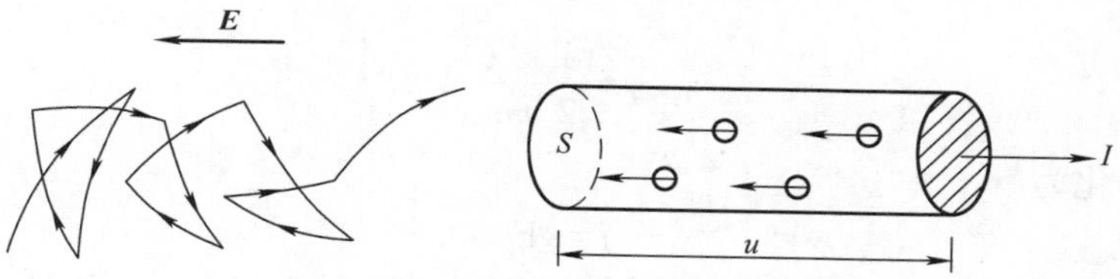

图 6-8 电子在外电场 $\boldsymbol{E}$ 作用下运动的情况

这里，我们从经典电子论的基本概念出发来推导欧姆定律的微分形式。首先，分析电流密度 $\boldsymbol{j}$ 与平均定向运动速度 $\boldsymbol{u}$ 的关系，因为两者的方向相反，故只需讨论它们的量值关系即可。设导体为导线，横截面积为 S，在单位时间内通过导线任一横截面的电子都包含在以 S 为底、u 为高的柱体内（见图 6-8）。设 n 为导体单位体积的自由电子数，则此柱体的体积大小为 uS，柱体内所包含的自由电子数为 nuS，电子带的电荷量为 e，这样，单位时间内通过横截面的电荷量即电流的大小为

$$I=enuS \tag{6-9}$$

电流密度的大小为

$$j=I/S=enu \tag{6-10}$$

现在我们再分析平均定向运动速度 $\boldsymbol{u}$ 与外电场 $\boldsymbol{E}$ 的关系。根据牛顿第二定律容易得出自由电子在外电场 $\boldsymbol{E}$ 的作用下获得的加速度 $\boldsymbol{a}$。设自由电子与晶体点阵连续两次碰撞之间所经历的平均时间为 τ，电子与晶体点阵碰撞后向各个方向运动的机会相等（与没有外电场时相同），电子的质量为 m_e，其定向运动速度化为零以后在外电场作用下又做加速运动。有

$$a=\frac{eE}{m_e}$$

$$u=\frac{0+a\tau}{2}=\frac{1}{2}\frac{eE}{m_e}\tau \tag{6-11}$$

电子与晶体点阵连续两次碰撞之间所经历的平均时间 τ 就是通过一个平均自由程的平均时间，因为电子定向运动的速率 u（数量级为 10^{-4}m/s）比热运动的平均速率 v（数量级 10^5m/s）小得多，可以忽略不计，所以将 τ 当作电子的平均自由程 λ 与热运动的平均速率 v 之比，即

$$\tau=\lambda/v$$

代入式（6-11）得

$$u=\frac{1}{2}\frac{eE\lambda}{m_e v}$$

u 的数量级那么小，为什么我们按下开关灯会那么快亮呢？因为电场的分布速率接近光速，在导线各处的电子几乎同时开始漂移，包括进入灯泡，即电流的形成是极短暂的，所以灯会很快就亮。将上式代入式（6-10）得

$$j=\frac{1}{2}\frac{e^2E\lambda}{m_e v}$$

因为电流密度 $\boldsymbol{j}$ 的方向与电场强度 $\boldsymbol{E}$ 相同，故上式可写为矢量式

$$j=\frac{1}{2}\frac{e^2\lambda}{m_e v}E \tag{6-12}$$

令

$$\gamma=\frac{1}{2}\frac{e^2\lambda}{mv} \tag{6-13}$$

则式（6-12）可化为

$$j=\gamma E \tag{6-14}$$

式（6-14）就是欧姆定律的微分形式，与式（6-8）相同。式（6-13）就是金属电导率的表示式。

由式（6-13）可以定性地说明金属的电阻率随温度的升高而增大的事实，因为温度升高时，热运动的平均速率 v 增大，由式（6-12）可知金属的电导率减小，电阻率增大。

综上所述，应用金属导电的经典理论能够较好地解释欧姆定律。这里必须说明的是，如果要再深入分析，要较深刻、较准确地解释欧姆定律的话，必需用量子理论。

6.4　电源　电动势

6.4.1　电源

如果想使载流子流过一电阻器，你必须在该器件两端建立一电势差。例如，把两个电势不相等的导体用导线连接起来，在导线中就会有电流产生，电容器的放电过程就是这样。如图6-9所示，A、B是电容器的两个极板，各带等量异号的电荷，因而A、B之间有一定的电势差。用一导线把A、B连接起来，在刚连接的瞬间，由于导线两端有电势差，导线内有电场，使正电荷从电势较高的A板经过导线移到电势较低的B板，并与B板的负电荷中和（实际上是自由电子从B板经导线移到A板，与A板的正电荷中和，这与假设正电荷从A板移到B板是等效的），结果，电容器两极板上的电荷逐减少，两极板间的电势差逐渐减小，最后两极板的电势差变为零，电流也就停止了。由此可见，单依靠静电力是不能维持恒定电流的，为了产生电荷的稳定流动，需要一个“电荷泵”，能把来到B板的正电荷经另一路径送回到A板，来多少就送回去多少，只有这样才能使A、B两板上电荷的数量保持不变。因为自B板至A板是从低电势到高电势，而大家已知道，静电力是阻止正电荷从低电势移到高电势的，所以要实现电流恒定，必须有一种外力——非静电力，克服静电力把正电荷从低电势移到高电势。我们将能起到“电荷泵”作用的装置称为电源。图6-10中的矩形表示一个电源，其中 $\boldsymbol{F}'$ 表示非静电力，$\boldsymbol{F}$ 表示静电力，两者方向相反。电源种类很多，不同种类的电源非静电力的性质也不相同，最常见的电源是化学电池和直流发电机。在化学电池中非静电力是化学力，在直流发电机中非静电力是洛伦兹力。刚才已经说明了电源中非静电力的作用就是把正电荷从电势较低的B端移到电势较高的A端，从而使电源两端维持恒定的电势差。

下面定性地分析非静电力是怎样维持恒定电势差的。首先，讨论电源不接外电路的情形，如图6-10所示，最初时刻电源中的非静电力将正电荷从电源的B端移到A端，结果是A端带正电，B端带负电，这两端的正负电荷在电源内也要产生静电场，因此，在电源内正电荷除了受到非静电力 $\boldsymbol{F}'$ 作用外，还受到静电力 $\boldsymbol{F}$ 作用，两者的方向是相反的，开始时，$\boldsymbol{F}$ 较小，$\boldsymbol{F}<\boldsymbol{F}'$，所以正电荷继续向A端运动，从而使A、B两端的电荷逐渐增加，$\boldsymbol{F}$ 逐渐增大，直到 $\boldsymbol{F}=\boldsymbol{F}'$ 时为止，这时，电源内部电荷的定向运动就会完全停止，A、B两端的电势差就不再增加，A、B间的电势差就达到一定值。电势较高的A端称为电源的**正极**，B端电势较低，称为电源的**负极**，电源两极之间的电势差就是电源的**电动势**。所以，此时即使电源为开路（不接外电路），电源的正、负极之间仍有一定的电势差，电势差的值就是电源的电动势。如果用导线（外电路）把电源的正、负极连接起来，如图6-11所示，由于两电极之间有电势差，所以导线内有电场存在，并使正电荷从正极经过导线移到负极，这样，正、负极上的电荷减少，两极间的电势差也减小，在电源内静电力 $\boldsymbol{F}$ 就小于非静电力 $\boldsymbol{F}'$，正电荷又要从负极经电源内部向正极运动，形成闭合电路上的电流。因此，在有电流流过电源时，电源两端仍然保持一定的电势差（但不一定等于开路时的值）。

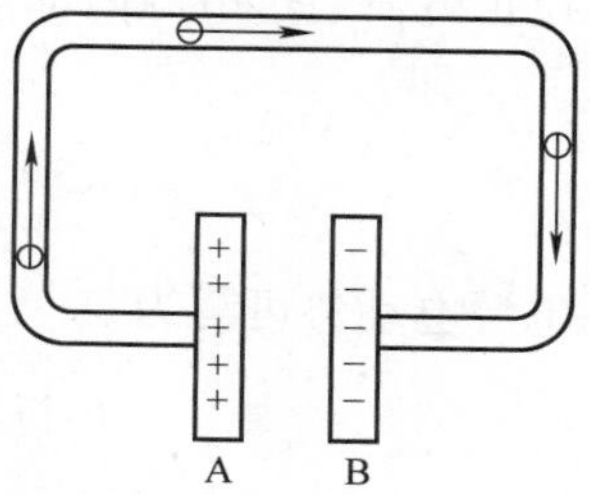

图6-9 电容器放电

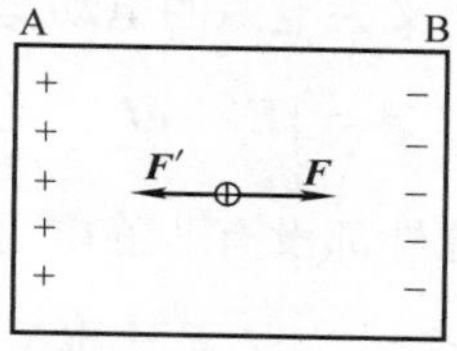

图6-10 电源不接外电路

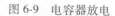

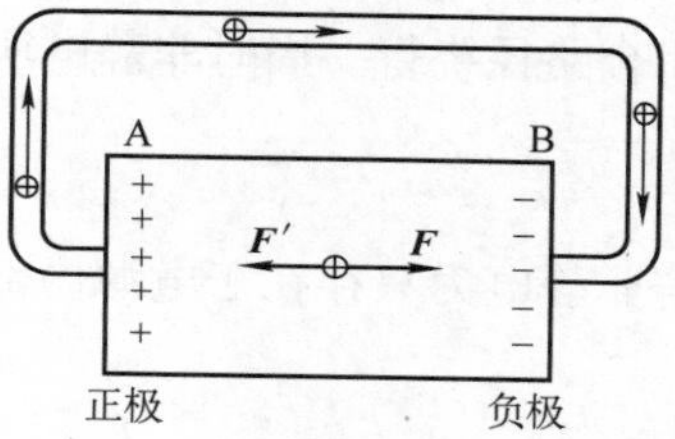

图6-11 电源与外电路

应当指出，正电荷从正极经外电路移到负极是从高电势到低电势，这一过程的完成是静电力的作用，但从负极经电源内部移到正极，则是从低电势到高电势，这一过程的完成不可能是静电力的作用，而是非静电力的作用。在电源内部，非静电力把正电荷从负极移至正极是提高电荷的电势能，所以非静电力一定要做正功，电源要消耗能量，所消耗的能量大部分用于提高电荷的电势能，由此从能量的观点看，**电源就是把其他形式的能量转换为电能的装置**。

常见的电动势装置是电池，用于驱动种类繁多的机械。对我们日常生活影响最大的电动势装置是发电机，它借助导线从发电厂出发，在我们家中和工厂之间产生电势差。航天器翼板上装的太阳能电池是电动势装置，而现在太阳能电池还星罗棋布地安装在一些乡村供家庭使用。还有，用于驱动航天飞机的燃料电池、为某些远程站提供电功率的温差电堆等都是电动势装置。在生命系统中，如鱼、人类以及一些植物也具有生理的电动势装置。所有的电动势装置具有相同的基本功能——它们对载流子做功因而在它们的两个端子间保持某一电势差。

6.4.2 电动势

刚才讲过，电源内部有静电力和非静电力，静电力是静电场（此处应该说是恒定电场）对电荷的作用力，用 $\boldsymbol{E}$ 表示静电场的电场强度。在此我们也用场的观点来阐述非静电力，可以认为非静电力是一种非静电性电场对电荷的作用力，用 $\boldsymbol{E}'$ 表示非静电性电场的电场强

度。这样，当正电荷 q 通过电源和外电路构成的闭合路径绕行一周时，静电力和非静电力所做的功之和为

$$A = \oint_L q(\boldsymbol{E} + \boldsymbol{E}') \cdot \mathrm{d}\boldsymbol{l} \tag{6-15}$$

由于恒定电场和静电场一样（参见下节内容），它的电场强度 $\boldsymbol{E}$ 的环流为零，即 $\oint_L \boldsymbol{E} \cdot \mathrm{d}\boldsymbol{l} = 0$，所以上式化为

$$A = \oint_L q\boldsymbol{E}' \cdot \mathrm{d}\boldsymbol{l}$$

$$\frac{A}{q} = \oint_L \boldsymbol{E}' \cdot \mathrm{d}\boldsymbol{l}$$

上式表示将单位正电荷通过电源内部沿闭合路径 L 移动一周非静电力所做的功，这个功越大，表示电源把其他形式的能量转换为电能的本领越大。我们把单位正电荷通过电源内部沿闭合路径绕行一周时非静电所做的功定义为电源的电动势，用 $\mathscr{E}$ 表示，即

$$\mathscr{E} = \oint_L \boldsymbol{E}' \cdot \mathrm{d}\boldsymbol{l} \tag{6-16}$$

若非静电力只存在于电源内部，在电源外部没有非静电力作用，则电源电动势可写为

$$\mathscr{E} = \int_{-\ (\text{电源内})}^{+} \boldsymbol{E}' \cdot \mathrm{d}\boldsymbol{l} \tag{6-17}$$

式（6-17）可表述为将单位正电荷从电源负极经电源内部移到电源正极时，非静电力所做的功。当闭合路径上处处都有非静电力作用时，电源的电动势就要用式（6-16）计算，式中线积分遍及整个回路 L。

电动势是标量，和电流一样，我们也这样规定电动势的方向：电动势的正方向为从负极经电源内部指向正极的方向，即非静电力的方向。电动势的单位和量纲与电势相同，都是伏特（V）。

6.5 基尔霍夫定律

6.5.1 基尔霍夫第一定律——节点电流定律

本章我们讨论的是恒定电流。恒定电流是指导体内各处的电流密度都不随时间变化的电流。恒定电流有一个很重要的性质，就是通过任一封闭曲面的电流为零。例如，对图 6-12 中的封闭曲面 S，有

$$I = \oint_S \boldsymbol{j} \cdot \mathrm{d}\boldsymbol{S} = 0 \tag{6-18}$$

与式（6-18）对应的，对图 6-12 中的封闭曲面 S 有 $I_2+I_3-I_1-I_4=0$，即

$$\sum_{k=1}^{n} I_k = 0 \tag{6-19}$$

其中，电流的正、负号也可以与电通量一样，取流进封闭曲面的电流密度通量为负值，流出的电流为正值。如果式（6-18）不成立，那么设流出某一封闭曲面的净电流大于零，就会有正电荷从封闭面内净流出，由于电流不随时间改变，这一净流出将永不休止，这意味着封闭

曲面内有无穷多的正电荷或能不断产生正电荷，这与电荷守恒定律相违背，是绝对不可能的。因此，对恒定电流来说，式（6-18）或式（6-19）必定成立。在分析电路时，通常把电路中几根导线相交的点称为节点，节点即几支电流的汇合点。对恒定电流的电路，如果作一个封闭曲面将节点包在曲面内，此时根据式（6-19）可得流经节点的电流的代数和为零。所以式（6-19）叫作节点电流方程，也叫基尔霍夫第一定律。

对于单一导线中通过的恒定电流，利用式（6-19）可知，通过导线各个截面的电流都相等。这是因为对于包围任一段导线的封闭曲面，如图 6-13 所示，只有流进的电流 I_1 和流出的电流 I_2 相等，才能使通过此封闭曲面的电流为零。这样，对恒定电流的电路来说，由于通过电路各截面的电流必须相等，所以恒定电流的电路一定是闭合回路。

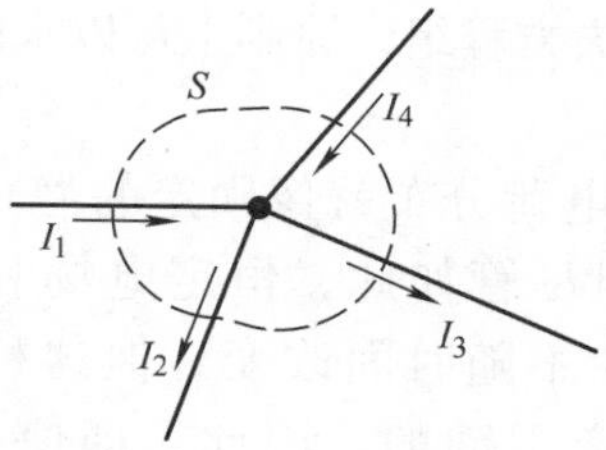

图 6-12　恒定电流通过封闭曲面 S

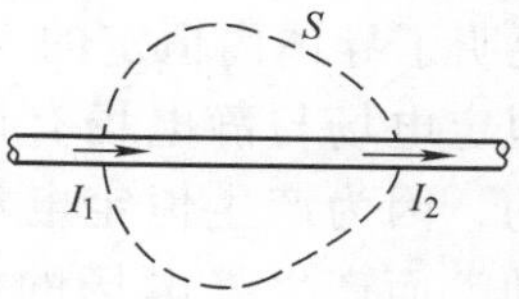

图 6-13　包围任一段导线的封闭曲面 S

6.5.2　基尔霍夫第二定律——回路电压定律

如上所述，对图 6-12 中包含节点的封闭曲面 S 来说，总电流等于零，即在任意一段时间内通过此封闭曲面流出和流入的电流相等，这样，考察这个封闭曲面，它所包含的总电荷量是不随时间改变的。在导体内任意处都作这样的封闭曲面，只要是在恒定电流的条件下，情况都相同，即导体内电荷的分布不随时间改变。不随时间改变的电荷分布产生不随时间改变的电场，这种电场叫**恒定电场**。导体内恒定的、不随时间改变的电荷分布就像固定的静止电荷分布一样，因此，恒定电场与静电场有许多相似之处。例如，它们都服从高斯定律和电场强度环路积分为零的环路定理。就后一点来说，以 $\boldsymbol{E}$ 表示恒定电场的电场强度，也有

$$\oint_L \boldsymbol{E}\cdot \mathrm{d}\boldsymbol{l}=0$$

根据恒定电场的这一保守性也可引进电势的概念。由于 $\boldsymbol{E}\cdot\mathrm{d}\boldsymbol{l}$ 是通过元位移 $\mathrm{d}\boldsymbol{l}$ 发生电势降落的，所以上式也常说成是：**在恒定电流电路中，沿任何闭合回路一周的电势降落的代数和为零**。分析直流电路的问题时根据这一规律列出的方程叫作回路电压方程，也叫**基尔霍夫第二方程**。为了更好地理解基尔霍夫第二方程，我们先计算下面一段电路两端（见图 6-14）的电势差（电势降落和），即电压。设电流由 A 流向 B，则 A、B 间的电压为

$$V_A-V_B=I(R_1+R_2+R_3+R_4)-\mathscr{E}_1+\mathscr{E}_2-\mathscr{E}_3 \tag{6-20}$$

式（6-20）也可写成

$$V_A-V_B=\sum I_iR_i-\sum \mathscr{E}_i \tag{6-21}$$

上式中设电流 I 的方向由 A 指向 B 为正，否则为负。电动势中因负号已提出“Σ”号外了，故“Σ”号内的电动势方向设由 A 指向 B 也为正，否则为负。

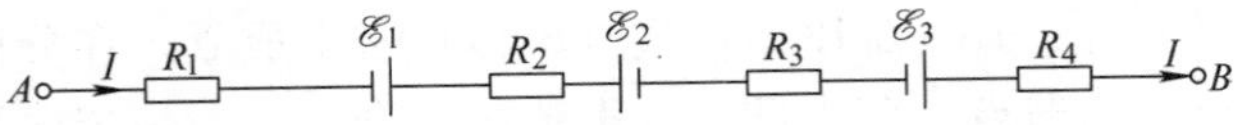

图 6-14 计算一段电路两端的电压

如果将图 6-14 图中的 A 与 B 两点接在一起为同一点，则电势差为零，式（6-21）变为

$$\sum I_i R_i - \sum \mathscr{E}_i = 0 \tag{6-22}$$

式（6-22）称为基尔霍夫第二定律，也叫回路电压定律。基尔霍夫第一、二定律称为基尔霍夫方程组。在给定电源电动势、内阻和电阻的条件下，根据基尔霍夫定律可以计算出每一支路的电流。如果给出某些支路中的电流，也可以求出某些电阻或电动势。实际中遇到的复杂电路是多个电源和多个电阻的复杂连接，应用基尔霍夫方程组，原则上可以求解各种复杂的直流电路。

上述已说明了导体内恒定的、不随时间改变的电荷分布就像固定的静止电荷分布一样，因而，恒定电场与静电场有许多相似之处。但尽管如此，恒定电场和静电场还是有重要区别的，因为产生恒定电场的电荷分布虽然不随时间改变，但这种分布总伴随着电荷的运动，而产生静电场的电荷则是始终固定不动的。因此，即使在导体内部，恒定电场强度 $\boldsymbol{E}$ 也不等于零。又因为电荷运动时恒定电场力是要做功的，所以恒定电场的存在总要伴随着能量的转换。但静电场是由固定电荷产生的，故维持静电场不需要能量的变换。

一般来说，应用基尔霍夫方程组求解的直流电路中除了电源以外，只有电阻元件。我们把电源和（或）电阻串联而成的通路叫作**支路**，在支路中电流处处相等。三条或更多条支路的连接点就是**节点**或**分支点**，例如，图 6-15 中有两个节点 B 和 E。几条支路构成的闭合通路叫作**回路**。在 6-15 图中，可认为有三个回路：$ABEFA$、$BCDEB$ 和 $ACDFA$。在复杂电路中，各支路的连接形成多个节点和多个回路。应用基尔霍夫方程组求解直流电路时要注意：设电路中有 n 个节点，对于每一个节点都可按照式（6-19）写出一个方程，但要认为只能有 $n-1$ 个节点是独立的，即只能列 $n-1$ 个节点电流方程（若列 n 个方程，那么第 n 个将是重复方程）。例如，图 6-15 中有两个节点，只能列一个节点方程。同样，设电路中有 n 个回路，对于每一个回路都可按照式（6-22）写出一个方程，但并非按所有的回路写出的方程都是独立的。也只有 $n-1$ 个独立的回路方程（否则第 n 个方程也是重复的），这样求出的解才是唯一的。例如，图 6-15 中有三个回路，只有两个是独立的，第三个回路实际上是前两个回路的叠加，是重复的。因此，我们说这个电路只有两个独立回路。

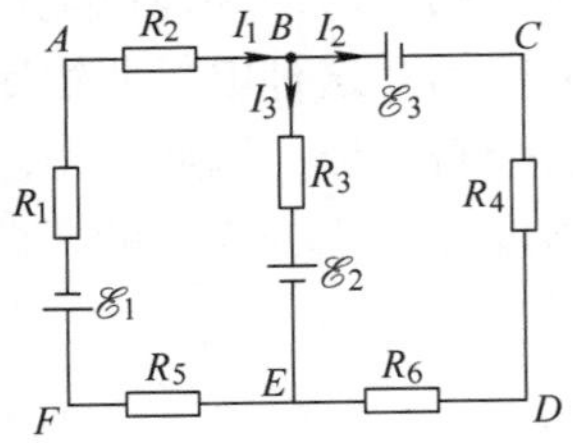

图 6-15 复杂直流电路

【例 6-2】 如图 $\mathscr{E}_1 = 12\text{V}$，$r_1 = 1\Omega$，$\mathscr{E}_2 = 8\text{V}$，$r_2 = 0.5\Omega$，$R_1 = 3\Omega$，$R_2 = 1.5\Omega$，$R_3 = 4\Omega$，试求通过每个电阻的电流。

【解】 设各电流方向如图 6-16 所示，有

$$I_1 - I_2 - I_3 = 0 \tag{1}$$

对回路Ⅰ，有

$$I_1(R_1+r_1)+I_3R_3-\mathscr{E}_1=0 \tag{2}$$

对回路Ⅱ，有

$$I_2(R_2+r_2)-I_3R_3+\mathscr{E}_2=0 \tag{3}$$

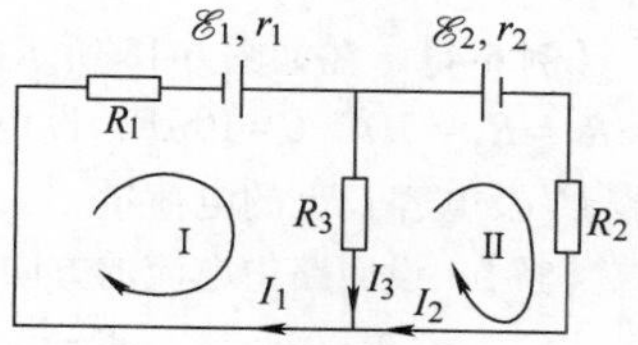

图 6-16　例 6-2 图

将数据代入式（1）、式（2）、式（3）中可得

$$\begin{cases} I_2+I_3=I_1 \\ 4I_1+4I_3=12 \\ 2I_2-4I_3=-8 \end{cases}$$

解方程组得：$I_1=1.25\text{A}$，$I_2=-0.5\text{A}$，$I_3=1.75\text{A}$。I_2 为负号，即与所设的方向相反。

【例 6-3】 电势差计电路如图 6-17 所示，$\mathscr{E}_0$ 为电动势比较稳定的电源，AB 是一根均匀电阻丝，$\mathscr{E}_s$ 是标准电池，它的电动势是已知标准值，$\mathscr{E}_x$ 为待测电动势。工作时，合上 S 后将 S_1、S_2 先合到 $\mathscr{E}_s$ 一侧，保持滑动接头位置 D，调 R 使 P 中无电流。再保持 R 不变，S_1、S_2 合向 $\mathscr{E}_x$ 一侧，移动滑动接头寻找 P 无电流的位置 X，从而得出 $\mathscr{E}_x$ 的值。试分析其过程原理，并给出 $\mathscr{E}_x$ 值的表达式。

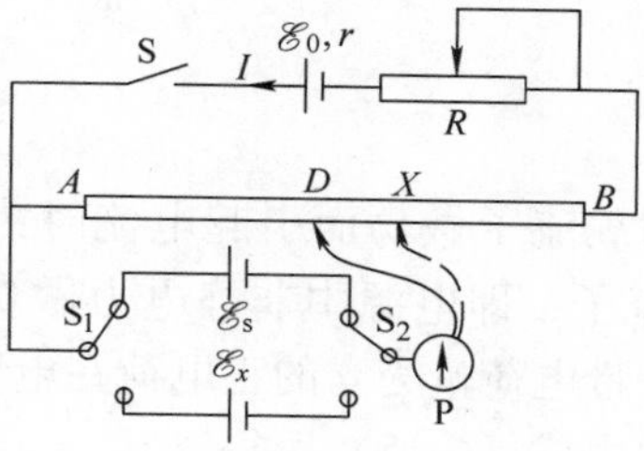

图 6-17　电势差计电路

【解】 依题意，电流 I 全部流过 AB 电阻丝，对回路 $ABR\mathscr{E}_0A$，回路方程为

$$I(R_{AB}+R+r)-\mathscr{E}_0=0$$

由此得

$$I=\frac{\mathscr{E}_0}{R_{AB}+R+r} \tag{1}$$

对回路 $ADP\mathscr{E}_sA$，回路方程为

$$IR_{AD}-\mathscr{E}_s=0 \tag{2}$$

对回路 $AXP\mathscr{E}_xA$，回路方程为

$$IR_{AX}-\mathscr{E}_x=0 \tag{3}$$

因保持 R 不变，故式（2）、式（3）中的电流相同，均为式（1）的电流值，这样，将式（2）、式（3）相除可得

$$\frac{\mathscr{E}_x}{\mathscr{E}_s}=\frac{R_{AX}}{R_{AD}}$$

由于 AB 是均匀的电阻丝，其中一段电阻值应和其长度 l 成正比，所以由上式可得

$$\mathscr{E}_x=\mathscr{E}_s\frac{l_{AX}}{l_{AD}}$$

实际的仪器中电阻丝已按比值做了刻度，所以，实验时只要记下电阻丝的长度值 l_{AX}、l_{AD} 和标准的电动势 $\mathscr{E}_s$ 的值，即可按上式算出 $\mathscr{E}_x$ 的值。

【例 6-4】　在如图 6-18 所示的电路中，已知 $\mathscr{E}_1=12\text{V}$，$\mathscr{E}_2=\mathscr{E}_3=6\text{V}$，$R_1=R_2=R_3=3\Omega$，$C=10\mu\text{F}$，设电源内阻均忽略不计，试求电势差 U_{ab}、U_{ac}、U_{bc}及电容 C 上的电荷量。

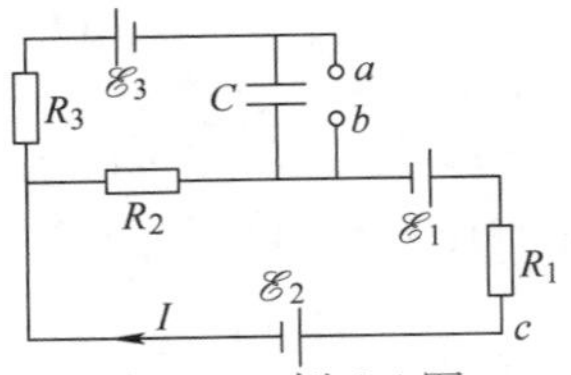

图 6-18　例 6-4 图

【解】　设回路中电流的方向如图 6-18 所示，电流为

$$I=\frac{\mathscr{E}_1-\mathscr{E}_2}{R_1+R_2}=\frac{(12-6)\text{V}}{(3+3)\Omega}=1\text{A}$$

(1) $U_{ab}=-\mathscr{E}_3+IR_2=(-6+3)\text{V}=-3\text{V}$

(2) $U_{ac}=-\mathscr{E}_3-\mathscr{E}_2=(-6-6)\text{V}=-12\text{V}$

(3) $U_{bc}=-\mathscr{E}_1+IR_1=(-12+3)\text{V}=-9\text{V}$

(4) $Q=C\,|U_{ab}|=(10\times10^{-6}\times3)\text{C}=3\times10^{-5}\text{C}$

6.6　电源的功率　端电压

6.6.1　电源的功率

当电池或其他电动势装置对载流子做功而引起电流时，它把能量以其能源（例如，化学电池中的化学能）转移给载流子，即电源中非静电力做功。电源的瞬时功率就是单位时间内非静电力所做的功。若将一带电荷量为 q 的正电荷在电路中沿闭合路径移动一周，电路中的静电力和非静电力所做的功由式（6-15）可得

$$A=\oint_L q\boldsymbol{E}'\cdot \text{d}\boldsymbol{l}=q\mathscr{E}$$

对恒定电流有 $q=It$（t 为 q 移动一周所用的时间），则上式为

$$A=It\mathscr{E} \tag{6-23}$$

式（6-23）为电源在 t 时间内所做的功，由此可得电源的功率为

$$P=\frac{A}{t}=I\mathscr{E} \tag{6-24}$$

式（6-24）为电路中非静电力（电源）的总功率。

6.6.2　端电压　电源的输出与输入功率

电源的端电压可以表述为：静电力把单位正电荷经外电路由电源的正极移到负极所做的功。图 6-19 所示的电路中端电压为

$$V_A-V_B=\mathscr{E}-Ir$$

r 为电源的内阻，电源开路时，电路中无电流，端电压为

$$V_A-V_B=\mathscr{E}$$

即开路时电源两端的端电压为电源的电动势值。

放电时电源的输出功率为

$$P=I\mathscr{E}-I^2r \tag{6-25}$$

实际的电动势装置具有电阻 r，电流通过时由于电阻性耗散把部分能量转化为内部热量。

图6-20所示的电路中电源$\mathscr{E}_0$是放电电源，电源$\mathscr{E}$为充电电源，它的端电压为

$$V_A - V_B = \mathscr{E} + Ir$$

电源开路时，电路中无电流，端电压也为电源的电动势值$\mathscr{E}$。

充电时电源的输入功率为

$$P = I\mathscr{E} + I^2 r \qquad (6\text{-}26)$$

式（6-26）表明充电时，电流输入除了使电源电动势提高需对其做功$I\mathscr{E}$外，还要克服其内阻产生的焦耳热$I^2 r$。

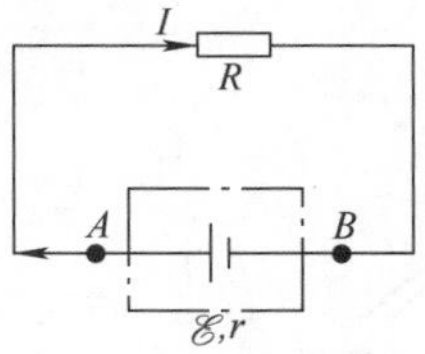

图6-19 电源放电

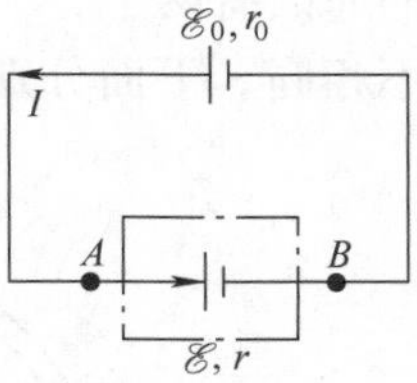

图6-20 电源充电

*6.7 电子的逸出功

金属中的自由电子虽然不停地做热运动，但在常温下，自由电子不能从金属中逸出，这表明在金属表面附近的电子受到阻碍它从金属中逸出的力的作用。要使电子能够从金属中逸出，必须反抗该作用力做一定数量的功，这个功称为逸出功。

阻碍电子从金属中逸出的力可以用金属表面上有电偶极层来解释。在一定的温度下，由于在金属中做热运动的电子总有少数其热运动的动能足够大，以致可以克服金属正离子的吸引力，从金属表面挣脱出来，这些电子逸出金属表面时，一方面由于金属缺少电子而带正电，另一方面从金属中逸出的电子对金属有静电感应作用，使金属中的电荷重新分布，结果在金属表面出现一层正电荷，这层正电荷对逸出金属表面的电子有吸引力作用，使电子从金属逸出后动能减少，大多数电子都不能远离金属表面，而只能停留在金属表面附近，在贴近金属表面的地方形成带负电的电子层，这两层正、负电荷形成**电偶极层**，这个电偶极层产生的电场指向金属外面，它阻碍电子从金属表面的内侧通过电偶极层跑到金属表面的外侧。所以，阻碍电子从金属中逸出的力就是这个电偶极层的静电力，反抗这一静电力所做的功就是**逸出功**。

由于电偶极层的存在，金属内的电势高于金属外的电势。设金属外的电势为零，金属内的电势为V，那么，电子从金属表面逸出时所需的逸出功就等于eV，其中e为电子电荷量的绝对值，V称为逸出电势。

根据以上讨论可知，为了使电子从金属表面逸出，必须使金属中的电子具有大于逸出功的动能。将金属加热使其温度升高是增大电子动能的一种方法，当金属的温度足够高时，金属中热运动动能大于逸出功的电子将急剧增多，这样就有大量电子从金属中逸出。这个现象称为热电子发射。利用热电子发射可以测定金属的逸出功。不同的金属有不同的逸出功，大约都是几个电子伏特。电子伏特是物理学中的能量单位，符号为eV，等于1个电子通过1V的电势差时电场力所做的功。因1个电子的电荷量大小$e = 1.6\times10^{-19}$C，所以

$$1\text{eV} = 1.6\times10^{-19}\text{J}$$

* 6.8 温差电现象

1821 年塞贝克（Seebeck）发现，将两种不同金属连接成闭合回路时，如果两接头间有温度差，则回路中有电流产生。例如，将铜、铁两种金属连接成闭合回路（见图 6-21），则在高温接头处电流将由铜流到铁，这表示电路中有电动势，这种电动势称为温差电动势，或称为塞贝克电动势，这样连接成的回路称为温差电偶或热电偶。

产生温差电动势的原因有两个，一个是两种金属中自由电子的密度不相同，另一个是同一种金属两端的温度不相同。下面分别叙述。

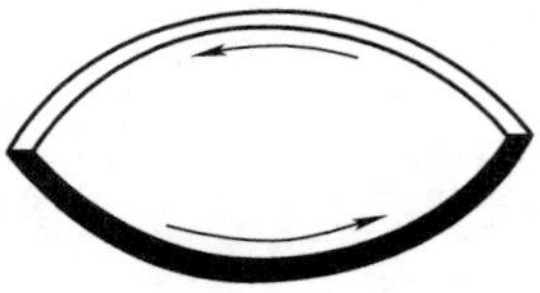

图 6-21 铜、铁连接成闭合回路

6.8.1 帕尔捷电动势

这里讨论的是两种自由电子密度不相同的金属互相接触的情况。设有两种金属，分别用 a、b 表示，它们的温度相同，均为 T，相互接触情况如图 6-22 所示。自由电子在金属中的运动状况与同温度的气体分子在容器中的运动状况相同，接触面两边的电子要互相扩散，但由于两种金属中自由电子的密度不相同，互相扩散的情况亦不相同。设金属 b 中自由电子的密度大于金属 a 中自由电子的密度，即 $n_b>n_a$，则从 b 向 a 扩散的电子多于从 a 向 b 扩散的电子，扩散结果是金属 b 因缺少电子而带正电，金属 a 因有过剩电子而带负电，这相当于两种金属的界面上存在一个极薄层电源，显然电子扩散力就是这种电源的非静电力，这个非静电力 $\boldsymbol{F}'$ 驱使电子由 b 向 a 扩散。a、b 中的正、负电荷在两种金属之间产生电势差，并且有由 b 指向 a 的静电场，这个作用于电子上的静电力 $\boldsymbol{F}$ 阻碍电子继续向 a 扩散，随着扩散的进行，a、b 中的正、负电荷继续增加，静电力继续增大，当静电力增大到与非静电力平衡时，扩散达到动态平衡，即由 b 扩散到 a 的电子数等于由 a 扩散到 b 的电子数，这时，a、b 中的电荷不再增加，两种金属间的电势差达到一定值，这个值就是电源的电动势。这种电动势称为帕尔捷电动势，它与互相接触的金属材料有关，还与它们的温度有关，用 $\Pi_{ab}(\mathrm{T})$ 表示，它的方向为由带负电的金属 a 指向带正电的金属 b。

当金属 a、b 连接成闭合回路时，如果两个接头的温度相同，则在两个接头处的帕尔捷电动势相等而方向相反，合电动势为零，如图 6-23 所示。当两个接头有温度差时，两个帕尔捷电动势不再相等，合电动势不为零。设两个接头的温度各为 T_1 及 T_2，且 $T_1>T_2$，则电路中的合电动势为

$$\mathscr{E}'_{ab}=\Pi_{ab}(T_1)-\Pi_{ab}(T_2) \tag{6-27}$$

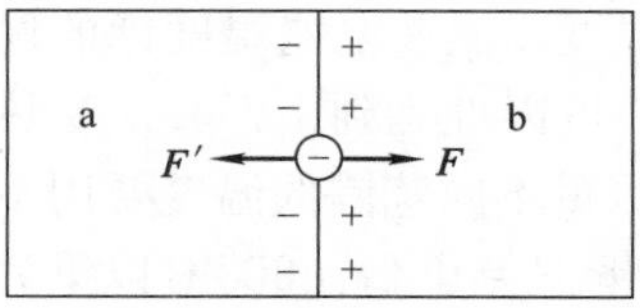

图 6-22 两种金属 a、b 同温接触

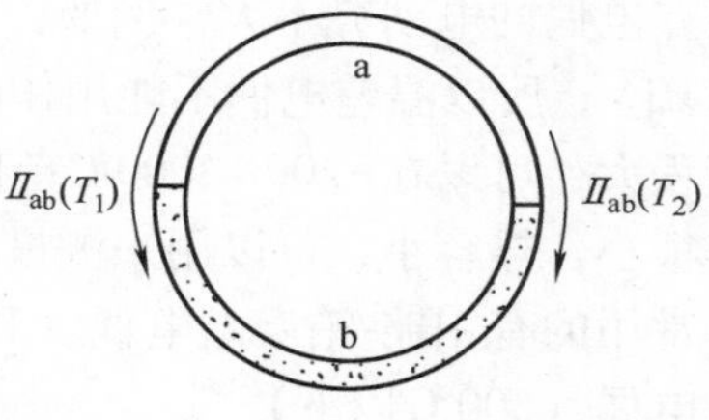

图 6-23 两种金属 a、b 同温连接成闭合回路

6.8.2 汤姆孙电动势

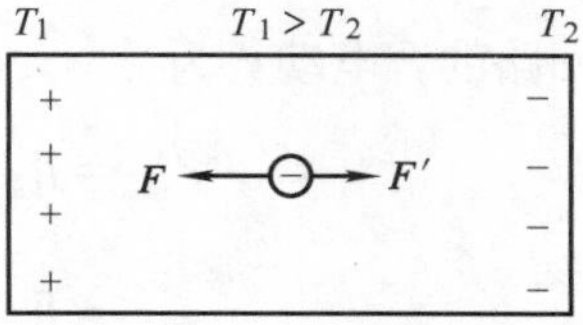

图 6-24 同一金属两端温度不同

同一金属如果两端温度不相同（见图 6-24），金属导体中有温度梯度，则由高温处扩散到低温处的电子多于沿相反方向扩散的电子，这相当于有一非静电力 $\boldsymbol{F}'$ 驱使电子由高温处扩散到低温处，扩散的结果是低温处电子密度大，高温处电子密度小，因而产生由高温处指向低温处的电场，当静电力 $\boldsymbol{F}$ 与非静电力 $\boldsymbol{F}'$ 平衡时，扩散便达到动态平衡。显然，这个非静电力也是扩散力，相应的导体中有电动势存在，其方向为由低温处指向高温处，这个电动势称为汤姆孙电动势。设在温度差为 $\mathrm{d}T$ 的一小段导体中汤姆孙电动势为 $\sigma\mathrm{d}T$，则当导体两端温度为 T_1 和 T_2，且 $T_1>T_2$ 时，整个导体中的汤姆孙电动势为

$$\mathscr{E}'' = \int_{T_1}^{T_2} \sigma \mathrm{d}T \tag{6-28}$$

式（6-28）中 σ 称为汤姆孙系数，它不仅与金属有关，而且是温度的函数。

6.8.3 温差电动势

综合以上讨论，当两种金属 a、b$(n_\mathrm{b}>n_\mathrm{a})$ 连接成闭合回路时，如果两个接头的温度各为 T_1 和 T_2，且 $T_1>T_2$ 时，则在两个接头处各有一帕尔捷电动势 $\Pi_{\mathrm{ab}}(T_1)$ 及 $\Pi_{\mathrm{ab}}(T_2)$，在两种金属中各有一汤姆孙电动势 $\mathscr{E}''_\mathrm{a}$ 和 $\mathscr{E}''_\mathrm{b}$，各电动势的方向如图 6-25 所示。所以，闭合回路的合电动势为

$$\begin{aligned}\mathscr{E}_{\mathrm{ab}} &= \Pi_{\mathrm{ab}}(T_1) - \Pi_{\mathrm{ab}}(T_2) + \int_{T_2}^{T_1} \sigma_\mathrm{a}\mathrm{d}T - \int_{T_2}^{T_1} \sigma_\mathrm{b}\mathrm{d}T \\ &= \Pi_{\mathrm{ab}}(T_1) - \Pi_{\mathrm{ab}}(T_2) + \int_{T_2}^{T_1} (\sigma_\mathrm{a} - \sigma_\mathrm{b})\mathrm{d}T\end{aligned} \tag{6-29}$$

上式为温差电动势。温差电动势是由帕尔捷电动势和汤姆孙电动势组成，在它们的共同作用下，在闭合回路中才能形成电流。

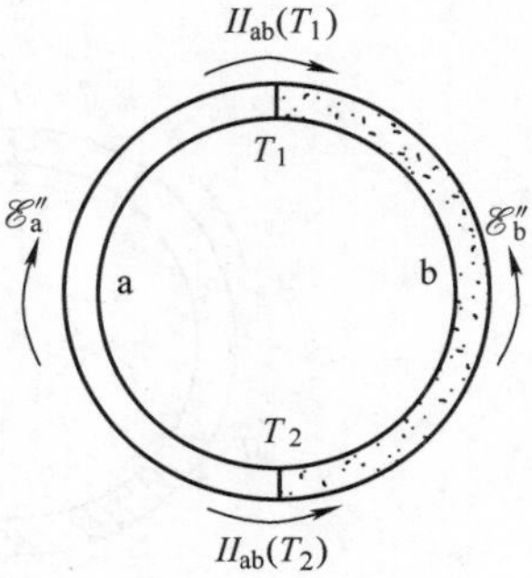

图 6-25 两种金属两端温度不同组成的闭合回路

从能量转换的角度看，在闭合回路中有温差电流时电路中一定有温度差，过程中既有吸热又有放热，二者之差便是维持恒定电流所需电能的来源。由此可见，温差电流的形成不仅符合热力学第一定律，而且也不违反热力学第二定律，因为这里不是从单一热源吸热使之全部转换为电能的。

温差电偶的电动势不大，例如，由铋和锑组成的温差电偶，温差为100℃时，温差电动势为0.01V，所以温差电偶不能用作电源，通常用来测定温度。温差电偶温度计的优点是测量的量程大，可以在-200~2000℃范围内使用；灵敏度高，可以准确到10^{-3}℃；受热面积可以做得很小，热容小，可以用来测量很小范围内的温度。测量不同范围的温度要用不同的热电偶，常用的有铂铑-铂温差电偶（1200~1600℃），铁-康铜温差电偶（800℃以下）、铜-康铜温差电偶（300℃以下）。

6.8.4 中间金属定律

如果在温差电偶a、b中插入第三种金属c而使接头bc及ca的温度同为T_2（见图6-26），则此回路的合电动势为

$$\begin{aligned}\mathscr{E}_{abc} &= \Pi_{ab}(T_1)+\Pi_{bc}(T_2)+\Pi_{ca}(T_2)+\int_{T_2}^{T_1}\sigma_a \mathrm{d}T-\int_{T_2}^{T_1}\sigma_b \mathrm{d}T \\ &= \Pi_{ab}(T_1)+\Pi_{bc}(T_2)+\Pi_{ca}(T_2)+\int_{T_2}^{T_1}(\sigma_a-\sigma_b)\mathrm{d}T\end{aligned}$$

且不管插入的第三种金属c的自由电子的浓度较金属a、b的情况如何。上式中$\Pi_{ab}(T_1)+\Pi_{bc}(T_2)+\Pi_{ca}(T_2)$为帕尔捷电动势的代数值，设电动势方向与a、b、c方向相同时为正，相反时为负。现在证明：

$$\Pi_{bc}(T_2)+\Pi_{ca}(T_2)=-\Pi_{ab}(T_2)$$

设想a、b、c三种金属串联成一闭合回路，各金属的温度均为T_2，如图6-27所示，此回路的合电动势必须为零，否则回路中就会有电流流动，并利用这个电流做功，这样就会有热转变为功，就是说，虽然各部分没有可以利用的温度差，电偶也可以把热转变为功，也就是可以从单一热源取出热量把它变为功而又不引起其他变化，这是违反热力学第二定律的。又因为回路上各部分没有温度差，汤姆孙电动势为零，故回路的合电动势为0，即

$$\Pi_{ab}(T_2)+\Pi_{bc}(T_2)+\Pi_{ca}(T_2)=0$$

即

$$\Pi_{bc}(T_2)+\Pi_{ca}(T_2)=-\Pi_{ab}(T_2)$$

所以，图6-26中回路的电动势为

$$\mathscr{E}_{abc}=\Pi_{ab}(T_1)-\Pi_{ab}(T_2)+\int_{T_2}^{T_1}(\sigma_a-\sigma_b)\mathrm{d}T \tag{6-30}$$

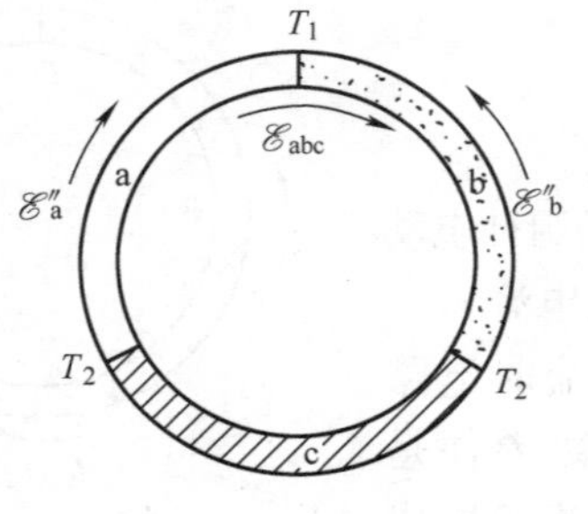

图6-26 温差电偶a、b中插入第三种金属c

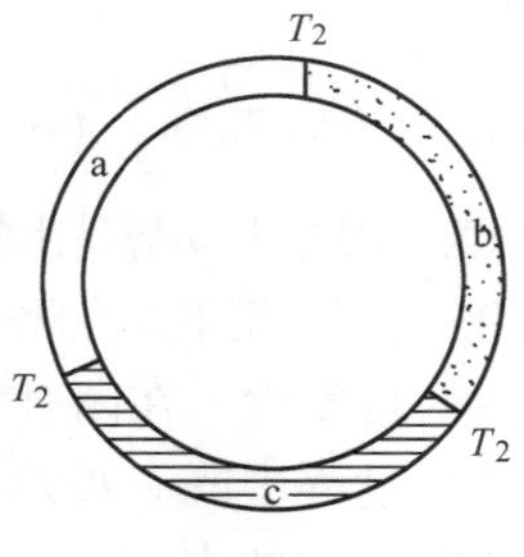

图6-27 三种金属两端同温连接

式（6-30）与式（6-29）相同，即插入第三种金属温差电偶的温差电动势不变，这可以

推广到包含任意多的金属，故得中间金属定律为：设电偶电路中包含若干中间金属，如果各中间金属两端的温度相同，则电偶的电动势不受影响。这条定律十分重要，因为做温差电偶实验或用温差电偶测量温度时，必须在电偶电路中插入导线、测量仪表及其他器件，而这条定律说明插入各器件对电偶的电动势没有影响。

温差电偶的重要应用之一是测量温度。如图 6-28 所示，将构成温差电偶的两种金属 A、B 的一接头放在待测温度为 T 的物质中，A、B 的另一端放在温度为 T_0 的已知的恒温物质（如冰水或大气）中。用两根同材料 C 的导线将 A、B 在恒温槽中的一端连接到电势差计上，测出温差电动势。根据事先校准的对应曲线关系或数据，可得待测温度 T。

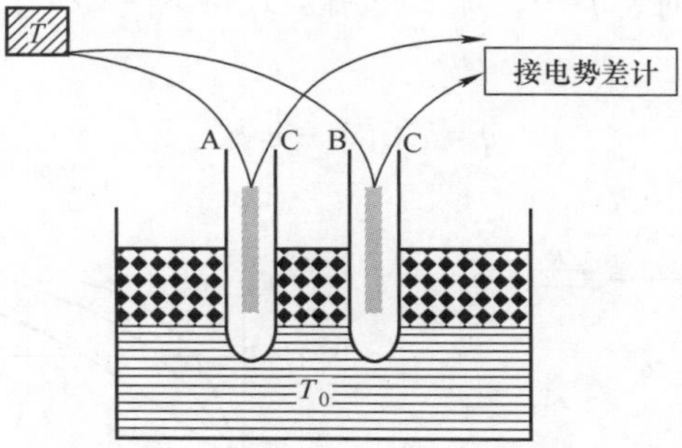

图 6-28 用温差电偶测温度

温差电偶测温度的主要优点：①量程大（−200～2000℃），可测炼钢炉中的高温或液态空气的低温；②灵敏度和准确度高；③因受热面积和热容量都可做得很小，所以可测很小范围内的温度或微小的热量。它还可用来做一种测量光通量和辐射通量十分灵敏的器件。

6.9 *RC* 电路的暂态过程

由电阻与电容器组成的电路称为 RC 电路。在从 0 跃变到 $\mathscr{E}$ 或从 $\mathscr{E}$ 跃变到 0 的阶跃电压的作用下，由于电容的作用，电路中的电流不会瞬间跃变，这种从开始发生变化到逐渐趋于稳定态的过程叫作暂态过程。*RC* 电路的暂态过程也就是它的充放电过程。

通常暂态过程需持续一定的时间，变化不算快，可以认为是准恒的，因此，欧姆定律和基尔霍夫方程仍适用，所以我们也用它们作为分析暂态过程的理论基础。下面分析 *RC* 电路充放电过程的一些基本特性。

如图 6-29a 所示的电路，当开关 S 拨向 1 时，一个从 0 到 $\mathscr{E}$ 的阶跃电压作用在 *RC* 电路上，电容器 C 被充电，这时，电源的电动势 $\mathscr{E}$ 应为电容器 C 两极板上的电压与电阻 R 上电势降落之和，此时的电路方程为

$$\frac{q}{C}+iR=\mathscr{E}$$

或

$$R\frac{\mathrm{d}q}{\mathrm{d}t}+\frac{q}{C}=\mathscr{E}$$

上式是充电时电路中的瞬时电荷量 q 所满足的微分方程。分离变量后，有

$$\frac{\mathrm{d}q}{q-\mathscr{E}C}=-\frac{1}{RC}\mathrm{d}t$$

对上式积分，得

$$\ln(q-\mathscr{E}C)=-\frac{1}{RC}t+K$$

$$q-\mathscr{E}C=K_1\mathrm{e}^{-\frac{1}{RC}t}\quad (K_1=\mathrm{e}^K)$$

式中，K_1 为积分常数，需由初始条件，即 $t=0$ 时的电流值确定。若选取接通电源的时刻作为计时的零点，则 $t=0$ 时，$q=0$，那么可由上式得 $K_1=-\mathscr{E}C$，所以上式满足初始条件的解为

$$q=\mathscr{E}C(1-\mathrm{e}^{-\frac{1}{RC}t})\tag{6-31}$$

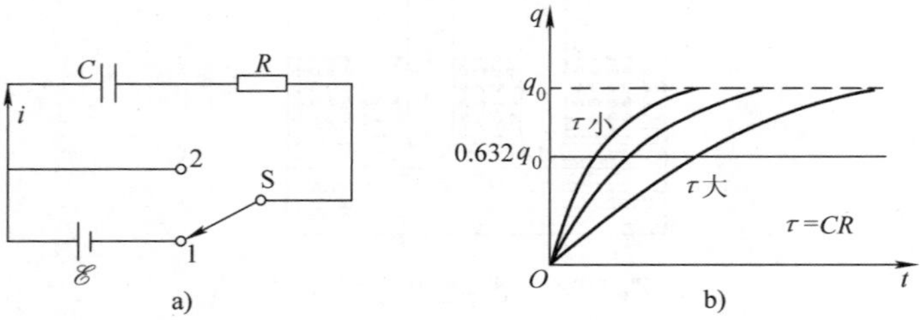

图 6-29　RC 电路的暂态

a）RC 电路　b）接通电源时 RC 电路的暂态曲线

按式（6-31）式画出不同 RC 值下电荷量 q 随时间 t 的变化曲线，如图 6-29b 所示，可以看出，接通电源后 q 是经过一指数增长过程逐渐达到恒定值 $q_0=\mathscr{E}C$ 的。电路的 RC 值不同，达到恒定值的过程所持续的时间不同。RC 具有时间的量纲，用 τ 表示，即 $\tau=RC$。由式（6-31）可以得出，当 $t=\tau$ 时，

$$q(\tau)=q_0(1-\mathrm{e}^{-1})=0.632q_0$$

也就是说，τ 等于电荷量从 0 增加到恒定值 q_0 的 63.2%所需的时间。当 $t=5\tau$ 时，可以算出 $q=0.994q_0$，基本已达恒定值，可以认为经过 5τ 这段时间后，暂态过程已基本结束。由此可见，$\tau=RC$ 是标志 RC 电路中暂态过程持续时间长短的特征量，称为 RC 电路的时间常数。C 越大，R 越大，则时间常数 τ 越大，电路的充（放）电时间越长。

如图 6-29a 所示的电路，当开关很快拨向 2 时，作用在 RC 电路上的阶跃电压从 $\mathscr{E}$ 降到 0，但由于电容的作用，使电流还将延续一段时间。这时，根据欧姆定律，电路方程为

$$\frac{q}{C}+iR=0$$

因为 $i=\dfrac{\mathrm{d}q}{\mathrm{d}t}$，所以有

$$R\frac{\mathrm{d}q}{\mathrm{d}t}+\frac{q}{C}=0$$

上式是放电时电路中的瞬时电量 q 所满足的微分方程。同样进行分离变量后积分，可得

$$q=K_2\mathrm{e}^{-\frac{1}{RC}t}$$

式中，K_2 为积分常数，需由初始条件，即 $t=0$ 时的电流值确定。在 S 拨向 2 之前，电路中的电荷量为 $q_0=\mathscr{E}C$，S 拨向 2 之后，电容器放电，电荷量从 $q_0=\mathscr{E}C$ 逐渐减小，若选取 S 拨向 2 的时刻开始计时，则 $t=0$ 时，$q_0=\mathscr{E}C$，那么由上式可得 $K_2=\mathscr{E}C$，所以上式满足初始条件的解为

$$q=\mathscr{E}C\mathrm{e}^{-\frac{1}{RC}t} \tag{6-32}$$

式（6-32）表明，将电源撤去时，电荷量下降也按指数递减，递减的快慢用同一时间常数 $\tau=RC$ 来表征。按上式画出不同 RC 值下电荷量 q 随时间 t 的变化曲线，如图 6-30 所示。

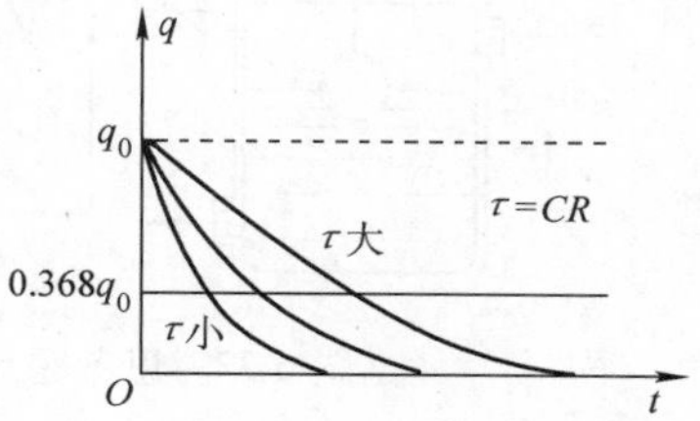

图 6-30　RC 短接时电路的暂态曲线

总之，RC 电路在阶跃电压的作用下，电荷量不能跃变（当然电路中的电流也一样），电荷量滞后一段时间才趋于恒定值，滞后的时间由时间常数 $\tau=RC$ 反映。

虽然暂态过程在时间上并不算长，但暂态现象在实际应用中却有着重要的意义。例如，脉冲电路中的电子器件开关特性就是在脉冲跃变信号作用下的暂态过程；在电子技术中也常利用电路中的暂态过程来改善或产生特定的波形。当然，暂态过程也有其不利的方面，例如，暂态过程会产生过电压或过电流，可能导致电气设备或器件遭受损坏，设计时或使用时就需要注意预防和消除。

思考题

6-1　当导体中没有电场时，其中能否有电流？当导体中无电流时，其中能否存在电场？

6-2　两截面不同的铜棒串接在一起，如图 6-31 所示，两端加上电压 U，设两棒的长度相同。问通过两棒的电流、电流密度是否相同？两棒内的电场强度是否相同？两棒上的电压是否相同？

6-3　电动势与电势差有何区别？

6-4　试解释基尔霍夫第二方程与电路中的能量守恒等价。

6-5　半导体和绝缘体的电阻随温度增加而减小，你能给出大概的解释吗？

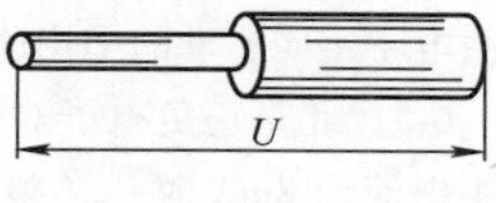

图 6-31　思考题 6-2 图

6-6　在通常情况下，导体中自由电子定向运动的速度数量级（约 10^{-4}）是很小的，为什么当开关一接通，室内电灯立刻就亮起来呢？

6-7　在稳恒电流的情况下，为什么通过导体每一个截面的电流都相同？

6-8　什么叫电子气？试就以下两种情形说明金属导体中的自由电子是怎样运动的：（1）导体不受外电场作用；（2）导体受到外电场作用。

6-9　对于电功率的计算，有公式 $P=I(V_a-V_b)$、$P=I^2R$、$P=(V_a-V_b)^2/R$，各个公式适用于何种情况？在什么情况下它们是一致的？

6-10　电源中的非静电力是怎样维持电源两端的电势差保持不变的？为什么说电源就是把其他形式的能量转换为电能的装置？电源电动势的物理意义是什么？

6-11　图 6-32 所示的是汽车上自动测定油面高低的装置，其中变阻器 R 的滑动接头连在杠杆的一端。从电流计 A（作为油量表用）所指的刻度就可以知道油面的高低，这是什么道理？

6-12　有一如图 6-33 所示的电路，当开关 S 接通时，安培计和伏特计上的读数怎样变化？

6-13　如在某一电路中，电源的端电压为零，这个电源的电动势也为零吗？

6-14　电动势为 $\mathscr{E}$、内阻为 r 的两个电池在串联或并联使用中，若用电器的电阻 $R>r$，那么哪种接法产生的电流较大？若 $R<r$，又如何？

6-15　在什么情况下，电池的端电压可以超过它的电动势？

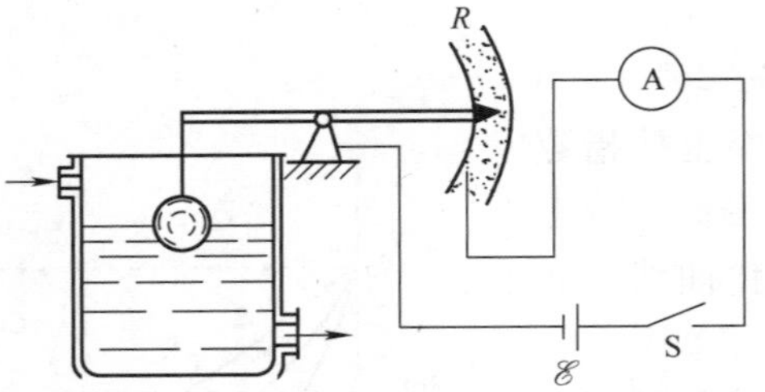

图 6-32　思考题 6-11 图

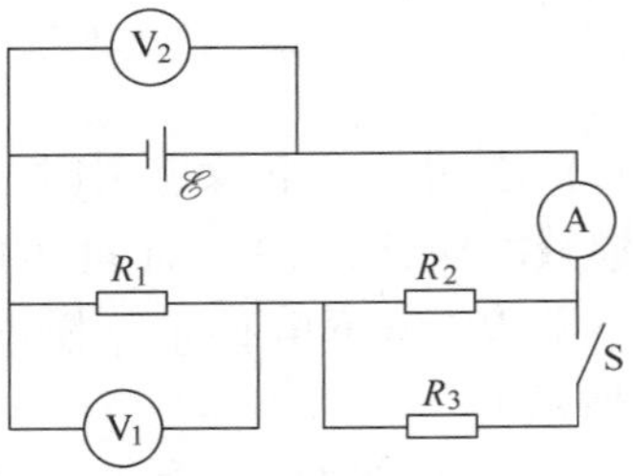

图 6-33　思考题 6-12 图

习　题

6-1　长度 $l=1.0\text{m}$ 的圆柱形电容器，内外两极板的半径分别为 $R_1=5.0\times10^{-2}\text{m}$，$R_2=1.0\times10^{-1}\text{m}$，其间充有电阻率 $\rho=1.0\times10^{9}\Omega\cdot\text{m}$ 的非理想电介质，设两极板间所加电压为 1000V，求：（1）该电介质的漏电电阻值；（2）电介质内各点的漏电流电流密度及电场强度。

6-2　在半径分别为 R_1 和 R_2（$R_1<R_2$）的两个同心金属球壳中间，充满电阻率为 ρ 的均匀导电物质，若保持两球壳间的电势差恒定为 U，求：（1）球壳间导电物质的电阻；（2）两球壳间的电流；（3）两球壳间离球心距离为 r 处的电场强度。

6-3　电动势为 12V 的汽车电池的内阻为 0.05Ω。问：

（1）它的短路电流多大？

（2）若启动电流为 100A，则发动机的内阻多大？

6-4　一截面积均匀的铜棒，长为 2m，两端电势差为 50mV，已知铜棒的电阻率为 $\rho_{铜}=1.75\times10^{-8}\Omega\cdot\text{m}$，铜内自由电子的电荷密度为 $1.36\times10^{10}\text{C/m}^3$，试求：（1）铜内的电场强度；（2）电流密度的大小；（3）棒内自由电子定向运动的平均速率。

6-5　北京正负电子对撞机的储存环是周长为 240m 的近似圆形轨道。当环中电流为 8mA 时，在整个环中有多少电子在运行？已知电子的速率接近光速。

6-6　有两个半径分别为 R_1 和 R_2 的同心球壳，其间充满了电导率为 γ（γ 为常量）的电介质，若在两球壳间维持恒定的电势差 U，求两球壳间的电流。

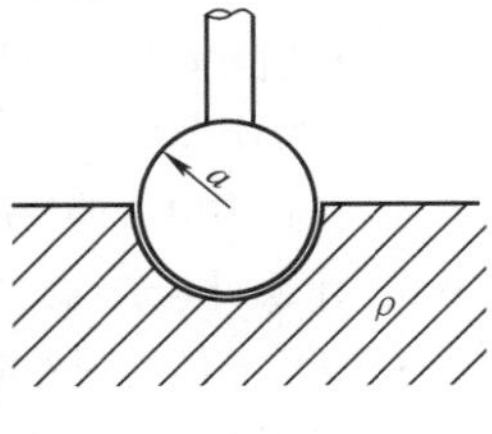

图 6-34　习题 6-7 图

6-7　把大地看作电阻率为 ρ 的均匀电介质。如图 6-34 所示，用一半径为 a 的球形电极与大地表面相接，半个球体埋在地面下，电极本身的电阻可忽略。试证明此电极的接地电阻为

$$R=\frac{\rho}{2\pi a}$$

6-8　一电源的电动势为 $\mathscr{E}$，内电阻为 r，均为常量。将此电源与可变外电阻 R 连接时，电源供给的电流 I 将随 R 而改变，试求：（1）电源端电压与外电阻 R 的关系；（2）电源消耗于外电阻的功率 P（称为输出功率）与 R 的关系；（3）欲使电源有最大输出功率，R 应为多大？（4）电源的能量一部分消耗于外电阻，另一部分消耗于内电阻。外电阻消耗的功率与电源总的功率之比，称为电源的效率 η，求效率 η 与 R

的关系式。当有最大输出功率时，η 等于多少？

6-9 试求在下列情形中电流的功率及 1s 内产生的热量：（1）在电流为 1A、电压为 2V 的导线中；（2）在以 1A 电流充电的蓄电池中，此时电池两极间的电压为 2V，蓄电池的电动势为 1.3V；（3）在以 1A 电流放电的蓄电池中，此时电池的端电压为 2V，电动势为 2.6V。

6-10 地下电话电缆由一对导线组成，这对导线沿其长度的某处发生短路（见图 6-35），电话电缆长 5m。为了找出何处短路，技术人员首先测量 AB 间的电阻，然后测量 CD 间的电阻。前者测得电阻为 30Ω，后者测得为 70Ω，求短路出现在何处。

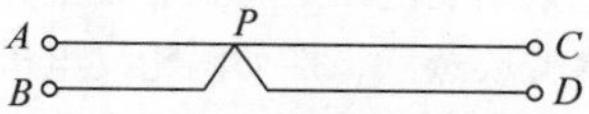

图 6-35 习题 6-10 图

6-11 大气中由于存在少量的自由电子和正离子而具有微弱的导电性。（1）地表附近，晴天大气平均电场强度约为 120V/m，大气平均电流密度约为 $4\times10^{-12}\mathrm{A/m^2}$。求大气的电阻率是多大？（2）电离层和地表之间电势差为 $4\times10^{5}\mathrm{V}$，问大气的总电阻是多大？

6-12 在如图 6-36 所示的电路中，$\mathscr{E}_1=3.0\mathrm{V}$，$r_1=0.5\Omega$，$\mathscr{E}_2=6.0\mathrm{V}$，$r_2=1.0\Omega$，$R_1=2.0\Omega$，$R_2=4.0\Omega$，试求通过每个电阻的电流。

6-13 在如图 6-37 所示的电路中，$\mathscr{E}_1=3.0\mathrm{V}$，$r_1=0.5\Omega$，$\mathscr{E}_2=1.0\mathrm{V}$，$r_2=1.0\Omega$，$R_1=4.5\Omega$，$R_2=19.0\Omega$，$R_3=10.0\Omega$，$R_4=5.0\Omega$，试求电路中的电流分布。

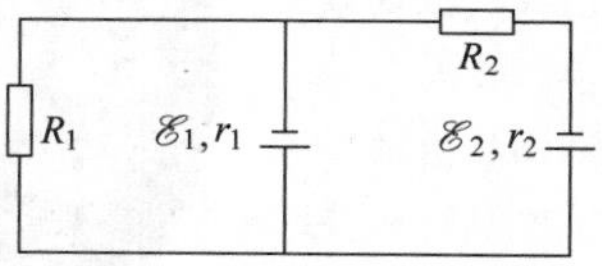

图 6-36 习题 6-12 图

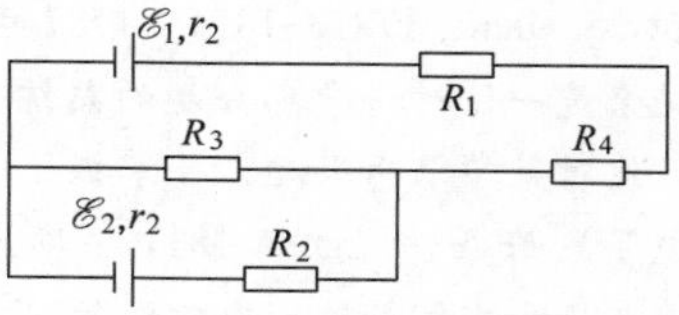

图 6-37 习题 6-13 图

6-14 如图 6-38 所示，$\mathscr{E}_1=\mathscr{E}_2=2.0\mathrm{V}$，内阻 $r_1=r_2=0.1\Omega$，$R_1=5.0\Omega$，$R_2=4.8\Omega$，试求：（1）电路中的电流；（2）电路中消耗的功率；（3）两电源的端电压。

6-15 在如图 6-39 所示的电路中，$\mathscr{E}_1=6.0\mathrm{V}$，$\mathscr{E}_2=2.0\mathrm{V}$，$R_1=1.0\Omega$，$R_2=2.0\Omega$，$R_3=3.0\Omega$，$R_4=4.0\Omega$，试求：（1）通过各电阻的电流；（2）$A$、$B$ 两点间的电势差。

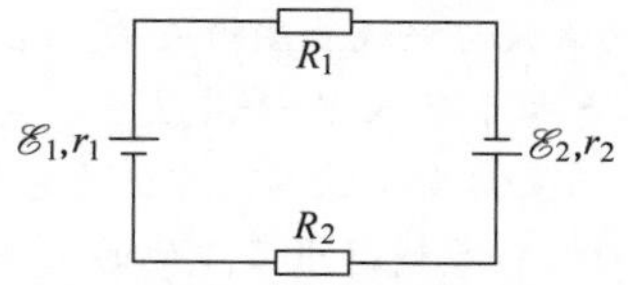

图 6-38 习题 6-14 图

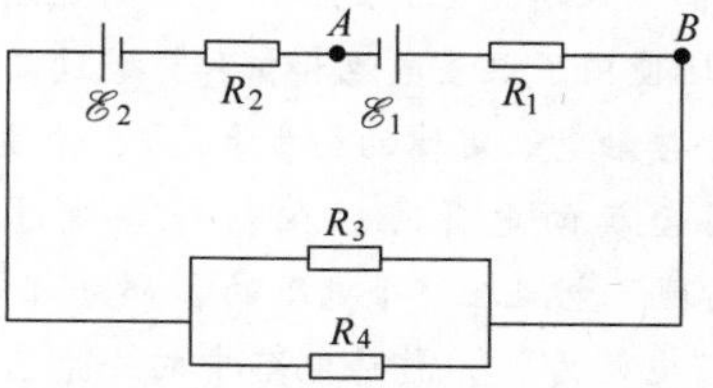

图 6-39 习题 6-15 图

阅读材料

太阳能发电

太阳能发电是指把太阳辐射能转化为电能。太阳能发电的方式有两种，一种是利用光发电，通过太阳能电池直接进行光电转换；另一种是利用热发电，通过太阳能电站进行光热电转换。

太阳能电池从原理上讲，分两种类型：一种是光化学电池，即在电解液里放入两个电极，让阳光照射其中一个，在两极之间产生电动势；另一种是“光生伏打电池”，它一般是在电子型硅单晶小片上用扩散法渗进一薄层硼，再加上电极制成，当受到日光照射时，两极间可产生电动势。在 $1m^2$ 面积上铺满硅太阳能电池，可得到约 100W 电力。人造卫星和宇宙飞船多用这种电池供电；有些汽车和飞机也开始应用。人们通常所说的太阳能电池主要指这一种。

太阳能电站是用大面积集光装置（定日镜）把阳光聚焦到高塔顶上的蒸汽锅炉，产生的高温使锅炉里的水变成蒸汽，推动涡轮发电机发电。传热介质除水以外，还可用油、溶盐或液态钠。这种中心塔式电站要求集光装置能自动跟踪太阳。需要解决的问题是提高效率，降低成本。

太阳能电站建设费用较昂贵，比火力发电厂高 5~10 倍。中国太阳能发电的发展方向是着重建设中小型电站，根据资源条件和负荷要求合理安排。许多专家主张建立联合系统，让太阳能和风能、水能、沼气能互相配合，共同用于发电。

物理学家简介

一、欧　　姆

欧姆

欧姆（G. S. Ohm，1787—1854）1787 年 3 月 16 日生于德国巴伐利亚的埃朗根。他的父亲是一位对科学感兴趣的熟练锁匠，爱好哲学和数学。在其父影响、教育下，他对数学很感兴趣，并掌握了一些金属加工技能，为他后来的学习和研究创造了良好条件。欧姆 1811 年毕业于埃朗根大学并取得哲学博士学位，先后在埃朗根和班堡等地的中学任教；1817 年出版第一本著作《几何教科书》；1817—1826 年在科隆大学预科讲授数学和物理；1826—1833 年在柏林军事学院任职；1833 年起被聘为纽伦堡工艺学校物理教授；1841 年英国皇家学会授予他科普利奖章，1842 年被接纳为英国皇家学会国外会员；1845 年为巴伐利亚科学院院士；1849 年任慕尼黑大学非常任教授，1852 年为该校正式教授；1854 年 7 月 6 日在慕尼黑逝世。

欧姆最重要的贡献是建立电路定律。他是受到傅里叶热传导理论（导热杆中两点间热流量与两点温度差成正比）的影响来研究他的定律的。当时还没有明确的电动势、电流乃至电阻的概念，适用的电流计也正在探索中。他使用了温差电池和扭秤，经过多次试验和归纳计算才获得成功。他 1825 年发表第一篇论文《涉及金属传导接触电的定律的初步表述》，论述了电流电磁力的衰减与导线长度的关系。进而，他通过实验测定了不同金属的电导率。在制作导线过程中，他直接受惠于父亲的精湛技艺。英国学者巴劳（P. Barlow）发现了电流在整个电路的各部分都是一样的，这个结果启发了欧姆，这使他想到可以把电流（当时他称为“电磁力”）作为电路中的一个基本量。进一步的实验导致得出了以他的名字命名的定律。以后，他又对自己的实验工作进行了数学处理与理论加工，写成了《伽伐尼电路——数学研究》一书（1827 年出版）。

欧姆定律刚发表时，并没有受到德国学术界的重视，反而遭到各种非议与攻击。欧姆给当时普鲁士教育部长苏尔兹赠送一本他的著作，请求安排到大学工作。但这位部长对科学不感兴趣，只把他安排到了军事学校。这时，一位在德国物理学界颇有地位的物理学家鲍耳（G. E. Pohl）首先撰文攻击欧姆的《伽伐尼电路——数学研究》一书，说这本书是“不可置信的欺骗”，“它的唯一目的是要亵渎自然的尊严”。在强大的压力下，欧姆寄希望于国王出面解决事端。他给国王路德维希一世写信，并因此组成巴伐利亚科学院专门委员会进行审议，结果因意见不一，不了了之。在他给朋友的信中，流露出这一时期的痛苦心情：“《伽伐尼电路——数学研究》的诞生已经给我带来了巨大的痛苦，我真抱怨它生不逢时，因为深居朝廷的人学识浅薄，他们不能理解它的母亲的真实感情”。只是当欧姆的工作后来在国外获得巨大声誉后，才在国内科学界得到关注。经过埃尔曼（P. Ermann，1764—1851）、多佛（H. W. Dove，1803—1879）和海尔曼（Hermann）等人多方努力，欧姆才实现了他的多年愿望，担任慕尼黑大学物理学教授。为了纪念他在电路理论方面的贡献，电阻单位命名为欧姆。

欧姆的研究工作还包括声学、光学等方面。

二、基尔霍夫

基尔霍夫（G. R. Kirchhoff，1824—1887），德国物理学家，1824年3月12日生于东普鲁士的柯尼斯堡（今为俄罗斯加里宁格勒），1887年10月17日卒于柏林。基尔霍夫在柯尼斯堡大学读物理，1847年毕业后去柏林大学任教，3年后去布雷斯劳作临时教授。1854年由R. W. E本生推荐任海德堡大学教授。1875年因健康不佳不能做实验，到柏林大学担任理论物理教授，直到逝世。1845年，他首先发表了计算稳恒电路网络中电流、电压、电阻关系的两条电路定律，后来又研究了电路中电的流动和分布，从而阐明了电路中两点间的电势差和静电学的电势这两个物理量在量纲和单位上的一致，由此使基尔霍夫电路定律具有更广泛的意义。在海德堡大学期间，他与本生合作创立了光谱分析方法，即把各种元素的材料放在本生灯上烧灼，发出波长一定的一些明线光谱，由此可以极灵敏地判断这种元素的存在。利用这一新方法，他发现了元素铯和铷。

基尔霍夫

1859年，基尔霍夫做了用灯焰烧灼食盐的实验。在对这一实验现象进行研究的过程中，得出了关于热辐射的定律，后被称为基尔霍夫定律：任何物体的发射本领和吸收本领的比值与物体特性无关，是波长和温度的普适函数。并由此判断：太阳光谱的暗线是太阳大气中元素吸收的结果。这给太阳和恒星的成分分析提供了一种重要的方法，天体物理由于应用光谱分析方法而进入了新阶段。1862年他又进一步得出绝对黑体的概念。他的热辐射定律和绝对黑体概念是开辟20世纪物理学新纪元的关键之一。1900年普朗克的量子论就发轫于此。

基尔霍夫在光学理论方面的贡献是给出了惠更斯-菲涅耳原理的更严格的数学形式，他对德国理论物理学的发展有重大影响，著有《数学物理学讲义》四卷。

第7章　稳恒磁场

第6章讨论了恒定电流产生的条件及其基本规律。大家都已知道，电流是电荷规则运动产生的，而运动电荷或者说电流有何基本特性呢？我们说，电荷运动时，在它周围除了产生电场外，还要产生磁场，可以说，磁现象的本质就是电荷的运动。本章首先简要介绍磁学发展史，分析磁现象的本质，然后讨论真空中恒定电流（或相对参考系以恒定速率运动的电荷）产生磁场的规律。

可以说人们发现磁现象要比发现电现象早得多。早在公元前数百年，古书籍中就有了磁石（Fe_3O_4）能吸引铁的现象记述。我国东汉时期的王充就已经指出古代的“司南勺”是个指南器；11世纪的《武经总要》（成书于1044年）中叙述了制造指南针的方法；12世纪初，我国已经将指南针用于航海船上，而指南针传入欧洲则是12世纪末（1190年）的事情。

以前，人们虽然也曾经在自然现象中观察到闪电能使钢针磁化或使磁针退磁等电磁现象，但是却没能把电现象与磁现象联系起来。因此，长期以来，人们普遍认为电现象和磁现象是互不相关的。在电磁学发展史上，1820年是值得纪念的一年，这年电磁学取得的成就是辉煌的。那年4月，丹麦物理学家奥斯特（H. C. Oersted，1777—1851）在一次实验中发现了在通电直导线附近的小磁针会偏转。不久，他又发现磁铁也可使通电导线发生偏转。奥斯特的电流与磁体间相互作用的实验于同年7月21日以论文形式发表后，在欧洲物理学界引起了极大的关注。随后，安培（A. M. Ampere）受奥斯特实验的启发，于同年9月18日进而发现圆电流与磁针有相似的作用，并于9月25日又报告了两平行通电直导线间和两圆电流间也都存在相互作用，还发现了直电流附近小磁针取向的右手定则，而所有这些都是在一个星期里完成的。这一年的12月，毕奥（J. B. Biot，1774—1862）和萨伐尔（F. Sevart，1791—1841）（两人均为法国物理学家）发表了长直载流导线所激发的磁场正比于电流 I，反比于至导线的垂直距离 r 的实验结果。虽然不久在这个实验的基础上拉普拉斯（P. S. Laplace，1749—1827，法国数学家和天文学家）又从数学上找出了电流元磁场的公式，但由于主要的实验工作是毕奥和萨伐尔完成的，所以通常称该公式为毕奥-萨伐尔定律。法国物理学家关于电流磁效应的实验和理论研究成果传到了英国以后，英国同行备受鼓舞和启发。法拉第认为，既然“电能生磁”，那么“磁也应能生电”。于是从1821年开始，法拉第就从事“磁变电”的探索，他坚持不懈地致力于实验研究，终于在10年后的1831年8月发现了电磁感应现象，从而为现代电磁理论和现代无线电、电工学的发展和应用奠定了基础。

本章讨论的主要内容有：描述磁场的物理量——磁感应强度 $\boldsymbol{B}$；电流激发磁场的规

律——毕奥-萨伐尔定律；反映磁场性质的基本定理——磁场的高斯定理和安培环路定理；磁场对运动电荷的作用力——洛伦兹力和磁场对电流的作用力——安培力。

7.1 磁场 磁感应强度

磁场 磁感应强度

7.1.1 基本磁现象 安培假说

1. 几种基本磁现象

下面是几种基本磁现象，列举出来用以说明磁现象的本质。

1）磁铁不但能吸引铁，而且还能吸引镍和钴，磁铁的这种性质称为磁性。把一根条形磁铁插入铁屑中然后取出，可以看见靠近条形磁铁的两端处吸引的铁屑最多，中间部分基本没有铁屑被吸引，这说明在靠近磁铁两端处磁性最强，中间部分基本没有磁性，磁性最强处称为磁极。如果把一根条形磁铁水平悬挂起来或把磁针支起来，使它能够在水平面内自由转动，那么，当条形磁铁或磁针静止时，它总是指向一定的方向，这个方向虽然因地区不同而稍有差异，但大约都是指向地球南北方向，由此说明地球具有磁场，这是由地核内尚不清楚的机制产生的。我们将指向地球北方的磁极称为北极，用 N 表示；指向南方的磁极称为南极，用 S 表示。同性磁极相斥，异性磁极相吸（见图 7-1）。

2）一可以在水平面内自由转动的磁针置于通电导线 AB 的下方，当电流沿 AB 方向通过时，如果我们从上向下看，磁针将沿顺时针方向转动，如果磁针放在 AB 的上面，则它沿逆时针方向转动。当电流沿相反方向通过时，磁针也向相反方向转动。这个实验表明，电流对磁铁有作用力（见图 7-2）。

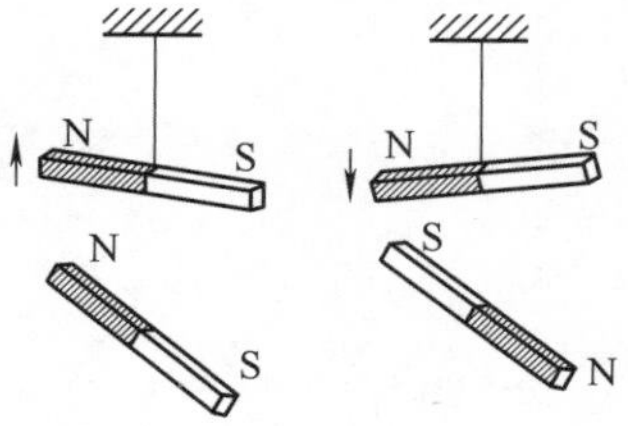

图 7-1 磁铁与磁铁相互作用

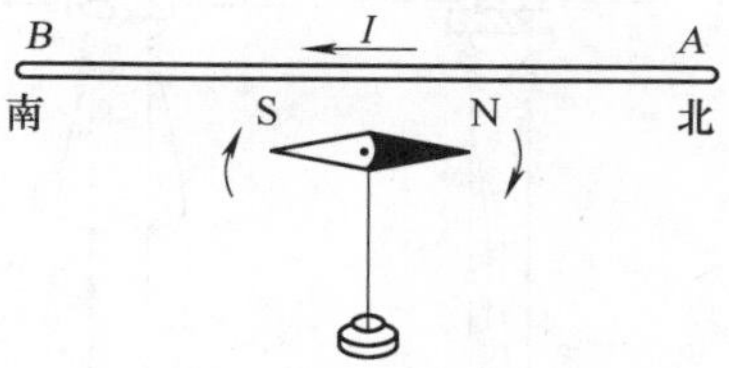

图 7-2 电流与磁针相互作用

3）把一段直导线放在蹄形磁铁的两磁极之间，给它通以电流，当电流 I 通过时，导线受到力 $\boldsymbol{F}$ 的作用而运动，当电流沿相反方向通过时，导线的运动方向也随之改变（见图 7-3）。这表明，磁铁对电流也有作用力，即磁铁对运动电荷有力的作用。在图 7-4 中，没有磁铁时，从阴极射线管的阴极射出的电子将沿直线运动，如果放置磁铁，电子运动就会发生偏转，这说明磁铁对运动电荷有作用力。

4）如图 7-5 所示，在两根平行直导线中，当通以方向相同的电流时，两根导线相互吸引；当通以方向相反的电流时，两根导线相互排斥。电流与电流之间也有相互作用力，也就是运动电荷与运动电荷之间有力的相互作用。

上述几种基本磁现象可以说都是由运动电荷产生的。

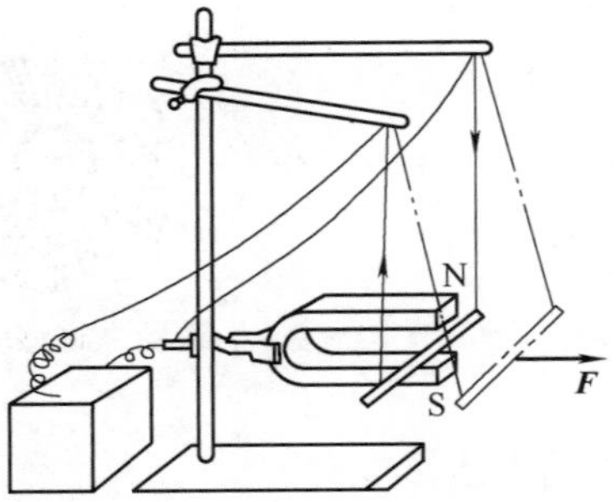

图 7-3 磁铁与电流相互作用

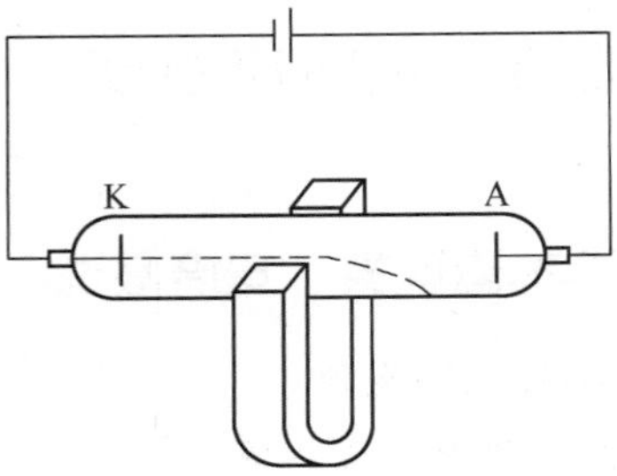

图 7-4 磁铁与运动电荷相互作用

2. 安培假说

电流是电荷规则运动形成的，磁铁与运动电荷的相互作用为何也说为运动电荷之间的相互作用呢？为了说明物质的磁性，1822 年安培提出了有关物质磁性的本质的假说，他认为，一切磁现象的根源是电流，任何物体的分子中都存在着回路电流，称为“分子电流”。一个“分子电流”相当于一个基元磁铁，这基元磁铁的 N、S 极对应于“分子电流”的两个面，N、S 极与电流方向的关系如图 7-6 所示，每一“分子电流”都要产生磁效应，整个物体的磁效应就是所有“分子电流”对外界的磁效应的总和。当物体中所有“分子电流”的取向毫无规则时它们的磁效应互相抵消，整个物体就不显示磁性；当物体受到磁铁或电流作用时，物体中的分子电流就会比较有规则地排列，整个物体对外界就显示磁性，这时我们说物体被磁化了。如把一根没有磁性的铁钉放在磁铁上后，它也能吸引别的铁钉，这就是铁钉在磁铁作用下被磁化的结果。

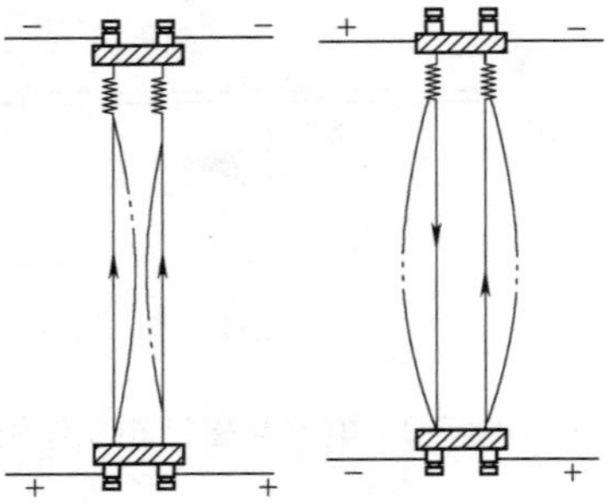

图 7-5 电流与电流间相互作用

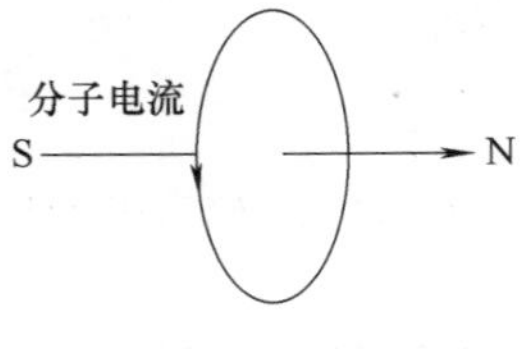

图 7-6 一个分子电流相当于一个基元磁铁

理论和实验都证实安培假说与现代物质的电结构理论是相符合的。现在我们都清楚，分子中的电子除绕原子核运动外，本身还有自旋运动，原子核自身也同样做自旋运动，分子中这些微观带电粒子的回旋运动等效于一回路电流，即“分子电流”。

电流的磁现象是运动电荷产生的，从以上的分析可知，按照安培假说和现代理论，磁铁的磁现象也是运动电荷产生的。所以可以说，一切磁现象都是运动电荷产生的，**磁现象的本质是电荷的运动**。

7.1.2 磁场 磁感应强度

从静电场的讨论中我们已经知道，在静止电荷周围的空间存在着电场，静止电荷间的相互作用是通过电场来传递的。运动电荷周围的空间除了存在电场外，还存在磁场。电流间（即运动电荷间）的相互作用也是通过磁场来传递的。磁场是存在于运动电荷周围空间除电场以外的一种特殊物质，磁场对位于其中的运动电荷有力的作用。因此，运动电荷与运动电荷之间、电流与电流之间、电流（或运动电荷）与磁铁之间的相互作用，都可以看成是它们中任意一个所激发的磁场对另一个施加作用力的结果，其作用的形式为

$$\text{运动电荷} \Longleftrightarrow \text{磁场} \Longleftrightarrow \text{运动电荷}$$

回顾在静电学中，我们为了考查空间某处是否有电场存在，就在该处放一静止试验电荷 q_0，若 q_0 受到力 $\boldsymbol{F}$ 的作用，我们就可以说该处存在电场，并以电场强度 $\boldsymbol{E}=\boldsymbol{F}/q_0$ 来定量地描述该处的电场。与此类似，我们将从磁场对运动电荷的作用力，引出磁感应强度 $\boldsymbol{B}$ 来定量地描述磁场。但是，磁场作用在运动电荷上的力不仅与电荷量有关，而且还与电荷运动速度的大小及方向有关。所以，磁场作用在运动电荷上的力比电场作用在静止电荷上的力要复杂得多。因此，对 $\boldsymbol{B}$ 的定义比对 $\boldsymbol{E}$ 的定义也要烦琐些。下面我们从运动电荷在磁场力的作用下会发生偏转这一实验现象来进行分析讨论。

在如图 7-7 所示的实验装置示意图中，1 与 2 为两组匝数较多的平行线圈。当两线圈内通以流向相同的电流时，在两线圈轴线中心附近的区域就可获得比较均匀的磁场（这种在局部区域产生均匀磁场的平行通电线圈称为亥姆霍兹线圈，下节内容将介绍），在均匀磁场间放置一个充有少量氩气的圆形玻璃泡，泡内有电子枪 M，可发射不同速率的电子束，而在电子束所经过的路径上，由于氩气被电离发出辉光，从而可显示出电子束的偏转情况。此外，玻璃泡也能绕水平轴 OO' 旋转，使电子的运动方向随之改变，这样，通过分析电子束的偏转情况就可知道电子所受磁场力的大小和方向了。

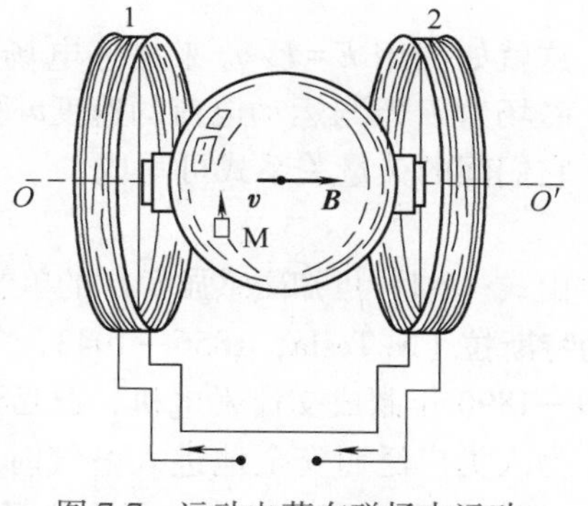

图 7-7 运动电荷在磁场中运动实验装置示意图

上面叙述的是电子束在磁场中运动的情况。对于带正电的运动电荷，它们所受磁场力的方向与负电荷所受磁场力的方向相反。

从大量实验可得出如下实验结果：

1）电荷 q 的速度$\boldsymbol{v}$ 的方向与某一特定方向平行（或反平行）时，电荷不受磁场力的作用，电荷做匀速直线运动。

2）电荷 q 的速度$\boldsymbol{v}$ 与上述该特定方向垂直时，电荷 q 所受的磁场力最大，且磁场力的方向总是垂直于该特定方向与电荷速度$\boldsymbol{v}$ 构成的平面，磁场力的大小与电荷的速率及电荷量 q 成正比，改变电荷 q 的符号，则磁场力反向。

3）电荷速度与上述该特定方向成任意夹角 θ 时，磁场力以 $F=F_{\max}\sin\theta$ 的规律变化。

总结以上实验结果，可以定义磁感应强度 $\boldsymbol{B}$ 的方向和大小如下：

1）当电荷 q 经过磁场中某处时不受磁场力作用（即 $F=0$）时，该电荷的运动方向与该处磁感应强度 $\boldsymbol{B}$ 的方向平行或反平行，如图 7-8 所示，$\boldsymbol{B}$ 的方向与置于此处的小磁针 N 极的指向一致。

2）当正电荷 $+q$ 经过磁场中某点其速度 $\boldsymbol{v}$ 的方向与磁感应强度 $\boldsymbol{B}$ 的方向垂直时（见图 7-9），它所受的磁场力最大为 F_{max}，而 F_{max} 与乘积 qv 成正比。对磁场中某一定点来说，比值 F_{max}/qv 是一定的，这种比值在磁场中不同位置处有不同的量值，它如实地反映了磁场的空间分布。我们把这个比值规定为磁场中某点的磁感应强度 $\boldsymbol{B}$ 的大小，即

$$B=\frac{F_{\perp}}{qv}=\frac{F_{max}}{qv} \tag{7-1}$$

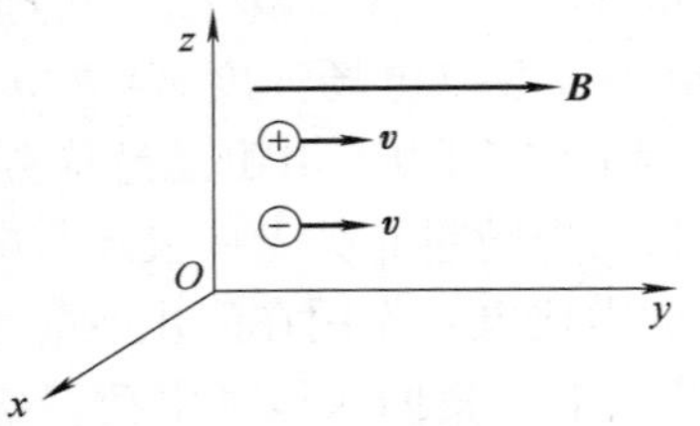

图 7-8 电荷的速度 $\boldsymbol{v}$ 平行于磁场 $\boldsymbol{B}$，不受磁场力

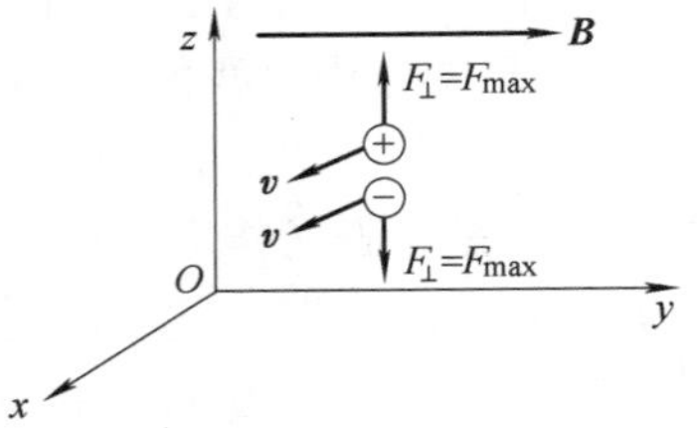

图 7-9 电荷的速度 $\boldsymbol{v}$ 垂直于磁场 $\boldsymbol{B}$，所受磁场力最大

这就如同用 $E=F/q_0$ 来描述电场的强弱一样，现在我们用 $B=F_{max}/qv$ 来描述磁场的强弱。磁场力 $\boldsymbol{F}$ 既与运动电荷的速度 $\boldsymbol{v}$ 垂直，又与磁感应强度 $\boldsymbol{B}$ 垂直，且相互构成右手螺旋关系，它们间的矢量关系式可写成

$$\boldsymbol{F}=q\boldsymbol{v}\times\boldsymbol{B} \tag{7-2}$$

由式（7-1）可知磁感强度 $\boldsymbol{B}$ 的单位。在国际单位制中，$\boldsymbol{B}$ 的单位便是 T 或 N · s/(C · m)，称为**特斯拉**（N. Tesla，1856—1943，美国电气工程师。他于 1888 年设计出旋转磁场，并于 1889—1890 年制成交流发电机，此后还研制成多相发电机、电动机、变压器以及输变电系统，为人类广泛而安全地进入电气时代做出了杰出贡献。为此，磁感应强度以他的姓氏命名）。表 7-1 列出了一些自然界中磁场的磁感应强度近似值。

表 7-1 自然界中一些磁场的磁感应强度近似值

地球赤道附近	3×10^{-5}T	人体磁场	10^{-12}T
地球两极附近	6×10^{-5}T	超导电磁铁	5~40T
太阳在地球轨道上的磁场	3×10^{-9}T	大型电磁铁	1~2T

顺便指出，如果磁场中某一区域内各点的磁感应强度 $\boldsymbol{B}$ 都相同，即该区域内各点 $\boldsymbol{B}$ 的方向一致，大小相等，那么，该区域内的磁场就叫作均匀磁场，否则就是非均匀磁场。长直密绕螺线管内中部的磁场就是常见的均匀磁场。

7.2 毕奥-萨伐尔定律 磁场线

这一节我们将介绍恒定电流激发磁场的规律。恒定电流的磁场亦称为静磁场或稳恒磁场。在静磁场中，任意一点的磁感应强度 $\boldsymbol{B}$ 仅是空间坐标的函数，与时间无关。

7.2.1 毕奥-萨伐尔定律

在静电场中，当要计算任意带电体在空间某点产生的电场强度 $\boldsymbol{E}$ 时，是把带电体分成无限多个电荷元 $\mathrm{d}q$，先分析每个电荷元在该点产生的电场强度 $\mathrm{d}\boldsymbol{E}$，而所有电荷元在该点产生的 $\mathrm{d}\boldsymbol{E}$ 的叠加，即为此带电体在该点产生的电场强度 $\boldsymbol{E}$。将这一思路迁移，对于载流导线来说，我们首先定义电流元，就是把流过某一矢量线元 $\mathrm{d}\boldsymbol{l}$ 的电流 I 与 $\mathrm{d}\boldsymbol{l}$ 的乘积 $I\mathrm{d}\boldsymbol{l}$ 作为电流元，电流元中电流的流向就是线元矢量的方向。那么，我们就可以把整条载流导线看成是由无数多个电流元 $I\mathrm{d}\boldsymbol{l}$ 连接而成的。这样，载流导线在磁场中某点所激发的磁感应强度 $\boldsymbol{B}$，就是由这导线的所有电流元 $I\mathrm{d}\boldsymbol{l}$ 在该点激起的 $\mathrm{d}\boldsymbol{B}$ 的叠加。电流元 $I\mathrm{d}\boldsymbol{l}$ 所激发的磁感应强度 $\mathrm{d}\boldsymbol{B}$ 的规律就是毕奥-萨伐尔定律，下面我们将做进一步讨论。

毕奥-萨伐尔定律　磁场线

如图 7-10 所示，载流导线上的任意电流元 $I\mathrm{d}\boldsymbol{l}$ 在真空中某点 P 处产生的磁感应强度 $\mathrm{d}\boldsymbol{B}$ 的大小与电流元的大小 $I\mathrm{d}l$ 成正比，与电流元 $I\mathrm{d}\boldsymbol{l}$ 到点 P 的矢径 $\boldsymbol{r}$（矢径方向规定为从电流元 $I\mathrm{d}\boldsymbol{l}$ 所在位置指向点 P）间的夹角 θ 的正弦成正比，并与电流元到点 P 的距离 r 的二次方成反比，即

$$\mathrm{d}\boldsymbol{B}=\frac{\mu_0}{4\pi}\frac{I\mathrm{d}\boldsymbol{l}\times\boldsymbol{e}_{\mathrm{r}}}{r^2} \tag{7-3}$$

式中，$\mu_0/4\pi$ 为比例系数，它的大小和单位取决于磁场中的磁介质和所选用的单位制。对于真空中的磁场，如果式中各物理量均采用国际单位制，μ_0 叫作真空磁导率，其值为 $\mu_0=4\pi\times10^{-7}\mathrm{N/A^2}$。$\boldsymbol{e}_{\mathrm{r}}$ 方向由电流元指向场点 P，$\mathrm{d}\boldsymbol{B}$ 的方向垂直于 $\mathrm{d}\boldsymbol{l}$ 和 $\boldsymbol{r}$ 所组成的平面，并沿矢积 $\mathrm{d}\boldsymbol{l}\times\boldsymbol{r}$ 的方向，即由 $I\mathrm{d}\boldsymbol{l}$ 经小于 180°的角转向 $\boldsymbol{r}$ 时的右螺旋前进方向，如图 7-10 所示。式（7-3）就是毕奥-萨伐尔定律。这样，任意长为 L 的载流导线在空间任意点 P 处的磁感应强度 $\boldsymbol{B}$ 就可以由式（7-3）积分而得，即

$$\boldsymbol{B}=\int\mathrm{d}\boldsymbol{B}=\frac{\mu_0}{4\pi}\int_L\frac{I\mathrm{d}\boldsymbol{l}\times\boldsymbol{e}_{\mathrm{r}}}{r^2} \tag{7-4}$$

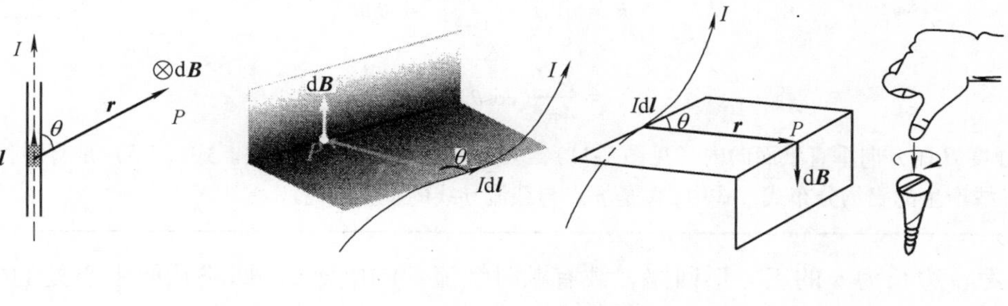

图 7-10　电流元 $I\mathrm{d}\boldsymbol{l}$ 在 P 点产生的磁感应强度 $\mathrm{d}\boldsymbol{B}$

毕奥-萨伐尔定律是以毕奥和萨伐尔的实验为基础，又由拉普拉斯经过数学理论得到证实的，所以有的书也将该定律称为毕奥-萨伐尔-拉普拉斯定律，本书采用比较通用的名称，即毕奥-萨伐尔定律。

7.2.2 磁场线

在第4章中，为了形象地描绘静电场，我们引入了电场线。同样地，为了对磁场有整体的了解，仿效电场线的方法引入磁场线来描绘磁场。在磁场中画出一系列曲线，这些曲线上任一点的切线方向都和该点的磁感应强度 **B** 的方向一致，这些曲线就称为磁场线。当然，磁场线也是用来描绘磁场的一种假想曲线，和电场线不同，磁场线一定是闭合曲线。

下面应用毕奥-萨伐尔定律来讨论几种载流导线所激发的磁场及电流和磁场线的关系。

7.2.3 毕奥-萨伐尔定律的应用举例

【例7-1】 求真空中长为 L、通有电流 I 的直导线在空间任意点产生的磁感应强度的分布。

【解】 设场点 P 与长直导线间的垂直距离为 x，在导线上任取一电流元 $I\mathrm{d}\boldsymbol{l}$，在如图7-11所示的坐标轴中，电流元的长度即为 $\mathrm{d}l=\mathrm{d}y$，电流元所在位置的坐标为（0，y），与场点 P 的距离为 r，根据毕奥-萨伐尔定律，此电流元在点 P 所激起的磁感应强度 $\mathrm{d}\boldsymbol{B}$ 的大小为

$$\mathrm{d}B=\frac{\mu_0}{4\pi}\frac{I\mathrm{d}y\sin\theta}{r^2}$$

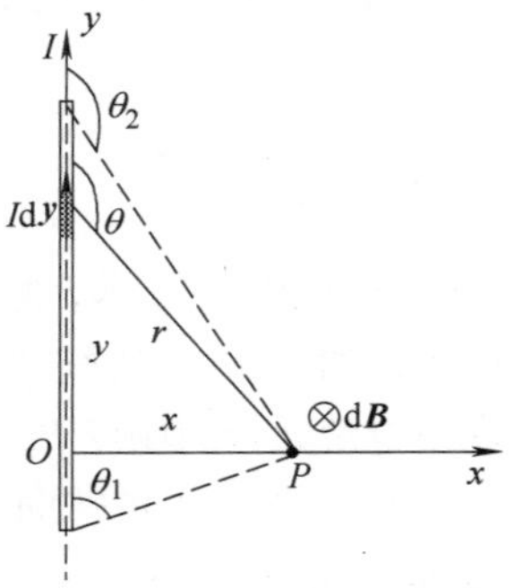

图7-11 例7-1图

因为 $y=x\cot(\pi-\theta)=-x\cot\theta$，所以

$$\mathrm{d}y=\frac{x\mathrm{d}\theta}{\sin^2\theta},\quad r=\frac{x}{\sin(\pi-\theta)}=\frac{x}{\sin\theta}$$

将上面 $\mathrm{d}y$、r 的表达式代入 $\mathrm{d}B$ 中得

$$\mathrm{d}B=\frac{\mu_0 I}{4\pi x}\sin\theta\mathrm{d}\theta$$

其方向沿 z 轴负方向。由于直流线任何一段电流元在 P 点产生的磁感强度方向相同，故标量积分可得整条载流导线在 P 点产生的总磁感应强度，如图设 θ_1 与 θ_2，则

$$B=\int_L \mathrm{d}B=\frac{\mu_0 I}{4\pi x}\int_{\theta_1}^{\theta_2}\sin\theta\mathrm{d}\theta$$

$$=\frac{\mu_0 I}{4\pi x}(\cos\theta_1-\cos\theta_2) \tag{7-5}$$

磁感应强度 **B** 的方向垂直纸面向内（见图7-11），大小与 θ_1 和 θ_2 的值有关。式（7-5）是有限长的载有电流 I 的导线产生的磁场分布式，式中，x 是场点与载流导线的垂直距离。

思考：边长为 a 的正方形回路，载有顺时针流动的电流 I，回路几何中心处的磁感应强度为多少？方向如何？

如果载流直导线可视为一“无限长”直导线，那么，式（7-5）中 $\theta_1=0$，$\theta_2=\pi$，可得

$$B=\frac{\mu_0 I}{2\pi x} \tag{7-6}$$

式（7-6）是无限长载有电流 I 的导线产生的磁场的分布式，它表明，其磁感应强度与电流 I 成正比，与场点到导线的垂直距离 x 成反比。无限长载流导线产生磁场的磁场线如图7-12

所示。

图7-12a是用铁屑显示的磁场线，图7-12b铁屑磁化后看成小磁针显示的磁场线，图7-12c表示电流和磁场线满足右手螺旋关系。

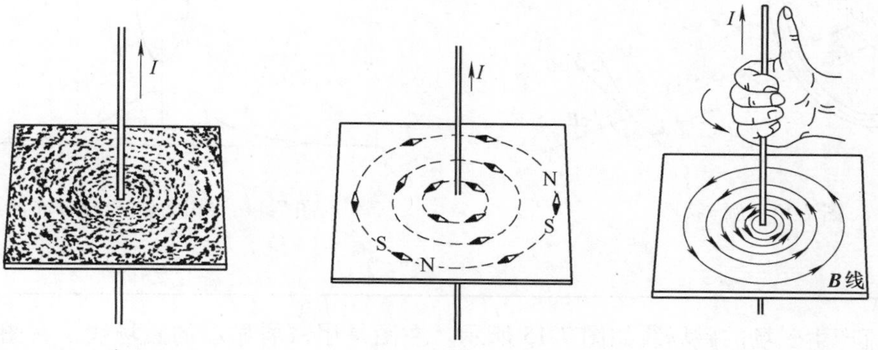

图7-12　无限长载流导线产生磁场的磁场线

【例7-2】　求真空中半径为R、载有电流I的圆形导线的轴线（通过圆电流中心O，垂直圆平面）上任意点的磁场。

【解】　以圆心为原点，轴线为x轴建立如图7-13所示的坐标轴。在导线上任取一电流元$I\mathrm{d}\boldsymbol{l}$，电流元的长度即为$\mathrm{d}l$，电流元与坐标原点的距离为$R$，与场点$P$的距离为$r$，根据毕奥-萨伐尔定律，此电流元在点$P$所激起的磁感应强度$\mathrm{d}\boldsymbol{B}$的大小为

$$\mathrm{d}B=\frac{\mu_0}{4\pi}\frac{I\mathrm{d}l\sin\theta}{r^2}=\frac{\mu_0}{4\pi}\frac{I\mathrm{d}l}{r^2}$$

圆电流上各个电流元$I\mathrm{d}\boldsymbol{l}$在$P$点产生的磁感应强度$\mathrm{d}\boldsymbol{B}$应分布在以$P$点为顶点的圆锥面上。由对称性分析可知，圆电流上的所有电流元产生的各个$\mathrm{d}\boldsymbol{B}$在垂直于x轴方向的所有分量逐一抵消，只存在沿着x轴方向的分量。对整个圆电流积分可得轴线上任意点P的磁感应强度方向沿x轴正向，其大小为

$$\begin{aligned}B&=\int\mathrm{d}B_x=\frac{\mu_0}{4\pi}\int\frac{I\cos\alpha\mathrm{d}l}{r^2}\\&=\frac{\mu_0I\cos\alpha}{4\pi r^2}\int_0^{2\pi R}\mathrm{d}l\\&=\frac{\mu_0IR^2}{2r^3}=\frac{\mu_0IR^2}{2(R^2+x^2)^{3/2}}\end{aligned}\tag{7-7}$$

磁场的分布如图7-14所示。在O点，$x=0$，圆心处磁感应强度的大小为

$$B=\frac{\mu_0I}{2R}\tag{7-8}$$

如果有N匝密绕的圆电流，则圆心处磁感应强度的大小为

$$B=\frac{N\mu_0I}{2R}$$

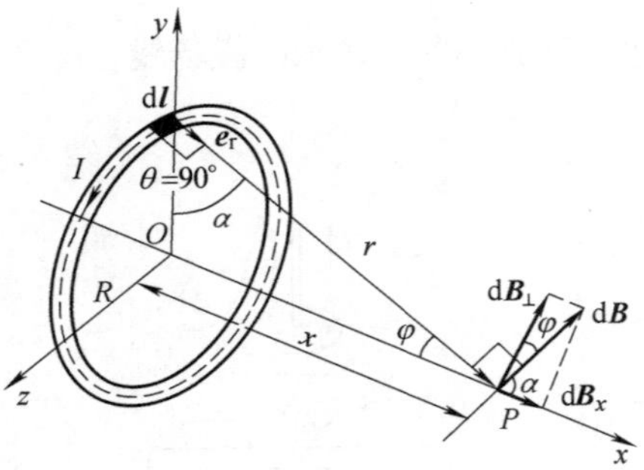

图 7-13 例 7-2 图

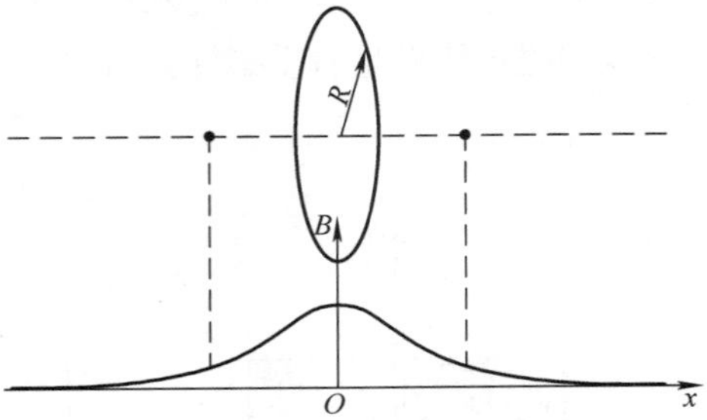

图 7-14 圆电流的磁场分布曲线

圆电流产生磁场的磁场线如图 7-15 所示。左图是用铁屑显示的磁场线，右图表示电流和磁场线的回旋关系。

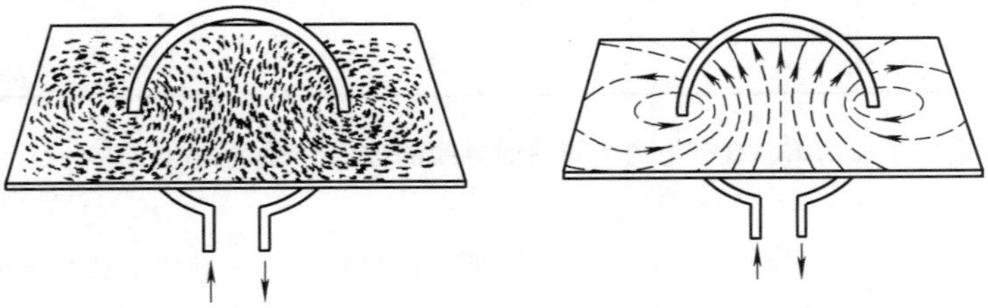

图 7-15 圆电流产生磁场的磁场线

亥姆霍兹线圈由一对完全相同的圆形线圈组成。圆线圈共轴放置，彼此平行，间距恰好等于圆环半径 R。亥姆霍兹线圈各自的 B-x 曲线叠加后就是总的 B-x 曲线，如图 7-16 所示。

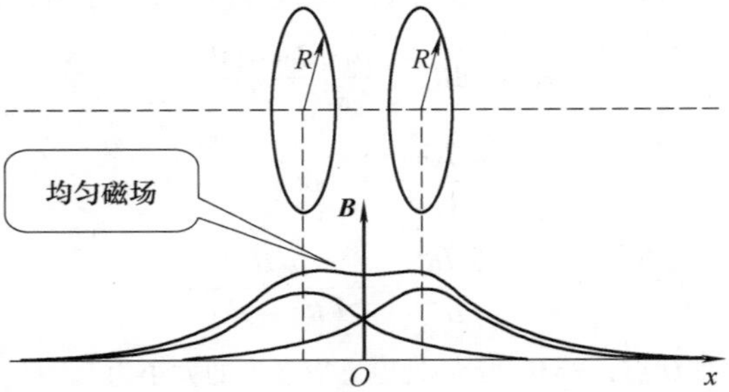

图 7-16 亥姆霍兹线圈的 B-x 曲线

思考：你能否根据毕奥-萨伐尔定律求出圆心角为 φ，圆半径为 R，载有电流 I 的一段圆弧线在其圆心处产生的磁感应强度？当 $\varphi=2\pi$ 时能否得到式（7-8）？

【例 7-3】 求真空中半径为 R、总长度为 L、单位长度上的匝数为 n、线圈中通有电流 I 的密绕螺线管内轴线上任一点的磁感应强度。

【解】 由于直螺线管上线圈是密绕的，所以每匝线圈可近似当作是闭合的圆形电流。于是，轴线上任意点 P 处的磁感应强度 $\boldsymbol{B}$ 可以认为是 nL 个圆电流在该点各自激发的磁感应强度的叠加。以 P 点为原点，螺线管轴线为 x 轴，如图 7-17 所示，长度为 $\mathrm{d}x$ 的无限小间隔中共有 $n\mathrm{d}x$ 匝线圈，即有 $n\mathrm{d}x$ 个圆电流，根据式（7-7），这些圆电流在 P 点产生的磁感应强度的方向相同，叠加后 P 点磁感应强度大小为

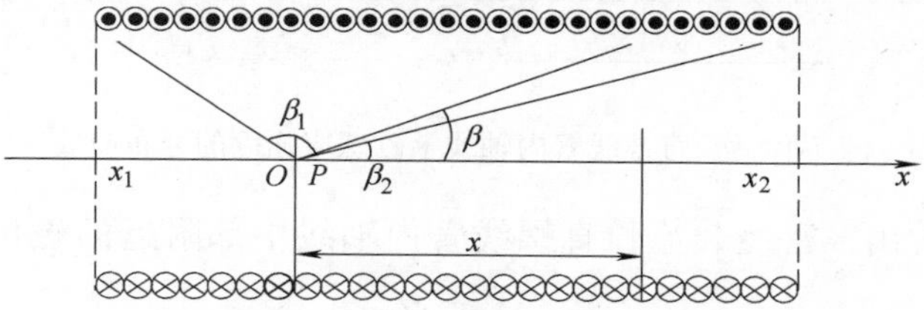

图 7-17 例 7-3 图

$$\mathrm{d}B = \frac{\mu_0 I R^2 n\mathrm{d}x}{2(R^2 + x^2)^{3/2}}$$

积分得整个螺线管所有的圆电流在 P 点产生的磁感应强度的大小为

$$B = \int \mathrm{d}B = \frac{\mu_0 I R^2 n}{2}\int_{x_1}^{x_2} \frac{\mathrm{d}x}{(R^2 + x^2)^{3/2}} = \frac{\mu_0 I n}{2}\left(\frac{x_2}{\sqrt{R^2 + x_2^2}} - \frac{x_1}{\sqrt{R^2 + x_1^2}}\right) \tag{7-9}$$

式（7-9）也可以用 β 来表示（或上述积分改为对 β 的积分）为

$$B = \frac{\mu_0 I n}{2}(\cos\beta_2 - \cos\beta_1) \tag{7-10}$$

图中，$\boldsymbol{B}$ 的方向沿 x 轴正向。

螺线管磁场的磁场线如图 7-18 所示。图 7-18a 是用铁屑显示的磁场线，图 7-18b、图 7-18c 表示电流和磁场线的回旋关系。

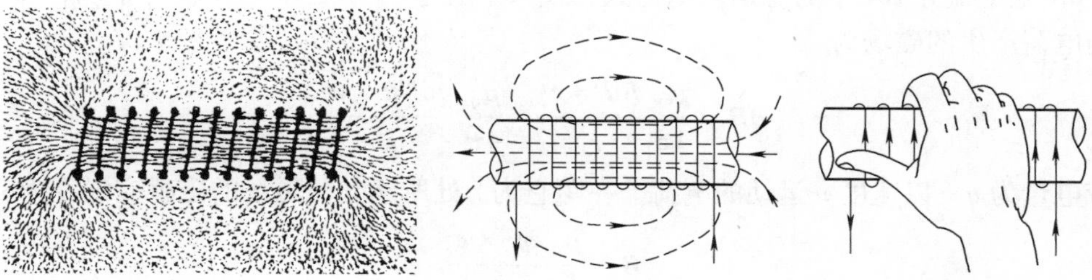
a) b) c)

图 7-18 螺线管磁场的磁场线

式（7-9）、式（7-10）是有限长螺线管内轴线上任意点的磁感应强度的表示式。下面讨论几种特殊情况：

1）若螺线管“无限长”（只要 $L \gg R$），即 $\beta_1 = \pi$，$\beta_2 = 0$，则得

$$B = \mu_0 n I \tag{7-11}$$

上式说明，无限长螺线管内轴线上的磁场是均匀磁场。

2）若 P 点处于半“无限长”螺线管的端口，即 $\beta_1 = \pi/2$，$\beta_2 = 0$，则端口的 B 值是管内

B 值的一半。图 7-19 给出了长直螺线管内轴线上磁感应强度的分布曲线。

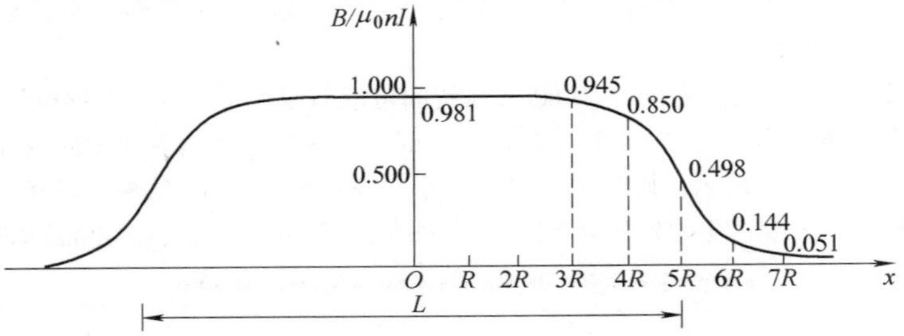

图 7-19　长直螺线管内轴线上磁感应强度的分布曲线

从图 7-19 可以看出，密绕载流长直螺线管内轴线中部附近的磁场完全可以视为均匀磁场。

7.2.4　运动电荷的磁场

上面讨论的是电流激发的磁场，而我们已经知道，磁场的本质就是电荷的运动。因为导体中的电流就是导体中大量自由电子作定向运动形成的，当然可以认为电流所激起的磁场就是运动电荷所激发的。如何表示运动电荷的磁场呢？我们可以利用毕奥-萨伐尔定律来求运动电荷产生的磁感应强度。

在此，我们从分析一个电流元 $I\mathrm{d}\boldsymbol{l}$（放大图如图 7-20 所示）入手。设电流元的截面积为 S，它单位体积内有 n 个做定向运动的电荷。为方便讨论问题，以正电荷为研究对象，每个电荷带电荷量均为 q，且定向运动速度均为$\boldsymbol{v}$，在此电流元中，电流密度 $\boldsymbol{j}=nq\boldsymbol{v}$。这样，此电流元可表示为

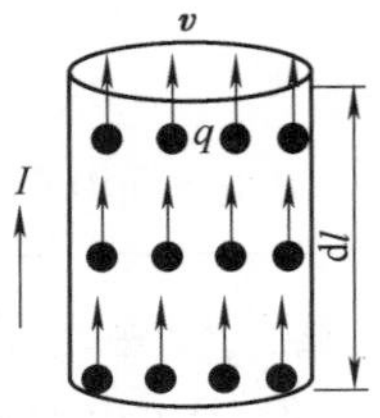

图 7-20　电流元

$$I\mathrm{d}\boldsymbol{l} = \boldsymbol{j}S\mathrm{d}l = nqS\mathrm{d}l\boldsymbol{v} = q\mathrm{d}N\boldsymbol{v}$$

式中，$\mathrm{d}N$ 是电流元 $I\mathrm{d}\boldsymbol{l}$ 中的总运动电荷数，代入毕奥-萨伐尔定律得 $\mathrm{d}N$ 个运动电荷产生的磁场为

$$\mathrm{d}\boldsymbol{B} = \frac{\mu_0}{4\pi}\frac{I\mathrm{d}\boldsymbol{l}\times\boldsymbol{e}_\mathrm{r}}{r^2} = \frac{\mu_0}{4\pi}\frac{q\mathrm{d}N\boldsymbol{v}\times\boldsymbol{e}_\mathrm{r}}{r^2} \tag{7-12}$$

一个带电量为 q、以速度 $\boldsymbol{v}$ 运动的电荷，在距它为 r 处所建立的磁场的磁感应强度为

$$\boldsymbol{B} = \frac{\mu_0}{4\pi}\frac{q\boldsymbol{v}\times\boldsymbol{e}_\mathrm{r}}{r^2} \tag{7-13}$$

$\boldsymbol{e}_\mathrm{r}$ 的方向由运动电荷指向场点。

显然，$\boldsymbol{B}$ 的方向垂直于 $\boldsymbol{v}$ 和 $\boldsymbol{r}$ 组成的平面。当 q 为正电荷时，$\boldsymbol{B}$ 的方向为矢积 $\boldsymbol{v}\times\boldsymbol{r}$ 的方向；当 q 为负电荷时，$\boldsymbol{B}$ 的方向与矢积$\boldsymbol{v}\times\boldsymbol{r}$ 的方向相反，如图 7-21 所示。

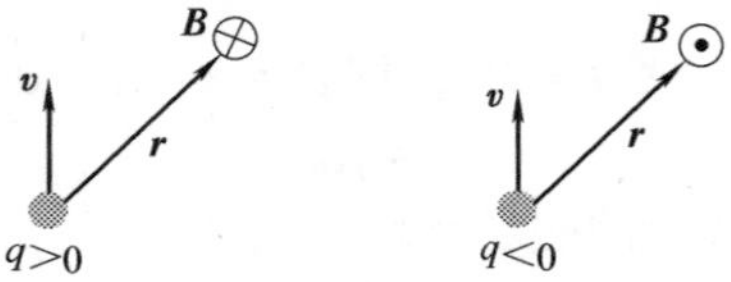

图 7-21　运动电荷磁场的方向

应该指出，运动电荷的磁场表达式（7-13）是有一定适用范围的，它只适用于运动电荷的速率 v 远小于光速 c 的情形，即 $v/c \ll 1$ 的情况。而当运动电荷的速率 v 与光速 c 相比不可忽略时，式（7-13）就不适用了，此时，运动电荷的磁场还应当考虑相对论效应。

【例 7-4】 如图 7-22 所示，一均匀带电细棒，长为 b，带电荷量为 q，绕垂直于纸面的轴 O 以匀角速率 ω 转动，细棒的一端离 O 点的距离为 a，转动中保持 a 不变，求 O 点的磁感应强度。

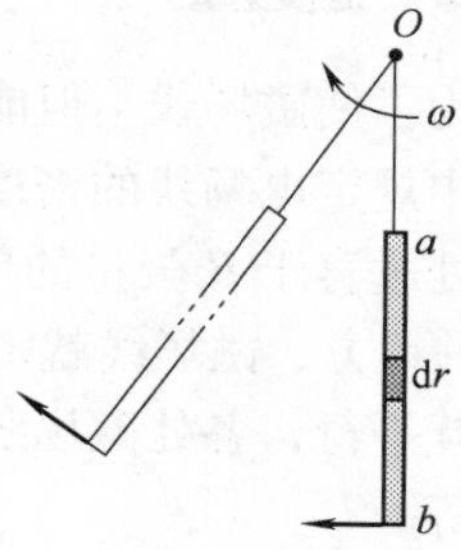

图 7-22　例 7-4 图

【解】 在棒上任取一长度为 $\mathrm{d}r$ 的线元，线元上所带的电量为 $\mathrm{d}q = \lambda \mathrm{d}r$，它绕 O 点转动的线速率 $v = r\omega$，在 O 点产生的磁场根据式（7-13）为

$$\mathrm{d}B = \frac{\mu_0}{4\pi}\frac{v\sin 90^\circ \mathrm{d}q}{r^2} = \frac{\mu_0}{4\pi}\frac{\lambda\omega r\mathrm{d}r}{r^2}$$

整根细棒各线元在 O 点产生的总磁感应强度的大小为

$$B = \frac{\mu_0\lambda\omega}{4\pi}\int_a^{a+b}\frac{\mathrm{d}r}{r} = \frac{\mu_0\lambda\omega}{4\pi}\ln\frac{a+b}{a}$$

$$= \frac{\mu_0 q\omega}{4\pi b}\ln\frac{a+b}{a}$$

磁场的方向垂直纸面向里。

【例 7-5】 如图 7-23 所示，设半径为 R 的均匀带电薄圆盘其电荷面密度为 σ，以角速率 ω 绕通过盘心且垂直于盘面的轴转动，求圆盘中心处的磁感应强度。

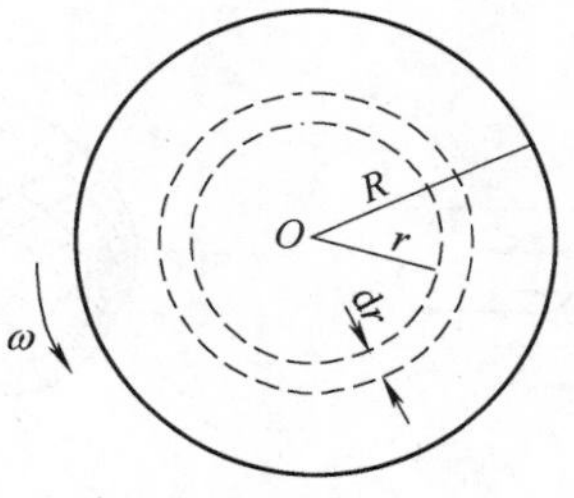

图 7-23　例 7-5 图

【解】 当带电圆盘旋转时，其上电荷做圆周运动形成电流，并在空间激发磁场。在盘上任取一半径为 r、宽度为 $\mathrm{d}r$ 的环带，此环带所带的电荷量 $\mathrm{d}q = \sigma 2\pi r\mathrm{d}r$，环带上所有的电荷绕 O 点转动的线速率 $v = r\omega$，在 O 点产生的磁场根据式（7-10）为

$$\mathrm{d}B = \frac{\mu_0}{4\pi}\frac{\sigma 2\pi r\mathrm{d}r \cdot r\omega}{r^2} = \frac{\mu_0\sigma\omega}{2}\mathrm{d}r$$

整个圆盘各环带在 O 点产生的总磁感应强度的大小为

$$B = \frac{\mu_0\sigma\omega}{2}\int_0^R \mathrm{d}r = \frac{\mu_0\sigma\omega R}{2}$$

磁场的方向垂直纸面向外。

思考：若把环带看成一圆电流，环带的等效电流为多少？能否根据各圆电流在 O 点产生磁场的叠加得到与上述相同的结果？

7.3 磁通量 磁场的高斯定理

磁通量 磁场的高斯定理

7.3.1 磁通量

为了使磁场线不但能表示磁场方向，而且能描述磁场的强弱，像静电场中规定电场线的密度那样，对磁场线的密度也做如下规定：磁场中某点处垂直于 $\boldsymbol{B}$ 矢量的单位面积上通过的磁场线条数（磁通量）等于该点 $\boldsymbol{B}$ 的数值。因此，B 大的地方，磁场线就密集；B 小的地方，磁场线就稀疏。对均匀磁场来说，磁场中的磁场线相互平行，各处磁场线密度相等；对非均匀磁场来说，磁场线未必平行，各处磁场线密度不相等。

通过磁场中某一曲面的磁通量用符号 Φ 表示。如图 7-24a 所示，在磁感强度为 $\boldsymbol{B}$ 的均匀磁场中，取一面积矢量 $\boldsymbol{S}$，其大小为 S，其方向用它的法线单位矢量 $\boldsymbol{e}_n$ 来表示，有 $\boldsymbol{S}=S\boldsymbol{e}_n$，在图中，$\boldsymbol{e}_n$ 与 $\boldsymbol{B}$ 之间的夹角为 θ，按照磁通量的定义，通过曲面 $\boldsymbol{S}$ 的磁通量为

$$\Phi = BS\cos\theta$$

上式用矢量来表示为

$$\Phi = \boldsymbol{B}\cdot\boldsymbol{S}$$

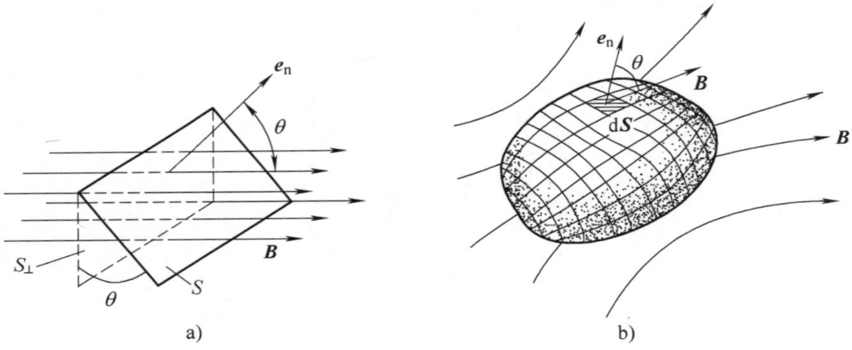

图 7-24 磁通量

在不均匀磁场中，通过任意曲面的磁通量怎样计算呢？在如图 7-24b 所示的曲面上任取一面积元矢量 $\mathrm{d}\boldsymbol{S}$，它所处的磁感应强度 $\boldsymbol{B}$ 与面积元的法线单位矢量 $\boldsymbol{e}_n$ 之间的夹角为 θ，则通过面积元 $\mathrm{d}\boldsymbol{S}$ 的磁通量为

$$\mathrm{d}\Phi = \boldsymbol{B}\cdot\mathrm{d}\boldsymbol{S}$$

通过某一有限大曲面的净磁通量 Φ 就等于通过这些面积元 $\mathrm{d}\boldsymbol{S}$ 上的磁通量 $\mathrm{d}\Phi$ 的总和，即

$$\Phi = \int_S \mathrm{d}\Phi = \int_S \boldsymbol{B}\cdot\mathrm{d}\boldsymbol{S} = \int_S B\cos\theta\mathrm{d}S \tag{7-14}$$

7.3.2 磁场的高斯定理

对于闭合曲面来说，规定其正法线单位矢量 $\boldsymbol{e}_n$ 的方向垂直于曲面向外。依照这个规定，

当磁场线从曲面内穿出时（$\theta<\pi/2$，$\cos\theta>0$），磁通量是正的；当磁场线从曲面外穿入时（$\theta>\pi/2$，$\cos\theta<0$），磁通量是负的。故说穿入封闭曲面的磁场线为负，穿出封闭曲面的磁场线为正，这与计算电通量是一样的。由于磁场线是闭合的，所以对任一封闭曲面来说，有多少条磁场线进入闭合曲面，就一定有多少条磁场线穿出闭合曲面。也就是说，通过任意闭合曲面的净磁通量必等于零，即

$$\oint_S \boldsymbol{B}\cdot \mathrm{d}\boldsymbol{S} = \oint_S B\cos\theta \mathrm{d}S = 0 \tag{7-15}$$

式（7-15）也叫作磁场的高斯定理，它是表明磁场性质的重要定理之一。将式（7-15）和静电场的高斯定理比较可知，两者有着本质上的区别：通过任意闭合曲面的电通量可以不为零，但通过任意闭合曲面的磁通量必为零。

在国际单位制中，$\boldsymbol{B}$ 的单位是特斯拉（T），S 的单位是平方米（m^2），Φ 的单位为韦伯（W. E. Weber，1804—1891，德国物理学家，他与高斯合作，于 1833 年制成第一台有线电报机，1834 年又一起组织了磁学联合会，并创建了地磁观测网），其符号为 Wb，有

$$1\mathrm{Wb} = 1\mathrm{T} \times 1\mathrm{m}^2$$

【例 7-6】 如图 7-25 所示，两根平行长直导线载有电流 $I=20\mathrm{A}$，试求：（1）两导线所在平面内与两导线等距的 A 处的磁感应强度；（2）通过图中矩形面积的磁通量。图中 $r_1=r_3=10\mathrm{cm}$，$r_2=20\mathrm{cm}$，$l=25\mathrm{cm}$。

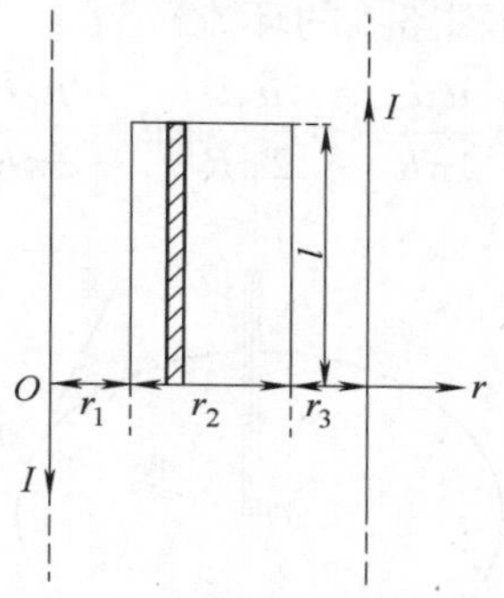

图 7-25　例 7-6 图

【解】（1）两长直导线中的电流在 A 点产生的磁场方向相同，所以有

$$B_A = 2\frac{\mu_0 I}{2\pi r_A} = \frac{4\pi\times10^{-7}\times20}{\pi\times20\times10^{-2}}\mathrm{T} = 4\times10^{-5}\mathrm{T}$$

$\boldsymbol{B}_A$ 的方向垂直纸面向外

（2）建立如图坐标，在矩形面积上任取一面积元 $\mathrm{d}S$（见图 7-25 中的矩形窄条），此面积元的磁通量为

$$\mathrm{d}\Phi = \boldsymbol{B}\cdot\mathrm{d}\boldsymbol{S} = Bl\mathrm{d}r$$

上式中的 B 是面积元所在处的磁感应强度的大小，为

$$B = \frac{\mu_0 I}{2\pi}\left(\frac{1}{r} + \frac{1}{40-r}\right)$$

整个矩形面积的磁通量为

$$\Phi = \int_S \mathrm{d}\Phi = \frac{\mu_0 I}{2\pi}\int_{r_1}^{r_1+r_2}\left(\frac{1}{r} + \frac{1}{40 - r}\right) l\mathrm{d}r = 2.2 \times 10^{-6}\mathrm{Wb}$$

7.4 安培环路定理及其应用

安培环路定理
及其应用

7.4.1 安培环路定理

在讨论静电场时我们曾指出：电场线是有头有尾的，电场强度 $\boldsymbol{E}$ 沿任意闭合回路的线积分都等于零，即 $\oint_L \boldsymbol{E}\cdot\mathrm{d}\boldsymbol{l} = 0$，说明 $\boldsymbol{E}$ 沿闭合回路线积分中有些路径积分为正，有些路径积分为负，沿闭合路径总积分为零，这是静电场的一个重要特征。而磁场线是无头无尾的闭合曲线，那么，磁感应强度 $\boldsymbol{B}$ 沿任意闭合回路的线积分，即 $\oint_L \boldsymbol{B}\cdot\mathrm{d}\boldsymbol{l}$ 该等于什么呢？下面分几种情况来讨论，最后总结出结论。

1. 圆形回路包围长直电流时，磁感应强度对回路的环流

首先研究真空中一无限长载流直导线的磁场。当长直电流在回路 L 的中心轴线上，回路 L 是半径为 R 的圆环线（见图 7-26）时，取回路 L 的绕向与电流 I 满足右手螺旋关系，这样，$\boldsymbol{B}$ 对回路 L 的线积分（即 $\boldsymbol{B}$ 对回路 L 的环流）为

$$\oint_L \boldsymbol{B}\cdot\mathrm{d}\boldsymbol{l} = \oint_L \frac{\mu_0 I}{2\pi R}\mathrm{d}l = \frac{\mu_0 I}{2\pi R}\oint_L \mathrm{d}l = \frac{\mu_0 I}{2\pi R}2\pi R = \mu_0 I$$

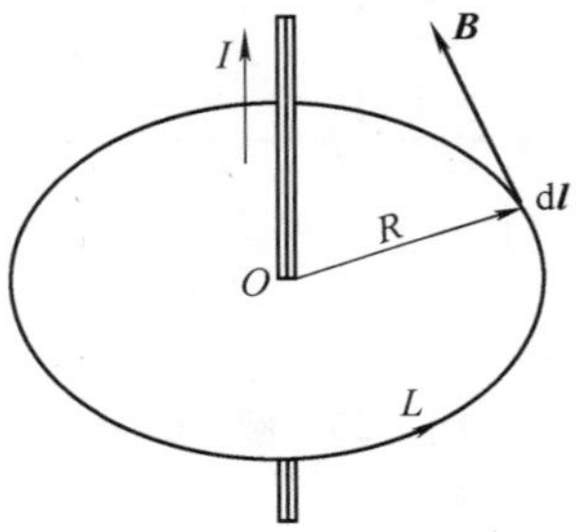

图 7-26 无限长载流直导线 $\boldsymbol{B}$ 的环流（圆形回路）

应当指出，如果在图 7-26 中回路 L 的绕向与电流 I 不构成右手螺旋关系，那么，各路径元 $\mathrm{d}\boldsymbol{l}$ 上的 $\boldsymbol{B}$ 与路径元 $\mathrm{d}\boldsymbol{l}$ 均反向，即两者间的夹角为 π，积分的最后结果应是

$$\oint_L \boldsymbol{B}\cdot\mathrm{d}\boldsymbol{l} = -\mu_0 I$$

2. 任意形状回路包围长直电流时，磁感应强度对回路的环流

如俯视图 7-27 所示，图中电流方向垂直纸面向外时，取实线回路 L 的绕向与电流 I 满足右手螺旋关系，这样，$\boldsymbol{B}$ 对回路 L 的环流为

$$\oint_L \boldsymbol{B}\cdot\mathrm{d}\boldsymbol{l} = \oint_L \frac{\mu_0 I}{2\pi r}\left|\mathrm{d}\boldsymbol{l}\right|\cos\theta = \oint_L \frac{\mu_0 I}{2\pi r}r\mathrm{d}\varphi = \frac{\mu_0 I}{2\pi}\oint_L \mathrm{d}\varphi = \frac{\mu_0 I}{2\pi}2\pi = \mu_0 I$$

同样，如果在图 7-27 中回路 L 的绕向与电流 I 不构成右手螺旋关系，那么，各路径元 $\mathrm{d}\boldsymbol{l}$ 上的 $\boldsymbol{B}$ 与路径元 $\mathrm{d}\boldsymbol{l}$ 均反向，即两者间的夹角为（$\pi-\theta$），积分的最后结果应是

$$\oint_L \boldsymbol{B} \cdot \mathrm{d}\boldsymbol{l} = -\mu_0 I$$

3. 回路不包围电流时，磁感应强度对回路的环流

在图 7-28 中，磁感应强度 $\boldsymbol{B}$ 对回路 L 的环流可分两部分积分：先从 C 沿 L_1 积分至 A，再加上从 A 沿 L_2 积分至 C，即

$$\oint_L \boldsymbol{B} \cdot \mathrm{d}\boldsymbol{l} = \int_{L_1} \boldsymbol{B} \cdot \mathrm{d}\boldsymbol{l} + \int_{L_2} \boldsymbol{B} \cdot \mathrm{d}\boldsymbol{l} = \frac{\mu_0 I}{2\pi}\left(\int_{L_1} \mathrm{d}\varphi + \int_{L_2} \mathrm{d}\varphi\right) = \frac{\mu_0 I}{2\pi}[\varphi + (-\varphi)] = 0$$

上式表明，回路不包围电流时，磁感应强度 $\boldsymbol{B}$ 对回路 L 的环流为零，在回路 L 外面的电流对 $\boldsymbol{B}$ 的环流无贡献。

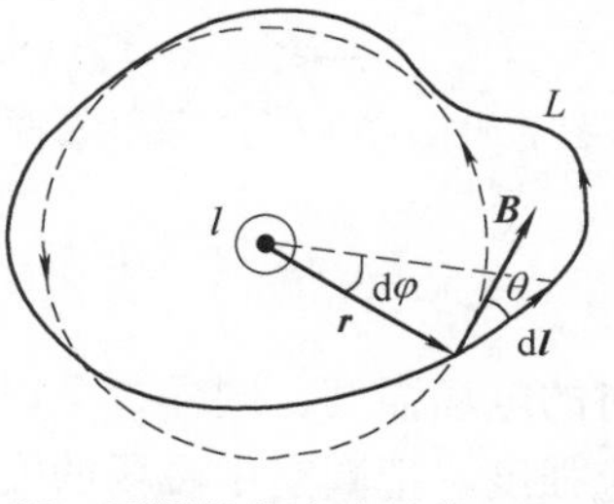

图 7-27　无限长载流直导线 $\boldsymbol{B}$ 的环流（任意形状回路）

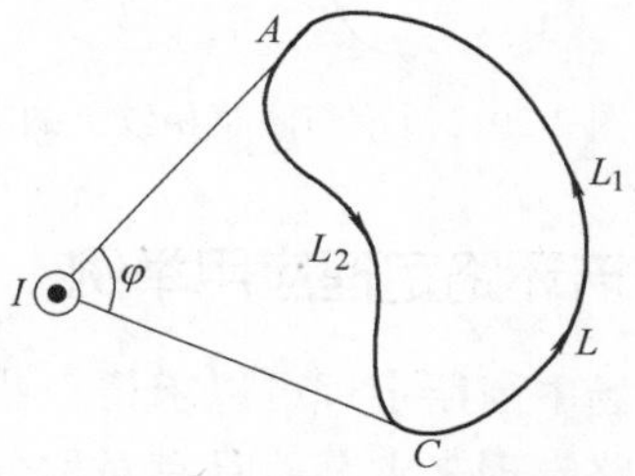

图 7-28　电流在回路 L 外面

4. 回路包围 n 个电流时，磁感应强度 $\boldsymbol{B}$ 对回路 L 的环流

因为在稳恒磁场的空间里，总磁感应强度 $\boldsymbol{B}$ 是每个电流单独存在时激发磁场的矢量和，即 $\boldsymbol{B}=\boldsymbol{B}_1+\boldsymbol{B}_2+\cdots+\boldsymbol{B}_n$ 故有

$$\oint_L \boldsymbol{B} \cdot \mathrm{d}\boldsymbol{l} = \oint_L \boldsymbol{B}_1 \cdot \mathrm{d}\boldsymbol{l} + \oint_L \boldsymbol{B}_2 \cdot \mathrm{d}\boldsymbol{l} + \cdots + \oint_L \boldsymbol{B}_n \cdot \mathrm{d}\boldsymbol{l} = \mu_0 \sum I_{\mathrm{int}}$$

总结以上各式可得出如下结论：

$$\oint_L \boldsymbol{B} \cdot \mathrm{d}\boldsymbol{l} = \mu_0 \sum I_{\mathrm{int}} \tag{7-16}$$

式（7-16）就叫安培环路定理，它表述为：**在稳恒磁场中，磁感应强度 $\boldsymbol{B}$ 沿任一闭合路径 L 的线积分（磁感应强度 B 的环流）等于此闭合路径所包围的各电流的代数和与真空磁导率 μ_0 的乘积。**

为了更深刻理解安培环路定理，我们对此定理再做以下几点说明：

1）请注意被回路 L“包围”电流的意义，因为只有闭合回路才能有恒定电流流动，所以对闭合电流而言，只有与回路 L 相铰链的电流，才算被 L 所包围的电流。如图 7-29 所示，电流 I_1、I_2 被 L 包围，电流 I_3、I_4 没被 L 包围，电流 I_3、I_4 对沿 L 的 $\boldsymbol{B}$ 的环流无贡献。图 7-30 中电流 I 与回路铰链两次，被回路 L 包围的电流应为 $2I$。L 所包围的电流的正、负规定应为：与 L 绕向满足右手螺旋关系的电流为正，与 L 绕向不满足右手螺旋关系的电流为负，图 7-29 中电流 I_1 为正，I_2 为负。

2）$\boldsymbol{B}$ 是闭合回路内外所有电流产生的总磁感强度，回路外的电流的磁场虽然对回路的

环流无贡献，但对回路上各场点的磁感应强度仍有贡献。

3）由安培环路定理还可以看出，由于磁场中磁感应强度的环流一般不等于零，所以稳恒磁场的基本性质与静电场是不同的，静电场是保守场，磁场是非保守场。磁场是涡旋的，电流是磁场涡旋的中心。

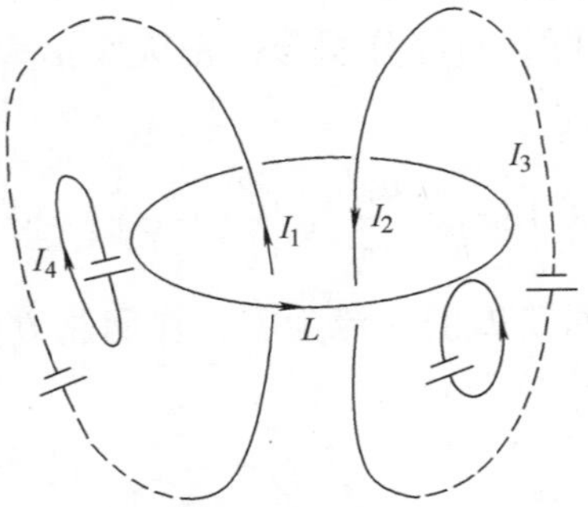

图 7-29 讨论与回路相铰链的电流

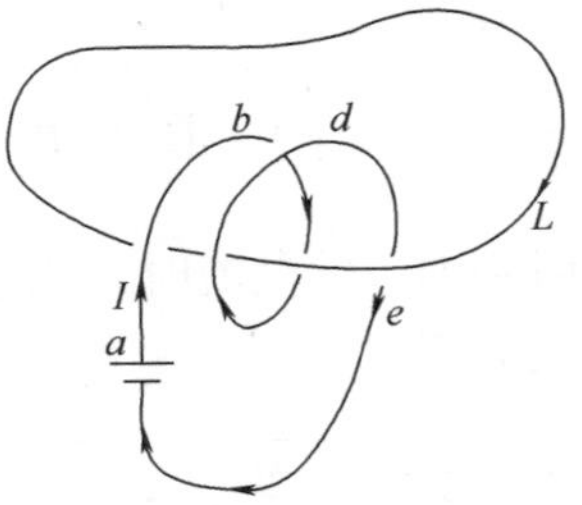

图 7-30 电流 I 与回路铰链两次

7.4.2 安培环路定理应用举例

用静电场中高斯定理可以求得一些电荷对称分布时的电场强度，同样，可以用稳恒磁场中的安培环路定理来求某些具有对称分布电流的磁感应强度。把真空中磁场的安培环路定理和真空中静电场的高斯定理对照列出，就不难明白这一点了。

应用安培环路定理求解磁场时需要注意：①首先要根据电流分布来确定磁场分布是否具有对称性，如有则可求，否则不可求；②选取合适的闭合路径，让此路径通过所求的场点，且在整个路径上，$\boldsymbol{B}$ 始终与曲线相切或垂直或成恒定夹角，路径上 $\boldsymbol{B}$ 的数值处处相等，或分段相等，总之必须是使 $\oint_L \boldsymbol{B}\cdot \mathrm{d}\boldsymbol{l}$ 可积；③选好积分回路取向，并根据此取向确定出回路内电流的正负。

【例 7-7】 一个单位长度上密绕有 n 匝的无限长（管长≫管截面的直径）直螺线管，通有电流 I，求处于真空中的载流长直螺线管内的磁场分布。

【解】 前面我们曾从毕奥-萨伐尔定律讨论了载流长直螺线管内的磁场，现从安培环路定理出发，对这个问题再做一些讨论。

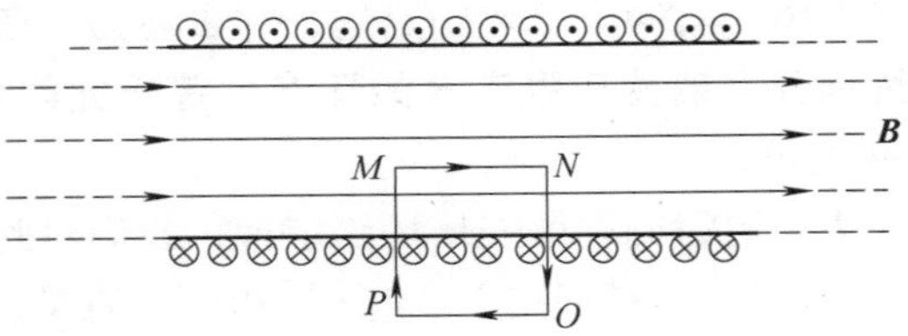

图 7-31 例 7-7 图

因为螺线管是密绕的，每匝可视为圆线圈。由对称性分析可知，管内任意一点的磁场只有轴上的分量；又因为是无限长，故在与轴等距离的平行线上各点的磁感应强度相等，在管的外侧磁场很弱，可以认为磁场为零，如图 7-31 所示，选闭合回路 $MNOPM$，根据安培环路定理有

$$\oint_L \boldsymbol{B}\cdot \mathrm{d}\boldsymbol{l} = \int_{MN} \boldsymbol{B}\cdot \mathrm{d}\boldsymbol{l} + \int_{NO} \boldsymbol{B}\cdot \mathrm{d}\boldsymbol{l} + \int_{OP} \boldsymbol{B}\cdot \mathrm{d}\boldsymbol{l} + \int_{PM} \boldsymbol{B}\cdot \mathrm{d}\boldsymbol{l} = \int_{MN} B\mathrm{d}l$$

$$= Bl_{MN} = \mu_0 n l_{MN} I$$

得

$$B = \mu_0 nI \tag{7-17}$$

管内磁场 B 的方向与电流 I 的流向成右手螺旋关系。式（7-17）与前面式（7-11）相同，即载流长直螺线管内的磁场是均匀磁场。

【例 7-8】　一个总匝数为 N 的环形螺线管，通有电流 I（见图 7-32），螺线管内外半径分别为 R_1 与 R_2（$R_1<R_2$），求处于真空中的载流环形螺线管的磁场分布。

【解】　紧密绕在环形管上的一组 N 匝圆形电流形成螺绕环，磁场几乎全部集中在螺绕环内，环外磁场接近为零。由于对称性，与环共轴的圆周上各点的磁感应强度的大小都相等，方向沿圆周切向。在管内，选如图 7-32 所示的半径为 r、与螺绕环共轴的闭合回路，有

$$\oint_L \boldsymbol{B} \cdot \mathrm{d}\boldsymbol{l} = B2\pi r = \mu_0 NI$$

$$B = \frac{\mu_0 NI}{2\pi r} \quad (R_1<r<R_2)$$

由上式可知，越靠近螺线环内侧，磁感应强度越强。

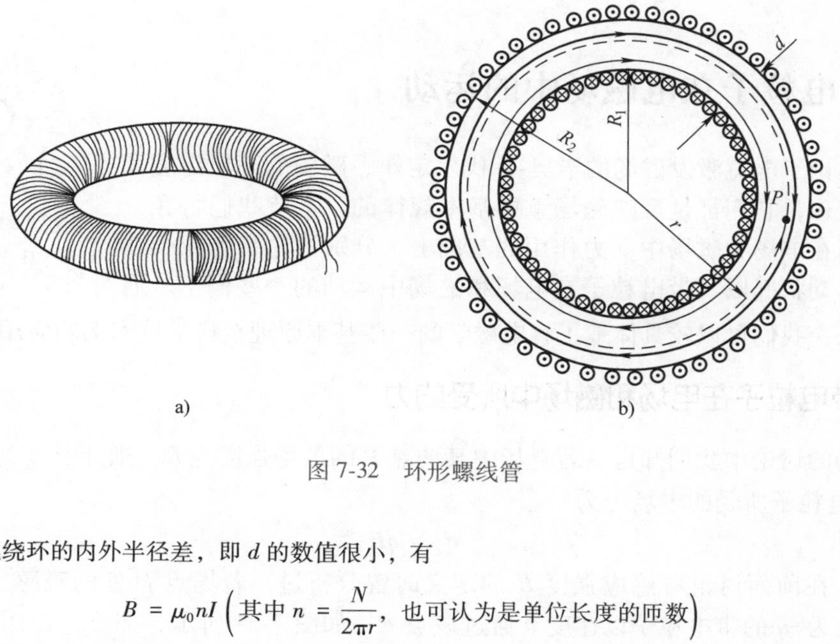

a)　　　　　　　　b)

图 7-32　环形螺线管

若不计螺绕环的内外半径差，即 d 的数值很小，有

$$B = \mu_0 nI \left(\text{其中 } n = \frac{N}{2\pi r}\text{，也可认为是单位长度的匝数}\right) \tag{7-18}$$

管内磁场 $\boldsymbol{B}$ 的方向与电流 I 的流向成右手螺旋关系。对于管外任一点，过该点作一与螺绕环共轴的圆周回路，对此回路，$\sum I_{\text{int}}=0$，所以有

$$B = 0 \quad (\text{在管外})$$

【例 7-9】　半径为 R 的无限长圆柱电流 I 沿轴向流动，在横截面上分布均匀，求此无限长载流圆柱体的磁场分布。

【解】　由电流分布的柱对称性知，在场点到轴的距离为 r 的圆周上各点的磁感应强度的大小相等，方向沿圆周切向。圆柱截面上的电流密度的值为

$$j = \frac{I}{\pi R^2}$$

（1）圆柱体内，选积分回路（$r<R$），如图7-33所示，则

$$\oint_L \boldsymbol{B} \cdot \mathrm{d}\boldsymbol{l} = B2\pi r = \mu_0 j \pi r^2$$

$$B = \frac{\mu_0 I r}{2\pi R^2} \quad (r<R)$$

（2）圆柱体外，选积分回路（$r>R$），如图7-33所示，则

$$\oint_L \boldsymbol{B} \cdot \mathrm{d}\boldsymbol{l} = B2\pi r = \mu_0 I$$

$$B = \frac{\mu_0 I}{2\pi r} \quad (r>R)$$

磁感应强度 $\boldsymbol{B}$ 的方向与电流 I 的流向成右手螺旋关系。

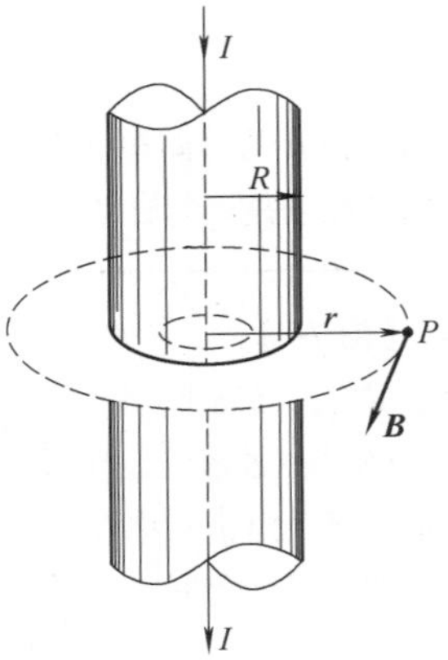

图7-33 例7-9图

思考：（1）你能否按照上式磁感应强度 $\boldsymbol{B}$ 的表达式画出 B-r 分布曲线？（2）若圆柱是空心的，电流仅分布在圆柱面上，磁感应强度 $\boldsymbol{B}$ 的分布表达式应如何？B-r 分布曲线又是如何？

7.5 带电粒子在电磁场中的运动

带电粒子在电磁场中的运动

上述讨论了电流激发磁场的毕奥-萨伐尔定律、磁场的高斯定理和安培环路定理，它们都是反映磁场重要基本规律的。本节我们将在分析运动电荷在电场和磁场中受力作用的基础上，分别讨论带电粒子在磁场中的运动状况以及带电粒子在电场和磁场中运动的一些例子。通过这些例子，我们可以较具体地了解电磁学的一些基本原理在科学技术上的应用。

7.5.1 带电粒子在电场和磁场中所受的力

从电场的讨论中我们知道，若电场中某场点 P 的电场强度为 $\boldsymbol{E}$，则处于该点的、电荷量为 $+q$ 的带电粒子所受的电场力为

$$\boldsymbol{F}_e = q\boldsymbol{E}$$

此外，在前面讨论磁感应强度 $\boldsymbol{B}$ 的定义时曾分析过，若场点 P 处的磁感应强度为 $\boldsymbol{B}$，且带电荷量为 $+q$ 的带电粒子以速度 $\boldsymbol{v}$ 通过该点 P，如图7-34所示，那么，作用在带电粒子上的磁场力为

$$\boldsymbol{F}_m = q\boldsymbol{v} \times \boldsymbol{B} \tag{7-19}$$

我们把 $\boldsymbol{F}_m$ 叫作洛伦兹力。洛伦兹力 $\boldsymbol{F}_m$ 的方向垂直于运动电荷的速度 $\boldsymbol{v}$ 和磁感应强度 $\boldsymbol{B}$ 所组成的平面，且符合右手螺旋定则：以右手四指由 $\boldsymbol{v}$ 经小于180°的角弯向 $\boldsymbol{B}$，此时大拇指的指向就是正电荷所受洛伦兹力的方向（见图7-34）。由式（7-19）还可以看出，当电荷为 $-q$ 时，$\boldsymbol{F}_m$ 的方向则与 $-q\boldsymbol{v}\times\boldsymbol{B}$ 的方向相同。

在一般情况下，带电粒子以一定速度 $\boldsymbol{v}$ 进入电磁场后，它会同时受到电场力 $q\boldsymbol{E}$ 和洛伦兹力 $\boldsymbol{F}_m$ 的作用，即

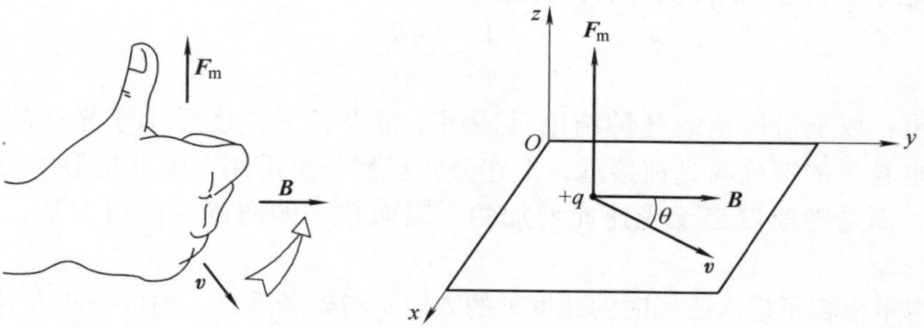

图 7-34 带电粒子在磁场中受洛伦兹力

$$F = qE + qv \times B \tag{7-20}$$

带电粒子在电磁场中受到电磁场力的作用，其运动状态将改变。下面先讨论带电粒子进入均匀磁场的情形。

7.5.2 带电粒子在均匀磁场中的运动

设一个质量为 m、电荷量为 q 的正离子，以速度 $\boldsymbol{v}$ 沿垂直磁场方向进入一均匀磁场中（见图 7-35），由于它受的洛伦兹力 $\boldsymbol{F}_m = q\boldsymbol{v}\times\boldsymbol{B}$ 总与其速度垂直，因而它的速度的大小不改变，只是方向改变。又因为这个 $\boldsymbol{F}_m$ 也与磁场方向垂直，所以带电粒子将在垂直于磁场的平面内做匀速率圆周运动。由牛顿第二定律有

$$qvB = m\frac{v^2}{R}$$

其中，R 是粒子做圆周运动的轨道半径，也称回旋半径，由上式可得

$$R = \frac{mv}{qB} \tag{7-21}$$

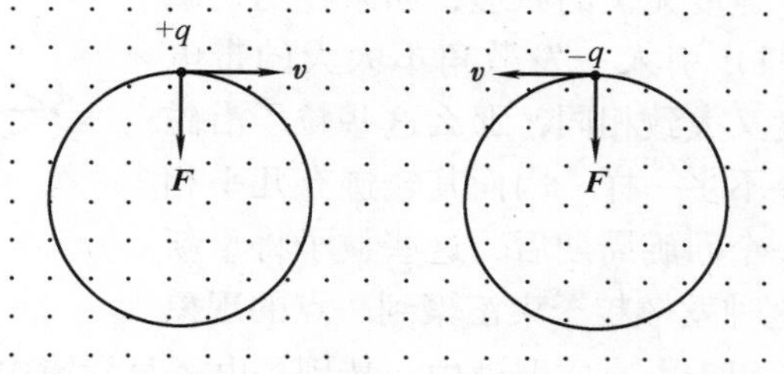

图 7-35 带电粒子在均匀磁场中做圆周运动

上式表明，R 与粒子的速率成正比，与磁感应强度的值 B 成反比。这圆周运动的周期就是粒子运行一周所需要的时间，叫回旋周期，用 T 表示，有

$$T = \frac{2\pi R}{v} = \frac{2\pi m}{qB} \tag{7-22}$$

由式（7-22）可知，回旋周期与粒子速度无关，这一特点被用在回旋加速器中来加速带电粒

子。单位时间内粒子运行的圈数称为回旋频率，用f表示，有

$$f=\frac{1}{T}=\frac{qB}{2\pi m} \tag{7-23}$$

应当指出，以上所讨论的各种结论只适用于带电粒子速度远小于光速的非相对论情形。如果带电粒子的速度与光速接近，上述公式虽然仍可沿用，但此情形中粒子的质量m不再是常量，而是随速度趋于光速而增加的，因而粒子的回旋周期将变长，回旋频率将减小。

如果一个带电粒子进入磁场时的速度$\boldsymbol{v}$的方向不与磁场垂直，则可将此入射速度分解为沿磁场方向的分速度$\boldsymbol{v}_{/\!/}$和垂直于磁场方向的分速度$\boldsymbol{v}_{\perp}$（见图7-36）。后者与上述讨论的情况相同，就是使粒子产生垂直于磁场方向的圆周运动，使其环绕磁场线运动不能飞开，其圆周半径仍由式（7-21）给出，即

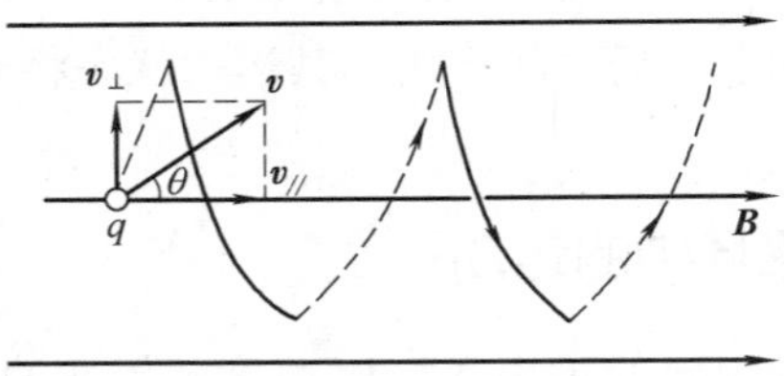

图7-36　带电粒子做螺旋运动

$$R=\frac{mv_{\perp}}{qB} \tag{7-24}$$

而回旋周期则由式（7-22）给出。平行于磁场方向的粒子的分速度$\boldsymbol{v}_{/\!/}$则不受磁场的影响，因而粒子将具有沿磁场方向的匀速直线分运动。上述两种分运动合成的结果是形成一个轴线沿磁场方向的螺旋运动，这一螺旋轨迹的螺距为

$$h=v_{/\!/}T=\frac{2\pi m}{qB}v_{/\!/} \tag{7-25}$$

利用粒子回旋周期与粒子速度无关的原理，如果在均匀磁场中某点A处（见图7-37）引入一发散角不太大的带电粒子束，其中粒子的速度又大致相同，那么这些粒子沿磁场方向的分速度大小就差不多一样，因而其轨迹有几乎相同的螺距。这样，经过一个回旋周期后，这些粒子将重新会聚并穿过另一点A'。这种发散粒子束汇聚到一点的现象叫作磁聚焦，它广泛地应用于电真空器件中，特别是电子显微镜中。

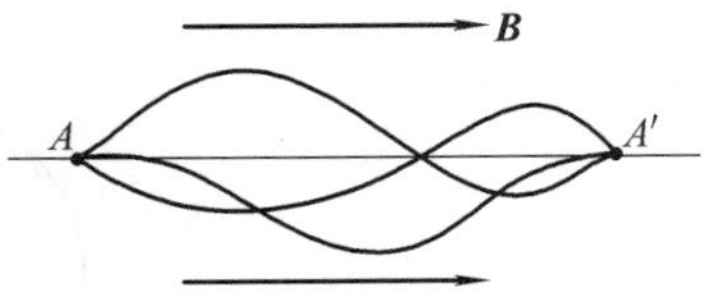

图7-37　磁聚焦

7.5.3　带电粒子在非均匀磁场中的运动

速度方向和磁场方向不同的带电粒子在非均匀磁场中也要做螺旋运动，但半径和螺距都将不断发生变化。特别是当粒子具有一分速度向磁场较强处螺旋前进时，它受到的磁场力有一个和前进方向相反的分量（见图7-38）。这一分量有可能最终使粒子的前进速度减小到零，并继而沿反方向前进。强度逐渐增加的磁场能使粒子发生“反射”，类似平面镜反射，因而把这种磁场分布叫作磁镜。

可以用两个电流方向相同的线圈产生一个中间弱两端强的磁场（见图 7-39），这一磁场区域的两端就形成两个磁镜，平行于磁场方向的速度分量不太大的带电粒子将被约束在两个磁镜间的磁场内来回运动而不能逃脱。这种能约束带电粒子的磁场分布叫磁瓶。在现代研究受控热核反应的实验中，需要把很高温度的等离子限制在一定空间区域内，在这样的高温下，所有固体材料都将化为气体而不能用作容器，技术上就常常采用磁约束的方法来实现约束高能粒子的目的。

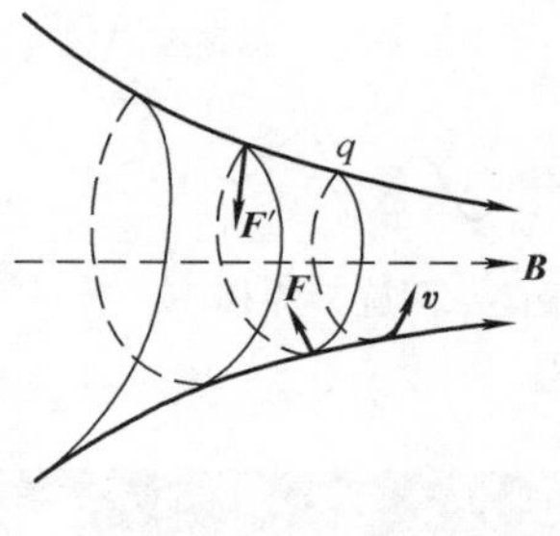

图 7-38　非均匀磁场对带电运动粒子的力

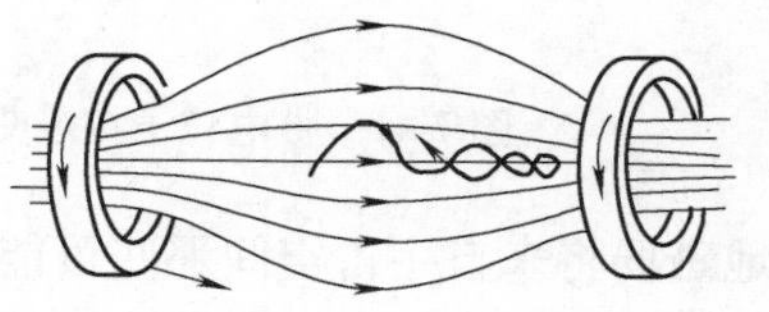

图 7-39　磁瓶

磁约束现象也存在于宇宙空间中。大家知道，地球的磁场是一个不均匀磁场，从赤道到地磁的两极磁场逐渐增强。因此，地磁场就是一个天然的磁瓶，它成为磁捕集器，能俘获从外层空间入射的电子和质子，形成一带电粒子区域，这一区域叫范艾仑辐射带（见图 7-40）。它有两层，内层在地面上空 800～4000km 处，外层在 60000km 处。在范艾仑辐射带中的带电粒子就围绕地磁场的磁场线做螺旋运动而在靠近两极处被反射回来。这样，带电粒子就在范艾仑带中来回振荡、回旋、漂移（见图 7-41）。带电粒子在几秒内从这个地磁场磁瓶的一端跳回另一端。这些运动的带电粒子可以向外辐射电磁波。

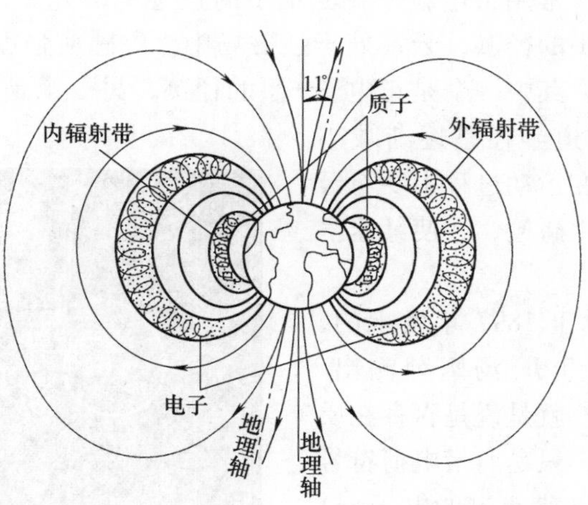

图 7-40　地磁场内的范艾仑辐射带

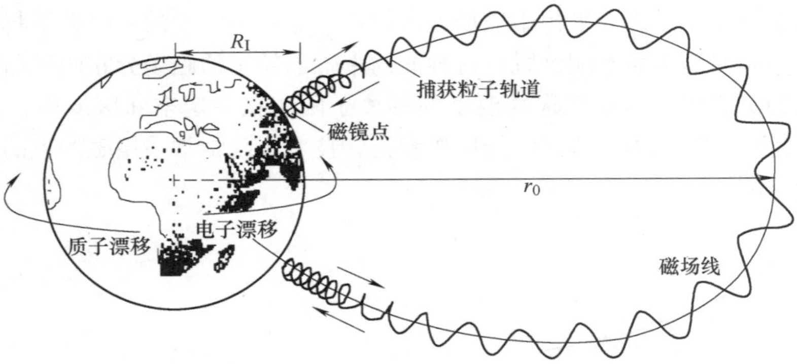

图 7-41 带电粒子在范艾仑辐射带中振荡、回旋、漂移

正是靠地磁场将来自宇宙空间那些可能危害生物的各种高能粒子或射线捕获，有效地保护了地球上的生物。据宇宙飞行探测器证实，在土星、木星周围也有类似地球的范艾仑辐射带存在。

在地磁两极附近由于磁场线与地面垂直，由外层空间入射的带电粒子可直射入高空大气层内。从两极进入的或从两极逃逸的带电粒子和空气分子的碰撞产生的辐射就形成了绚丽多彩的极光。在太阳活动期间，太阳风对地球的干扰形成磁暴。由于磁暴，地磁场的分布发生改变，很容易产生极光，如图 7-42 所示。

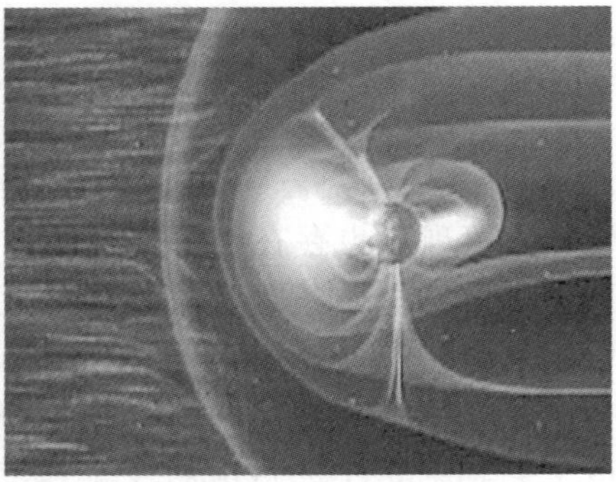

图 7-42 磁暴导致的极光

*7.5.4 电子的反粒子 电子偶

在高能粒子物理中，常用带电粒子在云室中的径迹来区分、分析粒子的性质。图 7-43 是几个带电粒子在云室中的径迹，云室处于强磁场中，磁感应强度 $\boldsymbol{B}$ 的方向垂直于纸平面向里。从图中可以看出，其中一个是正电子$+q_1$ 的径迹，另一个是$-q_2$ 的径迹。从图中我们还可以看出，它们的轨道半径是逐渐减小的，这是因为带电粒子在运动过程中要与云室内的气体分子不断发生碰撞，致使其速率逐渐减小的缘故。

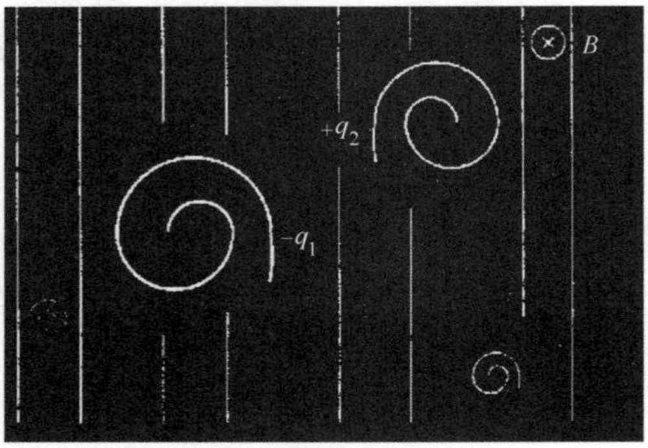

图 7-43 正负电荷在云室中的径迹

电子是 J. J. 汤姆孙于 1897 年发现的，其荷质比（e/m）也由 J. J. 汤姆孙测出。但电子是否有反粒子呢？就是说是否存在质量和电荷均与电子相同，只是所带电荷符号与电子电荷相反的粒子（带正电的电子$+e$）呢？事实上，那时人们还从来没有提出过这种近乎异想天开的疑问。直到 1930 年，英

国物理学家狄拉克（P. A. M. Dirac，1902—1984）才首先从理论上预言了自然界存在电子的反粒子——正电子。接着 1932 年美国物理学家安德森（C. D. Anderson，1905—1991）在分析宇宙射线穿过云室中的铅板后所产生的带电粒子径迹的照片时，发现了正电子，为此他于 1936 年获得诺贝尔物理学奖。这样，狄拉克的正电子预言被实验证实了。而今天，由狄拉克开创的反粒子、反物质的研究正蓬勃开展，如日中天，其意义十分深远。图 7-44a 是显示正电子存在时电子偶的描摹图。云室处于垂直纸平面的强磁场中，图下部的水平细带为铅板，宇宙射线中的 γ 射线从铅板下部射入。从图中可以看到在铅板上方有三对人字形的径迹。仔细观察这些径迹可以发现，每对径迹都是对称的，它们分别偏向相反方向，而且每对径迹是由质量相等、电荷相等但电荷符号相反的两个带电粒子形成的，其中一个为电子，另一个为正电子。理论和实验都表明，正电子总是伴随着电子一起出现，犹如成双成对的配偶，故称之为电子-正电子偶，简称电子偶（或电子对），图 7-44b 是电子偶在云室中的径迹。

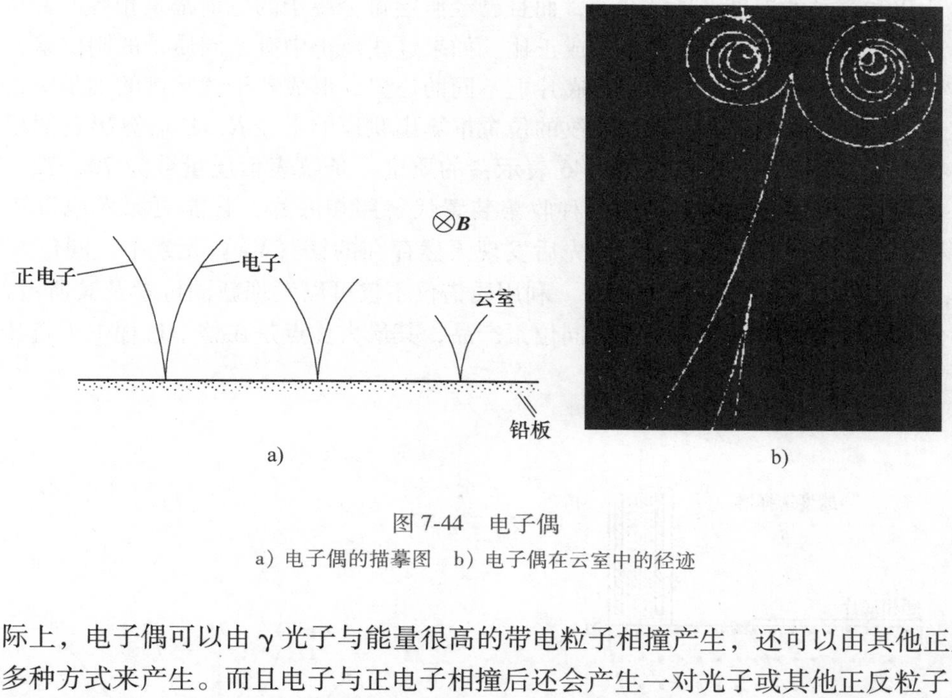

图 7-44 电子偶

a）电子偶的描摹图 b）电子偶在云室中的径迹

实际上，电子偶可以由 γ 光子与能量很高的带电粒子相撞产生，还可以由其他正反粒子湮没等多种方式来产生。而且电子与正电子相撞后还会产生一对光子或其他正反粒子，此时电子偶就不存在了，这叫作电子偶的湮没。而对上述种种现象的观察、分析都是应用了带电粒子在磁场中的运动规律。

7.5.5 质谱仪

质谱仪是应用物理方法来分析同位素的仪器，它是由英国实验化学家和物理学家阿斯顿（F. W. Aston，1877—1945）于 1919 年研制的，当年就是用它发现了氯和汞的同位素。以后几年内使用质谱仪又发现了许多种同位素，特别是一些非放射性的同位素。为此，阿斯顿于 1922 年获诺贝尔化学奖。阿斯顿仅拥有学士学位，他的成才主要得益于在长期的实验室平凡工作中力求进取的精神和坚持不懈的毅力。

图 7-45 是一种质谱仪的示意图。从离子源（图中未画出）产生的正离子，以速率 v 经过狭缝 S_1 和 S_2 之后，进入速度选择器。设速度选择器中 P_1 与 P_2 之间均匀电场的电场强度为 $\boldsymbol{E}$，而垂直纸面向外的均匀磁场的磁感应强度为 $\boldsymbol{B}$。当电荷为 $+q$ 的正离子的速度满足 $v=E/B$ 时，它们就能径直穿过 P_1 与 P_2，而从狭缝 S_3 射出。正离子由狭缝射出后进入另一个磁感应强度为 $\boldsymbol{B}'$ 的均匀磁场区域，磁场的方向也是垂直纸面向外，但在此区域中没有电场。这时正离子在磁场力的作用下，将做半径为 R 的匀速圆周运动。若离子的质量为 m，则有

$$qvB'=m\frac{v^2}{R}$$

所以

$$m=\frac{qB'R}{v}$$

由于 B' 和离子的速度 v 是已知的，而且已经假定每个离子的电荷都是相等的，从上式可以看出，离子的质量和它的轨道半径成正比。如果这些离子中有不同质量的同位素，它们的轨道半径就不一样，将分别射到照相底片上不同的位置，形成若干线状谱的细条纹，每一条纹对应于一定质量的离子。可以从条纹的位置推算出轨道的半径 R，然后算出它们相应的质量，故将这种仪器叫作质谱仪。图 7-46 表示锗的质谱，条纹表示质量数为 70，72，…的锗的同位素 ^{70}Ge，^{72}Ge，…。如果采用某种收集装置代替照相底片，就能更深入地得知各种同位素的相对成分。阿斯顿等人因此曾先后发现天然存在的镁（Mg）元素中，同位素 ^{24}Mg 占 78.7%，^{25}Mg 占 11.1%，^{26}Mg 占 11.2%。利用质谱仪不仅可以发现新同位素及其所占百分比，还能从分离同位素中提供某种特需的同位素产品，其最大优点是在整个过程中不需其他物质参与，简洁可靠。

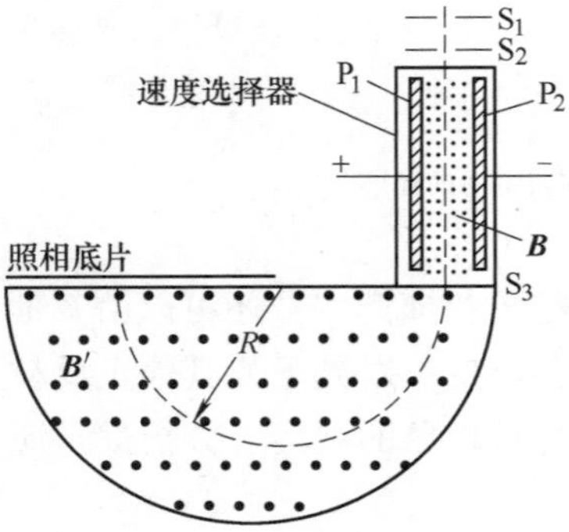

图 7-45　质谱仪的示意图

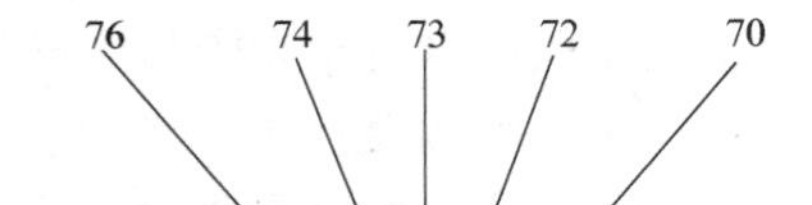

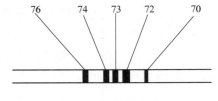

图 7-46　锗的质谱

7.5.6　带电粒子回旋加速器

在现代技术中，常常需要用到高能粒子。如在研究原子核的结构时，需要有几百万、几千万甚至几千亿电子伏特能量的带电粒子来轰击它们，使它们产生核反应。要使带电

粒子获得这样高的能量，一种可能的途径是在电场和磁场的共同作用下，使粒子经过多次加速来达到目的，回旋加速器就是用来不断加速带电粒子的。世界上第一台回旋加速器是美国物理学家劳伦斯（E. O. Lawrence，1901—1958）于 1932 年研制成功的，它可将质子和氘核（deuteron）（是重氢的原子核^{2}H，它含有结合紧密的质子和中子各一个）加速到 1MeV（10^6eV）的能量。为此，1939 年劳伦斯获诺贝尔物理学奖。下面简单介绍回旋加速器的工作原理。

如图 7-47 所示，回旋加速器的主要部分是两个金属半圆形真空盒 D_1 和 D_2，放置在高真空的容器内。两盒间接上电极，将它们放在电磁铁所产生的强大均匀磁场 $\boldsymbol{B}$ 中，磁场方向与半圆形盒 D_1 和 D_2 的平面垂直。当两电极间加有高频交变电压时，两电极缝隙之间就存在高频交变电场 $\boldsymbol{E}$，致使两极缝间电场的方向在相等的时间间隔 t 内迅速地交替改变。如果有一带正电荷 q 的粒子，从两极缝间的粒子源 O 中释放出来，那么，这个粒子在电场力的作用下，被加速而进入半盒 D_1。设这时粒子的速率已达 v_1，由于盒内无电场，且磁场的方向垂直于粒子的运动方向，所以粒子在 D_1 内做匀速圆周运动。经时间 t 后，粒子恰好到达缝间，这时交变电压也将改变符号，即两极缝间的电场正好也改变了方向，所以粒子又会在电场力加速下进入盒 D_2，使粒子的速率由 v_1 增加至 v_2，在 D_2 内的轨道半径也相应地增大。由式（7-23）已知粒子的回旋频率为

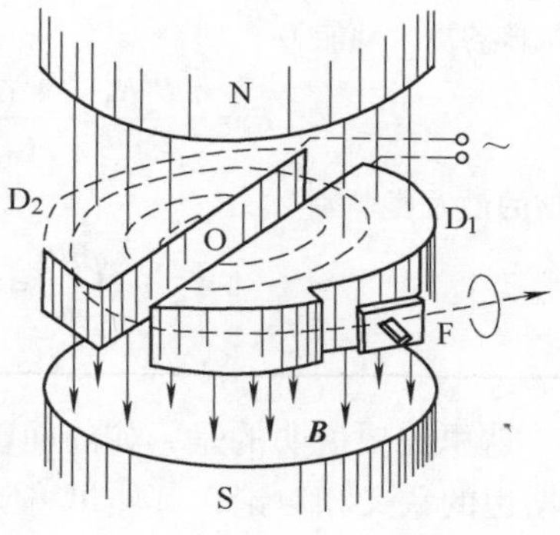

图 7-47　回旋加速器原理图

$$f=\frac{qB}{2\pi m} \tag{7-26}$$

式中，m 为粒子的质量。上式表明，粒子回旋频率与圆轨道半径无关，与粒子速率无关。这样，带正电的粒子在交变电场和均匀磁场的作用下，多次不断地以累积形式被加速而沿着螺旋形的平面轨道运动，直到粒子能量足够大，它的运动轨迹到达半圆形电极的边缘，然后通过铝箔覆盖着的小窗 F，被引出加速器。高能粒子有着广泛的应用领域，如核工业、医学、农业、考古学等。

当粒子运动到达半圆盒的边缘时，粒子的轨道半径即为盒的半径 R_0，此时粒子的速率为

$$v=\frac{qBR_0}{m}$$

粒子的动能为

$$E_k=\frac{1}{2}mv^2=\frac{q^2B^2R_0^2}{2m}$$

从上式可以看出，某一带电粒子在回旋加速器中所获得的动能与 D 型盒的半径 R、磁感应强度 B 的二次方成正比。可见，要提高粒子的能量，就需要巨型、强大的电磁铁，这显然会受到技术上、经济上的制约。

【例 7-10】 有一回旋加速器，它的交变电压的频率为 12×10^6Hz，半圆形电极的半径为 0.532m。问加速氘核所需的磁感应强度为多大？氘核所能达到的最大动能为多大？其最大速率有多大？（已知氘核的质量为 3.3×10^{-27}kg，电荷量为 1.6×10^{-19}C）

【解】 当交流电压的频率和粒子的回旋频率相等时，粒子才能在两电极的狭缝间被加速，由粒子的回旋频率公式（7-26）可得磁感应强度的大小为

$$B=\frac{2\pi mf}{q}=\frac{2\pi\times3.3\times10^{-27}\times12\times10^{6}}{1.6\times10^{-19}}\mathrm{T}=1.56\mathrm{T}$$

而氘核的最大动能为

$$E_{\mathrm{k}}=\frac{q^2B^2R_0^2}{2m}=\frac{(1.6\times10^{-19})^2\times1.56^2\times0.532^2}{2\times3.3\times10^{-27}}\mathrm{J}=2.67\times10^{-12}\mathrm{J}=16.7\mathrm{MeV}$$

氘核的最大速率为

$$v=\frac{qBR_0}{m}=\frac{1.6\times10^{-19}\times1.56\times0.523}{3.3\times10^{-27}}\mathrm{m/s}=4.02\times10^{7}\mathrm{m/s}$$

这里需要说明的是，如前面曾经指出的一样，当粒子的速率增加到与光速相近时，按照爱因斯坦的狭义相对论，其质量将随速率的增加而增加，粒子的质量 m 与速率之间的关系为

$$m=\frac{m_0}{\sqrt{1-\left(\frac{v}{c}\right)^2}}$$

式中，m_0 为粒子的静质量。这样，式（7-26）所表示的回旋频率应为

$$f=\frac{qB}{2\pi m_0}\sqrt{1-\left(\frac{v}{c}\right)^2}$$

由上式可见，随着粒子速率的增加，其回旋频率要减小，粒子在半圆形盒中的运动周期 T 就要变长，不能与交变电压的周期相一致。也就是说，这时加速器已不能继续使粒子加速了，因此，欲使粒子达到被加速的目的，必须适时地改变交变电压的频率（或周期）使之与粒子速率的变化始终保持相适应的同步状态，显然其中的技术难度将是不断增大的。所以我们将上述加速器称为同步回旋加速器。现在，我国已建成 230MeV 超导同步回旋加速器，标志着我国掌握的超导回旋加速器技术进入国际先进行列。

7.6 霍尔效应

上述讨论了电子束在真空中能被磁场偏转。那么，在导线中漂移的传导电子也能被磁场偏转吗？1879 年，在约翰霍普金斯大学一位 24 岁的研究生霍尔（*E. H. Hall*）证明了它们能偏转。

如图 7-48 所示，在一个金属窄条（宽度为 h，厚度为 b）中通以电流。该电流是外加电场 $\boldsymbol{E}$ 作用于电子使之向右做定向运动（漂移速度为 $\boldsymbol{v}$）形成的。当加上外磁场 $\boldsymbol{B}$ 时，由于运动的电子受到洛伦兹力的作用将偏离定向方向（水平方向）而向下运动，如图 7-48a 所示，当它们偏移到窄条底部时，由于表面所阻，它们不能脱离金属，因而就聚集在窄条的底部，同时在窄条的顶部显示出有多余的正电荷。这些多余的正、负电荷将在金属内部产生一个横向电场 $\boldsymbol{E}_{\mathrm{H}}$。随着底部和顶部多余电荷的增多，这一电场也迅速地增大到

它对电子的作用力（$-e\boldsymbol{E}_{\mathrm{H}}$）与磁场对电子的作用力（$-e\boldsymbol{v}\times\boldsymbol{B}$）相平衡。这时，电子将恢复原来水平方向的漂移运动而电流又重新恢复为恒定电流。由平衡条件可知，这时电子所受的力为

$$(-e\boldsymbol{E}_{\mathrm{H}})+(-e\boldsymbol{v}\times\boldsymbol{B})=\mathbf{0}$$

由此可得横向电场的大小为

$$E_{\mathrm{H}}=vB$$

由于横向电场的出现，在导体的横向两侧会出现电势差，如图 7-48b 所示，这一电势差为

$$U_{\mathrm{H}}=E_{\mathrm{H}}h=vBh$$

已经知通电子的漂移速率 v 与电流 I 有下述关系：

$$I=nbhqv$$

式中，n 为载流子浓度，即导体内单位体积内的载流子数目。由此求出 v，代入 U_{H} 表达式中可得

$$U_{\mathrm{H}}=\frac{IB}{nqb} \tag{7-27}$$

如图 7-48b 所示，对于电子导电的金属而言，导体顶部电势将高于底部电势。对于载流子是带正电的导体，在电流和磁场方向相同情况下，其结果是正电荷聚集在底部，底部电势高于顶部电势，这种顶部与底部之间的电势差是横向的。因此，通过顶、底端间横向电压的测定可以确定导体中载流子所带的电荷的正负。就是说，方向相同的电流由于载流子种类的不同所引起的效应是不同的。

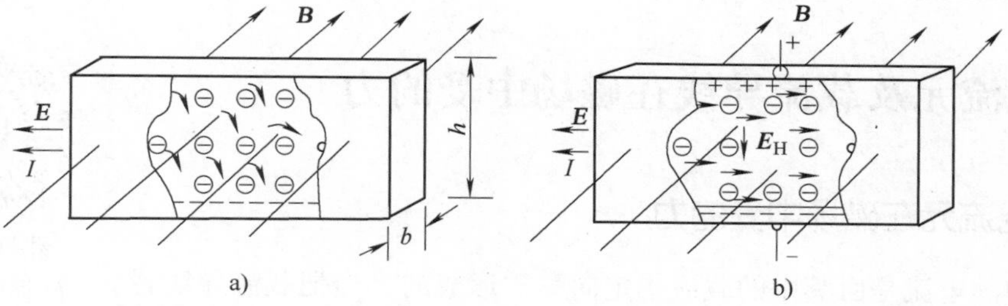

图 7-48　霍尔效应

上述磁场中载流导体上出现横向电势差的现象称为霍尔效应，式（7-27）给出的横向电压就叫霍尔电压。当时还不知道金属的导电机制，甚至还未发现电子呢。现在，霍尔效应可有多种实际应用，特别是用于半导体的测试。因为一般金属中的载流子即自由电子的密度很大，所以金属材料的霍尔效应不明显。但是半导体材料中的载流子密度要小得多，所以半导体材料能产生较大的霍尔电压。由测出的霍尔电压的正负可以判断半导体的载流子种类（是电子或是空穴），还可以用式（7-27）计算出载流子浓度。此外，常常也将一块制好的半导体薄片通以给定的电流，在校准好的条件下，通过霍尔电压来测磁场 $\boldsymbol{B}$，这是现在测磁场的一个比较精确的方法。

这里需要指出的是，对于金属来说，由于是电子导电，在如图 7-48 所示的情况下测出的霍尔电压应该显示顶部电势高于底部电势。但是实际上有些金属却给出了相反的结果，好

像在这些金属中的载流子带正电似的。这种“反常”的霍尔效应以及正常的霍尔效应都只能用金属中电子的量子理论才能圆满地解释。

【例 7-11】 如图 7-49 所示，边长为 1.5cm 的实心金属立方块以大小为 4.0m/s 的速度沿正 y 方向通过大小为 0.05T、指向正 z 方向的均匀磁场 $\boldsymbol{B}$，问

(1) 由于通过磁场运动，立方块哪个表面电势高？

(2) 立方块电势较高与较低的表面之间的电势差是多少？

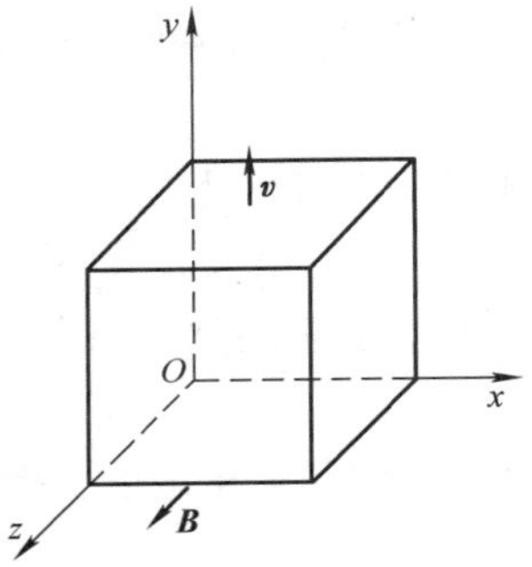

图 7-49 例 7-11 图

【解】 (1) 金属方块中运动电荷是电子，电子带负电，运动中所受的磁场力指向 x 轴负向。因此，立方体的电场方向指向 x 轴负向，电子所受的电场力指向 x 轴正向，立方体右表面电势高。

(2) 电子所受电场力与磁场力平衡时有

$$eE = evB$$

于是有

$$E = vB$$

两表面的电势差为

$$\begin{aligned} U &= Ed = vBd \\ &= (4.0 \times 0.05 \times 1.5 \times 10^{-2})\text{V} \\ &= 3 \times 10^{-3}\text{V} \\ &= 3.0\text{mV} \end{aligned}$$

7.7 电流元及载流导线在磁场中受的力

载流导线在磁场中受的力

7.7.1 电流元在磁场中受的力

导线中的电流是由其中的载流子定向移动形成的，当把载流导线置于磁场中时，这些运动的载流子就要受到洛伦兹力的作用，其宏观的结果将表现为载流导线受到磁场力的作用。为了计算一段载流导线受的磁力，先考虑它的一段电流元受的作用力。如图 7-50 所示，设导线截面积为 S，其中有电流 I 通过。考虑长度为 $\mathrm{d}l$、载有电流 I 的一段电流元 $I\mathrm{d}\boldsymbol{l}$。设导线的单位体积内有 n 个载流子，每一个载流子的电荷量都是 q，载流子以平均漂移速度 $\boldsymbol{v}$ 运动。由于每一个载流子受的磁场力都是 $q\boldsymbol{v}\times B$，而在 $\mathrm{d}l$ 段中共有 $nS\mathrm{d}l$ 个载流子，所以这些载流子受的力的总和就是

$$\mathrm{d}\boldsymbol{F} = nS\mathrm{d}lq\boldsymbol{v}\times\boldsymbol{B}$$

由于 $q\boldsymbol{v}$ 的方向和 $\mathrm{d}\boldsymbol{l}$ 的方向相同，所以 $q\mathrm{d}l\boldsymbol{v} = |q| v\mathrm{d}\boldsymbol{l}$，故上式可写成

$$\mathrm{d}\boldsymbol{F} = nS|q|v\mathrm{d}\boldsymbol{l}\times\boldsymbol{B}$$

又由于 $nS|q|v = I$，即通过 $\mathrm{d}l$ 的电流的大小，所以最后可得

$$\mathrm{d}\boldsymbol{F} = I\mathrm{d}\boldsymbol{l}\times\boldsymbol{B} \tag{7-28}$$

$\mathrm{d}l$ 中的载流子由于受到这些力的作用，它们所增加的动量最终总要传给导线本身的正离子

结构，所以这一公式也就给出了这一段电流元受的磁场力，载流导线受磁场的作用力通常叫作安培力，其方向与 d$\boldsymbol{l}$ 和 $\boldsymbol{B}$ 构成右手螺旋关系，如图 7-51 所示。

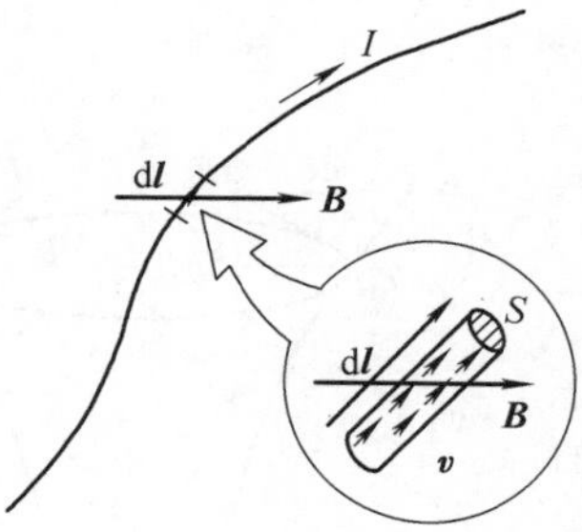

图 7-50　电流元

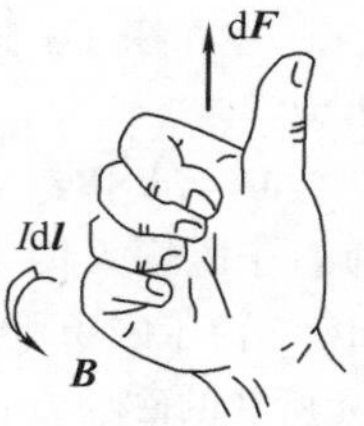

图 7-51　电流元所受的安培力的方向

7.7.2　载流导线在磁场中受的力

知道了一段电流元受的磁力就可以用积分的方法求出一段有限长载流导线 L 受的磁力，即

$$\boldsymbol{F} = \int_L I\mathrm{d}\boldsymbol{l} \times \boldsymbol{B} \tag{7-29}$$

式中，$\boldsymbol{B}$ 为各电流元所在处的“当地 $\boldsymbol{B}$”。

【例 7-12】　一段半圆形载流回路通有电流 I，圆的半径为 R，放在均匀磁场 $\boldsymbol{B}$ 中，磁场与回路平面垂直。求均匀磁场作用在半圆形载流回路上的力。

【解】　取如图 7-52 所示的坐标系 xOy，磁场作用在回路中底边直线段上的安培力 $\boldsymbol{F}_1$ 的大小为

$$F_1 = 2BIR$$

$\boldsymbol{F}_1$ 的方向沿负 y 轴（向下）。在半圆弧上各段电流元受到的安培力的大小都为

$$\mathrm{d}F = BI\mathrm{d}l$$

方向沿径向向外。半圆弧受到的安培力 $\boldsymbol{F}_2$ 为各个电流元所受力的矢量和。将 d$\boldsymbol{F}$ 分解为 x 方向和 y 方向的分量 d$\boldsymbol{F}_x$ 和 d$\boldsymbol{F}_y$，由电流分布的对称性，半圆弧上各个电流元在 x 方向上受到的分力的矢量和为零，只有 y 方向分力对合力 $\boldsymbol{F}_2$ 有贡献。所以，作用在半圆形载流回路上的合力的大小为

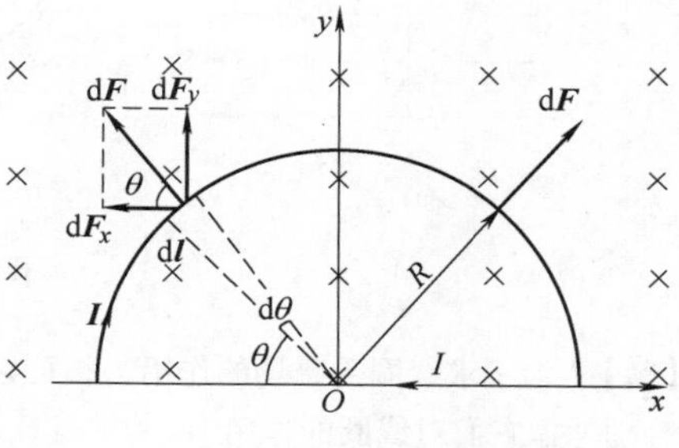

图 7-52　例 7-12 图

$$F_2 = \int_{\text{半圆弧}} \mathrm{d}F_y = \int_{\text{半圆弧}} BI\mathrm{d}l\sin\theta = \int_0^{\pi} BIR\sin\theta\mathrm{d}\theta = 2BIR$$

$\boldsymbol{F}_2$ 的方向沿 y 轴（向上）。$\boldsymbol{F}_1$ 和 $\boldsymbol{F}_2$ 大小相等、方向相反，因此，均匀磁场作用在半圆形载流回路上的力为零。

思考：由例 7-12 可得出两点推论：①一个任意弯曲的载流导线放在均匀磁场中所受到的磁场力，等效于从弯曲导线起点到终端的直线电流在磁场中所受的力；②一个任意形状的载流线圈在均匀磁场中受到的合力均为零。你能否根据矢量叉乘的结合率加以

证明？

【例 7-13】 在一个圆柱形磁铁 N 极的正上方水平放置半径为 R 的导线环，其中通有顺时针方向（俯视）的电流 I，在导线所在处，磁场 $\boldsymbol{B}$ 的方向都与竖直方向成 α 角。求导线环受的磁场力。

【解】 如图 7-53 所示，在导线环上选电流元 $I\mathrm{d}\boldsymbol{l}$ 垂直纸面向里，此电流元受的磁场力为

$$\mathrm{d}\boldsymbol{F}=I\mathrm{d}\boldsymbol{l}\times\boldsymbol{B}$$

此力的方向就在纸面内垂直于磁场 $\boldsymbol{B}$ 的方向。将 $\mathrm{d}\boldsymbol{F}$ 分解为水平与竖直两个分量 $\mathrm{d}\boldsymbol{F}_{\mathrm{h}}$ 和 $\mathrm{d}\boldsymbol{F}_z$。由于磁场和电流的分布对竖直 z 轴的轴对称性，环上各电流元所受的磁场力 $\mathrm{d}\boldsymbol{F}$ 的水平分量 $\mathrm{d}\boldsymbol{F}_{\mathrm{h}}$ 的矢量和为零。又由于各电流元的 $\mathrm{d}\boldsymbol{F}_z$ 的方向都相同，所以圆环受的磁场力的大小为

$$F=\int\mathrm{d}F_z=\int\mathrm{d}F\sin\alpha=\int_0^{2\pi R}IB\sin\alpha\mathrm{d}l=2BIR\pi\sin\alpha$$

方向竖直向上（沿 z 轴方向）。

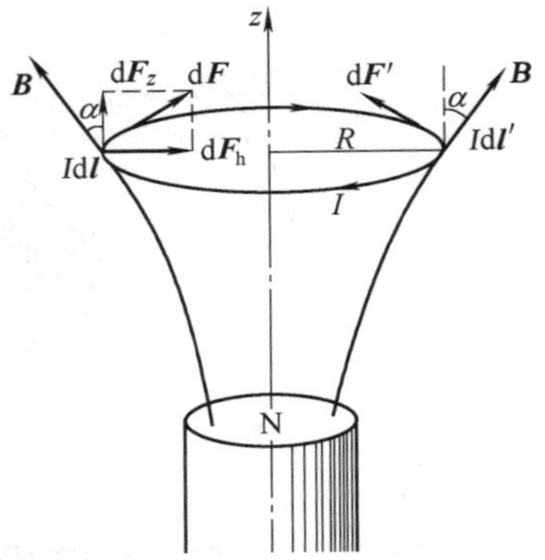

图 7-53 例 7-13 图

【例 7-14】 讨论一个载流线圈在磁场中所受的力矩。如图 7-54a 所示，一个载流圆线圈半径为 R，电流为 I，放在一均匀磁场中。它的平面法线方向 $\boldsymbol{e}_{\mathrm{n}}$（$\boldsymbol{e}_{\mathrm{n}}$ 的方向与电流 I 的流向符合右手螺旋关系）与磁场 $\boldsymbol{B}$ 的方向夹角为 θ，求此线圈所受磁场的力和力矩。

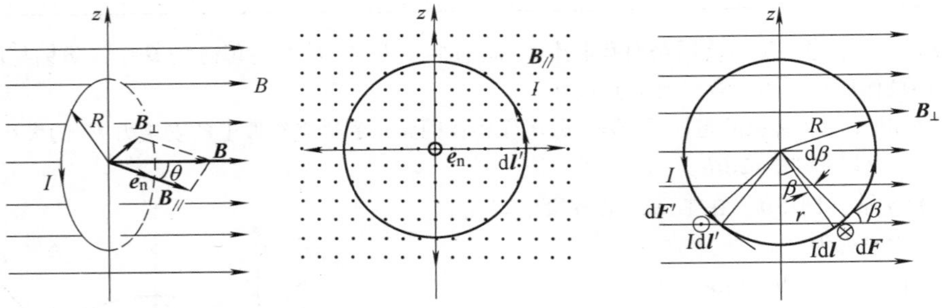

图 7-54 例 7-14 图

【解】 为了求线圈受磁场的作用力，可以将磁场 $\boldsymbol{B}$ 分解为与 $\boldsymbol{e}_{\mathrm{n}}$ 平行的 $\boldsymbol{B}_{/\!/}$ 和与 $\boldsymbol{e}_{\mathrm{n}}$ 垂直的 $\boldsymbol{B}_{\perp}$ 两个分量，分别考虑它们对线圈的作用力。

$\boldsymbol{B}_{/\!/}$ 分量对线圈的作用力如图 7-54b 所示，各段 $\mathrm{d}l$ 相同的电流元所受的磁场力大小都相等，方向都在线圈平面内沿径向向外。由于这种对称性，线圈受这一磁场分量的合力为零，合力矩也为零。

$\boldsymbol{B}_{\perp}$ 分量对线圈的作用如图 7-54c 所示，右半圆上一电流元 $I\mathrm{d}\boldsymbol{l}$ 受的磁场力的大小为

$$\mathrm{d}F=IB_{\perp}\sin\beta\mathrm{d}l$$

此力的方向垂直纸面向里；和它对称的左半圈上的电流元 $I\mathrm{d}\boldsymbol{l}'$ 受的磁场力的大小和 $I\mathrm{d}\boldsymbol{l}$ 受的一样，但力的方向相反，向外。对于右半线圈和左半线圈的各对对称的电流元做同样分析，可知此线圈受 $\boldsymbol{B}_{\perp}$ 分量的合力为零。但由于 $I\mathrm{d}\boldsymbol{l}$ 和 $I\mathrm{d}\boldsymbol{l}'$ 受的磁场力不在一条直线上，会对线圈产生一个力矩。$I\mathrm{d}\boldsymbol{l}$ 受的力对线圈 z 轴产生的力矩的大小为

$$\mathrm{d}M=IB_{\perp}\sin\beta\mathrm{d}lr$$

由于 $dl=Rd\beta$，$r=R\sin\beta$，所以

$$dM=IR^2B_\perp\sin^2\beta d\beta$$

对整个线圈积分可得线圈所受磁场力的力矩为

$$M=\int dM=IR^2B_\perp\int_0^{2\pi}\sin^2\beta d\beta=IR^2B_\perp\pi$$

因为 $B_\perp=B\sin\theta$，所以

$$M=I\pi R^2B\sin\theta$$

在此力矩的作用下，线圈将绕 z 轴沿逆时针方向（俯视）转动。用矢量表示力矩，则 $\boldsymbol{M}$ 的方向沿 z 轴正向。

综合上面得出的 $\boldsymbol{B}_{/\!/}$ 和 $\boldsymbol{B}_\perp$ 对载流线圈的作用，可得它们的效果是：**均匀磁场对载流线圈的合力为零**（由例7-12结果推论可得任意形状的载流线圈在均匀磁场中所受的磁场力为零），而力矩的大小为

$$M=I\pi R^2B\sin\theta \tag{7-30}$$

根据 $\boldsymbol{e}_n$ 以及 $\boldsymbol{M}$ 的方向，上式可用矢积表示为

$$\boldsymbol{M}=SI\boldsymbol{e}_n\times\boldsymbol{B} \tag{7-31}$$

式中，S 为线圈围绕的面积。

7.7.3 磁矩

静电场中，我们在讨论电偶极子时曾引入电矩 $\boldsymbol{p}$。与电矩相似，这里引入磁矩 $\boldsymbol{m}$ 来描述载流线圈的性质。定义

$$\boldsymbol{m}=SI\boldsymbol{e}_n \tag{7-32}$$

为载流线圈的磁偶极矩，简称**磁矩**，它是一个矢量。如图7-55所示，有一平面圆电流，其面积为 S，通有电流为 I，$\boldsymbol{e}_n$ 为圆电流平面的单位正法线矢量，它与电流 I 的流向遵守右手螺旋法则，即右手四指顺着电流流动方向回转时，大拇指的指向为圆电流单位正法线矢量 $\boldsymbol{e}_n$ 的方向，也是该圆电流磁矩 $\boldsymbol{m}$ 的方向。我们定义闭合电流的磁矩 $\boldsymbol{m}$ 的方向与闭合电流的单位正法线矢量 $\boldsymbol{e}_n$ 的方向相同，$\boldsymbol{m}$ 的量值为 IS，式（7-32）对任意形状的载流线圈都是适用的。

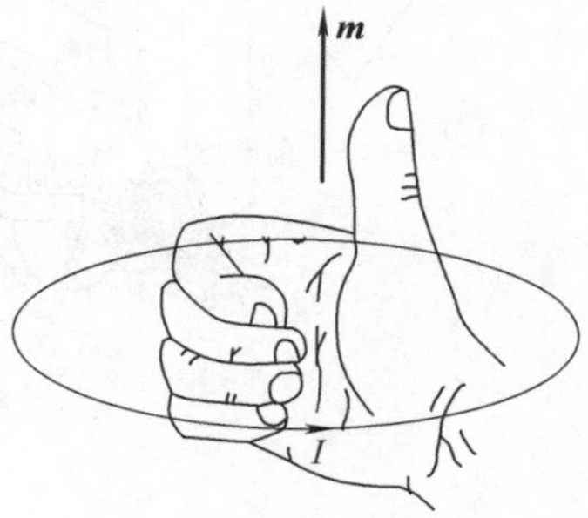

图7-55 磁矩

这样，考虑到闭合电流磁矩的矢量关系 $\boldsymbol{m}=IS\boldsymbol{e}_n$，于是式（7-31）又可写成

$$\boldsymbol{M}=\boldsymbol{m}\times\boldsymbol{B} \tag{7-33}$$

此力矩力图使磁矩 $\boldsymbol{m}$ 的方向转向与 $\boldsymbol{B}$ 的方向一致。当 $\boldsymbol{m}$ 与 $\boldsymbol{B}$ 方向一致时，$\boldsymbol{M}=0$，线圈所受的磁力矩为零，此位置为稳定平衡的位置；当 $\boldsymbol{m}$ 与 $\boldsymbol{B}$ 方向反向（即二者之间的夹角为 π）时，$\boldsymbol{M}=0$，线圈所受的磁力矩为零，但此位置为非稳定平衡位置，这时线圈若稍受干扰，就会立即转动直至当 $\boldsymbol{m}$ 与 $\boldsymbol{B}$ 的方向一致时为止。

式（7-33）虽然是根据一个圆线圈的特例导出的，但可以证明，它是关于所有闭合电流所受磁场力矩的普遍公式，而闭合电流的磁矩就用式（7-32）定义，其大小等于电流所围绕

的面积与电流的乘积。

应当指出，不只是载流线圈有磁矩，原子、电子、质子等微观粒子也有磁矩。磁矩是带电粒子本身旋转的特征之一。

由式（7-32）知，磁矩的单位是 $A \cdot m^2$，而由式（7-33）知，磁矩的单位是 N · m/T（或 J/T），读者可以自行验证，这两个单位是完全等同的。

在非均匀磁场中，载流线圈除受到磁力矩作用外，还受到磁场力的作用，一般而言，这时线圈除了转动外还要平动，因其情况比较复杂，这里就不做进一步讨论了。

7.7.4 磁电式电流计原理

上面已指出，载流线圈在磁场中受磁力矩作用时会发生偏转，磁电式电流计就是利用这一原理设计的。图 7-56a 是磁电式电流计的结构示意图。在永久磁铁的两极和圆柱体铁心之间的气隙内，放置一个可绕固定转轴 OO' 转动的铝制框架，框架上绕有线圈（有的也采用无框架线圈），转轴的两端各有一个游丝，且在一端上固定一指针。当电流通过线圈时，由于磁场对载流线圈产生磁力矩作用，使得指针随线圈一起发生偏转，从偏转角度的大小，就可测出通过线圈的电流。

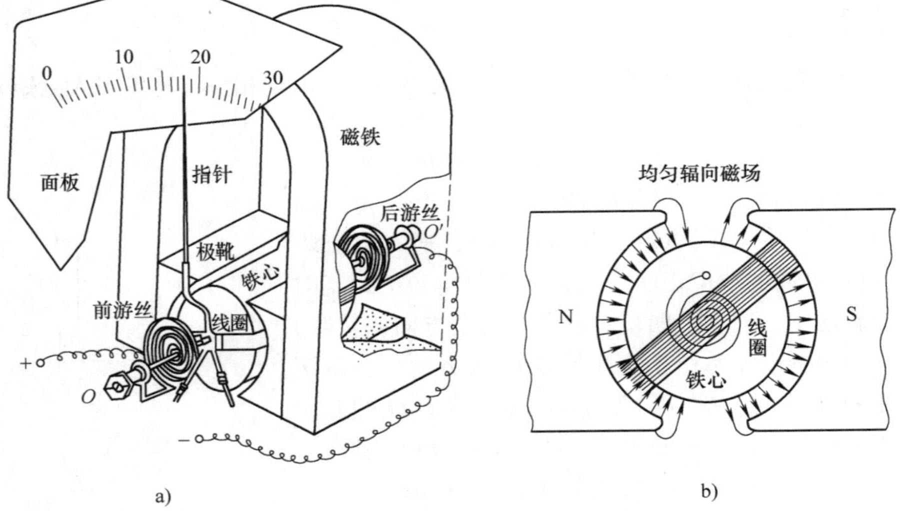

图 7-56 磁电式电流计的结构示意图

由于在永久磁铁和圆柱体之间空隙内的磁场是沿径向的，磁场线总是和圆柱体铁心侧向表面垂直，如图 7-56b 所示，所以，无论线圈转到什么位置，线圈平面的法线方向总是和线圈所在处的磁场方向垂直。因此，线圈受到的磁力矩的大小就恒等于 $M=BNIS$。当线圈转动时，游丝就要旋紧，这时游丝将对线圈产生一个反抗力矩 $\boldsymbol{M}'$，以阻碍其转动。根据实验测定，当线圈转过 θ 角度时，游丝反抗力矩的大小与线圈转过的角度 θ 成正比，即

$$M'=a\theta$$

式中，a 叫作游丝的扭转常数。当线圈稳定于某一位置时，反抗力矩 $\boldsymbol{M}'$ 和磁力矩 $\boldsymbol{M}$ 互相平

衡，有

$$BNIS = a\theta$$

$$I = \frac{a}{NBS}\theta = K\theta$$

式中，K 为一常量，它表示线圈偏转单位角度时需通过的电流，其值可以由实验测定。这样，利用上式就可以从线圈偏转的角度 θ 测出通过线圈的电流，这就是磁电式电流计的工作原理。

7.7.5 平行电流间的相互作用力

设有两根平行长直导线，分别通有电流 I_1 和 I_2，它们之间的距离为 d（见图 7-57），导线直径远小于 d，现在求每根导线单位长度线段受另一电流磁场的作用力。根据长直电流产生磁场的规律，电流 I_1 在电流 I_2 处所产生的磁场强度大小为

$$B_1 = \frac{\mu_0 I_1}{2\pi d}$$

载有电流 I_2 的导线单位长度线段受的安培力大小为

$$F_2 = B_1 I_2 = \frac{\mu_0 I_1 I_2}{2\pi d} \tag{7-34}$$

同理，载流导线 I_1 单位长度线段受电流 I_2 磁场的作用力也等于这一数值，即

$$F_1 = B_2 I_1 = \frac{\mu_0 I_1 I_2}{2\pi d}$$

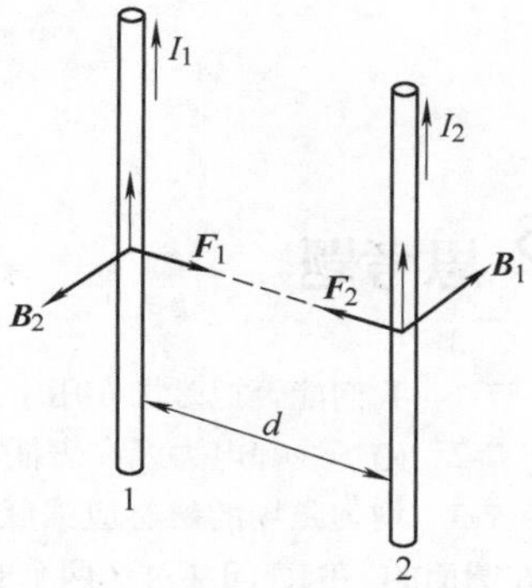

图 7-57 两平行载流直导线间的相互作用力

当电流 I_1 和 I_2 方向相同时，两导线相吸；相反时，则相斥。

在国际单位制中，电流的单位安培（符号为 A）就是根据式（7-34）规定的。设在真空中两无限长的平行直导线相距 1m，通以大小相同的恒定电流，如果导线每米长度线段受的作用力为 2×10^{-7}N，则每根导线中通有的电流就规定为 1A。根据这一定义，由于 $d=1$m，$I_1=I_2=I=1$A，$F=2\times10^{-7}$N，式（7-34）给出

$$\mu_0 = \frac{2\pi F \mathrm{d}}{I^2} = \frac{2\pi\times2\times10^{-7}\times1}{1\times1}\mathrm{N/A^2} = 4\pi\times10^{-7}\mathrm{N/A^2}$$

这一数值与前述给出的 μ_0 的值相同。

电流的单位确定之后，电荷量的单位也就可以确定了。在通 1A 电流的导线中，每秒钟流过导线任一横截面上的电荷量就定义 1C，即

$$1\mathrm{C} = 1\mathrm{A}\cdot\mathrm{s}$$

轨道炮

轨道炮是利用磁能在短时间内把射弹加速到高速的装置。如图 7-58a 所示，大电流沿两条平行的导轨之一送出，流过两导体轨道之间的导电“熔体”（如窄铜电），然后沿第二条轨道回到电流源。把待发射的射弹平放在熔体的前面并松弛地嵌在两轨道之间。电流一通入熔体立刻熔解并汽化，在轨道间熔体原来所在处形成导电气体。两轨道中的电流在轨道间产

生垂直纸面向内的磁场。由于电流 i 流过气体，磁场 $\boldsymbol{B}$ 会对气体施加力 $\boldsymbol{F}$。如图 7-58b 所示，$\boldsymbol{F}$ 沿轨道指向外部。随着气体被迫沿轨道向外运动，推动射弹以高达 $5\times10^6 g$ 的加速度加速，然后以 10km/s 的速率发射出去，全部过程只需 1ms。

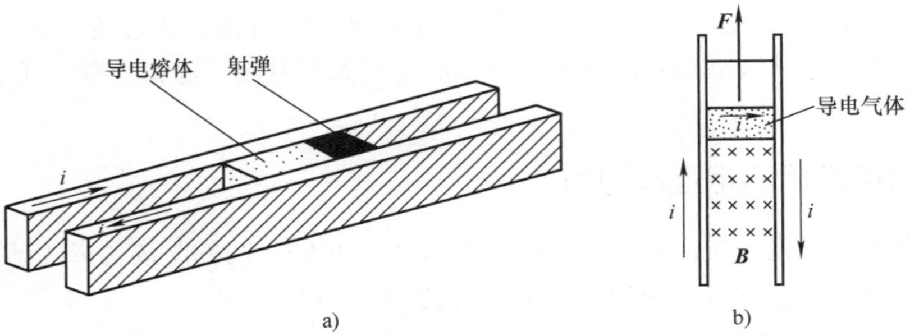

图 7-58 轨道炮原理图

思考题

7-1 我们能否把磁场作用于运动电荷的力的方向定义为磁感应强度 $\boldsymbol{B}$ 的方向？为什么？

7-2 磁场线和电力线在表征场的性质方面有哪些相似和不同之处？

7-3 均匀磁场的磁感应强度 $\boldsymbol{B}$ 垂直于半径为 R 的圆面，以该圆边缘为周界作两个任意曲面 S_1 和 S_2，各在圆面的一侧，问穿过这两个曲面的磁通 Φ_1 和 Φ_2 各为多少？

7-4 L 为一通有稳恒电流的闭合线圈，电流 I 的方向如图 7-59 所示，试分别求出 $\boldsymbol{B}$ 矢量沿图中 4 条闭合曲线的环流积分值（积分方向如图 7-59 中所示）。

7-5 安培环路定理中的磁感应强度 $\boldsymbol{B}$ 是否仅由回路所包围的电流所激发？式（7-16）中磁感应强度 B 与回路外的电流有无关系？

7-6 在下述三种情况下，能否用安培环路定理求出磁感应强度？为什么？（1）一段有限长载流直导线产生的磁场；（2）圆电流产生的磁场；（3）两无限长同轴载流圆柱间的磁场。

7-7 在一平行板间分布着互相垂直的均匀电场 $\boldsymbol{E}$ 和均匀磁场 $\boldsymbol{B}$，这一装置称为速度选择器。问（1）沿如图 7-60 所示方向进入速度选择器的电荷量为 q 的正离子，其速度为何值时，能无偏转地穿过两极板间的区域？（2）若此正离子的速度大于该值时，它将偏向哪边？小于该值时又将偏向哪边？

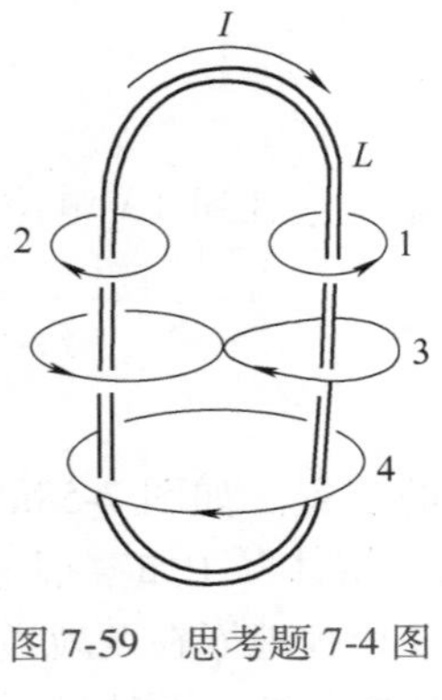

图 7-59 思考题 7-4 图

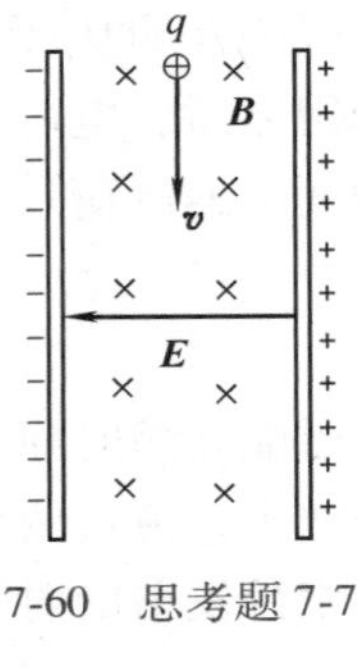

图 7-60 思考题 7-7 图

7-8 有电流流过细导线构成的圆环，你知道在圆环的平面内，哪些点的磁场较强吗？请予以说明。

7-9 有两无限长的平行载流直导线，电流的流向相同。如果取一平面垂直这两根导线，此平面上的磁场线分布大致是怎样的？

7-10 “无限长”载流直导线的磁感应强度可从毕奥-萨伐尔定律求得。你能否用安培环路定理来求得呢？如果可以，需要做哪些条件假设呢？

7-11 如图 7-61 所示，在一个圆形电流的平面内取一个同心的圆形闭合回路，并使这两个圆互相平行。由于此闭合回路内不包含电流，所以把安培环路定理用于上述闭合回路，可得 $\boldsymbol{B}$ 对圆环回路的环流为零，由此结果能否说在闭合回路上各点的磁感应强度为零？

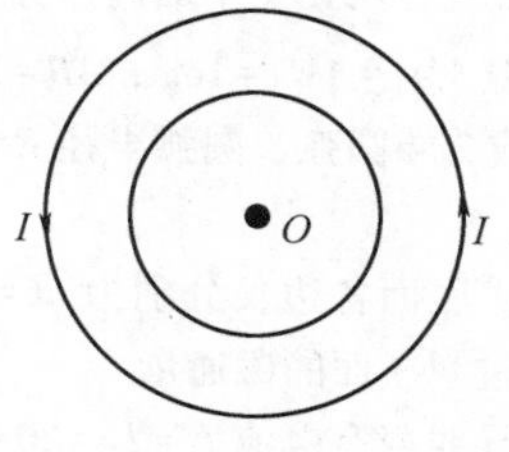

图 7-61 思考题 7-11 图

7-12 如果一个电子在通过空间某一区域时，电子运动的路径不发生偏转，我们能否说这个区域没有磁场？

7-13 气泡室是借助小气泡来显示在室内通过的带电粒子径迹的装置。如图 7-62 是气泡室中所摄照片的描绘图。磁感应强度 $\boldsymbol{B}$ 的方向垂直纸平面向外。在照片的 P 点处有两条曲线，试判断哪一条径迹是电子形成的？哪一条是正电子形成的？

7-14 如图 7-63 所示，放射性元素镭所发出的射线进入强磁场 $\boldsymbol{B}$ 后，分成三束射线：向右偏转的叫 β 射线，向左偏转的叫 α 射线，不偏转的叫 γ 射线。试分析这三种射线中的粒子是否带电？带正电还是带负电？

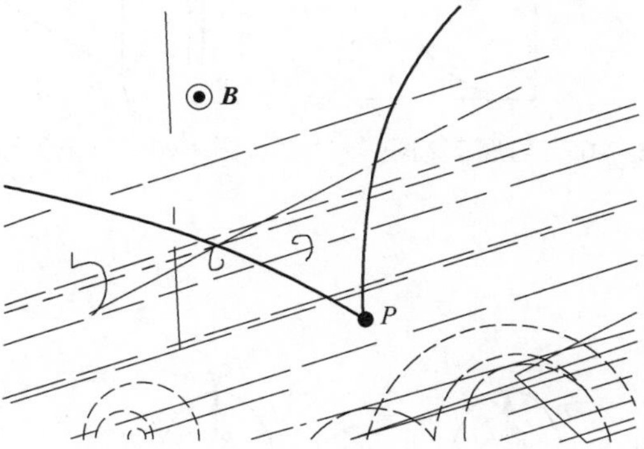

图 7-62 思考题 7-13 图

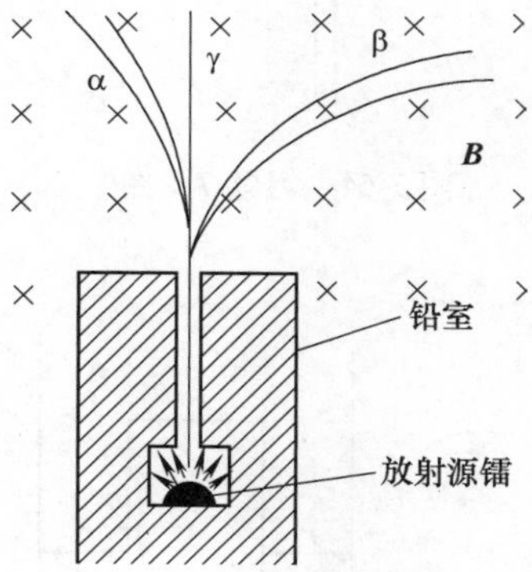

图 7-63 思考题 7-14 图

7-15 在均匀磁场中有一电子枪，它可发射出速率分别为 v 和 $2v$ 的两个电子。这两个电子的速度方向相同，且均与 $\boldsymbol{B}$ 垂直。试问这两个电子各绕行一周所需的时间是否有差别？

7-16 在无限长的载流直导线附近取两点 A 和 B，A、B 到导线的垂直距离均相等。若将一电流元 $I\mathrm{d}\boldsymbol{l}$ 先后放置在这两点上，试问此电流元所受到的磁力是否一定相等？

7-17 在均匀磁场中，有两个面积相等、通过电流相同的线圈，一个是三角形，另一个是矩形。这两个线圈所受的最大磁力矩是否相等？磁场力的合力是否相等？

7-18 均匀磁场的方向铅直向下，一矩形导线回路的平面与水平面一致，问回路上的电流沿哪个方向流动时，它才处于稳定平衡状态？

7-19 两根长直载流导线十字交叉放置，彼此绝缘，流有相同的电流，试判断何处磁场为零。

7-20 在无电流的空间区域内，如果磁场线是平行直线，那么磁场一定是均匀场。试证明之。

习 题

7-1 两根无限长直导线相互垂直地放置在两正交平面内，分别通有电流 $I_1=2\text{A}$，$I_2=3\text{A}$，如图 7-64 所示。求点 M_1 和 M_2 处的磁感应强度。图中 $AM_1=AM_2=1\text{cm}$，$AB=2\text{cm}$。

7-2 一无限长的载流导线中部被弯成 3/4 圆弧，圆弧半径 $R=3\text{cm}$，导线中的电流 $I=2\text{A}$，如图 7-65 所示，求圆弧中心 O 点的磁感应强度。

7-3 图 7-66 中三棱柱面高 $h=1.0\text{m}$，底面各边长分别为 $ab=0.6\text{m}$，$bc=0.4\text{m}$，$ca=0.3\text{m}$，沿 ad 边有直长导线，导线中通有电流 $I=4\text{A}$。求通过 $cbef$ 面的磁通量。

7-4 如图 7-67 所示，两根平行长直导线载有电流 $I_1=I_2=20\text{A}$。试求：（1）两导线所在平面内与两导线等距的一点 A 处的磁感应强度；（2）通过图中矩形面积的磁通量。图中，$r_1=r_3=10\text{cm}$，$r_2=20\text{cm}$，$l=25\text{cm}$。

7-5 两个半径为 R 的线圈共轴放置，相距为 l，通有大小、方向相同的电流 I，如图 7-68 所示，O 点是两环心 O_1、O_2 的中点，求在两环心 O_1、O_2 连线上离 O 点距离为 x 的 P 点的磁感应强度。

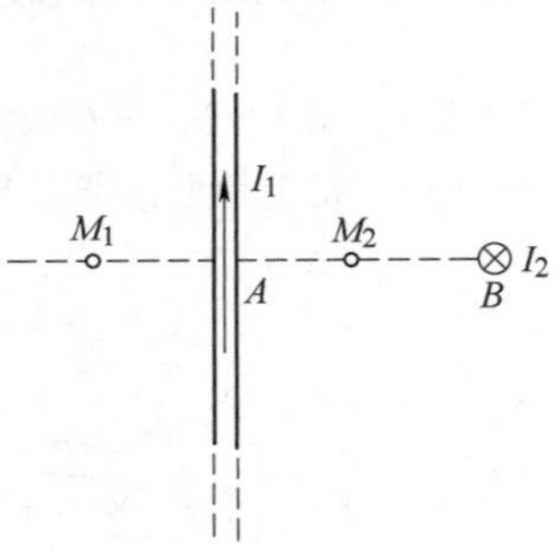

图 7-64 习题 7-1 图

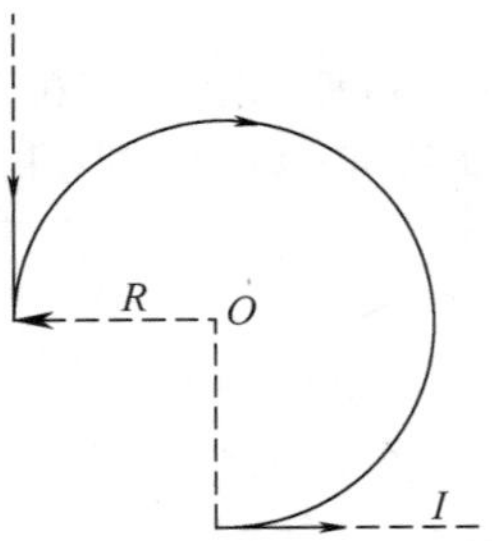

图 7-65 习题 7-2 图

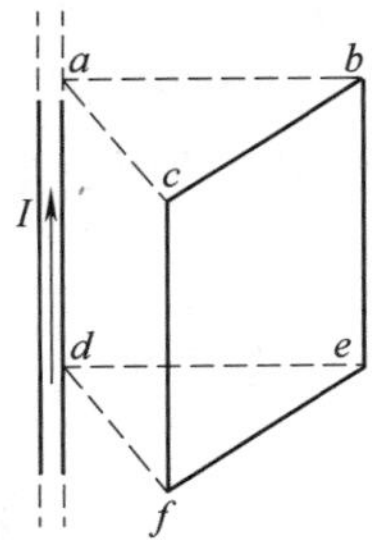

图 7-66 习题 7-3 图

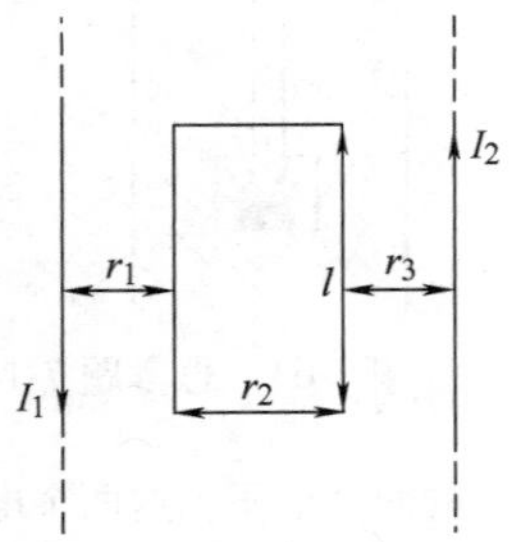

图 7-67 习题 7-4 图

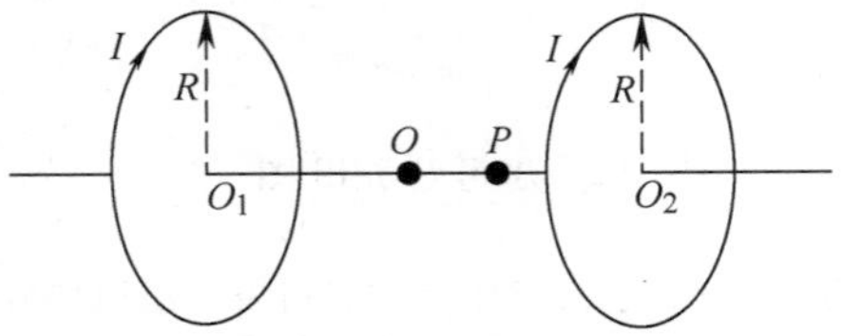

图 7-68 习题 7-5 图

7-6 如图 7-69 所示，两端无限长直导线中部弯成 $\alpha=60°$ 的直线和 1/4 圆弧，圆弧半径为 R，导线通有电流 I。求圆心处的磁感应强度。

7-7　如图 7-70 所示，两根导线沿半径方向引到铜圆环上 A、B 两点，并在很远处与电源相连。已知圆环的粗细均匀，求圆环中心处的磁感应强度。

7-8　一均匀带电的半圆形弧线，半径为 R，所带电荷量为 Q，以匀角速度 ω 绕轴 OO'转动，如图 7-71 所示，求 O 点处的磁感应强度。

7-9　一矩形截面的空心环形螺线管，尺寸如图 7-72 所示，其上均匀绕有 N 匝线圈，线圈中通有电流 I，试求：(1) 环内离轴线为 r 远处的磁感应强度；(2) 通过螺线管截面的磁通量。

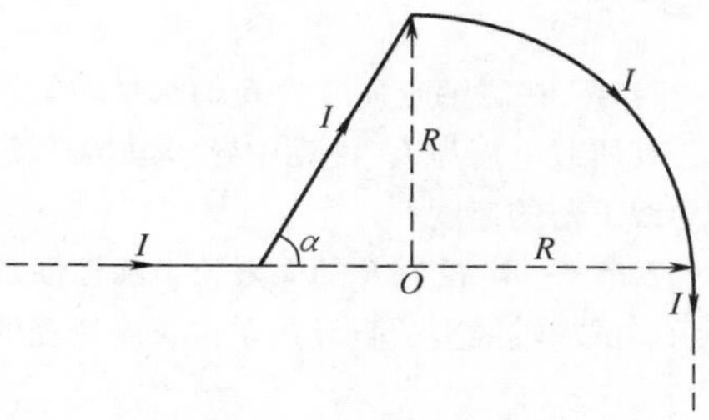

图 7-69　习题 7-6 图

7-10　一对同轴的无限长空心导体直圆筒，内、外筒半径分别为 R_1 和 R_2（筒壁厚度可以忽略），电流 I 沿内筒流出去，沿外筒流回，如图 7-73 所示。(1) 计算两圆筒间的磁感应强度。(2) 求通过长度为 l 的一段截面（图中画斜线部分）的磁通量。

7-11　磁感应强度的大小 $B=5\times10^{-4}$T 的均匀磁场垂直于电场强度的大小 $E=10$V/m 的均匀电场，一束电子以速度$\boldsymbol{v}$ 进入该电磁场，$\boldsymbol{v}$ 垂直于 $\boldsymbol{B}$ 和 $\boldsymbol{E}$。求：(1) 当两种场同时作用时，要使电子束不偏转，电子的速率 v；(2) 只有磁场存在时电子的轨道半径 R。

7-12　一根导体棒质量 $m=0.20$kg，横放在相距 0.30m 的两根水平导线上，并载有 50A 的电流，方向如图 7-74 所示，棒与导线之间的静摩擦因数是 0.60，若要使此棒沿导线滑动，至少要加多大的磁场？磁场方向应如何？

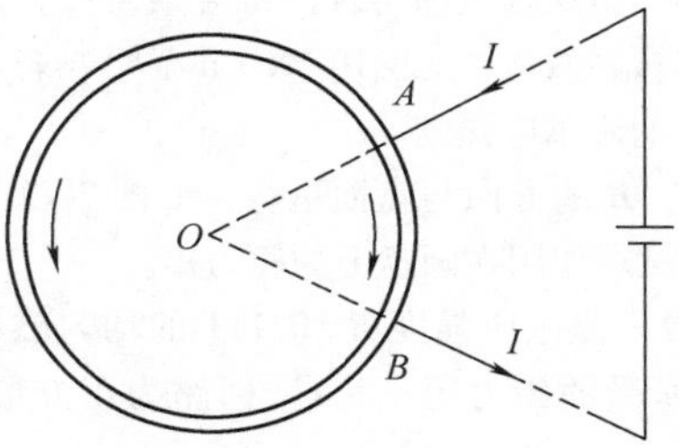

图 7-70　习题 7-7 图

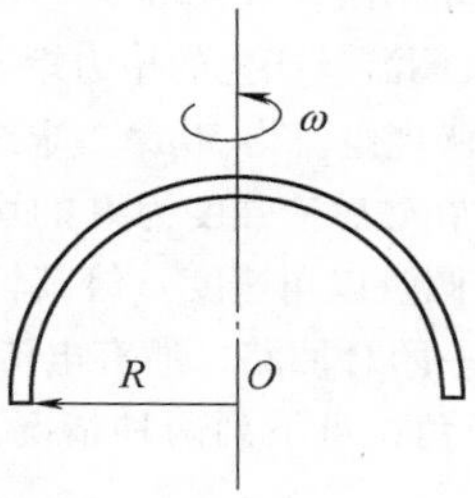

图 7-71　习题 7-8 图

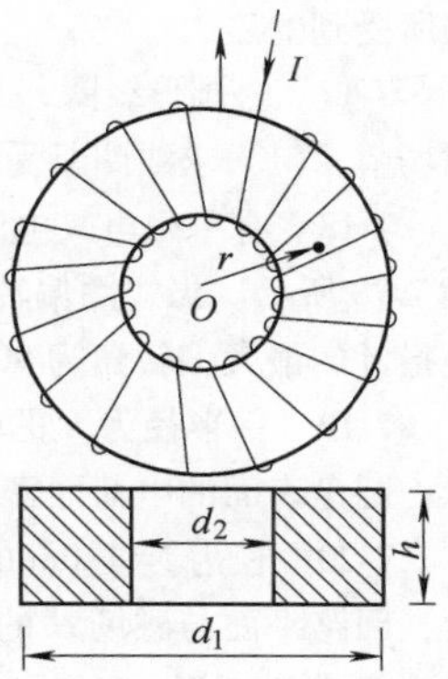

图 7-72　习题 7-9 图

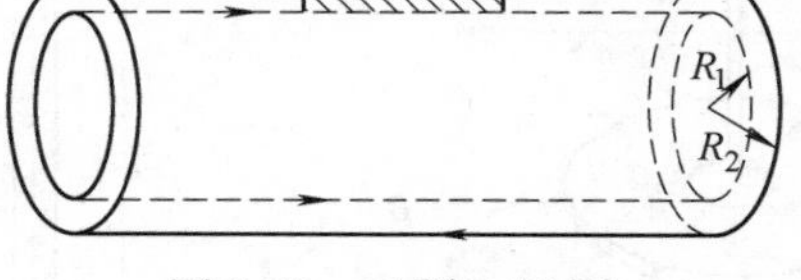

图 7-73　习题 7-10 图

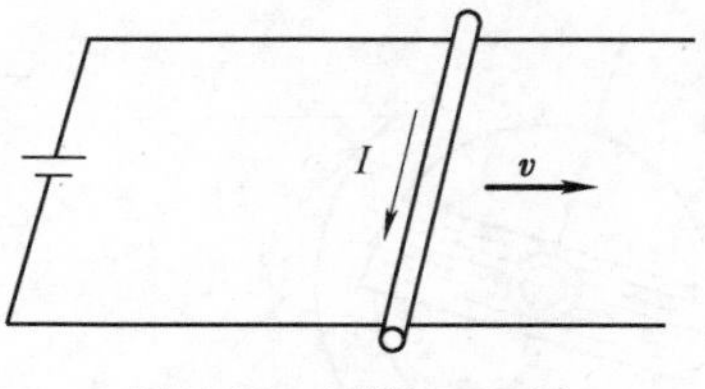

图 7-74　习题 7-12 图

7-13　质谱仪的构造原理如图 7-75 所示，离子源 S 产生质量为 m、电荷为 q 的离子，离子产生出来时速度很小，可以看作是静止的；离子飞出 S 后经过电压 U 加速，进入磁感应强度为 $\boldsymbol{B}$ 的均匀磁场，沿着半个圆周运动，达到记录底片上的 P 点，可测得 P 点的位置到入口处的距离为 x，试证明该离子的质量为

$$m=\frac{qB^2}{8U}x^2$$

7-14 在磁感应强度为 $\boldsymbol{B}$ 的水平均匀磁场中，一段长为 l、质量为 m 的载流直导线沿竖直方向自由滑落，其所载电流为 I，滑动中导线恒与磁场正交，如图 7-76 所示。设 $t=0$ 时导线处于静止状态，求任意时刻导线下落的速度。

7-15 一半径为 R 的无限长半圆柱面形导体，与轴线上的长直导线载有等值反向的电流 I，如图 7-77 所示。试求轴线上长直导线单位长度所受的磁力。

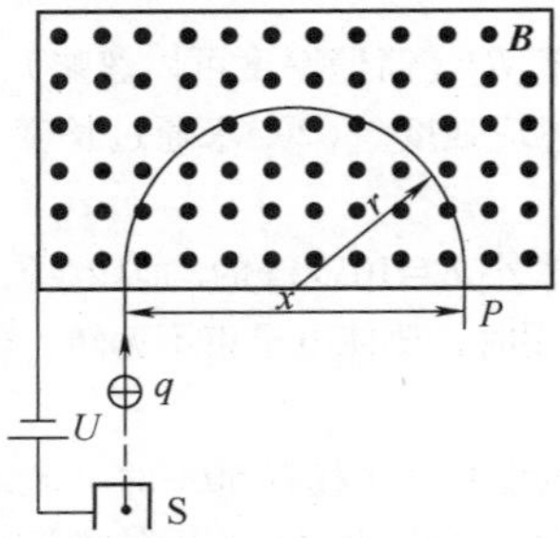

图 7-75 习题 7-13 图

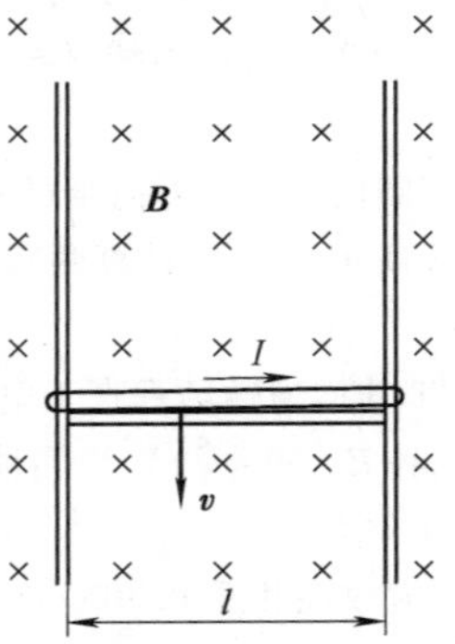

图 7-76 习题 7-14 图

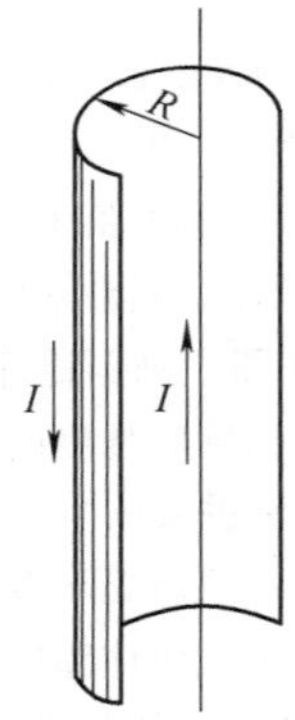

图 7-77 习题 7-15 图

7-16 半径为 R 的圆形线圈载有电流 I_2，无限长载有电流 I_1 的直导线沿线圈直径方向放置，求圆形线圈所受到的磁力。

7-17 一圆形线圈，其直径为 0.08m，共有 12 匝，载有电流 5A，线圈放在一磁感应强度为 0.60T 的均匀磁场中。(1) 求线圈所受的最大磁力矩；(2) 如果磁力矩等于最大磁力矩的一半，那么线圈处于什么位置?

7-18 有一磁电式电流计，它的矩形线圈长 11mm，宽 10mm，由 1 500 匝表面绝缘的细导线绕成，如图 7-78 所示。当线圈偏转 θ 角时，线圈游丝产生的扭力矩 $M=C\theta$，扭转系数 $C=2.2\times10^{-8}\text{N}\cdot\text{m}/(°)$，若电表指针的最大偏转角为 90°，相应的满度电流为 50μA，求线圈所在处的磁感应强度。

7-19 一半径为 R 的薄圆盘，放在磁感应强度为 $\boldsymbol{B}$ 的均匀磁场中，$\boldsymbol{B}$ 的方向与盘面平行，如图 7-79 所示，圆盘表面的电荷面密度为 σ，若圆盘以角速度 ω 绕其轴线转动，试求作用在圆盘上的磁力矩。

7-20 长为 $l=1.0\text{m}$ 的导线做成一闭合回路，通有电流 $I=2\text{A}$，放入磁感应强度 $B=0.11\text{T}$ 的均匀磁场中，回路平面与磁场 $\boldsymbol{B}$ 的方向成 45°角，求下列两种情况载流回路所受的磁力矩：(1) 回路为正方形；(2) 回路为圆形。

7-21 如图 7-80 所示，半径为 R 的木球上绕有密集的细导线，线圈平面彼此平行，且以单层线圈覆盖住半个球面，设线圈的总匝数为 N，通过线圈的电流为 I。求球心处 O 的磁感应强度。

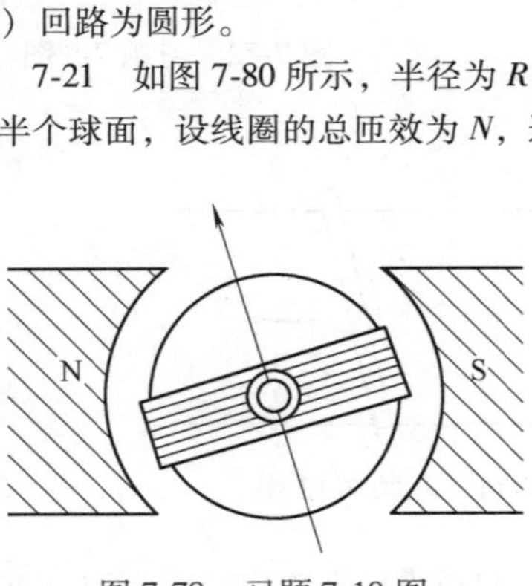

图 7-78 习题 7-18 图

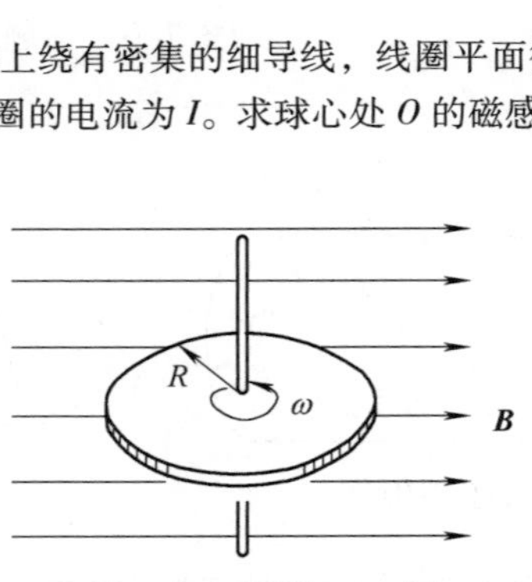

图 7-79 习题 7-19 图

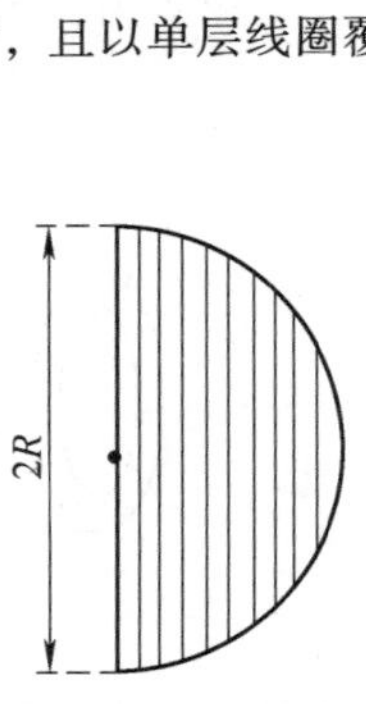

图 7-80 习题 7-21 图

7-22 如图 7-81 所示，在磁感应强度为 $\boldsymbol{B}$ 的均匀磁场中，有一半径为 R 的半球面，$\boldsymbol{B}$ 与半球面的轴线

夹角为 α，求通过该半球面的磁通量。

7-23　已知 $10\mathrm{mm}^2$ 裸铜线允许通过 50A 电流而不致导线过热，电流在导线横截面上均匀分布。求：（1）导线内、外磁感应强度的分布；（2）导线表面的磁感应强度。

7-24　有一同轴电缆，其尺寸如图 7-82 所示。两导体中的电流均为 I，但电流的流向相反，导体的磁性可不考虑。试计算以下各处的磁感应强度：（1）$r<R_1$；（2）$R_1<r<R_2$；（3）$R_2<r<R_3$（4）$r>R_3$；画出 $B-r$ 曲线。

7-25　如图 7-83 所示，一半径为 R 的无限长载流直导体圆柱，其中电流 I 沿轴向流过，并均匀分布在横截面上，现在导体上有一半径为 R' 的圆柱形空腔，其轴与直导体的轴平行，两轴相距为 d，试用安培环路定理求空腔中心的磁感应强度。你能证明空腔中的磁场是均匀磁场吗？

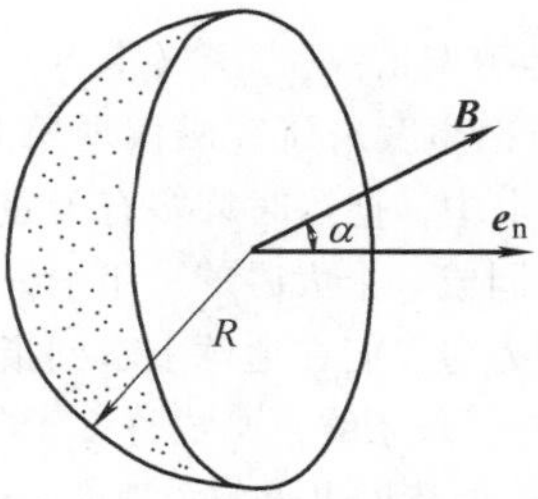

图 7-81　习题 7-22 图

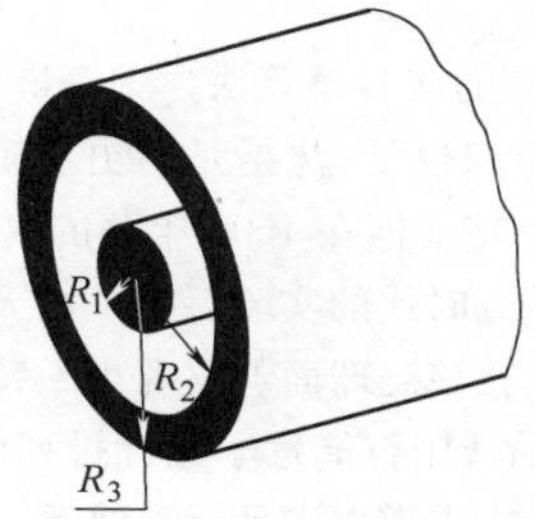

图 7-82　习题 7-24 图

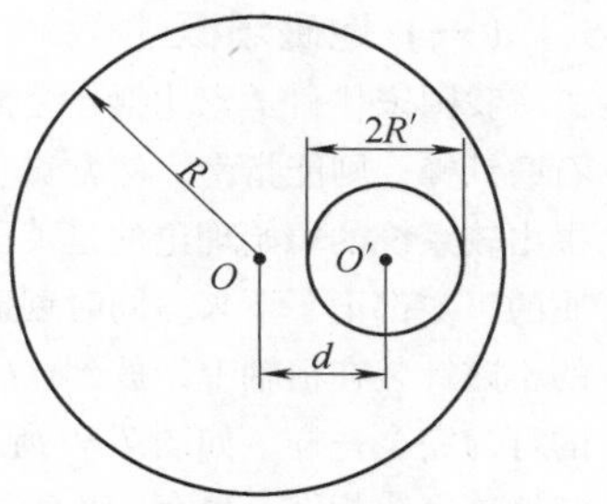

图 7-83　习题 7-25 图

7-26　在一个显像管的电子束中，电子有 $1.2\times10^4\mathrm{eV}$ 的能量。这个显像管安放的位置使电子水平地由南向北运动，地球磁场垂直分量的大小为 $B_\perp=5.0\times10^{-5}\mathrm{T}$，并且方向向下。试求：（1）电子束的偏转方向；（2）电子束在显像管内通过 20cm 到达屏面时光点的偏转间距。

7-27　通有电流 $I_1=50\mathrm{A}$ 的无限长直导线，放在如图 7-84 所示弧形线圈的 Oz 轴上，线圈中的电流 $I_2=20\mathrm{A}$，线圈高 $h=7R/3$，求作用在线圈上的力。

7-28　利用霍尔元件可以测量磁场的磁感应强度。设一霍尔元件用金属材料制成，其厚度为 0.15nm，载流子数密度为 $10^{24}/\mathrm{m}^3$，将霍尔元件放入待测磁场中，测得霍尔电压为 $42\mu\mathrm{V}$，电流为 10mA。求此时待测磁场的磁感应强度。

7-29　载流子数浓度是半导体材料的重要参数，工艺上通过控制三价或五价掺杂原子的浓度，来控制 P 型或 N 型半导体的载流子数浓度。利用霍尔效应可以测量载流子数的浓度和类型。如图 7-85 所示为一块半导体材料样品，均匀磁场垂直于样品表面，样品中通过的电流为 I，现测得霍尔电压为 U_H。证明样品载流子数浓度为

$$n=\frac{IB}{edU_\mathrm{H}}$$

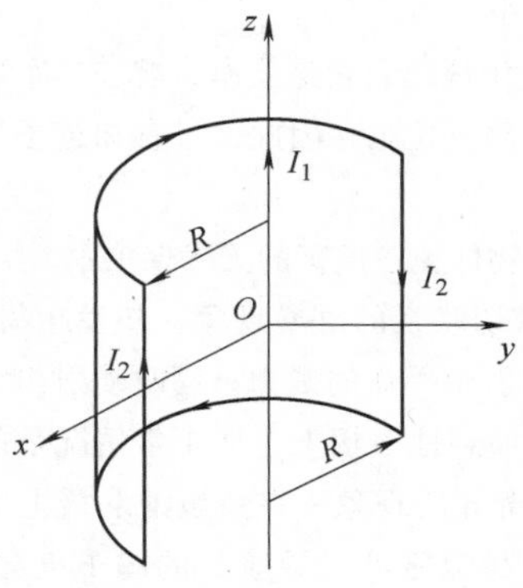

图 7-84　习题 7-27 图

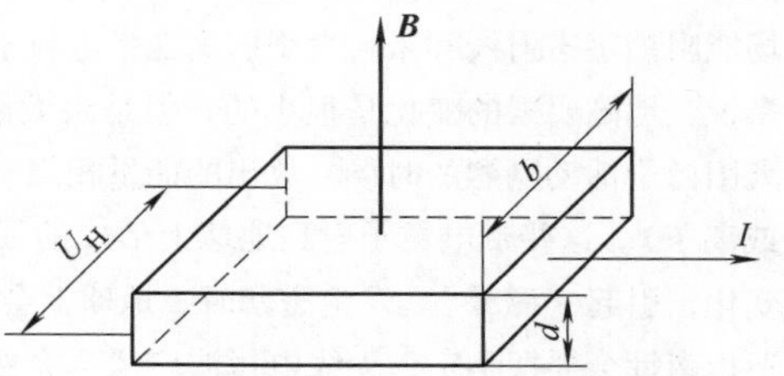

图 7-85　习题 7-29 图

7-30 变电站将电压为500kV的直流电，通过两条截面不计的平行输电线输向远方。已知两输电导线间单位长度的电容为3×10^{-11} F/m，若导线间的静电力与安培力正好抵消，求：（1）通过输电线的电流；（2）输送的功率。

阅读材料

一、地 磁 场

（一）地磁场概述

我国宋代科学家沈括在公元1086年写的《梦溪笔谈》中，最早记载了地磁偏角："方家（术士）以磁石磨针锋，则能指南，然常微偏东，不全南也"。沈括是历史上第一个从理论高度来研究磁偏现象的人。提出较系统的原始理论的是英国人吉尔伯特。他在1600年著的《磁体》一书中，把当时许多有关磁体性质的事实都记了下来，同时创造性地做了划时代的实验：把一块天然磁石磨制成一个大磁球，用细铁丝制的小磁针装在枢轴上，放到该磁球附近，在该磁球面上发现小磁针的各种行为与我们在地球上看到指南针的行为完全一样，如图7-86所示。吉尔伯特用石笔按小磁针排列的指向标出一条条线，画成许多子午圈，与地球经线相像，也有一条赤道，小磁针在赤道上则平行于球面。因此，吉尔伯特提出了一个理论，认为：地球本身就是一块巨大的磁石，磁子午线汇交于地球两个相反的端点即磁极上。

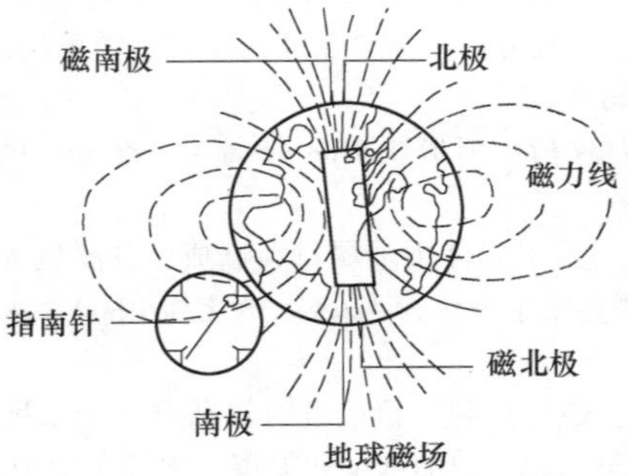

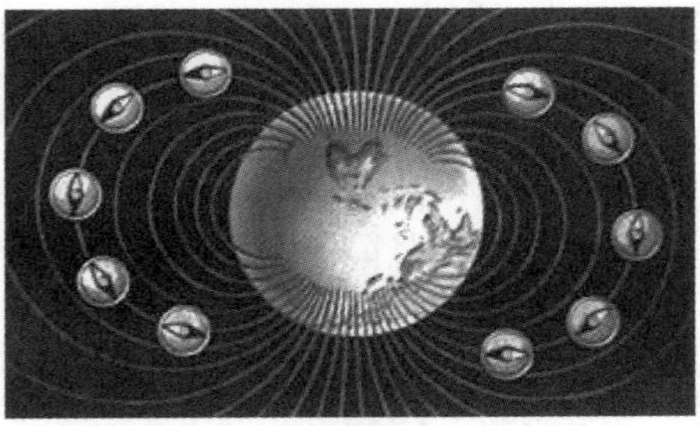

图7-86 地磁场示意图

地磁场的强弱叫作地磁感（应）强度，地磁场的磁子午线与地理子午线间的夹角叫作磁偏角，地球上某处地磁场方向与地面水平方向间的夹角叫作磁倾角，这三个物理量称为"地磁三要素"。但是，从地球的一个地方到邻近的另一个地方，地磁要素的变化一般都十分微小。

地磁场图记录了地球表面各点地磁场的基本数据和它们的变化规律，它是航海、航空、军事以及地质工作不可缺少的工具。船舶和飞机航行时，用磁罗盘测得的是地磁方位角，因此，只有知道了当时当地的磁偏角数值，才能确定地理方位和航行路线。

地磁场能阻挡宇宙射线和来自太阳的高能带电粒子，是使生物体免遭危害的天然保护伞。

一般来说，地磁要素的变化是很小的，但是跟太阳活动有密切联系的磁暴现象，却发生得十分突然。这是因为太阳黑子活动剧烈的时候，放出的能量相当于几十万颗氢弹爆炸的威力，同时喷射出大量带电粒子（电子或离子）。这些带电粒子射到地球上形成的强大磁场叠加到地磁场上，使正常情况下的地磁要素发生急剧变化，引起"磁暴"。发生磁暴时，地球上会发生许多奇异的现象：在漆黑的北极上空会出现美丽的极光；指南针会摇摆不定；无线电短波广播会突然中断；依靠地磁场"导航"的鸽子也会迷失方向，四处乱飞。

地球上某些地区的岩石和矿物具有磁性，地磁场在这些埋藏矿物的区域会发生剧变，利用这种地磁异常可探测矿藏，寻找铁、镍、铬、金以及石油等地下资源。

在发生强烈地震之前，地磁的三要素也都会发生改变，造成地磁局部异常的“震磁效应”。这是由于地壳中的岩石有许多是具有磁性的，当这些岩石受力变形时，它们的磁性也要跟着变化，据此可以较正确地做出“震前预报”。

（二）有关地磁场反转之说

如果有一天地球上的南极变成了北极，指南针指向北方，那么，鸟类和其他对磁场敏感的动物将怎样辨别方向？这不是科幻小说的奇思妙想，据《科学美国人》报道，最新的研究成果显示，地球的磁极已经显露出向相反方向变化的征兆，据此科学家们认为，地球磁场也许即将反转。

研究表明，地磁场大概每25万年反转一次。矿物可以记录过去磁场的方向，科学家利用这一点，发现在地球45亿年的历史中，地磁的方向已经在南北方向反复变化了很多次。然而，地球的磁极在最近的78万年中都没有发生反转，这段磁极稳定的时期相对于通常25万年1次的反转频率要长了很多。

不过，科学家们利用最新的卫星观测数据已经发现，地球的主要磁场自从1830年首次测量以来已经减弱了10%。这个消退速度比在失去能量的情况下磁场自然消退的速度还要快20倍。德国马普研究所地磁专家克里斯坦森表示，根据计算，即使失去能量，磁极也要经过10万年才会自行消失。目前观测到的地球主要磁场强度快速减退，意味着一种新的磁性在产生的同时，也在破坏着原来的极性。

与公众理解的条形磁铁那样简单的磁性不同，地球磁场的磁性其实复杂得多。科学家们现在已经根据卫星观测结果，绘制出了地球磁场的主要分布图。其中一个重要的发现是，地球的磁场并不是均匀分布的。地球的大部分磁场仅源于地心-地幔边界四个宽广的区域。他们发现，磁极磁场的大部分强度主要来源于北美洲、西伯利亚和南极洲沿海之下。

不仅如此，在详细绘制出地球磁场分布图之后，科学家们还发现了存在磁场反向通量的地域。其中最大的一块位于南半球，非洲南端以下向西一直延伸到南美洲南端。在这些存在磁场反向通量的区域，地磁的磁性与通常相反。例如，南半球大部分区域磁性的指向是由内而外的，而在这些存在磁场反向通量的区域，磁性是由外向内指向的。

在1980年和1999年，两颗用于测量地磁场的卫星被释放到太空。通过比较两颗卫星观测到的地磁场变化结果，科学家们发现，新的反向通量带正在北美洲东海岸和南极下面的地心-地幔边界形成。而更重要的是，原先已有的反向通量带已经变大并向两极略微移动了。英国利兹大学的大卫·古宾斯的研究证明，这些反向通量带的增加、扩张和向两极移动可以说明过去发现的磁极衰减现象。

通过观察地球模型发现，当反转通量带在地心-地幔边界上和原来的极性相比开始占据优势时，极性反转就发生了。总体上说，贯穿地心的原来极性消失和新极性的形成将持续大约9 000年。

（三）有关地磁场的奥秘

如何更深入地了解地球磁场的发展，是爱因斯坦在物理学领域尚未解决的重大难题之一。如今，借助超级计算机以及最近公布的关于地球磁场80万年来的变化情况，研究人员已经比以往任何时候都更接近于解开这个谜。正如圣克鲁斯加利福尼亚大学从事地球科学研究的加里·格拉茨梅尔教授所说：“我们正通过计算机模拟创造一个与地球磁场非常相似的磁场。科学家们用了很多年时间提出了描述地球磁场活动方程的数值解法，我们已接近于揭开地球磁场的奥秘。”

长期以来，科学家们一直对有关地球磁场的几个问题感到迷惑不解：地磁场如何产生？按照科学家的计算，由于地核的高温和它具有的导电性，地球的磁场在它形成两万年之后就应该消耗殆尽，为什么不是呢？以往建立的地球磁场模型无法解释地球南北两极的磁场平均每25万年出现一次反向；科学家不明白为什么地球的磁场集中在两极，而不是比较均匀地分布在地球各地。

根据上述推断可以得出这样的结论：地球内部肯定存在某种可以使磁场力再生和改变方向从而导致南北两极出现磁反向的机制。科学家提出的理论认为：是地球内部的对流运动驱动着地核内的“磁发电机”。简言之，由地球内核向外核的热传输，以及外核化学成分的变化，导致地核内的液态物质旋转和运动。

科学家们近年来已利用计算机模型揭开了其中的一些奥秘。20 世纪 90 年代以前，计算机还不具备建立这类模型所需的计算能力。1995 年，格拉茨梅尔和洛杉矶加利福尼亚大学的保罗·罗伯特教授一起，借助超级计算机建立了地球磁场发电机的第一批物理模型，采用数学方法模拟地球磁场。通过这些模型的模拟发现，内地核比外地核及地幔的旋转速度更快。这就有助于解释地球磁场的强度——就像发电机的电动机那样通过转动产生电荷。格拉茨梅尔和罗伯特建立的计算机模型还显示，磁场围绕地球南北轴心形成两端带有相反电荷的圆柱形，从而揭示了地球两极磁场形成的原因。

这些模型还显示，外地核的流体运动实际上是磁场相互交织并切割磁力线，从而产生了一个新的磁场，以替代已耗散的部分磁场。在格拉茨梅尔等人通过建立计算机模型开展研究的同时，地质学家们也一直在搜集取自地球深处的物质样本，试图解答关于地球磁场的同样问题。

地球深层物质中含有的富铁矿物如同指南针的指针一样，表明磁极的方向和穿过南北极轴线的磁场强度。通过确定物质的年代，并将其与地球磁场的方向和强度加以对比，便可重现地球磁场的历史。

地球磁场的历史表明，地球磁场的强度在每次出现两极反向之前的几千年中大大减弱。地质学家让·皮埃尔·瓦莱说："在变化曲线的最底部出现两极磁反向时，地球磁场的强度十分微弱，以至于有些人认为，地球在此期间得不到磁层的保护。"

瓦莱博士称，迄今还没有发现物种因受到太阳风的影响而大规模灭绝与磁层的减弱有任何关联，诸如冰期出现等气候变化与地球磁场的变化之间也没有任何决定性的联系。

但是，地球磁场的急剧变化无疑会对我们周围的物理环境产生影响。事实上，这种变化可能已经发生。科学家们指出，近 150 年来地球磁场强度一直在不断减弱，以至于有些人估计，地球磁场的又一次反向已经开始。

自然界的一切物理现象均是一切物质运动变化的结果，大到宇宙，小到质子、中子、电子等，都在运动和变化着。地球是一个平均密度很大、接近球状的星体，地球的引力场很大，引力场来源于地核的中心，地核中心的密度极大，地核对地球表面的物体及其周围的物体产生巨大的吸引力，促使地球表面及其周围的物体向地核中心靠拢，从而造成极大的压力。越接近地核中心的物体压力越大，在接近地核中心的周围产生极大的高压和高温，在高温高压下，地核周围的物质进行着复杂的变化和运动，由于复杂的变化和运动，形成了如分子团、原子团或原子等更小的微粒的流状性的粒子流，由于运动的剧烈，相互间产生剧烈的碰撞和摩擦，形成了带电的粒子。这些粒子流的质量几乎集中在原子核上，原子核是显示出带正电荷的。在地球自身高速的自西向东旋转下，处于地核周围硕大空间所形成流状性的带电粒子流就会围绕南北朝向的地核轴，做自东向西的高速相对运动（高速旋转运动）。由于带电粒子流的定向旋转运动，根据电流磁场的理论分析，地核南北端产生磁极，形成强大的电磁场，这就是地磁场产生的原因。

关于磁偏角产生的原因，可做这样的解释：比如一个陀螺在水平桌面上旋转时，可以细致地观察到轴心部分总是偏离竖直线的现象，轴心线与竖直线形成一个夹角。强大的带电粒子流绕地核轴旋转时所形成的磁轴同样不在地理南北极连线的位置上，而是偏离子午线，同时由于地球本身又围绕太阳运转，受到太阳强大的引力作用，以及各种射线的强大作用而偏向太阳方向，产生了磁偏角，这就是地磁轴与子午线也必然随着一定的规律变化运动着而不重复的道理。随着时间的不断推移和漫长的延伸过程中，宇宙空间的各种星体的运动状态以一定的规律不断变化着，磁偏角必然也随着一定的规律变化运动着，磁偏角也将不断增大，地磁南北极朝向也不断运动着，这就是磁偏角越来越增大的缘故。

二、中国高速磁悬浮列车

磁悬浮列车是一种靠磁悬浮力来推动的列车，它利用电磁作用产生力，使列车车体悬浮在轨道上方，实现与轨道无接触行驶。

我国的高速磁悬浮列车项目于 2016 年启动，历经 3 年的不懈研究，第一台自主研发的高速磁浮试验样车于 2019 年成功下线，样车的时速为 600km，这标志着我国在这一技术领域的重大突破。2021 年，我国又自主研发了世界首台高温超导高速磁浮工程化样车及试验线。同年，我国自主研发的高速磁浮交通系统成功下线。这是一套时速达600km的高速磁浮交通系统，也是世界首套系统。这一研究的成功标志着高速磁浮成套技术和工程化能力已经被我国牢牢地掌握在手中。随着我国高速交通领域的新技术研发，相信在不久的将来，高速磁浮列车将为我们带来更大的经济效益和产业价值，更能带来我国新兴产业的战略性发展。

物理学家简介

一、奥斯特

奥斯特（H. C. Oersted，1777—1851），丹麦物理学家，1777年8月14日生于兰格朗岛鲁德乔宾的一个药剂师家庭。1794年考入哥本哈根大学，1799年获博士学位。1801—1803年去德、法等国访问，结识了许多物理学家及化学家。1806年起任哥本哈根大学物理学教授，1815年起任丹麦皇家学会常务秘书。1820年因电流磁效应这一杰出发现获英国皇家学会科普利奖章。1829年起任哥本哈根工学院院长。1851年3月9日在哥本哈根逝世。

奥斯特

奥斯特对物理学、化学和哲学进行过多方面的研究。由于受康德哲学与谢林自然哲学的影响，坚信自然力是可以相互转化的，并长期探索电与磁之间的联系。1820年4月，他发现了电流对磁针的作用，即电流的磁效应。同年7月21日以《关于磁针上电冲突作用的实验》为题发表了他的论文。这篇短短的论文让欧洲物理学界产生了极大震动，导致了大批实验成果的出现，由此开辟了物理学的新领域——电磁学。

1812年，他最先提出了光与电磁之间联系的思想。1822年，他对液体和气体的压缩性进行了实验研究。1825年提炼出铝，但纯度不高。在声学研究中，他试图发现声所引起的电现象。他的最后一次研究工作是抗磁性。

他是一位热情洋溢、重视科研和实验的教师，他说："我不喜欢那种没有实验的枯燥的讲课，所有的科学研究都是从实验开始的。"因此受到学生的欢迎。他还是卓越的讲演家和自然科学普及工作者，1824年倡议成立丹麦科学促进协会，创建了丹麦第一个物理实验室。

1908年，丹麦自然科学促进协会建立"奥斯特奖章"，以表彰做出重大贡献的物理学家。1934年，确定以"奥斯特"命名CGS单位制中的磁场强度单位。1937年，美国物理教师协会设立"奥斯特奖章"，奖励在物理教学上做出贡献的物理教师。

二、安培

安培（André-Marie Ampère，1775—1836），法国物理学家，1775年1月22日生于里昂一个富商家庭，从小受到良好的家庭教育。他父亲按照卢梭的教育思想，鼓励他走自学成才之路。12岁时他就自学了微分运算和各种数学书籍，显示出较高的数学天赋。为了能到里昂图书馆去直接阅读欧拉、伯努利等人的拉丁文原著，他还花了几星期时间掌握了拉丁文。14岁时就钻研了当时狄德罗和达朗贝尔编的《百科全书》。没有上过任何学校，依靠自学，他掌握了各方面的知识。1793年（18岁）因其父在法国大革命时期被杀，为了糊口他做了家庭教师。在读了一本卢梭关于植物学的书以后，又重新燃起了他对科学的热情。1802年，他在布尔让-布雷斯中央学校任物理学及化学教授，1808年被任命为新建的大学联合组织的总监事，此后一直担任此职。1814年他被选为帝国学院数学部成员，1819年主持巴黎大学哲学讲座，1824年任法兰西学院实验物理学教授，1836年6月10

安培

日在马赛逝世。

安培的兴趣十分广泛，早年在数学方面曾研究过概率论及偏微分方程，他撰写的关于博弈机遇的数学论文曾引起达朗贝尔的瞩目。后来又做了些化学研究，他只比阿伏伽德罗晚三年导出阿伏伽德罗定律。由于高超的数学造诣，他成为将数学分析应用于分子物理学方面的先驱。他的研究领域还涉及植物学、光学、心理学、伦理学、哲学、科学分类学等方面。他写出了《人类知识自然分类的分析说明》（1834—1843）这一涉及各科知识的综合性著作。

安培的主要科学工作是在电磁学上。1820年，奥斯特发现电流磁效应的消息由阿拉果带回巴黎，安培迅速做出反应，在短短的一个多月时间内提交了3篇论文，报告他的实验研究结果：通电螺线管与磁体相似；两个平行长直载流导线之间存在相互作用；进而他用实验证明，在地球磁场中，通电螺线管犹如小磁针一样取向。一系列实验结果提供给他一个重大线索：磁铁的磁性是由闭合电流产生的。起先，他认为磁体中存在着一个大的环形电流，后来经好友菲涅耳提醒（宏观圆形电流会引起磁体中发热），提出分子电流假说。安培的分子电流假说在当时物质结构的知识甚少的情况下无法证实，它带有相当大的臆测成分；在今天已经了解到物质由分子组成，而分子由原子组成，原子中有绕核运动的电子，安培的分子电流假说有了实在的内容，已成为认识物质磁性的重要依据。

安培试图参照牛顿力学的方法处理电磁学问题。他认为，在电磁学中与质点相对应的是电流元，所以根本问题是找出电流元之间的相互作用力。为此，自1820年10月起，他潜心研究电流间的相互作用，这期间显示了他的高超实验技巧。依据四个典型实验，他终于得出了两个电流元间的作用力公式。他把自己的理论称为“电动力学”。安培在电磁学方面的主要著作是《电动力学现象的数学理论》，它是电磁学的重要经典著作之一。

此外，他还提出，在螺线管中加软铁心可以增强磁性。1820年，他首先提出电流在线圈中流动时表现出来的磁性和磁铁相似，并创制出第一个螺线管，在这个基础上发明了探测和量度电流的电流计。

第 8 章　磁场中的磁介质

上一章讨论的是运动电荷或载流导体在真空中产生的磁场。实际情况下，在运动电荷或电流的周围，一般都存在着各种各样的物质，这些物质与磁场将相互影响。就是说，磁场中有实物物质存在时，磁场将给物质以影响，反过来，实物物质亦将影响磁场。我们将凡与磁场有相互影响的物质统称为**磁介质**。可以说，实际上一切实物物质都是磁介质。本章将从磁介质的电结构来说明磁介质的三种类型——**顺磁质**、**抗磁质**和**铁磁质**在磁场中的表现；介绍有磁介质磁场的基本规律；因为铁磁质在工程技术上有较广泛应用，我们也将简要地介绍铁磁材料的铁磁性及铁磁质对磁场的影响。

8.1　磁介质　磁化强度

8.1.1　磁介质的三种类型

我们已经知道，电介质放入外电场中要被极化，并产生附加电场。与此类似，如果将磁介质放入外磁场中它也要产生**附加磁场**，使放入磁介质后的磁场不同于真空中的磁场，我们将这种现象称为磁介质的**磁化**。应该说，磁介质对磁场的影响远比电介质对电场的影响要复杂得多。我们知道，无论是极性电介质还是非极性电介质，当它们处在电场中时，电介质内的电场强度 $\boldsymbol{E}$ 都要有所减弱。但不同的磁介质在磁场中的表现则是很不相同的。假设没有磁介质（即真空）时，载流导体所产生的磁场的磁感应强度为 $\boldsymbol{B}_0$，磁介质放置在该磁场中被磁化后所产生的附加磁场的磁感应强度为 $\boldsymbol{B}'$，则根据叠加原理，磁介质中任一点的总磁感应强度 $\boldsymbol{B}$ 等于 $\boldsymbol{B}_0$ 与 $\boldsymbol{B}'$的矢量和，即

$$\boldsymbol{B} = \boldsymbol{B}_0 + \boldsymbol{B}' \tag{8-1}$$

实验表明，均匀磁介质产生的附加磁感应强度 $\boldsymbol{B}'$的方向随磁介质而异。有一些磁介质产生的附加磁感应强度 $\boldsymbol{B}'$的方向与 $\boldsymbol{B}_0$ 的方向相同，这种磁介质称为顺磁质，如铝、氧、锰等；有一些磁介质产生的附加磁感应强度 $\boldsymbol{B}'$的方向与 $\boldsymbol{B}_0$ 的方向相反，则这种磁介质称为抗磁质，如铜、铋、氢等。但无论是顺磁质还是抗磁质，附加磁感应强度的值 $\boldsymbol{B}'$都较 $\boldsymbol{B}_0$ 要小得多（约为几万分之一或几十万分之一），它对原来磁场的影响极为微弱，所以，顺磁质和抗磁质统称为**弱磁性**物质。实验还指出，另外有一类磁介质，它的附加磁感应强度 $\boldsymbol{B}'$的方向虽与顺磁质一样，也和 $\boldsymbol{B}_0$ 的方向相同，但 $\boldsymbol{B}'$的值却要比 $\boldsymbol{B}_0$ 的值大很多（可达 $10^2 \sim 10^4$ 倍），即 $B' \gg B_0$，并且 B'不是常量，这类磁介质能显著地增强磁场，是**强磁性**物质，我们把这类磁介质叫作铁磁质，如铁、镍、钴及其合金等。

弱磁性物质的顺磁性和抗磁性微观机理，与强磁性物质的铁磁性微观机理有显著不同。我们应用安培的分子电流假说简单说明顺磁性和抗磁性的起源。关于铁磁质的铁磁性将在本章第3节中另外介绍。

8.1.2　顺磁质和抗磁质磁化的微观机理

根据物质的电结构学说，一切物质都是由分子、原子组成的。在物质的分子或原子中，任何一个电子都同时参与两种运动，即环绕原子核的运动和电子本身的自旋，并且原子核本身也做自旋运动，每一种运动都相当于一回路电流，因而都产生磁效应，具有磁矩。把分子或原子看成一个整体，分子或原子中各个带电粒子对外界所产生的磁效应的总和与一圆电流等效，我们将把一个分子内所有微观带电粒子全部磁矩的矢量和称为分子的固有磁矩，简称分子磁矩，用符号 $\boldsymbol{m}$ 表示。分子磁矩对应的分子电流可以等效一个圆电流 I，这就是安培当年为解释磁性起源而假设的分子电流，如图8-1所示。这里需要明确的是，分子电流与导体中导电的传导电流是有区别的，构成分子电流的电子做自旋和绕核运动，它们不是自由电子。

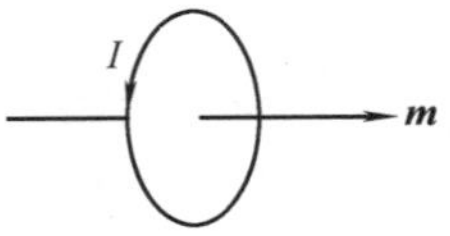

图8-1　分子圆电流与分子磁矩

在顺磁质中，虽然每个分子都具有固有磁矩 $\boldsymbol{m}$，但在没有外磁场时，顺磁质并不显现磁性。这是由于分子热运动，各分子磁矩的取向是无规则的，因而在顺磁质中任一宏观小体积内，所有分子磁矩的矢量和为零，顺磁质对外不显现磁性，此时，顺磁质处于未被磁化的状态，如图8-2a所示。当顺磁质处在外磁场中时，各分子磁矩都要受到磁力矩的作用，所受的磁力矩 $\boldsymbol{M}=\boldsymbol{m}\times\boldsymbol{B}_0$，在磁力矩作用下，各分子磁矩的取向都具有转到与外磁场方向相同的趋势，如图8-2b所示，这样，顺磁质就被磁化了，如图8-2c所示。顺磁质中因磁化而出现的附加磁感应强度 $\boldsymbol{B}'$ 与外磁场的磁感应强度 $\boldsymbol{B}_0$ 的方向相同，于是，在外磁场中，顺磁质内的磁感应强度 $\boldsymbol{B}$ 为

$$\boldsymbol{B}=\boldsymbol{B}_0+\boldsymbol{B}'$$

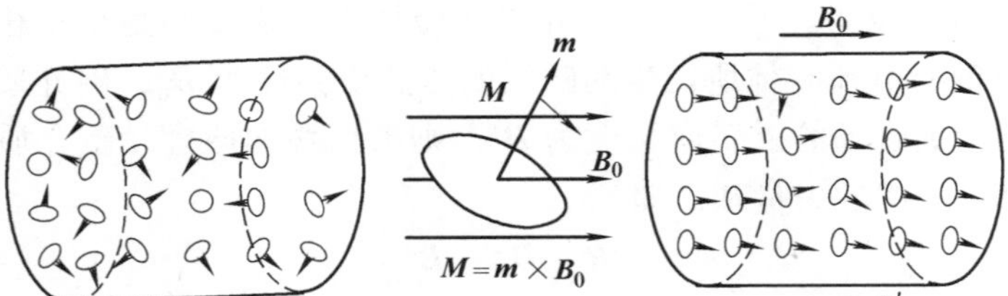

图8-2　顺磁质磁化的微观机理

应该说，外磁场的作用是使分子磁矩转到外磁场方向来，但分子由于热运动的缘故，其磁矩取向仍具有无规则性，所以在磁场中的顺磁质，其分子磁矩并不能都完全沿外磁场方向整齐排列，但这时分子磁矩在外磁场方向的矢量和已经不为零了。当然，外磁场越强，分子磁矩沿外磁场方向排列的整齐程度也越高。

对抗磁质来说，在没有外磁场作用时，虽然分子中每个电子的轨道磁矩与自旋磁矩、核自旋磁矩分别都不等于零，但分子中全部微观带电粒子磁矩的矢量和却等于零，即分子固有

磁矩为零（$\boldsymbol{m}=0$），所以，在没有外磁场时，抗磁质并不显现出磁性，但在外磁场作用下，分子中每个运动着的微观带电粒子将受到磁场力的作用，因而其运动会受到磁场影响，从而引起附加磁矩 $\Delta\boldsymbol{m}$（也称为感应磁矩），而且附加磁矩 $\Delta\boldsymbol{m}$ 的方向都与外磁场 $\boldsymbol{B}_0$ 的方向相反。现以电子绕核运转的轨道运动为例来说明，如图 8-3a 所示，设一个电子以半径 r、角速度 ω 绕核做逆时针轨道运动，电子具有线速度，再加上外磁场 $\boldsymbol{B}_0$ 后，电子将受到洛伦兹力作用。为简单起见，设电子轨道平面与外磁场垂直。首先，讨论 $\boldsymbol{\omega}$ 与 $\boldsymbol{B}_0$ 同向情形（见图 8-3a）。此时洛伦兹力向心，按量子理论中的空态概念可以假定轨道半径近似不变，则电子角速度增加了 $\Delta\boldsymbol{\omega}$。电子带负电，与 $\Delta\boldsymbol{\omega}$ 对应的旋转产生的附加磁矩 $\Delta\boldsymbol{m}$ 的方向与 $\Delta\boldsymbol{\omega}$ 相反，如图 8-3a 所示，此时 $\Delta\boldsymbol{m}$ 与 $\boldsymbol{B}_0$ 反向。同理，再分析 $\boldsymbol{\omega}$ 与 $\boldsymbol{B}_0$ 反向的情形（见图 8-3b）。此时洛伦兹力离心，引起的 $\Delta\boldsymbol{\omega}$ 与 $\boldsymbol{\omega}$ 反向，与 $\Delta\boldsymbol{\omega}$ 对应的 $\Delta\boldsymbol{m}$ 的方向还是与 $\boldsymbol{B}_0$ 反向。以上虽然只讨论了 $\boldsymbol{\omega}$ 与 $\boldsymbol{B}_0$ 平行的两种情形，但理论上可以证明，不管 $\boldsymbol{\omega}$ 与 $\boldsymbol{B}_0$ 成何角度，由外磁场感应的附加磁矩 $\Delta\boldsymbol{m}$ 的方向都与 $\boldsymbol{B}_0$ 反向，这便是抗磁效应的原因。

上述讨论了电子轨道运动在外磁场中产生的附加磁矩，对电子自旋、核自旋也同样，也都产生与外磁场方向相反的附加磁矩，抗磁质分子的总附加磁矩就是各附加磁矩的矢量和——感应磁矩。因此，在抗磁质中，出现与外磁场 $\boldsymbol{B}_0$ 的方向相反与 $\Delta\boldsymbol{m}$ 对应的附加磁场 $\boldsymbol{B}'$，于是，抗磁质内的磁感应强度 $\boldsymbol{B}$ 的值要比 $\boldsymbol{B}_0$ 略小一些，即

$$B=B_0-B'$$

由上述分析可以明白，抗磁性不只是抗磁质所独有的特性，顺磁质也应具有这种特性。从理论上可以证明，顺磁质中固有磁矩的数量级比感应磁矩的数量级大很多，即顺磁质的抗磁性效应较之顺磁性效应要小得多，因此，在研究顺磁质的磁化时可以不计其抗磁性效应。在抗磁质中，每个分子的固有磁矩为零，仅在外磁场作用下才有感应磁矩，所以，感应磁矩是抗磁质磁效应的唯一起因。

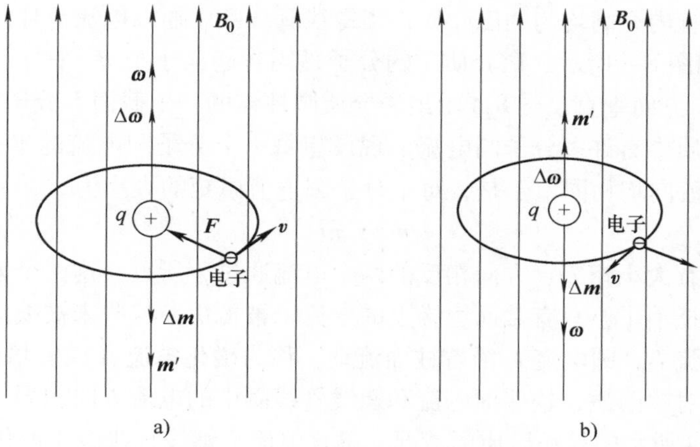

图 8-3　抗磁质中附加磁矩与外磁场方向相反

8.1.3　磁化强度

从上面的讨论可以看到，磁介质的磁化实质是由于在外磁场作用下分子磁矩的取向发生

了变化，或者是在外磁场作用下产生了附加磁矩。因此，与电介质被极化引入电极化强度 $\boldsymbol{P}$ 类似，我们也可以用磁介质中单位体积内分子磁矩的矢量和来表示介质的磁化情况，叫作磁化强度，用符号 $\boldsymbol{M}$ 表示，它是表征磁介质被磁化程度的物理量。在均匀磁介质中取一小体积 ΔV，在此体积内分子磁矩的矢量和为 $\sum \boldsymbol{m}$，那么磁化强度定义为

$$\boldsymbol{M}=\frac{\sum \boldsymbol{m}}{\Delta V} \tag{8-2}$$

在国际单位制中，磁化强度的单位为安培每米，符号为 A/m。

8.2 磁介质中的安培环路定理 磁场强度

上一章我们介绍了有关真空中磁场的两条基本规律：磁场中的高斯定理和安培环路定理。由于任何磁体产生的磁场，磁场线总是闭合的，显然，磁场中的高斯定理可以直接应用到有磁介质存在的情况。但有介质时的安培环路定理与真空时有区别，下面分析有介质时的安培环路定理。

真空中磁场的安培环路定理表达式其右边的 $\sum I$，是指被环路 L 所包围的一切电流的代数和。在有磁介质的磁场中既有传导电流又有分子电流，$\sum I$ 应是这两种电流的总和，即

$$\oint_L \boldsymbol{B}\cdot \mathrm{d}\boldsymbol{l}=\mu_0\sum I_{\text{int}}=\mu_0\left(\sum I+\sum I_s\right)$$

式中，$\sum I$ 及 $\sum I_s$ 分别表示环路 L 所包围的传导电流的代数和与分子电流的代数和。$\sum I$ 是可测量的，可认为它是已知的，而 $\sum I_s$ 是不能直接测量的，因而是未知的，必须想办法把 $\sum I_s$ 从上式中消去，使上式右边只含传导电流。下面我们利用一个特殊的例子来讨论磁介质中的安培环路定理，所得结论同样适用于一般的情形。

设无限长螺线管内充满均匀的磁介质，当螺线管线圈中通以电流 I 时，电流便在管内产生均匀磁场 $\boldsymbol{B}_0$，如图 8-4 所示，磁介质中的分子磁矩将趋向于与 $\boldsymbol{B}_0$ 平行，也就是分子圆电流平面趋向于与 $\boldsymbol{B}_0$ 方向垂直。图 8-4 示出磁介质圆柱体的一个截面上分子电流排列的情况，从图中看出，磁介质中有许多分子圆电流。现设想每一个分子圆电流的半径均等于 r，电流均为 I'，且电流的流向均相同，于是，每个分子圆电流磁矩的大小为

$$m=I'\pi r^2$$

磁介质内任一点都有大小相等、方向相反的两个电流通过，所以，这两个方向相反的电流所产生的磁效应互相抵消了，只有截面边缘上的电流未被抵消，这些未被抵消的电流形成沿着圆柱面流动的圆电流 I_s，圆电流 I_s 沿着柱面流动，称为磁化电流（或安培面电流），如图中的虚线箭头所示。对顺磁质，这些面电流和螺线管线圈中的电流方向相同，对抗磁质，则两者方向相反，图 8-4 所示的是顺磁质的情况。磁化电流与螺线管线圈中的传导电流一样也产生磁场，并且这两种电流所产生的磁场相似，线圈中的传导电流 I 所产生的磁感应强度 $\boldsymbol{B}_0$ 已如前所述。现在设 $\boldsymbol{B}'$ 为磁化电流所产生的磁感应强度，因 $\boldsymbol{B}'$ 与 $\boldsymbol{B}_0$ 或为同向或为反向，所以螺线管内的总磁感应强度是 $\boldsymbol{B}=\boldsymbol{B}'+\boldsymbol{B}_0$。根据磁化强度的定义可以知道，磁化强度越大，磁化效应越明显，磁化电流值也应越大。下面我们先来讨论磁化电流 I_s 与磁化强度 $\boldsymbol{M}$ 的关系。

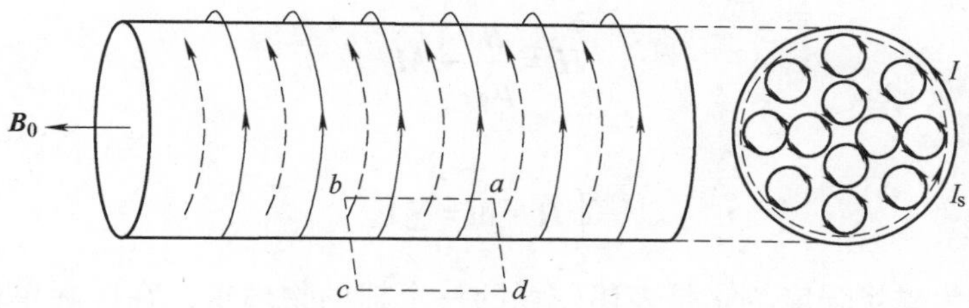

图 8-4　充满磁介质的无限长载流螺线管

从上一节的讨论中我们知道，磁化强度是由磁介质中大量分子磁矩规则排列所产生的。设 n 为磁介质中单位体积内的分子磁矩数（即单位体积内的分子环流数），每个分子磁矩的值均为 m，每个分子圆电流的面积为 S，半径为 r，电流均为 I'，那么，对抗磁质而言，由式（8-2）的定义可得磁化强度的值为

$$M = nm = nI'\pi r^2 = nI'S \tag{8-3}$$

若在磁介质中任取一闭合回路 L，如图 8-5a 所示，在闭合回路 L 上任取一个线元 $\mathrm{d}\boldsymbol{l}$，对线元 $\mathrm{d}\boldsymbol{l}$ 来说，并非每一个分子圆电流都能与之套链。如图 8-5b 所示，将线元 $\mathrm{d}\boldsymbol{l}$ 放大，可以看出，被 $\mathrm{d}\boldsymbol{l}$ 穿过的所有分子流应有 $nS\mathrm{d}l\cos\theta$ 个，每个分子环流为 I'，故与 $\mathrm{d}\boldsymbol{l}$ 套链的磁化电流为 $I'nS\mathrm{d}l\cos\theta$，由式（8-3）有 $I'nS\mathrm{d}l\cos\theta=M\mathrm{d}l\cos\theta=\boldsymbol{M}\cdot\mathrm{d}\boldsymbol{l}$，这样，与闭合回路 L 套链的全部磁化电流为

$$\sum I_s = \oint_L \boldsymbol{M}\cdot\mathrm{d}\boldsymbol{l} \tag{8-4}$$

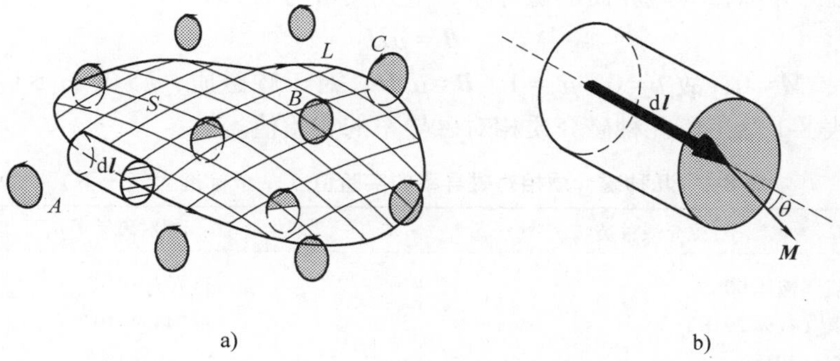

图 8-5　与回路 L 相铰链的磁化电流

于是，对图 8-4 中的闭合回路 $abcda$ 或图 8-5 中的闭合回路 L，都有

$$\oint_L \boldsymbol{B}\cdot\mathrm{d}\boldsymbol{l} = \mu_0\left(\sum I+\sum I_s\right)$$

$$= \mu_0\left(\sum I+\oint_L \boldsymbol{M}\cdot\mathrm{d}\boldsymbol{l}\right)$$

即

$$\oint_L \left(\frac{\boldsymbol{B}}{\mu_0}-\boldsymbol{M}\right)\cdot\mathrm{d}\boldsymbol{l} = \sum I$$

令

$$\boldsymbol{H}=\frac{\boldsymbol{B}}{\mu_0}-\boldsymbol{M} \tag{8-5}$$

上式可改写为

$$\oint_L \boldsymbol{H}\cdot \mathrm{d}\boldsymbol{l}=\sum I \tag{8-6}$$

式中，矢量 $\boldsymbol{H}$ 称为磁场强度，它是表述磁场的一个辅助物理量。在国际单位制中，磁场强度 $\boldsymbol{H}$ 的单位为安培每米，符号为 A/m。式（8-6）就是有磁介质时的安培环路定律。虽然其中磁化强度由抗磁质情况推出，但进一步的理论和实验都能说明上述结论对顺磁质也适用。所以式（8-6）是普遍适用的公式，式中右边的电流是和回路 L 所铰链传导电流的代数和，电流正负的规定与真空的安培环路定理所规定的一样。

实验证明，在各向同性磁介质中，任一点的磁化强度 $\boldsymbol{M}$ 与磁场强度 $\boldsymbol{H}$ 成正比，有

$$\boldsymbol{M}=k\boldsymbol{H}$$

式中，k 是个量纲为一的量（也可以认为没有单位），称为磁介质的磁化率，它依磁介质的性质而异，将上式代入式（8-5），有

$$\boldsymbol{H}=\frac{\boldsymbol{B}}{\mu_0}-\boldsymbol{M}=\frac{\boldsymbol{B}}{\mu_0}-k\boldsymbol{H}$$

可得

$$\boldsymbol{B}=\mu_0(1+k)\boldsymbol{H}$$

令式中的 $1+k=\mu_r$，称它为磁介质的相对磁导率，则上式可写为

$$\boldsymbol{B}=\mu_0\mu_r\boldsymbol{H} \tag{8-7a}$$

若再令 $\mu_r\mu_0=\mu$，并称 μ 为磁介质的磁导率，上式又可写为

$$\boldsymbol{B}=\mu\boldsymbol{H} \tag{8-7b}$$

在真空中，$\boldsymbol{M}=0$，故 $k=0$，$\mu_r=1$，$\boldsymbol{B}=\mu_0\boldsymbol{H}$；对于顺磁质，$k>0$，$\mu_r>1$；对于抗磁质，$k<0$，$\mu_r<1$。表 8-1 给出了几种磁介质相对磁导率的实验值。

表 8-1　几种磁介质相对磁导率的实验值（一个标准大气压下）

μ_r 值情况	磁介质种类	相对磁导率 μ_r
顺磁质 $\mu_r>0$	氧（液体 90K）	$1+769.9\times10^{-5}$
	氧（气体 293K）	$1+344.9\times10^{-5}$
	铝（293K）	$1+1.65\times10^{-5}$
	铂（气体）	$1+26\times10^{-5}$
抗磁质 $\mu_r<0$	铋（293K）	$1-16.6\times10^{-5}$
	汞（293K）	$1-2.9\times10^{-5}$
	铜（293K）	$1-1.0\times10^{-5}$
	氢（气体）	$1-3.98\times10^{-5}$
抗磁质 $\mu_r\gg0$	纯铁	5×10^{3}（最大值）
	硅钢	7×10^{2}（最大值）
	坡莫合金	1×10^{5}（最大值）

从表 8-1 可以看出，顺磁质和抗磁质是两种弱磁性物质，它们的相对磁导率 μ_r 与真空的相对磁导率 $\mu_r=1$ 十分接近。而铁磁质的相对磁导率 $\mu_r \gg 1$，因此，一般在讨论电流磁场的问题中，可不必考虑抗磁质、顺磁质磁化的影响，但铁磁质对磁场的影响很显著，需特别强调。

从式（8-7）可以得出，有磁介质存在和无磁介质存在（真空）时磁感应强度值的比为

$$\frac{B}{B_0}=\frac{\mu_0\mu_r H}{\mu_0 H}=\mu_r$$

这和有电介质存在和无电介质存在时电场强度的比值 $E/E_0=1/\varepsilon_r$ 类似。

引入磁场强度 $\boldsymbol{H}$ 后，安培环路定理式右边只包含传导电流，所以用式（8-6）来处理磁介质中的磁场问题就可以不必考虑磁化电流了，在磁介质中某点的磁感应强度与磁介质有关，而该点的磁场强度则与磁介质无关。所以，这就像引入电位移 $\boldsymbol{D}$ 后能够使我们比较方便地处理电介质中的电场问题一样，引入磁场强度 $\boldsymbol{H}$ 后使我们能够比较方便地处理磁介质中的磁场问题。但应该注意，真正有意义的、决定在磁场中运动的电荷或电流所受的力的是 $\boldsymbol{B}$ 不是 $\boldsymbol{H}$，磁学中的 $\boldsymbol{H}$ 是一个辅助物理量，它与电学中的电位移 $\boldsymbol{D}$ 的地位相当，只是由于历史的原因才把它叫作磁场强度。下面举例说明有磁介质时安培环路定理的应用。

【例 8-1】 设图 8-4 中均匀磁介质的相对磁导率为 μ_r，单位长度匝数为 n，螺线管线圈中通有电流 I，计算螺线管内的磁场强度和磁感应强度。

【解】 对图中闭合回路 $abcda$ 应用安培环路定理，有

$$\oint_{abcda}\boldsymbol{H}\cdot d\boldsymbol{l}=H\overline{ab}=n\overline{ab}I$$

得

$$H=nI$$

$\boldsymbol{H}$ 的方向与电流 I 成右手螺旋关系。

$$B=\mu_0\mu_r H=\mu_0\mu_r nI$$

$\boldsymbol{B}$ 的方向与电流 I 也成右手螺旋关系。从此结果可得出螺线管内的磁场，其中，有磁介质存在和无磁介质存在（真空）时磁感应强度值的比为

$$\frac{B}{B_0}=\frac{\mu_0\mu_r nI}{\mu_0 nI}=\mu_r$$

【例 8-2】 如图 8-6 所示，将磁导率为 μ 的铁磁质做成一细圆环，在环上均匀密绕着线圈，就成为有铁心的环形螺线臂（亦称螺绕环）。设单位长度的导线匝数 $n=500$，当导线中的电流 $I=4\text{A}$ 时，$\mu=5.0\times10^{-4}\text{H/m}$。计算：(1) 环内的磁场强度值 H、磁感应强度值 B；(2) 磁介质的磁化电流线密度。

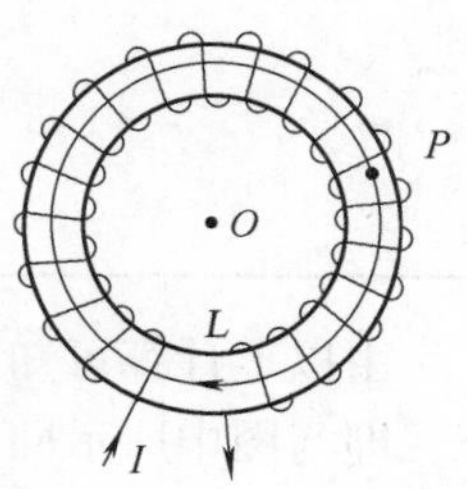

图 8-6　例 8-2 图

【解】 (1) 环形螺线管的磁场几乎全部集中在环内，其磁场线是一系列圆心在对称轴 O 上的圆，在同一条磁场线上各点的 $\boldsymbol{H}$ 值相等，各点的 $\boldsymbol{H}$ 矢量都沿磁场线的切线方向。今取过环内任一点 P 的磁场线 L 为积分环路，由安培环路定理得

$$\oint_L \boldsymbol{H}\cdot d\boldsymbol{l}=HL=NI$$

式中，L 为积分环路的长度；N 为环形螺线管的总匝数。因为铁心是细圆环，截面积很小，环内各点的 $\boldsymbol{H}$ 值可以认为相等，通过任一点的磁场线长度 L 可认为等于螺线管中心线的长度，所以有 $n=N/L$，由上式有

$$H=nI=(500\times4)\text{A/m}=2\times10^3\text{A/m}$$

$$B = \mu H = (5.0\times10^{-4}\times2\times10^{3})\text{T} = 1.0\text{T}$$

(2) 和长直螺线管一样，环形螺线管的磁化面电流也与传导电流的方向相同，根据叠加原理，磁化面电流产生的附加磁感应强度 $B'=B-B_0=\mu_0 nI_s$，而传导电流产生的磁场$B_0=\mu_0 nI$,所以

$$B'=\mu nI-\mu_0 nI=(\mu-\mu_0)nI=\mu_0 nI_s$$

又 $nI_s=j_s$，即管内磁介质单位长度的磁化电流就是磁化电流线密度，由上式

$$B'=\mu_0 j_s=(\mu-\mu_0)nI$$

得

$$j_s = \left(\frac{\mu}{\mu_0}-1\right)nI = \left(\frac{5\times10^{-4}}{4\pi\times10^{-7}}-1\right)\times2\times10^{3}\text{A/m} = 7.9\times10^{5}\text{A/m}$$

从以上计算可以看出，铁磁质磁化后的磁化面电流比传导电流大得多，它产生的附加磁场$\boldsymbol{B}'$值也比$\boldsymbol{B}_0$的值大得多。

【例 8-3】 如图 8-7 所示，有两个半径分别为 R_1 和 R_2 的"无限长"同轴圆筒形导体，在它们之间充以相对磁导率为 μ_r 的磁介质。当两圆筒通有相反方向的电流 I 时，试求空间的磁场强度和磁感应强度的分布。

【解】 当这两个"无限长"的同轴圆筒通有电流时，它们的磁场是柱对称分布的。设场点 P 点、Q 点到轴线 OO'的垂直距离均用 r 表示，并以 r 为半径作圆环回路，见图 8-7，根据式（8-5），在 $r<R_1$ 的区域内

$$H=0,\ B=0\ (r<R_1)$$

在 $R_1<r<R_2$ 的区域内

$$\oint_L \boldsymbol{H}\cdot \mathrm{d}\boldsymbol{l} = H2\pi r = I$$

所以

$$H = \frac{I}{2\pi r_1}\quad (R_1 < r < R_2)$$

$$B = \mu_0\mu_r H = \frac{\mu_0\mu_r I}{2\pi r}\quad (R_1 < r < R_2)$$

在 $r>R_2$ 的区域内

$$\oint_L \boldsymbol{H}\cdot \mathrm{d}\boldsymbol{l} = H2\pi r = 0$$

所以

$$H = 0\quad (r > R_2)$$

$$B = \mu_0\mu_r H = 0\quad (r > R_2)$$

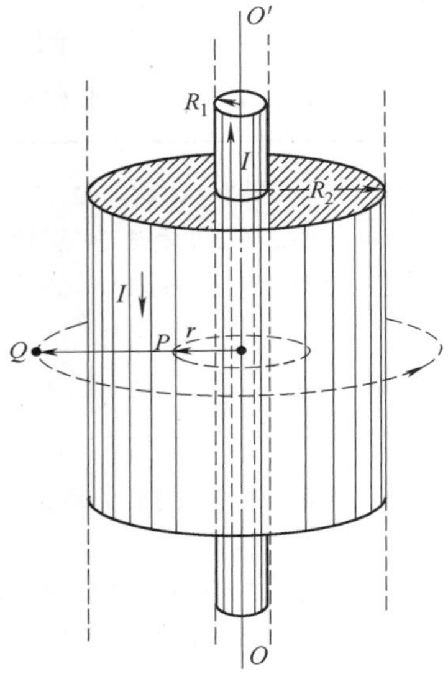

图 8-7 例 8-3 图

由以上计算可知，仅在两筒间有磁场，$\boldsymbol{H}$、$\boldsymbol{B}$ 的方向在图 8-7 情况中俯视逆时针方向旋绕，即与图中所示回路的绕向相同。

8.3 铁磁质

铁磁质是另一类磁性很强的磁介质，它在实际中有广泛的应用，例如在电磁铁、电机、变压器和电表的线圈中都利用了铁磁质，借以增强磁性及增强磁场。从表 8-1 中可看出，铁

磁质具有很大的相对磁导率，就是说，如果在电流的磁场中放入铁磁质，铁磁质中各点的磁感应强度值 B 要比单纯由电流产生的磁感应强度值 B_0 大很多，可以大到数百倍乃至数千倍以上。此外，它还具有普通顺磁质所没有的一些特殊性质：①铁磁质的 B 不与 H 成正比，就是说，铁磁质的磁导率 μ 不是恒量，而是与磁场强度 H 有关；②即便使铁磁质磁化的外磁场停止作用了，铁磁质仍然保留部分磁性；③各种铁磁质都有一个临界温度，称为居里点（例如铁的居里温度为 1 043K），在这个温度以上铁磁质就失去铁磁性而变为顺磁质。为什么铁磁质能有这些特性呢？我们将用磁畴观点给予说明。

8.3.1　*B-H*、*μ-H* 磁化曲线

顺磁质的磁导率 μ 很小，是一个常量，不随外磁场的改变而变化，故顺磁质的 B 与 H 的关系是线性关系。但铁磁质不是这样，它的 B 与 H 的关系是非线性关系。研究铁磁质的磁化现象所用的实验装置如图 8-8 所示，其中，把待测的铁磁质做成圆环，在圆环上密绕导线，这样就形成以铁磁质为心的环形螺线管。根据例 8-2 的结果得知，圆环内的磁场强度大小为

$$H=nI$$

式中，n 为环形螺线管每单位长度的匝数；I 为线圈中的电流。这样，由上式就可算出环内的 H 值。至于磁感应强度 B，可用一个接在冲击电流计 BG 上的副线圈来测量，当原线圈（即环形螺线管）中的电流有变化时，在副线圈中将产生感应电动势，由此可以把环内的磁感应强度 B 测量出来。根据实验结果，可画出如图 8-9 所示的 B-H 曲线。上述铁磁质的前两个性质可以从铁磁质的 B-H 曲线看出。

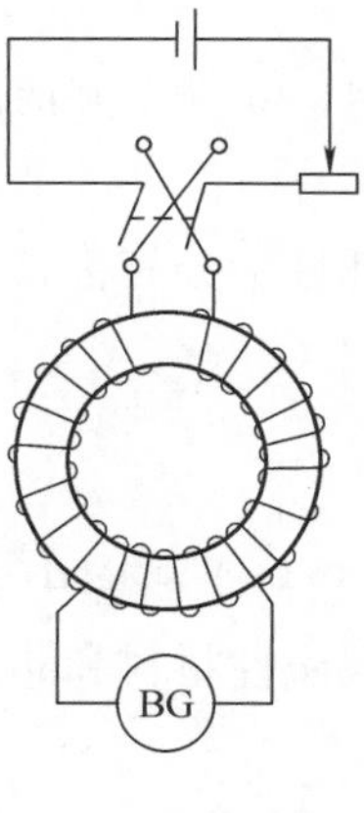

图 8-8　研究铁磁质磁化现象的实验装置图

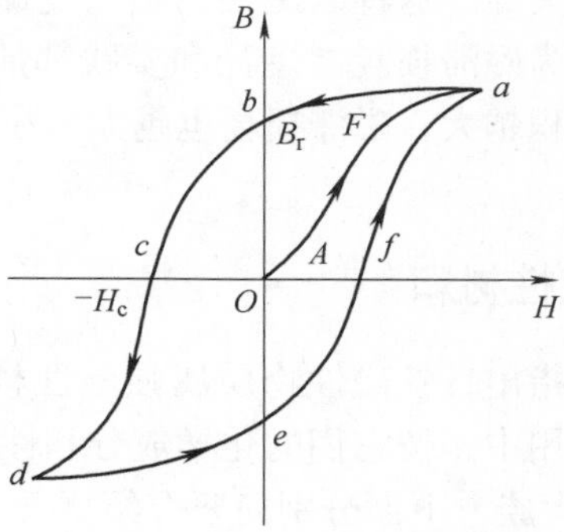

图 8-9　*B-H* 曲线

现在假设铁磁质圆环最初是未磁化的，当磁场强度 H 从零逐渐增加时，B 亦从零增加，开始时，B 增加得较慢，描绘出来的曲线是 OA 段，以后增加得较快，即曲线 AF 段，以后又变慢，即曲线 Fa 段，当 H 继续增大时，B 几乎不再变了，这时磁化达到了饱和，曲线 $OAFa$ 称为起始磁化曲线。从曲线中可以看出，B 与 H 之间存在着非线性关系，由于磁化曲线不是直线，磁导率 $\mu=B/H$ 以及相对磁导率 $\mu_r=\mu/\mu_0$ 都不是恒量。如果在磁化达到饱和状

态以后，令 H 减小，则 B 亦减小，但不是沿曲线 aO 返回减少，而是沿曲线 ab 而减少，当 $H=0$ 时，$B=B_r$（曲线上 b 点），在没有外磁场作用时，铁磁质仍然保留磁性，这就是剩磁现象。磁感应强度值 B_r 称为剩余磁感应强度。如果令 H 从零向反方向增加，B 继续减少，当反向磁场 H 的值等于 H_c 时，B 变为零（曲线上 c 点），这时，铁磁质的剩磁就消失了，铁磁质不显现磁性，通常把这个 H 的值 H_c 称为矫顽力，它表示铁磁质抵抗去磁的能力。将从具有剩磁状态至完全退磁状态对应的这段曲线 bc 称为退磁曲线。当反向磁场 H 的值继续增加时，铁磁质将向反方向磁化，并且很快磁化到饱和（曲线上的 d 点），此后，若使反向磁场 H 的值减小到零，然后又沿正方向增加，B 将沿 $defa$ 曲线变化，形成闭合曲线 $abcdefa$。从这条曲线看出，磁感应强度 B 的变化总是落后于磁场强度 H 的变化（例如 $H=0$ 时，B 还不等于零），这种现象称为**磁滞**，上述闭合曲线称为**磁滞回线**。磁滞乃是铁磁质的重要特性之一，普通顺磁质和抗磁质没有磁滞现象。必须指出，当铁磁质从最初未被磁化开始，反复磁化一周时，B-H 曲线并非闭合曲线，但当重复上述过程十多次后，我们将获得差不多闭合的、以原点 O 为对称的曲线。相应地，由 $\mu=B/H$ 关系我们也可描绘出 μ-H 曲线，如图 8-10 所示，其中 μ_i 称为最初磁导率，μ_{max} 称为最大磁导率。曲线 B-H 和 μ-H 在实际工程技术中是非常有用的，可以从已知 B、H、μ 中任意一个量查出相应的另外两个量。通过研究磁滞现象可以了解铁磁质的特性，这有重要的实际意义。实际中，铁磁材料常应用于交变磁场中，这时，磁化曲线在设计电磁铁、电磁传感器等电气设备方面是很重要的依据。需要指出，铁磁质在交变磁场中被反复磁化时要发热，就是说有能量损耗，该能量是产生磁化场电流的电源供给的。电源供给的能量有一部分以热量的形式散失掉。这种因磁性材料反复磁化而出现的能量损失，称为**磁滞损耗**。理论和实践都证明，磁滞回线所包围的面积越大，磁滞损耗也越大。在电器设备中这种损耗性十分有害，必须要想办法尽量减小。

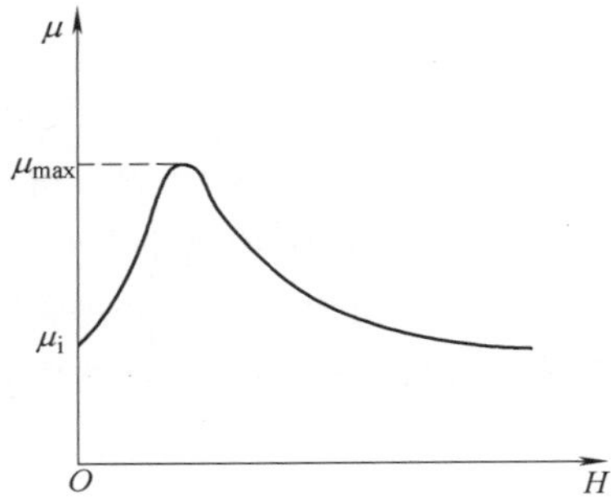

图 8-10 铁磁质的 μ-H 曲线

8.3.2 铁磁性材料

前面已经指出，铁磁性物质属强磁性材料，它在电工设备和科学研究中的应用非常广泛。在实际应用中，按它们的化学成分和性能的不同，分为金属磁性材料和非金属磁性材料（铁氧体）两大族。下面分别简要介绍。

1. 金属磁性材料

通常将由金属合金或化合物制成的磁性材料称为金属磁性材料。其大部分是以铁、镍或钴为基础，再加入其他元素经过高温熔炼、机械加工和热处理而制成。这种磁性材料在高温、低频、大功率等条件下有广泛的应用，但在高频范围，其应用会受到限制。金属磁性材料还可分为软磁、硬磁、压磁和矩磁材料等。实验结果表明，不同铁磁性物质的磁滞回线形状差异非常大。图 8-11 给出了三种不同铁磁材料的磁滞回线，其中软磁材料的面积最小，如图 8-11a 所示，矫顽力小；硬磁材料的矫顽力较大，剩磁也较大，如图 8-11b 所示；而铁氧体材料的磁滞回线则近似于矩形，故亦称矩磁材料，如图 8-11c 所示。

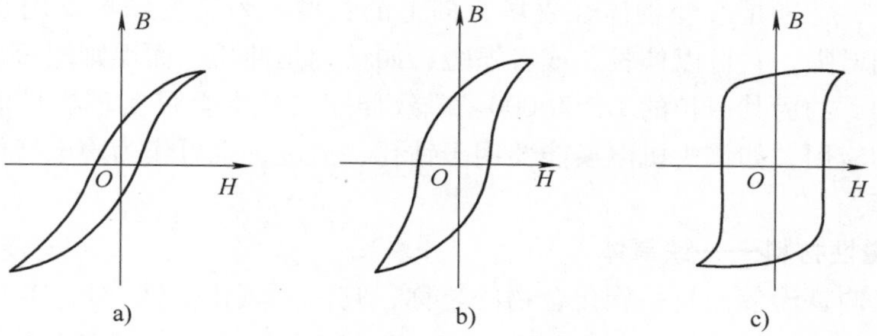

图 8-11　不同铁磁材料的磁滞回线
a）软磁材料　b）硬磁材料　c）矩磁铁氧体材料

软磁材料的特点是相对磁导率 μ_r 和饱和磁感应强度 B_{max} 一般都比较大，但磁滞特性不显著，磁滞回线所包围的面积较瘦小，在磁场中很容易被磁化，并且它的矫顽力很小，容易去磁。因此，软磁材料适宜于制造电磁铁、变压器、交流电动机、交流发电机等电器中的铁心。表 8-2 列出几种软磁材料的性能。

硬磁材料也常被称为永磁材料，它的特点是剩磁 B_r 和矫顽力 H_c 都比较大，磁滞回线所包围的面积也就大，磁滞特性非常显著。所以，把硬磁材料放在外磁场中充磁后，能保留较强的磁性，并且这种剩余磁性不易被消除，因此，硬磁材料适宜于制造永磁体。在各种电表、扬声器、收音器、播音器、耳机、电话机、录音机及其他一些电器设备中都需要用到永久磁铁，用以获得稳定的磁场。表 8-3 列出了几种硬磁材料的性能。1998 年 6 月 3 日，由美国“发现者号”航天飞机携带的、美籍华裔物理学家丁肇中教授组织领导的阿尔法磁谱仪上所用的永磁体，就是由中国科学院电工研究所等单位研制的稀土材料钕铁硼永磁体，其磁感应强度高达 0. 14T。该永磁体的直径为 1. 2m，高 0. 8m，而阿尔法磁谱仪是用来探测宇宙中反物质和暗物质的。这是人类第一次将大型永磁体送入宇宙空间，对宇宙中的带电粒子进行直接观测。中国的永磁技术处于世界前列，由中国中车研制的、具有完全自主知识产权的 CF600 型磁悬浮列车，时速可达 600km 以上，是目前世界上最快的磁悬浮列车。

表 8-2　几种软磁材料的性能

软磁材料	μ_r（最大值）	B_{max}/T	$H_c/(A/m)$	居里点/℃
工程纯铁（含 0. 1%①杂质）	20×10^3	2. 15	7	770
78%①坡莫合金	100×10^3	1	4	580
硅钢（热轧）	8×10^3	1. 95	4. 8	690

① 百分含量皆指质量分数。

表 8-3　几种硬磁材料的性能

硬磁材料	B_{max}/T	$H_c/(A/m)$
钡铁氧体	0. 45	1.44×10^5
碳钢（碳的质量分数为 0. 9%）	1. 00	0.04×10^4
钕铁硼合金	1. 07	8.8×10^5

压磁材料具有强的磁致伸缩性能。所谓磁致伸缩是指磁性物体的形状和体积在磁场变化

时也会发生变化，特别是改变物体在磁场方向上的长度。当交变磁场作用在铁磁质物体上时，随着磁场的增强，它可以伸长，或者缩短，如钴钢是伸长，而镍则缩短。不过长度的变化是十分微小的，约为其原长的1/100 000。磁致伸缩在技术上可实现机械能与电能转换的作用，有重要的应用，如作为机电换能器用于钻孔、清洗，也可作为声电换能器用于探测海洋深度、鱼群等。

2. 非金属磁性材料——铁氧体

铁氧体，又叫铁淦氧，是一族化合物的总称，它由三氧化二铁（Fe_2O_3）和其他二价金属氧化物（如NiO、ZnO、MnO等）的粉末混合烧结而成。由于它的制造工艺过程类似陶瓷，所以常叫作磁性瓷。

铁氧体的特点是不仅具有高磁导率，而且有很高的电阻率。它的电阻率一般在10^4～$10^{11}\Omega\cdot m$之间，有的则高达$10^{14}\Omega\cdot m$，比金属磁性材料的电阻率（约为$10^{-7}\Omega\cdot m$）要大得多。所以铁氧体的涡流损失小，常用于高频技术中。图8-11c是矩磁铁氧体的磁滞回线，从图中可以看出回线近似矩形。在电子计算机中就是利用矩磁铁氧体的矩形回线特点将其作为记忆元件的。利用正向和反向两个稳定状态可代表“0”与“1”，故可作为二进制记忆元件。此外，电子技术中也广泛利用铁氧体作为天线和电感中的磁心。

8.3.3 铁磁质的微观结构　磁畴

实验证明，电子的自旋是铁磁质磁性的主要来源。从物质的原子结构观点来看，铁磁质中的电子间因自旋所引起的相互作用是非常强烈的，按照量子力学理论，电子的自旋沿平行方向排列时能量较低，所以，即使没有外磁场，铁磁质中的电子自旋磁矩也可以在小范围内自发地沿平行方向排列，自觉地形成一个个小的自发磁化区（见图8-12），这些自发磁化区称为磁畴。在每一个磁畴中，由于各个电子的自旋磁矩排列得很整齐，因此它具有很强的磁性，在没有外磁场时，铁磁质内各磁畴的取向无规则，排列无序的磁矩恰好相互抵消，整个铁磁体不呈现磁性。所以在没有外磁场时，对外不显磁性；当处于外磁场中时，铁磁质内各个磁畴的磁矩在外磁场的作用下都趋向于沿外磁场方向排列，如图8-12所示。也就是说，不是像顺磁质那样使单个原子、分子发生转向，而是使整个磁畴转向外磁场方向。所以，即使是在不太强的外磁场作用下，铁磁质也可以表现出很强的磁性来。为了形象地描述铁磁质的磁化过程，我们取铁磁体的四个体积相同的磁畴来分析。如图8-13a所示，四个磁畴在无外磁场作用时，它们取向各不同，磁矩恰好抵消，对外不显示磁性。当有外磁场时，如果磁场较弱，则自发磁化方向与外磁场方向成较小角度的磁畴体积逐渐扩大，而自发磁化方向与外磁场方向成较大角度的磁畴体积逐渐缩小，如图8-13b所示，这相当于图8-9磁滞曲线中的OA段。此时，如果取消外磁场，则畴壁回复原位置，B降回到零，所以OA段的变化是可逆的。当外磁场从状态A继续增大时，则取向与外磁场方向成较大角度的磁畴全部消失，如图8-13c所示，这相当于图8-9中的AF段，在这一过程中，与外磁场成较小角度的磁畴体积扩大并不是逐渐地进行的，而是在外磁场达到一定值时跳跃式地突然到达的，这就导致过程的不可逆性。如果再增加外磁场，则留存的磁畴向外磁场方向转动，如图8-13d所示，外磁场再增加时，

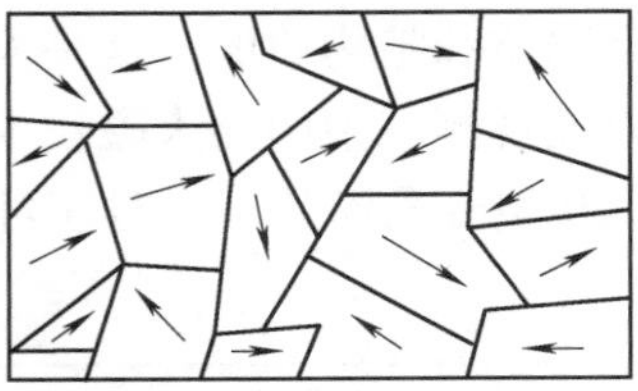

图8-12　磁畴

几乎所有磁畴都已沿着外磁场方向排列了，如图 8-13e 所示，这时磁化达到了饱和。

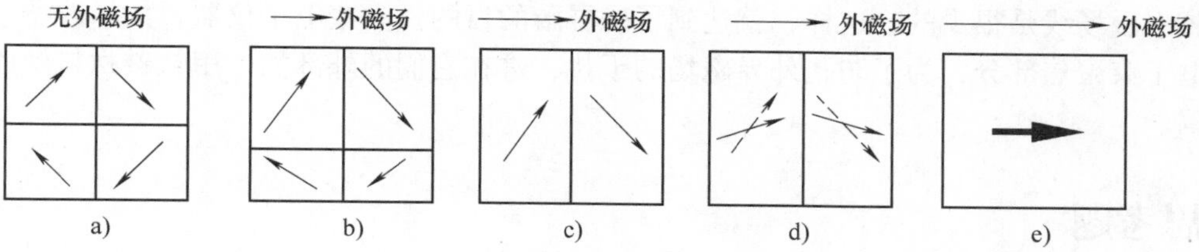

图 8-13　铁磁质磁化中磁畴转动过程

由上述分析可知，因为铁磁质在外磁场中的磁化程度非常大，所以它所建立的附加磁感应强度 $\boldsymbol{B}'$ 比外磁场的磁感应强度 $\boldsymbol{B}_0$ 在数值上一般要大几十倍到数千倍甚至达上万倍。

由于磁化过程的不可逆性，在外磁场被取消后，铁磁质也不会回复到原来状态，因此，就出现剩磁即磁滞现象。

磁滞现象也出现在天然材料中。当闪电通过一条条曲折的路径将电流送到地面时，电流产生的强磁场能够突然磁化周围石块中的铁磁质。由于磁滞，在闪电过后，这些石块里的物质仍然具有一些磁化的记忆。经过后来的日晒、碎裂和风化变松，形成的碎石块就是磁石。

本节最开始就指出，铁磁质的磁化和温度有关。随着温度的升高，铁磁质的磁化能力逐渐减小，当温度升高到某一温度时，铁磁性就完全消失，铁磁质退化成顺磁质，这个温度叫作居里温度或叫居里点。这是因为铁磁质中自发磁化区域因剧烈的分子热运动而遭破坏，磁畴全部被瓦解，铁磁质因此失去了独有的特性而转变成为普通顺磁性的物质。如质量分数为 78%的坡莫合金的居里温度是 580K，质量分数为 30%的坡莫合金的居里温度是 343K。

总之，应用磁畴观点可以很好地解释铁磁体在磁化过程中的所有特性，可以说磁畴理论是目前能较好地解释铁磁质特性的理论。

磁畴的存在现在已可以用实验来演示了，最简单的办法是粉纹照相。在磨得很光的铁磁质表面上，涂上一层弥漫在胶质溶液中的磁性粉末（Fe_2O_3），粉末就把各个磁畴在表面上的界限显示出来了，在一般显微镜下可以看到这种磁畴粉纹图。通过粉纹照相可以测定磁畴的大小、形状、位置以及磁畴在外磁场中的变化。

8.3.4　磁屏蔽

因为铁磁质有很强的磁效应，对应地说，铁磁质有强烈地将磁场线集中在自己内部的特性。把磁导率不同的两种磁介质放到磁场中，在它们的交界面上磁场要发生突变，这时磁感应强度 $\boldsymbol{B}$ 的大小和方向都要发生变化，也就是说，引起了磁场线折射。例如，当磁场线从空气进入铁物质时，磁场线对法线的偏离很大，因此强烈地收缩。图 8-14 是磁屏蔽示

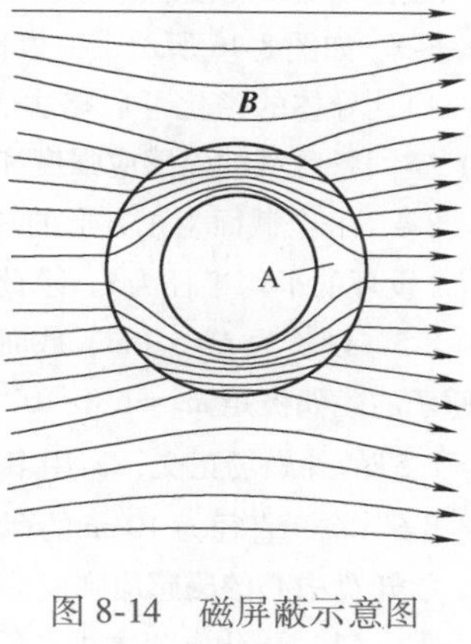

图 8-14　磁屏蔽示意图

意图。图中 A 为一磁导率很大的软磁材料（如坡莫合金或铁铝合金）做成的罩，放在外磁场中。由于罩的磁导率 μ_r 比 μ_0 大得多，所以绝大部分磁场线从罩壳的壁内通过，而罩壳内的空腔中磁场线是很少的，这样，就达到了磁屏蔽的目的。一些电子仪器，如示波器、显像管中电子束聚焦部分，为了防止外界磁场的干扰，常在它们的外部加上用软磁材料做成的磁屏蔽罩。

思考题

8-1 为判断一磁介质是抗磁质还是顺磁质，可将其做成针状，用细线吊起来放在均匀磁场中观察，当针静止时，(1) 若针与磁场方向平行，(2) 若针与磁场方向垂直，问哪种情况是顺磁质，哪种情况是抗磁质？为什么？

8-2 图 8-15 中三条曲线分别表示三种不同磁介质的 B-H 关系，虚线是 $B=\mu_0 H$ 关系曲线，试指出哪一条是表示顺磁质？哪一条是表示抗磁质？哪一条是表示铁磁质？

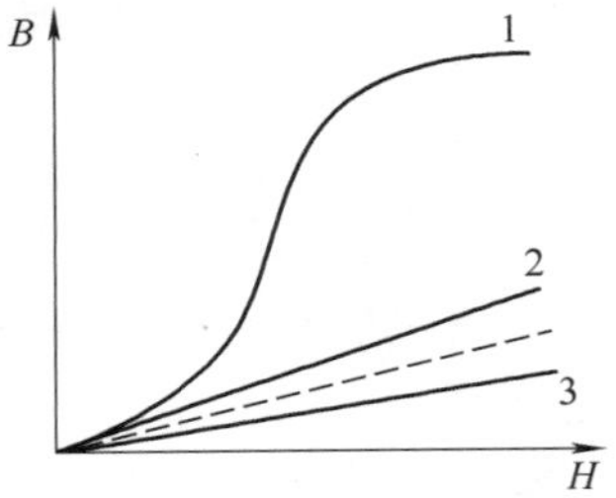

图 8-15 思考题 8-2 图

8-3 磁化电流与传导电流有什么相同之处和不同之处？在式（8-1）中 $\boldsymbol{B}_0$ 是哪种电流产生的？$\boldsymbol{B}'$ 是哪种电流产生的？

8-4 试说明 $\boldsymbol{B}$ 与 $\boldsymbol{H}$ 的联系和区别。

8-5 如何使一根磁针的磁性反转过来？

8-6 有两根铁棒，不论把它们的哪两端相互靠近，可以发现它们总是相吸引，你能否得出结论，这两根铁棒中有一根一定是未被磁化的？

8-7 为什么装指南针的盒子不是用铁，而是用胶木等材料做成的？

8-8 在工厂里搬运烧到赤红的钢锭，为什么不能用电磁铁的起重机？

习 题

8-1 一螺绕环的平均半径为 $R=0.08\text{mm}$，其上绕有 $N=240$ 匝线圈，电流为 $I=0.30\text{A}$ 时管内充满的铁磁质的相对磁导率 $\mu_r=5\,000$，问管内的磁场强度和磁感应强度各为多少？

8-2 在图 8-8 所示的实验中，环型螺绕环共包含 500 匝线圈，平均周长为 50cm，当线圈中的电流为 2.0A 时，用冲击电流计测得介质内的磁感应强度为 2.0T，求这时：(1) 待测材料的相对磁导率 μ_r；(2) 磁化电流线密度 j_s。

8-3 如图 8-16 所示，一根长圆柱形同轴电缆，内、外导体间充满磁介质，磁介质的相对磁导率为 μ_r ($\mu_r<1$)，导体的磁化可以略去不计，电缆沿轴向有稳定电流 I 通过，内外导体上的电流方向相反，求：(1) 空间各区域的磁感应强度和磁化强度；(2) 磁介质表面的磁化电流。

8-4 一个截面为正方形的环形铁心，其磁导率为 μ，若在此环形铁心上绕有 N 匝线圈，线圈中的电流为 I，设环的平均半径为 r，求此铁心的磁化强度。

8-5 设长为 $L=5.0\text{m}$、截面积 $S=1.0\text{cm}^2$ 的铁棒中所有铁原子的磁偶极矩都沿轴向整齐排列，且每个铁原子的磁偶极矩 $m_0=1.8\times10^{-23}\text{A}\cdot\text{m}^2$，求：(1) 铁棒的磁偶极矩；(2) 如果要使铁棒与磁感应强度 $B_0=1.5\text{T}$ 的外磁场正交，需用多大的力矩？设铁的密度 $\rho=7.8\text{g/m}^3$，铁的摩尔质量 $M_0=55.85\text{g/mol}$。

8-6 将一直径为 10cm 的薄铁圆盘放在 $B_0=0.4\times10^{-4}\text{T}$ 的均匀磁场中（见图 8-17），使磁力线垂直于盘面，已知盘中心的磁感应强度为 $B_C=0.1\text{T}$，假设盘被均匀磁化，磁化电流可视为沿圆盘边缘流动的一圆电流，求：(1) 磁化电流大小；(2) 盘的轴线上距盘心 0.4m 处的磁感应强度。

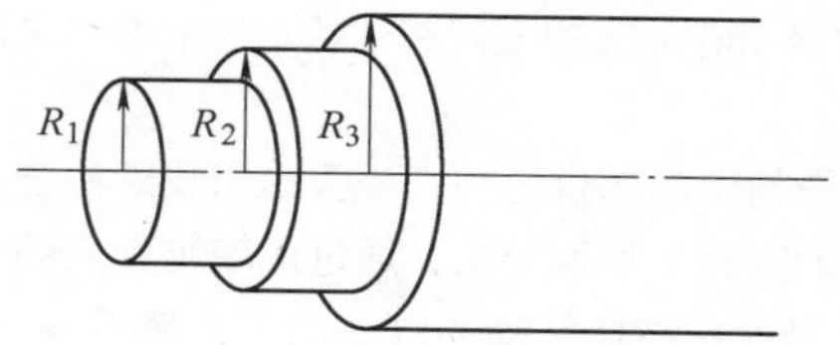

图 8-16　习题 8-3 图

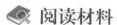

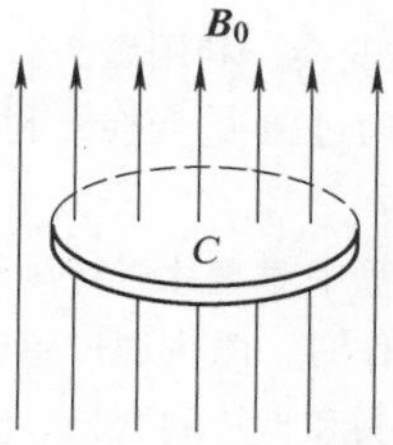

图 8-17　习题 8-6 图

阅读材料

一、磁表面存储器的读写原理简介

在磁表面存储器中，利用一种称为磁头的装置来形成和判别磁层中的不同磁化状态。磁头实际上是由软磁材料做铁心、绕有读写线圈的电磁铁。磁表面存储器的写入过程和读出过程都是电、磁信息转换的过程，是通过磁头和运动着的磁介质的电磁相互作用来实现的。

（一）写操作

从铁磁质磁滞回线可以看出，磁性材料被磁化以后，工作点总是在磁滞回线上。只要外加的正向脉冲电流（即外加磁场）幅度足够大，那么在电流消失后磁感应强度 B 并不等于零，而是处在 $+B_r$ 状态（正剩磁状态）。反之，当外加负向脉冲电流时，磁感应强度 B 将处在 $-B_r$ 状态（负剩磁状态）。这就是说，当磁性材料被磁化后，会形成两个稳定的剩磁状态，就像触发器电路有两个稳定的状态一样。如果规定用 $+B_r$ 状态表示代码“1”，$-B_r$ 状态表示代码“0”，那么要使磁性材料记忆“1”，就要加正向脉冲电流，使磁性材料正向磁化；要使磁性材料记忆“0”，则要加负向脉冲电流，使磁性材料反向磁化。于是在磁记录中，由于要记录的信息只有“0”和“1”两种逻辑状态，因此可用介质不同的磁化方向来表示“0”和“1”。

当写线圈中通过一定方向的脉冲电流时，铁心内就产生一定方向的磁通。由于铁心是高磁导率材料，而铁心空隙处为非磁性材料，故在铁心空隙处集中很强的磁场。在这个磁场作用下，载磁体就被磁化成相应极性的磁化位或磁化元。若在写线圈里通入相反方向的脉冲电流，就可得到相反极性的磁化元。正向脉冲电流方向为写“1”，那么写线圈里通以相反方向的电流时即为写“0”。上述过程称为写入。这样，写过程就是把要记录的数据经过写电路形成写电流，写电流通过磁头线圈，产生与数据相对应的磁场，磁化磁头缝隙下的磁层，完成“电→磁”转换。当磁媒体在磁头下面做恒速运动时，不同的数据信号脉冲序列不断改变磁头电流的方向，即不断改变磁场的方向，则在磁场表面的磁介质上留下一串与输入数据信号脉冲序列相对应的小磁化单元，完成磁媒介记录数据的过程。显然，一个磁化元就是一个存储元，一个磁化元中存储一位二进制信息。当载磁体相对于磁头运动时，就可以连续写入一连串的二进制信息。

（二）读操作

当磁头经过载磁体的磁化元时，由于磁头铁心是良好的导磁材料，磁化元的磁力线很容易通过磁头形成闭合磁通回路。不同极性的磁化元在铁心里的方向是不同的。当磁头对载磁体做相对运动时，由于磁头铁心中磁通的变化，使读出线圈中感应出的相应电动势满足法拉第电磁感应定律，感应电动势的方向与磁通的变化方向相反。不同的磁化状态所产生的感应电动势的方向不同。这样，不同方向的感应电动势经读出放大器放大鉴别，就可判知读出的信息是“1”还是“0”。这样，读过程就是把写入的二进制数据信号从磁媒体中还原出来，完成“磁→电”转换。这个信号经过读电路放大和处理后，就还原出原来写进去的数据信号脉冲序列。

(三) 磁表面存储器存取信息的原理

通过电-磁变换，利用磁头写线圈中的脉冲电流，可把一位二进制代码转换成载磁体存储元的不同剩磁状态；反之，通过磁-电变换，利用磁头读出线圈，可将由存储元的不同剩磁状态表示的二进制代码转换成电信号输出。

磁头是硬盘中对盘片进行读写的工具，是硬盘中最精密的部位之一。磁头是用线圈缠绕在磁心上制成的。硬盘在工作时，磁头通过感应旋转的盘片上磁场的变化来读取数据，通过改变盘片上的磁场来写入数据。为避免磁头和盘片的磨损，在工作状态时，磁头悬浮在高速转动的盘片上方，而不与盘片直接接触，只有在电源关闭之后，磁头会自动回到在盘片上的固定位置（称为着陆区，此处盘片并不存储数据，是盘片的起始位置）。

二、生 物 磁 学

相对于生物电学，生物磁学的研究是近代才开始的，尽管人们熟知电与磁的孪生关系，而且预言生物磁信号肯定是存在的，但是，直到 1963 年才由锡拉丘兹大学的鲍列和麦克非第一次从人体上探测到小磁场。可见，生物电信号的首次记录（1875 年）与生物磁信号的首次记录相比，后者落后，主要是由于生物磁信号极其微弱，而且往往深深地埋藏在环境磁噪声之中，测量仪器的分辨率长期达不到要求，随着科学技术的发展，问题才逐步得到解决。迄今探测到的生物磁场有心磁场、肺磁场、神经磁场、肝磁场、肌磁场、脑磁场等。

(一) 生物磁场的主要来源

(1) 由天然生物电流产生的磁场　人体中小到细胞，大到器官和系统，总是伴随着生物电流。运动的电荷便产生了磁场。从这个意义上来说，凡是有生物电活动的地方，就必定会同时产生生物磁场，如心磁场、脑磁场、肌磁场等均属于这一类。

(2) 由生物材料产生的感应场　组成生物体组织的材料具有一定磁性，它们在地磁场及其他外磁场的作用下便产生了感应场。肝、脾等所呈现出来的磁场就属于这一类。

(3) 由侵入人体的强磁性物质产生的剩余磁场　在含有铁磁性物质粉尘下作业的工人，呼吸道和肺部、食道和肠胃系统往往被污染。这些侵入体内的粉尘在外界磁场作用下被磁化，从而产生剩余磁场。肺磁场、腹部磁场均属于这一类。

生物磁场一般都是很微弱的，其中最强的肺磁场其强度也只有 $10^{-11} \sim 10^{-8}$T 数量级；心磁场弱一些，其强度约为 10^{-10}T 数量级；自发脑磁场更弱，约为 10^{-12}T 数量级；最弱的是诱发脑磁场和视网膜磁场，其为 10^{-13}T 数量级。周围环境磁干扰和噪声比这些要大得多，如地磁场强度约为 0.5×10^{-4}T 数量级左右；现代城市交流磁噪声高达 $10^{-8} \sim 10^{-6}$T 数量级。若距离像机床、电磁设备、电网或活动车辆较近，则磁噪声会更强。

(二) 生物磁场及其医学应用

(1) 心磁场　心脏的心房和心室肌肉的周期性收缩和舒张伴随着复杂的交变生物电流，由此产生了心磁场。上面提到 1963 年首次测得人体心磁场，其强度为 10^{-10}T，其随时间的变化曲线称为心磁图（MCG）。心磁图与心电图在时间变量与波峰值上有相似之处。测量心磁图时需要将磁探头放在心脏位置的胸前，随着位置的变化，记录所得的 MCG 各成分亦有所不同。

心磁图与心电图相比有一些明显的优点。首先，测心磁图时不必使用电极就可测得生物组织的内源性电流，这是在身体表面直接安放电极所不能的；其次，在心磁图上可呈现出心电图尚不能鉴别的异常变化；再者，测心磁图时不必与皮肤接触，也不用参考电极，不会出现由此而产生的误差。

(2) 脑磁场　脑细胞群体自发或诱发的活动产生复杂的生物电流，由此产生的磁场叫作脑磁场。1968 年，科恩首先测得脑磁场随时间的变化曲线，称为脑磁图（MEG）。

脑磁图比脑电图有许多明显的优点。首先，脑磁图既不需要参考点也不需要与皮肤接触，不会出现由此引起的误差。其次，由于头盖骨有很高的阻抗，常使脑电图模糊不清，但脑磁图是穿透的；另外，脑磁图能直接反映脑内场源的活动状态，特别是能显示出脑深层场源的活动状态，能更准确地确定场源的强度和位置。

（3）肺磁场 心磁场和脑磁场都属于内源性磁场，而肺磁场则属于外部含有铁磁性物质的粉尘侵入人体肺部在磁化后所产生的剩余场。

测量肺磁场时，首先应清除人身上的铁磁性物质，如手表、纽扣等，再将受试者胸部置于数十毫特斯拉的磁场中进行磁化，然后立即到磁强计探头处进行测试。

肺磁场是1973年美国麻省理工学院的科恩首先探测出来的。20世纪70年代后期至今，日本、加拿大、芬兰和我国都开展了一系列研究工作。肺磁场的研究之所以受到人们的重视，一个直接的原因是在医学上的重要应用。众所周知，职业性尘肺病诊断的唯一有效手段是X射线法。但此法属于影像学，一般来说，只有粉尘与肺组织形成生化反应而导致病变时才能检查出来。肺磁法则属于含量学，只要肺部积存一定量的粉尘，不管侵入的时间长短，都能被检测出来。这就意味着对那些虽积存一定粉尘但尚未构成病理改变的早期病人来说，肺部粉尘量也能被检查出来，从而进行早期预防，这对防止某些职业性尘肺病的发生有着重要意义。

第9章 电磁感应

受1820年奥斯特（H. C. Oersted）通过实验发现电流磁效应的启示，当时很多科学家就想到了奥斯特实验的对称效应，即能否利用磁效应产生电流呢？法拉第和奥斯特一样，也笃信自然力的统一。从1822年起，法拉第就着手对这一问题进行有目的的实验研究。面对一次次失败，法拉第以坚持不懈的精神，经过近十年的努力，终于在1831年取得了突破性进展，发现了电磁感应现象，即利用磁场产生电流的现象。电磁感应现象的发现是电磁学发展史上的一个重要成就，它进一步揭示了自然界电现象与磁现象之间的联系。从理论上说，这一发现更全面地揭示了电和磁的区别与统一的辩证关系，促进了电磁理论的发展，为麦克斯韦电磁场理论的建立奠定了坚实的实验基础，促使麦克斯韦理论在近代科学中得到了广泛的应用。从实用的角度看，法拉第的发现标志着新的技术革命和工业革命的开始，使电力工业、电工和电子技术得以建立和发展，为人类生活电气化打下了基础。因此，在人类科学发展史上，对法拉第发现的评价无论多高都不为过，以致人们至今还称法拉第为电磁学“之父”、电磁学“巨匠”。

本章讲解的主要内容是在电磁感应现象的基础上讨论法拉第电磁感应定律，其中分析的是由两种不同机制产生的动生电动势和感生电动势；简要介绍在电工技术中常遇到的互感和自感两种现象的规律；分析和讨论稳恒磁场的能量；最后介绍麦克斯韦关于有旋电场和位移电流的假设，总结电磁场理论的基本概念。

9.1 电磁感应及法拉第电磁感应定律

9.1.1 电磁感应现象

1831年8月29日法拉第首次发现，处在随时间而变化的电流附近的闭合导体回路中有感应电流产生。在兴奋之余，他又做了一系列实验，用不同的方式证实电磁感应现象的存在，总结实验的规律。下面示出两个有关的演示实验。

在图9-1中，线圈 *PQRS* 与电流计连成闭合回路，线圈放在蹄形永磁铁的磁场中，把线圈很快地向右或向左拉动，电流计指针发生偏转，表明线圈中有电流产生，当线圈静止不动时则没有电流产生。在此情形中，永磁铁产生的磁场是不随时间而变的，当线圈向右或向左拉动时，通过线圈的磁通量发生变化，而线圈静止不动时通过线圈的磁通量是不变的。

在图9-2中，线圈A与电源连成一闭合回路，线圈B与电流计连成另一闭合回路。把线圈A（称为原线圈）插入线圈B（称为副线圈）中，然后通、断开关S，或调节滑动变阻器

R 的阻值，线圈 B 中都有电流产生。此情形是闭合回路固定不动，线圈 A 中的电流所产生的磁场随电流的变化而变化，导致通过线圈 B 的磁通量发生变化。当线圈 A 不动、其中的电流也恒定不变，电流产生的磁场不变，通过线圈 B 的磁通量也不变化，则线圈 B 中无电流产生。

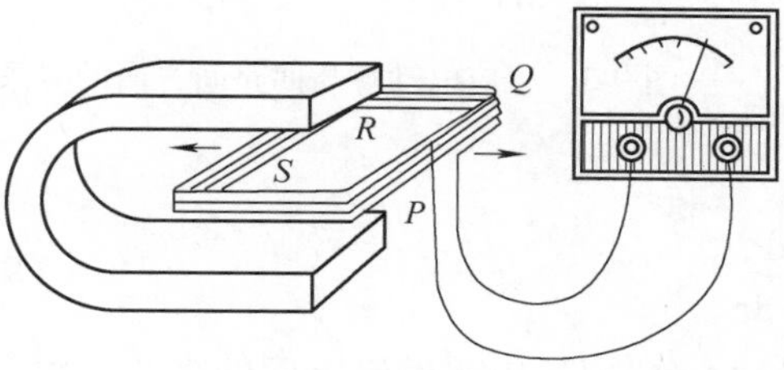

图 9-1　磁场不变线圈运动

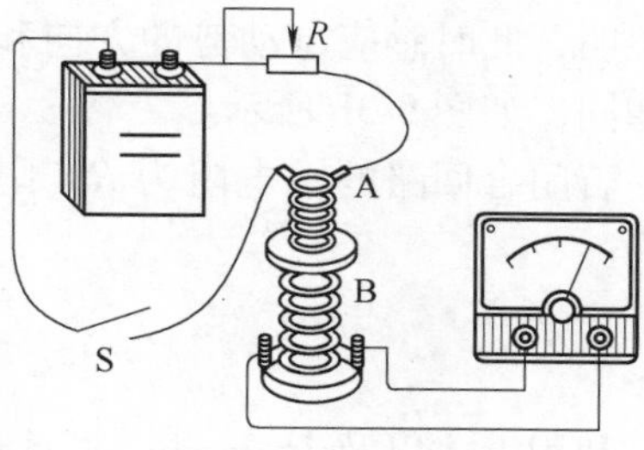

图 9-2　线圈固定磁场变化

法拉第的实验大体上可归结为两类：一类是磁铁与线圈有相对运动时，线圈中产生了电流；另一类是当一个线圈中电流发生变化时，在它附近的其他线圈中也产生了电流。法拉第将这些现象与静电感应类比，把它们称作“电磁感应”现象。总结所有电磁感应实验，引发电磁感应最根本的原因可归结为：**穿过一个闭合导体回路所限定的面积的磁通量**（磁感应强度通量）**发生了变化，回路中便出现了电流。我们将这种电流叫感应电流。**

9.1.2　法拉第电磁感应定律

电磁感应定律

我们知道，当闭合导体回路中有电流时，回路中一定有电动势。当穿过导体回路的磁通量发生变化时，回路中产生电流，这说明此时在回路中产生了电动势。由这一原因产生的电动势叫作感应电动势。

由法拉第实验知道，感应电动势的大小和通过导体回路的磁通量的变化率成正比，感应电动势的方向有赖于磁场的方向和它的变化情况，以 Φ 表示通过闭合导体回路的磁通量，以 $\mathscr{E}$ 表示磁通量发生变化时在导体回路中产生的感应电动势，由实验总结出的规律是

$$\mathscr{E}=-\frac{\mathrm{d}\Phi}{\mathrm{d}t} \tag{9-1a}$$

这一公式就是法拉第电磁感应定律的数学表达式。

应当指出，式（9-1a）中的 Φ 是穿过闭合回路所围面积的磁通量，如果回路系由 N 匝密绕线圈组成，而穿过每匝线圈的磁通量都等于 Φ，那么通过 N 匝密绕线圈的磁通匝数为 $\Psi=N\Phi$，Ψ 也称为磁链。对此，电磁感应定律写为

$$\mathscr{E}=-\frac{\mathrm{d}\Psi}{\mathrm{d}t} \tag{9-1b}$$

在国际单位制中，电动势的单位为 V（伏特），感应电动势也一样，于是由式（9-1）可知

$$1\mathrm{V}=1\mathrm{Wb/s}$$

式（9-1）中的负号反映了感应电动势的方向与磁通量变化的关系。在判定感应电动势的方向时，应先规定导体回路 L 的绕行正方向。如图 9-3 所示，当回路中磁力线的方向和所

规定回路 L 的绕行方向满足右手螺旋关系时，磁通量 Φ 是正值。这时，如果穿过回路的磁通量增大，即 $\mathrm{d}\Phi/\mathrm{d}t>0$，则 $\mathscr{E}<0$，这表明，此时感应电动势的方向和回路 L 的绕行方向相反，如图 9-3a 所示。如果穿过回路的磁通量减小，即 $\mathrm{d}\Phi/\mathrm{d}t<0$，则 $\mathscr{E}>0$，这表明，此时感应电动势的方向和回路 L 的绕行方向相同，如图 9-3b 所示。

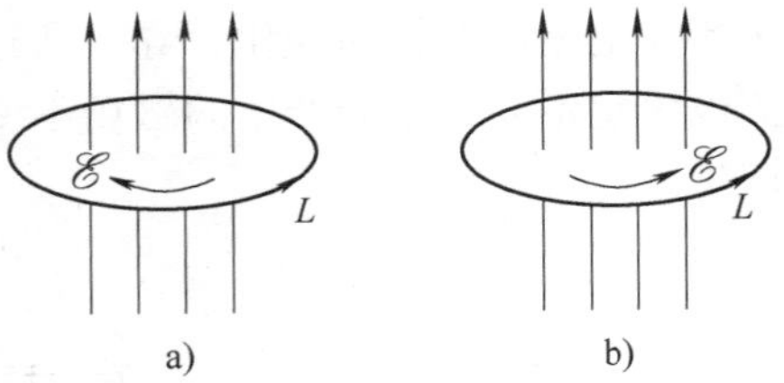

图 9-3　感应电动势与回路间方向的关系

若闭合回路的总电阻为 R，则回路中的感应电流为

$$I_i=-\frac{1}{R}\frac{\mathrm{d}\Phi}{\mathrm{d}t} \tag{9-2}$$

利用上式以及 $I=\mathrm{d}q/\mathrm{d}t$，可计算在时间间隔 $\Delta t=t_2-t_1$ 内，由于电磁感应的缘故，流过回路的总电荷量。如果从实验中测出流过此回路的电荷量 q，那么就可以知道此回路内磁通量的变化，从而知道回路所在磁场的变化情况，这就是磁强计的设计原理。磁强计经常在地质勘探和地震监测等中用来探测磁场的变化。

电吉他拾音器

如图 9-4 所示，连接乐器到放大器的导线绕在小磁体上，成为线圈。磁体的磁场在磁体正上方的一段金属弦中产生 N 极和 S 极。这段弦就具有了它自己的磁场。当弦被弹拨从而产生振荡时，它相对于线圈的运动使它的磁场穿过线圈的磁通量产生变化，于是，在线圈中感应出电流。当弦朝向或背离线圈振荡时，感应电流以与弦振荡相同的频率改变方向，因而把振荡的频率传送到放大器和话筒。

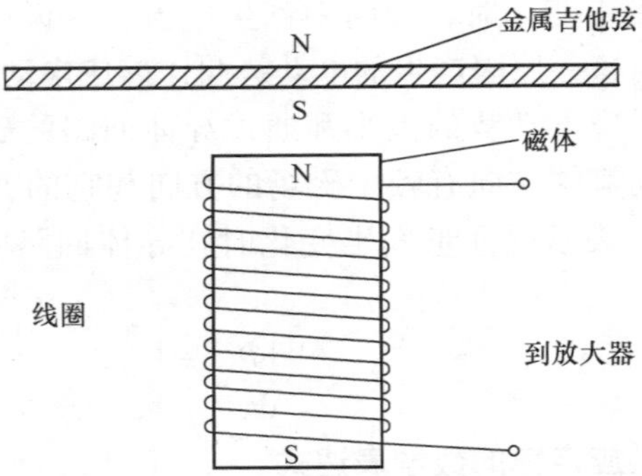

图 9-4　电吉他拾音器的侧视图

9.1.3　楞次定律

上述已说明，当穿过导体回路的磁通量发生变化时，回路中就产生了感应电动势，感应电动势将按自己的方向产生感应电流，该感应电流也在导体回路中产生自己的磁场。感应电动势的方向也可由楞次定律来判定。

楞次定律

1834 年，楞次提出了另一种直接判断感应电流方向的方法，从而根据感应电流的方向可以说明感应电动势的方向。在图 9-5 中，把磁棒的 N 极插入线圈和从线圈中拔出时，线圈中都有感生电流产生，但两种情况中感生电流的方向不同。可以看出，磁棒插入过程中穿过线圈的向下的磁通量增加，这时感生电流所激发的磁场方向朝上，其作用相当于阻止线圈中磁通量的增加；当把磁棒 N 极拔出时，穿过线圈向下的磁通量减少，而这时感应电流所激发的磁场方向朝下，其作用相当于阻止磁通量的减少。具体分析其他的电磁感应实验，也可以发现同样的规律。因此，可以得到结论：**闭合回路中感应电流的方向，总是使得它所激发的磁场来阻碍引起感应电流的磁通量的变化（增加或减少），这个结论叫作楞次定律。**

对楞次定律可以解释如下：当把磁棒的 N 极插入线圈时，线圈因有感应电流流过，此时线圈等效一根磁棒，如图 9-5 所示，线圈的 N 极出现在上端，与磁棒的 N 极相对，两者互相排斥，其效果是反抗磁棒的插入。同样，当把磁棒的 N 极从线圈内拔出时，线圈的 S 极出现在上端，它和磁棒的 N 极互相吸引，其效果是阻碍磁棒的拔出。所以，楞次定律还可以表述为：感应电流的效果总是反抗引起感应电流的原因。这里所说的“效果”，既可理解为感应电流所激发的磁场，也可理解为因感应电流出现而引起的机械作用。就是说，表述中所说的“原因”，既可指磁通量的变化，也可以指引起磁通量变化对应的相对运动或回路的形变。

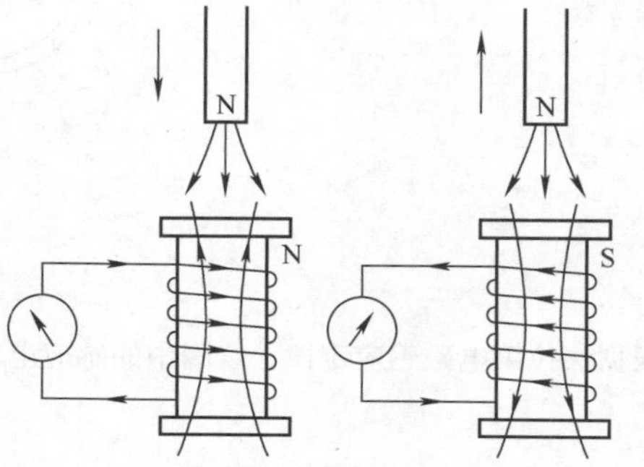

图 9-5　说明楞次定律的实例

综上所述，楞次定律可表述为：当穿过闭合回路所包围面积的磁通量发生变化时，在回路中就会有感应电流，此感应电流所激发的磁场总是反抗任何引发电磁感应的原因（反抗相对运动、磁场变化或线圈变形等）。用一句话说：感应电流的磁场总是反抗原磁场（回路中的磁场）磁通量的变化。

实质上，楞次定律是能量守恒定律的一种表现，在图 9-1 的情形中，由于电磁感应，在磁场中运动的导体回路所受的安培力总是反抗导体回路本身运动的，由此回路要进出运动时，需要外力做功，这样，就把某种形式的能量（如机械能、电能等）转换为其他形式的能量（如电能、热能等）。如不其然，若感应电流所产生的作用不是反抗导体回路的运动，而是帮助其运动，那么，只要开始时用一微小的力使导体回路做微小的运动，其后它就会越来越快地运动下去了，这样可以用微小的功来获得大的机械能，这显然与能量守恒定律相违背，肯定是不可能的。

交流发电机及其输变电系统是由 N. 特斯拉与 G. 威斯汀豪斯于 1893 年研制完成的。当时，美国巨大的尼亚加拉水电站就采用了他们的交流发电机和输变电系统。从此，世界各国的电力工业得到迅猛发展，为第二次工业革命提供了强大的动力源。

【例 9-1】 在如图 9-6 所示的均匀磁场中，置有面积为 S 的可绕 OO' 轴转动的 N 匝线圈，若线圈以角速度 ω 做匀速转动，求线圈中的感应电动势（交流发电机的原理）。

【解】 设在 $t=0$ 时，线圈平面的正法线 $\boldsymbol{e}_n$ 的方向与磁感应强度 $\boldsymbol{B}$ 的方向相同，在时刻 t，$\boldsymbol{e}_n$ 与 $\boldsymbol{B}$ 之间的夹角为 $\theta=\omega t$。此时，穿过线圈的磁链为

$$\Psi = N\Phi = NSB\cos\theta = NSB\cos\omega t$$

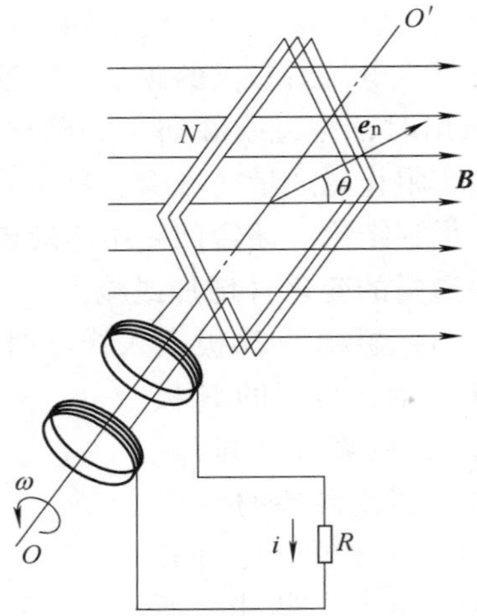

图 9-6 例 9-1 图

根据法拉第电磁感应定律，线圈中的感应电动势为

$$\mathscr{E} = -\frac{\mathrm{d}\Psi}{\mathrm{d}t} = NBS\omega\sin\omega t$$

式中，N、S、B 和 ω 均为常量。令 $\mathscr{E}_{\max}=NBS\omega$，上式可写为

$$\mathscr{E} = \mathscr{E}_{\max}\sin\omega t$$

由上式可知，在均匀磁场中，匀速转动的线圈内所建立的感应电动势是时间的正弦函数，如图 9-7a 所示。$\mathscr{E}_{\max}$ 是感应电动势的最大值，叫作电动势的振幅值，它与磁感应强度、线圈的匝数、线圈的面积和转动的角速度成正比。

当外电路的电阻远大于线圈的电阻时，忽略线圈的内阻，根据闭合回路的欧姆定律，回路中的感应电流为

$$i = \frac{\mathscr{E}}{R} = \frac{\mathscr{E}_{\max}}{R}\sin\omega t = I_{\max}\sin\omega t$$

式中，$I_{\max}=\mathscr{E}_{\max}/R$ 为感应电流的幅值。就是说，在均匀磁场中，匀速转动的线圈内感应电流也是时间的正弦函数，如图 9-7b 所示。这种电流叫作正弦交变电流，简称交流电。

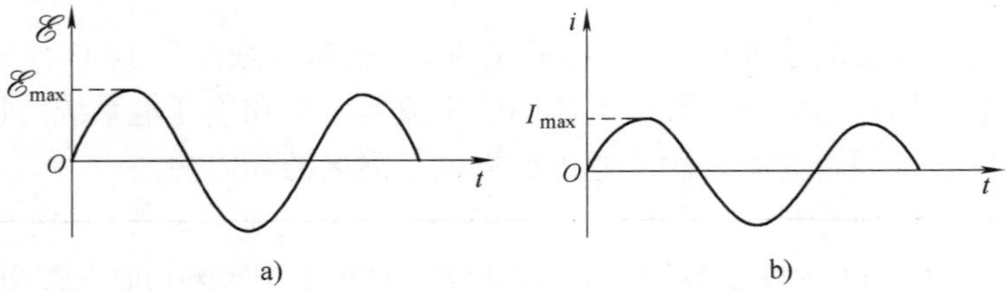

图 9-7 交流电

这里应当说明，上面我们所分析的是交流发电机的基本工作原理，而实际上大功率的交流发电机其输出交流电的线圈是固定不动的，转动的部分则是提供磁场的电磁铁线圈（即

转子)，它以角速度 ω 绕 OO'转动，形成所谓的旋转磁场，这种结构的发电机是由特斯拉发明的。

9.2 动生电动势和感生电动势

从上述分析可知，无论是何原因，只要穿过回路的磁通量发生变化，回路中就会有感应电动势。根据使回路磁通变化的不同原因，可确定产生感应电动势的非静电力性质也不同，因此，有动生电动势和感生电动势之分。我们将导体在恒定磁场中（或导体回路的面积发生变化）运动时产生的感应电动势称为**动生电动势**；将由于磁感应强度变化而引起的感应电动势称为**感生电动势**。下面分别讨论。

9.2.1 动生电动势

动生电动势

如图 9-8 所示，一个矩形导体回路，可动边是一根长为 l 的导体棒 AE，它以恒定速度$\boldsymbol{v}$ 在垂直于均匀磁场 $\boldsymbol{B}$ 的平面内，沿垂直于它自身的方向向右平移，其余各边不动。设某时刻 t 回路 CE 或 DA 边的长为 x，则此时穿过回路所围面积的磁通量大小为

$$\Phi = BS = Blx$$

随着棒 AE 的运动，回路所围的面积扩大，因而回路的磁通量也发生变化，根据法拉第电磁感应定律式（9-1），回路中的感应电动势大小为

$$\left|\mathscr{E}\right| = \frac{\mathrm{d}\Phi}{\mathrm{d}t} = \frac{\mathrm{d}}{\mathrm{d}t}(Blx) = Blv$$

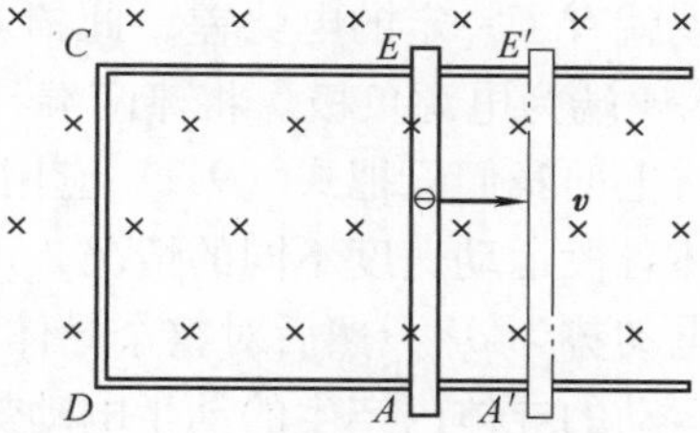

图 9-8 动生电动势

电动势的方向由楞次定律判定为逆时针方向。由于其他各边都未动，所以动生电动势应归结于 AE 棒的运动，故也只能在棒内产生。回路中感生电动势的逆时针方向说明在 AE 棒中的动生电动势方向沿由 A 到 E 的方向。像这样一段导体在磁场中运动时所产生的动生电动势的方向也可以简便地用右手定则判断：伸平右手掌并使拇指与其他四指垂直，让磁场线从掌心穿入，当拇指指着导体运动方向时，四指的指向就是导体中产生的动生电动势的方向。

在图 9-8 所示的情况中，感应电动势集中于回路的一段 AE 内，AE 段可视为整个回路中的电源部分。由于在电源内电动势的方向是由低电势处指向高电势处，所以棒 AE 的 E 点电势高于 A 点电势。

我们知道，电动势是非静电力作用的表现。下面分析引起动生电动势的非静电力。当棒 AE 向右以速度$\boldsymbol{v}$ 运动时，棒内的自由电子被棒带着以同一速度$\boldsymbol{v}$ 向右运动，每个运动的电子受到的洛伦兹力 $\boldsymbol{F}$（见图 9-9）为

$$\boldsymbol{F} = -e\boldsymbol{v} \times \boldsymbol{B}$$

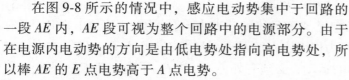

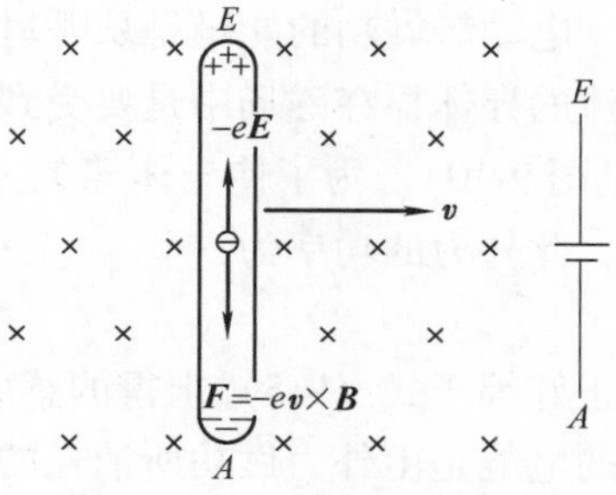

图 9-9 动生电动势与洛伦兹力

这个作用力就是一种等效的“非静电场”的作用，所对

应的一非静电场的强度应为

$$\boldsymbol{E}_{\mathrm{k}}=\frac{\boldsymbol{F}}{-e}=\boldsymbol{v}\times\boldsymbol{B}$$

根据电动势的定义，在棒中取一长度元 $\mathrm{d}\boldsymbol{l}$，其中由该非静电场（外来场）所产生的电动势应为

$$\mathrm{d}\mathscr{E}=(\boldsymbol{v}\times\boldsymbol{B})\cdot\mathrm{d}\boldsymbol{l}$$

整根棒 AE 所产生的电动势应为

$$\mathscr{E}=\int_A^E\boldsymbol{E}_{\mathrm{k}}\cdot\mathrm{d}\boldsymbol{l}=\int_A^E(\boldsymbol{v}\times\boldsymbol{B})\cdot\mathrm{d}\boldsymbol{l}\tag{9-3}$$

上式中需要注意的是，$\boldsymbol{v}$ 是 $\mathrm{d}\boldsymbol{l}$ 向右平移的速度，$\boldsymbol{B}$ 是 $\mathrm{d}\boldsymbol{l}$ 所在处的磁感应强度。在如图 9-8 所示的电路中，由于$\boldsymbol{v}$、$\boldsymbol{B}$、$\mathrm{d}\boldsymbol{l}$ 相互垂直，且$\boldsymbol{v}$、$\boldsymbol{B}$ 都是常矢量，所以式（9-3）积分的结果应为

$$\mathscr{E}_{AE}=Blv$$

可以肯定地说，**引起动生电动势的非静电力是洛伦兹力。**

在图 9-9 中，如果导体棒没接外电路，那么运动电荷在洛伦兹力的作用下向棒两端移动，棒两端分别积累了两种异号电荷，使其间有静电场，作用在运动电荷上的静电力将阻碍电荷继续在两端积累，当电荷所受的洛伦兹力与静电力平衡时，电荷就不再移动，于是，棒两端就有了一定的电势差，此棒就相当于一个电源。在图 9-9 中 E 端电势高，是电源的正极，A 端为电源负极。将棒两端与外电路连接就会有电流在电路中流动。

上面我们只把式（9-3）应用于直导体棒在均匀磁场中运动的情况。对于非均匀磁场且导体各段运动速度不同的情况，可以先考虑一段以速度$\boldsymbol{v}$ 运动的导体元 $\mathrm{d}\boldsymbol{l}$，在其中产生的动生电动势为 $\mathrm{d}\mathscr{E}$，然后对整个导体积分，其表示式就是式（9-3）。因此，式（9-3）是在磁场中运动的导体内产生的动生电动势的一般公式。特别是，如果整个导体回路 L 都在磁场中运动，则在回路中产生的总动生电动势应为

$$\mathscr{E}=\oint_L(\boldsymbol{v}\times\boldsymbol{B})\cdot\mathrm{d}\boldsymbol{l}\tag{9-4}$$

在图 9-8 所示的闭合导体回路中，由于导体棒的运动而产生电动势，在回路中就会有感应电流产生。电流流动时，感应电动势是要做功的。设电路中感应电流为 I，则感应电动势做功的功率为

$$P=I\mathscr{E}=IBlv\tag{9-5}$$

电动势做功的能量是从哪里来的呢？考察导体棒运动时所受的力就可以给出答案。通有电流的导体棒在磁场中是要受到磁场力作用的。AE 棒受磁场力的大小为 $F_{\mathrm{m}}=IlB$，方向向左（见图 9-10）。为了使导体棒匀速向右运动，必须有外力 $\boldsymbol{F}_{\mathrm{ext}}$ 与 $\boldsymbol{F}_{\mathrm{m}}$ 平衡，即 $\boldsymbol{F}_{\mathrm{ext}}=-\boldsymbol{F}_{\mathrm{m}}$，因而，此外力的功率为

$$P_{\mathrm{ext}}=F_{\mathrm{ext}}v=IBlv$$

这正好等于式（9-5）求得的感应电动势做功的功率。因此我们知道，电路中感应电动势提供的电能是由外力做功所消耗的机械能转换而来的，这就是发电机内的能量转换过程。

我们知道，当导线在磁场中运动时产生的感应电动势是洛伦兹力作用的结果，并且上面我们已说过，感应电动势是要做功的，而我们早已知道洛伦兹力不可能对运动电荷做功，这

个问题该如何解释呢？下面给予分析。如图 9-11 所示，随同导线一起运动的自由电子受到的洛伦兹力为 $\boldsymbol{F}=-e\boldsymbol{v}\times\boldsymbol{B}$，由于这个力的作用，电子将以速度$\boldsymbol{v}'$沿导线运动，而由于速度$\boldsymbol{v}'$的存在，使电子还要受到一个垂直于导线的洛伦兹力 $\boldsymbol{F}'$的作用，$\boldsymbol{F}'=-e\boldsymbol{v}'\times\boldsymbol{B}$。电子受洛伦兹力的合力为 $\boldsymbol{F}_{合}$，电子运动的合速度为$\boldsymbol{v}_{合}=\boldsymbol{v}+\boldsymbol{v}'$，所以洛伦兹力合力做功的功率为

$$\begin{aligned}\boldsymbol{F}_{合}\cdot\boldsymbol{v}_{合}&=(\boldsymbol{F}+\boldsymbol{F}')\cdot(\boldsymbol{v}+\boldsymbol{v}')\\&=\boldsymbol{F}\cdot\boldsymbol{v}'+\boldsymbol{F}'\cdot\boldsymbol{v}=-evBv'+ev'Bv=0\end{aligned}$$

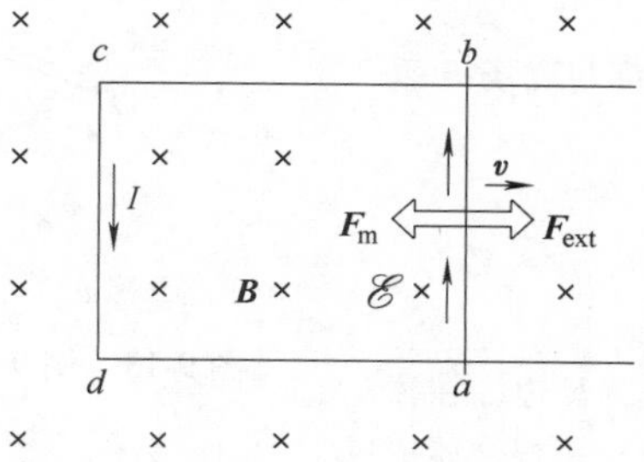

图 9-10 洛伦兹力与外力方向相反

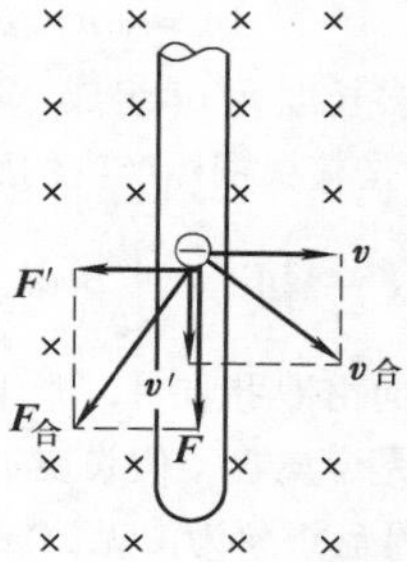

图 9-11 洛伦兹力不做功

这一结果表示洛伦兹力合力做功为零，这与我们所知的洛伦兹力不做功的结论一致。从上述结果中可得出

$$\boldsymbol{F}\cdot\boldsymbol{v}'+\boldsymbol{F}'\cdot\boldsymbol{v}=0 \quad 即 \quad \boldsymbol{F}\cdot\boldsymbol{v}'=-\boldsymbol{F}'\cdot\boldsymbol{v}$$

就是说，为了使自由电子按$\boldsymbol{v}$ 的方向匀速运动，必须有外力 $\boldsymbol{F}_{ext}$作用在电子上，由此也可写为

$$\boldsymbol{F}\cdot\boldsymbol{v}'=\boldsymbol{F}_{ext}\cdot\boldsymbol{v}$$

此等式左侧是洛伦兹力的一个分力对电荷沿导线方向运动所做的功，宏观上就是感应电动势驱动电流做的功。等式右侧是在同一时间内外力反抗洛伦兹力的另一个分力做的功，宏观上就是外力移动导线做的功，洛伦兹力总功为零。这个过程实质上表示了能量的转换与守恒，洛伦兹力在这里起了一个能量转换者的作用，一方面反抗外力做功，同时驱动电荷运动做功。

【例 9-2】 一通有电流 I 的长直水平导线近旁有一斜向放置的金属棒 AC 与之共面，金属棒以平行于电流 I 的速度$\boldsymbol{v}$ 平动，如图 9-12 所示，已知棒端 A、C 与导线的距离分别为 a、b，求棒中的感应电动势。

【解】 在棒上任取长度元 d$\boldsymbol{l}$，其上产生的动生电动势为

$$\mathrm{d}\mathscr{E}=(\boldsymbol{v}\times\boldsymbol{B})\cdot\mathrm{d}\boldsymbol{l}$$

建立如图 9-12 所示的 Oy 坐标，则

$$\mathrm{d}\mathscr{E}=vB\mathrm{d}l\cos\theta=-vB\mathrm{d}y$$

整根金属棒 AC 产生的感应电动势为

$$\mathscr{E}=\int\mathrm{d}\mathscr{E}=\int_b^a v\frac{\mu_0 I}{2\pi y}(-\mathrm{d}y)=v\frac{\mu_0 I}{2\pi}\ln\frac{b}{a}$$

感应电动势的方向由 C 指向 A，即 A 点电势高。

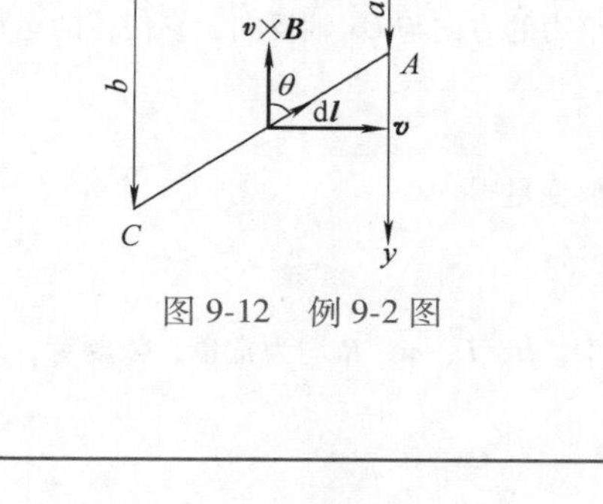

图 9-12 例 9-2 图

思考：此例题也可补成回路，而后应用法拉第电磁感应定律的方法解得，具体做法如何？你能否由此题总结出直导体棒在磁场中运动产生感应电动势的规律？

【例 9-3】 一根长为 L 的铜棒，在磁感应强度为 $\boldsymbol{B}$ 的均匀磁场中以角速度 ω 在与磁场方向垂直的平面上绕棒的一端 O 做匀速转动，如图 9-13 所示，试求在铜棒中的感应电动势。

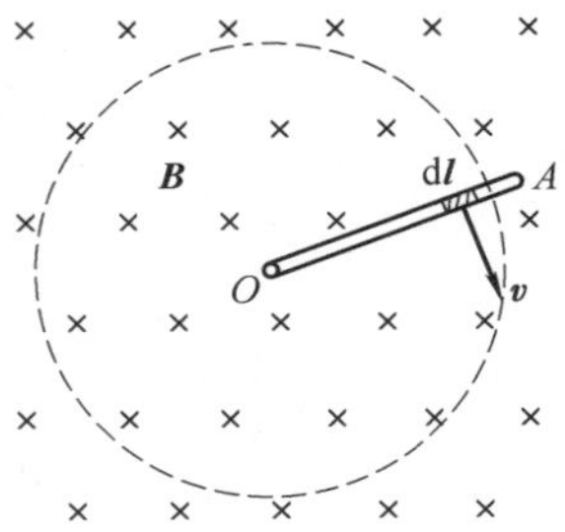

图 9-13 例 9-3 图

【解】 在棒上任取长度元 $\mathrm{d}\boldsymbol{l}$，其上产生的动生电动势为

$$\mathrm{d}\mathscr{E}=(\boldsymbol{v}\times\boldsymbol{B})\cdot\mathrm{d}\boldsymbol{l}=vB\mathrm{d}l$$

把棒看成是由许多长度元 $\mathrm{d}\boldsymbol{l}$ 组成，每一长度元的线速度 $\boldsymbol{v}$ 都与磁场 $\boldsymbol{B}$ 垂直，且 $v=l\omega$，于是整根铜棒产生的感应电动势为

$$\mathscr{E}=\int\mathrm{d}\mathscr{E}=\int_0^L Bv\mathrm{d}l=\int_0^L B\omega l\mathrm{d}l=\frac{1}{2}B\omega L^2$$

感应电动势的方向由 O 指向 A，即 A 点电势高。

如果转动的是金属盘，假设盘心就在图 9-13 中的 O 点，盘边缘在棒 A 端，可以将金属盘想象为由无数根并联的金属棒组合而成，每根金属棒都与 OA 类似。因这些金属棒是并联的，所以金属盘从边缘到中心的动生电动势与一根金属棒上的动生电动势相同。

【例 9-4】 如图 9-14 所示，导体矩形框的平面与磁感应强度为 $\boldsymbol{B}$ 的均匀磁场垂直，在此矩形框上有一质量为 m、长为 L 的可移动细导体棒 AE，矩形框还接有一电阻 R，其值较之导线的电阻值要大得多，若开始时（$t=0$），细导体棒以速度 $\boldsymbol{v}_0$ 沿图示的矩形框运动，试求棒的速率随时间变化的函数关系。

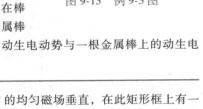

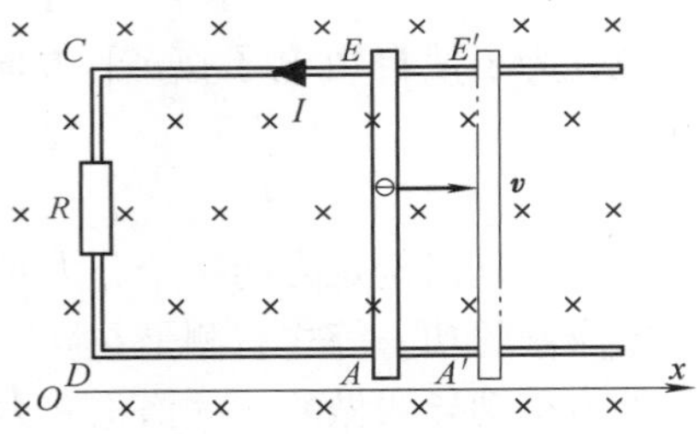

图 9-14 例 9-4 图

【解】 按图中所示的 Ox 坐标，棒的初速度 $\boldsymbol{v}_0$ 与 Ox 轴的正向相同。当棒的速率为 v 时，棒中动生电动势为

$$\mathscr{E}=vBL$$

其方向由 A 端指向 E 端，故在图中矩形导体框中的电流是逆时针流动，值为

$$I=\frac{\mathscr{E}}{R}=\frac{vBL}{R}$$

由安培定律可知作用在棒上的安培力为

$$F=IBL=\frac{vB^2L^2}{R}$$

安培力的方向与 Ox 轴反向，它使棒的运动速率越来越小，根据牛顿第二定律，有

$$m\frac{\mathrm{d}v}{\mathrm{d}t}=-\frac{vB^2L^2}{R}$$

分离变量得

$$\frac{\mathrm{d}v}{v}=-\frac{B^2L^2}{mR}\mathrm{d}t$$

式中，B、L、m、R 均为常量，依题意，$t=0$ 时，$v=v_0$，将上式积分得

$$\int_{v_0}^{v}\frac{\mathrm{d}v}{v}=-\frac{B^2L^2}{mR}\int_0^t\mathrm{d}t$$

$$\ln\frac{v}{v_0} = -\frac{B^2L^2}{mR}t$$

则在任意时刻 t 棒的速率随时间变化的函数关系为

$$v = v_0 e^{-\frac{B^2L^2}{mR}t}$$

9.2.2　感生电动势

本节讨论引起回路中磁通量变化的另一种情况：导体回路静止，当它包围的磁场发生变化时，穿过它的磁通量当然也会发生变化，这时回路中也产生感应电动势，这样产生的感应电动势称为**感生电动势**，它和磁通量变化率的关系也由式（9-1）表示。

感生电动势

那么，产生感生电动势的非静电力是何力呢？显然，由于导体回路未动，所以它不可能像产生动生电动势那样是洛伦兹力。由于这时的感应电流是原来宏观静止的电荷受非静电力作用形成的，而静止电荷受到的力只能是电场力，所以这时的非静电力的性质也只能是电场力。再仔细观察这种情形，只有磁场是变化的，所以产生这种电场力的电场只能是磁场的变化引起的，把它称为感生电场，它就是产生感生电动势的“非静电场”。在此用 $\boldsymbol{E}_i$ 表示感生电场强度，则根据电动势的定义，由于磁场的变化，在一个导体回路 L 中产生的感生电动势应为

$$\mathscr{E} = \oint_L \boldsymbol{E}_i \cdot d\boldsymbol{l} \tag{9-6}$$

式（9-6）可表述为，回路中感生电动势的值等于将单位正电荷沿闭合回路 L 移动一周，感生电场力所做的功。

感生电动势也服从法拉第电磁感应定律，有

$$\mathscr{E} = \oint_L \boldsymbol{E}_i \cdot d\boldsymbol{l} = -\frac{d\Phi}{dt} \tag{9-7}$$

如果回路不闭合，由电动势的定义仍有

$$\mathscr{E} = \int_L \boldsymbol{E}_i \cdot d\boldsymbol{l} \tag{9-8}$$

感生电动势的方向也同样可应用楞次定律来方便地判定。如图 9-15 所示，当磁铁向下运动时，$ABCD$ 平面上感生电动势引起的感生电流产生的磁场总反抗平面上的回路中所包围的磁通量的变化。

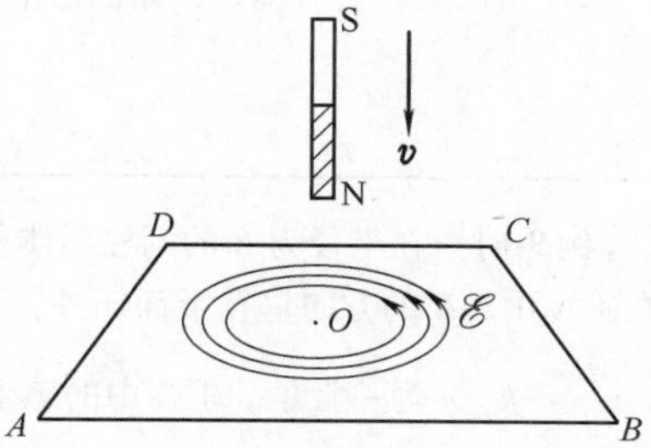

图 9-15　感生电动势方向的判定

当时的法拉第只着眼于导体回路中感应电动势的产生，之后的麦克斯韦则更着重于电场和磁场关系的研究。他提出，当磁场发生变化时，不仅会在导体回路中，甚至在空间任一点也都会产生感生电场，并且不管回路的性质如何，感生电场沿任何闭合回路的积分都满足式（9-7）表示的关系。用 $\boldsymbol{B}$ 来表示磁感应强度，下面的表达式可以更明显地表示出电场和磁场的关系：

$$\mathscr{E} = \oint_L \boldsymbol{E}_i \cdot d\boldsymbol{l} = -\frac{d}{dt}\int_S \boldsymbol{B} \cdot d\boldsymbol{S} = -\int_S \frac{\partial \boldsymbol{B}}{\partial t} \cdot d\boldsymbol{S} \tag{9-9}$$

式中，S 为以该回路 L 为周界围成的任意曲面。由于感生电场的环路积分不等于零，所以它又叫作涡旋电场。式（9-9）表示的规律可以理解为变化的磁场产生涡旋电场。

在一般情况下，空间的电场可能既有静电场 $\boldsymbol{E}_s$，又有感生电场 $\boldsymbol{E}_i$。根据叠加原理，总电场 $\boldsymbol{E}$ 沿某一闭合路径 L 的环路积分应是静电场的环路积分和感生电场的环路积分之和。由于前者积分为零（静电场的环流为零），所以 $\boldsymbol{E}$ 的环路积分就仅等于感生电场 $\boldsymbol{E}_i$ 的环流。因此，式（9-9）可写为

$$\oint_L \boldsymbol{E}\cdot \mathrm{d}\boldsymbol{l} = -\int_S \frac{\partial \boldsymbol{B}}{\partial t}\cdot \mathrm{d}\boldsymbol{S} \tag{9-10}$$

式（9-10）是关于磁场和电场关系的又一个普遍的基本规律，它可表述为：电场 $\boldsymbol{E}$ 沿某一闭合路径 L 的环流等于磁感应强度 $\boldsymbol{B}$ 随时间的变化率对以该回路 L 为周界围成的任意曲面通量的负值。

【例 9-5】 如图 9-16 所示为一个半径为 $r=0.2\text{m}$ 的半圆和几条直线段组成的导电回路。半圆位于指向页面外部均匀磁场中。磁场的大小由 $B=4t^2+2t+3$ 给出。B 的单位为 T，t 的单位为 s。一电动势 $\mathscr{E}=2.0\text{V}$ 的理想电池与回路相连，回路的电阻为 2.0Ω。求：（1）当 $t=10\text{s}$ 时，回路中感应电动势的大小及方向如何？（2）当 $t=10\text{s}$ 时，回路中的感应电流有多大？

【解】（1）由法拉第定律，在任意时刻 t，回路中的感应电动势的大小为

$$\mathscr{E}_i=\left|-\frac{\mathrm{d}\Phi}{\mathrm{d}t}\right|=\frac{\mathrm{d}}{\mathrm{d}t}(BS)=S\frac{\mathrm{d}B}{\mathrm{d}t}=\frac{\pi r^2}{2}\frac{\mathrm{d}}{\mathrm{d}t}(4t^2+2t+3)=\frac{\pi r^2}{2}(8t+2)$$

当 $t=10\text{s}$ 时，$\mathscr{E}_i=\left[\dfrac{\pi\times(0.2)^2}{2}(8\times10+2)\right]\text{V}\approx5.2\text{V}$，由于磁场随时间增加，根据楞次定律可判定感应电动势的方向为顺时针方向，与半圆外界电池的电动势反向。

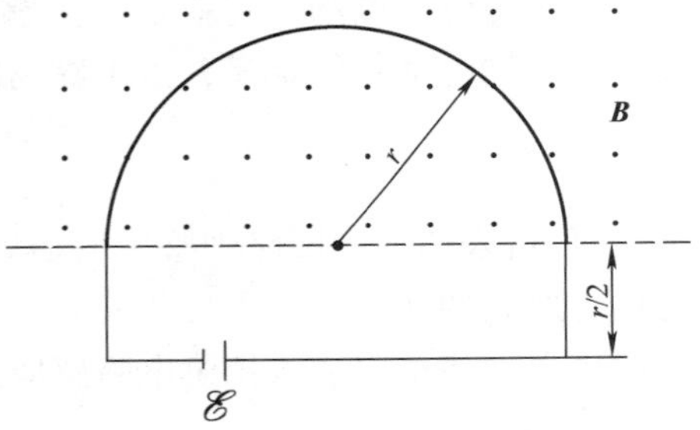

图 9-16 例 9-5 图

（2）由以上分析可知，回路的总电动势为 $\mathscr{E}_i-\mathscr{E}$，当 $t=10\text{s}$ 时，回路中的感应电流为

$$i=\frac{\mathscr{E}_i-\mathscr{E}}{R}=\frac{5.2-2}{2}\text{A}\approx1.6\text{A}$$

【例 9-6】 在半径为 R 的圆柱形体积内，充满磁感应强度为 $\boldsymbol{B}$ 的均匀磁场。有一长为 L 的金属棒 AC 置放在磁场中，$\boldsymbol{B}$ 的方向垂直纸面向外，如图 9-17 所示，设磁场在减小，$\dfrac{\mathrm{d}B}{\mathrm{d}t}=-k$，$k$ 为一常量。求棒中的感生电动势的大小和方向。

【解】 依题意，由楞次定律可判定图中圆柱形体积内的感生电流是与圆柱同轴的环流，其方向逆时针（如图所示），根据式（9-8），有

$$\oint_L \boldsymbol{E}_i\cdot \mathrm{d}\boldsymbol{l} = E_i 2\pi r = -\int_S \frac{\mathrm{d}\boldsymbol{B}}{\mathrm{d}t}\cdot \mathrm{d}\boldsymbol{S} = k\pi r^2$$

可得圆柱形体积内感生电场的分布函数为

$$E_i = \frac{kr}{2}\quad (r<R)$$

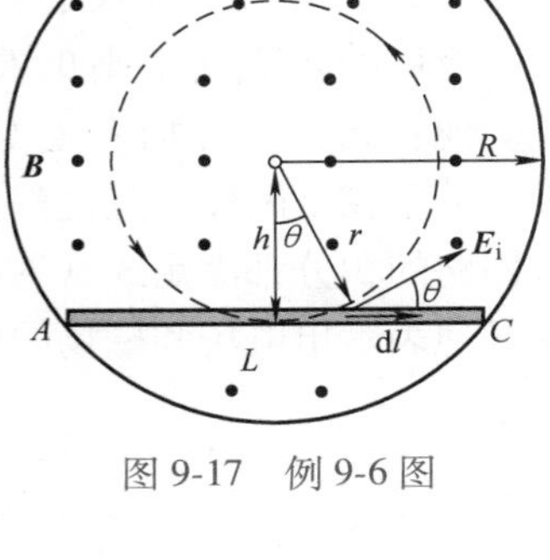

图 9-17 例 9-6 图

上式为正值，说明感生电场的方向与回路绕向方向相同，与楞次定

律判定的方向一致。在棒上任取位移元 $d\boldsymbol{l}$，它与圆心的距离为 r，它所在处的感生电场由上式决定，由式（9-8），$d\boldsymbol{l}$ 上产生的感生电动势为

$$d\mathscr{E} = \boldsymbol{E}_i \cdot d\boldsymbol{l} = \frac{kr}{2} dl\cos\theta$$

式中，θ 为 $\boldsymbol{E}_i$ 与 $d\boldsymbol{l}$ 的夹角，整根棒产生的感应电动势为上式的积分，即

$$\mathscr{E} = \int_0^L \boldsymbol{E}_i \cdot d\boldsymbol{l} = \int_L \frac{k}{2} r\cos\theta dl$$

设棒与圆柱轴心的垂直距离为 h，则 r 与 h 间的夹角也是 θ，那么 $r\cos\theta = h$，故上式为

$$\mathscr{E} = \int_L \frac{k}{2} h dl = \frac{kh}{2}\int_L dl = \frac{k}{2} hL$$

$$= \frac{kL}{2}\sqrt{R^2 - \frac{L^2}{4}}$$

感应电动势的方向由 A 指向 C，即 C 点的电势高。

思考：此例题也可补成回路，而后应用法拉第电磁感应定律的方法解得，具体做法又是如何？

9.2.3 电子感应加速器

在分析静电场时，我们曾经讨论过回旋加速器，那是利用电场不断对带电粒子施以电场力使之得到不断加速。这里作为感生电场的一个实用例子，我们来分析电子感应加速器的工作原理。电子感应加速器是利用感生电场来加速电子的一种设备，其中圆柱形电磁铁在两极间产生磁场（见图 9-18），电磁铁是由频率为几十赫兹的交变电流来激励的，且磁极间的磁场呈对称分布。在磁场中安置一个环形真空管道（其截面如图 9-19 所示），作为电子运行的轨道。当磁场发生变化时，就会沿轨道方向产生感生电场，用电子枪将电子沿轨道的切线方向射入环形真空管中，射入其中的电子就受到这感生电场的作用而被加速，与此同时，电子还要受到磁场对它的洛伦兹力作用，使电子沿环形轨道运动。

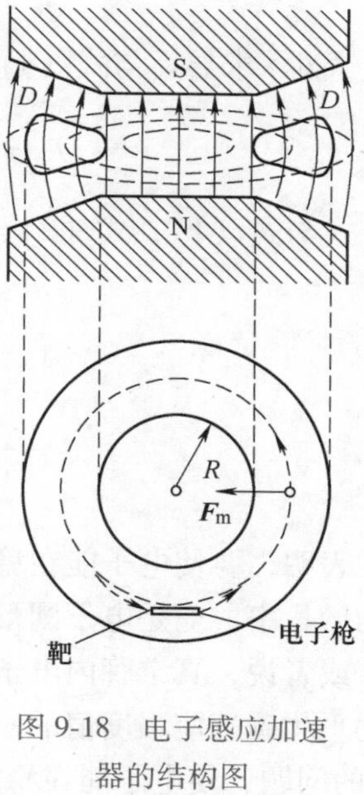

图 9-18 电子感应加速器的结构图

为了使电子在电子感应加速器中不断地被加速，两个关键的问题必须考虑：一是如何使电子的运动稳定在某个圆形轨道上；二是如何使电子在圆形轨道上只被加速，而不是被减速。下面就这两问题进行分析。先讨论第一个问题。如图 9-18 所示，设电子以速率 v 在半径为 R 的圆形轨道上运动，圆形轨道处的磁感应强度为 B_R，运动的电子在磁场中要受到洛伦兹力，此时正好要求洛伦兹力恰好作为电子做圆周的向心力，即

$$evB = m\frac{v^2}{R}$$

得

$$R = \frac{mv}{eB_R} \tag{1}$$

式中，m 为电子的质量。由上式可以看出，要使电子沿给定的轨道半径做圆周运动，磁感应强度必须随电子的动量（$p=mv$）成比例增加才能满足。如何实现呢？由上式可得

$$p = eRB_R$$

将上式两边对时间 t 求导，由于 R、e 为常量，有

$$\frac{\mathrm{d}p}{\mathrm{d}t} = eR\frac{\mathrm{d}B_R}{\mathrm{d}t} \tag{2}$$

根据牛顿运动定律，电子的 $\mathrm{d}p/\mathrm{d}t$ 只能来自感生电场对它的作用力，若只考虑数值的关系，有

$$F = \frac{\mathrm{d}p}{\mathrm{d}t} = eE_{\mathrm{i}} \tag{3}$$

式中，E_{i} 是电子所在处感生电场的电场强度，其方向与圆形轨道处处相切。根据法拉第电磁感应定律，若也只考虑数值关系，有

$$E_{\mathrm{i}}2\pi R = \frac{\mathrm{d}\Phi}{\mathrm{d}t} \tag{4}$$

上式中的 Φ 是电子圆形轨道所包围面积上的磁通量，设此面积内磁感应强度的平均值为 $\overline{B}$，则

$$\Phi = \overline{B}\pi R^2$$

将上式对 t 求导后与式（4）比较得

$$E_{\mathrm{i}} = \frac{R}{2}\frac{\mathrm{d}\overline{B}}{\mathrm{d}t}$$

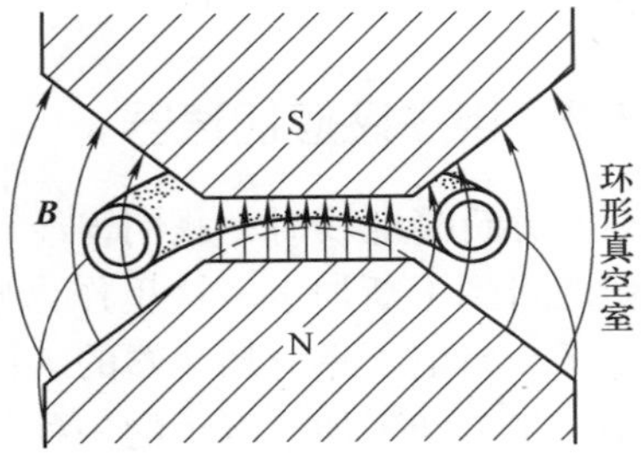

图 9-19　环形真空管道截面图

将上式与式（1）、式（2）、式（3）比较联立可得

$$\frac{\mathrm{d}B_R}{\mathrm{d}t} = \frac{1}{2}\frac{\mathrm{d}\overline{B}}{\mathrm{d}t}$$

故

$$B_R = \frac{1}{2}\overline{B}$$

上式表明，要使电子能在稳定的轨道上被加速，真空环形室内电子所在处的磁感应强度随时间的增长率，应是电子圆形轨道所包围的面积内磁场的平均磁感应强度随时间增长率的一半。或者说，真空管内电子圆形轨道所在处的磁感应强度是电子圆形轨道所包围的面积内磁场的平均磁感应强度值的一半。美国物理学家科斯特（D. W. Kerst）正是解决了这个“2 比 1”的问题，使电子能在稳定轨道上加速，才研制出这种加速器的。

下面我们再来讨论第二个问题。由于电磁铁的激磁电流是随时间正弦变化的，所以磁感应强度也是时间的正弦函数（见图 9-20），仔细分析一下在一个周期内磁感应强度的变化，可以看出，若在第一个 1/4 周期中，感生电场的方向是顺时针绕向，而电子是负电荷，所受的电场力沿感生电场的负方向，这种情形与上述图 9-18 中讨论的相同，此时，电子受到的洛伦兹力也正好是向心的。但从第二个 1/4 周期开始，感生电场的方向变为逆时针绕向，则

对电子做顺时针的加速。所以，只能在第一个1/4周期内完成对电子的加速过程，否则，电子又会被减速了。这也就是说，为使电子加速获得很好的效果，应在 $t=0$ 时将电子注入，在 $t=T/4$ 前，将被加速的电子从轨道中引出。

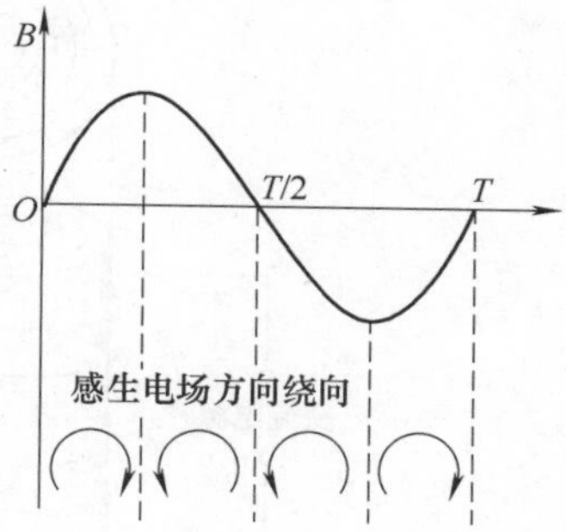

图 9-20 一个周期内磁感应强度与时间的正弦关系

这里可能产生这样一个问题：交变电流的频率只有几十赫（我国为50Hz），1/4周期约是 10^{-3}s（我国为 5×10^{-3}s），在这样短的时间内，能使电子加速到足够大的速率吗？表面看，1/4周期的时间是很短的，如果设法使电子注入时已有一定的速率（例如用电子枪使电子通过50kV电压的预加速），这样，电子在1/4周期内，在圆形轨道上已经可以转过很多圈，而每转一圈电子被感生电场加速一次，因此电子在1/4周期里可获得很高的速率和能量。

最后应当指出，用电子感应加速器来加速电子，要受到电子因加速运动而辐射能量的限制。因此，用电子感应加速器还不能把电子加速到极高的能量。一般小型电子感应加速器可将电子加速到几十万电子伏，大型的可达数千万电子伏。现在利用电子感应加速器已可使电子的速度达到0.999 879c。利用高能电子束（β射线）打击在靶子上，便得到能量较高的X射线，可用于研究某些核反应和制备一些放射性同位素。小型电子感应加速器所产生的X射线可用于工业探伤和癌症医治等。

9.2.4 涡电流和电磁阻尼

感应电流不仅能够在导电回路内出现，而且当大块导体与磁场有相对运动或大块导体处在变化的磁场中时，在其中也会激起感应电流。这种在大块导体内流动的感应电流，通常称为涡电流，简称涡流。涡流在工程技术上也有广泛的应用，下面对涡流的产生和应用做简要的介绍。

在实际应用中，许多电磁设备中常常有大块的金属存在（如发电机和变压器中的铁心），当这些金属块处在变化的磁场中或相对于磁场运动时，在它们的内部也会产生感应电流。例如在图9-21中，在圆柱形的铁心上绕有线圈，当线圈中通上交变电流时，铁心就处在交变磁场中。铁心可看作由一系列半径逐渐变化的圆柱状薄壳组成，每层薄壳自成一个闭合回路。在交变磁场中，通过这些薄壳的磁通量都在不断地变化，所以在一层层的壳壁内将产生感应电流。从铁心的上端俯视，电流线呈闭合的涡旋状，这就是涡流。由于大块金属的电阻很小，因此涡流可以非常大。强大的涡流在金属内流动时，将释放出大量的焦耳热。工业上利用这种热效应制造高频感应电炉来冶炼金属。高频感应电炉的结构原理如图9-22所示，在坩埚的外缘绕有线圈，当线圈同大功率高频交变电源接通时，高频交变电流在线圈内激发很强的高频交变磁场，这时，放在坩埚内被冶炼的金属因电磁感应而产生涡流，释放出大量的焦耳热，结果使自身熔化。这种加热和冶炼方法的独特优点是无接触加热。把金属和坩埚等放在真空室加热，可以使金属不受玷污，并且不致在高温下氧化；此外，由于它是在金属内部各处同时加热，加热均匀且可以减小热传递，因此，加热的效率高，速度快。高频感应电炉已广泛用于冶炼特种钢、难熔解或较活泼的金属，以及提纯半导体材料等工艺中。

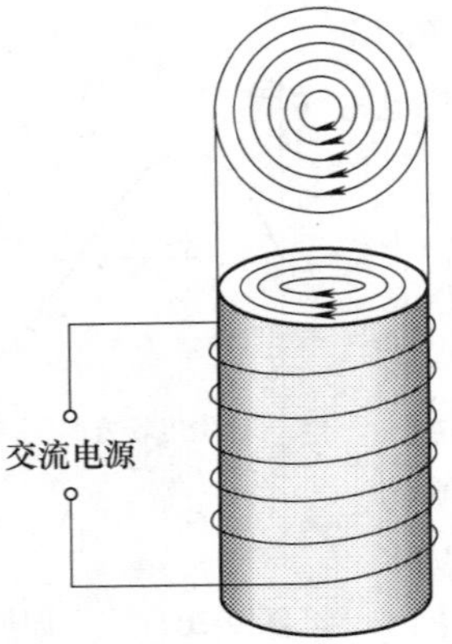

图 9-21 涡电流

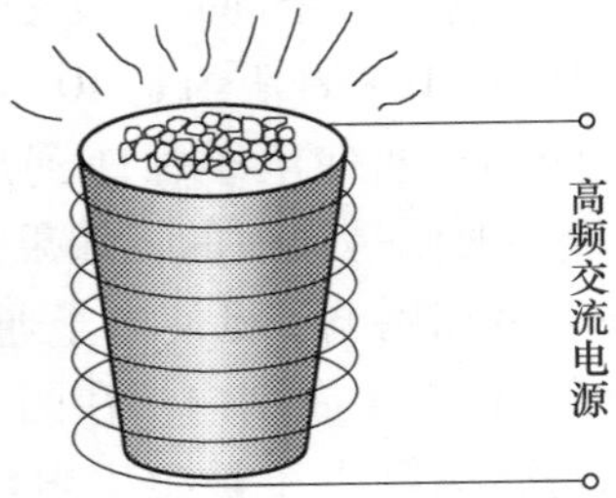

图 9-22 高频感应电炉

电磁炉加热原理

在电磁炉内部，整流电路将 50~60Hz 的交流电压变成直流电压，再经过控制电路将直流电压转变成频率为 20~40kHz 的高频电压。由该高频电压产生的高频电流通过电磁炉内部的环形线圈产生高频变化的磁场。高频变化的磁场通过导磁体（如铁质锅）的底部产生感应电流，感应电流（涡流）通过锅体自身的电阻发热。

但在有些方面涡流所产生的热是有害的。例如在电机和变压器中，为了增大磁感应强度，都采用了铁心，当电机变压器的线圈中通过交变电流时，铁心中将产生很大的涡流，这样，不仅损耗了大量的能量（叫作铁心的涡流损耗），甚至发热量过大会烧毁这些设备。为了减小涡流及其损失，通常采用叠合式的硅钢片代替整块铁心，并使硅钢片平且与磁感应线平行。我们现以变压器的铁心为例来说明。

图 9-23a 所示为变压器，图 9-23b 为它中间的矩形铁心，铁心的两边绕有多匝的原线圈（或称初级绕组）A_1 和副线圈（或称次级绕组）A_2，电流通过线圈所产生的磁感应线主要集中在铁心中。磁通量的变化除了在原、副线圈内产生感应电动势外，也将在铁心的每个横截面（例如 CC' 截面）内产生循环的涡电流。若铁心是整块的，如图 9-23c 所示，对于涡流来说整块铁心电阻很小，因涡流而损耗的焦耳热就很大；若铁心用叠合式硅钢片制作，如图 9-23d 所示；并且硅钢片平面与磁感应线平行，一方面由于相对面积较小的硅钢片对于涡

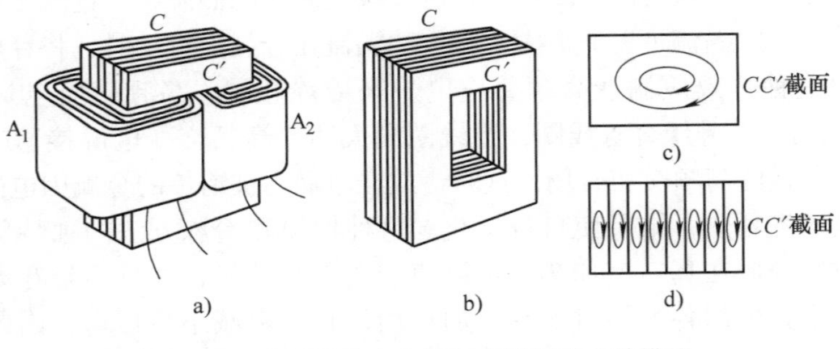

图 9-23 变压器铁心中的涡流损耗及改善措施

流来说电阻率较大，另一方面各片之间涂有绝缘漆或附有天然的绝缘氧化层，把涡流限制在各薄片内，使涡流大为减小，从而减少了电能的损耗。

此外，涡流产生的机械效应在实际中也有很广泛的应用，例如可用作电磁阻尼。下面说明电磁阻尼的原理。如图 9-24 所示，把一块铜或铅等非铁磁性物质制成的金属板悬挂在电磁铁的两极之间，当电磁铁的线圈没有通电时，两极间没有磁场，这时要经过相当长的时间，才能使摆动着的摆停止下来。当电磁铁的线圈中通电后，两极间有了磁场，这时摆动着的摆会很快就停止下来。这是因为当摆朝着两个磁极间的磁场运动时，穿过金属板的磁通量增加，在摆中产生了涡流（涡流的方向如图中虚线所示），而它要受到磁场安培力的作用，其方向恰与摆的运动方向相反，因而阻碍摆的运动。同样，当摆由两极间的磁场离开时，磁场对金属板的作用力的方向也与摆的运动方向相反，所以摆很快就停止下来。磁场对金属板的这种阻尼作用，叫作电磁阻尼。在一些电磁仪表中，常利用电磁阻尼使摆动的指针迅速地停止在平衡位置上。电度表中的制动铝盘也是利用了电磁阻尼效应。

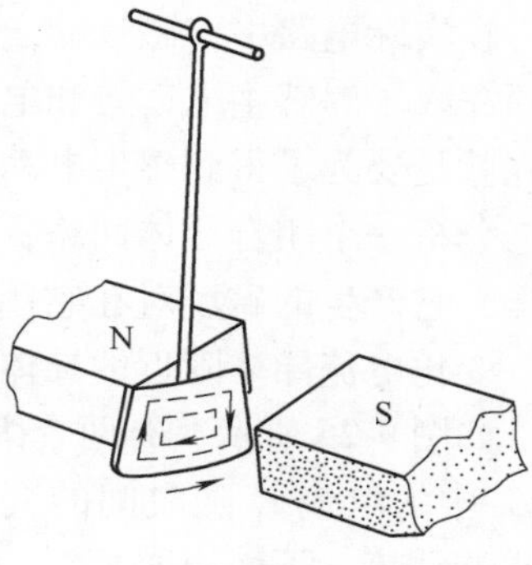

图 9-24　电磁阻尼演示

【例 9-7】　测铁磁质中的磁感应强度。如图 9-25 所示，在铁磁试样做的环上绕上两组线圈。一组线圈匝数为 N_1，与电池相连；另一组线圈匝数为 N_2，与一个“冲击电流计”（这种电流计的最大偏转与通过它的电荷量成正比）相连。设铁环原来没有磁化。当合上电键使 N_1 中电流从零增大到 I_1 时，冲击电流计测出通过它的电荷量是 q。求与电流 I_1 相应的铁环中的磁感应强度大小 B_1。

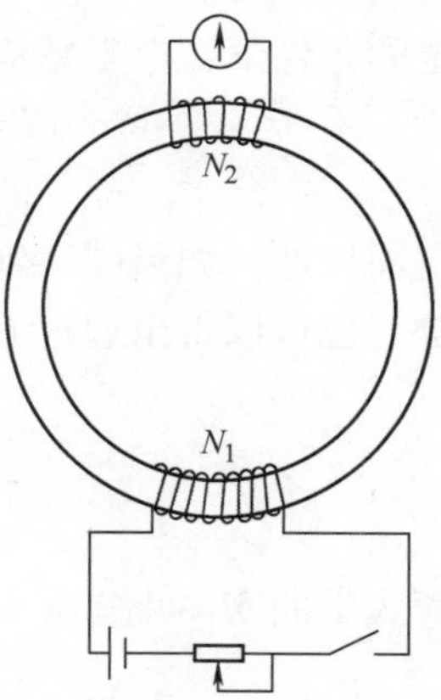

图 9-25　例 9-7 图

【解】　当合上电键使 N_1 中的电流增大时，它在铁环中产生的磁场也增强，因而 N_2 线圈中有感生电动势产生。以 S 表示环的截面积，以 B 表示环磁感应强度的大小，则 $\Phi=BS$，而 N_2 中的感生电动势的大小为

$$\mathscr{E} = \frac{\mathrm{d}\Psi}{\mathrm{d}t} = N_2\frac{\mathrm{d}\Phi}{\mathrm{d}t} = N_2 S\frac{\mathrm{d}B}{\mathrm{d}t}$$

以 R 表示 N_2 回路（包括冲击电流计）的总电阻，则 N_2 中的电流为

$$i = \frac{\mathscr{E}}{R} = \frac{N_2 S}{R}\frac{\mathrm{d}B}{\mathrm{d}t}$$

设 N_1 中的电流增大到 I_1 需要的时间为 τ，则在同一时间内通过 N_2 回路的电荷量为

$$q = \int_0^\tau i\mathrm{d}t = \int_0^\tau \frac{N_2 S}{R}\mathrm{d}B = \frac{N_2 S}{R}\int_0^\tau \mathrm{d}B = \frac{N_2 S}{R}B_1$$

由此得

$$B_1 = \frac{qR}{N_2 S}$$

这样，根据冲击电流计测出的电荷量 q 就可以算出与 I_1 相对应的铁环中的磁感应强度。这是常用的一种测量磁介质中的磁感应强度的方法。在上一章中分析测量铁磁质磁滞回线时也用到。

9.3 互感

互感和自感

在实际电路中，磁场的变化通常是由于电流的变化引起的，因此，必须深入了解感生电动势和电流之间的变化关系。而互感和自感现象的研究就是要为了得到感生电动势和电流的变化之间的规律的。

分析一个闭合导体回路，当其中的电流随时间变化时，它所激发的磁场也随时间变化，这样，它产生的磁场对在它附近的导体回路所包围的面积的磁通也将随时间发生变化，所以，变化电流导体附近的导体回路也会产生感生电动势，这种电动势叫作**互感电动势**。

如图9-26所示，有两个固定的闭合回路L_1和L_2。闭合回路L_2中的互感电动势是由于回路L_1中的电流i_1随时间的变化引起的，以$\mathscr{E}_{21}$表示此电动势。下面说明$\mathscr{E}_{21}$与i_1的关系。

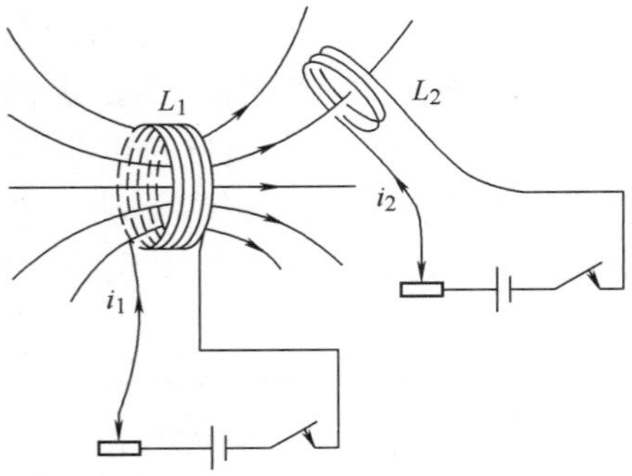

图9-26 互感现象

由毕奥-萨伐尔定律可知，电流i_1产生的磁场正比于i_1，因而通过L_2所围面积的、由i_1所产生的磁链Ψ_{21}也应该和i_1成正比，即

$$\Psi_{21}=M_{21}i_1 \tag{9-11}$$

其中，比例系数M_{21}叫作回路L_1对回路L_2的互感，它取决于两个回路的几何形状、相对位置、它们各自的匝数以及它们周围介质的分布。对两个固定的回路L_1和L_2来说，互感是一个常量。在M_{21}一定的条件下，电磁感应定律给出

$$\mathscr{E}_{21}=-\frac{\mathrm{d}\Psi_{21}}{\mathrm{d}t}=-M_{21}\frac{\mathrm{d}i_1}{\mathrm{d}t} \tag{9-12}$$

同样地，如果图9-26回路L_2中的电流i_2随时间变化，则在回路L_1中也会产生感应电动势，也可以得出通过L_1所围面积的由i_2所产生的磁链Ψ_{12}应该与i_2成正比，即

$$\Psi_{12}=M_{12}i_2 \tag{9-13}$$

$$\mathscr{E}_{21}=-\frac{\mathrm{d}\Psi_{12}}{\mathrm{d}t}=-M_{12}\frac{\mathrm{d}i_2}{\mathrm{d}t} \tag{9-14}$$

上两式中的M_{12}叫作L_2对L_1的互感。可以证明（参看例9-8），对给定的一对导体回路，有

$$M_{12}=M_{21}=M$$

M就叫作这两个导体回路的互感。互感M的意义也可以这样来理解：两个线圈的互感M，在数值上等于一个线圈中的电流随时间的变化率为一个单位时，在另一个线圈中所引起的互感电动势的绝对值。另外还可以看出，当一个线圈中的电流随时间的变化率一定时，互感越大，则在另一个线圈中引起的互感电动势就越大；反之，互感越小，在另一个线圈中引起的互感电动势就越小。所以，互感是表明相互感应强弱的一个物理量，或说是两个电路耦合程度的量度。

在国际单位制中，互感的单位名称是亨利（美国物理学家亨利（J. Henry），1797—1878。他在1830年就已观察到自感现象，直到1832年7月才将题为《长螺线管中的电自感》的论文发表在《美国科学杂志》上。亨利与法拉第是各自独立地发现电磁感应现象的，

但发表稍晚些。强力实用的电磁铁继电器是亨利发明的，他还指导莫尔斯发明了第一架实用电报机。为纪念亨利的贡献，自感的单位以亨利命名)，简称亨，符号为 H。常用的互感单位有 mH、μH，$1\text{mH}=10^{-3}\text{H}$、$1\mu\text{H}=10^{-6}\text{H}$。由式（9-12）或式（9-13）知

$$1\text{H}=1\ \frac{\text{V}\cdot\text{s}}{\text{A}}=1\Omega\cdot\text{s}$$

式（9-12）或式（9-14）中的负号表示在一个线圈中所引起的互感电动势要反抗另一个线圈中电流的变化。

利用互感现象可以把交变的电信号或电能由一个电路转移到另一个电路，而无须把这两个电路连接起来。这种转移能量的方法在电工、无线电技术中得到广泛的应用。当然，互感现象有时也需予以避免，使之不产生有害的干扰。为此，常采用磁屏蔽的方法将某些器件保护起来。

互感通常用实验方法测定，只是对于一些比较简单的情况，才能用计算的方法求得。

【例 9-8】 如图 9-27 所示，有两个长度均为 l、半径分别为 r_1 和 r_2（且 $r_1<r_2$）、匝数分别为 N_1 和 N_2 的同轴长直密绕螺线管，试计算它们的互感。

【解】 由题意知，这两个同轴直螺线管是半径不等的密绕螺线管，它们的形状、大小、磁介质和相对位置均固定不变。因此，我们可以先设想在某一线圈中通以电流 I，再求出穿过另一线圈的磁链 Ψ，然后按互感的定义式 $M=\Psi/I$，求出它们的互感。

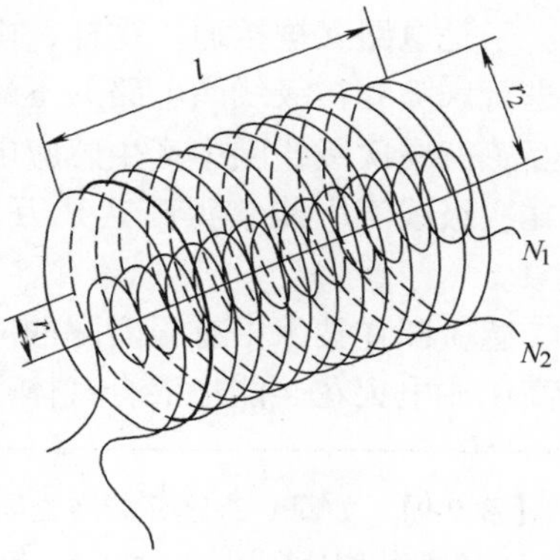

图 9-27 例 9-8 图

按以上分析，设有电流 I_1 通过半径为 r_1 的螺线管，I_1 在螺线管内产生的磁感应强度的大小为

$$B_1=\mu_0\frac{N_1}{l}I_1=\mu_0 n_1 I_1 \tag{1}$$

应当注意，考虑到螺线管是长直密绕的，所以在两螺线管之间的区域内 B_1 为零。于是，穿过半径为 r_2 的螺线管的磁链为

$$\Psi_{21}=N_2\Phi_{21}=N_2B_1\pi r_1^2=n_2lB_1\pi r_1^2$$

将式（1）代入上式，有

$$\Psi_{21}=N_2\Phi_{21}=\mu_0 n_1 n_2 l\pi r_1^2 I_1$$

由此可得互感为

$$M_{21}=\frac{\Psi_{21}}{I_1}=\frac{N_2\Phi_{21}}{I_1}=\mu_0 n_1 n_2 l\pi r_1^2 \tag{2}$$

同样也可以设电流 I_2 通过半径为 r_2 的螺线管，从而来计算互感 M_{12}。当电流 I_2 通过半径为 r_2 的螺线管时，I_2 在此螺线管内产生的磁感应强度为

$$B_2=\mu_0\frac{N_2}{l}I_2=\mu_0 n_2 I_2$$

于是，穿过半径为 r_1 的螺线管的磁链为

$$\begin{aligned}\Psi_{12}&=N_1\Phi_{12}=N_1B_2\pi r_1^2\\&=n_1lB_2\pi r_1^2=\mu_0 n_1 n_2 l\pi r_1^2 I_2\end{aligned}$$

由此可得互感为

$$M_{12}=\frac{\Psi_{12}}{I_2}=\frac{N_2\Phi_{12}}{I_2}=\mu_0 n_1 n_2 l\pi r_1^2 \tag{3}$$

从式（2）和式（3）可以看出，不仅 $M_{12}=M_{21}=M$，而且对两个大小、形状、磁介质和相对位置给定的同轴密绕长直螺线管来说，它们的互感是确定的。

利用本例中两同轴长直密绕螺线管可制成工业和实验室中常用的感应圈。感应圈是利用了互感原理，实现由低压直流电源获得高电压的一种装置。它的主要结构如图 9-28 所示。在一些硅钢片叠成的长直铁心上，绕有两个线圈。初级线圈的匝数 N_1 较少，它经断续器（由小铁锤 M 和螺钉 D 构成）、电键 S 和低压直流电源 $\mathscr{E}$ 相连接。在初级线圈的外面套有一个用绝缘很好的导线绕成的次级线圈，其匝数 N_2 比初级线圈的匝数 N_1 大得多，即 $N_2 \gg N_1$。闭合电键 S，初级线圈内就有电流通过，这时，铁心因被磁化而吸引小铁锤 M，使之与螺钉 D 分离，于是电路被切断。电路一旦被切断，铁心的磁性就消失，这时，小铁锤 M 在弹簧片的弹力作用下又重新和螺钉 D 相接触，于是电路又被接通。这样，由于断续器的作用，初级线圈电路的接通和断开将自动地反复进行。随着初级线圈电路的不断接通和断开，初级线圈中的电流也不断地变化。这样，通过互感就在次级线圈中产生感应电动势，由于次级线圈的匝数比初级线圈的匝数多得多，所以在次级线圈中能获得高达几万伏的电压。这样高的电压，可以使 A、B 间产生火花放电现象。

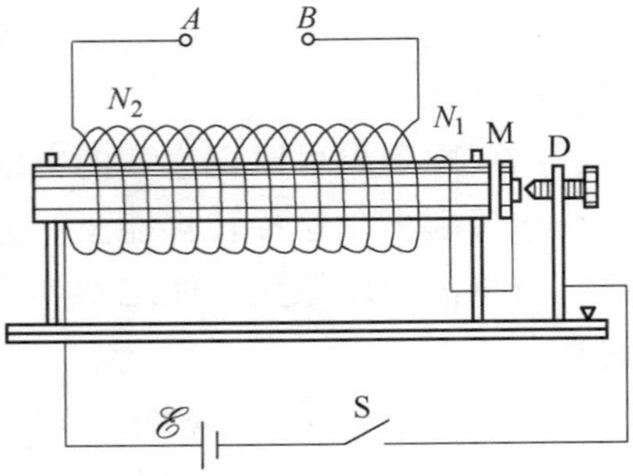

图 9-28 感应圈

感应圈在技术中有很实际的应用。例如汽油发动机的点火器就是一个感应圈，它所产生的高压放电火花，能把混合气体点燃。

【例 9-9】 如图 9-29 所示，在磁导率为 μ 的均匀无限大磁介质中，有一无限长直导线与一宽长分别为 b 和 l 的矩形线圈处在同一平面内，直导线与矩形线圈的一侧平行，且相距为 d，求它们的互感。若将长直导线放置在矩形线圈的对称线上，它们的互感又为多少？

【解】 设在无限长直导线中通以恒定电流 I，在距长直导线垂直距离为 x 处磁感强度的大小为

$$B=\frac{\mu I}{2\pi x}$$

穿过矩形线圈的磁通量为

$$\Phi=\int_S \boldsymbol{B}\cdot d\boldsymbol{S}=\int_d^{d+b}\frac{\mu I}{2\pi x}l\,dx=\frac{\mu Il}{2\pi}\int_d^{d+b}\frac{dx}{x}$$

$$=\frac{\mu Il}{2\pi}\ln\frac{d+b}{d}$$

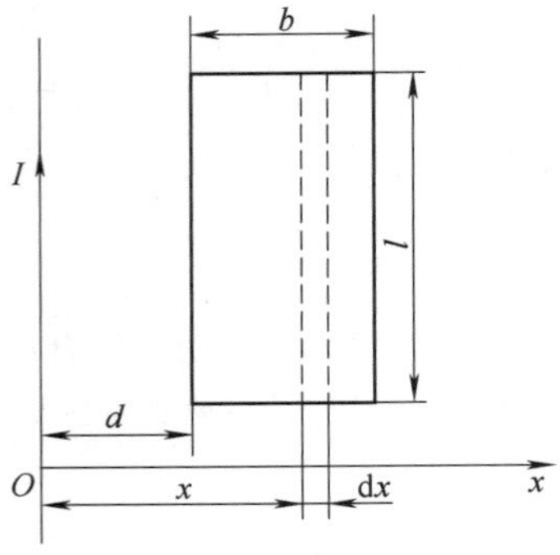

图 9-29 例 9-9 图

可得它们的互感为

$$M=\frac{\Phi}{I}=\frac{\mu l}{2\pi}\ln\frac{d+b}{d}$$

若将长直导线置放在矩形线圈的对称线上，仍设无限长直导线中的电流为 I，则由于无限长载流直导线所激发的磁场的对称性，穿过矩形线圈的磁通量为零，即 $\Phi=0$，所以它们的互感为零，即 $M=0$。

由上述结果可以看出，无限长直导线与矩形线圈的互感，不仅与它们的形状、大小、磁介质的磁导率有关，还与它们的相对位置有关，这就是在定义互感时所曾指出的。

9.4 自感

如图9-30所示，当一个电流回路的电流 i 随时间变化时，通过回路自身的磁链也发生变化，因而回路自身也产生感生电动势，这就是自感现象，这时产生的感生电动势叫**自感电动势**，下面通过介绍一个自感现象的演示来分析自感的规律。

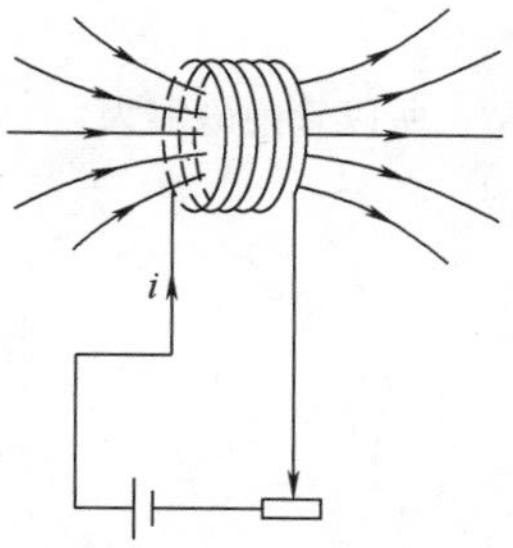

图9-30　自感

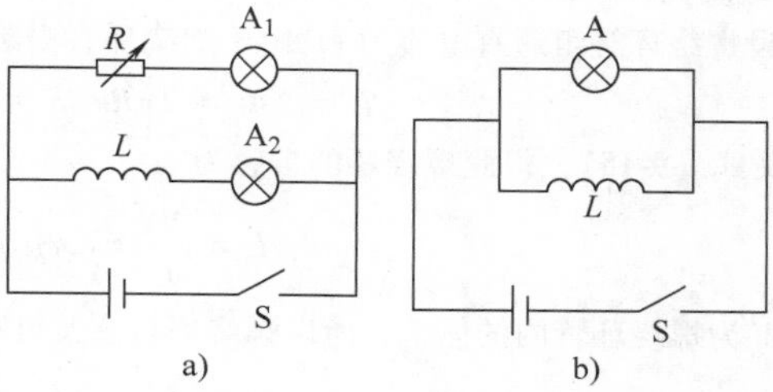

图9-31　自感现象演示

自感现象可以通过下述实验来观察。如图9-31a所示的电路中，A_1 和 A_2 是两个相同的灯泡，L 是一个线圈，实验前调节电阻器 R 使它的电阻等于线圈的内阻。当接通开关S的瞬间，可以观察到灯泡 A_1 比 A_2 先亮，过一段时间后两个灯泡才达到同样的亮度。这个实验现象可以解释如下：当接通开关S时，电路中的电流由0开始增加，在 A_2 支路中，电流的变化使线圈中产生自感电动势，按照楞次定律，自感电动势将阻碍电流增加，因此，在 A_2 支路中电流的增大要比没有自感线圈的 A_1 支路来得缓慢些。于是，灯泡 A_2 也比 A_1 亮得迟缓些。在图9-31b所示的电路中可以观察切断电路时的自感现象。当迅速地把开关S断开时，可以看到灯泡并不立即熄灭。这是因为当切断电源时，在线圈中产生感应电动势。这时，虽然电源已切断，但线圈 L 和灯泡A组成了闭合回路，感应电动势在这个回路中引起感应电流。为了让演示效果突出，取线圈的内阻比灯泡A的电阻小得多，以便使断开之前线圈中原有电流较大，从而使S断开的瞬间通过A放电的电流较大，结果，A熄灭前会突然闪亮一下。

下面讨论自感现象的规律。我们知道，线圈中的电流所激发的磁感应强度与电流成正比，因此，通过线圈的磁链也正比于线圈中的电流，即

$$\Psi = LI \tag{9-15}$$

式中，L 为比例系数，与线圈中电流无关（这里指不存在铁磁质的情形。若存在磁介质，比例系数 L 可能与线圈中的电流有关），仅由线圈的大小、几何形状以及匝数决定。当线圈中的电流改变时，Ψ 也随之改变，按照法拉第定律，线圈中产生的自感电动势为

$$\mathscr{E} = -L\frac{\mathrm{d}I}{\mathrm{d}t} \tag{9-16}$$

由此式可以看出，对于相同的电流变化率，比例系数 L 越大的线圈所产生的自感电动势越大，即自感作用越强。比例系数 L 称为自感，与互感 M 对应。根据式（9-15），自感在数值上等于线圈中电流为 1 个单位时通过该线圈自身的磁链数；或者根据式（9-16），自感在数值上等于线圈中电流变化率为 1 个单位时，在该线圈中产生的感应电动势。自感的单位与互感的单位相同，在国际单位制中也是 H，常用的自感单位也有 mH、μH 等。式（9-16）中的负号也是说明自感电动势的方向总是要使它阻碍回路自身电流的变化。

自感的计算方法一般也比较复杂，实际中常常采用实验的方法来测定，简单的情形可以根据毕奥-萨伐尔定律和式（9-15）来计算。

【例 9-10】 计算一个螺绕环的自感。设环的截面积为 S，轴线半径为 R，单位长度上的匝数为 n，环中充满相对磁导率为 μ_r 的磁介质。

【解】 设螺绕环绕组通有电流为 I，由于螺绕环管内磁场 $B=\mu_0\mu_r nI$，所以管内磁链为

$$\Psi = N\Phi = 2\pi RnBS = 2\pi\mu_0\mu_r Rn^2SI$$

由自感的定义式（9-15），得此螺绕环的自感为

$$L = \frac{\Psi}{I} = 2\pi\mu_0\mu_r Rn^2S$$

由于 $2\pi RS=V$ 为螺绕环管内的体积，所以螺绕环自感又可写成

$$L = \mu_0\mu_r n^2V = \mu n^2V \tag{9-17}$$

此结果表明环内充满磁介质时，其自感比在真空时要增大到 μ_r 倍。

【例 9-11】 一根电缆由同轴的两个薄壁金属管构成，半径分别为 R_1 和 R_2（$R_1<R_2$），两管壁间充以 $\mu_r=1$ 的磁介质。电流由内管流出，由外管流回。试求单位长度的这种电缆的自感。

【解】 这种电缆可视为单匝回路（见图 9-32），其磁通量即为通过任一纵截面的磁通量。以 I 表示通过的电流，则在两管壁间距轴 r 处的磁感应强度的大小为

$$B = \frac{\mu_0 I}{2\pi r}$$

而通过单位长度纵截面的磁通量为

$$\Phi = \int_S \boldsymbol{B}\cdot d\boldsymbol{S} = \int_{R_1}^{R_2}\frac{\mu_0 I}{2\pi r}l\,dr = \frac{\mu_0 I}{2\pi}\int_{R_1}^{R_2}\frac{dr}{r}$$

$$= \frac{\mu_0 I}{2\pi}\ln\frac{R_2}{R_1} \quad (l=1)$$

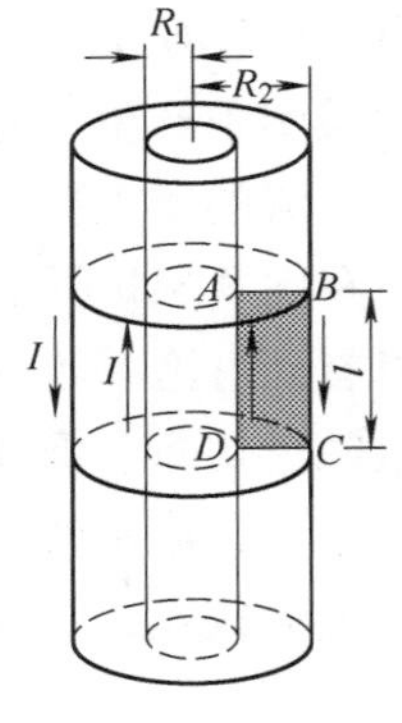

图 9-32 例 9-11 图

单位长度的自感为

$$L = \frac{\Phi}{I} = \frac{\mu_0}{2\pi}\ln\frac{R_2}{R_1}$$

自感现象在电子、无线电技术中应用得也很广泛，例如，利用线圈具有阻碍电流变化的特性，可以稳定电路里的电流；在无线电设备中将自感线圈和电容器组成谐振电路或滤波器等。但在某些情况下发生的自感现象却会造成危害，例如，具有大自感线圈的电路断开时，由于电路中的电流变化迅速，在电路中会产生很大的自感电动势，导致击穿线圈本身的绝缘

保护层，或者在电闸断开的间隙中产生强烈的电弧而烧坏电闸开关。这些问题在设计和实际应用中都应该考虑和设法避免。

9.5 *RL* 电路的暂态过程

与 *RC* 电路类似，当一个自感与电阻组成 *RL* 电路时，在 0 跃变到 $\mathscr{E}$ 或 $\mathscr{E}$ 跃变到 0 的阶跃电压的作用下，由于自感的作用，电路中的电流不会瞬间跃变，这种从开始发生变化到逐渐趋于定态的过程叫作暂态过程。下面分析 *RL* 电路暂态过程的一些基本特性。

如图 9-33 所示的电路，当开关拨向 1 时，一个从 0 到 $\mathscr{E}$ 的阶跃电压作用在 *RL* 电路上，由于自感，电流的变化使电路中出现自感电动势

$$\mathscr{E}_{\mathrm{L}}=-L\frac{\mathrm{d}i}{\mathrm{d}t}$$

按照楞次定律，此电动势是反抗电流 i 增加的。

设电源的电动势为 $\mathscr{E}$，内阻为 0，接通电源后，在任意时刻 t 电路中的电流为 i，电路中总的电动势为

$$\mathscr{E}+\mathscr{E}_{\mathrm{L}}=\mathscr{E}-L\frac{\mathrm{d}i}{\mathrm{d}t}$$

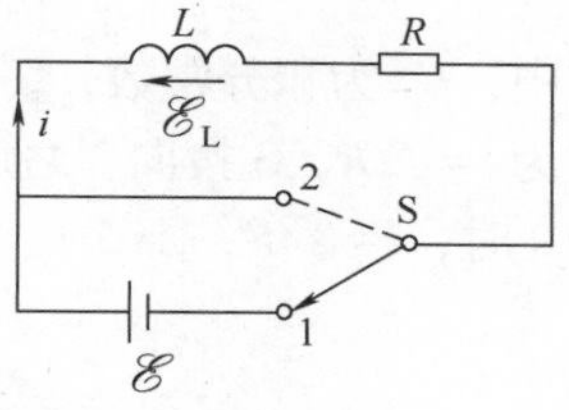

图 9-33 *RL* 电路

根据欧姆定律，有

$$\mathscr{E}-L\frac{\mathrm{d}i}{\mathrm{d}t}=iR \quad \text{或} \quad L\frac{\mathrm{d}i}{\mathrm{d}t}+iR=\mathscr{E}$$

上式是电路中的瞬时电流 i 所满足的微分方程。分离变量后，有

$$\frac{\mathrm{d}i}{i-\dfrac{\mathscr{E}}{R}}=-\frac{R}{L}\mathrm{d}t$$

对上式积分，得

$$\ln\left(i-\frac{\mathscr{E}}{R}\right)=-\frac{R}{L}t+K$$

$$i-\frac{\mathscr{E}}{R}=C_1\mathrm{e}^{-\frac{R}{L}t} \qquad (C_1=\mathrm{e}^K)$$

式中，C_1 为积分常数，需由初始条件 $t=0$ 时的电流值确定。若选取接通电源的时刻作为计时的零点，则 $t=0$ 时，$i=0$，那么可由上式得 $C_1=-\mathscr{E}/R$，所以上式满足初始条件的解为

$$i=\frac{\mathscr{E}}{R}(1-\mathrm{e}^{-\frac{R}{L}t}) \tag{9-18}$$

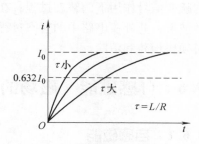

图 9-34 接通电源时 *RL* 电路的暂态曲线

按式（9-18）画出不同 L/R 比值下电流 i 随时间 t 的变化曲线，如图 9-34 所示。可以看成，接通电源后，电流 i 是经过一指数增长过程逐渐达到恒定值 $I=\mathscr{E}/R$ 的。

电路的 L/R 比值不同，达到恒定值的过程所持续的时间不同。比值 L/R 具有时间的量纲，用 τ 表示，即 $\tau=L/R$，称为电路的时间常数。由式（9-18）可以得出，当 $t=\tau$ 时

$$i(\tau)=I(1-e^{-1})=0.632I$$

也就是说，τ 等于电流从 0 增加到恒定值 I 的 63.2%时所需的时间。当 $t=5\tau$ 时，由式（9-18）可以算出 $i=0.994I$，基本已达恒定值了，可以认为经过 5τ 这段时间后，暂态过程已基本结束。由此可见，$\tau=L/R$ 是标志 RL 电路中暂态过程持续时间长短的特征量，称为 RL 电路的时间常数。L 越大，R 越小，则时间常数 τ 越大，电路增长得越慢。

如图 9-33 所示的电路，当开关很快拨向 2 时，作用在 RL 电路上的阶跃电压从 $\mathscr{E}$ 到 0，但电流的变化所产生的自感电动势使电流还将延续一段时间。这时，根据欧姆定律，电路中瞬时电流 i 所满足的微分方程为

$$-L\frac{di}{dt}=iR \quad 或 \quad L\frac{di}{dt}+iR=0$$

同样进行分离变量后积分，可得

$$i=C_2e^{-\frac{R}{L}t}$$

式中，C_2 为积分常数，需由初始条件 $t=0$ 时的电流值确定。在 S 拨向 2 之前，电路中的电流为 $i=\mathscr{E}/R$，S 拨向 2 之后，电流从 $i=\mathscr{E}/R$ 逐渐减小。若选取 S 拨向 2 的时刻开始计时，则 $t=0$ 时，$i=\mathscr{E}/R$，那么可由上式得 $C_2=\mathscr{E}/R$，所以上式满足初始条件的解为

$$i=\frac{\mathscr{E}}{R}e^{-\frac{R}{L}t} \tag{9-19}$$

式（9-19）表明，将电源撤去时，电流下降也按指数递减，递减的快慢用同一时间常数 $\tau=L/R$ 来表征。按式（9-19）画出不同 L/R 比值下电流 i 随时间 t 的变化曲线，如图 9-35 所示。

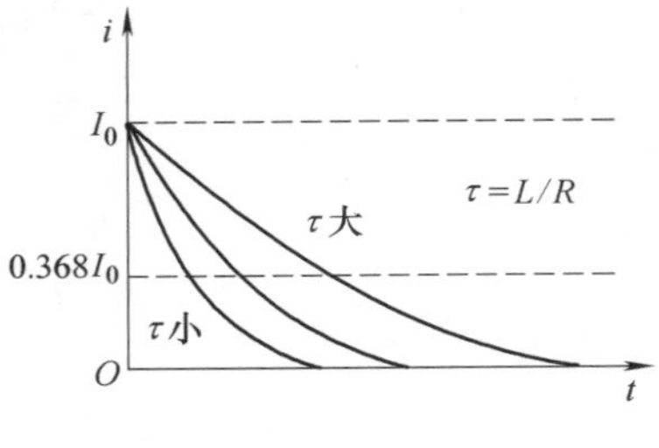

图 9-35 RL 短接时电路的暂态曲线

总之，RL 电路在阶跃电压的作用下，电流不能跃变，需要滞后一段时间才趋于恒定值，滞后的时间由时间常数 $\tau=L/R$ 标志。

虽然暂态过程在时间上并不算长，但它却有颇为重要的实际意义。例如，在研究脉冲电路时，经常要遇到电子器件的开关特性和电容的充放电，它们就是在脉冲的跃变信号作用下的暂态过程；在电子技术中也常利用电路中的暂态过程来改善和产生特定的波形；此外，电路中的暂态过程会产生过电压或过电流，导致电气设备或器件遭受损坏，必须要预防和消除。

9.6 自感磁能 磁场的能量密度

磁场能量

9.6.1 自感磁能

在如图 9-31b 所示的演示电路中，当迅速地把开关 S 断开时，可以观察到灯泡并不立即熄灭，而是会强烈地闪亮一下。开关 S 打开后，电源已不再向灯泡供

给能量了，它突然强烈地闪亮一下所消耗的能量是哪里来的呢？开关断开后，使灯泡闪亮的电流只能是线圈中的自感电动势产生的电流，而该电流将随着线圈中磁场的消失而逐渐消失，所以，可以认为使灯泡闪亮的能量是原来储存在通有电流的线圈中，或者说是储存在线圈内的磁场中的。因此，我们将这种能量叫作磁能。自感为 L 的线圈中通有电流 I 时所储存的磁能应该等于该电流消失时自感电动势所做的功，以下我们通过图 9-33 所示的电路来分析并计算这个功。当开关拨向 1 时，由于自感，电流的变化使电路中出现自感电动势，现在来计算一下电源电动势克服自感电动势需做多少功。设线圈在充电流（或者说在充磁）的某时刻 t，前一节已分析出电路中的瞬时电流 i 所满足的微分方程为

$$\mathscr{E} - L\frac{\mathrm{d}i}{\mathrm{d}t} = iR$$

上式两边同时乘以 $i\mathrm{d}t$，有

$$\mathscr{E}i\mathrm{d}t - Li\mathrm{d}i = i^2R\mathrm{d}t$$

若在 $t=0$ 时，$i=0$，在 $t=t$ 时，电流增长到恒定值 I 时，上式积分为

$$\int_0^t \mathscr{E}i\mathrm{d}t - \int_0^I Li\mathrm{d}i = \int_0^t i^2R\mathrm{d}t$$

上式左边的第一项是电源在 $0\sim t$ 这段时间内所做的总功，也就是电源供给电路的总能量；右边的项为 $0\sim t$ 这段时间内电路中的导体所放出的焦耳热；而上式中左边的第二项积分值为

$$\int_0^I Li\mathrm{d}i = \frac{1}{2}LI^2$$

此项就是 $0\sim t$ 这段时间内电源反抗自感电动势所做的功，由于当电路中的电流从零增长到 I 时，电路附近的空间只是逐渐建立起一定强度的磁场，而无其他变化，所以电源反抗自感电动势做功所消耗的能量显然在建立磁场的过程中转换成了磁场的能量。因此，具有自感为 L 的线圈通有电流 I 时所具有的磁能就是

$$W_{\mathrm{m}} = \frac{1}{2}LI^2 \tag{9-20}$$

这就是自感磁能公式。当电源撤去时，这能量会释放出来，使灯泡闪亮一下，因此可以说，这是消耗磁能而得来的。

式（9-20）与对电容器充电过程所做的功等于储存在电容器中的电能公式 $W_{\mathrm{e}} = \frac{1}{2}CU^2$ 很相似。

9.6.2 磁场的能量密度

我们已经知道电场的能量与电场强度 E 有关，磁能储存在磁场中，磁场的能量也一定和磁感应强度 B 有关。电场中我们利用了平行板电容器作为特例来分析电场的能量与电场强度 E 的关系，引入电场能量密度。与此类似，下面我们也用特例来分析磁场的能量和磁感应强度 B 的关系，并且导出磁场能度密度公式。考虑一个螺绕环，在例 9-10 中，已求出螺绕环的自感为式（9-17），即 $L=\mu n^2V$，代入式（9-20）可得通有电流 I 的螺绕环的磁场能量是

$$W_m = \frac{1}{2}\mu n^2 V I^2$$

由于螺绕环管内的磁场近似为 $B=\mu nI$，所以上式可写作

$$W_m = \frac{B^2}{2\mu}V$$

上式就是表示螺绕环内磁场的能量和磁感应强度大小 B 的关系式。由于螺绕环的磁场集中于环管内，其体积就是 V，并且管内磁场基本上是均匀的，所以环管内的磁场能量密度为

$$w_m = \frac{B^2}{2\mu} \tag{9-21a}$$

利用磁场强度 $H=B/\mu$，此式还可以写成

$$w_m = \frac{1}{2}\mu H^2 = \frac{1}{2}BH \tag{9-21b}$$

式（9-21）虽然是从一个特例中推出的，但是可以证明它对磁场普遍有效。利用它可以求得某一磁场所储存的总磁能为

$$W_m = \int_V w_m \mathrm{d}V = \int_V \frac{1}{2}BH\mathrm{d}V$$

式中，$\mathrm{d}V$ 是磁场中的体积元，此式的积分应遍及整个磁场分布的空间（由于铁磁质具有磁滞现象，本节磁能公式对铁磁质不适用）。

【例 9-12】 如图 9-36 所示，同轴电缆中金属芯线的半径为 R_1，共轴金属圆筒的半径为 R_2，中间充以磁导率为 μ 的磁介质，若芯线与圆筒分别和电池两极相接，芯线与圆筒上的电流大小相等、方向相反，设可略去金属芯线内的磁场，求此同轴电缆芯线与圆筒之间单位长度上的磁能和自感。

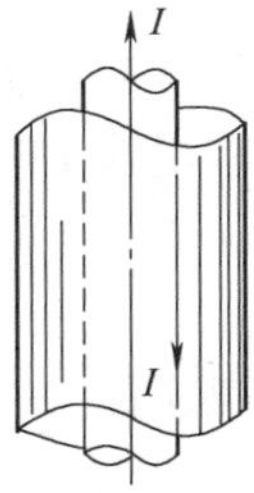

图 9-36 例 9-12 图

【解】（1）依题意，同轴电缆芯线内的磁场强度可视为零，由安培环路定理可求得电缆外磁场强度也为零，这样，只在芯线与圆筒间存在磁场。由安培环路定理，在 $R_1<r<R_2$ 时，距轴线为 r 处的磁场强度为

$$H = \frac{I}{2\pi r}$$

由式（9-21）可得，在芯线与圆筒间 r 处附近，磁场的能量密度为

$$w_m = \frac{1}{2}\mu H^2 = \frac{\mu}{2}\left(\frac{I}{2\pi r}\right)^2 = \frac{\mu I^2}{8\pi^2 r^2}$$

磁场的总能量为

$$W_m = \int_V w_m \mathrm{d}V = \frac{\mu I^2}{8\pi^2}\int_V \frac{1}{r^2}\mathrm{d}V$$

对单位长度的电缆，取一薄层圆筒形体积元，$\mathrm{d}V=2\pi r\mathrm{d}r\cdot 1=2\pi r\mathrm{d}r$，代入上式，得单位长度同轴电缆的磁场能量为

$$W_m = \frac{\mu I^2}{8\pi^2}\int_{R_1}^{R_2}\frac{2\pi r\mathrm{d}r}{r^2} = \frac{\mu I^2}{4\pi}\ln\frac{R_2}{R_1}$$

（2）将上式结果与式（9-20）的自感磁能 $W_m = \frac{1}{2}LI^2$ 比较可知，单位长度电缆的自感为

$$L=\frac{\mu}{2\pi}\ln\frac{R_2}{R_1}$$

此例结论也是求自感 L 的一种方法，称为磁能比较法。

9.7　位移电流　电磁场基本方程的积分形式

位移电流
电磁场基本方程的积分形式

从前面讲述的内容中我们已经知道，自 1820 年奥斯特发现电现象与磁现象之间的联系后，经过安培、法拉第、亨利等人的辛勤工作，电磁学的理论有了很大发展。到了 19 世纪 50 年代，电磁技术已经有了很大的突破，各种各样的电流计、电压计都已制造出来了，发电机、电动机、有线电报和弧光灯已从实验室步入社会生活和生产领域。而当时，很多科学家根据实验总结出来的规律在电磁体系中已建立了许多定律、定理和公式。然而，人们迫切地企盼能像经典力学归纳出牛顿运动定律和万有引力定律那样，也能对众多的电磁学定律进行归类总结，找出电磁学的基本方程。正是在这种情况下，麦克斯韦总结了从库仑到安培、法拉第等科学家在电磁学中的全部成就，从理论上发展了法拉第的场的思想，针对变化磁场能激发电场以及变化的电场能激发磁场的现象，提出了有旋电场（即涡旋电场）和位移电流的概念，于 1864 年底归纳出电磁场的基本方程，即麦克斯韦电磁场的基本方程。在此基础上，麦克斯韦还预言了电磁波的存在，并指出电磁波在真空中的传播速度为

$$c=\frac{1}{\sqrt{\mu_0\varepsilon_0}}$$

式中，ε_0、μ_0 分别是真空介电常量（电容率）和真空磁导率。将 ε_0 和 μ_0 的值代入上式，可得电磁波在真空中的传播速率约为 3×10^8m/s，这个值与真空中的光速相同。不久，赫兹用他的实验证实了麦克斯韦关于电磁波的预言，给麦克斯韦电磁理论以决定性支持。可以说，麦克斯韦电磁理论就是整个电磁学的理论支柱，它奠定了经典电动力学的基础，为无线电技术与现代通信和信息技术的进一步发展开辟了广阔前景。至今，麦克斯韦电磁理论不管对宏观高速还是在低速的情况下都仍然适用。

9.7.1　位移电流　全电流安培环路定理

前面我们已经讨论了在恒定电流磁场中有磁介质时的安培环路定理，即

$$\oint_L \boldsymbol{H}\cdot \mathrm{d}\boldsymbol{l}=I=\int_S \boldsymbol{j}\cdot \mathrm{d}\boldsymbol{S}$$

在真空中的安培环路定理的推导中我们已对定理进行了说明，曾指出，闭合回路所包围的电流是指与该闭合路径所铰链的闭合电流，这对有磁介质时的安培环路定理也一样的。由于电流是闭合的，所以与闭合路径“铰链”也意味着该电流穿过以该闭合路径为边界的任意曲面。例如，在图 9-37 中，闭合回路 L 环绕着电流 I，该电流通过以 L 为边界的平面 S_1，它同样通过以 L 为边界的口袋形曲面 S_2，由于电流总是闭合的，所以安培环路定理的正确性应与所设想的曲面 S 无关，只要闭合路径是确定的就可以了。

实际上也常遇到并不闭合的电流，如电容器充放电时的电流（见图 9-38），这时，电流随时间而改变，不是恒定的。这时安培环路定理是否还成立呢？从图 9-38 中容易看出，由于电流不闭合，所以不能再说它与闭合路径 L 相铰链了，这时穿过 L 为边界所包围的面积 S_1 的电流为 I，所以有

$$\oint_L \boldsymbol{H} \cdot d\boldsymbol{l} = I$$

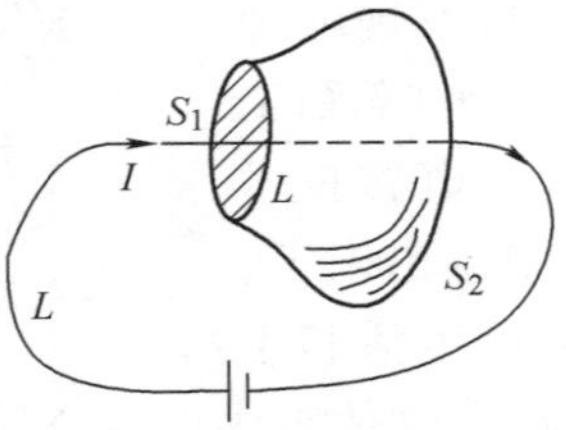

图 9-37　L 环路环绕闭合电流 I

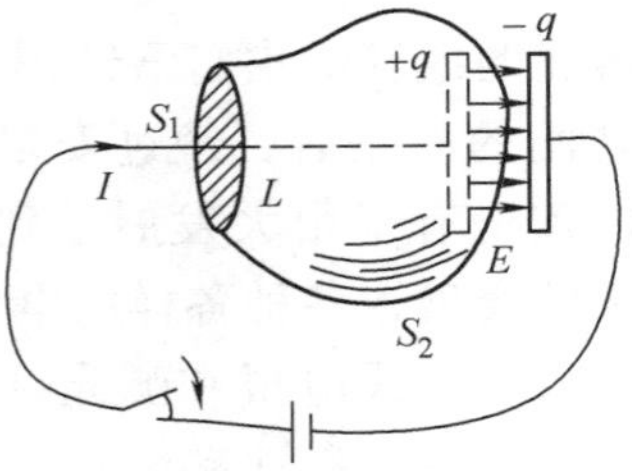

图 9-38　L 环路环绕不闭合电流 I

而没有电流穿过同样以闭合路径 L 为边界所包围的曲面 S_2，所以有

$$\oint_L \boldsymbol{H} \cdot d\boldsymbol{l} = 0$$

由于沿同一闭合路径 L，$\boldsymbol{H}$ 的环流只有一个值，所以说，安培环路定理在此情况中明显出现了矛盾！这说明在非恒定电流的情况下，安培环路定理是不适用的，必须寻求新的规律。

1861 年，麦克斯韦在研究电磁场的规律时，就设想把安培环路定理推广到非恒定电流的情况。他注意到，图 9-38 所示的在电容器充电的情况下，在电流断开处，即两平行板之间，随着电容器被充电，这里的电场是变化的。他大胆地假设这电场的变化和磁场有关，于是提出了位移电流的假设。下面讨论位移电流的概念并分析电场的变化与位移电流间的联系。

在图 9-38 所示的电容器放电电路中，设某时刻 t 电容器极板上带有电荷量 $\pm q$，极板的面积为 S，两极板间的电位移矢量为 $\boldsymbol{D}$，其方向由正极板指向负极板，如图 9-39 所示（忽略边缘效应），$\boldsymbol{D}$ 的大小由高斯定理可得为 $D=\sigma=q/S$。对曲面 S_2，电位移通量为

$$\Phi_D = DS = q$$

将上式两边对时间求导，有

$$\frac{d\Phi_D}{dt} = \frac{dq}{dt}$$

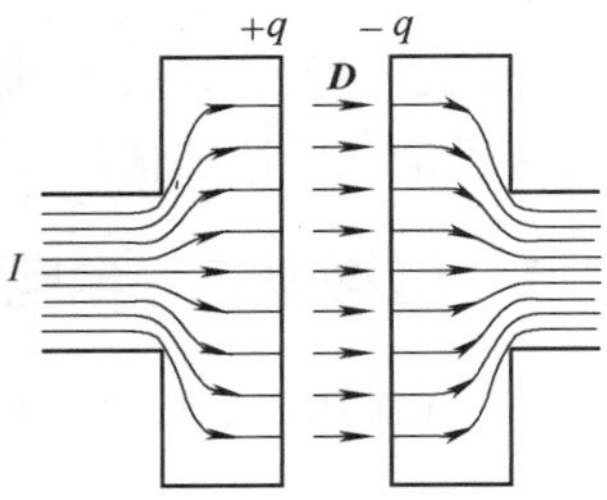

图 9-39　平行板间的电位移矢量 $\boldsymbol{D}$

上式左边是极板间电位移通量对时间的变化率，右边是极板上的电荷量对时间的变化率，也是通过电路中任意截面电荷量对时间的变化率，根据电流的定义，从上式可知，极板间电位移通量对时间的变化率在数值上与电路中的传导电流相等。于是，麦克斯韦引进了位移电流的概念，定义：**通过电场中某一截面的位移电流 I_d 等于通过该截面电位移通量 Φ_D 对时间的变化率**，即

$$I_d = \frac{d\Phi_D}{dt} \tag{9-22}$$

因为 $\Phi_D = \int_S \boldsymbol{D} \cdot d\boldsymbol{S}$，还有在更普遍的情形中，电位移矢量或许与空间的位置或别的因素有关，总之，它或许不仅是时间的函数，所以

$$I_d = \frac{d}{dt}\int_S \boldsymbol{D} \cdot d\boldsymbol{S} = \int_S \frac{\partial \boldsymbol{D}}{\partial t} \cdot d\boldsymbol{S}$$

从上式可看出，电位移矢量对时间的变化率 $\partial \boldsymbol{D}/\partial t$ 具有电流密度的量纲。从图9-39中可以得出，电容器充电时，两极板间电位移在增大，电位移矢量对时间的变化率 $\partial \boldsymbol{D}/\partial t$ 为正值（即方向与 $\boldsymbol{D}$ 相同），其方向与电路中的传导电流方向相同；电容器放电时，电路中的传导电流方向与充电时相反，此情况中电位移在减少，电位移矢量对时间的变化率 $\partial \boldsymbol{D}/\partial t$ 为负值（即方向与 $\boldsymbol{D}$ 相反），但仍与电路中传导电流的方向相同，就是说不管是充电还是放电，$\partial \boldsymbol{D}/\partial t$ 的方向均与电路中的传导电流同向。麦克斯韦将其定义为位移电流密度矢量，即

$$\boldsymbol{j}_d = \frac{\partial \boldsymbol{D}}{\partial t} \tag{9-23}$$

上式表述为：**电场中某一点位移电流密度 $\boldsymbol{j}_d$ 等于该点电位移矢量 $\boldsymbol{D}$ 对时间的变化率。**

麦克斯韦假设位移电流和传导电流一样，也会在其周围空间激发磁场。这样，按照麦克斯韦位移电流的假设，在有电容器的电路中，在电容器极板表面中断了的传导电流 I_c 可以由位移电流 I_d 继续下去，两者一起构成电流的连续性。

就一般性质而言，麦克斯韦认为，电路中可以同时存在传导电流 I_c 和位移电流 I_d，它们之和

$$I = I_c + I_d$$

称为**全电流**。这样，就将电流的概念进一步推广了。在图9-39中，无论对曲面 S_1 还是曲面 S_2，结果都是一样了。于是，在一般情况下，安培环路定理可修正为

$$\oint_L \boldsymbol{H} \cdot d\boldsymbol{l} = I = I_c + I_d = I_c + \frac{d\Phi_D}{dt} \tag{9-24a}$$

或

$$\oint_L \boldsymbol{H} \cdot d\boldsymbol{l} = \int_S (\boldsymbol{j}_c + \boldsymbol{j}_d) \cdot d\boldsymbol{S} = \int_S \left(\boldsymbol{j}_c + \frac{\partial \boldsymbol{D}}{\partial t}\right) \cdot d\boldsymbol{S} \tag{9-24b}$$

式中，积分面 S 是以闭合路径 L 为边界所包围的任意曲面。这样，前面叙述的在非恒定电流中安培环路定理遇到的矛盾就化解了。式（9-24）表明，磁场强度 $\boldsymbol{H}$ 沿任何闭合回路 $\boldsymbol{L}$ 的环流等于穿过以此闭合回路 $\boldsymbol{L}$ 为边界的任何曲面 $\boldsymbol{S}$ 所包围的全电流，这也叫作**全电流安培环路定理**。也可以说，位移电流其实是变化电场的代名词，式（9-24）表明了传导电流和位移电流（变化电场）所激发的磁场都是有旋磁场，即变化电场也会激发有旋磁场。应当强调，在麦克斯韦位移电流假设基础上所导出的结果，都与实验符合得很好。

在9.2节中，由式（9-10）我们知道，变化磁场激发了有旋电场（感生电场），其关系如图9-40所示。式（9-24）说明变化电场激发有旋磁场，图9-41表示出了它们的关系。

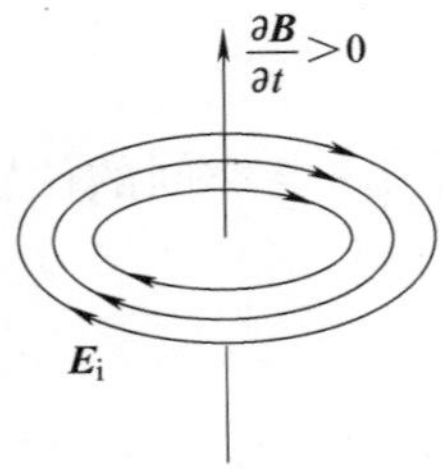

图 9-40 变化磁场产生有旋电场

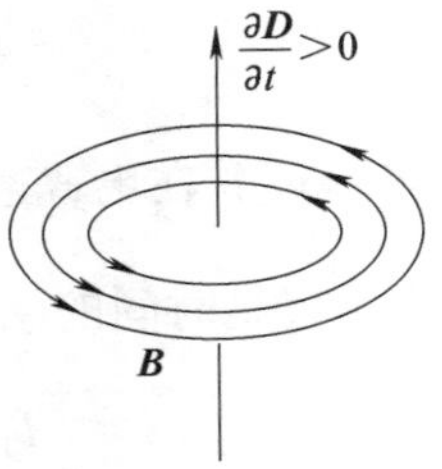

图 9-41 变化电场产生有旋磁场

【例 9-13】 有一半径为 $R=0.2\mathrm{m}$ 的圆形平行平板空气电容器，现对该电容器充电，使极板上的电荷随时间的变化率，即充电电路上的传导电流 $\mathrm{d}q/\mathrm{d}t=10\mathrm{A}$。若略去电容器的边缘效应，求：(1) 两极板间的总位移电流；(2) 两极板间离轴线的距离为 $r_1=0.1\mathrm{m}$ 处和 $r_2=0.3\mathrm{m}$ 的点 P 处的磁感应强度；(3) 画出 B-r 曲线示意图。

【解】 (1) 两极板间的总位移电流就等于电路中的传导电流，即

$$I_\mathrm{d} = 10\mathrm{A}$$

(2) 在图 9-42a 中，以半径为 r 作与圆平面同轴且平行的圆形环路 L，由于电容器内两极板间的电场可视为均匀电场，设充电中的任意时刻 t，两板上所带的电荷量为 $\pm q$，板上面电荷密度 $\sigma=q/S=q/\pi R^2$，其电位移为 $D=\sigma$，所以，穿过以半径为 r 的圆面积的电位移通量为

$$\Phi_D = D\pi r^2 = \sigma\pi r^2 = \frac{q}{\pi R^2}\pi r^2 = \frac{qr^2}{R^2} \quad (r < R)$$

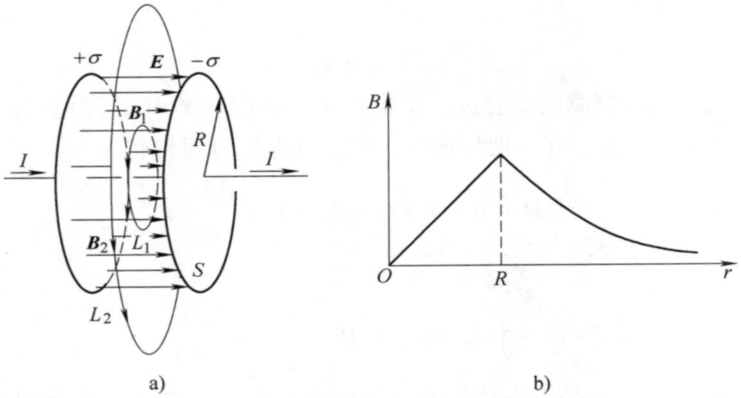

图 9-42 例 9-13 图

两极板间无传导电流，由全电流安培环路定理，当 $r<R$ 时，有

$$\oint_L \boldsymbol{H}\cdot \mathrm{d}\boldsymbol{l} = I_\mathrm{d} = \frac{\mathrm{d}\Phi_D}{\mathrm{d}t} = \frac{r^2}{R^2}\frac{\mathrm{d}q}{\mathrm{d}t}$$

$$H2\pi r = \frac{r^2}{R^2}\frac{\mathrm{d}q}{\mathrm{d}t}$$

$$H = \frac{r}{2\pi R^2}\frac{\mathrm{d}q}{\mathrm{d}t}$$

因为在空气中，$B=\mu_0 H$，所以

$$B_1 = \frac{\mu_0 r}{2\pi R^2}\frac{\mathrm{d}q}{\mathrm{d}t} = \frac{\mu_0 r I_{\mathrm{d}}}{2\pi R^2} \quad (r < R) \tag{1}$$

将 $r_1=0.1\mathrm{m}$（$r_1<R=0.2\mathrm{m}$）代入，得

$$B_1 = \left(\frac{4\pi\times10^{-7}\times0.1}{2\times\pi\times0.2^2}\times10\right)\mathrm{T} = 5\times10^{-6}\mathrm{T}$$

当 $r_1>R$ 时，有

$$\Phi_D = D\pi R^2 = \sigma\pi R^2 = q \quad (r > R)$$

$$\oint_L \boldsymbol{H}\cdot\mathrm{d}\boldsymbol{l} = \frac{\mathrm{d}\Phi_D}{\mathrm{d}t} = \frac{\mathrm{d}q}{\mathrm{d}t}$$

$$H2\pi r = \frac{\mathrm{d}q}{\mathrm{d}t}$$

得

$$H = \frac{1}{2\pi r}\frac{\mathrm{d}q}{\mathrm{d}t}$$

$$B_2 = \frac{\mu_0}{2\pi r}\frac{\mathrm{d}q}{\mathrm{d}t} = \frac{\mu_0 I}{2\pi r} \quad (r > R) \tag{2}$$

将 $r_2=0.3\mathrm{m}$（$r_2>R=0.2\mathrm{m}$）代入，得

$$B_2 = \left(\frac{4\pi\times10^{-7}}{2\times\pi\times0.3}\times10\right)\mathrm{T} = 6.67\times10^{-6}\mathrm{T}$$

（3）由上述结果 B 与 r 关系式为式（1）和式（2），画出 B-r 曲线示意图如图 9-42b 所示。

9.7.2　电磁场　麦克斯韦电磁场方程的积分形式

至此，电磁学的各种基本规律我们基本上已进行分析讨论了。特别是本章最后指出的，变化电场要激发有旋磁场，变化磁场要激发有旋电场，这些关系是电磁场内容的核心，它揭示了电场和磁场之间的内在联系。在变化电场的空间中必存在变化磁场，同样，在变化磁场的空间中必存在变化电场。也就是说，变化电场和变化磁场是密切联系在一起的，它们构成一个统一的电磁场整体，这就是麦克斯韦电磁理论的思想。

在研究电现象和磁现象的过程中，我们曾分别得出静止电荷激发的静电场和恒定电流激发的稳恒磁场的基本方程，有

静电场的高斯定理：$\oint_S \boldsymbol{D}\cdot\mathrm{d}\boldsymbol{S} = q = \int_V \rho\mathrm{d}V$

静电场的环流定理：$\oint_L \boldsymbol{E}\cdot\mathrm{d}\boldsymbol{l} = 0$

磁场的高斯定理：$\oint_S \boldsymbol{B}\cdot\mathrm{d}\boldsymbol{S} = 0$

安培环路定理：$\oint_L \boldsymbol{H}\cdot\mathrm{d}\boldsymbol{l} = I_{\mathrm{c}} = \int_S \boldsymbol{j}\cdot\mathrm{d}\boldsymbol{S}$

麦克斯韦在引入有旋电场和位移电流两个重要概念后，将静电场的环路定理和安培环路定理推广到一般电磁场，为

$$\oint_L \boldsymbol{E}\cdot\mathrm{d}\boldsymbol{l} = -\frac{\mathrm{d}\Phi}{\mathrm{d}t} = -\int_S \frac{\partial\boldsymbol{B}}{\partial t}\cdot\mathrm{d}\boldsymbol{S}$$

$$\oint_L \boldsymbol{H} \cdot \mathrm{d}\boldsymbol{l} = I_c + I_d = \iint_S \left(\boldsymbol{j} + \frac{\partial \boldsymbol{D}}{\partial t}\right) \cdot \mathrm{d}\boldsymbol{S}$$

麦克斯韦还认为，静电场的高斯定理和磁场的高斯定理不仅适用于静电场和恒定电流的磁场，也适用于一般电磁场，于是得到电磁场的四个基本方程，即

$$\oint_S \boldsymbol{D} \cdot \mathrm{d}\boldsymbol{S} = q = \int_V \rho \mathrm{d}V \qquad (9\text{-}25a)$$

$$\oint_L \boldsymbol{E} \cdot \mathrm{d}\boldsymbol{l} = -\int_S \frac{\partial \boldsymbol{B}}{\partial t} \cdot \mathrm{d}\boldsymbol{S} \qquad (9\text{-}25b)$$

$$\oint_S \boldsymbol{B} \cdot \mathrm{d}\boldsymbol{S} = 0 \qquad (9\text{-}25c)$$

$$\oint_L \boldsymbol{H} \cdot \mathrm{d}\boldsymbol{l} = \iint_S \left(\boldsymbol{j} + \frac{\partial \boldsymbol{D}}{\partial t}\right) \cdot \mathrm{d}\boldsymbol{S} \qquad (9\text{-}25d)$$

式（9-25）中的四个方程就是麦克斯韦方程组的积分形式（相应地有四个微分形式，这里不做介绍）。

麦克斯韦方程组的形式既简洁又优美对称，以至于当时的人们惊叹着“是上帝借麦克斯韦之手而写出的”。麦克斯韦方程组全面反映了电磁场的基本性质，它把电磁场作为一个整体，用统一的观点阐明了电场和磁场之间的联系。麦克斯韦电磁理论的建立是19世纪物理学发展史上又一重要的里程碑。正如爱因斯坦所说：“这是自牛顿以来物理学所经历的最深刻和最有成果的一项真正概念上的变革”，所以称麦克斯韦是电磁学体系的牛顿。

思考题

9-1 一导体圆线圈在均匀磁场中运动，在下列哪些情况下会产生感应电流？为什么？

（1）线圈沿磁场方向平移；

（2）线圈沿垂直于磁场方向平移；

（3）线圈以自身的直径为轴转动，轴与磁场方向平行；

（4）线圈以自身的直径为轴转动，轴与磁场方向垂直。

9-2 感应电动势的大小由什么因素决定？如图9-43所示，一个矩形线圈在均匀磁场中以 ω 旋转，试比较，当它们转到位置图a和图b时，感应电动势的大小。

9-3 怎样判断感应电动势的方向？

（1）试判断上题图中感应电动势的方向；

（2）如图9-44所示的变压器（一种有铁心的互感装置）中，当原线圈的电流减少时，判断副线圈中感应电动势的方向。

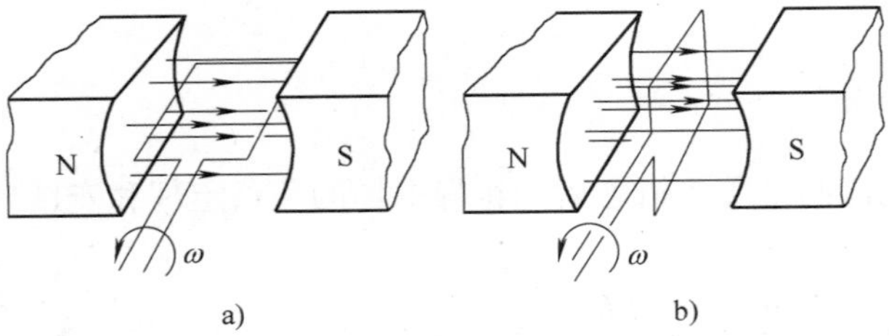

图9-43 思考题9-2图

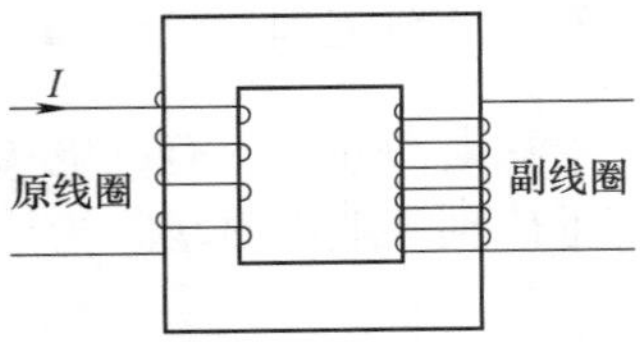

图9-44 思考题9-3图

9-4 在图 9-45 中，下列各情况下是否有电流通过电阻器 R？如果有，则电流的方向如何？

（1）开关 S 接通的瞬间；

（2）开关 S 接通一些时间之后；

（3）开关 S 断开的瞬间。

另当开关 S 保持接通时，线圈的哪一端起磁北极的作用？

9-5 在图 9-46 中，若使那根可以移动的导线向右移动，因而引起一个如图所示的感应电流。试问：在区域 A 中的磁感应强度 $\boldsymbol{B}$ 的方向如何？

9-6 图 9-47 所示为一观察电磁感应现象的装置。左边 a 为闭合导体圆环，右边 b 为有缺口的导体圆环，两环用细杆连接支在 O 点，可绕 O 在水平面内自由转动。用足够强的磁铁的任何一极插入圆环。当插入 a 环时，可观察到环向后退；当插入 b 环时，环不动。试解释所观察到的现象。当用 S 极插入环 a 时，环中的感应电流方向如何？

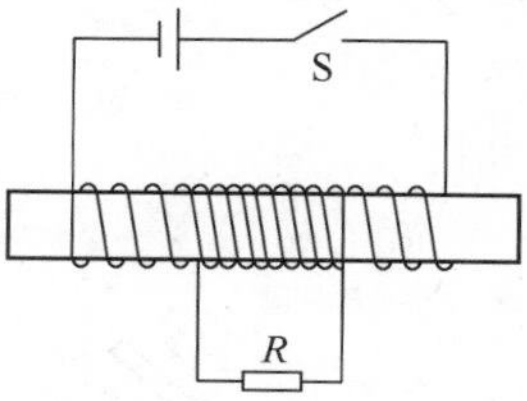

图 9-45 思考题 9-4 图

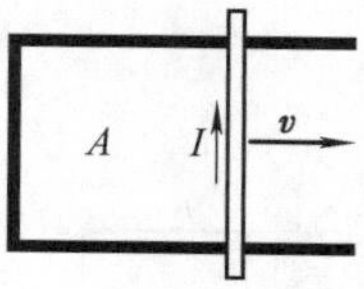

图 9-46 思考题 9-5 图

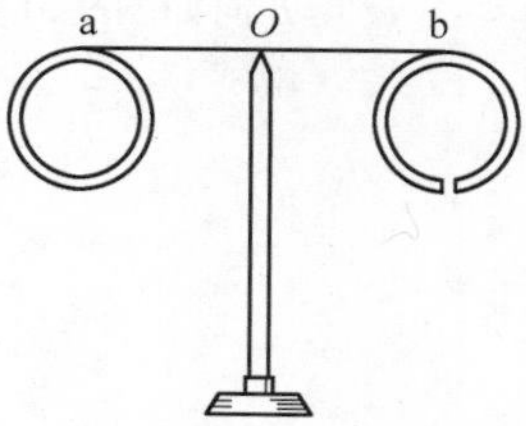

图 9-47 思考题 9-6 图

9-7 试说明思考题 9-3、9-4、9-5 中感应电流的能量是哪里来的。

9-8 一块金属在均匀磁场中平移，金属中是否会有涡流？

9-9 一块金属在均匀磁场中转动，金属中是否会有涡流？

9-10 一段直导线在均匀磁场中做如图 9-48 所示的四种运动。在哪种情况下导线中有感应电动势？为什么？感应电动势的方向是怎样的？

9-11 在电子感应加速器中，电子加速所得到的能量是哪里来的？试定性解释之。

9-12 如何绕制才能使两个线圈之间的互感最大？

9-13 有两个相隔不太远的线圈，如何放置可使其互感为零？

9-14 一个线圈自感的大小决定于哪些因素？

9-15 用金属丝绕制的标准电阻要求是无自感的，怎样绕制自感为零的线圈？

9-16 灵敏电流计的线圈处于永磁体的磁场中，通入电流，线圈就发生偏转。切断电流后，线圈在回复原来位置前总要来回摆动好多次。这时，如果采用导线把线圈的两个接头短接，则摆动会马上停止，这是何缘故？

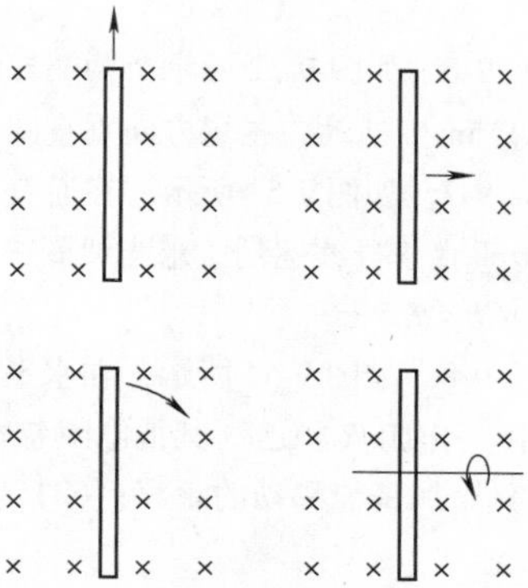

图 9-48 思考题 9-10 图

9-17 熔化金属的一种方法是用“高频炉”。它的主要部件是一个铜制线圈，线圈中有一坩埚，埚中放待熔金属块。当线圈中通以高频交流电时，埚中金属就可以被熔化，这是什么缘故？

9-18 将尺寸完全相同的铜环和铝环适当放置，使通过两环内的磁通量变化率相等。问这两个环中的感应电流、感生电动势和感生电场是否相等？

9-19 如果电路中通有强电流，当突然打开闸刀断电时，就有一大火花跳过闸刀。试解释这一现象。

9-20 利用楞次定律说明为什么一个小的条形磁铁能悬浮在用超导材料做成的碗中？

习　题

9-1　在通有电流$I=5A$的长直导线近旁有一导线ab，长$l=20cm$，离长直导线距离$d=10cm$（见图9-49）。当它沿平行于长直导线的方向以$v=10m/s$速率平移时，导线中的感应电动势多大？a、b哪端的电势高？

9-2　平均半径为12cm的4×10^3匝线圈，在强度为0.5G的地磁场中每秒钟旋转30周，线圈中可产生最大感应电动势为多大？如何旋转和转到何时，才有这样大的电动势？

9-3　如图9-50所示，长直导线中通有电流$I=5A$时，另一矩形线圈共1×10^3匝，$a=10cm$，长$L=20cm$，以$v=2m/s$的速率向右平动，求当$d=10cm$时线圈中的感应电动势。

9-4　若上题中线圈不动，而长导线中通有交流电$i=5\sin(100\pi t)$(SI)，线圈内的感生电动势将多大？

9-5　一长为L的导体棒CD，在与一均匀磁场垂直的平面内，绕位于$L/3$处的轴以匀角速度ω沿逆时针方向旋转，磁场方向如图9-51所示，磁感应强度的大小为B，求导体棒内的感应电动势，并指出哪一端电势高？

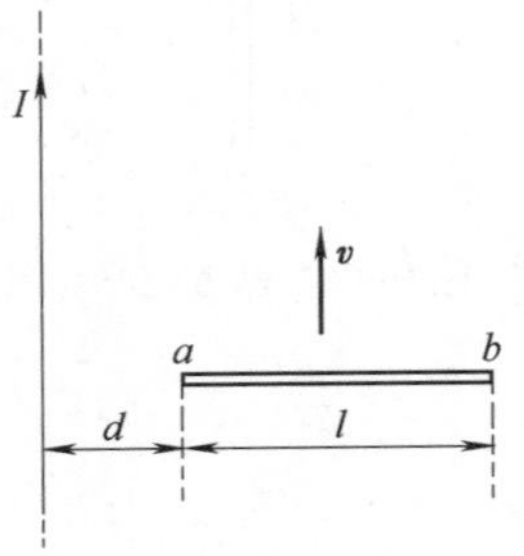

图9-49　习题9-1图

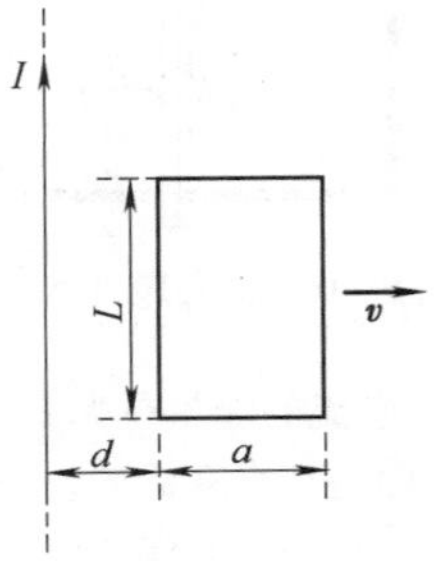

图9-50　习题9-3图

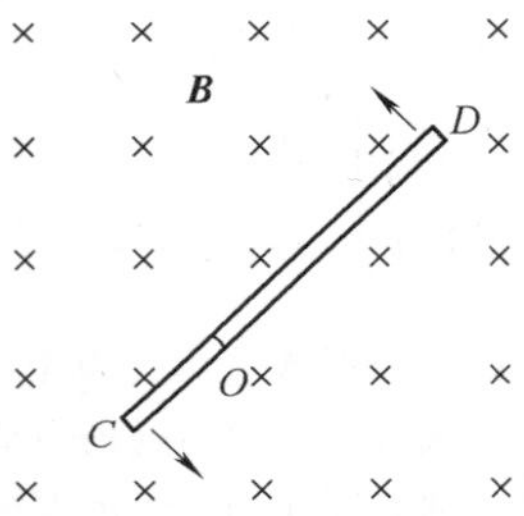

图9-51　习题9-5图

9-6　如图9-52所示，两端导线$ab=bc=10cm$，在b处相接而成30°角。若使导线在均匀磁场中以速率$v=1.5m/s$运动，磁场方向垂直图面向内，$B=2.5\times10^{-2}T$，问ac间的电势差是多少？哪端电势高？

9-7　如图9-53所示，在通有电流I的无限长直导线附近，有一直角三角形线圈ABC与其共面，并以速度$\boldsymbol{v}$垂直于导线运动，求当线圈中的A点距导线为b时，线圈中的感应电动势的大小及方向。已知$AB=a$，$\angle ACB=\theta$。

9-8　如图9-54所示，在水平放置的光滑平行导轨上，放置质量为m的金属杆，其长度$ab=l$，导轨一端由一电阻R相连（其他电阻忽略），导轨又处于竖直向下的均匀磁场$\boldsymbol{B}$中，当杆以初速$\boldsymbol{v}_0$运动时，求：（1）金属杆能移动的距离；（2）在此过程中R所发出的焦耳热。

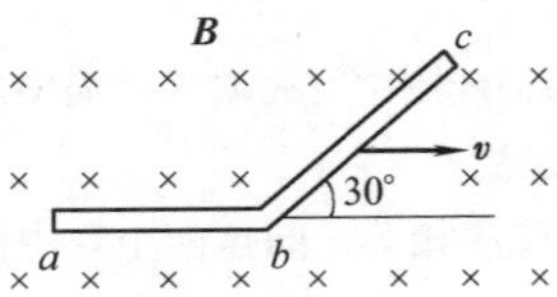

图9-52　习题9-6图

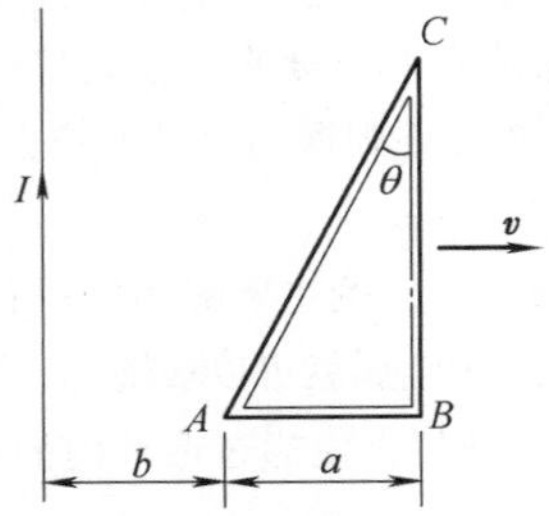

图9-53　习题9-7图

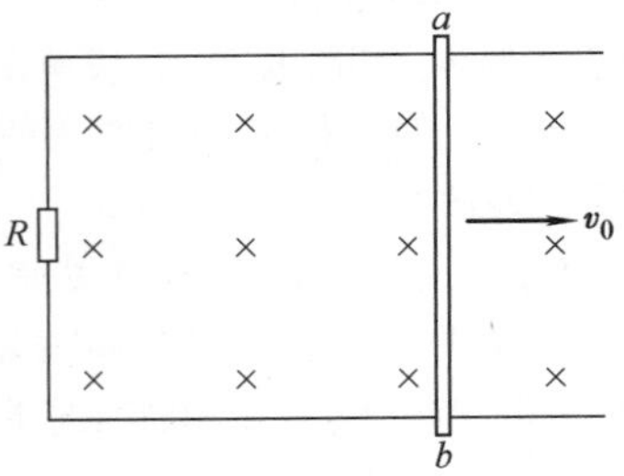

图9-54　习题9-8图

9-9　均匀磁场$\boldsymbol{B}$被局限在圆柱形空间，B从0.5T以0.1T/s的速率减小。（1）试确定涡旋电场电场线的形状和方向；（2）求图 9-55 中半径为 $r=10\text{cm}$ 的导体回路内各点的涡旋电场的电场强度和回路中的感生电动势；（3）设回路电阻为 2Ω，求其感应电流的大小；（4）回路中任意两点 a、b 间的电势差为多大？（5）如果在回路上某点将其切断，两端稍微分开，问此时两端的电势差多大？

9-10 均匀磁场 $\boldsymbol{B}(t)$ 被限制在半径为 R 的圆柱形空间内，磁场对时间的变化率为 $\mathrm{d}B/\mathrm{d}t$，在与磁场垂直的平面内有一正三角形回路 aOb，位置如图 9-56 所示，试求回路中的感应电动势的大小。

9-11 如图 9-57 所示，在与均匀磁场垂直的平面内有一折成 α 角的 V 形导线框，其 MN 边可以自由滑动，并保持与其他两边接触，今使 $MN\perp ON$，当 $t=0$ 时，MN 由 O 点出发，以匀速 $\boldsymbol{v}$ 平行于 ON 滑动，已知磁场随时间的变化规律为 $B(t) = t^2/2$，求线框中的感应电动势与时间的函数关系。

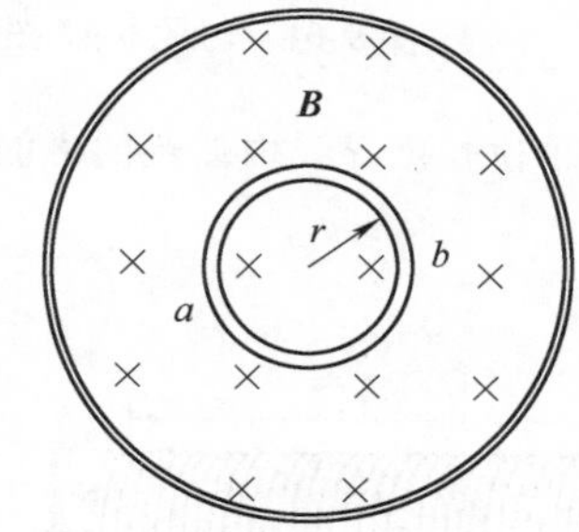

图 9-55 习题 9-9 图

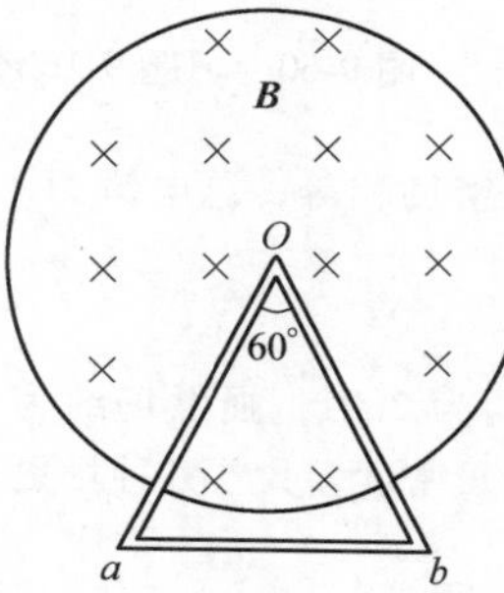

图 9-56 习题 9-10 图

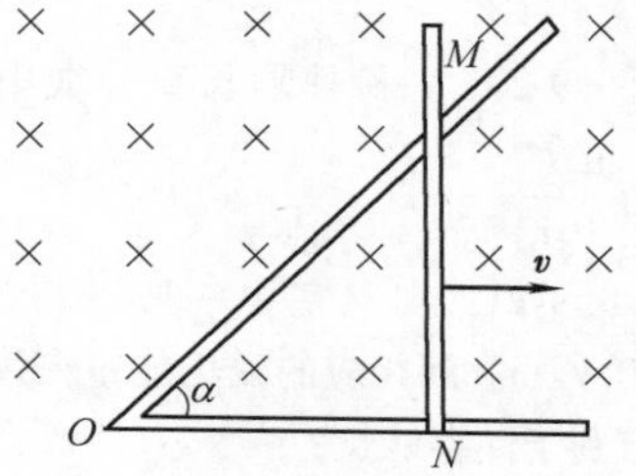

图 9-57 习题 9-11 图

9-12 一半径为 R、电阻率为 ρ 的金属薄圆盘放在磁场中，$\boldsymbol{B}$ 的方向与盘面垂直，$\boldsymbol{B}$ 的值为 $B(t)=B_0t/\tau$，式中的 B_0 和 τ 为常量，t 为时间。（1）求盘中产生的涡电流的电流密度；（2）若 $R=0.20\text{m}$，$\rho=6.0\times10^{-8}\Omega\cdot\text{m}$，$B_0=2.2\text{T}$，$\tau=18.0\text{s}$，计算圆盘边缘处的电流密度。

9-13 法拉第圆盘发电机是一个在磁场中转动的导体圆盘。设圆盘的半径为 R，它的轴线与均匀外磁场 $\boldsymbol{B}$ 平行，它以角速度 ω 绕轴线转动，如图 9-58 所示。（1）求盘边缘与盘心间的电势差；（2）当 $R=15\text{cm}$，$B=0.6\text{T}$，转速为每秒 30 圈时，盘边缘与盘心间的电势差为多少？（3）盘边与盘心哪处电势高？当盘反转时，它们电势的高低是否也会反过来？

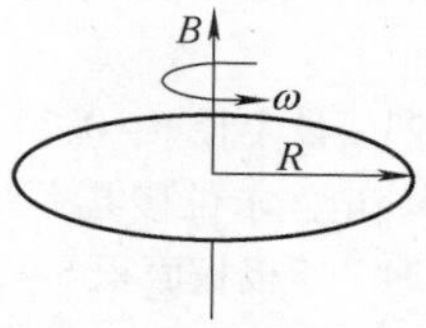

图 9-58 习题 9-13 图

9-14 两根平行长直导线，其中心线距离为 d，载有等值反向电流 I（可以想象它们在相当远的地方汇合成一单一回路），每根导线的半径为 a，如果不计导线内部磁通的贡献，试求单位长度的自感。

9-15 两圆形线圈共轴地放置在一平面内，它们的半径分别为 R_1 和 R_2，且 $R_1\gg R_2$，匝数分别为 N_1 和 N_2，如图 9-59 所示，试求它们的互感（提示：可认为大线圈中有电流时，在小线圈处产生的磁场可看作均匀的）。

9-16 在如图 9-60 所示的电路中，线圈Ⅱ连线上有一长为 l 的导体棒 CD，可在垂直于均匀磁场 $\boldsymbol{B}$ 的平面内左右滑动并保持与线圈Ⅱ连线接触，导体棒的速度与棒垂直。设线圈Ⅰ和Ⅱ的互感为 M，电阻为 R_1 和 R_2。分别就以下两情形求通过线圈Ⅰ和Ⅱ的电流：（1）CD 以匀速 $\boldsymbol{v}$ 运动；（2）CD 由静止开始以加速度 $\boldsymbol{a}$ 运动。

9-17 矩形截面螺绕环的尺寸如图 9-61 所示，总匝数为 N。（1）求它们的自感；（2）当 $N=1\,000$ 匝，$D_1=20\text{cm}$，$D_2=10\text{cm}$，$h=1.0\text{cm}$ 时自感为多少？

9-18 在长 60cm、直径 5.0cm 的空心纸筒上绕多少匝导线，才能得到自感为 $6.0\times10^{-3}\text{H}$ 的线圈？

9-19 如图 9-62 所示，两长螺线管同轴，半径分别为 R_1 和 R_2（$R_1>R_2$），长度为 l（$l\gg R_1$ 和 R_2），匝数分别为 N_1 和 N_2。求互感 M_1 和 M_2，由此证明 $M_1=M_2$。

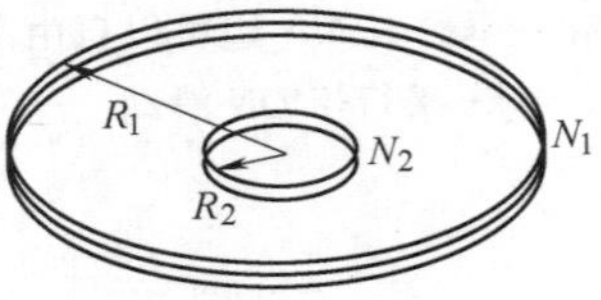

图 9-59 习题 9-15 图

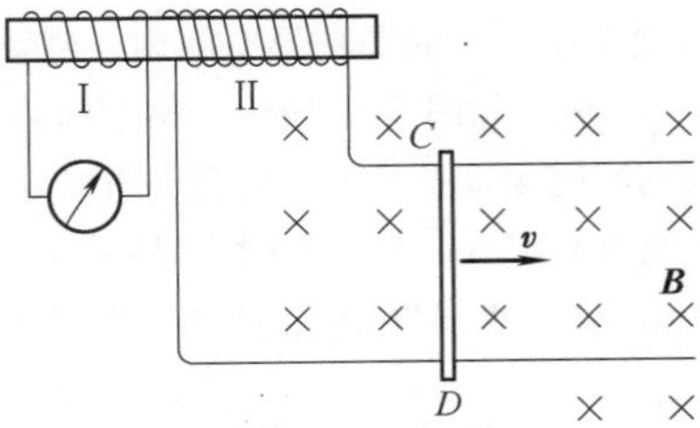

图 9-60 习题 9-16 图

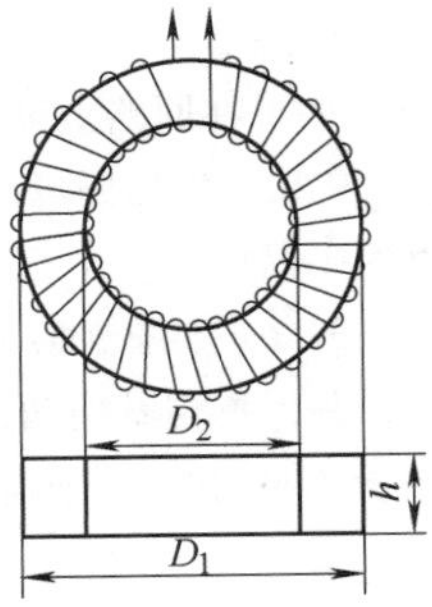

图 9-61 习题 9-17 图

9-20 一圆柱形长直导线中各处电流密度相等，总电流为 I，试证每单位长度导线内储藏的磁能为$\dfrac{\mu_0 I^2}{16\pi}$。

9-21 实验室中一般获得的强磁场约为 2.0T，强电场约为 10^6V/m。问相应的磁场能量密度和电场能量密度多大？哪种场更有利于储存能量？

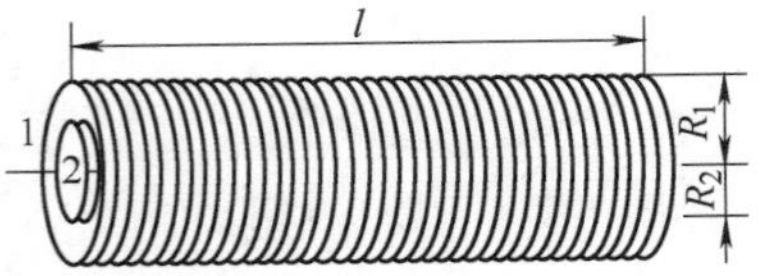

图 9-62 习题 9-19 图

9-22 可能利用超导线圈中持续大电流的磁场储存能量。要储存 1kW·h 的能量，利用 1.0T 的磁场，需要多大体积的磁场？若利用线圈中 500A 的电流储存上述能量，则该线圈的自感应为多大？

9-23 设半径 $R=0.20$m 的平行板电容器，两板之间为真空，板间距离 $d=0.50$cm，以电流 $I=2.0$A 对电容器充电。求位移电流密度（忽略平行板电容器边缘效应，设电场是均匀的）。

9-24 给极板面积 $S=3\text{cm}^2$ 的平行板电容器充电，分别就下面两情形求极板间的电场变化率 $\mathrm{d}E/\mathrm{d}t$：(1) 充电电流 $I=0.01$A；(2) 充电电流 $I=0.5$A。

9-25 试证平行板电容器与球形电容器两极板间的位移电流均为 $I_\mathrm{d}=C\dfrac{\mathrm{d}U}{\mathrm{d}t}$，其中 C 为电容器的电容，U 为两极板的电势差。

9-26 平行板电容器圆形极板的半径 $R=0.05$m，欲使变化电场在 $r=0.04$m 处产生的磁感应强度为 1×10^{-5}T，问需多大电流给电容器充电？此时极板间电场对时间的变化率有多大？设两板间为真空。

阅读材料

一、汽车车速表——电磁感应原理的应用

汽车驾驶室内的车速表是指示汽车行驶速度的仪表。它是利用电磁感应原理，使表盘上指针的摆角与汽车的行驶速度成正比。车速表主要由驱动轴、磁铁、速度盘、弹簧游丝、指针轴、指针组成。其中，永久磁铁与驱动轴相连。在表壳上装有刻度为 km/h 的表盘。

永久磁铁的磁感应线方向如图 9-63 所示。其中一部分磁感应线将通过速度盘，磁感应线在速度盘上的分布是不均匀的，越接近磁极的地方磁感应线数目越多。当驱动轴带动永久磁铁转动时，则通过速度盘上各部分的磁感应线将依次变化，顺着磁铁转动的前方，磁感应线的数目逐渐增加，而后方则逐渐减少。由法拉第电磁感应原理知道，通过导体的磁感应线数目发生变化时，在导体内部会产生感应电流。又由楞次定律知道，感应电流也要产生磁场，其磁感应线的方向是阻止原来磁场的变化。用楞次定律判断出，顺着

磁铁转动的前方，感应电流产生的磁感应线与磁铁产生的磁感应线方向相反，因此，它们之间互相排斥；反之，后方感应电流产生的磁感应线方向与磁铁产生的磁感应线方向相同，因此，它们之间互相吸引。由于这种吸引作用，速度盘被磁铁带着转动，同时轴及指针也随之一起转动。

为了使指针能根据不同车速停留在不同位置上，在指针轴上装有弹簧游丝，游丝的另一端固定在铁壳的架上。当速度盘转过一定角度时，游丝被扭转产生相反的力矩，当它与永久磁铁带动速度盘的力矩相等时，则速度盘停留在那个位置而处于平衡状态。这时，指针轴上的指针便在标度盘上指示出相应的车速数值，如图 9-64 所示。

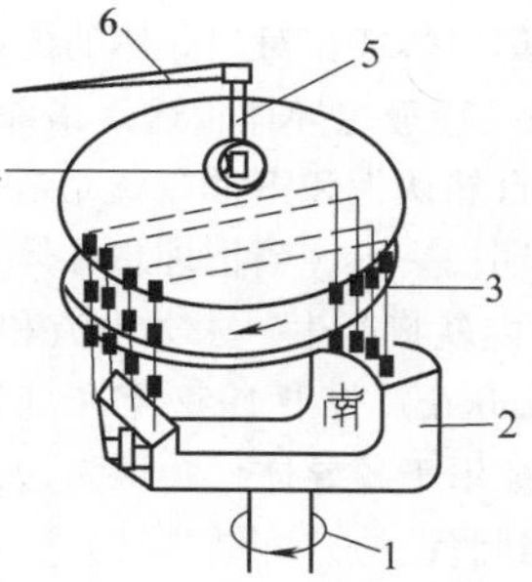

图 9-63 车速表简图

1—驱动轴 2—永久磁铁 3—速度盘

4—弹簧游丝 5—指针轴 6—指针

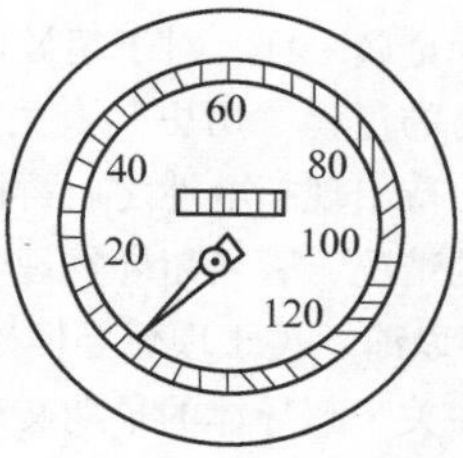

图 9-64 标度盘简图

永久磁铁转动的速度和汽车行驶速度成正比。当汽车行驶速度增大时，在速度盘中感应的电流及相应的带动速度盘转动的力矩将按比例地增加，使指针转过更大的角度，因此，车速不同，指针指出的车速值也相应不同。当汽车停止行驶时，磁铁停转，弹簧游丝使指针轴复位，从而使指针指在“0”处。

二、超导现象的发现和超导技术的应用简介

超导电性，英文为“Superconductivity”，意思是指在极低温度（液氦）下导体的电阻变为零的现象。它是荷兰物理学家昂内斯（H. K. Onnes）于 1913 年最先创造的一个词，但它的发现可以上溯至 1911 年。

气体液化研究开始于 19 世纪初，其中功绩卓著者要数法拉第了。到 1845 年，他几乎液化了所有的气体，剩下还没有被液化的气体只有氧、氮、氢、CO、甲烷及后来发现的氦。当时科学界以为这剩下的几种气体是不能被液化的，于是把它们称为“永久气体”。但 1877 年法国物理学家凯勒特（L. P. Cailletet）和瑞士物理学家皮克特（R. Pictet）分别独立地液化了氧，打破了永久气体不能被液化的信念，也激起科学家们努力液化其他永久气体的热情。1898 年，英国物理学家杜瓦（J. Dewar）实现了 20K 的低温，并把氢气液化。1908 年荷兰物理学家昂内斯实现了 4K 的超低温，并把气体氦液化。为了获得固态的氦，1910 年昂内斯又把温度进一步降至 1.04K，虽然没有把氦固化，但为发现超导现象做好了准备。

有了合适的超低温，科学家就转而研究各种物质在这极低温度下的性质，其中独具慧眼的仍然是昂内斯。从 1882 年任荷兰莱顿大学物理学教授和实验室主任时开始，他就把实验室的全部研究项目放在低温方面，连当时著名的科学家洛伦兹对此举都无法理解，因为在他看来，在极低温下不会有什么离奇的事情发生。昂内斯没有听从洛伦兹的劝告，而是大胆开展了极低温下电阻会如何变化这一有争议问题的研究。这种争议就在于，能斯特曾经推测，在绝对零度附近，纯金属的电阻应逐渐减小，并最终在绝对零度消失。而杜瓦在液氢温度下的研究表明，随着温度的降低，铂电阻的下降速度比预期的要慢。1911 年 2 月昂内斯实验了 4.3K 以下铂的电阻值的变化，发现电阻是一个不变的常数。他把这个不变的电阻数值归因于杂质的影响（昂内斯的这一想法后来证明是不正确的，1912 年昂内斯已经用实验证明，对于不纯的汞来说，其“电阻消失的方式和纯汞一样”）。为了证明这一点，他改用汞作实验材料，因为汞在室温下为液态，可以

用连续蒸馏法获得很高的纯度。1911 年 4 月的实验结果已经证明，在液氦温度下纯汞的电阻变为零。这是人们第一次发现超导电性。1911 年4 月 25 日，昂内斯又给出了汞的超导转变曲线，表明汞的电阻在氢的熔点和氦的沸点之间逐渐减小，在 4. 21K 和 4. 19K 之间减小得极快，并在 4. 19K 处完全消失。

在超导电性发现的最初几年里，昂内斯领导的莱顿实验室一直走在前面，并和先于昂内斯研究气体液化的英国科学家杜瓦形成鲜明的对比。这也许和两个科学共同体的风气有关。杜瓦在皇家学院创立的是忌妒防范的密室，只有他自己和与他亲密的实验员才有权进去，而昂内斯则把实验室的大门向全世界愿意从事低温工作的科学家敞开。莱顿实验室所提供的周到的便利条件，以及这种转让便利的开明态度，使他们的周围聚集了一大批科学家。

但在后来的研究中，昂内斯领导的莱顿实验室落后了，这集中体现在对超导体的磁性质的认识上。自超导现象发现后，物理学界有一种先验的想法，认为超导体是一种理想导体，这是指除了电阻是零之外，它的其他性质都和金属一样。对于超导体的磁性质，学术界也自然认为和正常金属完全一样，即它的磁性质将与从前所经历的过程“历史”有关，是不可逆的。说得更明白一点，当把理想导体放在小于临界场的外磁场中降温时，待出现超电性之后再撤走外磁场，此时它体内就将产生一永久电流和磁场“冻结”。对于当时物理学界的情况，著名超导物理学家休恩伯格（D. Shoenberg）曾于 1952 年在《超导电性》一书中回忆说：“1933 年以前，关于理想导体磁性质的这些预言一直被用于超导体，并认为这是自明而不需要实验检验的。所以在关于超导体的早期文献中，可以发现经常提到假设的‘冻结’磁矩，尽管它们的存在从未被实验证实过。”当时莱顿实验室相信的正是这样的理论。关于这一点，卡西米尔（H. B. G. Casimir）1977 年在《20 世纪物理学史》一书中已有明确的说明，他说：“在当时有一些理论上的迷信为大家所接受，其一……就是所谓的磁场冻结，在莱顿老一辈的人们对于冻结磁场的信仰是很深的。”

当莱顿实验室陷入传统认识误区之中时，德国物理学家闯了进来。1933 年德国的迈斯纳（W. Meissner）和奥森费尔德（R. Ochsenfeld）发表论文指出，“当超导体进入超导态后，超导体外部空间的磁场线分布自身会发生变化，而且该变化的情况接近于超导体的磁导率为零的情况”，这意味着进入超导态后，超导体把磁场线全部排斥出体外，从而使它周围的磁场线分布也相应地发生变化。超导体内部的磁感应强度总保持为零，仿佛就像理想抗磁体一样。迈斯纳的工作使人们认识到，超导体本质上是一理想抗磁性的态，而表面上伴随着无限大电导的许多方面实际上是该系统磁性质的结果。从此，超导体的完全抗磁性效应被称为“迈斯纳-奥森费尔德效应”。

从 1911 年发现超导电性现象开始，其发展大致可分为三个阶段：从 1911—1957 年 BCS 理论问世，是对超导电性机理的探索阶段；从 1958—1985 年为人类对超导技术应用的准备阶段；从 1986 年起，由于高温超导材料的发现，人类已步入超导技术开发阶段。

超导技术的应用是广泛的，就目前所知，起码涉及以下几个方面：

①电能输送；②电机制造；③磁流体发电；④超导线圈储能技术；⑤超导磁悬浮列车；⑥超导电子计算机；⑦超导电子器件；⑧超导磁体；⑨高灵敏度电磁仪器；⑩地球物理探矿；⑪地震探测；⑫生物磁学；⑬医学临床应用；⑭强磁场下的物性研究；⑮军事。这里只就其中的几个方面加以详细说明。

1957 年，阿布里柯索夫（A. A. Abrikosov）提出了理想第二类超导体的理论，使人们认识到第一类超导体和第二类超导体的区别，并开始着手探索高场强的超导磁体。在大量实验中认识到，只有当超导材料的临界温度、临界磁场和临界电流三者都足够高时，才能用它绕制出能产生高场强的超导磁体。1961 年，克拉玻肖特（R. H. Kropshot）和阿普（Arp）又提出辅以铁磁增进的技术；同年，奥特勒在铁心磁体外绕以铌线，实现了 2. 5 万 G 的磁场。20 世纪 60 年代初，由于非理想的第二类超导体材料（如 Nb_3Sn、V_3Si、Nb-Zr 等）的发现，1961 年昆兹勒（J. E. Kunzler）就使用 Nb_3Sn 制成了强磁场超导磁体，磁场强度为 10 万 G 左右，至此，强磁场超导体进入可以实用的阶段。尽管实际应用时需要液氦这一条件，限制了它的普及推广，但在没有别的可替代超导磁体的场合，超导磁体仍显示出其独具优点，其中在环形加速器中的应用就是一例。在环形加速器里，粒子在磁场内绕圈，在电场的推动下，每绕一圈粒子就增加一些动能。能量越大，越难以把粒子束缚在小半径的圆形轨道内。解决的办法是增大磁场强度。这正是强磁场超导体的用武之地。在环形加速器中使用了超导磁体后，其装置尺寸和建造费用都会大幅度减小。

磁流体发电，这是为提高燃料能的利用效率而提出的。所谓磁流体发电是使气体加热到很高的温度（2500K 以上），气体原子电离成等离子体，然后让其从加了磁场的两平行极板之间通过。正负离子在磁场内受洛伦兹力的作用分别向两极板偏转，结果，一个极板带正电，另一个极板带负电，从而在两极板间产生电压。由于磁流体发电的输出功率与磁感应强度的平方成正比，能否在一个大体积内产生强磁场也就成了磁流体发电的关键问题，而强磁场超导磁体有可能实现这一条件。1959 年，美国一个公司预计，这种拟议中的磁流体发电厂将会使燃料热能的利用率达 60%。1977 年，美苏合作的 u-25B 磁流体发电装置正式在苏联投入使用。

1966 年，波维尔等建议用超导磁体和路基导体中感应涡流之间的磁性排斥力把列车悬浮起来运行，称为磁悬浮高速列车。1979 年，日本国铁公司超导电磁悬浮实验车正式投入使用，时速达 504km。

1969 年由英国制成超导电机，达 3250 马力⊖，每分钟转速为 200 转，所用超导线是在 $D=0.25\text{mm}$ 的铜线内含有 100 根铌-钛丝。经过两年多的负载运行试验，基本上是成功的。

物理学家简介

一、法 拉 第

法拉第（M. Faraday，1791—1867 年）于 1791 年 9 月 22 日生于萨里郡纽因顿的一个铁匠家庭。13 岁就在一家书店当送报和装订书籍的学徒。他有强烈的求知欲，挤出一切休息时间贪婪地力图把他装订的一切书籍内容都从头读一遍，读后还临摹插图，工工整整地做读书笔记。他用一些简单器皿照着书上进行实验，仔细观察和分析实验结果，把自己的阁楼变成了小实验室。在这家书店待了 8 年，他废寝忘食、如饥似渴地学习。他后来回忆这段生活时说：“我就是在工作之余，从这些书里开始找到我的哲学。这些书中有两种书对我特别有帮助，一是《大英百科全书》，我从它第一次得到电的概念；另一是马塞夫人的《化学对话》，它给了我这门课的科学基础。”

法拉第

在哥哥的赞助下，1810 年 2 月至 1811 年 9 月，他先后听了十几次自然哲学的通俗讲演，每次听后都重新誊抄笔记，并画下仪器设备图。1812 年又连续听了戴维 4 次讲座，从此燃起了进行科学研究的愿望。他曾致信皇家学院院长求助。失败后，他写信给戴维：“不管干什么都行，只要是为科学服务”。他还把他的装帧精美的听课笔记整理成《亨·戴维爵士讲演录》寄上。他对讲演内容还做了补充，书法娟秀，插图精美，显示出法拉第一丝不苟和对科学的热爱。经过戴维的推荐，1813 年 3 月，24 岁的法拉第担任了皇家学院助理实验员。后来戴维曾把他发现法拉第作为自己最重要的功绩而引以为荣。

法拉第 1813 年随同戴维赴欧洲大陆做科学考察旅行，1815 年回国后继续在皇家学院工作，长达 50 余年。1816 年发表第一篇科学论文。他最初从事化学研究工作，也涉足合金钢、重玻璃的研制。在电磁学领域，他倾注了大量心血，取得出色成绩。1824 年被选为皇家学会会员，1825 年接替戴维任皇家学院实验室主任，1833 年任皇家学院化学教授。

他异常勤奋，研究领域十分广泛。1818—1823 年研制合金钢期间，首创金相分析方法。1823 年从事气体液化工作，标志着人类系统进行气体液化工作的开始。采用低温加压方法，液化了氯化氢、硫化氢、二氧化硫、氢等。1824 年起研制光学玻璃，这次研究导致在 1845 年利用自己研制出的一种重玻璃（硅酸硼

⊖ 马力为非法定计量单位，1 马力 = 735W。——编辑注

铅）发现磁致旋光效应。1825年在把鲸油和鳕油制成的燃气分馏中发现了苯。

他最出色的工作是电磁感应的发现和场的概念的提出。1821年他读过奥斯特关于电流磁效应的论文后，为这一新的学科领域深深吸引。他刚刚迈入这个领域，就取得重大成果——发现通电流的导线能绕磁铁旋转，从而跻身著名电学家的行列。因受苏格兰传统科学研究方法的影响，通过奥斯特实验，他认为电与磁是一对和谐的对称现象。既然电能生磁，他坚信磁亦能生电。经过10年探索，历经多次失败后，1831年8月26日终于获得成功。这次实验因为是用伏打电池在给一组线圈通电（或断电）的瞬间，在另一组线圈获得了感生电流，他称之为“伏打电感应”。尔后，同年10月17日完成了在磁体与闭合线圈相对运动时在闭合线圈中激发电流的实验，他称之为“磁电感应”。经过大量实验后，他终于实现了“磁生电”的夙愿，宣告了电气时代的到来。

作为19世纪伟大实验物理学家的法拉第，他并不满足于现象的发现，还力求探索现象后面隐藏着的本质。他既十分重视实验研究，又格外重视理论思维的作用。1832年3月12日他写给皇家学会一封信，信封上写有“现在应当收藏在皇家学会档案馆里的一些新观点”。那时的法拉第已经孕育着电磁波的存在以及光是一种电磁振动的杰出思想，尽管还带有一定的模糊性。为解释电磁感应现象，他提出“电致紧张态”与“磁力线”等新概念，同时对当时盛行的超距作用说产生了强烈的怀疑：“一个物体可以穿过真空超距地作用于另一个物体，不要任何一种东西的中间参与，就把作用和力从一个物体传递到另一个物体，这种说法对我来说，尤其荒谬。凡是在哲学方面有思考能力的人，决不会陷入这种谬论之中。”他开始向长期盘踞在物理学阵地的超距说宣战。与此同时，他还向另一种形而上学观点——流体说进行挑战。1833年，他总结了前人与自己的大量研究成果，证实当时所知摩擦电、伏打电、电磁感应电、温差电和动物电等五种不同来源的电的同一性。他力图解释电流的本质，导致他研究电流通过酸、碱、盐溶液，结果在1833—1834年发现电解定律，开创了电化学这一新的学科领域。他所创造的大量术语沿用至今。电解定律除本身的意义外，也是电的分立性的重要论据。

1837年，他发现了电介质对静电过程的影响，提出了以近距“邻接”作用为基础的静电感应理论。不久以后，他又发现了抗磁性。在这些研究工作的基础上，他形成了“电和磁作用通过中间介质、从一个物体传到另一个物体的思想”。于是，介质成了“场”的场所，场这个概念正是来源于法拉第。正如爱因斯坦所说，引入场的概念，是法拉第的最富有独创性的思想，是牛顿以来最重要的发现。牛顿及其他学者的空间，被视作物体与电荷的容器；而法拉第的空间，是现象的容器，它参与了现象。所以说法拉第是电磁场学说的创始人。他的深邃的物理思想，强烈地吸引了年轻的麦克斯韦。麦克斯韦认为，法拉第的电磁场理论比当时流行的超距作用电动力学更为合理，他正是抱着用严格的数学语言来表述法拉第理论的决心闯入电磁学领域的。

法拉第坚信：“物质的力借以表现出的各种形式，都有一个共同的起源。”这一思想指导着法拉第探寻光与电磁之间的联系。1822年，他曾使光沿电流方向通过电解波，试图发现偏振面的变化，没有成功。这种思想是如此强烈，执着的追求使他终于在1845年发现强磁场使偏振光的偏振面发生旋转。他的晚年，尽管健康状况恶化，仍从事广泛的研究。他曾分析研究电缆中电报信号迟滞的原因，研制照明灯与航标灯。

他的成就来源于勤奋，他的主要著作《日记》由16 041则实验汇编而成；《电学实验研究》有3 362节之多。

法拉第一生热爱真理，热爱人民，真诚质朴，作风严谨，这样的感人事迹很多。他说：“一件事实，除非亲眼所见，我决不能认为自己已经掌握。”“我必须使我的研究具有真正的实验性。”在1855年给化学家申拜因的信中说：“我总是首先对自己采取严厉的批判态度，然后才给别人以这样的机会。”在一次市哲学会的讲演中他指出：“自然哲学家应当是这样一些人：他愿意倾听每一种意见，却下定决心要自己做判断；他应当不被表面现象所迷惑，不对某一种假设有偏爱，不属于任何学派，在学术上不盲从大师；他应当重事不重人，真理应当是他的首要目标。如果有了这些品质，再加上勤勉，那么他确实可以有希望走进自然的圣殿。”他是这样说的，也确实是这样做的。

他在艰难困苦中选择科学为目标，就决心为追求真理而百折不回，义无反顾，不计名利，刚正不阿。

他热爱人民，把纷至沓来的各种荣誉、奖状、证书藏之高阁，却经常走访贫苦教友的家庭，为穷人只有纸写的墓碑而浩然兴叹。他关心科学普及事业，愿更多的青少年奔向科学的殿堂。1826 年他提议开设周五科普讲座，直到 1862 年退休，他共主持过 100 多次讲座，并积极参与皇家学院每年“圣诞节讲座”19 年。根据他的讲稿汇编出版了《蜡烛的故事》一书，被译为多种文字出版，是科普读物的典范。

他生活简朴，不尚华贵，以致有人到皇家学院实验室做实验时错把他当作守门的。1857 年，皇家学会学术委员会一致决议聘请他担任皇家学会会长。对这一荣誉职务他再三拒绝。他说：“我是一个普通人。如果我接受皇家学会希望加在我身上的荣誉，那么我就不能保证自己的诚实和正直，连一年也保证不了。”同样的理由，他谢绝了皇家学院的院长职务。当英王室准备授予他爵士称号时，他多次婉言谢绝，并说：“法拉第出身平民，不想变成贵族。”他的好友 J. Tyndall 对此做了很好的解释：“在他的眼中看去，宫廷的华丽，和布来屯（Brighton）高原上面的雷雨比较起来，算得什么；皇家的一切器具，和落日比较起来，又算得什么？其所以说雷雨和落日，是因为这些现象在他的心里，都可以挑起一种狂喜。在他这种人的心胸中，那些世俗的荣华快乐，当然没有价值了。”“一方面可以得到十五万镑的财产，一方面是完全没有报酬的学问，要在这两者之间去选择一种，他却选定了第二种，遂穷困以终。”这就是这位铁匠的儿子、订书匠学徒的郑重选择。法拉第 1867 年 8 月 25 日逝世，墓碑上照他的遗愿只刻有他的名字和出生年月。

后世的人们，选择了法拉作为电容的国际单位，以纪念这位物理学大师。

二、麦克斯韦

麦克斯韦（J. C. Maxwell，1831—1879）是英国物理学家，经典电磁理论的奠基人。1831 年 6 月 13 日出生于爱丁堡。父亲受的是法学教育，但思想活跃，爱好科学技术，使他从小就受到科学的熏陶。10 岁那年他进了爱丁堡中学，由于讲话带有很重的乡音和衣着不入时，在班上经常被排挤、受讥笑。

麦克斯韦

但在一次全校举行的数学和诗歌的比赛中，麦克斯韦一人独得两个科目的一等奖。他以自己的勤奋和聪颖获得了同学们的尊敬。他的学习内容逐渐地突破了课本和课堂教学的局限。他的关于卵形曲线画法的第一篇科学论文发表在《爱丁堡皇家学会会刊》上，他采用的方法比笛卡儿的方法还简便。那时他仅仅 15 岁。他 1847 年入爱丁堡大学听课，专攻数学。但他很重视参加实验，广泛涉猎电化学、光学、分子物理学以及机械工程等。他说：“把数学分析和实验研究联合使用得到的物理科学知识，比之一个单纯的实验人员或单纯的数学家所具有的知识更加坚实、有益而牢固。”他 1850 年考入剑桥大学，1854 年以优异成绩毕业并获得了学位，留校工作。他 1856 年起任苏格兰阿伯丁的马里沙耳学院的自然哲学讲座教授，直到 1874 年。经法拉第举荐，自 1860 年起，他任伦敦皇家学院的物理学和天文学教授。他 1871 年起负责筹划卡文迪什实验室，随后被任命在剑桥大学创办卡文迪什实验室并担任第一任负责人。1879 年 11 月 5 日，麦克斯韦因患癌症在剑桥逝世，终年仅 48 岁。

麦克斯韦一生从事过多方面的物理学研究工作，他最杰出的贡献是在经典电磁理论方面。在剑桥读书期间，当麦克斯韦读过法拉第的《电学实验研究》之后，立刻被书中的新颖见解所吸引，他敏锐地领会到了法拉第的“力线”和“场”的概念的重要性。但是，他注意到全书竟然无一数学公式，这说明法拉第的学说还缺乏严密的理论形式。在其老师威廉·汤姆孙的启发和帮助下，他决心用自己的数学才能来弥补法拉第工作的这一缺陷。1855 年，他发表了第一篇论文《论法拉第的力线》，把法拉第的直观力学图像用数学形式表达了出来，文中给出了电流和磁场之间的微分关系式。不久，他收到法拉第的来信，法拉第赞扬他说：“我惊异地发现，这个数学加得很妙！”1860 年，29 岁的麦克斯韦去拜访年近 70 岁的法拉第，法拉第勉励麦克斯韦：“不要局限于用数学来解释已有的见解，而应该突破它。”1861 年，麦克斯韦深入分析了变化磁场产生感应电动势的现象，独创性地提出了“分子涡旋”和“位移电流”两个著名假设。这些内容发表在1862年的第二篇论文《论物理力线》中。这两个假设已不仅仅是法拉第成果的数学反映，而是对法拉第电磁学做出了实质性的增补。1864年12月8日，麦克斯韦在英国皇家学会的集会上宣读了题为《电磁场的动力学理论》的重要论文，对以前有关电磁的现象和理论进行了系统的概括和总结，提出了联系着电荷、电流和电场、磁场的基本微分方程组。该方程组后来经H.R.赫兹，O.亥维赛和H.A.洛伦兹等人整理和改写，就成了作为经典电动力学主要基础的麦克斯韦方程组。这一理论所宣告的一个直接的推论在科学史上具有重要意义，即预言了电磁波的存在。交变的电磁场以光速和横波的形式在空间传播，这就是电磁波；光就是一种可见的电磁波。电、磁、光的统一，被认为是19世纪科学史上最伟大的综合之一。1888年，麦克斯韦的预言被H.R赫兹所证实。1865年以后，麦克斯韦利用因病离职休养的时间，系统地总结了近百年来电磁学研究的成果，于1873年出版了他的巨著《电磁理论》。这部科学名著内容丰富、形式完备，体现出理论和实验的一致性，被认为可以和牛顿的《自然哲学的数学原理》交相辉映。麦克斯韦的电磁理论成为经典物理学的重要支柱之一。

麦克斯韦兴趣广泛，才智过人，他不但是建立各种模型来类比不同物理现象的能手，更是运用数学工具来分析物理问题的大师。麦克斯韦在其他领域中也做出了不少贡献。1859年，他用统计方法导出了处于热平衡态中的气体分子的“麦克斯韦速率分布律”。他用数学方法证明了土星环是由一群离散的卫星聚集而成的。这项研究的论文获得亚当斯奖；在论文中他运用了200多个方程，由此可见他驾驭数学的高超能力！在色视觉方面他提出了三原色理论。他首先提出了实现彩色摄影的具体方案。他设计的“色陀螺”获得皇家学会的奖章。麦克斯韦在他生命的最后几年里，花费了很大气力整理和出版卡文迪什的遗稿以及创建卡文迪什实验室，为人类留下又一笔珍贵的科学遗产。

习题参考答案

第 1 章

1-1 （1）$v_0=\sqrt{v_{0x}{}^2+v_{0y}{}^2}=18.0\text{m/s}$，$\tan\alpha=\dfrac{v_{0y}}{v_{0x}}=-\dfrac{3}{2}$；

（2）$a=\sqrt{a_x{}^2+a_y{}^2}=72.1\text{m/s}^2$，$\tan\beta=\dfrac{a_y}{a_x}=-\dfrac{2}{3}$

1-2 $v=\dfrac{A}{B}(1-e^{-Bt})$，$y=\dfrac{A}{B}t+\dfrac{A}{B^2}(e^{-Bt}-1)$

1-3 略

1-4 $v=\dfrac{v_0^2t}{\sqrt{(H-h)^2+v_0^2t^2}}$，$a=\dfrac{(H-h)^2v_0^2}{[(H-h)^2+v_0^2t^2]^{3/2}}$

1-5 $v=2\sqrt{x^3+x+25}$（m/s）

1-6 0.8m

1-7 $\tan\theta=1.2755$ 时，最大高度 $y_{\max}=12.29\text{m}$，因而无法击中 $H=13\text{m}$ 的目标

1-8 （1）$a=\sqrt{\dfrac{R^2b^2+(v_0-bt)^4}{R^2}}$；　（2）$t=\dfrac{v_0}{b}$；　（3）$n=\dfrac{v_0^2}{4\pi bR}$

1-9 （1）$x^2+y^2=R^2$，$z=\dfrac{h}{2\pi}\omega t$，是一条空间螺旋线；

（2）$v=\omega\sqrt{R^2+\dfrac{h^2}{4\pi^2}}$；　（3）$a=R\omega^2$

1-10 （1）$x=v\sqrt{\dfrac{2y}{g}}=452\text{m}$；　（2）$\theta=\arctan\dfrac{y}{x}=12.5°$；

（3）$a_t=1.88\text{m/s}^2$，$a_n=9.62\text{m/s}^2$

1-11 $v_2=\dfrac{v_1}{\tan75°}=5.36\text{m/s}$

1-12 （1）$t=\sqrt{\dfrac{2h}{g+a}}=0.705\text{s}$；　（2）$d=-v_0t+\dfrac{1}{2}gt^2=0.716\text{m}$

1-13 $v'=917\text{km/h}$，方向西偏南 $40°52'$

1-14 （1）$t=\dfrac{d}{v'\cos\alpha}=1.05\times10^3\text{s}$；（2）$l=u\dfrac{d}{v'}=500\text{m}$

1-15 （1）$t_0=\dfrac{2l}{v'}$；（2）$t_1=\dfrac{t_0}{1-\dfrac{u^2}{v'^2}}$；（3）$t_2=\dfrac{t_0}{\sqrt{1-u^2/v'^2}}$

第 2 章

2-1 $g/5$，$2g/5$

2-2 $f=7.2\text{N}$

2-3 $a_1=\dfrac{g}{5}$（向下），$a_2=\dfrac{g}{5}$（向下），$a_3=-\dfrac{3g}{5}$（向上），$F_1=\dfrac{4}{5}m_1g$，$F_2=\dfrac{2}{5}m_1g$

2-4 （1）$v=\dfrac{Rv_0}{R+\mu v_0t}$；（2）$s=\dfrac{R}{\mu}\ln2$

2-5 略

2-6 （1）$v=\sqrt{2gh}\,\mathrm{e}^{-by/m}$；（2）$y=\dfrac{m}{b}\ln10$

2-7 （1）$y_{\max}=\dfrac{1}{2k}\ln\left(\dfrac{g+kv_0^2}{g}\right)$；（2）$v=\dfrac{v_0}{\sqrt{1+\dfrac{kv_0^2}{g}}}$

2-8 （1）$v=v_0\mathrm{e}^{-\frac{k}{m}t}$；（2）$x=\dfrac{m}{k}v_0$

2-9 $v=\sqrt{\dfrac{6k}{mA}}$

2-10 （1）$t=0.003\text{s}$；（2）$I=0.6\text{N}\cdot\text{s}$；（3）$m=0.02\text{kg}$

2-11 $F=1140\text{N}$

2-12 $I=2.47\text{N}\cdot\text{s}$

2-13 $x=500\text{m}$

2-14 $\Delta x=\Delta vt=\dfrac{mv_0\sin\theta}{(m_{人}+m)g}u$

2-15 （1）$v=\dfrac{Nm}{m_{车}+Nm}u$；（2）$v_2=\sum\limits_{i=1}^{N}\dfrac{m}{m_{车}+im}u$

2-16 $A=-\dfrac{27}{7}kc^{2/3}l^{7/3}$

2-17 $A=882\text{J}$

2-18 $F \geqslant (m_1+m_2)g$

2-19 $x=\sqrt{\dfrac{mm_{靶}}{k(m_{锤}+m)}}v$

2-20 $v=\dfrac{2m_{锤}}{m}\sqrt{5gl}$

2-21 $v=\sqrt{\left(\dfrac{mv_0\cos\alpha}{m_{物}+m}\right)^2-2gh(\mu\cot\alpha+1)}$

2-22 （1）$v=\sqrt{\dfrac{k}{m_A+m_B}}x_0$，$x=l$；　（2）$x_A=\sqrt{\dfrac{m_A}{m_A+m_B}}x_0$

2-23 $v=0.89\text{m/s}$

2-24 （1）$v=\dfrac{1}{2}v_0$；　（2）$v_1=0$，$v_2=v_0$；　（3）$v_1=\dfrac{1}{4}v_0$，$v_2=\dfrac{3}{4}v_0$

2-25 $v_1=\dfrac{m-m_{块}}{m+m_{块}}\sqrt{2gl}$，$v_2=\dfrac{2m}{m+m_{块}}\sqrt{2gl}$

2-26 （1）$v=\dfrac{3}{4}x_0\sqrt{\dfrac{k}{3m}}$；　（2）$x=\dfrac{1}{2}x_0$

2-27 略

2-28 $\Delta x=\dfrac{R-r}{2}$

第 3 章

3-1 （1）$t=\dfrac{J}{C}\ln2$；　（2）$N=\dfrac{J\omega_0}{4\pi C}$

3-2 略

3-3 $a=\dfrac{1}{4}g$，$T=\dfrac{11}{8}mg$，$T_1=\dfrac{5}{4}mg$，$T_2=\dfrac{3}{2}mg$

3-4 （1）$M=\dfrac{1}{4}\mu mgl$；　（2）$t=\dfrac{\omega_0 l}{3\mu g}$

3-5 $a_1=\dfrac{m_1R-m_2r}{J_1+J_2+m_1R^2+m_2r^2}gR$，$a_2=\dfrac{m_1R-m_2r}{J_1+J_2+m_1R^2+m_2r^2}gr$

$T_1=\dfrac{J_1+J_2+m_2r(R+r)}{J_1+J_2+m_1R^2+m_2r^2}m_1g$，$T_2=\dfrac{J_1+J_2+m_1R(R+r)}{J_1+J_2+m_1R^2+m_2r^2}m_2g$

3-6 （1）$a_1=a_2=\dfrac{m_2g-m_1g\sin\theta-\mu m_1g\cos\theta}{m_1+m_2+J/r^2}$；

(2) $F_1=\dfrac{m_1m_2g(1+\sin\theta+\mu\cos\theta)+(\sin\theta+\mu\cos\theta)m_1gJ/r^2}{m_1+m_2+J/r^2}$;

$F_2=\dfrac{m_1m_2g(1+\sin\theta+\mu\cos\theta)+m_2gJ/r^2}{m_1+m_2+J/r^2}$

3-7　(1) $h=\dfrac{2mg}{k}$;　(2) $x=\dfrac{mg}{k}$

3-8　$\omega=3.28\text{rad/s}$

3-9　(1) $v_c=R\omega=\sqrt{\dfrac{4Rg}{3}}$, $v_A=2R\omega=\sqrt{\dfrac{16Rg}{3}}$;　(2) $F_y=mg+mR\omega^2=\dfrac{7}{3}mg$

3-10　略

3-11　(1) $v=\sqrt{\dfrac{Gm_E}{r}}$;　(2) $r_1=\dfrac{3}{2}r$, $r_2=\dfrac{1}{2}r$

3-12　(1) 完全弹性碰撞：$\omega=\dfrac{2v}{3L}$;　(2) 完全非弹性碰撞：$\omega=\dfrac{v}{3L}$

3-13　(1) $J_2=20.0\text{kg}\cdot\text{m}^2$;　(2) $\Delta E=-13200\text{J}$

3-14　$\omega=\dfrac{3v_0}{2l}$

3-15　(1) $\omega_B=\dfrac{I_0\omega_0}{I_0+mR^2}$, $v_B=\sqrt{2gR+\dfrac{I_0\omega_0^2R^2}{I_0+mR^2}}$;　(2) $\omega_C=\omega_0$, $v_C=2\sqrt{gR}$

3-16　$\theta=\arcsin\left(\dfrac{2}{3}\sin\theta_0\right)$

3-17　(1) $a_c=\dfrac{2(m_1+m_2)}{3m_1+2m_2}g$;　(2) $F=\dfrac{m_1m_2}{3m_1+2m_2}g$

3-18　$v_c=\dfrac{1}{7}\sqrt{2gh}$, $\omega=\dfrac{24}{7l}\sqrt{2gh}$

第 4 章

4-1　$\dfrac{5q}{2\pi\varepsilon_0a^2}$，指向$-4q$

4-2　(1) $\dfrac{\lambda L}{4\pi\varepsilon_0x(x-L)}\boldsymbol{i}$;　(2) $\boldsymbol{E}=-\dfrac{\lambda}{4\pi\varepsilon_0}\left(\dfrac{1}{y}-\dfrac{1}{\sqrt{y^2+L^2}}\right)\boldsymbol{i}+\dfrac{\lambda L}{4\pi\varepsilon_0y\sqrt{y^2+L^2}}\boldsymbol{j}$

4-3　$\dfrac{q}{2\pi^2\varepsilon_0R^2}$

4-4　$\dfrac{\lambda_1\lambda_2}{2\pi\varepsilon_0}\ln\dfrac{a+l}{a}$

4-5 $\frac{Q}{2}$

4-6 $\frac{\sigma}{4\varepsilon_0}$

4-7 $\pi ER^2 \frac{\sigma}{2\varepsilon_0} \frac{x}{\sqrt{x^2+R^2}}$

4-8 $E=0(r<R)$；$\boldsymbol{E}=\frac{q\boldsymbol{e}_r}{4\pi\varepsilon_0 r^2}\quad(r>R)$

4-9 $\frac{\rho d}{2\varepsilon_0}\left(x>\frac{d}{2}\right)$，$\frac{\rho}{\varepsilon_0}x\left(x<\frac{d}{2}\right)$

4-10 $\boldsymbol{E}=\frac{\rho_0 r^2}{3\varepsilon_0}\boldsymbol{e}_r(r\leqslant R)$；$\boldsymbol{E}=\frac{\rho_0 R^3\boldsymbol{e}_r}{3\varepsilon_0 r}\ (r>R)$

4-11 4.37×10^{-14}N

4-12 略

4-13 $\frac{\sigma e}{2\varepsilon_0}(R_2-R_1-\sqrt{L^2+R_2^2}+\sqrt{L^2+R_1^2})$

4-14 $\frac{Q\lambda}{4\pi\varepsilon_0}\ln2$

4-15 $\frac{Q}{2\pi\varepsilon_0 R^2}(\sqrt{R^2+x^2}-x)$，$\frac{Q}{2\pi\varepsilon_0 R^2}\left(1-\frac{x}{\sqrt{R^2+L^2}}\right)$

4-16 （1）$V_1=\frac{Q_1}{4\pi\varepsilon_0 R_1}+\frac{Q_2}{4\pi\varepsilon_0 R_2}\ (r\leqslant R_1)$，

$V_2=\frac{Q_1}{4\pi\varepsilon_0 r}+\frac{Q_2}{4\pi\varepsilon_0 R_2}\ (R_1\leqslant r\leqslant R_2)$，

$V_3=\frac{Q_1+Q_2}{4\pi\varepsilon_0 r}\ (r\geqslant R_1)$；

（2）$V_{12}=\frac{Q_1}{4\pi\varepsilon_0}\left(\frac{1}{R_1}-\frac{1}{R_2}\right)$

4-17 $\frac{\rho}{4\varepsilon_0}(R^2-r^2)\ (r\leqslant R)$，$\frac{\rho R^2}{2\varepsilon_0}\ln\frac{R}{r}\ (r\geqslant R)$

4-18 （1）$\frac{2\pi\varepsilon_0 U}{\ln R_2/R_1}$；（2）$\frac{U}{r\ln R_2/R_1}\ (R_1<r<R_2)$

4-19 8.98×10^4kg

4-20 （1）$\frac{e^2}{4\pi\varepsilon_0 a}$；（2）$-\frac{e^2}{8\pi\varepsilon_0 a}$

第 5 章

5-1 $E_1=\dfrac{q}{4\pi\varepsilon_0 r^2}$，$E_2=0$，$E_3=\dfrac{q}{4\pi\varepsilon_0 r^2}$；$V_1=\dfrac{q}{4\pi\varepsilon_0}\left(\dfrac{1}{r}-\dfrac{1}{R_1}+\dfrac{1}{R_2}\right)$，$V_2=\dfrac{q}{4\pi\varepsilon_0 R_2}$，$V_3=\dfrac{q}{4\pi\varepsilon_0 r}$

5-2 $\sigma_1=-\varepsilon_0 E_0$，$\sigma_2=\varepsilon_0 E_0$

5-3 （1）$-\lambda$，$\lambda_1+\lambda_2$；（2）0，$\dfrac{\lambda_1}{2\pi\varepsilon_0 r}$，0，$\dfrac{\lambda_1+\lambda_2}{2\pi\varepsilon_0 r}$

5-4 （1）-1.0×10^{-7}C，-2.0×10^{-7}C；（2）2.3×10^3V

5-5 （1）3.3×10^2V，2.7×10^2V；（2）2.7×10^2V；（3）60V，0

5-6 $\sigma_1=5.0\times10^{-6}\text{C/m}^2$，$\sigma_3=-\sigma_2=-1.0\times10^{-6}\text{C/m}^2$

5-7 $q'=q/3$

5-8 $\dfrac{\varepsilon_0 a}{d}\left(b+\dfrac{tx}{d-t}\right)$

5-9 $\dfrac{(n-1)\varepsilon_0\theta\pi(r_2^2-r_1^2)}{360d}$

5-10 （1）$\dfrac{\lambda}{\pi\varepsilon_0}\ln\dfrac{d-a}{a}$；（2）$\dfrac{\pi\varepsilon_0}{\ln\dfrac{d-a}{a}}$

5-11 （1）3.75μF；

（2）2.5×10^{-4}C，1.25×10^{-4}C，3.75×10^{-4}C，$V_1=25$V，$V_2=25$V，$V_3=75$V；

（3）100V，5.0×10^{-4}C

5-12 未加玻璃前 $E=26$kV/cm<30kV/cm，不会击穿；加入玻璃后空气 $E=31.4$kV/cm>30kV/cm，会击穿。此后，玻璃 $E=130$kV/cm>100kV/cm，也会击穿。结果与玻璃的位置无关

5-13 $C=\dfrac{\varepsilon_0 S}{d}\left(\dfrac{\varepsilon_{r1}+\varepsilon_{r2}}{2}\right)$

5-14 （1）3.0；（2）$5.31\times10^{-6}\text{C/m}^2$；（3）$6.0\times10^5$V/m

5-15 （1）$\dfrac{\lambda}{2\pi r}$，$\dfrac{\lambda}{2\pi\varepsilon_0\varepsilon_r r}$；（2）$-\dfrac{(\varepsilon_r-1)\lambda}{2\pi\varepsilon_r R_1}$，$\dfrac{(\varepsilon_r-1)\lambda}{2\pi\varepsilon_r R_2}$

5-16 （1）电介质内$\dfrac{Q}{4\pi\varepsilon_0\varepsilon_r r^2}$，电介质外$\dfrac{Q}{4\pi\varepsilon_0 r^2}$；

（2）电介质内$\dfrac{Q}{4\pi\varepsilon_0}\left[\dfrac{1}{\varepsilon_r}\left(\dfrac{1}{r}-\dfrac{1}{R'}\right)+\dfrac{1}{R'}\right]$，电介质外$\dfrac{Q}{4\pi\varepsilon_0 r}$；

（3）$\dfrac{Q}{4\pi\varepsilon_0}\left[\dfrac{1}{\varepsilon_r}\left(\dfrac{1}{R}-\dfrac{1}{R'}\right)+\dfrac{1}{R'}\right]$

5-17 （1）$\dfrac{4\pi\varepsilon_0\varepsilon_{r1}\varepsilon_{r2}R_1R_2r}{(\varepsilon_{r1}-\varepsilon_{r2})R_1R_2+r(R_2\varepsilon_{r2}-R_1\varepsilon_{r1})}$；

（2）$-\left(1-\dfrac{1}{\varepsilon_{r1}}\right)\dfrac{Q}{4\pi R_1^2}$，$\left(1-\dfrac{1}{\varepsilon_{r1}}\right)\dfrac{Q}{4\pi r^2}$，$-\left(1-\dfrac{1}{\varepsilon_{r2}}\right)\dfrac{Q}{4\pi r^2}$，$\left(1-\dfrac{1}{\varepsilon_{r2}}\right)\dfrac{Q}{4\pi R_2^2}$

5-18 （1）1.1×10^{-2}J/m^3，2.2×10^{-2}J/m^3； （2）3.5×10^{-7}J； （3）1.79×10^{-11}F

5-19 （1）3.0×10^5V/m，不变； （2）1.2×10^{-5}J

5-20 （1）1.82×10^{-4}J； （2）1.01×10^{-4}J，4.5×10^{-10}F

第 6 章

6-1 （1）$1.10\times10^8\Omega$； （2）$1.44\times10^{-6}\dfrac{1}{r}$A/m^2，$1.44\times10^3\dfrac{1}{r}$V/m

6-2 （1）$\dfrac{\rho}{4\pi}\left(\dfrac{1}{R_1}-\dfrac{1}{R_2}\right)$； （2）$\dfrac{4\pi UR_1R_2}{\rho(R_2-R_1)}$； （3）$\dfrac{UR_1R_2}{(R_2-R_1)r^2}$

6-3 （1）240A； （2）0.07Ω

6-4 （1）2.5×10^{-2}V/m； （2）1.43A/mm^2； （3）1.05×10^{-4}m/s

6-5 4×10^{10}个

6-6 $\dfrac{4\pi\gamma UR_1R_2}{R_2-R_1}$

6-7 略

6-8 （1）$\dfrac{\varepsilon}{1+\dfrac{r}{R}}$； （2）$\dfrac{\varepsilon^2R}{(r+R)^2}$； （3）$R=r$； （4）$\dfrac{1}{1+\dfrac{r}{R}}$，50%

6-9 （1）2W，2J； （2）2W，0.7J； （3）−2W，0.6J

6-10 距A点1.5m处

6-11 （1）$3.0\times10^{13}\Omega\cdot$m； （2）190Ω

6-12 4/3A；2/3A

6-13 $I_1=I_4=0.16$A；$I_2=0.02$A；$I_3=0.14$A

6-14 （1）0.4A； （2）1.6W； （3）1.96V，1.96V

6-15 （1）0.85A，0.85A，0.49A，0.36A； （2）−5.15V

第 7 章

7-1 4.47×10^{-5}T，7.21×10^{-5}T

7-2 1.82×10^{-5}T，方向：垂直纸面向内

7-3 5.54×10^{-7}Wb

7-4 (1) 4.0×10^{-5}T; (2) 2.2×10^{-6}Wb

7-5 $\dfrac{\mu_0 IR^2}{2[(l/2+x)^2+R^2]^{3/2}}+\dfrac{\mu_0 IR^2}{2[(l/2-x)^2+R^2]^{3/2}}$

7-6 $\dfrac{\mu_0 I}{4R}\left(\dfrac{\sqrt{3}+2}{\pi}+\dfrac{1}{2}\right)$，垂直纸面向内

7-7 0

7-8 $\dfrac{\mu_0\omega Q}{8\pi R}$，方向沿轴线向上

7-9 (1) $\dfrac{\mu_0 NI}{2\pi r}$; (2) $\dfrac{\mu_0 NhI}{2\pi}\ln\dfrac{d_1}{d_2}$

7-10 (1) $\dfrac{\mu_0 I}{2\pi r}$; (2) $\dfrac{\mu_0 Il}{2\pi}\ln\dfrac{R_2}{R_1}$

7-11 (1) 2.0×10^4m/s; (2) 2.28×10^{-4}m

7-12 7.84×10^{-2}T，方向向下

7-13 略

7-14 $\left(g-\dfrac{IlB}{m}\right)t$

7-15 $\dfrac{\mu_0 I^2}{\pi^2 R}$

7-16 $\mu_0 I_1 I_2$

7-17 (1) 0.18N·m; (2) 线圈平面法线与 **B** 成 30°夹角

7-18 0.24T

7-19 $\dfrac{1}{4}\sigma\omega\pi BR^4$

7-20 (1) 8.84×10^{-3}N·m; (2) 1.13×10^{-2}N·m

7-21 $\dfrac{\mu_0 NI}{4R}$

7-22 $\pi R^2 B\cos\alpha$

7-23 (1) $\dfrac{\mu_0 Ir}{2\pi R^2}$, $\dfrac{\mu_0 I}{2\pi r}$; (2) 5.6×10^{-3}T

7-24 (1) $\dfrac{\mu_0 Ir}{2\pi R^2}$; (2) $\dfrac{\mu_0 I}{2\pi r}$; (3) $\dfrac{\mu_0 I}{2\pi r}\dfrac{R_3^2-r^2}{R_3^2-R_2^2}$; (4)0

7-25 $\dfrac{\mu_0 dI}{2\pi(R^2-R'^2)}$

7-26 (1) 朝东; (2) 2.98×10^{-3}m

7-27 9.33×10^{-4}N, 沿 x 轴负向

7-28 0.1T

7-29 略

7-30 (1) 4.5×10^{3}A; (2) 2.25×10^{9}W

第 8 章

8-1 143A/m, 0.9T

8-2 (1) 796; (2) 1.59×10^{6}A/m

8-3 (1) $\dfrac{\mu_0 Ir}{2\pi R_1^2}$, 0 $\dfrac{\mu_0\mu_r I}{2\pi r}$ $\dfrac{(\mu_r-1)I}{2\pi r}$ $\dfrac{\mu_0 I(R_3^2-r^2)}{2\pi r(R_3^2-R_2^2)}$, 0 0, 0;

(2) $(\mu_r-1)I$

8-4 $\dfrac{(\mu_r-1)NI}{2\pi r}$

8-5 (1) 7.57×10^{-2}A/m^2; (2) 0.114N·m

8-6 (1) 7.96×10^{3}A; (2) 2.3×10^{-4}T

第 9 章

9-1 1.1×10^{-5}V, a 端电势高

9-2 1.7V, 使线圈绕垂直于 $\boldsymbol{B}$ 的直径旋转, 当线圈平面法线与 $\boldsymbol{B}$ 垂直时, 感应电动势最大

9-3 2×10^{-3}V

9-4 $-4.4\times10^{-2}\cos(100\pi t)$(SI)

9-5 $\dfrac{B\omega l^2}{6}$, C 端电势高

9-6 -1.9×10^{-3}V, c 端电势高

9-7 $\dfrac{\mu_0 Iv}{2\pi}\left(\ln\dfrac{b+a}{b}-\cot\theta\dfrac{a}{a+b}\right)$, 顺时针方向

9-8 (1) $\dfrac{mRv_0}{B^2l^2}$; (2) $\dfrac{1}{2}mv_0^2$

9-9 (1) 顺时针; (2) $E_i=5\times10^{-3}$V/m; (3) 1.57×10^{-3} A;

(4) 0; (5) -3.14×10^{-3}V

9-10 $\dfrac{\pi R^2}{6}\left|\dfrac{dB}{dt}\right|$

9-11　$v^2t^3\tan\alpha$，反时针方向

9-12　（1）$\dfrac{B_0r}{2\rho\tau}$（$r\leqslant R$）；　（2）$2.04\times10^5\mathrm{A/m^2}$

9-13　（1）$\dfrac{1}{2}\omega BR^2$；　（2）1.27V；　（3）盘边电势高，反转时盘心电势高

9-14　$\dfrac{\mu_0}{\pi}\ln\dfrac{d-a}{a}$

9-15　$\dfrac{\mu_0N_1N_2\pi R_2^2}{2R_1}$

9-16　（1）$I_1=0$，$I_2=\dfrac{Bvl}{R_1}$；　（2）$I_1=\dfrac{BlMa}{R_1R_2}$，$I_2=\dfrac{Blat}{R_1}$

9-17　（1）$\dfrac{\mu_0N^2h}{2\pi}\ln\dfrac{D_1}{D_2}$；　（2）$1.4\times10^{-3}$（H）

9-18　1200 匝

9-19　略

9-20　略

9-21　$1.6\times10^6\mathrm{J/m^3}$，$4.4\mathrm{J/m^3}$，磁场

9-22　$9.0\mathrm{m^3}$，29H

9-23　$15.9\mathrm{A/m^2}$

9-24　（1）$3.77\times10^{12}\mathrm{V/(m\cdot s)}$；（2）$1.88\times10^{14}\mathrm{V/(m\cdot s)}$

9-25　略

9-26　$4.5\times10^{13}\mathrm{V/(m\cdot s)}$，3.13A

附　　录

附录A　数学基础

大学物理与中学物理很大的不同就在于它应用了微积分和矢量这两个数学工具。我们在这里先简单地介绍一下微积分和矢量中最基本的概念和简单的计算方法，在讲述方法上不求严格和完整，而是较多地借助于直观并密切地结合物理课程的需要。至于更系统和更深入的学习，读者将通过高等数学课程的学习去完成。

一、函数、导数与微分

1. 变量、常量与函数

在某个现象或过程中取值会不断变化的量称为变量。如时间、温度、运动物体的位置、速度等。通常用x、y、z、t、v等字母表示变量。

在某个现象或过程中取值始终保持不变的量称为常量。通常把常量分为两类：一类在一切问题中出现时数值都是确定不变的，如3.5、100、e、π等，这类常量叫作绝对常量；另一类如a、b、c等，它们的数值需要在具体问题中具体给定，这类常量叫作任意常量或待定常量。

在数学中函数是这样定义的：有两个互相联系的变量x和y，当变量x在某一区域内变化时，变量y按照一定的规律随x的变化而变化，我们就称y是x的函数，并记作

$$y=f(x)$$

式中，x叫作自变量；y叫作因变量；f是一个函数记号，它表示y和x数值的对应关系。例如：$y=3+2x+5x^2$，$y=\sin x$，$y=\ln x$，$y=3e^x$，等等。因变量y对自变量x的这种依赖关系是一种具有确定性的关系。也就是说，从一个自变量x的数值，能够唯一地得到另一个因变量y的数值。函数中自变量的取值范围被称为定义域，而因变量的取值范围被称为值域。

若变量y是z的函数，$y=f(z)$，而z又是变量x的函数，即$z=g(x)$，则称y为x的复合函数，记为

$$y=\phi(x)=f(g(x))$$

例如：$y=A\sin(ax+b)$，$y=\sqrt{ax^2+bx+c}$，$y=\exp(5x^3+\sin x)$，等等。

2. 函数的极限与导数

(1) 极限　如果当自变量x无限趋近某一数值x_0（记作$x\to x_0$）时，函数$f(x)$的数值

无限趋近某一确定的数值 a，则 a 叫作 $x \to x_0$ 时函数 $f(x)$ 的极限值，并记作

$$\lim_{x \to x_0} f(x) = a$$

式中的“lim”是英语“limit”（极限）一词的缩写，上式读作“当 x 趋近 x_0 时，$f(x)$ 的极限值等于 a”。

极限是微积分中的一个最基本的概念，它涉及的问题面很广。这里我们不试图给“极限”这个概念下一个普遍而严格的定义，只通过一个特例来说明它的意义。考虑函数

$$y = f(x) = \frac{3x^2 - x - 2}{x - 1}$$

这里，除 $x=1$ 外，计算任何其他 x 的函数值都是没有困难的。但是，若问 $x=1$ 时函数值 $f(1)$ 等于多少，我们就会发现，这时上式的分子和分母都为零。一般说来 0/0 是没有意义的，但通过讨论让 x 接近 1 时的函数值，会发现当 $x=1$ 时，函数有确定的值。表 A-1 列出了当 x 的值从小于 1 和大于 1 两方面趋于 1 时 $f(x)$ 值的变化情况。

表 A-1 x 与 $f(x)$ 的变化值

x	$3x^2-x-2$	$x-1$	$f(x)=\frac{3x^2-x-2}{x-1}$
0.9	−0.47	−0.1	4.7
0.99	−0.049 7	−0.01	4.97
0.999	−0.004 997	−0.001	4.997
0.999 9	−0.000 499 7	−0.000 1	4.999 7
1.1	0.53	0.1	5.3
1.01	0.503	0.01	5.03
1.001	0.005 003	0.001	5.003
1.000 1	0.000 500 03	0.000 1	5.000 3

从上表可以看出，当 x 值无论从哪边趋近 1 时，分子分母的比值都趋于一个确定的数值——5，这便是 $x \to 1$ 时 $f(x)$ 的极限值。

其实，计算 $f(x)$ 值的极限无须这样麻烦，我们只要将上式的分子做因式分解，即

$$3x^2 - x - 2 = (3x + 2)(x - 1)$$

并在 $x \neq 1$ 的情况下从分子和分母中将因式（$x-1$）消去，则

$$y = f(x) = \frac{(3x + 2)(x - 1)}{x - 1} = 3x + 2 \quad (x \neq 1)$$

即可看出，x 趋于 1 时函数 $f(x)$ 的数值趋于 $3\times1+2=5$。所以根据函数极限的定义得

$$\lim_{x \to 1} f(x) = \frac{3x^2 - x - 2}{x - 1} = 5$$

（2）函数的变化率——导数　在我们研究变量与变量之间的函数关系时，除了研究它们数值上的“静态”对应关系外，往往还需要有“运动”或“变化”的观点，着眼于研究函数变化的趋势、增减的快慢，亦即，函数的“变化率”概念。

如图 A-1 所示，当变量由一个数值变到另一个数值时，后者减去前者的差叫作这个变量

的增量。例如，当自变量 x 的数值由 x_0 变到 x_1 时，其增量就是 $\Delta x=x_1-x_0$。与此对应，因变量 y 的数值将由 $y_0=f(x_0)$ 变到 $y_1=f(x_1)$，它的增量为

$$\begin{aligned}\Delta y &= y_1 - y_0 = f(x_1) - f(x_0)\\ &= f(x_0+\Delta x) - f(x)\end{aligned}$$

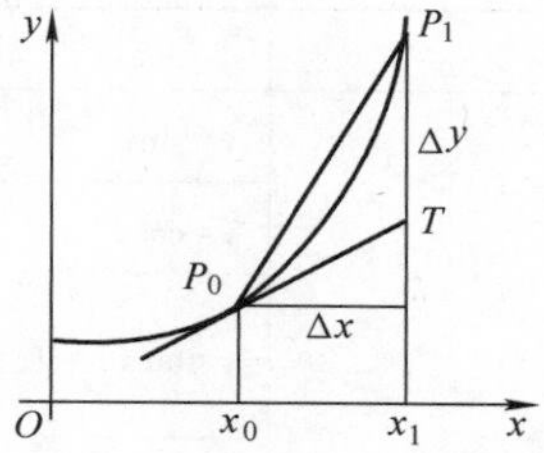

图 A-1　函数的变化率

应当指出，增量是可正可负的，负增量代表变量减少。而增量比

$$\frac{\Delta y}{\Delta x}=\frac{f(x_0+\Delta x)-f(x_0)}{\Delta x}$$

就叫作函数在 $x=x_0$ 到 $x=x_0+\Delta x$ 这一区间内的平均变化率。若它在 $\Delta x\to 0$ 时的极限存在，则称此极限值为函数 $y=f(x)$ 对 x 的导数或微商，记作

$$y'=f'(x)=\lim_{\Delta x\to 0}\frac{\Delta y}{\Delta x}=\lim_{\Delta x\to 0}\frac{f(x_0+\Delta x)-f(x_0)}{\Delta x}$$

此外，函数 $f(x)$ 的导数还常常写成 $\frac{\mathrm{d}y}{\mathrm{d}x}$、$\frac{\mathrm{d}f(x)}{\mathrm{d}x}$ 等形式。导数与增量不同，它代表函数在一点的性质，即在该点的变化率。

应当指出，函数 $f(x)$ 的导数 $f'(x)$ 本身也是 x 的一个函数，因此，我们可以再取它对 x 的导数，这叫作函数 $y=f(x)$ 的二阶导数，记为 y''、$f''(x)$、$\frac{\mathrm{d}^2y}{\mathrm{d}x^2}$ 等，即

$$y''=f''(x)=\frac{\mathrm{d}}{\mathrm{d}x}\left(\frac{\mathrm{d}y}{\mathrm{d}x}\right)=\frac{\mathrm{d}^2y}{\mathrm{d}x^2}$$

依此类推，我们不难定义出高阶导数来。

（3）导数的几何意义　导数的概念可以用几何图形得到非常直观的表达，因为本来微积分的概念就有很强的几何直观性质，而我们学习微积分，从几何直观的角度来理解与把握抽象概念，则是一个不二法门，希望同学们认真对待。

如图 A-1 所示，设 P_0 和 P_1 的坐标分别为（x_0，y_0）和（$x_0+\Delta x$，$y_0+\Delta y$），图中割线 P_0P_1 的斜率为 $\tan\alpha=\frac{\Delta y}{\Delta x}$，现设想 P_1 点沿着曲线向 P_0 点靠拢。从附图中不难看出，P_1 点越靠近 P_0 点，α 角就越接近一个确定的值 α_0，当 P_1 点完全和 P_0 点重合时，割线 P_0P_1 变成切线 P_0T，α 的极限值 α_0 就是切线与横轴的夹角。此时，Δx、Δy 也都趋向零，所以导数的几何意义是切线的斜率。

（4）基本函数的导数公式　表 A-2 给出一些最基本的函数导数公式。

表 A-2　基本函数的导数公式

	基本函数	导数
1	$y=C$	$y'=0$
2	$y=x^a$	$y'=ax^{a-1}$
3	$y=a^x$	$y'=a^x\ln a$
4	$y=\log_a x$	$y'=\frac{\log_a \mathrm{e}}{x}=\frac{1}{x\ln a}$

（续）

	基本函数	导数
5	$y=\sin x$	$y'=\cos x$
	$y=\cos x$	$y'=-\sin x$
	$y=\tan x$	$y'=\sec^2 x=\frac{1}{\cos^2 x}$
	$y=\cot x$	$y'=-\csc^2 x=-\frac{1}{\sin^2 x}$
	$y=\sec x$	$y'=\left(\frac{1}{\cos x}\right)'=\sec x\cdot\tan x$
	$y=\csc x$	$y'=-\csc x\cdot\cot x$
6	$y=\arcsin x$	$y'=\frac{1}{\sqrt{1-x^2}}$
	$y=\arccos x$	$y'=\frac{-1}{\sqrt{1-x^2}}$
	$y=\arctan x$	$y'=\frac{1}{1+x^2}$
	$y=\mathrm{arccot}\, x$	$y'=-\frac{1}{1+x^2}$

（5）导数的运算法则　导数的运算法则如下，设其中 u、v 均为 x 的函数，有

1）$(u\pm v)'=u'\pm v'$；

2）$(uv)'=u'v+uv'$；$(Cu)'=Cu'$（其中 C 为任意常数）；

3）$\left(\frac{u}{v}\right)'=\frac{u'v-uv'}{v^2}$，$v\neq 0$；

4）对于复合函数：设两个函数 $y=f(u)$，$u=g(x)$ 构成一个复合函数 $y=f\big(g(x)\big)$，则

$$\frac{\mathrm{d}y}{\mathrm{d}x}=\frac{\mathrm{d}y}{\mathrm{d}u}\cdot\frac{\mathrm{d}u}{\mathrm{d}x}$$

如果有多个中间变量，则表达式有类似的形式：

$$\frac{\mathrm{d}y}{\mathrm{d}x}=\frac{\mathrm{d}y}{\mathrm{d}u}\cdot\frac{\mathrm{d}u}{\mathrm{d}v}\cdot\cdots\cdot\frac{\mathrm{d}w}{\mathrm{d}x}$$

应用这个法则，就可以直接求出用基本初等函数通过有限的复合过程构造出来的复杂函数的导数，且无论复合的层次有多少。

5）对于反函数：设 $x=\phi(y)$ 为函数 $y=f(x)$ 的反函数，则

$$f'(x)=\frac{1}{\phi'(y)}\ （设\ \phi'(y)\neq 0）$$

3. 函数的微分

用 $\mathrm{d}x$ 代表自变量 x 的一个无限小的增量，称之为自变量的微分。相应地，函数 $y=f(x)$ 的无限小增量 $\mathrm{d}y$ 叫作函数的微分。由函数的导数公式 $f'(x)=\frac{\mathrm{d}y}{\mathrm{d}x}$ 不难得出函数的微分为

$$dy = f'(x)\,dx$$

即函数的微分等于函数的导数乘以自变量的微分。前面函数的导数是作为一个整体引入的。当时它虽然表面上具有分数的形式，但在运算时并不像普通分数那样可以拆成“分子”和“分母”两部分。在引入微分的概念之后，我们就可把导数看成微分 dy 与 dx 之商（所谓“微商”）。

4. 函数的极值点和极值

如果函数在某点的邻域内都有定义，而函数在这个邻域内所有点的函数值总是小于或等于函数在该点的函数值，那么该点就是函数在这个邻域内的极大值点，函数在该点的值就是函数在这个邻域内的极大值；反过来，若函数在这个邻域内所有点的函数值总是大于或等于函数在该点的函数值，那么，该点和该点的函数值就分别称为函数在这个邻域内的极小值点和极小值。

可以通过图形来表示极值的概念，如图 A-2 所示。函数在 a 点的取值为极大值，在 b、c 点都有极小值。可以清楚地看到，极值点和极值都只是对于一个邻域而言的，任何时候不首先给出某个邻域来讨论极值点和极值都是没有意义的。

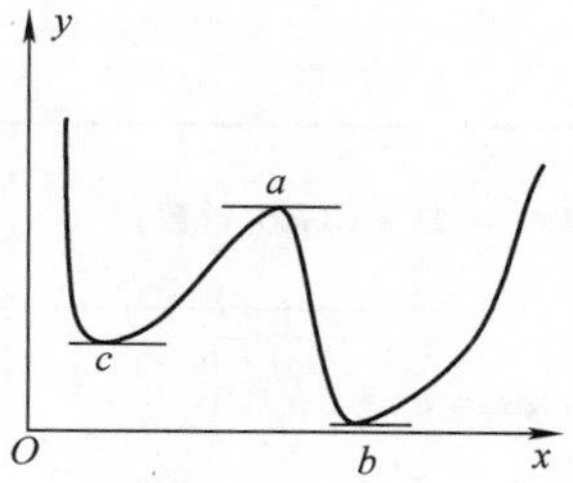

图 A-2　函数的极值

从图 A-2 可看出，函数在极值点的一阶导数必定为 0，这是极值点的一个特征。但是反过来，一阶导数为 0 的点，并不一定就是极值点。

从数学上可证明，在函数的极大值点，函数的二阶导数小于 0；而在函数的极小值点，函数的二阶导数大于 0。在物理学中有许多求函数极值的问题，通常求一个区间内函数的最大值、最小值问题就是求此区间内极值的问题。

二、函数的不定积分

1. 原函数

定义：如果函数 $F(x)$ 的导数为 $f(x)$，即对任一 x，都有 $F'(x)=f(x)$，则函数 $F(x)$ 称为 $f(x)$ 的一个原函数。例如，因 $(\sin x)'=\cos x$，故 $\sin x$ 是 $\cos x$ 的一个原函数。那么一个函数具备何种条件，才能保证它的原函数一定存在呢？简单地说就是，连续的函数一定有原函数。下面还要说明一点：

如果有 $F'(x)=f(x)$，那么，对任意常数 C，显然有 $[F(x)+C]'=f(x)$，即如果 $F(x)$ 是 $f(x)$ 的原函数，则 $F(x)+C$ 也是 $f(x)$ 的原函数。也就是说，$f(x)$ 的全体原函数所组成的集合，就是函数族 $\{F(x)+C \mid -\infty<C<\infty\}$。

2. 函数的不定积分

定义：函数 $f(x)$ 的所有原函数称为 $f(x)$ 的不定积分，记作 $\int f(x)\,dx$。其中记号 $\int$ 称为积分号，$f(x)$ 称为被积函数，$f(x)\,dx$ 称为被积表达式，x 称为积分变量。

由此定义及前面的说明可知，如果 $F(x)$ 是 $f(x)$ 的一个原函数，那么 $F(x)+C$ 就是 $f(x)$ 的不定积分，即

$$\int f(x)\,dx = F(x) + C$$

因而求函数的不定积分 $\int f(x)\mathrm{d}x$ 可以表示为求函数 $f(x)$ 的任意一个原函数。

可以把不定积分理解为微分的逆运算，只不过是一种一对多的关系，即一个被积函数对应于无穷多个相差为任意常数的原函数。在这种意义之下，就可以很容易地理解下面几个表达式：

$$\int F'(x)\mathrm{d}x = F(x) + C$$

$$\mathrm{d}\left(\int f(x)\mathrm{d}x\right) = f(x)\mathrm{d}x$$

$$\left(\int f(x)\mathrm{d}x\right)' = f(x)$$

3. 基本函数的积分公式和基本积分法则

把基本微分公式反过来写，就得到了相应的基本函数的积分公式，如表A-3所示。

表A-3　基本函数的积分公式

$\int k\mathrm{d}x = kx + C$（$k$为常数）	$\int x^a\mathrm{d}x = \dfrac{x^{a+1}}{a+1} + C(a \neq -1)$
$\int \mathrm{e}^x\mathrm{d}x = \mathrm{e}^x + C$	$\int \dfrac{1}{x}\mathrm{d}x = \ln\|x\| + C$
$\int \sin x\mathrm{d}x = -\cos x + C$	$\int \cos x\mathrm{d}x = \sin x + C$
$\int \sec^2 x\mathrm{d}x = \tan x + C$	$\int \csc^2 x\mathrm{d}x = -\cot x + C$
$\int \sec x \cdot \tan x\mathrm{d}x = \sec x + C$	$\int \csc x \cdot \cot x\mathrm{d}x = -\csc x + C$
$\int \dfrac{\mathrm{d}x}{\sqrt{a^2 - x^2}} = \arcsin\dfrac{x}{a} + C$	$\int \dfrac{\mathrm{d}x}{a^2 + x^2} = \dfrac{1}{a}\arctan\dfrac{x}{a} + C$

类似地，从微分的运算性质可以得到相应的积分运算性质：

1）函数的和（或差）的不定积分等于各个函数的不定积分的和（或差），即

$$\int [f(x) \pm g(x)]\mathrm{d}x = \int f(x)\mathrm{d}x \pm \int g(x)\mathrm{d}x$$

2）求不定积分时，被积函数中不为零的常数因子可以提到积分号外面来，即

$$\int kf(x)\mathrm{d}x = k\int f(x)\mathrm{d}x \quad (k\text{ 是常数})$$

3）换元积分法：若积分 $\int f(x)\mathrm{d}x$ 不易直接求出，通过变量代换：令 $u = u(x)$，使 $\int f(x)\mathrm{d}x = \int g(u)\mathrm{d}u$，且很容易求出积分 $\int g(u)\mathrm{d}u = F(u) + C$，那么，原积分式也就被求出来了，即 $\int f(x)\mathrm{d}x = F\left(u(x)\right) + C$。

4）分部积分法：设 $u=u(x)$, $v=v(x)$，则有

$$\int u\mathrm{d}v = uv - \int v\mathrm{d}u \quad 或 \quad \int uv'\mathrm{d}x = uv - \int vu'\mathrm{d}x$$

三、函数的定积分

定积分的概念具有深厚的、物理世界的直观来源，任何涉及对连续变量的求和，实际上就是使用了定积分的思想。

1. 定积分的定义

如图 A-3 所示，设函数 $y=f(x)$ 在闭区间 $[a, b]$ 上连续，把闭区间 $[a, b]$ 分成 n 个任意部分，同时又在每一个部分内部取任意一点 ξ_i，对每一个部分，做这点的函数值 $f(\xi_i)$ 与这个部分区间的宽度 Δx_i 的乘积，得到 n 个这样的乘积，把它们都加起来，这就是所谓的求和。然后运用极限，当 $n\to\infty$ 或 $\Delta x\to 0$ 时，上面的和的极限称为函数 $f(x)$ 在闭区间 $[a, b]$ 上的定积分，记为

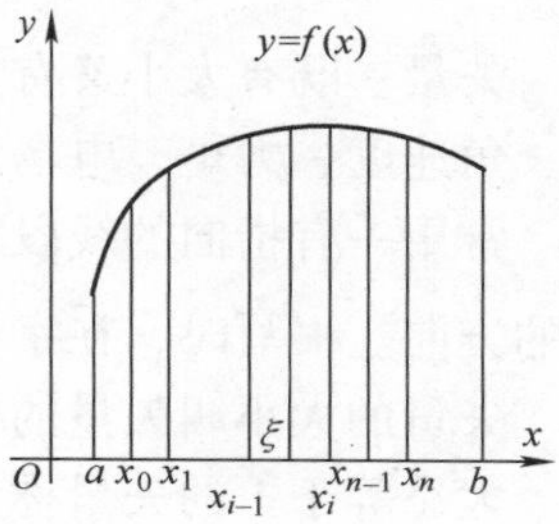

图 A-3　函数的定积分

$$\lim_{\Delta x_i\to 0}\sum_{i=1}^{n} f(\xi_i)\Delta x_i = \int_a^b f(x)\mathrm{d}x$$

式中，a 和 b 分别称为定积分的下限和上限；$f(x)$ 称为被积函数。

2. 定积分的几何意义与性质

所谓定积分的几何意义，实际上在它的定义构造当中已经很清楚地表现出来了。如图 A-3 所示，我们可以看到，所谓求和的几何意义，就是求函数所表示的曲线与 x 轴，以及 $x=a$、$x=b$ 这两条直线之间所夹的部分的面积，而极限值即定积分就给出了面积的精确值。

从几何的角度来理解定积分的意义，它具有如下性质：

1）常数可从积分号内提出来：

$$\int_a^b kf(x)\mathrm{d}x = k\int_a^b f(x)\mathrm{d}x \quad (k 为常数)$$

2）两个函数和（差）的定积分等于两个函数积分的和（差）：

$$\int_a^b [f(x) \pm g(x)]\mathrm{d}x = \int_a^b f(x)\mathrm{d}x \pm \int_a^b g(x)\mathrm{d}x$$

3）将区间 $[a, b]$ 分成两个区间 $[a, c]$ 和 $[c, b]$，则

$$\int_a^b f(x)\mathrm{d}x = \int_a^c f(x)\mathrm{d}x + \int_c^b f(x)\mathrm{d}x$$

4）对调积分上、下限积分值变号：

$$\int_a^b f(x)\mathrm{d}x = -\int_b^a f(x)\mathrm{d}x$$

3. 定积分的计算（牛顿-莱布尼茨公式）

定理：若函数 $F(x)$ 是连续函数 $f(x)$ 在区间 $[a, b]$ 上的一个原函数，即 $F'(x)=f(x)$，则

$$\int_a^b f(x)\mathrm{d}x = F(b) - F(a)$$

上式叫作牛顿-莱布尼茨公式，它给定积分提供了一种有效而简便的计算方法，因而要求函数的定积分，实际上也是先求函数的不定积分，即求出一个原函数 $F(x)$，最后再用原函数在上限处的值减去原函数在下限处的值。

四、矢量基础

1. 标量与矢量

标量：只有大小没有方向的量。例如，质量、长度、时间、密度、能量、温度等都是标量。

矢量：既有大小又有方向，合成时满足平行四边形法则的量。例如，位移、速度、加速度、角速度、力矩、电场强度等都是矢量。

常用一有指向的线段来表示矢量，线段的长度表示矢量的大小，箭头所指的方向表示矢量的方向。书写时，在字母的上方加一箭头，如 $\vec{A}$；印刷体用黑斜体字，如 $\boldsymbol{A}$。

矢量的大小叫矢量的模，表示为：$|\boldsymbol{A}|$ 或 A。

大小等于1的矢量称为单位矢量，用于表示矢量的方向：$\boldsymbol{e}=\boldsymbol{A}/A$。

两矢量相等，应大小相等，方向也相同。

2. 矢量的相加与相减

两矢量相加满足平行四边形法则（见图 A-4a）或三角形法则（见图 A-4b），推广到多个矢量相加则有多边形法则（例如四个矢量，见图 A-4c），即

$$\boldsymbol{C}=\boldsymbol{A}+\boldsymbol{B},\quad \boldsymbol{R}=\boldsymbol{A}+\boldsymbol{B}+\boldsymbol{C}+\boldsymbol{D}$$

加法满足交换律和结合律：

$$\boldsymbol{A}+\boldsymbol{B}=\boldsymbol{B}+\boldsymbol{A},\quad \boldsymbol{A}+(\boldsymbol{B}+\boldsymbol{C})=(\boldsymbol{A}+\boldsymbol{B})+\boldsymbol{C}$$

两矢量相减同样可用相加来处理：

$$\boldsymbol{A}-\boldsymbol{B}=\boldsymbol{A}+(-\boldsymbol{B})$$

其中，矢量$-\boldsymbol{B}$与矢量$\boldsymbol{B}$大小相等、方向相反。

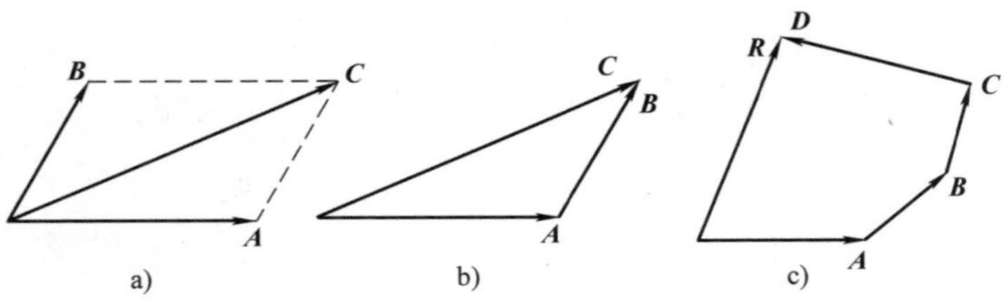

图 A-4　矢量合成

3. 矢量的数乘

矢量与一实数相乘后仍是一矢量，即

$$\boldsymbol{C}=\lambda\boldsymbol{A}$$

当 $\lambda>0$ 时，$\boldsymbol{C}$ 与 $\boldsymbol{A}$ 同方向，当 $\lambda<0$ 时，$\boldsymbol{C}$ 与 $\boldsymbol{A}$ 的方向相反。

矢量的数乘满足结合律与交换律。

4. 矢量的正交分解

一个矢量可分解为两个或多个分矢量，其结果并非唯一。通常将矢量分解到两个或三个相互垂直的方向上，即所谓正交分解（见图 A-5）：

$$\boldsymbol{A} = A_x\boldsymbol{i} + A_y\boldsymbol{j} + A_z\boldsymbol{k}$$

式中，$\boldsymbol{i}$、$\boldsymbol{j}$、$\boldsymbol{k}$ 为沿三个坐标轴方向的单位矢量。

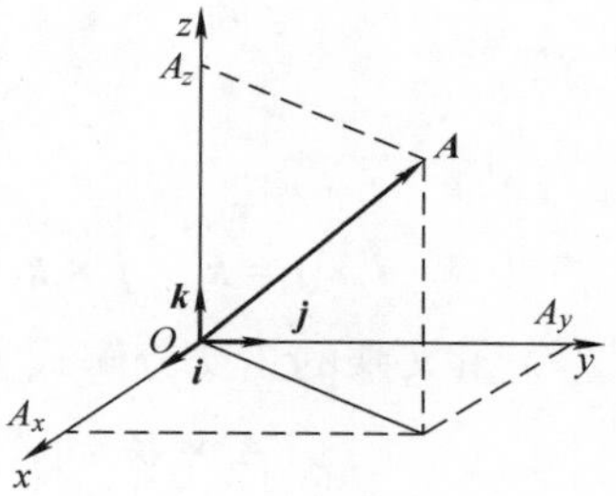

图 A-5 矢量的正交分解

矢量 $\boldsymbol{A}$ 的大小：设矢量 $\boldsymbol{A}$ 与 x 轴、y 轴、z 轴的夹角分别为 α、β、γ，则有

$$\cos\alpha = \frac{A_x}{A},\quad \cos\beta = \frac{A_y}{A},\quad \cos\gamma = \frac{A_z}{A}$$

且

$$\cos^2\alpha + \cos^2\beta + \cos^2\gamma = 1$$

利用矢量的正交分解可以很容易求多个矢量的加减，即

$$\begin{aligned}\boldsymbol{A}\pm\boldsymbol{B} &= (A_x\boldsymbol{i}+A_y\boldsymbol{j}+A_z\boldsymbol{k})\pm(B_x\boldsymbol{i}+B_y\boldsymbol{j}+B_z\boldsymbol{k})\\ &= (A_x\pm B_x)\boldsymbol{i}+(A_y\pm B_y)\boldsymbol{j}+(A_z\pm B_z)\boldsymbol{k}\end{aligned}$$

5. 矢量的乘积

（1）标量积（点乘） 两矢量的点乘结果为一标量，即

$$\boldsymbol{A}\cdot\boldsymbol{B} = AB\cos\theta$$

式中，θ 为两矢量间的夹角（见图 A-6）。

可以看出，矢量点乘的结果是矢量 $\boldsymbol{A}$ 的大小与矢量 $\boldsymbol{B}$ 在 $\boldsymbol{A}$ 方向上的投影 $B\cos\theta$ 的乘积，也是矢量 $\boldsymbol{B}$ 的大小与矢量 $\boldsymbol{A}$ 在 $\boldsymbol{B}$ 方向上的投影 $A\cos\theta$ 的乘积。

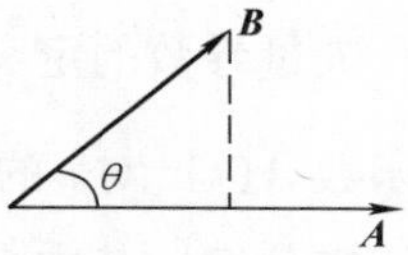

图 A-6 矢量的点乘

点乘的结果与 θ 角有关，当 $0<\theta<90°$ 时，$\boldsymbol{A}\cdot\boldsymbol{B}>0$；当 $90°<\theta<180°$ 时，$\boldsymbol{A}\cdot\boldsymbol{B}<0$；当 $\theta=90°$ 时，$\boldsymbol{A}\cdot\boldsymbol{B}=0$。

矢量点乘满足交换律和结合律，即

$$\boldsymbol{A}\cdot\boldsymbol{B} = \boldsymbol{B}\cdot\boldsymbol{A},\quad \boldsymbol{A}\cdot(\alpha\boldsymbol{B}+\beta\boldsymbol{C}) = \alpha\boldsymbol{A}\cdot\boldsymbol{B}+\beta\boldsymbol{A}\cdot\boldsymbol{C}$$

对单位矢量，有

$$\boldsymbol{i}\cdot\boldsymbol{i} = \boldsymbol{j}\cdot\boldsymbol{j} = \boldsymbol{k}\cdot\boldsymbol{k} = 1,\quad \boldsymbol{i}\cdot\boldsymbol{j} = \boldsymbol{j}\cdot\boldsymbol{k} = \boldsymbol{k}\cdot\boldsymbol{i} = 0$$

用正交分解式可求得矢量的点乘为

$$\begin{aligned}\boldsymbol{A}\cdot\boldsymbol{B} &= (A_x\boldsymbol{i}+A_y\boldsymbol{j}+A_z\boldsymbol{k})\cdot(B_x\boldsymbol{i}+B_y\boldsymbol{j}+B_z\boldsymbol{k})\\ &= A_xB_x + A_yB_y + A_zB_z\end{aligned}$$

（2）矢量积（叉乘） 两矢量的叉乘结果还是一矢量，即

$$\boldsymbol{C} = \boldsymbol{A}\times\boldsymbol{B}$$

其大小为

$$C = AB\sin\theta$$

正好是图 A-7 中以 $\boldsymbol{A}$、$\boldsymbol{B}$ 为边的平行四边形的面积。

$\boldsymbol{C}$ 矢量的方向与由 $\boldsymbol{A}$、$\boldsymbol{B}$ 构成的平面相垂直，并满足右手螺旋关系：右手四指由 $\boldsymbol{A}$ 的方向转向 $\boldsymbol{B}$，右手大拇指所指的方向即为 $\boldsymbol{C}$ 的方向。

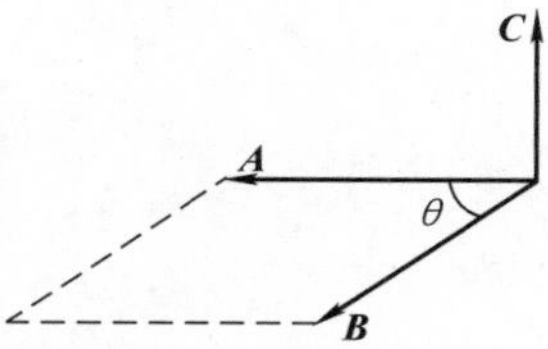

图 A-7 矢量的叉乘

矢量叉乘运算有如下性质：

$$\boldsymbol{A}\times\boldsymbol{B}=-\boldsymbol{B}\times\boldsymbol{A}$$

$$\boldsymbol{A}\times(\alpha\boldsymbol{B}+\beta\boldsymbol{C})=\alpha\boldsymbol{A}\times\boldsymbol{B}+\beta\boldsymbol{A}\times\boldsymbol{C}$$

$$\boldsymbol{A}\times\boldsymbol{A}=0$$

$$\boldsymbol{i}\times\boldsymbol{i}=\boldsymbol{j}\times\boldsymbol{j}=\boldsymbol{k}\times\boldsymbol{k}=0$$

$$\boldsymbol{i}\times\boldsymbol{j}=\boldsymbol{k},\quad \boldsymbol{j}\times\boldsymbol{k}=\boldsymbol{i},\quad \boldsymbol{k}\times\boldsymbol{i}=\boldsymbol{j},\quad \boldsymbol{j}\times\boldsymbol{i}=-\boldsymbol{k},\quad \boldsymbol{k}\times\boldsymbol{j}=-\boldsymbol{i},\quad \boldsymbol{i}\times\boldsymbol{k}=-\boldsymbol{j}$$

矢量叉乘的正交分解式为

$$\begin{aligned}\boldsymbol{A}\times\boldsymbol{B}&=(A_x\boldsymbol{i}+A_y\boldsymbol{j}+A_z\boldsymbol{k})\times(B_x\boldsymbol{i}+B_y\boldsymbol{j}+B_z\boldsymbol{k})\\&=(A_yB_z-A_zB_y)\boldsymbol{i}+(A_zB_x-A_xB_z)\boldsymbol{j}+(A_xB_y-A_yB_x)\boldsymbol{k}\end{aligned}$$

写成行列式为

$$\boldsymbol{A}\times\boldsymbol{B}=\begin{vmatrix}\boldsymbol{i}&\boldsymbol{j}&\boldsymbol{k}\\A_x&A_y&A_z\\B_x&B_y&B_z\end{vmatrix}$$

6. 矢量的导数和积分

(1) 矢量的导数　若矢量 $\boldsymbol{A}$ 随标量 t 的变化而变，则称矢量 $\boldsymbol{A}$ 是标量 t 的一个矢量函数 $\boldsymbol{A}=\boldsymbol{A}(t)$。如图A-8所示，矢量函数 $\boldsymbol{A}(t)$ 在 Δt 时间内的增量为 $\Delta\boldsymbol{A}=\boldsymbol{A}(t+\Delta t)-\boldsymbol{A}(t)$。

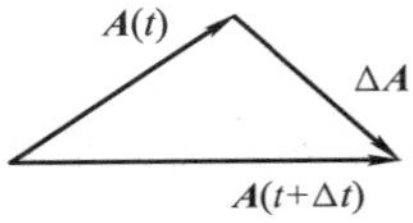

图A-8　矢量函数的增量

矢量导数的定义：矢量的平均变化率 $\frac{\Delta\boldsymbol{A}}{\Delta t}$ 在 $\Delta t\to 0$ 时的极限为矢量函数 $\boldsymbol{A}(t)$ 对 t 的一阶导数。矢量函数 $\boldsymbol{A}(t)$ 在三维直角坐标系中作正交分解，其中会随时间变化的是 $\boldsymbol{A}$ 的三个分量，因而，求矢量函数 $\boldsymbol{A}(t)$ 对 t 的导数，就是求其三个分量对 t 的导数，即

$$\frac{\mathrm{d}\boldsymbol{A}}{\mathrm{d}t}=\frac{\mathrm{d}A_x}{\mathrm{d}t}\boldsymbol{i}+\frac{\mathrm{d}A_y}{\mathrm{d}t}\boldsymbol{j}+\frac{\mathrm{d}A_z}{\mathrm{d}t}\boldsymbol{k}$$

其大小为

$$\left|\frac{\mathrm{d}\boldsymbol{A}}{\mathrm{d}t}\right|=\sqrt{\left(\frac{\mathrm{d}A_x}{\mathrm{d}t}\right)^2+\left(\frac{\mathrm{d}A_y}{\mathrm{d}t}\right)^2+\left(\frac{\mathrm{d}A_z}{\mathrm{d}t}\right)^2}$$

矢量函数有如下求导法则：

$$\frac{\mathrm{d}}{\mathrm{d}t}(\boldsymbol{A}+\boldsymbol{B})=\frac{\mathrm{d}\boldsymbol{A}}{\mathrm{d}t}+\frac{\mathrm{d}\boldsymbol{B}}{\mathrm{d}t}$$

$$\frac{\mathrm{d}}{\mathrm{d}t}(f(t)\boldsymbol{A})=\frac{\mathrm{d}f(t)}{\mathrm{d}t}\boldsymbol{A}+f(t)\frac{\mathrm{d}\boldsymbol{A}}{\mathrm{d}t}$$

$$\frac{\mathrm{d}}{\mathrm{d}t}(\boldsymbol{A}\cdot\boldsymbol{B})=\frac{\mathrm{d}\boldsymbol{A}}{\mathrm{d}t}\cdot\boldsymbol{B}+\boldsymbol{A}\cdot\frac{\mathrm{d}\boldsymbol{B}}{\mathrm{d}t}$$

$$\frac{\mathrm{d}}{\mathrm{d}t}(\boldsymbol{A}\times\boldsymbol{B})=\frac{\mathrm{d}\boldsymbol{A}}{\mathrm{d}t}\times\boldsymbol{B}+\boldsymbol{A}\times\frac{\mathrm{d}\boldsymbol{B}}{\mathrm{d}t}$$

$$\frac{\mathrm{d}}{\mathrm{d}t}(\boldsymbol{C})=0\quad(\boldsymbol{C}\text{是常矢量})$$

（2）矢量积分　矢量函数的积分有各种复杂的情况。考虑一种简单的情况：如果矢量函数 $\boldsymbol{A}(t)$ 随标量 t 变化，则它对标量 t 的积分是一矢量 $\boldsymbol{B}$，即

$$\boldsymbol{B}=\int\boldsymbol{A}(t)\,\mathrm{d}t$$

求矢量函数的积分实际上是求它各个分量的积分，即

$$\boldsymbol{B}=\left(\int A_x(t)\,\mathrm{d}t\right)\boldsymbol{i}+\left(\int A_y(t)\,\mathrm{d}t\right)\boldsymbol{j}+\left(\int A_z(t)\,\mathrm{d}t\right)\boldsymbol{k}$$

附录 B　基本单位和基本数值数据

表 B-1　SI 基本单位

（国际单位制以这七个单位为基础，称为 SI 基本单位）

量的名称	单位名称	单位符号
长度	米	m
质量	千克	kg
时间	秒	s
电流	安培	A
热力学温度	开尔文	K
物质的量	摩尔	mol
发光强度	坎德拉	cd

表 B-2　地球的一些基本数据

赤道半径	$6.378\ 139\times10^{6}$ m	质量	5.976×10^{24} kg
极半径	$6.356\ 755\times10^{6}$ m	大气质量	5.1×10^{13} kg
体积	1.083×10^{21} m^3	海洋质量	1.4×10^{21} kg
总面积	5.100×10^{14} m^2	地壳质量	2.6×10^{22} kg
陆地面积	1.48×10^{14} m^2	地幔质量	4.0×10^{24} kg
海洋面积	3.62×10^{14} m^2	外核质量	1.85×10^{24} kg
扁率	$3.352\ 82\times10^{-3}$	内核质量	9.7×10^{22} kg
平均密度	5.520×10^{3} kg	赤道重力加速度	9.780 318 m/s^2
月地平均距离	384 401 km	极重力加速度	9.832 177 m/s^2
		自转角速度	$7.292\ 115\times10^{-5}$/s

表 B-3 月球的一些基本数据

半径	1.720×10^{6}m	自转周期	27.32d
表面积	3.8×10^{13}m^{2}	轨道半径长度	3.84×10^{8}m
体积	2.200×10^{19}m^{3}	轨道平均速率	1.011×10^{3}m/s
质量	7.349×10^{22}kg	轨道偏心率	0.054 9
平均密度	3.3×10^{3}kg/m^{3}	公转周期	27.32d
表面自由落体加速度	1.62m/s	表面温度 白天 夜间	 370K 102K

表 B-4 太阳的一些基本数据

日地平均距离	149 598 000km	目视星等	−26.74 等
半径	6.96×10^{8}m	绝对目视星等	4.83 等
质量	1.989×10^{30}kg	表面自由落体加速度	2.74×10^{2}m/s^{2}
平均密度	1.409×10^{3}kg/m^{3}	表面逃逸速度	6.177×10^{5}m/s
总辐射功率	3.83×10^{26}W	中心温度	约 1.5×10^{7}K
有效温度	5 770K	中心密度	约 1.60×10^{5}kg/m^{3}
自转会合周期	26.9d（赤道） 31.1d（极区）	年龄	5×10^{6}a

表 B-5 基本物理常量（1986 年推荐值）

物理量和符号	数值	单位
真空中光速 c	299 792 458	m/s
引力常量 G	$6.672\ 59\times10^{-11}$	m^{3}/(kg·s^{2})
普朗克常量 h	$6.626\ 075\ 5\times10^{-34}$	J·s
元电荷 e	$1.602\ 177\ 33\times10^{-19}$	C
电子质量 m_e	$9.109\ 389\ 7\times10^{-31}$	kg
质子质量 m_p	$1.672\ 623\ 1\times10^{-27}$	kg
中子质量 m_n	$1.67\ 492\ 86\times10^{-27}$	kg
阿伏伽德罗常量 N_A	$6.022\ 136\ 7\times10^{23}$	1/mol
摩尔气体常数 R	8.314 510	J/(mol·K)
玻尔兹曼常量 k	$1.380\ 658\times10^{-23}$	J/K

表 B-6　一些物体的运动速率　　（单位：m/s）

蜗牛爬行	$(1.5\sim5)\times10^{-3}$	地球自转（赤道上）	465
乌龟爬行	2×10^{-2}	步枪子弹出膛速率	900
人步行	1~1.5	普通炮弹	1 000
蝴蝶飞行	5	远程炮弹	2 000
坦克	15	同步卫星在赤道上空运转速率	3.07×10^{3}
野兔	18		
旗鱼	28	第一宇宙速度	7.9×10^{3}
鹰（捕捉猎物时）	45	第二宇宙速度	11.2×10^{3}
雨燕	48	第三宇宙速度	16.7×10^{3}

表 B-7　人和一些动物的发声频率范围和听觉频率范围

名称	发声频率范围 Δf/Hz	听觉频率范围 Δf/Hz
人	65~1 100	20~20 000
狗	450~1 800	15~50 000
猫	760~1 500	60~6 500
蝙蝠	10 000~150 000	1 000~200 000
海豚	7 000~120 000	150~150 000
知更鸟	2 000~13 000	250~20 000
鱼		40~2 000

表 B-8　生活中声强和声压级的范围

声音源	声压级 L_p/dB	声强 I/(W/m^2)
15~18 岁青年人的听阈（1 000Hz 纯音）	0	10^{-12}
设计良好的消声室背景噪声	10	10^{-11}
幽静的疗养院或乡间别墅	20	10^{-10}
居民区卧室	30	10^{-9}
图书馆	40	10^{-8}
通常办公室	50	10^{-7}
客厅内正常交谈	60	10^{-6}
工厂办公室，教室内讲课	70	10^{-5}
小城市街道交通噪声	80	10^{-4}
大车间，高声叫喊	90	10^{-3}
织布车间，拖拉机噪声	100	10^{-2}
风铲，铆钉枪	110	10^{-1}
喷气发动机（100m 外）	120	1
喷气发动机（250m 外）	130	10
火箭发射，痛阈	140	10^{2}

表 B-9　一些电压的数据 U　（单位：V）

日光灯	220	炼钢电炉	120~150
无轨电车	550~600	直流电力机车	3 300
列车上的电灯	110	汽车发电机	12~24
电弧	40	一般交流电动机	220，380
实验室用感应圈	1×10^4	发生闪电的云层间	10^9
电视机中的高压	$(1\sim3)\times10^4$	超高压输电	5.00×10^5

表 B-10　某些磁场的磁感应强度 B　（单位：T）

地磁场的水平分量（在磁赤道处）	$(3\sim4)\times10^{-5}$
地磁场的垂直分量（在南、北磁极处）	$(6\sim7)\times10^{-5}$
地磁场在地面附近的平均值	5×10^{-5}
普通永久磁铁	0.4~0.8
电动机或变压器铁心中的磁场	0.8~1.7
回旋加速器的磁场	>1
磁流体发电机磁场	4~6
实验室使用的最强磁场	30
磁疗用磁铁的磁场	0.15~0.18

参考文献

[1] 马文蔚，等. 物理学［M］. 4 版. 北京：高等教育出版社，1999.

[2] 程守洙，江之永. 普通物理学［M］. 5 版. 北京：高等教育出版社，1999.

[3] 张三慧. 大学物理学［M］. 2 版. 北京：清华大学出版社，2000.

[4] 吴王杰. 大学物理：网络教材—电子教案［M］. 上海：上海科学技术出版社，2002.

[5] 张达宋. 物理学基本教程［M］. 北京：高等教育出版社，1989.

[6] 赵凯华，陈熙谋. 新概念物理教程：电磁学［M］. 北京：高等教育出版社，2003.

[7] 漆安慎，杜婵英. 普通物理学教程：力学［M］. 北京：高等教育出版社，1997.

[8] 李椿，章立源，钱尚武. 热学［M］. 北京：高等教育出版社，1978.

[9] 哈里德，等. 物理学基础［M］. 张三慧，等译. 北京：机械工业出版社，2005.

教学支持申请表

本书配有多媒体课件、教案、教学大纲、题解等，如果您选用了本书作为授课教材，请完整填写如下表格，加盖系/院公章后扫描或拍照发送至下方邮箱，申请上述配套教学资源，我们将会在2~3个工作日内为您处理。

请填写所需教学资源的开课信息：

采用教材	《大学物理（上册）第3版》		☑中文版　□英文版　□双语版
作　者	许瑞珍等	出版社	机械工业出版社
版　次	3	ISBN	978-7-111-73506-9
课程时间	始于　年　月　日	学生专业及人数	专业：____________； 人数：______。
	止于　年　月　日	学生层次及学期	□专科　□本科　□研究生 第____学期

请填写您的个人信息：

学　校			
院　系			
姓　名			
职　称	□助教　□讲师　□副教授　□教授	职　务	
手　机		电　话	
邮　箱			

系/院主任：__________（签字）

（系/院办公室章）

____年____月____日

100037　北京市西城区百万庄大街22号 机械工业出版社高教分社　张金奎
电话：(010) 88379722
邮箱：jinkui_zhang@163. com
网址：www. cmpedu. com